KB144878

코스모스

COSMOS

COSMOS

by Carl Sagan

칼 세이건

코스모스

COSMOS

홍승수 옮김

퀘이사 하나가 초거대 은하단에 소속된 거대 타원 은하 안에서 우리에게 신호를 보내고 있다. 아돌프 샬러의 그림.

앤 드루얀을 위하여

공간의 광막함과 시간의 영겁에서

행성 하나와 찰나의 순간을

앤과 공유할 수 있었음은 나에게는 하나의 기쁨이었다.

Grateful acknowledgment is made to the following for permission to reprint previously published material:

American Folklore Society: Excerpt from "Chukchee Tales" by Waldemar Borgoras from *Journal of American Folklore*, volume 41 (1928). Reprinted by permission of the American Folklore Society.

Ballantine Books: Illustration by Darrell K. Sweet for the cover of *Red Planet* by Robert A. Heinlein, copyright © 1949 by Robert A. Heinlein, renewed 1976 by Robert A. Heinlein. Illustration by Michael Whelan for the cover of *With Friends Like These* ... by Alan Dean Foster, copyright © 1977 by Alan Dean Foster. Illustration by The Brothers Hildebrandt for the cover of *Stellar Science-Fiction Stories* #2, edited by Judy-Lynn del Rey, copyright © 1976 by Random House, Inc. All the above are published by Ballantine Books, a division of Random House, Inc., used by permission.

City of Bayeux: A scene of the Tapisserie de Bayeux is reproduced with special authorization from the City Bayeux.

CoEvolution Quarterly: A portion of the *Computer Photo Map of Galaxies*, © CoEvolution Quarterly. $5.00 postpaid from *CoEvolution Quarterly*, Box 428, Sausalito, CA 94966.

J. M. Dent & Sons, Ltd.: Excerpts from the J. M. Rodwell translation of *The Koran* (An Everyman's Library Series). Reprinted by permission of J. M. Dent & Sons, Ltd.

J. M. Dent & Sons, Ltd., and E. P. Dutton: Excerpt from *Pensées* by Blaise Pascal, translated by W. F. Trotter (An Everyman's Library Series). Reprinted by permission of the publisher in the United States, E. P. Dutton, and the publisher in England, J. M. Dent & Sons, Ltd.

Encyclopaedia Britannica, Inc.: Quote by Isaac Newton (*Optics*), quote by Joseph Fourier (*Analytic Theory of Heat*), and A Question Put to Pythagoras by Anaximenes (c. 600 B.C.). Reprinted with permission from Great Books of the Western World. Copyright 1952 by Encyclopaedia Britannica, Inc.

Harvard University Press: Quote by Democritus of Abdera taken from *Loeb Classical Library*. Reprinted by permission of Harvard University Press.

Indiana University Press: Quote by Democritus of Abdera taken from Loeb *Classical Library*. Reprinted by permission of Harvard Universigy Press.

Indiana University Press: Excerpts from Ovid, *Metamorphoses*, translated by Rolfe Humphries, copyright 1955 by Indiana University Press. Reprinted by permission of the publisher.

Liveright Publishing Corporation: Lines reprinted from *The Bridge*, a poem by Hart Crane, with the permission of Liveright Publishing Corporation. Copyright 1933, © 1958, 1970 by Liveright Publishing Corporation.

Oxford University Press: Excerpt from *Zurvan: A Zoroastrian Dilemman* by R. C. Zaehner (Clarendon Press — 1955). Reprinted by permission of Oxford university Press.

Penguin Books, Ltd.: One line from *Enuma Elish*, Sumer, in *Poems of Heaven and Hell from Ancient Mesopotamia*, translated by N. K. Sandars (Penguin Classics, 1971). Copyright © N. K. Sandars, 1971. T welve lines from Lao T zu, *T zo T e Ching*, translated by D. C. Lau (Penguin Classics, 1963). Copyright © D. C. Lau, 1963. Reprinted by permission of Penguin Books, Ltd.

Pergamon Press, Ltd.: Excerpts from *Giant Meteorites* by E. L. Krinov are reprinted by permission of Pergamon Press, Ltd.

Simon & Schuster, Inc.: Quote from the Bhagavad Gita from *Lawrence and Oppenheimer* by Nuel Pharr Davis (1968, page 239), and excerpt from *The Sand Reckoner* by Archimedes taken from *The World of Mathematics* by James Newman (1956, volume 1, page 420). Reprinted by permission of Simon & Schuster, Inc.

Simon & Schuster, Inc., and Bruno Casirer, Ltd.: Quote from *The Last Temptation of Christ by Nikos* Kazantzakis. Reprinted by permission of the publisher in the United States, Simon & Schuster, Inc., and the publisher in England, Bruno Cassirer (Publishers), Ltd., Oxford. Copyright © 1960 by Simon & Schuster, Inc.

The University of Oklahoma Press: Excerpt from *Popol Vuh: The Sacred Book of the Ancient Quiché Maya*, by Adrian Recinos, 1950. Copyright © 1950 by the University of Oklahoma Press. Reprinted by permission of the University of Oklahoma Press.

한국어판 서문

칼 세이건의 빈 의자

코스모스COSMOS는 과거에도 있었고 현재에도 있으며 미래에도 있을 그 모든 것이다. 코스모스를 정관靜觀하노라면 깊은 울림을 가슴으로 느낄 수 있다. 나는 그때마다 등골이 오싹해지고 목소리가 가늘게 떨리며 아득히 높은 데서 어렴풋한 기억의 심연으로 떨어지는 듯한, 아주 묘한 느낌에 사로잡히고는 한다. 코스모스를 정관한다는 것이 미지未知 중 미지의 세계와 마주함이기 때문이다. 그러므로 그 울림, 그 느낌, 그 감정이야말로 인간이라면 그 누구나 하게 되는 당연한 반응이 아니고 무엇이겠는가. — 『코스모스』에서

다시 이 빛나는 점을 보라. 그것은 바로 여기, 우리 집, 우리 자신인 것이다. 우리가 사랑하는 사람, 아는 사람, 소문으로 들었던 사람, 그 모든 사람은 그 위에 있거나 또는 있었던 것이다. 우리의 기쁨과 슬픔, 숭상되는 수천의 종교, 이데올로기, 경제 이론, 사냥꾼과 약탈자, 영웅과 겁쟁이, 문명의 창

조자와 파괴자, 왕과 농민, 서로 사랑하는 남녀, 어머니와 아버지, 앞날이 촉망되는 아이들, 발명가와 개척자, 윤리 도덕의 교사들, 부패한 정치가들, '슈퍼스타', '초인적 지도자', 성자와 죄인 등 인류의 역사에서 그 모든 것의 총합이 여기에, 이 햇빛 속에 떠도는 먼지와 같은 작은 천체에 살았던 것이다. — 『창백한 푸른 점』에서

날씨가 좋은 날이면 칼은 자연에 묻혀서 사색하며 글쓰기를 즐겼다. 뉴욕 주, 이타카 시 소재의 우리 집을 둘러싼 바로 그 자연의 아름다움 속에서 말이다. 내가 이 글을 쓰고 있는 방의 창을 통하여 폭포로 비스듬히 이어지는 뜰이 가득히 밀려온다. 칼은 몇 시간씩 뜰에 놓인 테이블에 꼼짝도 않고 앉아 있고는 했다. 백색 소음의 물소리가 만들어 내는 음악이 한 가지 일에 몰두할 수 있는 완벽한 환경을 제공한다는 이야기를 내게 하고는 했다. 나와 칼이 『잊혀진 조상들의 그림자*Shadows of Forgotten Ancestors*』를 공동 집필할 당시의 일이다. 컴퓨터에서 눈을 떼어 시선을 창 밖으로 잠시 돌렸더니, 덩치가 엄청나게 큰 사슴 한 마리가 칼의 어깨 너머로 원고를 내려다보고 있었다. 칼은 등 뒤에 사슴이 있다는 사실도 모른 채 자기 앞에 놓인 우리의 원고에만 몰두하고 있었다. 집중하기는 사슴도 마찬가지였다. 칼이 원고에 뭐라고 쓰는지 알고 싶기라도 하다는 표정으로 칼의 어깨 너머를 뚫어지게 보고 있었던 것이다. 폭포에서 흘러내리는 물, 영겁의 역사가 층층이 새겨져 있는 저 절벽, 그리고 사슴을 비롯한 각종 야생 동물들은 아직 그대로인데, 칼이 앉아서 글을 쓰던 의자만이 텅 비어 있구나.

칼이 우리 곁을 떠난 다음 행성 지구는 태양을 열 바퀴 돌았고, 그

동안 이 작은 세상에는 적지 않은 변화가 있었다. 눈부신 지성과 가없는 지식을 가진 그가 아직 살아 있었다면 지구 문명이 최근에 밟아 온 길을 두고 어떻게 평가했을까? 그리고 지구 문명의 야만성과 우리를 둘러싼 무명無明에 대항해서 또 어떤 운동들을 펼쳤을까? 그리고 그러한 운동들을 통해서 그는 또 얼마나 많은 영혼들에게 열린 마음을 갖게 했을까? 지난 10년 동안 나는 칼을 그리워했다. 그는 나의 사랑하는 가족이었고 함께 일을 하던 파트너였다. 전 세계를 상대로 과학 진흥과 우주 개발의 필요성 그리고 이성적 사고와 민주주의를 외치던 그의 목소리를 나는 지금 가슴 시리도록 그리워한다. 또 그가 관심을 가지고 있던 또 하나의 주제인 생태계 문제는 지난 10년의 세월 동안 아무도 거들떠보지 않는 상태로 방기돼 있다. 나는 이 비극적 방치가 가져온 폐해가 아주 심각한 수준이라고 생각한다. 그렇다고 해서 내가 이 문제에 선뜻 나설 수도 없는 실정이다. 그건 내가 감히 넘볼 수 없는 칼의 위대성 때문이다. 내가 앞에 나서서 그 대신 무엇을 하든, 그건 20여 년 동안 그와 나누었던 깊은 대화에 근거한 추측에 불과할 것이다. 그렇지만 칼이 일생 동안 해 온 말과 행동으로 미루어 보았을 때, 그라면 이야기했을 게 아주 당연하다고 생각되는 것들은 다른 것에 비해 내가 좀 더 자신 있게 이야기할 수 있다.

행성 학회Planetary Society가 최근에 이룩한 위업 같은 게 그 예일 것이다. 그중에서도 최초의 태양 돛인 우리의 코스모스Cosmos 1호를 우주에 진수한 업적이 특히 그렇다.[1](10년 전만 하더라도 이 계획은 워낙 큰 규모의 예산이 필요해서 칼 자신도 그 실현을 꿈꾸지 못했을 것이다.) 칼이 루 프리드먼Lou Friedman을 향해 자신의 모자를 살짝 들어올리면서 이 계획을 성공으로 이끌어 준 그의 지도력에 감사를 표시하는 모습이 지금 내 눈에 보이는 듯하다. 칼이 살아 있었다면 이 계획을 우주 개발 역사에서 하나의 큰 획을 긋는 사업으로 키워내기 위해 사방팔방으로 재정 지원을 요청하러 다녔을 것이다. 나는 그의 설득력을 신뢰한다. 칼이 살아 있었다면 지금쯤 우리는 코스모스 2호의 진수 순간을 카운트다운하고 있을지 모른다.

화성 탐사 계획들이 최근에 성취한 여러 가지 발견들을 보고 칼은 지금쯤 한껏 고무되어 있을 것이다. 그리고 자신의 옛 학생들이 이 계획들을 수행하고 있다는 사실을 아주 자랑스럽게 여길 것이다. 또 카시니-하위헌스호[2] 탐사를 통해서 칼은 토성과 타이탄에 대해 과거보다 훨씬 더 많이 알게 됐을 것이다. 아니 훨씬 더 많은 예측을 할 수 있는 고지에 올라섰을 것이다. 그렇기 때문에 나는, 화성과 태양계의 외곽에 관한 새로운 자료들을 칼에게 전해 줄 수 없다는 것이 안타까울 뿐이다. 최근에 우리가 획득한 행성과 위성 들의 수많은 영상들 중에서 단 하나만 그에게 전해 줄 수 있다면, 나는 주저 않고 타이탄의 영상을 선택하겠다. 타이탄이야말로 그가 일생 동안 꿈꿔 오던 천체이다. 그리고 그중에서도 타이탄의 해안을 조사할 목적으로 내려 보낸 하위헌스호 탐사 로봇이 촬영한 사진을 골라잡겠다. 얼음으로 덮인 고

1. 태양 돛 계획은, 돛이 바람을 받아 배가 전진하듯이, 큰 날개로 태양의 빛을 모아 생기는 광압의 힘을 빌려 우주여행을 하자는 것이다. 태양 돛 계획의 코스모스 1은 엔진이 없는 저가 장비였고, 태양 돛의 가능성 점검이 가장 중요한 목적이었다. ICBM을 발사체로 이용하여 지구 궤도 높은 곳에 도착한 후 태양 돛으로 우주여행을 시작할 예정이었으나, 발사체의 이상으로 돛을 펴지도 못하고 실패했다. 이 계획은 칼 세이건의 주도적 역할로 창립된 행성학회 http://planetary.org/home/가 기획, 연구, 추진 중이다. 독자들도 행성학회에 가입하여 각종 분야에서 활동할 수 있다. — 옮긴이
2. 미국과 유럽의 공동 토성 탐사선이다. 사령선이자 토성 탐사선인 카시니호, 타이탄에 착륙해 타이탄을 탐사하는 하위헌스호로 이루어져 있다. 1997년 10월 15일 발사됐고 2004년 7월 토성 궤도에 진입했으며 2005년 1월 14일 하위헌스호가 타이탄에 착륙했다. — 옮긴이

지대들, 지금은 물이 모두 말라 버린 강줄기들 그리고 한때 바다였던 지역의 해안선 같은 흔적들이 잘 보이는 바로 그 사진 말이다. 이 사진에 나타난 타이탄의 해안이 내게는 지구상 그 어느 곳보다 프랑스 남부의 비아리츠를 빼닮은 듯하다. 칼은 1930년대에 브루클린에서 살던 소년 시절부터 행성과 위성 들이 구체적 실체로 부각될 날이 반드시 오리라고 기대해 왔다. 타이탄의 대기가 인간이 살아가기에 아무리 나쁜 환경이더라도, 타이탄의 해안선은 칼의 기대에 환영의 손짓을 보내고 있는 것이다.

최초의 우주 왕복선이 진수되기 여러 해 전에 이미 칼은 우주 왕복선 계획을 불안전한 "임무 없는 능력"이라고 비판했다. 그는 우주 왕복선 계획으로 말미암아, 정부의 썩 내키지 않는 지원으로 겨우 마련할 수 있었던 과학 예산이 소리 없이 슬슬 새나가게 될 것이라고 예견했다. 그러므로 지금쯤 그는 연방 정부로부터 우주 과학을 위한 재정을 확충하려는 싸움에 발 벗고 나섰을 것이다. 그리고 과학 진흥을 위한 운동을 계속해서 벌여 나갔을 것이다. 또 우리가 최근 수년 동안에 직면해야 했던 다양한 문화적 · 정치적 폭거들에 대하여 예리한 반론을 제기하는 운동들을 활발하게 전개했을 것이다. 시대의 거대한 흐름을 칼 혼자 다 막아 낼 수 있다는 이야기는 아니다. 그러나 자기 의사를 표명할 기회를 박탈당했다고 생각하는 우리에게 칼은 꼭 필요한 지도력을 제공했을 것이다.

미국의 최근 상황을 두고 칼이라면 어떤 생각을 했을까? 독자들은 이 질문에 대한 답을 내가 하는 다음 이야기에서 직접 찾아낼 수 있을 것이다. 칼은 자신이 미국의 시민이란 사실에 커다란 긍지를 갖고 살았다. 그가 그토록 자랑스럽게 여겼던 미국의 위대함은 각종 선거 제도의 정직성과 성실성에서 비롯한다. 우리가 각종 제도의 근거로 삼는 견제와 균형의 원리, 국내법과 국제법이 정하는 모든 규약을 존중하려는 미국 국민의 의식과 태도, 엄밀하고 정확한 증거와 진실을 요구하는 문화 등이 칼이 자랑하는 이 나라의 특징이다. 거기에 더해서 이 나라 국민은 교회와 국가의 완전한 분리가 갖는 결정적 중요성을 아주 오래전부터 인식해 왔으며, 재앙이 닥쳐올 때 서로를 배려할 줄 아는 마음 또한 갖고 있다. 우리가 지구상에서 꼭 지켜 내려는 가치들 중에는, 과학과 공공 교육에 관심을 갖는 우리의 마음가짐과 그 무엇보다 헌법에 보장된 권리 선언을 빼놓을 수 없을 것이다. 그렇다면 오늘의 현실에 대한 칼의 반응은 뻔하지 않겠는가.

칼은 2001년 9월 11일의 사건이 일어나기 5년 전에 이 세상을 떠났다. 그러나 그 전부터 그는, 중동의 메카에서건 아메리카 대륙의 바이블 벨트에서건, 점차 세를 얻어 가는 종교 근본주의자들의 활동을 우리의 가치 체계에 대한 중차대한 위협 요소로 간주하고 있었다. 이러한 위협은 우리와 가치관을 달리하는 외부, 또는 우리와 가치관을 공유하는 내부로부터 쉽게 올 수 있다. 근본주의자들을 지배하는 사고의 뿌리가 무엇인지 간파한 칼은, 수면 위로 은근슬쩍 정체를 드러내기 시작한 이 해악을 방지할 수 있는 유일한 수단을 알고 있었다. 그것은 경합하고 있는 가정들의 경중을 가늠하고 그들의 진위를 판단할 수 있는 과학의 힘이었다. 그래서 그는 『악령이 출몰하는 세상 : 과학, 암흑의 시대를 비추는 촛불*The Demon-Haunted World : Science as a Candle in the Dark*』을 썼다. 골수 이식이라는 이름으로 불리는 "중세적 고문"의 고통과 싸우면서도 그는 이 책을 집필할 힘을 짜냈던 것이다. 이 책은 병마와 싸우는 삶의 마지막 기간 중에 그가 쓰고자 했던 두 책 중의 하나였다. 의사는, 골수 이식이 진행되는 몇 개월 사이에 책을 두 권이라도 읽는 환자를 본 적이 없다는 말을 했다. 하물며 집필은 이야기해서 더 무엇하겠는가?

칼은 평소에, 첨단 과학 기술에 뿌리를 둔 민주주의 사회에서 한 사람이 건전한 시민으로 성숙하는 데에는 효율적인 과학 교육이 꼭 필요하다고 주장하곤 했다. 그러므로 나는, 칼 세이건 재단 Carl Sagan Foundation이 칼 세이건 아카데미 Carl Sagan Academy를 운영하기로 한 결정에 칼이 매우 흡족해 할 것이라고 확신한다. 이 CSA는 플로리다 주 힐스보로 Hillsborough 카운티의 탬파Tampa 지역 중등학생들이 현대 과학이 찾아낸 자연의 경이로움을 직접 경험할 수 있게 해 주는 프로그램이다. 이 계획은 우리가 플로리다 주의 휴머니스트 연맹과 이 지방 침례교회들과 함께 이루어낸 놀라운 협력의 결과이다. 이 세 기구는 근본적으로 다른 이상을 가진 사람들의 조직이다. 그럼에도 불구하고 공통의 목적을 위하여 함께 일했다. 이 협력이야말로 우리가 꿈꾸는 바람직한 세상의 실현 가능성을 예시한다고 할 수 있다. 두 번째 해인 금년에는 모두 78명의 학생들이 참여하게 되는데, 이들은 미국에서 가장 혜택 받지 못한 낙후 지역의 어린이들이다. 나는 행성 학회 회원들 중에서 과학적 사고의 가치를 높이 여기고, 사회 문제에 대해 건전하고 비판적인 시각을 가지며, 칼의 이상에 동조하는 이라면 누구든지 칼 세이건 재단의 문을 두드려 주기 바란다.

바로 지난 여름이었다. 전前 부통령 앨 고어Al Gore가 만든 지구 온난

화에 관한 영화 「불편한 진실An Inconvenient Truth」을 보면서 나는, 칼이 지금 살아 있다면 하버드에서 한때 가르친 적이 있고, 또 오랫동안 친구였던 앨 고어를 무척 자랑스럽게 여겼을 것이라 생각했다. 그 영화에서 앨은, 자신의 사고 체계에 남긴 칼의 영향을 수차례 피력했다. 칼의 저서 『창백한 푸른 점*Pale Blue Dot*』의 화두를 자신의 기억에서 다시 떠올림으로써 그는 이 영화가 줄 수 있는 영성적 충격의 근간根幹을 마련할 수 있었다고 했다. 이젠 꽤나 오랜 시간이 흘러 버린 먼 과거의 추억이다. 그때 우리는 지칠 줄 모르는 열정을 갖고, 과학적으로 엄밀하며 설득력 또한 출중한 논지들을 개발하여, 지상의 모든 민족들을 행성 지구의 관점에서 하나로 묶어야 하고, 그리하여 무감각 상태에 빠진 인류를 그 깊은 잠에서 깨워야 한다고 주장했다. 지구인들의 통일과 무감각에서의 각성만이 생명의 원천인 이 행성 지구를 환경 재앙의 위험에서 건져낼 수 있을 것이다.

마지막으로 병원에 가던 날, 칼이 들고 갔던 서류 가방은, 자물쇠가 채워진 채 1996년 12월의 상태 그대로 남아 있었다. 그 가방은 하나의 타임캡슐이었다. 그즈음 그가 하던 일과 칼에게 허락된 마지막 며칠의 유예에 대한 그의 생각이 그 가방 안에 간직돼 있었다. 나는 그 가방을 집으로 가져왔지만, 어쩐지 내용물을 들쳐볼 용기가 나지를 않았다. 이 글을 쓰기 위해 자리에 앉자, 바로 지금이 가방을 열고 안의 내용물을 들여다볼 좋은 기회라는 생각이 들었다. 그럴듯한 숫자 조합을 몇 가지 시도해 보았으나 모두 허사였다. 그런데 내 생일을 숫자로 조합해 넣자, 황금빛의 빗장이 찰각 소리를 내며 경쾌하게 열렸다. 우리 가족의 사진이 몇 장 들어 있었다. 당시 열네 살이던 딸 사샤Sasha가 보낸 토성 모양의 생일 축하 카드가 보였다. 미국 항공우주국NASA의 보안 배지badge들의 묶음도 나왔다. 갈릴레오 탐사선이 찍은 유로파의 사진이 책의 뒷면을 장식한 《사이언스*Science*》 잡지 한 권, 각종 행성들의 표면을 담은 여러 장의 슬라이드, 크리스 치바Chris Chyba가 결코 실현될 수 없었던 자신의 방문 계획을 알리는 메모 쪽지 등이 그 안에 들어 있었다. 닐 타이슨Neil Tyson에게 보내는 칼의 답장 편지도 나왔다. 브롱크스Bronx 소재 한 고등학교의 학생이던 닐이 과학자로서의 자신의 커리어를 칼에게 문의한 이후, 둘은 서로 존경하고 격려하는 관계였었다. 또 눈에 띄는 편지가 있었다. 내용인 즉, 《행성 보고서*Planetary Report*》의 한 독자가 물어온 질문에 칼이 답을 해 줬으면 좋겠다는 칼린 앤더슨Charlene Anderson의 부탁이었다. 간단한 분자 구조의 기체들에 자외선을 쪼이면 어떻게 복잡한 유기물 찌꺼기로 변하게 되는지, 그것이 궁금하다는 질문이었다. 칼린의 요구에 칼은 물론 "그렇게 하겠다."라고 선뜻 답했다. 미술가인 돈 데이비스Don Davis에게 보내는 메모는 영화 「콘택트Contact」에 필요한 천체들의 영상에 관한 내용이었다. 이번에는 과학자이면서 미술가인 빌 하르트만Bill Hartmann이 칼에게 화성의 운석 구덩이에 관해 묻는 내용이었다. NASA에서 1997년에 열릴 '원시 화성에 관한 워크숍'과 또 백악관에서 그해 12월에 열릴 '우주 개발의 미래에 관한 백악관 회의'에 칼이 기조 연설을 수락한 데 대한 고마움을 전하는 편지들이 있었다.

삶의 마지막 1주일을 맞으면서 칼은, 어떻게 해서든지 백악관 회의에 자신의 생각이 전달되도록 하고 싶어 했다. 당시 칼은 자신이 곧 죽게 된다는 사실을 잘 알고 있었다. 40년의 우주 개발 역사가 성취해 놓은 것들 위에 우리가 또 무엇을 더 해야 할 것인가에 대한 자신의 비전을 남기고 싶어 했던 것이다. 칼은 별을 향한 긴 여정에서 우리가 방향을 잃기라도 하면 어쩌나 하고 걱정했다. 이 위대한 과업을 수행하는 데 필요한 인류의 의지가 혹시 사그라지기라도 하면 어쩌나 하고 크게 우려했다. 침대에 누워서 죽어 가는 와중에도 그는 자신이 하려던 기조 연설의 내용을 있는 힘을 다해 구술해 갔다. 이 광경을 바라보던 나는 심장을 쥐어짜는 고통을 감내해야 했다.

그리고 며칠 후 부통령 고어는 칼의 구술 내용을 대독하는 것으로 예정됐던 백악관 회의를 시작했다. 칼의 마지막 순간에 내가 그에게 들려줄 수 있었던 몇 가지 이야기들 중 하나가 바로, 칼의 메시지가 백악관 사람들에게 전달됐다는 것이었다. 그는 내 이야기에 미소로 답했다. 이미 담갈색으로 변해 가던 그의 두 눈망울에서 나는 여러 가지를 읽어 낼 수 있었다. 앨 고어에 대한 고마움, 우주 과학 정책을 결정하는 이들에게 자신의 비전을 전했다는 안도감, 우주 과학의 미래에 대한 일말의 불안감 등이 그의 눈빛에 섞여 있었다. 우주 과학의 미래에 대한 그의 우려는, 적어도 짧은 시간 척도로 보았을 때, 아주 타당한 것이었음이 그 후에 곧 판명됐다.

앞으로 두 걸음 나갔다가 뒤로 한 걸음 물러서는 식의 변화로 인류는 역사의 먼 길을 걸어 여기까지 왔다. 별을 향한 여정에서도 우리는 우회로들을 종종 만나곤 했다. 우회로야말로 변화를 추구할 수 있는 효과적인 방편이 아닌가. 이러한 과정들을 거쳐서 결국, 지구인들은 칼이 물려준 위대한 유산을 중심으로 하나의 공동체를 형성해 갈 것이다. 칼이 앉아 있던 그 의자는 주인을 잃은 지 오래됐지만, 그가 우리에게 전한 이상과 가치관은 여기 그대로 있다. 그가 가꿔 오던 꿈들마저 인류 전체의 꿈으로 고스란히 남아 있지 않은가.

2006년 가을

앤 드루얀

이 글은 칼 세이건 서거 10주기를 맞아 부인인 앤 드루얀이 세이건 사후 10년을 추억하며 《행성 보고서》 2006년 11/12월호에 쓴 글이다. 『코스모스』 특별판을 출간하면서 앤 드루얀과 칼 세이건 재단의 특별한 허락을 받아 한국어판 서문을 대신하여 게재했다. — 옮긴이

코넬 대학교에서 강의 중인 칼 세이건

머리말

인간이 여러 세대에 걸쳐 부지런히 연구를 계속한다면, 지금은 짙은 암흑 속에 감춰져 있는 사실이라고 하더라도, 언젠가는 거기에 빛이 비쳐 그 안에 숨어 있는 진리의 실상이 밖으로 드러나게 될 때가 오고야 말 것이다. 그것은 한 사람의 생애로는 부족하다. 누가 자신의 일생을 하늘을 연구하는 데만 온통 바친다고 하더라도, 우주와 같은 엄청난 주제를 다루기에 한 사람의 일생은 너무 짧고 부족하다. …… 진리는 세대를 거듭하면서 하나씩 그리고 조금씩 서서히 밝혀지게 마련이다. 우리 먼 후손들은, 자신들에게는 아주 뻔한 것들조차 우리가 모르고 있었음을 의아해 할 것이다. …… 수없이 많은 발견이 먼 미래에도 끝없이 이어질 것이며, 그 과정에서 결국 우리에 대한 기억은 모두 사라지고 말 것이다. 우리 후손들이 끊임없이 연구해서 밝혀야 할 그 무엇을 우주가 무궁무진으로 품고 있지 않다면, 그리고 우리 우주가 혹시라도 그러한 우주라면, 우리는 그것을 한낱 보잘것없고 초라한 존재로밖에 볼 수 없을 것이다. 자연의 신비는 단 한 번에 한꺼번에 밝혀질 성질의 것이 아니다. — 세네카, 『자연학의 문제』 제7권, 1세기

고대인들은 일상의 대화나 관습에서 가장 사소한 일조차 하늘의 사건과 연계해서 생각하고는 했다. 마법의 주문에서 그 예를 하나 찾아볼 수 있다. 기원전 1000년경 아시리아 인들은 벌레가 치통의 원인이라고 믿었다. 벌레를 쫓는 이 주문을 보면 치통을 치료하기 위해 우주의 기원까지 거슬러 올라간다.

아누Anu가 하늘을 창조한 다음에,
하늘이 땅을 창조하고,
땅은 강들을 만들고,
강들은 작은 물길들을 열어 놓았다.
그 물길이 여기저기에 늪지를 창조하고,
늪지들이 벌레를 만들었다.
벌레가 사마시Shamash에게 가서 울자
그의 눈물이 에아Ea의 앞까지 흘렀다.
"제게 먹을 것으로 무엇을 주시겠으며,
마실 것으로는 또 무엇을 주시렵니까?"
"무화과 열매 말린 것을 주마.
그리고 살구도."
"그게 제게 무슨 소용이 된단 말씀입니까?

겨우 무화과 말린 것과 살구라니요!
저를 높이 올려 주십시오. 그리하여 제가 이와
잇몸 사이에서 살게 해 주십시오!"
오 벌레야, 네가 정녕 그것을 원한다면,
에아의 억센 주먹이 너를 뭉개 버릴 것이다!

(치통을 막아 내는 마법의 주문)

주문의 활용 방법: 싸구려 맥주, …… 그리고 기름을 함께 잘 섞은 다음, 이 주문을 세 번 외워서 약을 만들어 아픈 이에 바른다.

우리의 먼 조상들도 자기네들이 살고 있는 세상을 이해하고자 무척 애를 썼다. 하지만 그들은 이해에 이르는 바른 길을 터득하지 못했다. 그들의 세상은 작지만 진기하고 질서정연한 세상이었다. 그리고 그 세상은 아누, 에아, 사마시와 같은 신들이 지배했다. 사람이 세상의 근본을 좌우할 수 있는 존재는 못 되지만 그래도 중요한 몫을 한다고 믿었다. 사람은 자신을 둘러싸고 있는 자연과 아주 깊은 근본에서부터 연결돼 있었다. 싸구려 맥주로 치통을 다스리려던 그들의 소박한 생각에서도 우리는 인류의 사고방식과 우주론적 신비의 뿌리 깊은 연계를 보게 된다.

오늘날 우리는 우주를 이해할 수 있는 강력하고 정교한 방법을 알고 있다. 그것은 과학이라는 이름으로 불린다. 과학이 우리에게 알려준 바에 따르면 우주는 시간적으로 아주 오래됐으며 공간적으로 광막하게 널리 퍼져 있다고 한다. 그래서 그 안에서 벌어지는 인간의 활동은 얼른 보기에 아무런 가치도 없는 것으로 간주되기 쉽다. 우리는 코스모스에서 태어났지만 이제는 많이 자라 코스모스와 멀리 떨어진 지 오래됐다. 이제 코스모스는 우리의 일상사와 아무런 관계도 없는 별개의 세상처럼 보인다. 그러나 과학은 이와는 아주 다른 우주의 실상을 또한 우리에게 알려 준다. 우주는 현기증이 느껴질 정도로 황홀하지만 그렇다고 해서 인간이 이해할 수 없는 대상은 결코 아니다. 우리도 코스모스의 일부이다. 이것은 결코 시적 수사修辭가 아니다. 인간과 우주는 가장 근본적인 의미에서 연결돼 있다. 인류는 코스모스에서 태어났으며 인류의 장차 운명도 코스모스와 깊게 관련돼 있다. 인류 진화의 역사에 있었던 대사건들뿐 아니라 아주 사소하고 하찮은 일들까지도 따지고 보면 하나같이 우리를 둘러싼 우주의 기원에 그 뿌리가 닿아 있다. 독자들은 이 책에서 우주적 관점에서 본 인간의 본질과 만나게 될 것이다.

그러니까 1976년 여름이었다. 당시 나는 바이킹 착륙선의 비행 화상 촬영 연구팀의 일원으로서, 수백 명에 이르는 동료 과학자들과 함께 화성 탐사에 참여하고 있었다. 화성, 그것은 우리 태양계에 속한 하나의 행성이지만, 지구가 아닌 또 하나의 다른 세상임에 틀림이 없다. 따라서 우리는 인류 역사상 최초로 우주선 두 대를 지구 아닌 다른 세상에 착륙시켰던 것이다. 그 결과는, 5장에서 좀 더 자세히 다루겠지만, 우리에게 놀랄 만한 볼거리를 제공했을 뿐 아니라, 바이킹 우주 탐사 계획의 역사적 의의를 충분히 드러내고 남았다. 하지만 일반 대중은 이 인류사적 사건에 대해서 아무것도 모른 채 지내고 있었다. 당시 신문들은 화성 착륙 사건에 거의 신경을 쓰지 않았으며, 텔레비전 방송 매체도 바이킹 우주선 계획에 눈을 감고 있었다. 화성에 생명이 존재한다는 결정적 단서가 잡히지 않을 것이라는 예상이 점점 확실해지자, 문자와 영상 가릴 것 없이 모든 대중 매체들의 바이킹 계획에 대한 관심이 눈에 띄게 줄어들었다. 대중은 불확실성을 못 견디게 싫어한다. 화성의 하늘이 우리에게 익숙한 푸른색이 아니라 연분홍색이라는 사실을 알게 됐다. 이 결과를 발표하는 기자 회견장에서 이런 일이 있었다. 화성도 지구와 같이 푸른색의 하늘을 하고 있다고 잘못 알려져 그렇게 공표된 적이 있었다는 것을 설명하고, 화성의 하늘이 연분홍색이라고 발표하자, 그 자리에 있던 기자들이 모두 하나가 되어 "우우" 하고 야유하기 시작했다. 화성이 지구와 닮기를 바랐던 그들의 심경이 그 야유에 그대로 담겨 있었던 것이다. 언론과 방송에 종사하는 기자들은 화성이 지구와 다르다는 것이 알려지면 시청자들의 관심도 화성에서 멀어질 것임을 잘 알고 있었다. 그러나 화성 표면에 펼쳐진 풍경은 경이롭다 못해 숨이 멎을 정도의 것이었다. 나는 개인적으로 행성 탐사에 전 지구적 규모의 엄청난 관심이 상존한다고 굳게 믿고 있었다. 생명의 기원, 지구의 기원, 우주의 기원, 외계 생명과 문명의 탐색, 인간과 우주와의 관계 등을 밝혀내는 일이 인간 존재의 근원과 관계된 인간 정체성의 근본 문제를 다루는 일이 아니고 또 무엇이란 말인가? 인간 사고의 저변에는 자신의 기원에 관한 관심이 두껍게 깔려 있게 마련이다. 현대의 가장 강력한 대중 매체인 텔레비전이 대중의 관심을 기원의 문제로 끌어갈 것으로 나는 확신하고 있었던 것이다.

젠트리 리B. Gentry Lee도 나와 같은 생각을 하고 있었다. 그는 바이킹 탐사 계획의 자료 분석과 탐사 설계의 책임자였으며 탁월한 조직 결성 능력의 소유자였다. 우리 둘은 지나가는 말로, 대중의 무관심 문제를 해결하기 위하여 우리가 무언가를 해야겠다고 이야기하고는 했다. 그러던 중 언젠가 젠트리가 영상물 프로덕션 회사를 차려서 자연과학을 손에 들고 대중 속으로 파고들자는 제안을 내게 했다. 그 후 몇 달 동안 우리는 여러 가지를 계획하고 다양한 아이디어를 접하게 됐다. 그러던 중 공공 방송 프로 제공 협회Public Broadcasting Service의 KCET라는 이름의 로스앤젤레스 소재 한 지사支社가 우리에게 조심스럽게 접근해 왔다. 천문학을 다루지만 인간을 폭넓은 관점에서 조망하는 13부작 텔레비전 시리즈를 제작하자는 계약을 체결하게 됐다. 일반 시청자를 대상으로 삼지만, 그들의 가슴과 머리를 동시에 겨냥하면서, 그들의 귀와 눈에 하나의 충격을 줄 수 있는 내용의 기획물을 만들어 보자는 합의였다. 금융 기관과 만나고 연출자를 고용하는 등, 우리는 자신도 모르는 사이에 '코스모스Cosmos'라는 이름의 3년 프로젝트에 깊숙이 빠져들었다. 이 책을 쓰고 있는 현재 전 세계적으로 1억 4000만 명이 이 프로그램을 시청한 것으로 집계됐다. 이것은 지구 전체 인구의 3퍼센트에 이르는 숫자이다. 우리는 '코스모스' 시리즈를 제작하면서 대중에게 과학하기의 근본 아이디어와 방법 그리고 기쁨을 전달할 수 있기를 간절히 바랐다. 대중은 흔히 알려진 것보다 훨씬 더 높은 수준의 지성을 갖추고 있다. 우리가 살고 있는 이 세상의 본질과 기원에 관한 질문은 그것이 깊은 수준에서 던져진 진지한 물음이라면 반드시 엄청난 수의 지구인들에게 과학에 대한 흥미를 유발할 것이며 동시에 그들로 하여금 과학에 대한 열정을 불러일으키게 할 것이다. 현대 문명은 현 시점에서 하나의 중요한 갈림길에 서 있다. 어쩌면 이 갈림길에서의 선택이 인류라는 종 전체에게 중차대한 결과를 초래할 것이다. 이 갈림길에서 어느 쪽을 택하든, 과학에서 벗어나려고 아무리 애를 쓰든 인류의 운명은 과학에 묶여 있다. 과학을 이해하느냐 못하느냐가 우리의 생존 여부를 결정짓는 가장 중요한 요소로 작용할 것이다. 여기에 더해서, 과학은 본질적으로 재미있는 것이다. 인류가 자연에 대한 이해에서 기쁨을 얻을 수 있도록 진화해 왔기 때문이다. 자연을 좀 더 잘 이해한 자들이 생존에 그만큼 더 유리하다. 그런 의미에서 '코스모스'의 텔레비전 시리즈와 이 책은 하나의 실험인 셈이다.

이 책은 텔레비전 시리즈와 같이 진화해 왔다. 어떤 의미에서 서로가 상대방에게 기초를 제공했다고 하겠다. 이 책에 사용된 삽화와 사진 대부분이 텔레비전 시리즈를 통해 많은 이들에게 공감을 불러 일으켰던 영상물에서 따온 것이다. 하지만 이 책의 독자와 텔레비전 시리즈의 시청자가 서로 다를 수 있다는 점을 고려해서, 책과 텔레비전 시리즈가 다른 각도에서 제작된 것도 사실이다. 책이 텔레비전에 비해 갖는 장점이 있다. 책의 경우 이해하기 어려운 부분이나 복잡한 개념이 나오면 독자는 그 부분을 반복해서 읽을 수 있다. 아주 최근에는 비디오테이프와 비디오디스크 기술의 발달로 텔레비전도 이러한 장점을 어느 정도 지니게 됐지만, 아직 이 점에 있어서는 텔레비전이 책을 앞지를 수 없다. 제작 과정에서도 책이 텔레비전 프로그램 만들기보다 우리에게 자유를 더 많이 부여한다. 책의 주어진 장章에 포함할 내용의 범위와 깊이는 필자가 마음대로 조정할 수 있지만, 텔레비전 교양 프로그램이 58분 30초로 규정된 시간에 담아 낼 수 있는 내용의 범위와 수준은 어느 정도 정해져 있을 수밖에 없다. 그러므로 이 책이 텔레비전 시리즈보다 문제들을 더욱 깊이 있게 다루고 있다. 책에서 다루었지만 텔레비전 시리즈에서는 다루지 못한 내용이 많이 있다. 물론 반대의 경우도 있다. 앨리스와 그녀의 동무들이 고중력과 저중력 상황에서 겪는 일련의 사건을 존 테니얼John Tenniel 풍의 그림으로 그럴듯하게 설명해 놓았는데, 그 그림이 텔레비전의 가혹한 편집 과정에서 과연 살아남을 수 있을지 집필 중인 지금도 확실하지 않다. 화가 브라운Brown이 그린 애교 만점의 삽화들이 이 책에서나마 그래도 보금자리를 마련할 수 있어서 여간 다행이 아니다. 우주 달력Cosmic Calendar은 텔레비전 시리즈에는 방영됐으나 이 책에는 그대로 실을 수가 없었다. 굳이 이유를 밝힌다면, 같은 내용이 『에덴의 용*The Dragons of Eden*』이라는 나의 책에 들어 있기 때문이다. 비슷한 이유에서 로켓의 아버지 로버트 고더드Robert Goddard의 생애를 이 책에서 깊이 있게 다룰 수가 없었다. 『브로카의 뇌*Broca's Brain*』라는 책의 한 장을 전적으로 그의 생애에 할애했기 때문이다. 하지만 텔레비전 시리즈의 매 편에 대응되는 장을 이 책에 담아 놓았으며, 양쪽의 내용이 크게 달라지지 않도록 애를 썼다. 나는 책의 한 장과 그에 대응하는 텔레비전 시리즈의 한 편이 서로의 내용을 이해하는 데 하나의 상승 작용을 할 것으로 기대한다.

독자의 이해를 돕고 독자에게 개념을 확실하게 전달하기 위하여, 같은 내용의 주제를 여러 번에 걸쳐 반복해서 다룬 경우가 있다. 처음에는 아주 가볍게, 그리고 뒤로 갈수록 점점 더 무겁게 말이다. 예를 들면 1장에서는 각종 천체를 종합해서 전반적으로 소개하고, 뒤에 가서 천체의 종류마다 하나씩 좀 더 집중적으로 다루었다. 같은 방식을 2장에서 등장하는 돌연변이, 효소, 핵산 등에 관한 주제를 다루는 데에서도 볼 수 있다. 인류사에 나타난 위대한 개념들을 시간순으로 설명하지 않은 경우도 있다. 예를 들면 고대 그리스 과학자들의 사상을 7장에서 처음 취급하게 되는데, 이들보다 훨씬 나중에 등장한 요하네스 케플러의 업적을 3장에서 먼저 다룬다. 그리스 과학자들이 까딱 잘못하는 바람에 성취할 수 없었던 것이 과연 무엇인가를 안다면, 그들의 업적을 더 잘 평가할 수 있으며 그들의 진가를 더욱 높이 인정하게 될 것이다.

과학도 인간의 여타 문화 활동과 마찬가지로 문화 전반을 아우르는 총체적 관점에서 조명하고 논의해야 한다. 과학과 과학 이외의 문화 활동이 서로 격리돼서 성립할 수 있는 것이 아니기 때문이다. 과학의 발달 경로가 어떤 시기에는 다른 분야의 발달 경로와 살짝 스치기도 하고, 때로는 정면으로 충돌하기도 한다. 사회적, 정치적, 종교적, 그리고 철학적 문제와의 관계가 특히 그러했다. 하다못해 과학을 논하기 위한 텔레비전 영상물 한 편을 촬영하는 과정에서도 범세계적 관심사인 군사 활동이 비집고 들어와 어쩔 수 없이 그 영향을 받게 되는 상황을 직접 경험할 수 있었다. 화성에서 바이킹 탐사선이 실제 탐사에 임하기 전에 바이킹 착륙선의 실제 크기와 같은 모형 착륙선을 모하비 사막으로 가져가서 모의 탐사를 수행할 때에 있었던 일이다. 모의 탐사 시험장 근처의 공군 기지에서 폭격 훈련이 있을 때마다 우리의 모의실험은 중단되어야만 했다. 이집트 알렉산드리아에서의 경험도 재미있다. 이집트 공군이 매일 아침 9시에서 11시까지 비행 폭격 훈련을 실시했는데, 우리가 묵던 호텔이 그들의 기총 소사 포격 훈련의 목표물이었던 것이다. 그리스 사모스 섬에서 우리가 겪어야 했던 일은 더욱 가관이다. 북대서양 조약 기구NATO 군의 대규모 기동 훈련 때문에 촬영 허가를 마지막 순간까지 받을 수 없어서 우리 계획이 온통 무산될까 봐 무척이나 걱정했다. 그들은 누가 보기에도 뻔하게 지하에 막사를 건설하고 있었으며 산허리에 대포와 탱크 들을 배치하는 중이었다. 체코슬로바키아에서는 무전기가 말썽을 일으켰다. 외진 시골에서 일련의 촬영을 차질 없이 수행하기 위하여 촬영팀은 의사소통을 무전기에 의존하고 있었다. 그런데 우리의 무선 교신이 체코 공군의 전투비행단을 놀라게 했던 모양이다. 촬영이 진행되는 동안 전투기 편대가 우리 머리 위를 계속해서 배회했다. 우리의 촬영 활동이 체코의 국가 안보에 결코 아무런 해도 되지 않는다는 사실을 체코 말로 전해들은 다음에야 그들은 우리 상공에서의 배회를 그치고 사라졌다. 그리스, 이집트, 체코 그 어디에서든 각 나라의 국가 안보 기구에서 파견된 요원들이 우리의 촬영 현장에 따라붙었다. (구)소련의 칼루가Kaluga에서 러시아 우주항해학의 선구자인 콘스탄틴 치올코프스키Konstantin Tsiolkovsky의 생애에 관한 인터뷰를 촬영하려 했을 때도 마찬가지 일이 벌어졌다. 사전에 (구)소련 당국에 문의도 하고 허가도 요청했으나 단념하는 수밖에 없었다. 나중에 알게 된 사실이지만, 반체제 인사들의 재판이 바로 칼루가에서 열리기로 돼 있었다고 한다. 하지만 어느 나라에서든 많은 사람들이 우리 촬영팀에게 마음에서 우러나는 친절을 베풀어 줬다. 우리는 그들의 친절을 결코 잊을 수 없다. 그렇지만 군사 조직의 존재 또한 부인할 수 없는 범세계적 공통 현상이었다. 이러한 경험들을 통해서 나는 한 가지 결심을 하게 됐다. 책과 텔레비전 시리즈에서 군사 문제와 관련된 사회적 이슈들을 기회 있을 때마다 빼놓지 않고 다루겠다고 단단히 다짐했다.

한마디로 과학의 성공은 자정 능력에 있다. 과학은 스스로를 교정할 수 있다. 과학에서는 새로운 실험 결과와 참신한 아이디어가 나올 때마다 그 전에는 신비라는 이름으로 포장돼 있던 미지의 사실이 설명될 수 있는 합리적 현상으로 바뀌어 간다. 9장에서 논의한 중성미자의 문제가 그 좋은 예가 될 수 있다. 중성미자라는 포착하기조차 어려운 입자가 태양 내부에서 이론적 예상보다 적게 만들어지는 것으로 드러났다. 그러자 이것을 설명하기 위한 방안들이 속속 등장했다. 10장에서 다루는 문제도 좋은 예이다. 현대 우주론은 우주의 물질 밀도가 충분히 커서 멀리 있는 은하들의 후퇴 운동을 종국에 가서는 멈추게 할 수 있을 건지, 우주는 그 나이가 무한대인 존재이고 따라서 우주의 창조를 부정할 수 있을지 같은 형이상학적이고 신비주의적인 문제들도 과학적인 방법으로 논의하기 위해 갖은 애를 쓴다. 이 두 가지 질문에 대한 해결의 실마리를 캘리포니아 대학교 프레드릭 라인스Fredrick Reines의 실험이 쥐고 있는 듯하다. 그는 다음과 같은 주장을 한다. (a) 중성미자는 세 개의 다른 상태로 존재하는데, 태양 연구에 쓰이는 중성미자 망원경에는 그중에서 단 한 가지 상태에 있는 것만이 검출된다. (b) 중성미자는 빛, 즉 광자와 달리 질량을 갖고 있기 때문에 우주에 퍼져 있는 중성미자들의 총질량을 고려한다면 우리의 우주는 닫힌 우주라고 판단할 수 있다. 따라서 우주의 팽창도 언젠가는 멈추게 될 것이다. 미래에 수행될 실험들이 이러한 아이디어의 진위를 밝혀 줄 것이다. 그러나 여기서 우리가 기억해 둬야 할 가장 중요한 점은, 과학이라는 이름의 대담한 기획에서는 이미 제시된 지혜에 대한 재평가가 끊임없이 이루어진다는 사실이다. 이것이야말로 과학하기의 위력이며 과학하기의 요체인 것이다.

많은 분들의 도움 없이는 '코스모스' 같은 대규모 프로젝트는 성공하기 어렵습니다. 그분들 모두에게 감사하는 마음을 제한된 지면에 다 표현할 수는 없습니다. 그럼에도 불구하고 몇 분에게는 이 자리를 빌어 감사의 말씀을 꼭 드려야겠습니다. 저는 젠트리 리에게 특별히 감사합니다. 그리고 '코스모스' 제작팀에게 감사합니다. 선임 프로듀서 제프리 헤인스스타일스Geoffrey Haines-Stiles와 데이비드 케너드David Kennard 그리고 연출가 에이드리언 멜런Adrian Melone이 그분들입니다. 미술가로서 참여해 주신 분들 중에 존 롬버그Jon Lomberg에게 먼저 감사합니다. 그는 코스모스 시리즈의 시각 영상물 디자인과 구성에 결정적 역할을 이 프로젝트가 구상되던 초기부터 해 왔습니다. 존 앨리슨John Allison, 아돌프 샬러Adolf Schaller, 릭 스턴박Rick Sternbach, 돈 데이비스Don Davis, 브라운Brown, 그리고 앤 노르치아Anne Norcia가 모두 미술 부문에서 큰 활약을 해 주셨습니다. 자문단에서는 도널드 골드스미스Donald Goldsmith, 오언 진저리치Owen Gingerich, 폴 폭스Paul Fox, 데인 애커먼Daine Ackerman 그리고 카메론 벡Cameron Beck이 저자에게 큰 도움을 주셨습니다. KCET 경영진에게도 감사합니다. 그레그 앤도퍼Greg Andorfer가 KCET 측의 제안을 우리에게 처음 전해 준 장본인이며, 척 앨런Chuck Allen, 윌리엄 램William Lamb, 제임스 로퍼James Loper가 KCET에서 코스모스의 계획을 도와주셨습니다. 코스모스 텔레비전 시리즈 사업을 지원해 주신 여러 기관께도 감사합니다. 애틀랜틱 리치필드 컴퍼니Atlantic Reachfield Company, 미국 공공 방송 협회Corporation of

Public Broadcasting, 아서 바이닝 데이비스 파운데이션Arthur Vining Davis Foundations, 앨프리드 피 슬론 파운데이션Alfred P. Sloan Foundation, 영국 방송 협회British Broadcasting Corporation, 그리고 폴리텔 인터내셔널Polytel International이 그들입니다. 또 '코스모스' 시리즈 제작에 참여해 주신 공동 프로듀서 여러분께 고마움을 전합니다. 구체적 사실에 대한 확인을 일일이 해 주셨거나 우리가 이 계획에서 취하는 접근 방식에 대하여 전문가로서 의견을 주신 분들의 성함을 이 책 끝에 적어 놓았습니다. 그러나 이 책의 내용에 대한 최종 책임은 물론 저에게 있습니다. 랜덤 하우스Random House 출판사의 임직원 여러분께 감사합니다. 특히 이 책의 편집을 맡아 주신 앤 프리드굿Anne Freedgood, 책의 디자인을 맡아 주신 로버트 올리치노Robert Aulicino는 자신들의 업무에서 전문가로서의 훌륭한 역량을 보여 주셨을 뿐만 아니라, 텔레비전 시리즈의 마감 시간과 책의 출판 일정이 서로 상충할 때, 인내와 지혜로 문제를 슬기롭게 해결해 주셨습니다. 저의 보좌진의 대표인 셜리 아든Shirley Arden에게 저는 특별히 감사해야 할 빚을 지고 있습니다. 셜리는 이 책의 초고를 타자본으로 만들어 주었고 끊임없이 이어지는 수정 작업을 적기에 마치고, 수정된 원고를 적소에 넣어 주었습니다. 늘 즐거운 모습으로 필요한 업무를 능숙하고 완벽하게 처리했습니다. 그녀가 '코스모스' 프로젝트를 성공으로 이끄는 데 기여한 부분이 단지 이것뿐이라고 생각한다면 큰 오산입니다. 셜리는 여러 면에서 참으로 많은 공헌을 했습니다. 나는 코넬 대학교Cornell University 당국에 특별히 감사합니다. 그 감사는 말로 표현될 수 있는 성격의 것이 아닙니다. '코스모스' 프로젝트가 진행되는 동안 대학 당국은 저에게 2년이라는 긴 기간의 휴직을 허락했습니다. 그리고 이 기간 동안 코넬 대학교의 동료 교수들과 학생들이 제게 보여 준 끊임없는 신뢰에 깊이 감사합니다.미국 국립 항공 우주국과 제트 추진 연구소의 공동 연구진과 보이저 탐사 촬영 팀에서 같이 연구에 임한 동료들에게도 감사 인사를 드립니다.

『코스모스』를 집필하는 과정에서 나는 앤 드루얀Ann Druyan과 스티븐 소터Steven Sorter에게 참으로 많은 빚을 졌습니다. 이분들은 '코스모스' 텔레비전 시리즈의 공동 저자로서 『코스모스』 집필에 결정적인 기여를 해 주셨습니다. 이 저작물 전반에 흐르는 기본 아이디어의 구상에서부터, 그 아이디어들 이면에 숨어 있는 깊은 연계성의 발굴과, 그리고 시리즈 각 편에 담아 낸 내용의 지적 수준과 구조, 또 멋들어진 문체의 구사에 이르기까지 그들의 손길이 닿지 않은 곳이 없을 정도입니다. 이 책의 초고를 왕성한 의욕과 비판적 시각으로 철저하게 읽어 주셨습니다. 나에게 준 이들의 건설적이며 창조적인 제언들이 수없이 이어지는 퇴고의 과정을 통해서 이 책에 그대로 드러나 있습니다. 텔레비전 시리즈의 공동 저자로서 이분들이 쓰신 대본이 이 책의 내용을 결정하는 데 주요한 영향을 미쳤던 것입니다. 나는 이분들과 여러 차례에 걸쳐 열띤 토론과 심도 깊은 토의를 하면서 크나큰 기쁨을 맛볼 수 있었습니다. 바로 그 기쁨이 내가 '코스모스' 프로젝트에서 얻을 수 있었던 가장 중요한 보상들 중 하나였습니다.

1980년 5월

이타카와 로스앤젤레스에서

차례

소규모의 은하단.
나선 은하와 타원 은하를
모두 볼 수 있다.
아돌프 샬러의 그림.

1 코스모스의 바닷가에서

맨 처음에 창조된 사람들은 "흉악한 웃음의 마법사", "밤의 마법사", "야만인", "어둠의 마법사"라는 이름으로 불렸다. …… 그들은 지혜를 부여받았기에, 세상의 모든 것을 알아챌 수 있었다. 이들이 눈을 떠 세상을 둘러보자, 그 즉시 모든 것을 인지하였으며 거대한 천구天球와 땅의 둥그런 얼굴도 모두 알아보았다. (그러자 창조주께서 입을 여셨다.) "저들은 전지全知하구나, 이제 저들을 어찌하면 좋단 말이냐? 저들의 눈길이 가까운 곳에만 이르게끔 하고, 땅의 얼굴도 조금씩밖에 보지 못하게 하리라! 저들은 우리 손에서 나온 한갓 피조물이 아니던가? 저들마저 신이 된대서야 어디 말이 되겠는가?"

— 퀴체 마야의 성전 『포폴 부흐』

네가 넓은 땅 위를 구석구석 살펴 알아 보지 못한 것이 없거든, 어서 말해 보아라. 빛의 전당으로 가는 길은 어디냐? 어둠이 도사리고 있는 곳은 어디냐? — 「욥기」

나의 위엄을 찾을 곳은 우주가 아닙니다. 그것은 내 사고의 제어 기제에서 찾아져야 합니다. 내가 세상들을 차지했다면 더 가질 것이 없습니다. 우주는 공간을 온통 둘러싸서, 나를 원자 알갱이 하나 삼키듯이 먹어 버립니다. 나는 생각함으로써 세상을 이해합니다. — 블레즈 파스칼, 『팡세』

앎은 한정되어 있지만 무지에는 끝이 없다. 지성에 관한 한 우리는 설명이 불가능한, 끝없는 무지의 바다 한가운데 떠 있는 작은 섬에 불과하다. 세대가 바뀔 때마다 그 섬을 조금씩이라도 넓혀 나가는 것이 인간의 의무이다. — 토머스 헉슬리, 1887년

코스모스COSMOS는 과거에도 있었고 현재에도 있으며 미래에도 있을 그 모든 것이다. 코스모스를 정관靜觀하노라면 깊은 울림을 가슴으로 느낄 수 있다. 나는 그때마다 등골이 오싹해지고 목소리가 가늘게 떨리며 아득히 높은 데서 어렴풋한 기억의 심연으로 떨어지는 듯한, 아주 묘한 느낌에 사로잡히고는 한다. 코스모스를 정관한다는 것이 미지未知 중 미지의 세계와 마주함이기 때문이다. 그러므로 그 울림, 그 느낌, 그 감정이야말로 인간이라면 그 누구나 하게 되는 당연한 반응이 아니고 무엇이겠는가.

인류는 영원 무한의 시공간에 파묻힌 하나의 점, 지구를 보금자리 삼아 살아가고 있다. 이러한 주제에 코스모스의 크기와 나이를 헤아리고자 한다는 것은 인류의 이해 수준을 훌쩍 뛰어 넘는 무모한 도전일지도 모른다. 모든 인간사는, 우주적 입장과 관점에서 바라볼 때 중요키는커녕 지극히 하찮고 자질구레하기까지 하다. 그러나 인류는 아직

젊고 주체할 수 없는 호기심으로 충만하며 용기 또한 대단해서 '될 성 싶은 떡잎'임에 틀림이 없는 특별한 생물 종이다. 인류가 최근 수천 년 동안 코스모스에서의 자신의 위상과, 코스모스에 관하여 이룩한 발견의 폭과 인식의 깊이는 예상 밖의 놀라움을 인류 자신에게 가져다주었다. 우주 탐험, 그것을 생각하는 것만으로도 우리의 가슴은 설렌다. 그것은 우리 모두에게 생기와 활력을 불어넣는다. 진화는 인류로 하여금 삼라만상에 대하여 의문을 품도록 유전자 속에 프로그램을 잘 짜놓았다. 그러므로 안다는 것은 사람에게 기쁨이자 생존의 도구이다. 인류라는 존재는 코스모스라는 찬란한 아침 하늘에 떠다니는 한 점 티끌에 불과하다. 그렇지만 인류의 미래는 우리가 오늘 코스모스를 얼마나 잘 이해하는가에 크게 좌우될 것이라고 나는 확신한다.

우리가 이제 떠나려는 탐험에는 회의懷疑의 정신과 상상력이 필요하다. 상상력에만 의존한다면 존재하지도 않는 세계로 빠져 버리는 우愚를 범하게 될 것이다. 그러나 우리 앞에 놓인 탐험은 상상력 없이는 단 한 발짝도 뗄 수 없는 여정의 연속일 것이다. 회의의 정신은 공상과 실제를 분간할 줄 알게 하여 억측의 실현성 여부를 검증해 준다. 코스모스는 그 바닥을 알 수 없는 깊은 보물 창고로서 그 우아한 실제, 절묘한 상관관계 그리고 기묘한 작동 원리를 그 안에 모두 품고 있다.

코스모스를 거대한 바다라고 생각한다면 지구의 표면은 곧 바닷가에 해당한다. '우주라는 바다'에 대하여 우리가 알고 있는 것은 거의 대부분 우리가 이 바닷가에 서서 스스로 보고 배워서 알아낸 것이다. 직접 바닷물 속으로 들어간 것은 극히 최근의 일이다. 그것은 겨우 발가락을 적시는 수준이었다. 아니, 기껏해야 발목을 물에 적셨다고나 할까. 그 물은 시원해서 좋다. 그리고 저 바다는 우리에게 들어오라고 손짓하는 듯하다. 우리가 바로 이 바다에서 나왔다는 사실을 우리는 가슴 저 깊숙한 곳으로부터 알고 있다. 그래서 인간은 근원으로 되돌아가고 싶다는 소망을 간절하게 품는 것이다. 비록 우리의 이러한 갈망이 미지의 신들의 심기를 불편케 할지언정 그것을 불경스럽다고만 탓하지 말자.

코스모스는 너무 거대하여 우리가 통상 사용하는 길이 단위인 미터나 마일로는 도무지 그 크기를 가늠할 수 없다. 미터나 마일은 지상에서 쓰기에 편리하도록 고안된 단위일 뿐이다. 천문학에서는 그 대신 빛의 빠른 속도를 이용하여 거리를 잰다. 빛은 1초에 약 18만 6000마일 또는 거의 30만 킬로미터, 즉 지구 7바퀴를 돈다. 빛은 태양에서 지구까지 8분이면 온다. 그러므로 태양은 지구에서 약 8광분光分만큼 떨어져 있다. 빛은 1년이면 10조 킬로미터, 약 6조 마일을 간다. 천문학자들은 빛이 1년 동안 지나간 거리를 하나의 단위로 삼아 1광년光年이라고 부른다. 광년은 시간을 재는 단위가 아니라 거리를, 그것도 엄청나게 먼 거리를 재는 단위이다.

지구는 우주에서 결코 유일무이唯一無二한 장소라고 할 수 없다. 그렇다고 해서 우주 어디에서나 볼 수 있는 아주 전형적인 곳은 더더욱 아니다. 행성이나 별이나 은하를 전형적인 곳이라 할 수 없는 까닭은 코스모스의 대부분이 텅 빈 공간이기 때문이다. 코스모스에서 일반적인 곳이라 할 만한 곳은 저 광대하고 냉랭하고 어디로 가나 텅 비어 있으며 끝없는 밤으로 채워진 은하 사이의 공간이다. 그 공간은 참으로 괴이하고 외로운 곳이라서 그곳에 있는 행성과 별과 은하 들이 가슴 시코스모스의 거시적 무늬. 지구에서 10억 광년 내에 있는 은하들 중에서 가장 밝은 것 100만 개만을 골라 늘어놓음으로써 은하 지도를 제작할 수 있었다. 그렇게 만든 지도의 일부를 여기에 옮겨 놓았다. 이 사진에 보이는 작은 정사각형 하나하나가 수십억 개의 별을 포함한 은하이다. 캘리포니아 대학교 리크 천문대 소속의 도널드 셰인Donald Shane과 칼 위르테넌Carl Wirtanen은 이 지도를 만들기 위해 12년 동안 전 하늘을 망원경으로 관측해야 했다.

리도록 귀하고 아름다워 보인다. 코스모스의 어느 한구석을 무작위로 찍는다고 했을 때 그곳이 운 좋게 행성 바로 위나 근처일 확률은 10^{-33}이다.[1] 우리가 살면서 일어날 확률이 그렇게 낮은 일이 일어나는 것을 본다면 우리는 그 일에 매혹될 수밖에 없을 것이다. 이런 의미에서 사람이 살고 있는 이 세상은 참으로 고귀한 것이라고 단언할 수 있다.

은하와 은하 사이의 공간에서 본다면 바다 물결 위의 흰 거품처럼 헤아릴 수도 없이 많은 희미하고 가냘픈 덩굴손 모양의 빛줄기가 암흑을 배경으로 떠 있는 것이 보일 것이다. 이것들이 은하다. 이들 중에는 홀로 떠다니는 고독한 녀석도 있지만, 대부분은 은하단이라는 집단을 이루며 한데 어우러져 거대한 코스모스의 암흑 속을 끝없이 떠다닌다. 이것이 우리가 아는 코스모스의 가장 거시적인 모습이며, 여기가 바로 성운들의 세계이다. 지구에서 80억 광년 떨어진 곳, 우리가 우주의 중간쯤으로 알고 있는 머나먼 저곳이 성운들의 세상이란 말이다.

은하는 기체와 티끌과 별로 이루어져 있다. 수십억 개에 이르는 별들이 무더기로 모여 은하를 이룬다. 별 하나하나가 누군가에게는 태양일 수 있다. 그러므로 은하 안에는 별들이 있고 세계가 있고 아마도 각종 생명이 번성한 자연계가 있고 지능을 소유한 고등 생물의 집단이 있으며 우주여행을 자유자재로 할 수 있는 고도의 문명 사회들도 있을 것이다. 그러나 이처럼 은하를 멀리서 바라보면 은하가 아기자기한 것들을 모아 놓은 하나의 예술 작품으로 보인다. 그것은 조개껍데기나

1. 10^{33}이라는 숫자는, 1 다음에 0이 33개나 붙는 큰 수다. 그러니까 어떤 일이 일어날 확률이 10^{-33}, 즉 $1/10^{33}$이란, 10^{33}번 시도해야 그런 일을 한 번 정도 기대할 수 있다는 뜻이다. — 옮긴이

산호 조각처럼 코스모스라는 바다에서 자연이 영겁永劫의 세월에 걸쳐 조탁하여 만들어 낸 예술품이다.

우주에는 은하가 대략 1000억(10^{11}) 개 있고 각각의 은하에는 저마다 평균 1000억 개의 별이 있다.[2] 모든 은하를 다 합치면 별의 수는 $10^{11} \times 10^{11} = 10^{22}$개나 된다. 게다가 각 은하에는 적어도 별의 수만큼의 행성들이 있을 것이다. 이토록 어마어마한 수의 별들 중에서 생명이 사는 행성을 아주 평범한 별인 우리의 태양만이 거느릴 가능성은 얼마나 될까? 코스모스의 어느 한구석에 숨은 듯이 박혀 있는 우리에게만 어찌 그런 행운이 찾아올 수 있었을까? 우리의 특별한 행운을 생각하는 것보다 우주가 생명으로 그득그득 넘쳐 난다고 생각하는 편이 훨씬 더 그럴듯하다. 그러나 그것이 사실인지 아닌지를 우리는 아직 모른다. 우리는 이것을 알아내기 위한 탐험을 이제 막 시작했을 뿐이다. 80억 광년쯤 떨어진 곳에서는 우리 은하수 은하가 속해 있는 은하단이 있는지도 확인하기 힘들다. 그러니 태양이나 지구는 더 말할 나위 있겠는가. 그러나 현재까지 우리가 생명이 서식한다고 알고 있는 행성은 지구밖에 없다. 그렇지만 지구는 암석과 금속으로 이루어진 조그마한 바위덩어리에 불과하다. 간신히 태양 빛을 반사하고 있기에 조금만 멀리 떨어져도 그 존재를 알아볼 수 없다.

그러나 우리의 코스모스 항해는 지구의 천문학자들이 국부 은하군Local Group of galaxies이라고 부르는 곳에 곧 다다른다. 국부 은하군은 지름이

2. 거대 숫자를 부르는 데 우리는 미국식 명칭을 사용하기로 한다. 즉, 미국에서 billion이란 10억을 의미하는 수로서 과학에서는 10^{9}으로 표기하며, trillion은 1조, 10^{12}을 뜻한다. 과학적 표기법에서 위첨자로 쓴 지수가 1 뒤에 오는 0의 개수를 나타낸다.

몇 백만 광년 정도 되고 10~20개의 은하들로 이루어져 있다. 그중에 유별나지 않은 아주 소박한 은하단이 하나 있다. 그리고 그 안에 M31이라는 은하가 있는데, 지구에서는 안드로메다자리에서 관측된다. M31은 별과 티끌과 기체가 모여서 거대한 바람개비 모양을 하고 있는 나선 은하로서 작은 위성 은하를 둘 거느리고 있다. 이 두 개의 왜소 타원 은하를 붙들고 있는 힘이 중력인데, 나를 의자에 앉아 있도록 붙들어 주는 힘도 중력이다. 우주 어디에서나 똑같은 자연 법칙이 성립하는 것이다. 이제 우리의 여행은 지구로부터 200만 광년의 거리를 통과했다.

M31 너머로 그와 비슷한 모양의 나선 은하가 하나 더 있다. 그것은 나선 팔을 천천히, 2억 5000만 년마다 한 번씩 돌리는 바로 우리 은하수 은하이다. 이제 우리는 인류의 보금자리, 지구에서 4만 광년쯤 떨어진 곳에 와 있다. 그렇다면 지금부터 우리는 은하수 은하의 중력에 붙잡혀 은하 중심부로 끌려 들어갈 것이다. 그러나 우리의 목표는 지구이므로 은하수 은하의 가장자리, 나선 팔의 한쪽 끝, 은하 변두리의 이름 없는 장소로 방향을 돌려야 한다.

나선 팔 안은 물론이고 나선 팔과 나선 팔 사이를 지나다 보면 스스로 빛을 내는 별들이 모인 지극히 아름다운 집단들이 우리에게 깊은 인상을 남기며 우리 곁을 스쳐 지나간다. 그 집단들 중에는 비눗방울처럼 가냘프게 생겼으면서, 태양 1만 개 또는 지구 1조 개나 들어갈 수 있을 만큼 어마어마하게 큰 것들이 있다. 또 천체들 중에는 크기는 작은 마을만 하지만 그 밀도는 납의 100조 배나 되는 것도 있다. 태양처럼 홀몸인 별도 있지만 동반성과 함께하는 별이 더 많다. 별들은 주로 두 별이 서로 상대방 주위를 도는 하나의 쌍성계雙星系를 이룬다. 그리고 겨우 별 셋으로 이루어진 항성계에서 시작하여, 여남은 별들이 엉성하게 모여 있는 성단, 수백만 개의 구성원을 뽐내는 거대한 구상 성단球狀星團까지 천차만별의 항성계들이 은하에 있다. 쌍성계들 중에는 두 구성 별이 맞닿을 정도로 가까워, 상대방 '별의 물질'을 서로 주고받는 근접 쌍성계들도 있다. 대부분의 쌍성계에서는 두 별이 태양과 목성 정도의 거리를 두고 서로 멀리 떨어져 있다. 초신성超新星같이 저 혼자 내는 빛이 은하 전체가 내는 빛과 맞먹을 만큼 밝은 천체가 있는가 하면, 블랙홀black hole과 같이 겨우 몇 킬로미터만 떨어져도 보이지 않는 어두운 별이 있다. 밝기만 보더라도 일정한 빛을 내는 별이 있는가 하면 불규칙하게 가물거리는 별이 있고 틀림없는 주기로 깜빡이는 별도 있다. 우아하고 장중하게 자전하는 별이 있는 반면, 팽이같이 지나치게 빨리 돌다가 제 형체마저 찌부러뜨린 별도 있다. 대개의 별들은 가시광선과 적외선을 내지만, 어떤 별은 하도 뜨거워서 엑스선이나 전파를 내기도 한다. 푸른색의 별은 뜨거운 젊은 별이고, 노란색의 별은 평범한 중년기의 별이다. 붉은 별은 나이가 들어 죽어 가는 별이며 작고 하얀 별이나 검은 별은 아예 죽음의 문턱에 이른 별이다. 이렇게 다양한 성격의 별들이 우리 은하 안에 4000억 개 정도 있다. 이 별들이 복잡하면서도 질서정연하고 우아한 법칙에 따라 움직인다. 이 많은 별들 중에서 지구인들이 가까이 알고 지내는 별은, 적어도 아직까지는, 태양 하나뿐이다.

항성계들은 이웃 항성계와 수 광년의 거리를 사이에 둔 채로 격리돼 있다. 그러므로 그들 하나하나가 우주의 외딴 섬인 셈이다. 이렇게 셀 수도 없을 정도로 많은 섬들 중에는 진화 단계에서 지성을 갖추게 된 생물들이 태어난 곳도 있을 것이다. 그들은 저마다 제가 살고 있는 알량한 행성이나, 변변치 못한 별 여남은 개가 이 세상의 전부인 줄 알 것이다. 인류는 지구에 고립된 채로 성장해 왔으나 이제는 서서히, 그것도 제 스스로 코스모스를 이해하기 시작했다.

그런 별 중에는 수백만 개의 크고 작은 암석 조각으로만 둘러싸인 별들도 있을 것이다. 이 돌덩이들은 진화를 못한, 초기 단계의 행성계이다. 그리고 어쩌면 우리 태양계와 비슷한 행성계를 갖춘 별들도 있을 것이다. 그 행성계의 외곽에는 고리를 걸치고 얼음 위성을 거느린 거대한 기체 행성들이 있고, 가운데로 갈수록 더 작고 따뜻하며 푸른 하늘과 흰 구름을 가진 세계들이 있을지도 모른다. 그런 행성들 중 하나에서 지적 생물이 진화해 행성 표면을 대규모로 개조하고 있을지 모른다. 그들은 코스모스에 사는 우리의 형제요 자매이다. 그들은 지구의 인류와 어떻게 다를까? 겉모습은 어떻고, 신체의 생화학적 메커니즘, 신경생리학적 구조, 역사, 정치, 과학, 기술, 예술, 음악, 종교, 철학은 어떠할까? 언젠가 우리는 저들을 알게 될 것이다.

이제 우리는 지구에서 1광년 떨어진 지구의 뒷마당에 이르렀다. 거대한 눈 덩어리들이 태양을 둥글게 에워싸며 무리를 이루고 있다. 혜성들의 고향이다. 얼음과 암석과 유기 분자가 이 혜성들의 핵심 구성 성분이다. 지나가던 별들의 중력이 심심치 않게 이들을 슬쩍슬쩍 건드리면 그때마다 얼음 덩어리들 중의 하나가 태양계 안쪽으로 날아간다. 그러면 태양의 열이 얼음을 증발시키고 얼음 덩어리에서 아름다운 혜성의 꼬리가 길게 뻗어 나온다.

자, 이제 태양계의 행성들에게로 다가가 보자. 행성은 혜성보다 좀 더 큰 세계이다. 이들은 태양의 중력에 붙잡혀서 거의 원형의 궤도를 따라 태양 주위를 돌고 있다. 그리고 주로 태양 광선에서 열을 공급받는다. 명왕성은 메탄 얼음으로 덮여 있는 행성으로 카론이라는 대형 위성을 하나 거느리고 있다. 태양 광선을 멀찍이서 받는 명왕성에서는 태양이 칠흑의 어둠 속에서 작게 빛나는 점으로밖에 보이지 않는다. 해왕성, 천왕성, 태양계의 보석인 토성 그리고 목성은 거대한 기체 덩어리들이다. 이 목성형 행성들은 하나도 빠짐없이 얼어붙은 위성들을 주르르 거느리고 있다. 기체 행성들과 거대한 빙산 덩어리들이 공전하는 지역을 지나 태양 쪽으로 향하여 따뜻한 내행성계로 들어가면 우리는 그곳에서 암석 지대를 만나게 된다. 예를 들어 붉은 화성에서는 화산이 솟아오르고 깊은 협곡이 입을 쩍쩍 벌리며 어마어마한 규모의 모래 폭풍이 행성 전체를 휘감는다. 어쩌면 화성에는 아주 단순한 생물이 있을지도 모른다.

지금까지 우리가 보아 온 모든 행성들은 태양 주위를 공전한다. 태양은 우리에게 가장 가까운 별이다. 태양의 중심에는 수소와 헬륨 기체가 핵융합 반응을 일으키는 용광로가 자리 잡고 있다. 이 용광로가 태양계를 두루 비추는 빛의 원천인 것이다.

드디어 기나긴 여행이 끝나고 우리는 작고 부서지기 쉬운, 청백색의 세계로 돌아왔다. 우리의 상상력이 아무리 대담하게 비약한다 한들 지구를 코스모스라는 광대한 바다와 대등하다 할 수는 없을 것이다. 지구는 광막한 우주의 미아이며 무수히 많은 세계 중의 하나일 뿐이다. 지구가 우리에게만 의미심장한 곳일지 모르겠지만, 어쩌랴 우리의 보금자리요 우리를 길러 준 부모가 지구인 것을. 이곳에서 생명이 발생하여 진화했으며, 인류도 이곳에서 태어나 유년기를 지내고 성년으로 자라는 중이다. 바로 여기에서 인류는 코스모스 탐험의 열정을 키웠으며 아무런 보장保障 없이 고통스러운 우리의 운명을 개척해 나가고 있다.

행성 지구에 오신 것을 환영합니다. 푸른 질소의 하늘이 있고 바다가 있고 서늘한 숲이 펼쳐져 있으며 부드러운 들판이 달리는 지구에 오신 것을 환영합니다. 지구는 생명이 약동하는 활력의 세계이다. 지구는 우주적 관점에서 볼 때에도 가슴 시리도록 아름답고 귀한 세상이다. 지구는 이 시점까지 우리가 알고 있는 한, 유일한 생명의 보금자리이다. 우리는 공간과 시간을 헤쳐 우주를 두루 돌아다녔다. 그렇지만 코스모스의 물질이 생명을 얻어 숨을 쉬고 사물을 인식할 수 있게 된 곳은 이곳 이외에는 아직 찾을 수가 없었다. 이곳은 확실히 물질이 인식의 주체가 될 수 있었던 곳이다. 이와 비슷한 세계가 우주 곳곳에 흩어져 있겠지만, 그곳들은 우리가 앞으로 찾아야 할 희망의 대상이다. 위대한 탐험은 바로 여기, 지구에서 시작될 것이다. 인류가 값비싼 대가를 치르면서 100만 년 이상의 긴 세월에 걸쳐 거둬들이고 축적해 놓은 지혜로 우주 탐사의 문을 열 수 있었던 곳이 바로 여기 지구란 말이다. 오늘날 우리는 위대한 지성들과 동시대를 살고 있다. 그들은 명석하며 호기심으로 가득 찬 용기 있는 인물들이다. 한발 더 나가서 현대는 학구적 탐험의 정신을 높이 사는 시대이다. 우리가 이러한 시대정신과 함께할 수 있다니 얼마나 큰 축복일까. 돌이켜 보건대 인류는 별에서 태어났다. 그리고 잠시 지구라 불리는 세계에 몸을 담고 살고 있다. 그러나 이제 자신의 원초적 고향으로 돌아가고 싶어 감히 그 기나긴 여정의 첫발을 내딛고자 하는 것이다.

인류 문명사에서 중요한 것들은 대체로 고대 근동 지역에서 발견되고 만들어졌다. 지구가 '조그마한 세계'라는 인식 역시, 현대인들이 기원전 3세기라고 부르는 시절에 당시의 거대 도시, 이집트의 알렉산드리아에서 비롯되었다. 그 무렵 알렉산드리아에는 에라토스테네스Eratosthenes라는 인물이 살고 있었다. 그를 시기하고 경쟁의 상대로 여겼던 어떤 사람은 그를 "베타"라고 불렀다고 한다. 베타는 알다시피 그리스 어 알파벳의 두 번째 글자이다. 에라토스테네스는 무슨 일을 하든 그 분야에서 여지없이 세계 둘째가는 사람이기 때문에 베타라는 이름으로 불렸다는 것이다. 그러나 에라토스테네스가 손을 댄 거의 모든 분야에서 그는 '베타'가 아니라 아주 확실한 '알파'였다. 에라토스테네스는 천문학자이자, 역사학자, 지리학자, 철학자, 시인, 연극 평론가였으며 수학자였다. 『천문학*Astronomy*』에서 시작하여, 『고통으로부터의 자유*On Freedom from Pain*』까지 그가 쓴 책의 제목만 보아도 그의 관심이 광범위하고 다양했음을 알 수 있다. 그는 또한 유명한 알렉산드리아 도서관을 책임진 도서관장이었다. 어느 날 거기서 그는 파피루스 책에 다음과 같은 내용이 적혀 있는 것을 보았다. 남쪽 변방인 시에네Syene 지방, 나일강의 첫 급류 가까운 곳에서는 6월 21일 정오에 수직으로 꽂은 막대기가 그림자를 드리우지 않는다. 1년 중 낮이 가장 긴 하짓날에는 한낮에 가까이 갈수록 사원의 기둥들이 드리우는 그림자가 점점 짧아졌고 정오가 되면 아예 없어졌으며 그때 깊은 우물 속 수면 위로 태양이 비춰 보인다고 씌어 있었다. 태양이 머리 바로 위에 있다는 뜻이었다.

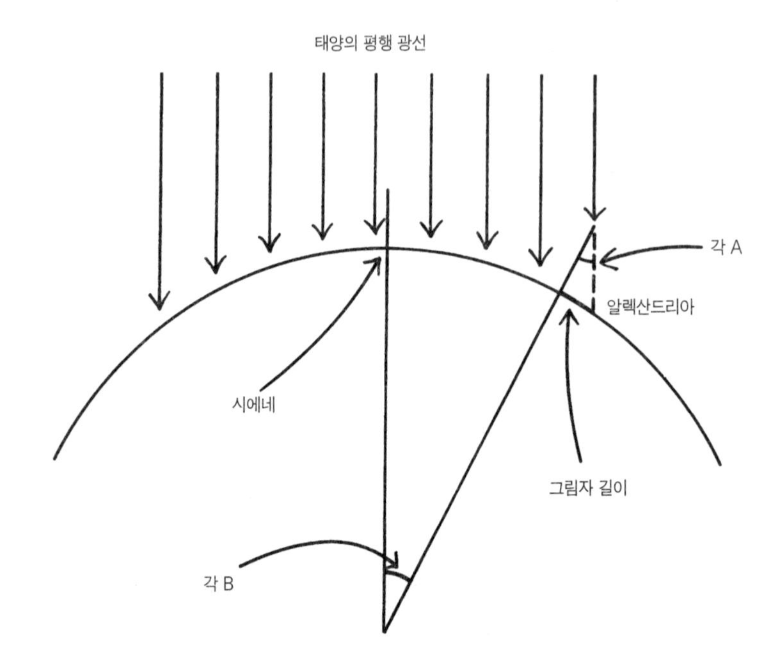

알렉산드리아에서 잰 그림자의 길이에서 각 A를 측정할 수 있다. 그러나 두 개의 평행선을 제3의 직선이 지나면서 만드는 두 내각은 서로 같다는 간단한 기하학의 원리에서 각 A와 각 B는 같은 크기여야 함을 알 수 있다. 그러므로 에라토스테네스는 알렉산드리아에서 각 A를 잼으로써 시에네와 알렉산드리아가 지표상에서 서로 7도 떨어져 있다는 결론을 내렸다.

보통 사람 같으면 쉽게 지나쳐 버릴 관측 보고였다. 나무 막대기, 그림자, 우물 속의 비친 태양의 그림자, 태양의 위치처럼 단순하고 일상적인 일들이 무슨 중요한 의미를 품고 있으랴? 그러나 에라토스테네스는 과학자였다. 그는 이렇게 평범한 사건들을 유심히 봄으로써 세상을 바꾸어 놓았다. 어떻게 보면 세상이 다시 만들어졌다고 해도 과언이 아니다. 에라토스테네스는 실험 정신이 강한 학자였다. 그는 실제로 알렉산드리아에 막대를 수직으로 꽂고 그 막대가 6월 21일 정오에 그림자를 드리우는지를 직접 조사하였다. 결과는 '그림자가 생긴다.'였다.

이에 에라토스테네스는 어떻게 똑같은 시각에 시에네에 꽂힌 막대기는 그림자를 드리우지 않는데, 그보다 더 북쪽에 있는 알렉산드리아에서는 그림자를 만드는지 자문自問해 보았다. 땅바닥에 고대 이집트의 지도를 그려 놓고 똑같은 길이의 막대기 둘을 구해다가 하나는 알렉산드리아에, 다른 하나는 시에네에 수직으로 세워 놓았다고 치자. 어느 때이든 간에 각각의 막대가 그림자를 전혀 드리우지 않는 시각이 있을 것이다. 지구가 평평하다는 사실을 전제한다면 그것은 쉽게 이해할 수 있다. 그건 그때 태양이 머리 바로 위에서 비춘다는 뜻이기 때문이다. 만약 두 막대가 동시에 똑같은 길이의 그림자를 드리운다면 그것 역시 평평한 지구에서는 말이 된다. 태양 광선이 두 막대를 비스듬히 쪼이되, 그 비추는 각도가 똑같다는 뜻이다. 그러나 같은 시간에 시에네의 막대에는 그림자가 생기지 않는데, 알렉산드리아에는 그림자가 생기는 것은 무엇 때문일까?

에라토스테네스가 보아하니 나올 수 있는 유일한 해답은 지구의 표면이 곡면이라는 것이었다. 뿐만 아니라, 그 곡면의 구부러지는 정도가 크면 클수록 그림자 길이의 차이도 클 것이었다. 태양이 워낙 멀리 있기 때문에 지구에 다다른 태양 광선은 지구 표면 어디에서나 평행하게 떨어진다. 따라서 태양 광선에 대해 각기 다른 각도로 세워져 있는 두 막대는 서로 길이가 다른 그림자를 드리우게 된다. 그림자 길이의 차이로 따져 보니 알렉산드리아와 시에네는 지구 표면을 따라 7도 정도 떨어져 있어야 했다. 다시 말해서 두 막대의 끝을 지구 중심까지 뚫고 들어가도록 연장한다면 두 막대의 사잇각이 7도가 된다는 뜻이다. 지구 둘레 전체가 360도이므로, 7도는 전체의 50분의 1 정도다. 에라토스테네스는 사람을 시켜 시에네까지 걸어가게 한 다음 그 거리를 보폭으로 재 봤기 때문에 시에네가 알렉산드리아에서 대략 800킬로미터 떨어져 있다고 알고 있었다. 800킬로미터의 50배이면 4만 킬로미터, 이것이 바로 지구의 둘레인 것이다.[3]

제대로 나온 답이었다. 그때 에라토스테네스가 사용한 도구라고 할 만한 것은 막대기, 눈, 발과 머리 그리고 실험으로 확인코자 하는 정신이 전부였다. 그 정도만 가지고 에라토스테네스는 지구의 둘레를 겨우 몇 퍼센트의 오차로 정확하게 추정할 수 있었던 것이다. 2,200년 전의 실험치고는 대단한 성과를 거둔 셈이다. 따라서 에라토스테네스를 인류 역사상 처음으로 한 행성의 크기를 정확하게 측정한 사람이라고 할 수 있을 것이다.

3. 거리 측정의 단위로 마일을 쓰고 싶다면, 시에네는 알렉산드리아에서 500마일 떨어져 있으므로, 에라토스테네스의 방법으로 측정한 지구의 둘레는 500마일 × 50 = 25,000마일이 된다.

그 당시 지중해 연안의 사람들은 항해술이 뛰어나기로 유명했다. 그리고 알렉산드리아는 지구상 최대의 항구 도시였다. 누구든 일단 지구가 그만그만한 지름을 갖춘 공 모양을 하고 있는 줄 안다면, 탐험 여행을 한다든지, 미지의 땅을 찾아 나선다든지, 혹은 한발 더 나아가 지구를 한 바퀴 돌아오고 싶지 않았겠는가? 에라토스테네스의 시대로부터 400년 전에 이미 이집트의 파라오 네코Necho가 고용한 페니키아의 선단船團이 아프리카 대륙을 일주한 적이 있다. 그들은 갑판도 없는 작고 약한 배로 홍해에서 출항하여 아프리카 동편 해안을 따라 내려갔다가 대서양을 타고 올라와 다시 지중해를 거쳐 돌아왔을 것이다. 이 서사시적 항해를 마치는 데 3년이 소요됐다고 한다. 오늘날 3년은 보이저 우주선이 지구에서 토성까지 가는 데 걸리는 시간이다.

에라토스테네스의 발견이 있은 후, 용감하고 대담한 선원들이 여러 번 대항해大航海를 시도하고는 했다. 그들이 모는 배는 실로 '조막만한' 크기였을 것이다. 항법 도구라고는 초보적인 수준의 것들밖에 없었다. 추측 항법推測航法이 전부였으며 해안선을 따라 갈 수 있는 데까지 항해했다. 처음 나선 바다일 경우에는 밤하늘에 뜨는 별자리들의 상대적인 위치를 수평선을 기준 삼아 관찰하는 식으로 현 위치의 위도를 잴 수 있었다. 하지만 이런 방법으로 경도는 알 수 없었다. 그러니 미지의 망망대해를 떠다니는 선원들은, 낯익은 별자리들을 보면서 불안한 마음을 가라앉혔을 것이다. 별은 탐험가의 벗이다. 별은 예전에 지구의 바다를 항해하는 배들에게 도움을 주었듯이, 지금도 우주의 바다로 나선 우주선에 힘이 되어 준다. 에라토스테네스 이후로 여러 사람이 시도했겠지만, 마젤란이 나타날 때까지 어느 누구도 지구를 일주하는 데 성공하지 못했다. 뱃사람과 항해장은 원래 세상사에 능하고 실리를 따지는 사람들이다. 그런 사람들이 알렉산드리아에 사는 어느 과학자의 계산을 믿고 목숨을 건 도박을 하였으니 많은 이야깃거리와 무용담이 오갔을 것이다.

에라토스테네스 시대에 만들어진 지구의地球儀는 지구를 우주에서 내려다본 모습으로 되어 있는데, 이 지구의에서 탐험이 잘 된 지중해 지역은 기본적으로 정확했지만 거기에서부터 벗어나면 벗어날수록 부정확했다. 코스모스에 관한 우리의 현대 자료도 이 점에서는 마찬가지이다. 이것은 아쉬운 일이지만 어쩔 수 없는 일이기도 하다. 1세기에 알렉산드리아의 지리학자 스트라본Strabon은 다음과 같은 글을 남겼다.

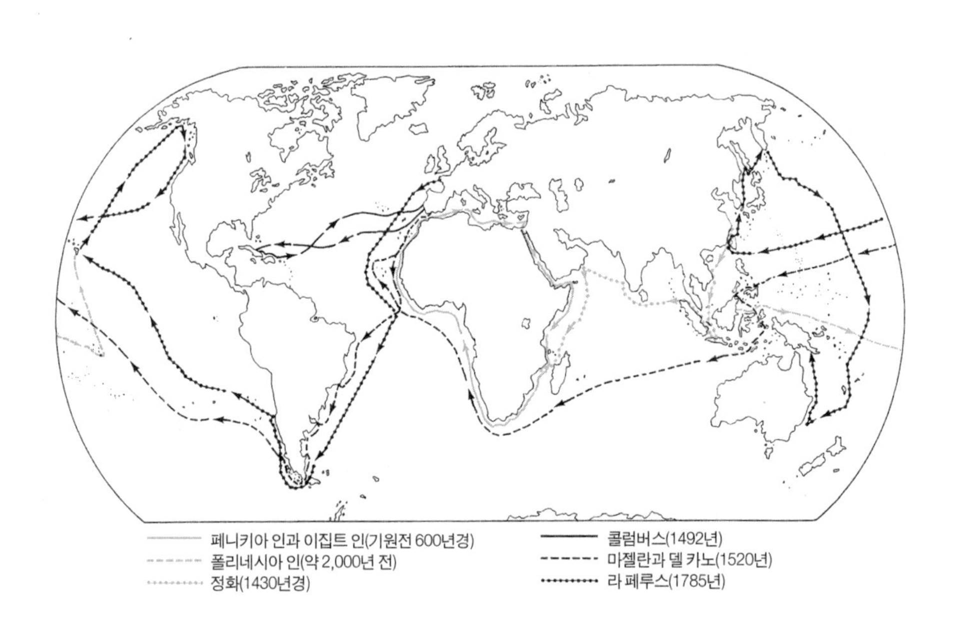

지구를 일주하고자 나섰다 되돌아온 사람들은 대륙이 앞을 막아 회항한 것이 아니라고 한다. 바닷길은 항상 거침없이 열려 있었건만, 더 못 가고 돌아온 까닭은 오로지 자신의 의욕 상실과 식량 부족 때문이라고 한다. 에라토스테네스는 대서양의 넓이가 걸림돌이 되지 않는다면, 이베리아 반도에서 인도까지 바다를 타고 수월하게 갈 수도 있을 것이라 생각했다. 살기 적합한 땅이 온대 지방에 한두 개 정도 더 존재할 가능성은 충분히 있다. 만약 (세상의 저편에) 누군가가 산다면 그들은 이 땅에 존재하는 우리와 같은 사람들이 아닐 것이니, 우리는 그곳을 또 다른 세계로 보아야 마땅하다.

인류가 비로소 진정한 의미의 다른 세계로 용감히 발을 내딛게 된 것이다.

뒤이어 지구 탐험 사업이 세계 곳곳에서 벌어졌는데, 그중에는 중국과 폴리네시아로부터 오는 여행이 있었는가 하면, 또 그곳으로 가는 여행도 있었다. 이 같은 인류 탐험사의 절정은 물론 크리스토퍼 콜럼버스Christopher Columbus의 아메리카 대륙의 발견을 시작으로, 그 후 몇 백 년 동안 이루어진 항해들이다. 이로써 지구의 지리적 탐사가 완성되었다. 콜럼버스의 첫 항해는 에라토스테네스의 계산과 아주 직접적인 연관이 있었다. 콜럼버스에게는 그가 "인도의 제국諸國들로 가는 사업"이라 이름한 사업 계획이 하나 있었다. 그것은 일본과 중국, 인도를 목표로 항해할 때 동쪽으로 아프리카의 해안선을 따라 배를 몰아가는 것이 아니라, 뱃머리를 돌려 미지의 서쪽 바다로 담대하게 뛰어들자는 것이었다. 에라토스테네스의 족집게 같은 예견대로, "이베리아 반도에서 인도까지 바다를 타고" 가는 것이었다.

콜럼버스는 고지도古地圖를 파는 떠돌이 도붓장수였다. 그는 옛 지리학자들에 관한 서적과 또 그들이 쓴 책들을 열성적으로 읽었다. 그중에는 에라토스테네스, 스트라본, 프톨레마이오스의 저술도 들어 있었다. 그러나 인도로 가는 사업이 성공하려면 그 긴긴 여정에서 배와 사람이 견뎌 내야 하는데 그러기에는 에라토스테네스가 예측한 지구의 크기가 너무 컸다. 그래서 콜럼버스는 잔꾀를 부려 자기의 계산을 조작했다. 그의 계획을 검토했던 살라망카Salamanca 대학의 교수들도 콜럼버스의 계산이 거짓이란 점을 제대로 지적했다고 한다. 콜럼버스는 구할 수 있는 책을 다 뒤져, 지구의 둘레로서 그중에서 가장 짧은 것을 택했고, 아시아 대륙은 동쪽으로 가장 긴 것을 찾아낸 다음, 그 수치마저 늘렸던 것이다. 가는 도중에 아메리카 대륙이 있었기에 망정이지 없었더라면 콜럼버스는 쫄딱 망했을 것이다.

지금은 수많은 탐험대가 지구의 구석구석을 이미 다 거쳐 간 후다. 신대륙도, 잃어버린 땅도 지구에서는 더 이상 찾을 수 없다. 과학 기술의 발달로 인간은 지구에서 가장 황량하고 외딴 지역이라도 찾아가서 탐사할 수 있게 되었다. 또 그런 악조건의 환경에서도 우리는 삶을 영위할 수 있게 됐다. 현대는 인간이 과학 기술을 이용하여 우주로 과감히 나아가 지구 이외의 세계를 탐험하기 시작한 위대한 시대이다. 자신들의 발목을 잡고 놓아 주지 않던 지구의 모습을 지구 바깥에서 내려다본 기쁨은 얼마나 큰가? 지구는 에라토스테네스가 예측한 규모와 모양 바로 그대로였으며, 대륙들의 윤곽선은 옛 지도 제작자들의 능력과 솜씨를 새삼스럽게 확인해 주었다. 에라토스테네스와 알렉산드리아의 지리학자들이 그 자리에 함께할 수 있었다면, 모두 무릎을 치며 좋아하지 않았을까?

알렉산드리아는 기원전 300년경부터 약 600년 동안 인류를 우주의 바다로 이끈 지적 모험을 잉태하고 양육한 곳이다. 그러나 그 대리석 도시의 위용과 영광의 흔적은 이제 어디에서도 찾아볼 수 없다. 피지배층이 느꼈던 배움에 대한 두려움과 그들이 겪어야 했었던 지배층으로부터의 억압에 대한 반작용의 결과로 옛 알렉산드리아의 영광은 대중의 기억에서 거의 완전히 지워지고 말았다. 알렉산드리아에는 지극히 다양한 사람들이 살았다. 번성 초기에는 마케도니아 병사가, 좀 후대에 와서는 로마의 병사들이 우글댔다. 알렉산드리아의 전성기에는 이집트의 사제, 그리스의 귀족, 페니키아 선원, 유대인 상인, 인도와 사하라 사막 남쪽의 지방에서 온 아프리카 방문객 같은 다양한 사람들이—노예 계층의 막대한 인구를 제외하고—대체적으로 같이 어울리고 서로를 존중하면서 살았다.

알렉산드리아는 알렉산더 대왕이 그의 전前 경호원을 시켜 건설한 도시다. 알렉산더 대왕은 외래문화를 존중했고 개방적 성격의 인물로서 지식 추구의 분위기를 조성하는 데 주력했다. 전설에 따르면 알렉산더 대왕이 종鐘 모양의 잠수 기구를 타고 홍해 바닷속으로 내려간 세계 최초의 인물이라고 한다. 그 사건의 사실 여부는 여기서 그리 중요하지 않다. 이 이야기 하나만으로도 우리는 그의 탐구 정신을 충분히 알 수 있기 때문이다. 알렉산더 대왕은 자기 수하의 장군들과 병사들이 페르시아나 인도의 여인들과 혼인하기를 권장했다. 그는 다른 나라의 신神도 존중했으며 이국적이고 기이한 동물들을 수집했다. 스승인 아리스토텔레스에게는 코끼리를 선물하기도 했다. 그는 호화롭게 건설된 이 도시가 무역, 문화, 학문에 관한 세계의 중심지가 되기를 원했다. 폭이 30미터나 되는 넓은 도로를 깔고 그 주위는 우아한 건축물과 조각상 등으로 꾸몄다. 알렉산드리아에서는 알렉산더 대왕의 기념 묘역과 고대 세계 7대 불가사의不可思議 중의 하나인 파로스Pharos 등대를 볼 수 있었다.

그러나 알렉산드리아의 제일가는 자랑거리는 알렉산드리아 대도서관과 그 부속 박물관들이었다. 박물관museum이란 사실 이름을 그대로 옮기면 뮤즈muse라고 불리던 아홉 여신의 전공 분야에 각각 바쳐진 연구소였다. 그 전설의 도서관은 거의 모두 사라져 버렸고, 오늘날에는 당시 별관에 불과했던 세라피움Serapeum이라는 축축하고 잊혀진 지하실만 하나 남아 있다. 세라피움은 본래 세라피스Serapis 신에게 받쳐진 신전이었는데 후대에 지식에 봉헌된 성전聖殿으로 바뀐 셈이다. 물질적인 유물遺物로는 썩어 부서져 가는 책꽂이 선반 서너 개가 고작이다. 그러나 이곳이 한때에는 지구에서 가장 거대했던 도시의 심장이자 영광이었다. 세계 역사상 최초로 설립된 진정한 의미의 연구 현장이었다. 도서관 소속 학자들은 코스모스 전체를 연구했다. 코스모스Cosmos는 우주의 질서를 뜻하는 그리스 어이며 카오스Chaos에 대응되는 개념이기도 하다. 코스모스라는 단어는 만물이 서로 깊이 연관되어 있음을 내포한다. 그리고 우주가 얼마나 미묘하고 복잡하게 만들어지고 돌아가는지에 대한 인간의 경외심敬畏心이 이 단어 하나에 고스란히 담겨 있다. 학자들은 알렉산드리아 대도서관에 모여 물리학, 문학, 약학, 천문학, 지리학, 철학, 수학, 생물학, 공학 등을 두루 탐구할 수 있었다. 과학과 학문의 시대가 도래했던 것이다. 전 세계의 천재들이 몰려와서 함께 용약勇躍하던 알렉산드리아 대도서관은 인류 역사상 최초로 세계의 모든 지식을 체계적으로 수집하여 집대성하려던 곳이었다.

알렉산드리아 대도서관에서 활동한 학자들 중에는 에라토스테네스 이외에도, 별자리의 지도를 작성하고 별의 밝기를 추정한 히파르코스Hipparachos가 있었고, 기하학을 명쾌하게 체계화하고 어려운 수학 문제로 끙끙거리던 임금에게 "기하학에는 왕도가 없습니다."라는 말을 건넨 유명한 유클리드Euclid가 있었다. 기하학에 유클리드가 있었다면, 한편 언어학에서는 트라키아Thracia의 디오니시우스Dionysius가 있어 말의 품사를 정의하고 언어학의 체계를 확립했다. 생리학자였던 헤로필로스Herophilos는 지능이 심장이 아니라 두뇌에서 비롯된다는 사실을 확실히 증명했고, 알렉산드리아의 헤론Heron은 톱니바퀴 열차와 증기 기관을 발명하고 로봇에 관한 최초의 책 『오토마타*Automata*』를 저술했다. 페르가Perga의 아폴로니우스Apollonius는 타원, 포물선, 쌍곡선이 원추곡선[4]임을 밝힌 수학자였다. 현재 우리가 잘 알고 있다시피 행성, 혜성, 별들의 궤도는 원추곡선으로 기술된다. 아르키메데스Archimedes는 레오나르도 다 빈치Leonardo da Vinci가 등장하기 이전의 사람들 중에서 가장 천재적인 공학자였다. 천문학자이자 지리학자였던 프톨레마이오스Ptolemaeos는 오늘날의 사이비 과학이라 할 점성술을 수집하여 정리했다. 그가 주창한 지구 중심 우주관인 천동설이 1,500년 동안 맹위를 떨쳤다. 지

4. 원추곡선이란 이름이 붙은 특별한 이유가 있다. 원추를 원추의 축과 어떤 각도에서 자르느냐에 따라서 생기는 단면이 원, 타원, 포물선, 쌍곡선의 모습을 모두 가질 수 있기 때문이다. 아폴로니우스가 원추곡선에 관한 저작물을 남긴 지 18세기가 지난 후에 케플러가 이 이론을 행성의 운동을 기술하는 데 활용할 수 있었다.

성적 역량이 아무리 뛰어난 사람이라도 형편없이 틀릴 수가 있음을 상기케 하는 인류사의 좋은 예였다. 이러한 위인들 중에 위대한 여인도 있었다. 수학자이자 천문학자였던 히파티아Hypatia는 도서관의 마지막 등불을 지킨 여인으로서, 초석을 쌓은 지 700년이 된 이 도서관이 파괴되고 약탈당할 때 그곳에서 함께 순사殉死했다. 그녀의 이야기는 나중에 더 할 것이다.

알렉산더 대왕을 계승한 그리스 출신의 이집트 왕들은 학문을 아주 진지하게 대했다. 그들은 수백 년 동안 대를 거듭하면서 연구 활동을 지원했고 그 시대의 인재들이 자신들의 역량을 충분히 발휘할 수 있도록 도서관의 학구적 분위기를 유지하는 데 노력했다. 도서관은 열 개의 대형 연구실로 나뉘어 각각이 특정 분야의 연구를 수행하였다. 곳곳에 분수대가 있었고 멋지게 늘어선 원기둥들, 식물원, 동물원, 해부실, 천문 관측대가 있었다. 커다란 식당에서 학자들이 여유로이 토의하며 중요한 의견을 자유롭게 교환할 수 있었다.

무엇보다도 도서관의 생명은 모아 놓은 책들에 있다. 도서관 관계자들은 세상의 모든 문화와 모든 언어를 샅샅이 뒤졌다. 사람들을 해외로 보내서 책을 사들였고 장서를 확충해 갔다. 알렉산드리아에 정박한 상선은 관리의 검문을 받았는데, 검문의 목적은 밀수품 적발이 아니라 책 찾기에 있었다. 책 두루마리가 발견되면 즉시 빌려다가 베낀 뒤, 사본은 도서관에 보관하고 원본은 주인에게 돌려주었다. 정확한 수치를 어림하긴 어렵지만, 알렉산드리아의 도서관에는 일일이 손으로 쓴 파피루스 두루마리 책이 50만여 권 있었을 것으로 추정된다. 그 많던 책들은 다 어떻게 됐는가? 알렉산드리아와 그 대도서관을 낳은 고전 문명이 붕괴되면서 도서관도 서서히 파괴되어 갔다. 장서의 극히 일부만이 후세로 전해졌고 그나마 남은 것도 사방으로 흩어져서, 고작 글 몇 줄, 종이 몇 조각이 현재까지 남아 있는 것들의 전부이다. 그러므로 그렇게 남은 몇 줄의 문장이나 종잇조각을 읽은 사람들은 누구나 애를 태우며 안타까워 할 수밖에 없다. 한 예로 우리가 알고 있는 바에 따르면, 알렉산드리아 도서관의 서가에는 사모스Samos의 아리스타르코스Aristarchos라는 천문학자가 쓴 책이 한때 소장되어 있었다고 한다. 그는 지구도 하나의 행성으로서 여타의 행성처럼 태양 주위를 공전한다고 주장했으며, 별들이 대단히 멀리 떨어져 있는 천체라는 사실을 알고 있었다고 한다. 그가 내린 결론은 모두 다 옳았지만 이 사실을 재발견하기까지 인류는 거의 2,000여 년의 세월을 더 기다려야만 했다. 아리스타르코스의 업적이 소실됐기에 느끼게 되는 우리의 애석함에 10만 배를 곱하면, 고전 문명이 이룩했던 업적의 숭고함과, 그의 파괴가 얼마나 큰 비극을 인류에게 안겨 줬는지 아주 조금은 알 수 있을 것이다.

현대의 과학은 고대 세계가 알고 있던 과학의 수준을 넘어선 지 오래다. 그러나 우리의 역사적 자료에는 메울 수 없는 공백이 이가 빠진 듯 여기저기 뚫려 있다. 알렉산드리아 도서관의 도서 대여증 하나만 남아 있었더라면 과거의 수수께끼들을 많이 밝혀낼 수 있을 터인데 하는 생각을 하면 참으로 안타깝기가 이를 데 없다. 알렉산드리아 도서관에는 바빌론의 사제인 베로소스Berosos가 쓴 3권짜리 세계사가 있었다고 전해지는데, 실제 작품은 오늘날 세계 어디에서도 찾아볼 수 없다. 천지 창조부터 대홍수까지를 다루는 제1권에서 베로소스는 그 기간을 43만 2000년으로 잡았다. 이것은 구약성서의 연대기보다 100여 배나 긴 기간이다. 나는 그 책에 무엇이 적혀 있었는지 궁금해서 지금도 견딜 수가 없다.

고대인들은 세계가 아주 오래됐다는 사실을 알고 있었다. 그래서 먼 과거까지 들여다보고자 했던 것이다. 이제 우리는 우주가 옛사람들이 상상할 수 있었던 것보다 훨씬 더 오래됐음을 알고 있다. 인류는 지구 바깥으로 나가서 우주를 관찰할 수 있게 되었다. 그 결과 우리는 한 점 티끌 위에 살고 있고 그 티끌은 그저 그렇고 그런 별의 주변을 돌며 또 그 별은 보잘 것 없는 어느 은하의 외진 한 귀퉁이에 틀어 박혀 있음을 알게 됐다. 우리의 존재가 무한한 공간 속의 한 점이라면, 흐르는 시간 속에서도 찰나의 순간밖에 차지하지 못한다. 이제 우리는 우주의 나이가—적어도 가장 최근에 부활한 우주가—약 150억~200억 년 되었다는 사실을 안다.[5] 이것은 '대폭발' 또는 '빅뱅'이라고 불리는 시점에서부터 계산한 우주의 나이다. 우주가 처음 생겼을 때에는 은하도 별도 행성도 없었다. 생명도 문명도 없이, 그저 휘황한 불덩이가 우주 공간을 균일하게 채우고 있었을 뿐이다. 대폭발의 혼돈으로부터 이제 막 우리가 깨닫기 시작한 조화의 코스모스로 이어지기까지 우주가 밟아 온 진화의 과정은 물질과 에너지의 멋진 상호 변환이었다. 이 지극히 숭고한 전환의 과정을 엿볼 수 있음은 인류사에서 현대인만이 누릴 수 있는 특권임을 깨달아야 한다. 그리고 우주 어딘가에서 우리보다 지능이 더 높은 생물을 찾을 때까지, 우리 인류야말로 우주가 내놓은

5. 최근에 알려진 우주의 가장 정확한 나이는 137억 년이다. — 옮긴이

가장 눈부신 변환의 결과물이라고 할 수 있을 것이다. 인류는 대폭발의 아득히 먼 후손이다. 우리는 코스모스에서 나왔다. 그리고 코스모스를 알고자, 더불어 코스모스를 변화시키고자 태어난 존재이다.

지구의 생명. 주사 현미경으로 찍은 진드기의 사진이다. 더듬이에 묻은 히비스커스의 꽃가루가 눈에 띈다.

2 우주 생명의 푸가

나는 천지를 창조하신 신께 나 자신을 온전히 맡기는 수밖에 없다. 그분은 먼지에서 너희 모두를 창조하셨다. — 『코란』 40장

모든 철학 사조들 가운데 진화에 관한 생각이야말로 가장 오랜 역사를 갖고 있다. 그런데 이러한 진화 논의가 스콜라 철학에 손발이 묶인 채, 1,000년의 세월을 칠흑의 지하에서 완전히 죽어 지내야 했다. 그러던 중 다윈이 나타나 고대의 그리스 사상 체계에 새로운 생명의 피를 수혈했으니, 비로소 묶였던 손발의 족쇄가 풀려서 오늘에 부활할 수 있었다. 환생한 먼 조상들의 생각이 그동안 인류의 사상계를 지배해 오던 그 어떤 법칙들보다 삼라만상의 우주적 질서를 더 잘 표현할 뿐 아니라 그 질서의 의미를 우리에게 더욱더 그럴듯하게 설명해 준다. 70여 세대를 이어 온 우리 후손들의 고지식함과 줄기찬 맹신 그리고 미신을 오늘에 탓해 본들 무슨 소용이 있겠는가. — 토머스 헉슬리, 1887년

나는 지금까지 지구에 발을 붙이고 살아왔던 모든 유기 생물들이 단 하나의 어떤 원시 생물에서 유래했다고 거의 확신한다. 생명의 숨결이 최초로 불어 넣어진 그 생물에서 다양한 형태의 모든 생물들이 비롯됐다고. …… 이러한 생명관에는 모종의 숭고함이 서려 있어 …… 우리의 행성 지구가 불변의 중력 법칙에 따라 태양 주위를 거듭 도는 동안에, 그리도 간단하기만 했던 원시 생물이 긴 진화의 과정을 밟으면서 다양한 형태의 수많은 생물 종으로 변신할 수 있었다. 그 원시 유기체가 우리 지구에서 이렇게 아름답고 저렇게 놀라운 생물들로 진화할 수 있었으며 그 진화는 지금도 계속되고 있다. — 찰스 다윈, 『종의 기원』, 1859년

태양과 지구에 존재하는 원소들의 상당 부분이 별에서도 발견된다. 그러므로 성분의 관점에서 볼 때, 우주는 하나의 물질 공동체를 이루고 있는 셈이다. 수많은 별들에서 발견되는 가장 흔한 원소들이 다름이 아닌 행성 지구에서의 생명 현상과 깊은 연관을 맺고 있는 수소, 나트륨, 마그네슘, 철 등이라니! 물질 공동체의 신비함에 우리는 그저 놀라기만 할 뿐이다. 그렇다면 밝게 빛나는 저 별들도 우리 태양과 같은 존재라는 추측이 가능하다. 별 하나하나도 우리 태양과 마찬가지로 자기 나름의 권속을 거느릴 것이며, 중심에 자리 잡고 앉아서 자기 권속들에게 적정 에너지를 공급함으로써 저들을 생명이 서식할 터전으로 바꾸어 놓지 않았겠는가? — 윌리엄 허긴스, 1865년

지구 밖의 세계에는 어떤 생물이 살고 있을까? 외계에 생명이 살고 있다면 그들은 어떤 모습일 것이며, 또 무엇으로 만들어졌을까? 지상의 생물들은 모두 유기 화합물, 즉 탄소 원자가 결정적 역할을 하는 복잡한 미세 구조의 유기 분자들로 이루어져 있다. 생물이

생기기 이전에는 지구에도 한때 메마르고 황량했던 시기가 있었다. 그렇지만 지구는 지금 생물들로 온통 넘쳐나고 있다. 어떻게 이러한 변화가 가능했을까? 생물이 없었던 시기의 어느 날, 탄소를 기본으로 하는 유기 분자들이 만들어졌을 것이다. 그렇다면 최초의 생명은 그 분자들에서 어떻게 비롯될 수 있었을까? 이 최초의 유기 생물이 어떤 과정을 거쳐서 우리와 같이 정교하고 복잡한 구조의 생물로 진화할 수 있었단 말인가? 아, 그리고 그 원초의 생명이 진화하여 어느 때부터인가 인식 기능을 갖추게 됨으로써 이제는 스스로의 기원을 탐구할 수 있게 됐다니! 도대체 어떻게 이런 변화가 가능했단 말인가?

다른 별들 주위를 돌고 있을 수많은 외계 행성들에도 생명이 살고 있을까? 만일 살고 있다면 외계 생명extraterrestrial life도 지구에서처럼 탄소를 기본으로 하는 유기물일까? 외계 생명은 지구 생명과 얼마나 비슷하게 생겼을까? 아니면 그곳 환경에 적응하느라, 우리와는 판이하게 다를까? 또 다른 무엇이 있을까? 우리가 지구 생명의 본질을 알려고 노력하고 외계 생물의 존재를 확인하려고 애쓰는 것은 실은 하나의 질문을 해결하기 위한 두 개의 방편이다. 그 질문은 바로 '우리는 과연 누구란 말인가?' 이다.

별들 사이의 광대한 암흑 속에는 기체, 티끌 그리고 유기 분자로 이루어진 성간 구름, 즉 성간운星間雲이 떠돌아다닌다. 성간운을 전파 망원경으로 관측하면 그 안에서 수십 가지의 유기 분자를 쉽게 발견할 수 있다. 성간운에 유기 분자가 풍부하다는 사실은 생물의 기본 물질이 우주 어디에나 존재할 것이라는 예측을 가능케 한다. 생명의 기원과 진화는 시간만 충분히 주어진다면 하나의 우주적 필연인 것이다. 은하수 은하에 있을 수십억 개의 행성들 중에는 생명이 발붙일 수 없는 곳도 있을 것이다. 생명이 발생했다가 모두 죽어 버린 곳도 있겠고, 혹은 매우 간단한 형태에서 더 이상 진화하지 못한 곳도 있을 것이다. 그리고 외계 행성들 중에는, 지구인보다 더 발달된 고도의 지성을 소유한 존재들이 지구 문명보다 훨씬 앞선 과학 기술과 문화의 꽃을 피워 낸 곳도 분명히 있을 것이다.

지구가 생명의 발생과 서식에 있어 완벽한 조건을 갖추게 된 것이 얼마나 놀라운 우연이며 지구인들에게 얼마나 큰 행운이냐고 감탄하는 소리를 우리는 주위에서 종종 듣게 된다. 적절하게 유지되는 온도, 액체 상태를 유지하는 물의 존재, 산소를 충분히 포함한 대기권 등 사람이 살아가는 데 꼭 필요한 조건들이 지구에 완벽하게 갖추어져 있는 듯하다. 하지만 이러한 감탄성 주장이 부분적으로는 원인과 결과를 혼동한 데에서 비롯된 것임을 알아 둘 필요가 있다. 지구의 자연 환경이 인류에게 훌륭한 조건을 제공하는 것같이 느껴지는 이유는 모든 생물들이 지상에서 태어나서 바로 그곳에서 오랫동안 성장해 왔기 때문이다. 초기 생물들 중에서 지구 환경에 잘 적응하지 못한 종들은 모두 사라져 버렸다. 우리는 다행히 잘 적응할 수 있었던 유기물의 후손이다. 우리와 다른 세상에서 진화하고 적응해서 살아남은 물질들은 또한 자기네 환경을 극찬할 것임에 틀림이 없다.

지상의 모든 생물들은 서로 밀접하게 연결돼 있다. 같은 유기화학적 원리가 지상의 생물들을 지배하고 있다. 또한 그들은 오랜 세월 동안 같은 진화의 코드를 통해서 변신해 왔다. 따라서 지구의 생물학은 철저하게 제한적일 수밖에 없다. 지구 생물에게는 단 한 가지의 생물학만으로 충분하다. 생물학을 음악에 비유해 볼 때, 지구 생물학은 단

성부單聲部, 단일 주제 형식의 음악만을 우리에게 들려준다는 말이다. 그렇다면 수천 광년 떨어진 저 먼 곳의 생명은 우리에게 어떤 형식의 음악을 들려줄 준비를 해 놓고 있을까 무척 궁금하다. 풀피리 하나로 연주되는 지구 생명의 이 외로운 음악 하나가 우리가 우주에서 기대할 수 있는 유일한 음악일까? 우주 생물이 들려줄 음악은 외로운 풀피릿 소리가 아니라 푸가일 가능성이 높다. 우리는 우주 음악에서 화음과 불협화음이 교차하는 다성부多聲部 대위법 양식의 둔주곡遁走曲을 기대한다. 10억 개의 성부로 이루어진 은하 생명의 푸가를 듣는다면, 지구의 생물학자들은 그 화려함과 장엄함에 정신을 잃고 말 것이다.

지구 생명이 들려주는 음악 중에서 짤막한 한 토막을 소개해 보겠다. 1185년 일본의 천황은 안토쿠安德라는 이름의 일곱 살 소년이었다. 그는 헤이케平家 사무라이 일파의 명목상 지도자였다. 당시 헤이케 파는 숙적 겐지源氏 파와 오랫동안 피비린내 나는 전쟁을 치러 오던 중이었다. 이 두 파의 사무라이들은 서로 자신들의 조상이 더 위대하므로 천황의 자리는 자기네가 차지해야 한다고 주장하며 싸웠다. 둘의 자웅雌雄을 겨룰 운명의 해전이 1185년 4월 24일 일본의 내해 단노우라壇の浦에서 벌어졌다. 이때 안토쿠 천황도 전함에 타고 있었다. 헤이케 파는 수적으로 열세였고 전략 면에서도 겐지 파에 비해 처지는 편이었다. 이 해전에서 헤이케 파 병사들이 수없이 전사했다. 전투에서 간신히 살아남은 병사들도 나중에 바다에 몸을 던져 집단 자살했다. 천황의 할머니 니이二位尼는 천황과 자신이 적에게 포로로 잡혀 갈 수는 없다고 결심했다. 그 다음의 상황은 『헤이케 이야기平家物語』에 이렇게 적혀 있다.

> 그 해 황제는 일곱 살이었는데 나이에 비해 무척 조숙했다. 그는 매우 예쁘게 생겨서 얼굴에서부터 밝은 광채가 발하는 듯했다. 검은 머리카락을 등 뒤로 길게 늘어뜨린 어린 천황은 겁에 질려 한껏 불안한 표정으로 할머니 니이에게 물었다. "저를 어디로 데리고 가시나요?"
>
> 그녀는 눈물을 흘리며 어린 천황을 향해 몸을 돌리고 그를 달랬다. 그러면서 비둘기 색깔 관복에 그의 긴 머리카락을 묶어 줬다. 눈물로 범벅이 된 어린 천황은 작고 예쁘장한 두 손을 한데 모았다. 먼저 동쪽에 있는 이세 신궁伊勢神宮에 작별을 고하고 서쪽으로 돌아서서 나무아미타불을 반복해서 읊었다. 니이는, "우리의 황도皇都는 바다 저 깊은 곳에 있습니다."라고 말한 뒤 두 팔로 어린 천황을 꼭 껴안은 채 출렁이는 파도 밑으로 가라앉았다.

헤이케 함대는 전멸당했다. 살아남은 사람이라곤 여자 42명뿐이었다. 이들은 원래 궁중의 시녀였는데, 그 후 전쟁터 근처에 살던 어부들에게 몸을 팔면서 살아야 했다. 그러는 동안 헤이케 파는 역사에서 완전히 사라졌다. 그러나 시녀와 어촌 사람들 사이에서 태어난 후손들은 단노우라 해전을 기념하는 축제를 열기 시작했다. 이 축제는 오늘날에도 매년 4월 24일에 거행된다. 축제일이 되면 자신을 헤이케 사무라이의 후손이라 생각하는 어민들은 대마로 만든 옷을 입고, 검은 머리덮개를 쓰고 물에 빠져 죽은 천황의 영정이 모셔져 있는 아카마 신궁赤間神宮으로 행진한다. 그곳에서 그들은 단노우라 해전 이후에 일어났던 일들을 재연하는 연극을 관람하기도 한다. 몇 세기가 지난 후에도 사람들은 사무라이 유령들이 바닷물을 퍼내느라 헛수고하는 모습이 보

일본 내해에 서식하는 헤이케게.

인다고 했다. 그들은 지금도 바다에서 피와 패배와 굴욕을 씻어 내려고 그런다는 것이다.

어부들 사이에 구전되는 전설에 따르면 헤이케의 사무라이들은 게가 되어 지금도 일본 내해 단노우라의 바닥을 헤매고 있다고 한다. 그런데 이곳에서 발견되는 게의 등딱지에는 기이한 무늬가 잡혀 있는데 그 무늬는 섬뜩하리만큼 사무라이의 얼굴을 빼어 닮았다. 어부들은 이런 게가 잡히면 단노우라 해전의 비극을 기리는 뜻에서 먹지 않고 다시 바다로 놓아 준다고 한다.

이 전설은 우리에게 재미있는 문제를 하나 제공한다. 어떻게 무사의 얼굴이 게의 등딱지에 새겨질 수 있었을까? 답은 아마도 "인간이

게의 등딱지에 그 얼굴을 새겨 놓았다."일 것이다. 게의 등딱지 형태는 유전된다. 그러나 인간처럼 게들에게도 여러 유전 계통이 있게 마련이다. 우연하게 이 게의 먼 조상 가운데 아주 희미하지만 인간의 얼굴과 유사한 형태의 등딱지를 가진 것이 나타났다고 가정해 보자. 어부들은 단노우라 해전 이전에도, 그렇게 생긴 게를 먹는다는 생각을 그리 달갑게 여기지는 않았을 것이다. 그들은 이 게들을 다시 바다로 돌려보냄으로써 자신도 모르는 사이에 진화의 바퀴를 특정 방향으로 돌렸던 것이다. 평범한 모양의 등딱지를 가진 게는 사람들에게 속속 잡아먹혀서 후손을 남기기 어려웠다. 그러나 등딱지가 조금이라도 사람의 얼굴을 닮은 게는 사람들이 다시 바다로 던져 넣은 덕분에 많은 후손을 남길 수 있었다. 게 등딱지의 모양이 그들의 운명을 갈라 놓은 셈이다. 세월이 흘러갈수록 사무라이의 얼굴과 비슷한 등딱지를 가진 게들의 생존 확률이 점점 더 높아졌다. 마침내 보통 사람이나 보통 일본 사람의 얼굴이 아니라 무섭게 찌푸린 사무라이의 용모가 게의 등딱지에 새겨지게 된 것이다. 이것은 결코 게들이 원해서 이루어진 결과가 아니며, 게의 의도와는 전혀 무관한 일이다. 도태 혹은 선택은 밖으로부터 오는 것이다. 사무라이와 더 많이 닮을수록 생존의 확률은 그만큼 더 높아졌다. 마침내 단노우라에는 엄청나게 많은 사무라이 게들이 살게 됐다.

이 과정을 우리는 인위 도태人爲淘汰, artificial selection 혹은 인위 선택이라 부른다. 헤이케게의 경우 게들이 진지하게 생각하고 스스로 그 길을 택해서 그런 등딱지 모양을 만든 것이 아니었다. 그것은 어부들이 자신들도 모르는 사이에 자연 선택에 간섭한 결과인 것이다. 인간은 수천 년 동안 어떤 종의 식물과 동물은 잘 키우고, 또 어떤 것들은 죽여야 할지를 신중하게 선별해 왔다. 우리는 유년기 시절부터 늘 봐 와서 익숙한 농장, 가축, 과일, 나무 그리고 채소 등에 둘러싸여 자랐다. 그것들이 어디에서 유래했는지 한 번 생각해 본 적이 있는가? 채소는 먼 옛날에는 야생에서 자유롭게 살다가 농장의 조금은 편안한 삶에 저절로 적응한 것은 아닐까? 그렇지 않다. 진실은 우리의 예상과 아주 다르다. 그들이 가진 특성의 거의 대부분은 인간이 만든 것이다.

1만 년 전 지구상에는 젖소나 사냥개나 씨알이 굵은 옥수수 따위는 없었다. 이 동식물들의 조상은 현재의 모습과 판이하게 달랐을 것이다. 그동안 인간이 그들의 번식과 특성을 지속적으로 조작해 왔기 때문이다. 인간은 자신이 바람직하다고 여기는 특정 형질의 품종들만을 선택적으로 번식시켰다. 예를 들어 목양견牧羊犬이 필요하면 똑똑하고 충성스러우며 양떼를 잘 지킬 줄 아는 개를 골라 양치기에 필요한 유전 형질을 조장하는 쪽으로 키웠다. 떼를 지어 사냥하는 개는 양 몰이에 많은 도움이 됐을 것이다. 엄청나게 커진 젖소의 젖은 우유와 치즈에 대한 인간 욕심의 반영이다. 현재 우리가 즐기는 알이 굵은 옥수수의 조상도 터무니없이 왜소했을 것이다. 현대 옥수수의 왜소했던 조상은 수만 세대를 거치는 동안에 사람의 입맛에 맞도록 그리고 사람에게 필요한 영양분을 많이 갖추도록, 인간에 의해서 번식이 조절되어 왔다. 그 결과 이제는 인간의 도움 없이는 번식할 수 없는 처지로까지 옥수수의 유전 형질이 변형돼 버렸다.

헤이케게, 목양견, 젖소, 옥수수 등에서 볼 수 있는 인위 도태의 핵심은 식물과 동물의 외형적 특성과 행동 형질 들이 그대로 유전된다는 점이다. 이유가 무엇이든 간에 인간은 특정 변종의 번식을 조장하고 다른 변종의 번식을 억제해 왔다. 전자는 우점종優占種이 되어 마침내 크게 번성했지만 후자는 그 수가 크게 줄거나 혹은 멸종에 이르렀다.

인간이 동식물의 새로운 품종을 만들 수 있을진대, 자연이라고 그렇게 못할 이유가 어디 있겠는가. 자연적으로 유전 형질이 변하는 과정을 우리는 자연 도태自然淘汰, natural selection 혹은 자연 선택이라고 한다. 생물이 오랜 시간 동안 근본적으로 변해 왔음을 우리는 화석을 통해 분명하게 알 수 있다. 그렇다고 유전 형질의 변화가 억겁의 세월을 요하는 것은 아니다. 지구의 역사에서 인류가 주인으로 군림하기 시작한 것이 극히 최근의 사건이라는 사실과, 인류가 지구의 주인으로 군림하는 동안 가축이나 채소가 겪은 변화의 정도가 얼마나 컸던가를 함께 고려한다면, 생물의 변이는 부정할 수 없는 현실로 우리에게 다가온다. 화석에 남겨진 생명 진화의 기록에서 우리는 한때 번성했던 종들이 지금은 흔적도 없이 사라진 경우를 허다하게 보게 된다.[1] 지구 역사에서 현존하는 종보다 훨씬 더 많은 수의 종들이 과거에 이미 멸종되어 버렸다. 그들은 진화라는 실험의 실패한 결과물이었다.

야생 동물을 가축으로 길들이는 과정에서도 인간이 유도한 유전 형질의 변화는 아주 빠른 속도로 진행됐다. 토끼는 중세 초기에 길들여졌다.(토끼는 프랑스의 수도사들이 처음 길들였다. 새로 태어난 어린 토끼는 생선으로 취급되었으므로 교회력敎會曆에서 육식을 금하는 날에도 고기를 먹을 수 있겠구나 하고 생각한 수도사들이 토끼를 길들이기 시작했다고 한다.) 커피의 재배는 15세기에, 사탕무의 재배는 19세기에

1. 서구의 전통 종교관은 이러한 생각을 완강히 거부했다. 일례로, "죽음에 의해서는 가장 하찮은 종들조차 결코 파괴될 수 없다." 라는 존 웨슬리John Wesley의 1770년 견해가 대표적이다.

시작됐고 밍크는 아직도 가축화의 초기 단계에 있다. 양의 경우만 보더라도 가축화 이전에는 양 한 마리가 고작 1킬로그램의 거친 털도 채 못 만들었지만 1만 년이 안 되는 짧은 기간 동안에 고품질의 고운 털을 10내지 20킬로그램씩 생산해 낼 수 있도록 유전 형질이 크게 변화되었다. 또 젖소 한 마리가 한 수유기 동안에 생산하는 우유의 양이 처음에는 수백 세제곱센티미터에 불과했지만, 요즈음에는 수백만 세제곱센티미터로 그 양이 엄청나게 증가했다. 인위 도태 또는 인위 선택이 이렇게 짧은 기간에 그렇게 두드러진 변화를 초래할 수 있었다면, 수십억 년이 넘는 긴 세월 동안 자연에서 진행된 자연 도태 또는 자연 선택이 가져온 변화가 어느 정도의 규모일지는 쉽게 짐작할 수 있을 것이다. 생물 세계의 다양성과 아름다움은 전부 이렇게 해서 생긴 것이다. 진화는 이론이 아니라 현실이다.

자연 도태가 진화의 기작이라는 사실은 찰스 다윈Charles Darwin과 앨프리드 러셀 월리스Alfred Russel Wallace가 우리에게 가져다준 위대한 발견이다. 100년도 더 전에 그들은 대자연이 생존에 더 적합한 종들을 선택한다는 사실을 알아냈다. 다산성多産性이야말로 자연 생물계의 특성이다. 자연은 살아남을 수 있는 개체 수보다 훨씬 더 많은 후손을 낳게 만든다. 그 많은 후손들 중에서 우연히 자연에 더 적합한 형질을 가진 개체들만 살아남게 되므로, 결국 그러한 형질을 갖고 태어난 종이 선택적으로 번성하게 된다. 유전 형질의 급격한 변화를 가져오는 돌연변이는 순종을 낳는다. 그러므로 돌연변이가 진화의 동인이 된다. 수많은 돌연변이들 중에서 생존율을 증대시킬 수 있는 소수만이 선택되므로, 오랜 기간에 걸쳐 생물은 하나의 형태에서 다른 형태로 서서히 변화하게 된다. 그 결과 우리는 새로운 종의 탄생을 보게 되는 것이다. 이것이 바로 종의 기원이요 진화의 실현이다.[2]

다윈은 『종의 기원*The Origin of Species*』에서 이렇게 설명하고 있다.

> 사람이 변종을 바로 만들지는 못한다. 사람은 유기 생물들에게 삶의 새로운 조건들을 접하게 할 뿐이다. 그 후에 자연이 유기체에 작용함으로써 변이성을 발현케 한다. 그러나 인간은 자연을 통해 주어지는 변이성들을 선택할 줄 알고, 변이성을 자신이 원하는 형식으로 축적하여 원하는 방향으로 몰아갈 줄 안다. 그렇게 함으로써 인간은 동물과 식물을 자신의 이익과 즐거움에 봉사하도록 할 수 있다. 인간은 선택과 축적을 위한 일련의 작업을 조직적으로 수행할 수도 있고, 또 품종을 개량하겠다는 구체적인 목적의식 없이 주어진 상황에 따라 인간에게 가장 유용한 것들만을 보존함으로써 같은 결과를 얻어 내기도 한다. 인간이 야생 동물을 길들이거나 야생 식물을 재배하는 작업에서 그토록 효과적으로 작동했던 원리들이 어찌 자연에서 그대로 작동하지 않는다고 할 수 있겠는가.…… 자연에서는 생존 가능한 수보다 훨

2. 마야 문화의 성스러운 책인 『포폴 부흐*Popol Vuh*』는 다양한 형태의 생물 종을 사람을 만들려고 여러 가지 실험을 해 보던 신들이 만든 실패작으로 묘사하고 있다. 신들의 초기 시도는 목표를 크게 빗나가서 하등 동물들을 만드는 데 그쳤고, 끝에서 두 번째 시도에서는 목표에 아주 접근할 수 있었지만 만들어진 것은 사람이 아니라 원숭이였다는 설명이다. 한편 중국 신화에서는 반고盤古라는 신의 몸에 기생하던 이蝨에서 사람이 태어났다고 한다. 18세기에 조르주루이 르클레르 드 뷔퐁 Georges-Louis Leclerc de Buffon은 "지구는 성서에 제시된 것보다 훨씬 더 오래됐으며, 수천 년에 이르는 그 긴 기간에 생물의 형태가 아주 천천히 변해 왔다."라는 의견을 제시한 적이 있다. 그렇지만 그는 원숭이를 인간의 버림받은 후손이라고 주장했다. 그의 이러한 생각은 다윈과 월리스가 기술한 진화의 이론에 꼭 들어맞는 것은 아니지만 생명이 갖고 있는 진화의 속성을 바르게 예상했던 것임에는 틀림이 없다. 데모크리토스, 엠페도클레스 등 몇몇 초기 이오니아 철학자들에게서도 우리는 현대 원자론의 전조를 발견할 수 있다. 그렇다고 고대 그리스의 원자론과 현대 원자론이 일치하는 것은 아니다. 이 문제는 7장에서 좀 더 자세히 다룰 것이다.

씬 더 많은 수의 개체들이 태어난다.…… 함께 경쟁하고 있는 여러 개체들에 비하여 어느 한 개체가 특정 연령대에서든 혹은 특정 계절 동안만이든, 아무리 사소한 이점이라도 일단 누릴 수 있거나, 또는 그 개체가 주위의 물리적 환경에 아주 조금이라도 더 잘 적응할 수만 있다면 진화의 균형은 그 개체에게 유리한 쪽으로 기울게 마련이다.

19세기에 진화론을 가장 강력하게 옹호했으며 가장 효과적으로 전파한 토머스 헉슬리Thomas Huxley가 다음과 같이 한탄한 적이 있다. "다윈과 월리스의 저작물들은 어두운 밤에 길을 잃은 사람들에게 한 줄기의 섬광이었다. 그 섬광으로 드러난 길은, 그 길이 집으로 향하고 있든 말든, 무조건 따라가게 하는 그런 성격의 것이었다.…… 내가 『종의 기원』의 핵심 사상을 완전히 이해했을 때, 나는 참담했다. 바보같이 왜 나는 이런 생각을 하지 못했나! 콜럼버스와 동시대를 살던 사람들도 같은 소리를 중얼거렸을 것이다.…… 변이성, 생존을 위한 투쟁 그리고 환경 조건에의 적응력과 같은 개념들은 우리 사이에 이미 충분히 알려져 있지 않았었나. 그럼에도 불구하고 다윈과 월리스가 그 밤의 어둠을 헤쳐 없앨 때까지 종의 기원으로 이르는 길이 변이성, 생존 경쟁, 환경 적응 등의 개념 안에 있다는 사실을 우리 중 그 누구도 깨닫지 못했던 것이다."

많은 사람들은 진화론과 자연 선택 이론을 들었을 때 심히 분개했다. 아직도 분개하고 있는 사람들이 많다. 우리 조상들은 지구 생물들의 '우아함'에 감탄했다. 즉 생물이 자기 기능 수행에 얼마나 적합한 구조를 하고 있는지 이해한 다음, 이것을 '위대한 설계자The Great Designer'

에 대한 증거로 삼았던 것이다. 아주 단순한 단세포 생물마저 가장 정교하다는 회중시계보다 훨씬 더 복잡하다. 그뿐만 아니라 회중시계는 자기 조립이 불가능하다. 회중시계는 진자로 작동하는 벽시계에서 전자시계로 서서히 여러 단계를 거쳐 저절로 진화한 것이 결코 아니다. 시계가 있으면 그 시계를 만든 자가 반드시 있게 마련이다. 온 세상을 아름다움으로 가득 채우는 생명 현상의 다양성 그리고 그 생명 현상들 배후에 숨겨진 복잡미묘함을 마주할 때마다 사람들은 깊은 외경의 감정에 빠질 수밖에 없었다. 원자와 분자가 우연히 함께 들러붙어 미묘한 기능을 가진 생물로 변신한다니! 이 주장은 대부분의 사람들에게 터무니없는 것으로만 들렸을 것이다. 생물마다 고유의 설계대로 만들어졌다는 생각, 하나의 종이 다른 종으로 결코 변하지 않는다는 인식이 제한된 역사 기록만 접할 수 있었던 우리 조상들에게는 그들이 알고 있던 생명 현상과 완전히 일치하는 견해였던 것이다. 위대한 설계자가 모든 생물을 정성 들여 만들었다는 생각은 모든 자연 현상에 의미와 질서를 부여했고 인간 존재의 의미를 찾아 주었다. 인간은 여전히 그러한 삶의 의미를 갈망하며 현대를 살아간다. 우리가 자연스럽게 받아들이고 있으며 마음에 들어 하는, 설계자가 존재한다는 생각은 생물 세계에 대한 전적으로 인간적인 해석인 것이다. 그러나 다윈과 월리스는 설계자가 존재한다는 생각만큼 우리 마음에 들고 또 그만큼 인간적이지만, 설계자의 존재보다 훨씬 더 설득력 있게 생명 현상을 설명할 수 있는 또 다른 해석을 제시했다. 그것이 바로 자연 선택이 진화의 원동력이라는 설명이었다. 자연 선택은 영겁의 세월 속에서 생명의 소리를 더 아름다운 음악 작품으로 조탁해 왔다.

화석 기록이 "위대한 설계자의 존재를 증명한다."라고 주장하는 사람도 있다. 설계자가 마음에 들지 않는 종을 버리고 새로 설계해서 또 다른 종을 만들었다고 생각한다면 화석 기록과 설계자의 존재 사이에 생긴 모순을 화해시킬 수 있다는 것이다. 그렇지만 이러한 견해는 우리를 혼란스럽게 한다. 식물과 동물이 모두 그 나름대로 완벽하고 정교하게 만들어졌다면, 이렇게 대단한 능력의 설계자가 처음부터 완전하게 의도된 다양성을 실현할 수 없어서야 어디 말이나 되겠는가? 오히려 화석 기록들은 위대한 설계자가 저지른 시행착오의 과거와 그의 미래 예측 능력에 숨어 있던 한계를 적나라하게 보여 주는 것이다. 이러한 한계는 위대한 설계자에게 결코 어울리는 속성이 아니다.(냉정하고 변덕스러운 기질의 설계자라면 괜찮겠지만 말이다.)

1950년대 초 내가 대학생이었을 때 운이 좋게도 나는 위대한 유전학자이자 방사선이 돌연변이를 유발시킨다는 사실을 발견한 허먼 조지프 멀러Herman Joseph Muller의 실험실에서 일을 할 수 있었다. 헤이케게가 인위 도태 혹은 인위 선택의 예임을 가르쳐 준 것도 멀러였다. 유전학의 실용적 측면을 배우기 위해서 나는 두 개의 날개와 큰 눈을 가진 작고 유순한 생물인 초파리*Drosophila melanogaster*를 가지고 실험을 하면서 많은 시간을 보내야 했다.(초파리의 학명에는 검은색 몸체에 이슬을 좋아하는 생물이라는 뜻이 있다.) 우리는 초파리를 1파인트(0.47리터) 우유병에 보관했다. 본래 유전자들의 재배열을 통해서, 그리고 자연적 혹은 유도된 돌연변이를 통해서 어떤 형태의 새로운 종이 출현하는지 관찰하기 위해서 두 개의 혈통을 교배시키는 실험을 하고 있었다. 암컷들로 하여금 병 안에 놓인 당밀에 알을 낳게 한 다음, 그 병의 마개를 덮어 밀폐해 두었다. 그리고 수정된

알에서 나온 애벌레가 번데기를 거쳐 성충 초파리로 우화羽化할 때까지 꼬박 2주 동안 관찰하는 실험이었다.

어느 날 나는 새로 태어난 초파리들을 에테르로 마취한 후 저배율의 쌍안 현미경을 통해 들여다보면서, 정신없이 낙타털 붓으로 계통 분류를 하고 있었다. 놀랍게도 아주 색다른 변종이 내 눈에 들어왔다. 흰색 대신에 빨간색의 눈을 가졌다든가, 목에 굵은 털이 생겼다든가 하는 식의 작은 변이가 아니었다. 그 변종은 눈에 띌 정도로 큰 날개와 털이 난 긴 더듬이를 가진 또 하나의 완전한 생물이었다. 주요한 진화론적 변이는 결코 한 세대 내에서 일어날 수 없다고 이야기해 왔던 멀러였는데, '하필 그의 실험실에서 그런 예가 발생하다니, 그것도 하나의 운명의 장난'이거니 하고 나는 생각했다. 그래도 이것을 멀러에게 설명하는 것은 기분 내키지 않는 일이었다.

무거운 마음으로 나는 멀러 연구실을 두드렸다. "들어오세요." 입을 무언가로 가린 채로 외치는 소리가 들렸다. 들어가 보니 방은 어두웠다. 방 안에는 멀러가 사용 중인 현미경의 표본대를 비추는 작은 램프 하나만 켜져 있었다. 음침한 방에서 나는 더듬거리며 그에게 나의 발견을 설명했다. 아주 다른 종류의 파리를 발견했고 그것은 당밀에 있는 번데기에서 우화한 것이 확실하다고 이야기했다. 그리고 멀러의 주장에 흠을 낼 생각은 아니었다고 설명했다. 그가 물었다. "그것이 파리목보다 나비목에 속하는 것처럼 보이지 않던가?" 램프가 아래쪽에서부터 그의 얼굴을 비추고 있었다. 내가 그의 말을 얼른 알아듣지 못하자 그가 내게 다시 물었다. "날개가 크지 않던가, 더듬이가 깃털 같지 않던가?" 나는 풀이 죽은 채 고개를 끄덕였다.

멀러는 머리 위쪽에 있는 전등의 스위치를 돌리며 온화하게 웃었다. 그것은 예전에도 있던 일이었다. 초파리 유전학 실험실에는 그 방의 상황에 잘 적응한 또 한 종류의 생물이 살고 있었다. 그것은 바로 초파리와 아무 관계도 없는 나방이었다. 관계가 있다면 초파리에게 준 당밀과 관계가 있었다. 실험실의 기술자가 초파리를 병에 넣기 위해서 우유병의 마개를 열었다가 다시 닫는 그 짧은 순간에, 암컷 나방이 가미가제 식으로 잽싸게 자신의 알을 병 속에 있던 당밀에 떨어뜨렸던 것이다. 그러므로 내가 엄청난 돌연변이를 발견한 것이 아니었다. 자연에서 일어나는 또 하나의 사랑스러운 적응 현상을 우연히 발견한 것뿐이었다. 물론 그 자체가 미세한 돌연변이와 자연 선택의 한 부산물이기는 하다.

진화의 비밀은 죽음과 시간에 있다. 환경에 불완전하게 적응한 수많은 생물들의 죽음과 우연히 적응하게 된 조그마한 돌연변이를 유지하기 위한 충분한 시간 말이다. 유리한 돌연변이 형태들이 서서히 축적되기 위한 긴 시간이 바로 진화의 비밀이다. 다윈과 월리스에게 퍼부어졌던 그 엄청난 반대의 목소리도 적어도 일정 부분은, 억겁의 영원은 고사하고 수천 년조차 상상하기 힘들어 하는 인간의 속성에서 비롯된 것이다. 단지 70년밖에 살지 못하는 생물에게 7000만 년이 도대체 무슨 의미를 갖겠는가? 그것은 100만분의 1에 불과한 찰나일 뿐이다. 하루 종일 날갯짓을 하다 가는 나비가 하루를 영원으로 알듯이, 우리 인간도 그런 식으로 살다 가는 것이다.

지구에서 일어난 진화는 어쩌면 다른 세계에서 일어나는 생명 진화의 한 가지 전형일지도 모른다. 그러나 단백질과 관련해서 일어나는 화학적 현상이나 뇌에서 이루어지는 신경학적 현상들처럼 세부적인 면을 살펴본다면 지구의 생명 현상은 은하수 은하 그 어디에서도 기대할 수 없는, 지구 생명만의 고유한 특성이라고 나는 믿는다. 지구는 대략 46억 년 전에 성간 기체와 티끌이 응축된 구름 속에서 만들어졌다. 화석 기록을 통해서 우리는 최초의 생명이 대략 40억 년 전 원시 지구의 바다나 연못에서 태어났다고 알고 있다. 최초의 생물은 오늘날의 단세포 생물만도 못한 것이었다. 단세포 생물은 고도로 정교한 형태를 구비한 어엿한 생물이다. 생명의 첫 걸음은 이보다 훨씬 보잘것없는 수준에서 시작했다. 원시 지구 대기의 주성분은 수소 원자를 여러 개 가진 간단한 구조의 분자들이었다. 이 분자들은 태양에서 복사된 자외선과 번개의 전기 방전을 통해서 쉽게 해리되었다. 분자에서 떨어져 나온 작은 원자와 분자 들이 우연히 재결합하면서 더 복잡한 물질로 만들어졌다. 이렇게 생성된 화학 반응의 부산물들은 바다나 연못에 용해됐으며, 거기에서 점진적으로 더 복잡한 일종의 '유기물 수프'와 같은 물질로 서서히 변해 갔다. 마침내 수프에 들어 있던 다른 종류의 분자들을 바탕으로 하여 스스로를 비슷하게 복제할 수 있는 새로운 분자가 아주 우연하게 만들어졌다.(이 주제는 나중에 더 다룰 것이다.)

이렇게 해서 앞으로 모든 지상 생명 현상의 주인공 구실을 하게 될 디옥시리보핵산deoxyribonucleic acid 분자, 다시 말해 DNA의 원형이 탄생하게 된 것이다. DNA는 나선형으로 꼬인 긴 사다리와 비슷한 구조를 하고 있다. 사다리의 가로대는 각각 서로 다른 네 종류의 분자들로 이루어져 있다. 그것들이 바로 유전자 코드를 기술하는 네 가지 부호이다.

사다리의 가로대를 뉴클레오티드nucleotide라고 부르며 그 가로대들이 모여서 주어진 생물을 만드는 데 필요한 설계도, 즉 유전 설계도를 이룬다. 지구상 모든 형태의 생물들은 각각 그 형태에 맞는 설계도를 갖고 있다. 그러나 설계도들은 모두 앞에서 이야기한 네 개의 문자만으로 구성되어 있다. 다시 말해 같은 언어로 씌어 있다. 유기체의 종류마다 유전 형질이 다른 이유는, 유전 설계도가 비록 같은 언어로 씌어 있지만 그 내용이 각기 다르기 때문이다. 돌연변이는 뉴클레오티드의 변화에서 초래되고 변화된 형질은 다음 세대에 그대로 전해진다. 즉 돌연변이는 순종을 생산한다. 뉴클레오티드에 일어나는 변화는 무작위적이다. 그래서 태어난 돌연변이들의 거의 대부분이 비기능성 효소들을 만들게 되므로, 돌연변이는 대부분의 경우 결과적으로 해롭거나 치명적이다. 그러므로 이로운 돌연변이가 발생하려면 오랜 세월을 기다려야 한다. 뉴클레오티드는 폭이 겨우 1센티미터의 10만분의 1에 해당하는 지극히 작은 물질이다. 이렇게 작은 물질에서 일어난 변화들 중에서 지극히 일부의 경우가 이로운 돌연변이를 유발하고 진화의 원동력으로 작용한다.

40억 년 전 지구라는 '에덴동산'에는 분자들만이 우글대고 있었다. 그 당시 에덴동산에는 다른 분자를 잡아먹는 포식자들이 없었다. 개중에 어떤 분자들은 비효율적인 자기 복제술로 자신을 엉성하게 복제해 남겨 놓기도 했다. 자기 복제 기술을 완전히 터득한 분자들이라야 생명 현상이란 건물을 구축하는 데 쓰일 벽돌의 역할을 제대로 수행할 수 있다. 자기 재생산, 돌연변이 그리고 가장 비효율적 종들의 선택적 제거와 더불어 진화는 분자 수준에서도 이렇게 잘 진행되고 있었다. 시간이 지남에 따라 자기 복제술의 완성도는 점점 나아졌다. 마침내 특정 기능들을 수행할 수 있는 분자들이 한데 모여서, 일종의 분자 집합체인 최초의 세포가 만들어졌다. 오늘날 식물 세포는 엽록체라고 불리는 분자들로 이뤄진 아주 작은 공장들을 갖고 있다. 엽록체 공장은 햇빛, 물, 이산화탄소를 탄수화물과 산소로 바꾸는 광합성 작용을 한다. 혈액 속에는 미토콘드리아mitochondria라 불리는 또 다른 종류의 분자 공장이 있다. 이 공장에서는 주어진 생물이 섭취한 음식물에 산소를 첨가하여 에너지를 추출하는 작업을 한다. 현재는 이 공장이 식물과 동물의 세포 안에 존재하지만, 한때 독립된 세포로 독자 활동을 했던 시기가 있었다고 믿어진다.

약 30억 년 전 단세포 생물이 세포 분열 후 두 개의 독립된 세포로 되지 못하고 그대로 붙어 있는 것들이 생기기 시작했다. 이유는 돌연변이 때문이었으리라. 이것이 최초의 다세포 생물이 태어나는 과정이었다. 우리 몸을 구성하는 세포 하나하나가 실은 공동의 이익을 위해서 모듬살이를 하는 일종의 생활 공동체인 셈이다. 이 공동체는 한때는 각각 독립적으로 존재하던 부분들이 모여서 만들어진 것이다. 사람은 100조 개가량의 세포로 구성되어 있다. 그러니까 사람 한 명 한 명은 수많은 생활 공동체가 모여서 만들어진 또 하나의 거대한 군집인 셈이다.

성性은 대략 20억 년 전부터 생긴 듯하다. 그 전에는 새로운 종의 출현이 무작위적 돌연변이의 축적을 통해서만 가능했다. 유전 설계도의 글자를 한 글자씩 바꾸어 돌연변이를 만들고 그것을 또 시험해야 했으므로, 진화는 고통스러우리만큼 느리게 진행될 수밖에 없었다. 그러나 성의 출현과 함께 두 개의 생물은 자신들이 가진 유전 설계도를 문단씩, 혹은 여러 쪽씩, 심지어는 몇 권씩 통째로 서로 교환할 수 있게 되었다. 그리고 자연은 이렇게 해서 생긴 새로운 종을 선택이라는 체로 다시 걸러냈다. 결국 성적 결합에 관여할 줄 아는 생물들은 선택되었고 반면에 성에 무관심한 것들은 빠르게 사라졌다. 이것은 20억 년 전 미생물들에게만 주어졌던 선택 사항이 아니다. 오늘날 우리 인간들도 DNA 조각들을 서로 교환하는 일에 온 정성을 쏟으며 살아간다.

10억 년 전쯤부터 식물들이 협동 작업을 통해 지구 환경을 엄청나게 변화시키기 시작했다. 그 시절 바다를 가득 메운 단순한 녹색 식물들이 산소 분자를 생산하자마자 자연히 산소가 지구 대기의 가장 흔한 구성 물질 중 하나가 되었다. 원래 원시 지구의 대기는 수소로 가득했다. 이렇게 해서 지구 대기의 성질이 근본적으로 바뀌었다. 생명 현상에 필요한 물질이 그때까지는 비생물학적 과정을 통해서 만들어졌으나, 산소 대기의 출현으로 지구 생명사의 신기원이 세워진 것이다. 산소는 유기 물질을 잘 분해한다. 사람은 산소를 좋아하지만, 산소는 무방비의 유기물에게는 근본적으로 독이나 다름없다. 지구 대기가 산화력이 강한 대기로 성격이 바뀌자, 생물의 역사상 최대의 위기가 당시 생물들에게 닥쳐왔다. 산소의 분해력에 대처할 수 없던 생물들은 무더기로 사라져야만 했기 때문이다. 보툴리누스균이나 파상풍균과 같은 몇몇의 원시적 형태의 생물들만이 오늘날까지 간신히 살아남아 산소가 없는 환경을 골라서 그곳에서 번식하며 산다. 지구 대기의 질소는 산소보다 화학적 활성도가 많이 떨어지기 때문에 훨씬 무해한 분자이다. 그렇지만 지구 대기에 질소가 유지되는 과정에도 생물이 크게 간여하고 있다. 지구 대기의 99퍼센트가 생물 활동에 그 기원을 두고 있다고 해도 과언이 아니다. 그러므로 '파란 하늘은 생물이 만든 것'이라고 주장할 수도 있는 것이다.

생명의 탄생 이후 40억 년의 거의 대부분 기간 동안, 지구의 생명계는 바다를 가득 채우고 있던 청록색의 조류藻類들이 지배했다. 대략 6억 년 전부터 조류의 독과점 체제에 금이 가기 시작했고 이때부터 새로운 형태의 생물들이 폭발적으로 지구에 나타났다. 이것이 바로 캄브리아기 대폭발Cambrian Great Explosion이라고 불리는 사건이다. 지구가 만들어지자마자 생명이 탄생했다고 해도 크게 잘못된 표현은 아니다.[3] 그러므로 생명의 출현은 지구와 같은 행성의 환경에서 쉽게 일어날 수 있는 화학 반응들의 필연적 결과일 것이다. 그러나 생물은 30억 년이나 되는 긴긴 세월을 녹조류 수준에 그대로 머물러 있어야만 했다. 지구 생명이 특화된 기관들을 갖추고 체구가 큰 유기체로 진화하기가 생명의 출현 그 자체보다 훨씬 더 어려웠던 모양이다. 그러므로 우리가 외계 행성들을 탐사하다 보면 동물이나 식물이 서식하는 곳보다 미생물의 세상을 더 흔하게 발견하게 될 것이다.

캄브리아기 대폭발이 시작되자마자 다양한 형태의 생물들이 바다에 우글거리기 시작했다. 지금으로부터 5억 년 전쯤 지구에는 삼엽충이 엄청나게 많이 살고 있었다. 오늘날의 곤충과 비슷한 그들은 아름다운 동물이었다. 그중에는 해저에서 무리를 지어 사냥하면서 살아가는 종들도 있었다. 삼엽충들은 편광을 감지할 수 있는 수정체의 겹눈

3. 최근의 연구 결과에 따르면 최초의 생물이 지구상에 출현한 시기는 37억 년 전이라고 한다. 태양계의 나이가 46억 년이므로 태양계가 형성되고 9억 년 후에 생명이 나타나기 시작했다는 계산이 나온다. 9억 년은 태양계 나이의 20퍼센트에 해당하는 짧은 기간이다. — 옮긴이

삼엽충 화석들. 이들은 후대의 것으로 한층 진화한 삼엽충이다. 겹눈이 이 화석들에 잘 보존돼 있다. 삼엽충은 캄브리아기 대폭발로 만들어진 종들 중의 하나이다. 시카고 대학교 출판부의 허락을 받고, 리카르도 레비세티 Ricardo Levi-Setti가 지은 『삼엽충 *Trilobites*』에서 전재한 사진이다.

을 가지고 있었다.[4] 그러나 오늘날 지구에서는 살아 있는 삼엽충을 찾아볼 수 없다. 이미 2억 년 전에 모두 멸종한 것 같다. 한때 지구상에 번성했던 동식물들 중에는 이렇게 완전히 사라진 예가 많이 있으며, 현재 지구에서 볼 수 있는 생물들이 물론 과거에 모두 존재했던 것은 아니다. 오래된 암석과 화석 가운데 우리와 같은 동물들은 눈을 씻고 봐도 찾을 수가 없다. 종들은 잠깐 나타나 그럭저럭 살다가 완전히 멸종하고는 한다.

캄브리아기 대폭발 이전에도 새로운 종들의 출현과 멸종이 있었던 것 같지만 그 속도가 다소 느렸던 것 같다. 이렇게 추정할 수밖에 없는

4. 삼엽충 중에는 겹눈을 가진 것들이 있었다. 삼엽충 화석 중에서 겹눈이 무려 30여 개에 이르는 것들도 발견된다. — 옮긴이

것은 부분적으로 우리가 갖고 있는 정보의 양이 먼 과거로 갈수록 점점 더 줄어들기 때문일 수도 있다. 또 지구의 초기 역사에서 딱딱한 부위를 갖춘 생물들은 흔치 않은 데다가 부드러운 부위는 여간해서 화석으로 남지 않으므로 캄브리아기 이전의 생물이 이후보다 더 적다고 느껴지는 것일지도 모른다. 그러나 캄브리아기 대폭발 이전에 새로운 종의 출현이 매우 더뎠다는 것은 거의 확실한 사실이다. 세포의 구조나 생화학적 특성 등에서 달성될 수 있는 굉장히 어려운 진화가 외적 형태에까지 즉각적으로 반영되는 것은 아니다. 그러나 불행하게도 화석은 우리에게 외적 형태만 보여 준다. 캄브리아기 대폭발 이후에는 환경에 놀랍도록 잘 적응하는 새로운 형태의 생물들이 숨 막힐 정도로 급하게 속속 나타났다. 최초의 어류에서 최초의 척추동물로 빠르게 이어졌다. 바다에서만 살던 식물 중에 차츰 서식지를 육지로 옮기는 식물이 나타나기 시작했다. 그러면서 최초의 곤충이 태어났고 그 후손들이 땅에서 사는 육서陸棲 동물의 선구자가 됐다. 뒤이어 날개 가진 곤충이 양서류와 함께 나타났다. 폐어肺魚를 닮은 양서류는 바다와 육지 양쪽에서 살 수 있었다. 그리고 지구에 최초의 나무가 등장했고 최초의 파충류가 출현해 공룡으로 진화해 갔다. 그리고 포유류가 지상에 출현했다. 그 후 최초의 새와 최초의 꽃이 생겨났다. 공룡이 멸종하고 돌고래와 고래의 조상인 가장 초기의 고래류가 나타났다. 같은 시기에 원숭이, 유인원, 인간의 공동 조상인 영장류가 지상에 그 모습을 드러냈다. 1000만 년 전에 인간과 아주 비슷한 생물이 처음으로 나타났으며 그들이 진화함에 따라 뇌의 크기도 현저하게 커졌다. 그리고 그 후, 그러니까 지금으로부터 겨우 수백만 년 전에 최초의 인간이 나타났다.

인류의 조상이 숲에서 성장했기 때문인지 우리는 자연스럽게 숲에 친근감을 느낀다. 하늘을 향해 우뚝 서 있는 저 나무들이 얼마나 사랑스러운가? 나뭇잎들은 광합성을 하기 위해서 햇빛을 받아야 한다. 그래서 나무는 주위에 그늘을 드리움으로써 자기 주위의 식물들과 생존경쟁을 한다. 나무들이 성장하는 모습을 자세히 관찰하면 나무들이 나른한 은총(햇빛)을 차지하기 위해 서로 밀고 밀치며 씨름하는 것을 발견할 수 있다. 나무는 햇빛을 생존의 동력으로 삼는 아름답고 위대한 기계이다. 땅에서 물을 길어 올리고 공기 중에서 이산화탄소를 빨아들여 자신에게 필요한 음식물을 합성할 줄 안다. 그 음식의 일부는 물론 우리 인간이 탐내는 것이기도 하다. 합성한 탄수화물은 식물 자신의 일들을 수행하는 데 필요한 에너지의 원천이 된다. 궁극적으로 식물에 기생해서 사는 우리 같은 동물은 식물이 합성해 놓은 탄수화물을 훔쳐서 자기 일을 수행하는 데 이용한다. 우리는 식물을 먹음으로써 탄수화물을 섭취한 다음 호흡으로 혈액 속에 불러들인 산소와 결합시켜 움직이는 데 필요한 에너지를 뽑아낸다. 그리고 우리가 호흡 과정에서 뱉은 이산화탄소는 다시 식물에게 흡수돼 탄수화물 합성에 재활용된다. 동물과 식물이 각각 상대가 토해 내는 것을 다시 들이마신다니, 이것이야말로 환상적인 협력이 아니고 또 무엇이겠는가? 이것은 지구 차원에서 실현되는 일종의 구강口腔 대 기공氣孔의 인공 호흡인 것이다. 그리고 이 위대한 순환 작용의 원동력이 무려 1억 5000만 킬로미터나 떨어진 태양에서 오는 빛이라니! 자연이 이루는 협력이 그저 놀랍기만 하다.

알려진 유기 분자의 수는 100억 개가 넘지만, 이 중에서 생명 현상의 필수 요원으로 활동하는 것은 약 50종뿐이다. 동일한 조합의 분자들이 여러 가지의 기능을 발휘하는 데 반복해서 사용된다. 분자들의 조합이 하나의 모듈module로 쓰이는 것이다. 그러므로 지구 생명은 주어진 기능을 수행하는 데 최대의 경제성을 유지하는 아주 영리한 존재이다. 지구에서 볼 수 있는 모든 생명 현상의 뿌리에는 세포의 화학 반응을 조절하는 단백질 분자와 유전 설계도를 간직한 핵산이 있다. 더욱 놀라운 사실은 본질적으로 같은 단백질 분자와 핵산 분자가 모든 동물과 식물에 공통적으로 관여한다는 점이다. 그러므로 생명 기능이라는 관점에서 볼 때 참나무와 나는 동일한 재료로 만들어졌다고 해도 무리가 없다. 좀 더 먼 과거로 거슬러 올라간다면 동물인 나와 식물인 참나무의 조상은 같다.

살아 있는 세포는 은하와 별의 세계만큼 복잡하고 정교한 체계를 이룬다. 세포라는 이름의 이 지극히 정교한 기구는 40억 년의 긴 세월을 거치면서 힘들게 걸어온 진화의 결정結晶이다. 우리가 먹는 음식물에 있는 영양분들은 세포라는 장치를 통해 그 모습과 성격이 계속해서 바뀐다. 오늘의 백혈구 세포가 엊그제 먹은 시금치나물이라는 이야기이다. 세포는 어떻게 이 일을 수행하는가? 세포 안에는 아주 복잡하고 정교한 구조물들이 미로같이 늘어져 있는데, 이것들이 세포 형태를 유지하고 한 물질을 다른 물질로 변화시키고 에너지를 저장하며 자기 복제를 준비하는 등 생명 현상에 필요한 다양한 기능을 수행한다. 세포 안에 있는 분자 덩어리들은 거의 대부분 단백질이다. 왕성하게 활동 중인 것들이 있는가 하면 대기 중인 것들도 있다. 가장 중요한 단백질은 세포 안에서 화학 반응을 조절하는 효소이다. 효소는 공장의 조립

라인에서 일하는 숙련 노동자와 같아서 자신의 맡은 바 기능을 분자 수준에서 수행한다. 예를 들어 보자. 핵산의 재료 중 하나인 뉴클레오티드 구아노신 포스페이트nucleotide guanosine phosphate를 만드는 과정의 네 번째 단계를 특정 단백질이 담당한다면 또 다른 단백질 분자는 세포가 필요로 하는 에너지를 생산하기 위해 당을 분해하는 과정의 열한 번째 단계를 책임진다는 식이다. 효소가 공장의 주어진 기능 전체를 이끌어 가는 주체는 아니다. 그 주체는 핵산이다. 효소들은 그저 핵산이라는 감독관이 보내는 지침에 따라 행동할 뿐이다. 심지어 자기 자신을 만들어 내는 작업도 감독관의 지시에 따라야 가능하다. 핵산은 세포의 핵에 자리한다. 핵은 세포 왕국에서 함부로 출입할 수 없는 구중궁궐과 같은 곳이다.

이제 세포의 핵 속을 들여다보자. 거기에서 우리는 국수 공장의 폭발 현장과 유사한 풍경을 목격하게 될 것이다. 수많은 코일과 가닥이 서로 얽히고설켜 있는데, 그것들이 DNA와 RNA라는 이름의 두 가지 핵산이다. DNA는 무엇을 해야 할지 업무 수행의 구체적 단계를 알고 있으며, 그 내용을 기술하는 코드를 갖고 이에 따라 지침을 하달한다. RNA는 DNA가 하달하는 지침들을 받아서 세포의 여기저기로 전달하는 임무를 수행한다. 이들은 40억 년에 걸친 진화의 정수로서 세포가 또는 나무가, 혹은 인간이 생명 현상을 유지하는 데 필요한 활동의 모든 정보를 자기 안에 담고 있다. 인간의 언어로 기술한다면 인간 DNA의 총 정보는 두꺼운 책 100권에 해당한다. 한술 더 떠서 DNA는 자신을 복제하는 데 필요한 정보도 모두 갖고 있다. 복제는 아주 완벽하게 이루어진다. 복제 과정에서 차이가 생기는 경우는 비록 미소한 차이라도 지극히 드물다. 그러므로 DNA는 참으로 엄청난 양과 질의 정보를 갖고 있는 셈이다.

DNA는 '나선' 층계처럼 이중 나선의 구조를 한다. 하나의 나선 가닥을 따라 늘어서 있는 뉴클레오티드의 배열 순서가 생명의 음악을 기술하는 악보인 셈이다. 특정 임무를 수행하는 어떤 효소의 작용으로 꼬였던 두 개의 나선이 풀리기 시작하면서, 각각의 나선이 상대방 나선의 뉴클레오티드 배열과 동일한 배열의 나선을 복제한다. DNA 중합체 효소DNA polymerase라고 불리는 특수 기능의 효소가 이중 나선의 해체가 진행되는 동안 복제가 거의 완벽하게 되도록 돕고 확인한다. 복제에 실수가 생겨서 잘못 끼워진 뉴클레오티드는 잘라 내고 제대로 된 것으로 대체하는 효소들도 활동한다. 효소가 비록 분자만 한 기계라고 하지만 그들은 참으로 엄청난 일을 수행한다.

DNA는 완벽한 자기 복제를 통해 유전 형질을 보존하고 전달하는 일을 한다. 이와 더불어 핵의 DNA는 전달자messenger RNA라고 불리는 또 다른 핵산을 합성하여 세포의 신진대사 활동을 관장한다. 전달자 RNA는 핵 밖으로 이동한 후 정확한 시간과 장소에서 특정 효소의 생성을 조절한다. 결과적으로 효소가 하나 생성되고, 이 효소는 세포 내 화학 반응의 특정 단계를 관리한다.

인간의 DNA는 10억 개의 뉴클레오티드로 연결된 두 개의 나선이 이루는 매우 긴 사다리처럼 생겼다. 다시 말해 DNA 분자는 가로대를 10억 개나 가진 긴 사다리이다. 뉴클레오티드들이 이룰 수 있는 조합의 대부분은 아무 쓸모도 없는 단백질을 합성하므로 생명의 관점에서 무의미하다. 우리같이 복잡한 생물의 경우에도 유용한 핵산 분자는 극히 제한되어 있다. 그렇지만 유용한 핵산을 조합하는 방법의 수는 우주에 존재하는 전자와 양성자의 수를 전부 합한 것보다 훨씬 더 많다. 그 결과로 나타날 가능한 인간 개체의 총수는 지금까지 살았던 사람들의 수를 훨씬 능가한다. 핵산의 가능한 조합들 중에서 지금까지 지상에 살았던 그 어떤 인간을 통해서도 구현되지 않은 조합들이 아직 무수히 많이 남아 있다니! 우리는 여기에서 인간이라는 종이 가진 잠재력이 어마어마하다는 결론을 내릴 수 있다. 그렇다면 앞으로는 지금까지 지상에 살았던 그 어떤 인간보다 뛰어난 인간을 설계할 수 있을지도 모른다. 물론 뛰어나다는 것은 어떤 기준을 택하느냐에 따라 달라지겠지만 말이다. 다행스럽게도 뉴클레오티드의 순서를 어떻게 바꾸어야 새로운 인류를 만들 수 있을지 아직은 잘 모른다. 그렇지만 머지않은 미래에 바람직한 특성을 인간에게 부여하기 위해서 뉴클레오티드를 우리 맘대로 조합할 수도 있을 것이다.[5] 이것이야말로 우리로 하여금 정신이 번쩍 들게 하면서 동시에 불안에 떨게 하는 우리 미래의 한 단면이다.

진화는 돌연변이와 자연 선택을 통해서 이루어진다. DNA 중합체 효소가 복제 과정에서 실수를 범하면 돌연변이가 생긴다. 그러나 중합체 효소가 실수하는 경우는 매우 드물다. 태양에서부터 오는 방사능 입자나 자외선 광자도 돌연변이의 요인이 된다. 또 우주에서 지구로 들어오는 높은 에너지의 우주선 입자나 주위 환경의 화학 물질 때문에 돌연변이가 발생할 수도 있다. 이러한 요인들은 뉴클레오티드를 변화

5. 이것은 이제 더 이상 미래의 일이 아니다. 이미 하나의 현실로서 우리에게 희망과 불안을 동시에 안겨 주고 있다. DNA 지문 검사가 1980년대 중반부터 과학 수사에 정례적으로 이용되기 시작했고 1997년에는 복제양이 태어났으며 2000년에는 인간 유전자 지도의 초안이 완성됐다. — 옮긴이

시키거나 핵산의 끈을 꼬거나 묶는다. 돌연변이율이 너무 높으면 40억 년 동안 공들여 쌓아 온 진화 유산의 탑이 송두리째 무너진다. 반대로 너무 낮으면 미래의 환경 변화에 적응할 새로운 종이 모자란다. 생물의 진화는 돌연변이와 자연 선택 사이의 정확한 균형을 필요로 한다. 이러한 균형이 이루어질 때 새로운 환경에 놀랄 만큼 잘 적응하는 생물들이 탄생한다.

DNA의 뉴클레오티드 하나가 바뀌면 그 DNA가 지정하는 단백질의 아미노산 하나에 변화가 초래된다. 유럽 사람들의 적혈구는 대체로 둥글다. 그런데 아프리카 사람들 중에는 적혈구가 초승달이나 낫처럼 생긴 사람들이 있다. 낫 모양의 적혈구는 산소를 둥근 것보다 덜 운반하므로 빈혈증을 유전시킨다. 그렇지만 말라리아에는 강한 저항력을 제공한다. 두말할 나위 없이 말라리아에 걸려 죽는 것보다 빈혈증과 함께 살아가는 게 낫다. 이렇게 두드러진 차이가 뉴클레오티드 하나에서 유발되는 것이다. 혈액 기능의 차이는 적혈구의 경우처럼 현미경 사진으로도 쉽게 식별할 수 있을 정도로 뚜렷한 변화인데, 그렇게 큰 변화가 그 작은 뉴클레오티드에서 왔다니 놀라울 뿐이다. 인간 세포 하나에 들어 있는 뉴클레오티드의 총수는 대략 100억 개나 된다. 어마어마한 수인 것이다. 그런데 놀라운 점은 100억 개 중의 단 하나가 그렇게 큰 차이를 낳는다는 사실이다. 우리는 다른 뉴클레오티드들에서 생긴 변화가 어떤 결과를 초래하는지에 대해서 여전히 무지하다.

인간은 겉보기에 나무와 뚜렷하게 다르다. 의심할 여지없이 인간은 나무와는 다른 양식으로 세상을 인지認知한다. 그러나 생명 현상의 핵심을 조금만 깊이 들여다보면 분자 수준에서 나무와 인간은 근본적으로 같은 화학 반응을 통하여 생명 활동을 영위함을 알 수 있을 것이다. 한 세대의 유전 형질을 다음 세대로 전하기 위하여 핵산을 사용하는 점은 나무나 사람이나 마찬가지고 세포 내의 화학 반응을 조절하는 효소로서 단백질을 이용하는 점도 같다. 더욱 중요한 점은 핵산 정보를 단백질 정보로 바꾸는 데 나무와 사람이 동일한 설계도를 사용한다는 사실이다. 이 점에 있어서 지상의 모든 생물들은 아무런 차이가 없다.[6] 생명 현상이 보여 주는 분자 수준에서의 동질성으로부터 우리는 지상의 모든 생물이 단 하나의 기원에서 비롯됐음을 알 수 있다. 나무, 사람, 아귀, 심지어 변형균과 짚신벌레 같은 지구의 모든 생물이 과거로 올라가면 단 하나의 조상으로 수렴한다는 결론이다. 그렇다면 생명의 기원인 바로 그 물질은 지구 생성 초기에 과연 어떻게 만들어질 수 있었을까?

나는 코넬 대학교의 실험실에서 여러 가지를 연구하고 있다. 구체적으로는 생명이 탄생하기 전의 유기 반응을 관찰하고 있다. 이것은 '생명의 음악'을 악보에 옮겨 적는 작업이다. 그중 한 가지 실험을 소개해 보겠다. 원시 지구의 대기를 재현하기 위하여 투명한 용기에 수소, 수증기, 암모니아, 메탄, 황화수소의 혼합 기체를 채운 다음, 그 안에서 전기 방전을 일으켰다. 우리는 이와 비슷한 성분의 혼합 기체를 오늘날 목성의 대

6. 유전 기호가 지구에 존재하는 모든 종류의 생물에서 정확하게 일치하는 것은 아니다. 적어도 미토콘드리아에서 DNA 정보가 단백질 정보로 전사되는 경우, 동일 세포의 핵에 있는 유전자가 사용하는 것과 다른 지침을 사용한다는 사실이 밝혀졌다. 이것은 진화의 긴 역사에서 미토콘드리아와 핵의 유전 기호가 따로따로였다는 것을 의미한다. 즉 미토콘드리아가 한때 독립적으로 생활하다가 수십 억 년 전에 있었던 공생 과정에서 세포 내로 유입된 것이라는 뜻이다. 말이 나온 김에 한마디 덧붙인다. '원핵세포 발생에서부터 캄브리아기 대폭발이 있기까지 진화가 과연 무엇을 했는가?' 라는 물음에 대한 한 가지 답을 우리는 바로 여기서 찾아볼 수 있다. 즉 다세포 생물의 번성기를 맞이하기 위하여 진화는 공생의 묘책을 준비했던 것이다.

기에서 실제로 볼 수 있다. 실은 이런 혼합물은 목성뿐 아니라 코스모스의 도처에 존재할 것이다. 전기 방전을 일으킨 것은 옛 지구와 현재 목성에서 공히 볼 수 있는 번개 현상을 재현하기 위함이다. 처음에는 용기 안에 들어 있는 성분 기체를 육안으로 확인할 수 없었고 반응 용기도 그대로 투명했다. 그러나 전기 불꽃을 10분쯤 발생시키자 이상한 갈색의 물질이 용기의 벽을 타고 흘러내리기 시작했다. 이윽고 용기 내부가 점점 불투명해지면서 타르 같은 갈색 물질이 용기의 벽을 덮었다. 형성 초기에 태양이 자외선을 많이 방출했으므로 전기 방전을 일으키는 대신 자외선을 쪼여 줄 수도 있었다. 그러나 결과는 대동소이했을 것이다. 그 타르 물질에는 대단히 복잡한 유기 분자들이 가득했고 그중에 단백질과 핵산을 구성하는 분자들이 다량 포함돼 있었다. 생물의 재료 물질은 이같이 쉽게 만들어질 수 있었던 것이다.

이런 실험을 가장 먼저 한 사람은 스탠리 밀러Stanley Miller였다. 밀러는 1950년대 초에 이 실험을 수행했는데 당시 그는 화학자 헤럴드 유리Herald Urey의 지도를 받는 대학원생이었다. 유리는 원시 지구의 대기가 코스모스의 대부분이 그러하듯이 수소로 가득했다고 주장했다. 시간이 흐르는 동안 지구에서는 수소가 조금씩 우주로 새어 나갔지만 거대한 목성에는 수소가 아직 그대로 잡혀 있다. 유리는 지구 생명의 기원 체가, 수소가 지구에서 완전히 달아나기 이전에 발생했다고 강력히 주장했다. 유리가 이러한 기체에 전기 불꽃을 일으켜 보자고 제안하자, 누군가가 그와 같은 실험에서 도대체 무엇을 기대할 수 있는지 그에게 물었다. 유리의 대답은 "바일슈타인Beilstein" 단 한마디였다. 바일슈타인은 독일에서 출간된 28권의 화학 총서로서 그 책에는 화학자들이 알고 있는 유기 분자들이 모두 실려 있다.

원시 지구에 있었을 가장 흔한 종류의 기체들을 모아 놓고 거기에 화합 결합을 깰 수 있을 정도의 에너지를 공급하니까 생물의 기본 재료가 될 수 있는 물질들이 만들어졌다. 자외선 복사든 전기 방전이든 그 어떤 형태의 에너지라도 좋았다. 그러나 우리의 용기 안에는 생명 음악의 음표만 떠돌았지, 거기에서 생명의 음악 그 자체는 들을 수 없었다. 분자 수준의 재료들을 정해진 순서에 따라 결합해야만 생명의 음악이 가능해진다. 분명히 생명은 단백질을 구성하는 아미노산과 핵산을 구성하는 뉴클레오티드 이상의 그 무엇이었던 것이다. 그러나 이러한 재료들을 길게 배열하여 긴 사슬 모양의 분자를 만들기만 해도 그것으로 우리의 실험은 엄청난 진전을 본 것이나 다름없다. 원시 지구와 같은 조건에서 아미노산들이 서로 조합하여 단백질과 유사한 물질들을 만들어 냈으며, 그 중 일부는 지금의 효소처럼 유용한 화학 반응을 서투르게나마 조절할 줄 알았다. 뉴클레오티드끼리 스물대여섯 개씩 결합하여 핵산 가닥들을 만들기도 했다. 실험관 내의 환경을 적절히 조절하면 짤막한 핵산들이 자기 자신을 복제하는 경우도 볼 수 있었다.

지금까지 그 누구도 원시 지구의 기체와 물을 시험관에 함께 넣어 각종 반응을 겪게 한 다음, 거기에서 무엇인가 꼬물거리는 것이 기어 나오게 한 적은 한번도 없다. 지금까지 알려진 생물 중에서 가장 작다는 바이로이드viroid만 하더라도, 1만 개 정도의 원자로 구성되어 있다. 바이로이드는 바이러스보다 작은 RNA 병원체로서 작물에 몇 가지의 병을 유발하는데 자기보다 더 단순한 유기체가 아니라 오히려 더 복잡한 것에서 진화된 것으로 보인다. 게다가 그렇게 진화한 것도 얼마 되지 않았다. 바이로이드보다 더 단순한 생물을 상상하기는 그리 쉬운 일이 아니다. 바이로이드는 단백질 막을 가지는 바이러스와는 달리 핵산으로만 구성돼 있다. 그것은 단지 선형 혹은 구형의 구조를 가진 한 가닥의 RNA이다. 바이로이드는 시종일관 꾸준히 노력하는 기생체이기 때문에, 그렇게 작은 존재이지만 여전히 크게 번성할 수 있는 것이다. 바이러스와 마찬가지로 바이로이드들은 자기보다 훨씬 크고 잘 작동하는 세포 안에 있는 분자 수준의 공장을 점령해서, 세포 대신 바이로이드를 만드는 공장으로 그 공장의 기능을 바꿔 버린다.

독립적으로 살 수 있는 생물들 중에서 가장 작다고 알려진 것으로, 늑막 폐렴균pleuropneumonia-like organisms, PPLO과 유사한 극히 작은 생물 '야수'들이 있다. 그것들은 대략 5000만 개의 원자로 구성되어 있다. 생명 현상에 필요한 많은 일들을 스스로 처리해야 하는 이러한 생물들은 물론 바이러스나 바이로이드보다 훨씬 더 복잡한 구조를 하고 있다. 그러나 현재 지구의 환경은 단순한 형태의 생물들에게 매우 불리하다. 그들은 생존을 위하여 열심히 일을 해야 할 뿐 아니라, 늘 포식자들을 조심해야 한다. 그러나 행성 지구가 형성되고 얼마 안 된 지구 역사의 초창기에는 아주 단순하고 독립적인 생물들이 남들과 경쟁하여 살아남을 확률이 꽤나 높았다. 수소가 주성분이던 이 시기의 지구 대기에서는 태양 광선 덕분에 수소를 원료로 하는 유기 분자들이 많이 만들어질 수 있었다. 최초의 생물들은 단지 수백 개의 뉴클레오티드만으로 거의 독립된 삶을 영위할 수 있는, 바이로이드와 비슷한 존재들이었을 것이다. 원자 수준에서 시작하여 그런 생물들을 만들어 내는 실험은 20세기 말에 가서야 가능할 것이다. 유전 기호의 기원을 비롯하여, 여전히 생명의 기원에 관하여 밝혀져야 할 것들이 많이 남아 있기 때문이다. 생명 창조에 기울인 인간의 노력은 이제 겨우 30여 년의 역사를 말할 수 있을 뿐이다. 이것에 비한다면 자연이 우리보다 40억 년이나 앞서 있다. 그러니 우리도 썩 잘하고 있는 셈이다.

지구 대기권에서 수행된 실험이라고 해서 그 결과와 의미가 지구에만 국한되는 것은 아니다. 국한시켜야 할 이유가 없다. 초기 대기의 구성 성분과 에너지의 원천은 코스모스 어디에서나 대동소이하기 때문이다. 지상 실험실에서 우리가 볼 수 있었던 각종 화학 반응들이 성간운에서 관측된 유기 화합물 분자들과 운석에서 발견된 아미노산들을 만들었을 수도 있으며, 유사한 화학 반응들이 은하계에 있는 10억 개의 다른 세계에서도 발생했을 것이다. 그러므로 우리는 생명의 재료 물질들이 코스모스의 도처에 널려 있다고 예상할 수 있다.

우리의 눈높이를 분자 수준의 화학 반응에 맞춘다면 외계의 생명 현상도 지구의 그것과 크게 다르지 않을 수도 있다. 그렇다고 해서 외계와 지구 생물의 모습마저 서로 비슷하다고 기대하지는 말자. 지구라는 비교적 제한된 환경이 갖고 있는 동질성과 생명 현상을 지배하는 분자생물학의 유일성에도 불구하고 지구에 사는 생물들은 엄청난 다양성을 자랑한다. 지구라는 행성 하나에서의 상황이 이러할진대, 하물며 태양계를 벗어난 세계의 종과 형태에 따른 다양성은 우리의 상상을 초월할 것이다. 외계 가축과 채소는 우리에게 익숙한 지구의 그것들과는 근본에서부터 큰 차이를 드러낼 것이다. 주어진 환경 조건에 대한 최상의 해결책은 늘 하나밖에 없을 터이므로, 모종의 수렴성은 기대해도 좋을 것이다. 예를 들어 가시광선 파장 대역의 빛을 이용해 사물을 보는 존재들은 두 방향에서 시야를 확보해야 거리를 측정할 수 있기 때문에 그들의 눈도 두 개일 것이다. 그러나 진화의 긴 역사에서 볼 수 있었던 무작위성의 위력을 감안한다면 외계 생물들은 그 됨됨이로 우리에게 엄청난 충격을 줄 것임에 틀림이 없다.

외계 생물이 구체적으로 어떤 모습일지 나는 잘 모른다. 생물의 모습에 관하여 내가 갖고 있는 정보는 지극히 제한적일 수밖에 없고, 내가 갖고 있는 정보의 대부분이 지구 생물들에서 얻은 것이기 때문이다. 공상과학 소설을 쓰는 작가나 예술가 중에 외계 생물의 모습을 추측하여 제시하는 이들이 많다. 나는 그들이 제시한 것을 대부분 부정적으로 본다. 내 생각에 그들은 우리가 이미 알고 있는 생물의 형태에 지나치게 집착하는 것 같다. 지구의 특정 생물이 고유의 모습을 갖게 된 데에는 저마다 그 나름의 사연이 있게 마련이다. 그리고 그 사연에는 재현되기 힘든 수많은 단계들이 숨어 있을 것이다. 나는 외계 생물이 지구의 파충류나 곤충이나 인간을 많이 닮았을 것이라고 생각하지 않는다. 초록색의 피부, 뾰족한 귀, 더듬이 같은 그런 조그마한 외관상의 차이를 첨가한다 해도 나의 부정적 관점을 바꾸지는 못할 것이다. 그러나 독자가 내게 강요한다면 완전히 다른 그 무엇인가를 상상해 볼 수는 있다.

목성 대기의 주성분은 수소, 헬륨, 메탄, 수증기, 암모니아 등이다. 이러한 분자들은 목성을 비롯한 거대 기체 행성들에서 공통적으로 볼 수 있는 기체 성분이다. 지구형 행성에서는 고체 표면이 있기 때문에 대기권의 바닥이 뚜렷하게 정해진다. 그러나 거대 기체 행성의 대기권은 바닥이 없는 '심연'이다. 구름 덩어리들이 떠도는 수직으로 무한히 이어진 고밀도의 가스층인 것이다. 이러한 대기권에서는 우리가 실험실에서 본 것과 비슷한 각종 유기 분자들이 천국에서부터 떨어졌다는 만나같이 하늘에서 떨어져 내리고 있을 것이다. 하지만 거대 행성의 생물이 극복해야 할 그들 나름의 고충이 따로 있다. 대기는 격렬하게 난류 운동을 하고 대기권 아래쪽 깊숙한 곳은 매우 뜨겁기 때문에, 거대 행성의 생물은 아래쪽으로 끌려 내려가 바짝 튀겨지는 일이 없도록 각별히 조심해야 한다.

그처럼 엄청나게 다른 환경의 행성에서도 생물이 존재할 수 있다는 점을 보여 주기 위해서, 나는 코넬 대학교의 동료인 샐피터E. E. Salpeter와 같이 계산을 좀 해 보았다. 물론, 우리는 그런 곳의 생물이 어떤 모습일지는 정확하게 알 수 없었다. 그러나 우리는 그와 같은 세계에서도 생물이 살 수 있는지를 물리학과 화학의 범주 안에서 살펴보고 싶었던 것이다.

거대 행성이라는 조건에서 살아남을 수 있는 방법은 무엇일까? 그중의 한 가지는 튀겨지기 전에 재빨리 번식하여 후손의 일부가 상승 기류를 타고 대기권의 서늘한 상층부로 이동해 가기를 바라는 것이다. 그렇게 하려면 생물들의 덩치가 아주 작아야 할 것이다. 이러한 생물들을 우리는 '추sinker'라고 부른다. 그러나 '찌floater' 같은 생물도 생각해 볼 수 있다. 일종의 커다란 수소 풍선 같은 생물 말이다. 그들은 헬륨과 헬륨보다 무거운 기체는 자신의 몸 밖으로 내보내고 몸안은 가장 가볍고 뜨거운 수소 기체로만 채운다. 그리고 섭취한 먹이에서 얻은 에너지를 이용하여 기구 내부를 따뜻하게 유지함으로써 부력을 얻는다. 이렇게 하면 고온의 지옥으로 떨어지는 운명은 피할 수 있을 것이다. 지구에서와 마찬가지로 아래로 깊숙이 끌려 내려갈수록 점점 더

1

2

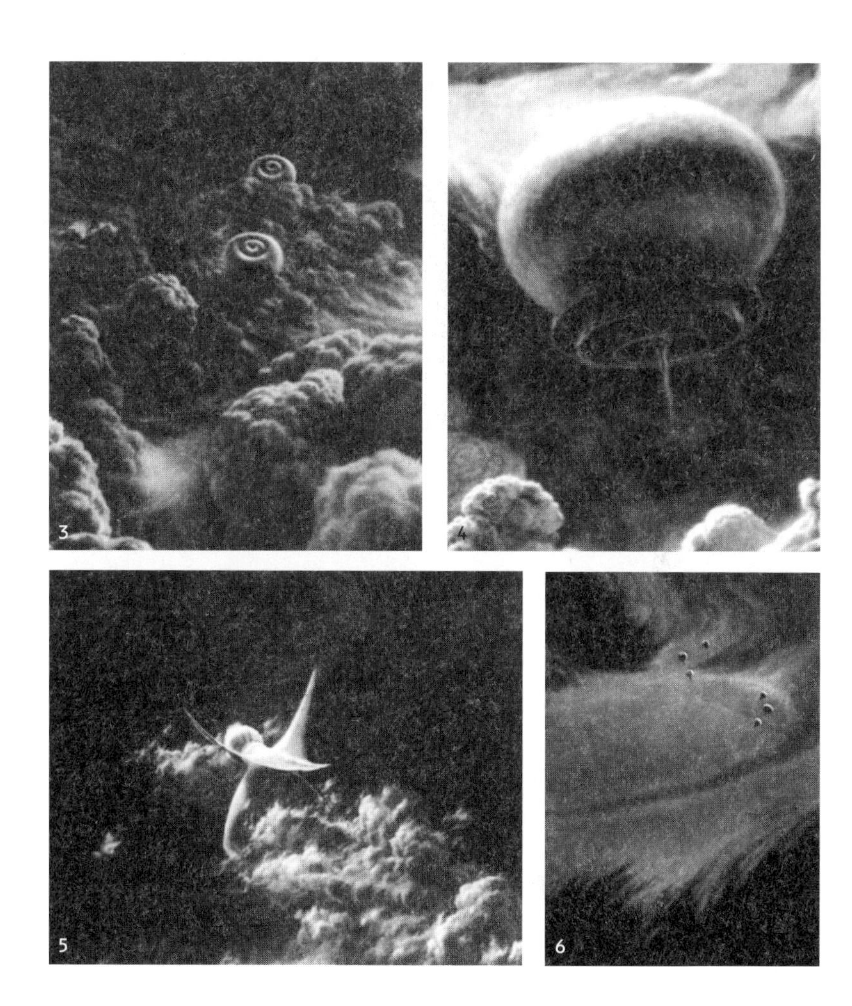

1 목성 대기에서 예상되는 소용돌이 현상은 상승 기류를 동반하는데, 이 기류를 타고 올라온 찌들이 무리를 이루고 있다.
2 목성의 구름과 구름 사이를 통해서 보이는 찌들의 무리.
3, 4 목성과 찌를 가까운 거리에서 찍은 근접 사진. 찌가 주위와 비슷한 색깔을 띠고 있다. 일종의 보호색이다. 사냥꾼으로부터 자기 자신을 보호하려면 이런 색깔을 띠는 것이 유리할 것이다.
5 공격 자세를 취한 사냥꾼.
6 암모니아 새털구름을 배경으로 높은 하늘에 떠다니는 찌들을 볼 수 있다. 아돌프 샬러의 그림이다.

큰 부력을 받게 되므로, '찌'들은 서늘하고 안전한 대기권의 고층으로 다시 올라갈 수 있다. '찌'들은 원래부터 있는 유기 물질을 섭취하거나 지구의 식물들처럼 햇빛과 공기로부터 자신이 필요로 하는 유기 물질을 만들 수도 있을 것이다. '찌'라는 이름의 기구는 어느 정도까지는 크면 클수록 효율적일 것이다. 샐피터와 나는 일찍이 이 세상에 존재했던 어떤 고래보다 더 크고 도시만 하며 그 크기가 수 킬로미터에 달하는 엄청난 크기의 '찌'를 상상해 보았다.

'찌'는 로켓처럼 기체를 강하게 분출하여 행성 대기권의 여기저기로 이동할 수도 있다. 우리는 또한 굼뜬 '찌'들이 한눈에 다 들어오지도 않을 정도로 거대한 무리를 지어 떠다니는 것을 상상했다. 피부가 위장색인 것으로 보아 그들 역시 삶의 고통과 마주하고 있음을 알 수 있다. 왜냐면 그들과 다른 생태학적 지위ecological niche를 가진 존재를 그런 환경에서도 상상할 수 있기 때문이다. 바로 '사냥꾼'들이다. '사냥꾼'은 빠른 기동성을 무기로 '찌'들을 잡아먹는 포식자이다. 그들은 '찌'를 잡아먹어 필요한 유기 물질과 순수 수소를 얻는다. '추'들 중에서 비교적 텅 빈 구조를 하는 것들이 먼저 '찌'로 진화하고, 그중에서 또 스스로 움직일 수 있는 것들이 최초의 '사냥꾼'들로 진화했을지도 모른다. '사냥꾼'의 수는 그리 많지 않을 것이다. 왜냐하면 이들이 '찌'를 다 먹어 버린다면 '사냥꾼'도 멸종하기 때문이다.

물리학과 화학은 이런 형태의 생물을 허용하고 예술은 그것들에 어느 정도의 매력을 부여하겠지만, 자연에게는 우리의 상상을 따라 행동해야 할 의무가 없다. 하지만 우리 은하계 안에 생물이 사는 세계가 수십억 개가 있다면 물리학과 화학의 법칙에 따라서 우리가 상상력을 발동하여 창조한 '추', '찌', '사냥꾼'이 살아가는 보금자리가 몇 개는 있을 것이다.

생물학은 물리학보다 역사학에 더 가깝다. 현재를 이해하려면 과거를 잘 알아야 하고, 그것도 아주 세세한 부분까지 알아야만 한다. 역사학에 예견론豫見論이 없는 것처럼 생물학에도 확립된 예견론이 없다. 이유는 양쪽 모두 같다. 연구 대상들이 너무 복잡한 존재이기 때문이다. 그러나 생물학과 역사학이 우리에게 주는 교훈에는 공통점이 있다. 그것은 타자他者를 이해함으로써 자신을 더 잘 이해하게 된다는 것이다. 외계 생명에 관한 단 하나의 예만 연구할 수 있게 된다고 하더라도, 그리고 그 하나가 아무리 미미한 수준의 것이라고 하더라도 우리의 생물학은 상상할 수 없을 정도로 확장될 것이다. 적어도 우리와 다른 생물이 가능하다는 사실은 확인할 수 있지 않겠는가? 외계 생물에 대한 탐구가 중요하다고 누구나 말하지만, 우리는 외계 생명을 찾는 일이 결코 쉽지 않다는 현실적 어려움도 잘 알고 있다. 그럼에도 불구하고 외계의 생명은 우리가 추구할 궁극의 목표이다. 왜냐하면 그것이 우리 자신을 더 잘 이해할 수 있게 해 줄 것임에 틀림없기 때문이다.

우리는 이제껏 지구라는 작은 세상이 들려주는 생명의 음악만 들어 왔다. 이것은 우주를 가득 채운 생명들이 연주하는 푸가의 한 성부만을 들어 온 셈이다. 자 이제 저 웅장한 우주 생명의 푸가의 남은 성부들에 귀를 기울여 보자.

월식 때 달에 드리우는 지구 그림자의 크기를 계산해 낼 수 있는 종이 계산자. 장식이 세밀하고 화려한 가운데 부분만 실었다. 이 '종이 컴퓨터'가 출판된 해는 1540년이다. 이것은 코페르니쿠스의 책이 출간되기 3년 전이고 요하네스 케플러가 태어나기 31년 전이다.

3 지상과 천상의 하모니

네가 천상의 운행 법칙을 결정하고 지상의 자연 법칙을 만들었느냐? —「욥기」

사람과 다른 피조물이 맞게 되는 안녕과 재앙은 하나같이 일곱과 열둘의 조화에서 오는 것이다. 황도 12궁은 종교에서 이야기하듯 광명의 편에 서서 세상을 다스리는 열두 명의 장군을 일컫는다. 그리고 일곱 행성은 암흑의 편에 있는 일곱 명의 장수라고 한다. 일곱 행성은 모든 피조물을 박해하고 그들을 죽음과 죄악의 구렁으로 몰아넣는다. 황도대의 열두 별자리와 일곱 행성의 조화가 세상의 모든 운명을 결정하는 것이다. — 조로아스터,『메노크 이 크라트』

"세상 모든 것들은 자기 나름의 신비한 본성을 갖고 있다. 밖으로 드러나는 각자의 고유한 행동 양식은 바로 그 본성에서 비롯하는 것이다."라고 누가 내게 이야기한다면, 나는 그것이 세상에 관한 설명이 전혀 되지 못한다고 말할 것이다. 온갖 현상들에서 두세 가지의 일반 원리를 먼저 찾아내고, 모든 물체들의 성질과 그들의 상호 작용이 앞에서 찾아낸 원리들에서 어떻게 비롯되는지를 설명할 수 있을 때, 우리는 비로소 세상을 향한 위대한 이해의 첫발을 내디뎠다고 할 수 있다. — 아이작 뉴턴, 『광학』

새가 왜 노래하는지 궁금해 하는 사람은 아무도 없다. 왜냐면 새들은 노래하도록 만들어진 피조물이라, 노래함이 새들에게 곧 기쁨이기 때문이다. 마찬가지로 왜 인간이 하늘의 비밀을 헤아려 보려고 골머리를 썩이는지 궁금해 할 필요가 없다. 자연의 현상은 다채롭기 이루 말할 수 없고, 하늘은 숨겨진 보물로 가득하다. 이는 오로지 인간의 정신이 새로운 양분을 취하는 데 모자람이 없게 하기 위해서일 뿐이다.

— 요하네스 케플러, 『우주 형상의 신비』

만일 누군가가 절대 불변의 행성에 살고 있다면, 그가 할 일은 정말 아무것도 없을 것이다. 아예 생각할 필요가 없기 때문이다. 그런 세계에서는 과학하려는 마음이 일지 않을 것이다. 반대로 또 하나의 극단인 아무것도 예측할 수 없는 세상을 상상할 수 있다. 변화가 지극히 무작위적이거나 지나치게 복잡해서 생각해 봤자 별수 없는 처지라면, 그런 세상 역시 과학이 존재하지 않을 것이다. 그러나 우리가 사는 세상은 이 두 극단의 중간 어디쯤엔가 있다. 사물의 변화가 있되 그 변화는 어떤 패턴이나 규칙을 따른다. 흔히들 만물의 변화는 자연의 법칙을 따른다고 한다. 허공에 집어 던진 막대기는 반드시 땅으로 다시 떨어지고, 서쪽 지평선 아래로 진 해는 반드시 이튿날 아침 동쪽 하늘에 다시 떠오른다. 세상에는 우리가 생각해 보면 알아낼 수 있는 일들이 많이 있다. 그렇기 때문에 과학이 가능하고, 과학이 밝혀낸 지식을 이용하여 우리는 우리의 삶을 발전시킬 수 있는 것이다.

인간은 세상을 파악할 줄 아는 지혜를 갖고 있다. 애초부터 인간은 주위에서 일어나는 모든 현상의 배후를 의식하며 살아왔다. 인류가 사냥을 하고 불을 피울 수 있었던 것도 무언가를 생각해 보고 알아냈기 때문이다. 하지만 인류에게는 텔레비전, 영화, 라디오, 하다못해 책마저 없었던 시절이 있었다. 인류는 지난날의 거의 대부분을 이런 상태로 보냈다. 우리 조상들은 달 없는 밤, 활활 타오르던 모닥불이 사그라져 깜부기불이 되면 그 주위에 앉아서 하늘의 별들을 바라보았을 것이다.

밤하늘을 본 적이 있는가? 밤하늘은 장관을 연출한다. 별들이 몇 개 모여서 하나의 모양을 이룬다. 그래서 아무 생각 없이 올려다보아도, 별들은 저절로 그림이 되어 우리에게 다가온다. 예를 들어 북쪽 하늘에 놓인 별들의 무리는 어떻게 보면 곰 비슷하게 보인다. 그래서 그런 모양의 별자리를 큰곰자리라고 부르는 문화권이 지구상에 있다. 같은 별들의 배열이지만 문화권에 따라 아주 다른 모양의 물체를 상상하고는 한다. 물론 하늘에 그림이 '정말로' 그려져 있는 것은 아니다. 그 그림들은 우리가 상상해 낸 것들이다. 인류가 수렵으로 신산辛酸한 삶을 살아갈 때 그들은 하늘에서 사냥꾼과 사냥개를 보았고, 하늘에 곰과 젊은 여자를 그렸다. 그밖에 사냥꾼의 관심을 끌 만한 온갖 것들이 하늘에서 그들을 내려다보고 있었다. 17세기 유럽 인들이 배를 타고 가다 처음으로 남반구의 하늘을 보았을 때, 그들도 자신들이 관심을 가지고 있던 것들을 하늘에서 찾아냈다. 큰부리새와 공작새, 망원경과 현미경, 나침반과 뱃고물 같은 것들 말이다. 20세기 사람들은 하늘에서 자전거와 냉장고를 보거나 로큰롤 '스타'의 얼굴을 떠올릴 것이다. 어쩌면 버섯구름을 볼지도 모른다. 현대인들도 그들의 조상과 마찬가지로 별들 사이에 인류의 희망과 근심을 그리면서 바람직한 내일을 소망한다.

때때로 우리 조상들은 아주 밝은 별이 꼬리를 길게 끌며 순식간에 하늘을 가르고 가는 것을 보았을 것이다. 그래서 영어로 '떨어지는 별 falling star'이라고 했는데 썩 잘 붙인 이름은 아니다. 별들이 그렇게 많이 떨어진 뒤에도 옛 별은 여전히 그 자리에 있으니 말이다. 별똥별이 아주 많이 나타날 때가 있고, 또 적게 나타날 때도 있다. 이런 일도 어느 정도는 규칙적으로 일어난다.

태양과 달처럼 별도 항상 동쪽에서 떠서 서쪽으로 진다. 관측자의 머리 위를 지나는 별이 뜨고 지는 데 하룻밤이 꼬박 걸린다. 또 계절에 따라 뜨고 지는 별자리가 달라진다. 예를 들어 초가을에 뜨는 별자리가 따로 있다. 그러나 갑자기 동편 하늘에서 새로운 별자리가 뜨는 경우는 절대 없다. 별들이 뜨는 데에도 순서가 있으며 그들의 행동거지에도 예측성과 영원성이 있다. 이런 특성들은 어떤 면에서 우리에게 큰 위안이 된다.

별들 중에는 해보다 조금 먼저 뜨거나 조금 늦게 지는 것들이 있는데 이러한 별들은 계절에 따라 출몰 시각과 위치가 변한다. 그러므로 누군가가 별의 출몰 현상을 세밀하게 관찰하고 수 년에 걸쳐 그것을 기록으로 남긴다면 그 사람은 계절을 예측할 수 있을 것이다. 오늘이 1년 중 언제쯤인지도 매일 아침 해가 지평선 어디에서 뜨는지를 보면 알 수 있다. 하늘에는 달력의 역할을 훌륭하게 하는 표지들이 걸려 있는 셈이다. 조금만 꼼꼼하고 천문 현상을 관측하는 재능을 가진 사람이라면 누구든지 별, 해, 달이 천구상에서 움직이는 모습을 하나하나 기록하여 하늘에 걸려 있는 달력을 읽을 수 있을 것이다.

인류의 조상은 계절의 흐름을 알아낼 수 있는 기구나 장치들을 만들어 세웠다. 뉴멕시코 주의 차코 협곡Chaco Canyon에는 11세기에 만들어진 지붕 없는 거대한 의식용 키바kiva, 즉 사원이 있다. 북반구에서 6월 21일은 1년 중 낮이 가장 긴 하지夏至이다. 이날 새벽녘이 되면 한 줄기 빛이 사원의 창문을 통해 들어와서 특별히 표시해 둔 구역을 천천히 움직여 간다. 그러나 그 구역에까지 빛이 들어오는 현상은 6월 21일경에만 일어난다. 나는 자칭 "예스러운 사람들"이라며 자만하는 아나사지 족Anasazi 사람들이 매년 6월 21일이 되면 깃털과 방울과 터키옥으로 한껏 단장하고 사원으로 몰려와서 긴 의자에 걸터앉아 태양의 권능을 함께 찬양하는 광경을 상상한다. 이들은 또 달의 겉보기 운동도 면밀하게 관찰했다. 아나사지 족은 키바의 높은 곳에 스물여덟 개의 벽감壁龕을 만들어서 달이 별자리들 사이를 움직여 다시 제자리에 돌아오는 데 걸리는 일수를 나타내고자 한 듯하다. 그들은 태양과 달과 별의 천체 운동에 깊은 관심을 갖고 주의 깊게 관찰했다. 이와 비슷한 개념의 기구들을 우리는 캄보디아의 앙코르와트 사원, 영국의 스톤헨지 유적, 이집트의 아부 심벨, 멕시코의 치첸 이차, 북아메리카의 대평원 같은 곳들에서 만나 볼 수 있다.

일종의 달력으로 생각되는 장치 중에는 우연의 일치로 만들어진 것도 있을 것이다. 가령, 집안의 특정 구석과 창문에 대한 상대 위치가 아주 교묘히 맞아떨어져 6월 21일이면 태양 빛이 바로 그 구석에 떨어지는 경우를 생각해 볼 수 있다. 그러나 아주 멋있고 색다른 장치들도 있다. 아메리카 남서부에 가면 반듯하게 수직으로 세워진 석판 세 개를 볼 수 있다. 이 석조물이 여기에 세워진 시기가 지금으로부터 약 1,000년 전인 것으로 밝혀졌다. 돌판에는 은하와 비슷한 모양의 소용돌이가 하나 새겨져 있다. 하지인 6월 21일이면 햇살이 두 개의 돌판 사이를 칼날처럼 비집고 들어와서 이 소용돌이를 반으로 갈라놓는다. 또 겨울이 시작되는 12월 21일에는 햇살이 두 개의 칼날로 쪼개져서 이 소용돌이의 양쪽 가장자리에 하나씩 떨어진다. 한낮의 태양을 교묘하게 이용하여 하늘에 적혀 있는 달력을 읽을 수 있도록 한 것이 바로 이 지역 천문학자들이 세 개의 석판에서 의도했던 바이다.

왜 세상 사람들은 이처럼 천문학을 배우려 했을까? 영양과 사슴과 들소는 철에 따라 이동하므로 한 지역에서 잡을 수 있는 사냥감은 계절에 따라 늘고 줄기를 반복한다. 과일과 견과류는 익는 때가 따로 있으니 계절을 알아야 제대로 익은 것을 제때에 따먹을 수 있다. 농업 기술의 발명 이후 작물을 때에 맞춰 심고 거둬들여야 할 필요가 생겼으며, 또 멀리 떨어져 사는 유목민들은 미리 정해 둔 때에 서로 만나 연중행사를 치러야 했다. 그러므로 하늘의 달력을 읽을 줄 아느냐에 따라 목숨이 좌우되기도 했다. 새 달이 되면 초승달이 다시 나타나고 개기 일식 뒤에 태양이 다시 나타나며 밤사이 모습을 감춰 걱정스럽던 태양이 아침이면 다시 나타나는 현상 등은 세계 각지의 사람들이 항시 눈여겨 관찰한 자연의 충직한 순환이었다. 이러한 순환 현상을 통해서 우리 조상들은 죽음 너머의 또 다른 삶을 짐작했으며, 저 높은 하늘을 영생불사永生不死의 암시로 받아들였던 것이다.

오늘도 바람은 남아메리카 서부 계곡을 휩쓸고 지나가지만, 그것에 귀를 기울여 바람의 속삭임을 들을 자는 이제 우리밖에 없게 됐다. 우리와 같이 생각할 줄 알았던 남자와 여자 들이 우리보다 앞서 4만여 세대世代를 여기에서 생각하며 살다가 어디론가 사라졌기 때문이다. 오늘날 우리는 그들에 대해서 아는 바가 거의 없다. 하지만 오늘의 우리 문명이 알게 모르게 그들이 이룩했던 문명에 의존하고 있음은 부인할 수 없는 현실로 남아 있다.

세대가 바뀔 때마다 사람들은 자신들의 조상으로부터 많은 것을 배워 왔다. 해와 달과 별의 위치와 그들의 움직임을 정확하게 알면 알수록 사냥을 언제 나가야 하는지, 씨앗은 어느 날쯤 뿌리고 익은 곡식은 언제쯤 거둬야 할지, 그리고 부족 구성원은 언제 모두 불러 모아야 할지를 더 정확하게 예측할 수 있었다. 측정의 정확도가 향상됨에 따라 기록을 보존하는 일이 점점 중요시되었다. 그러므로 천문학은 관측과 수학과 문자의 발달에 크게 이바지했다.

그런데 시간이 흐르면서 어찌 보면 이상한 사상이 사람들의 생각을 지배하기 시작했다. 지금껏 대체적으로 경험 법칙에 의존하던 과학의 영역을 신비주의와 미신이 치고 들어온 것이다. 해와 별은 계절, 식량, 기후를 다스리고 달은 바다의 조수간만과 여러 동물의 생활 주기 그리고 인간의 월경[1] 주기를 다스린다고 생각했다. 자손의 번성에 목

1. 월경의 영어 표현인 'menstruation'의 어원은 달을 뜻하는 'moon'에 닿아 있다. 순수 우리말 표현인 '달거리'에서도 우리는 '달'을 볼 수 있고, '월경月經'의 '월月' 역시 달을 뜻한다. — 옮긴이

말라 하던 종種에게는 월경의 주기성이 아주 중요한 관심사였을 것이다. 하늘에 해, 달, 별 말고 또 다른 종류의 천체가 있는데, 사람들은 이것들을 '떠돌아다니는 별'이라는 뜻에서 통틀어 행성行星, planet이라고 불렀다. 행성은 떠돌이 삶을 영위하던 유목민들에게는 특별한 정감과 친근감으로 다가갔을 것이다. 우리 조상들이 행성이라고 알고 있던 것은 모두 일곱 개였지만, 해와 달을 제외하면 다섯이 남는다. 행성들은 우리에게 멀리 있는 별들이 이루는 고정된 별자리를 배경으로 움직이는 것처럼 보인다. 여러 달에 걸쳐 행성의 겉보기 운동을 관찰해 보면 이 별자리에 들어 있던 행성이 저 별자리로 이동하고 가끔은 느릿느릿 '공중제비'를 넘기도 한다. 사람들은 이러한 하늘의 여러 천체들이 모두 인간의 삶에 심오한 영향을 끼치는 것으로 여겼다. 해와 달은 물론 별 또한 계절의 오고 감을 알려주지 않는가? 그렇다면 행성들도 우리의 삶에 영향을 미치는 것은 당연한 일이 아니겠는가! 점성술은 이렇게 시작되었다.

현대 서구 세계에서는 점성술 관련 잡지를 어디서나 쉽게 사 볼 수 있다. 예를 들어 신문 판매대에 가면 된다. 그렇지만 천문학 관련 잡지는 찾기가 그리 쉽지 않다. 미국의 거의 모든 신문이 점성술 칼럼을 매일 연재하지만, 천문학 칼럼을 한 주에 한 번이라도 연재하는 신문은 찾기 힘들다. 미국에는 천문학자보다 점성술사가 10배 이상 많다. 파티에서 내가 과학자인 줄 모르고 "쌍둥이자리이신가요?"(맞힐 확률은 12분의 1), 또는 "별자리가 어떻게 되지요?" 하고 말을 건네는 사람을 만나곤 한다. "초신성이 폭발할 때 황금이 만들어진다는 이야기를 들으신 적이 있나요?"라든가, "화성 탐사선의 예산안이 언제쯤 의회를 통과할

까요?"로 화제를 여는 사람은 아주 드물다.

점성술에 따르면 사람의 운명은 그가 태어날 때 어느 행성이 어느 별자리에 들어 있었는가에 따라 결정된다고 한다. 수천 년 전부터 행성의 움직임이 국왕과 왕조와 제국의 운명을 결정짓는다는 생각이 자리 잡기 시작했다. 점성술사는 행성의 운동을 연구한다. 예를 들자면 지난번에 금성이 염소자리에 들었을 때 무슨 일이 있었나 보고 기억해 둔다. 그러고 나서 이번에도 그런 비슷한 사건이 일어나지 않겠는가를 점치는 것이다. 이것은 아주 미묘한 일이었다. 자칫 잘못했다가는 자신이 아주 위험한 지경에 빠지게 될 수가 있었기 때문이다. 시간이 지남에 따라 점성술사는 국가의 통제를 받게 되었다. 정식 점성술사가 아닌 사람이 함부로 하늘의 뜻을 읽는 일은 중죄로 다스리는 나라가 많아졌다. 왜냐하면 현 체제를 전복시키려면 국왕의 몰락을 예언하기만 하면 됐기 때문이다. 중국에서는 황실 점성술사가 틀린 예언을 한 죄로 사형을 당하는 일이 종종 있었다. 실제 사건과 딱 맞아 떨어지도록 사건이 벌어진 뒤에 아예 기록을 뜯어 고친 경우도 있었다. 그리하여 점성술은 관찰과 수학, 철저한 기록과 엉성한 생각 그리고 살아남기 위한 거짓말이 묘하게 뒤섞이는 가운데 발달했다.

행성이 국가의 운명을 좌우한다면 바로 내일 내게 일어날 일에도 그 영향을 끼치지 않겠는가? 이런 개인 점성 사상이 이집트의 알렉산드리아에서 싹트기 시작하여, 약 2,000년 전에 그리스와 로마 문화권으로 퍼져 나갔다. 점성술의 역사가 얼마나 긴지는 오늘날 우리가 사용하는 여러 단어의 어원에서 알아볼 수 있다. 재해를 뜻하는 'disaster'는 그리스 어로 '나쁜 별'이란 뜻이고, 유행성 감기를 뜻하는 'influenza'는

Natural and Political
OBSERVATIONS
Mentioned in a following INDEX,
and made upon the
Bills of Mortality.

By JOHN GRAUNT,
Citizen of
LONDON.

With reference to the Government, Religion, Trade, Growth, Ayre, Diseases, and the several Changes of the said CITY.

—— Non, me ut miretur Turba, laboro.
Contentus paucis Lectoribus ——

LONDON,
Printed by Tho: Roycroft, for John Martin, James Allestry, and Tho: Dicas, at the Sign of the Bell in St. Paul's Church-yard, MDCLXII.

The Diseases, and Casualties this year being 1632.

Abortive, and Stilborn	445	Grief	11
Affrighted	1	Jaundies	43
Aged	628	Jawfaln	8
Ague	43	Impostume	74
Apoplex, and Meagrom	17	Kil'd by several accidents	46
Bit with a mad dog	1	King's Evil	38
Bleeding	3	Lethargie	2
Bloody flux, scowring, and flux	348	Livergrown	87
Brused, Issues, sores, and ulcers,	28	Lunatique	5
Burnt, and Scalded	5	Made away themselves	15
Burst, and Rupture	9	Measles	80
Cancer, and Wolf	10	Murthered	7
Canker	1	Over-laid, and starved at nurse	7
Childbed	171	Palsie	25
Chrisomes, and Infants	2268	Piles	1
Cold, and Cough	55	Plague	8
Colick, Stone, and Strangury	56	Planet	13
Consumption	1797	Pleurisie, and Spleen	36
Convulsion	241	Purples, and spotted Feaver	38
Cut of the Stone	5	Quinsie	7
Dead in the street, and starved	6	Rising of the Lights	98
Dropsie, and Swelling	267	Sciatica	1
Drowned	34	Scurvey, and Itch	9
Executed, and prest to death	18	Suddenly	62
Falling Sickness	7	Surfet	86
Fever	1108	Swine Pox	6
Fistula	13	Teeth	470
Flocks, and small Pox	531	Thrush, and Sore mouth	40
French Pox	12	Tympany	13
Gangrene	5	Tissick	34
Gout	4	Vomiting	1
		Worms	27

Christened { Males ... 4994, Females ... 4590, In all ... 9584 } Buried { Males ... 4932, Females ... 4603, In all ... 9535 } Whereof, of the Plague. 8

Increased in the Burials in the 122 Parishes, and at the Pest-house this year ... 993

Decreased of the Plague in the 122 Parishes, and at the Pest-house this year ... 266 [10]

존 그런트John Graunt의 1632년 통계 연감의 표지와 런던의 1632년도 사망자의 원인별 통계.

이탈리아 어로 별의 '영향'을 뜻하는 'influence'에서 온 말이고, 건배를 뜻하는 'mazeltov'는 히브리 어(본질적으로는 바빌로니아 어)로 '좋은 별자리'다. 'shlamazel'이라는 이디시 어는 악운이 끊이지 않고 겹치는 사람을 가리키는데 이 역시 바빌론의 천문학 용어에서 나왔다. 플리니우스Plinius의 주장에 따르면 로마에는 'sideratio'라 하여 '행성에 얻어맞은' 사람들이 있었다고 한다. 당시 로마 인들은 행성을 죽음의 직접적인 원인으로 여겼던 것이다. 여기에서 '고려하다'는 뜻의 'consider'를 살펴보는 일도 유익할 것이다. 이 단어는 '행성과 함께'라는 뜻인데, 진지하게 생각할 때에는 반드시 행성을 함께 고려했어야 했나 보다. 영국 런던의 1632년도 사망자 통계 자료도 우리에게 시사하는 바가 크다. 애석하게도 영아와 유아의 병사가 많다는 사실에 우선 눈이 간다. 그리고 "빛의 반란Rising of Light"이나 "임금의 악마King's Evil"같이 희한한 병으로 죽은 사람들도 보인다. 어쨌든 총 9,535명의 사망자들 중에서 13명이 "행성Planet"에 맞아 죽었다고 한다. 이것은 암보다 더 높은 사망률이다. 그 증상이 과연 어떠했을지 자못 궁금하다.

국가 단위의 점성술은 이제 찾아보기 어렵게 됐지만, 개인의 운수를 가늠하는 점성술은 여전히 우리 가운데 횡행한다. 같은 날 같은 도시에서 발행되는 두 신문에 실린 점성술 칼럼을 비교해 보면 재미있다. 한 예로, 1979년 9월 21일자《뉴욕 포스트》와《데일리 뉴스》두 신문에 실린「오늘의 운세」를 보자. 나의 천궁도天宮圖, horoscope가 천칭자리라고 가정하자.[2] 천칭자리는 9월 23일과 10월 22일 사이에 태어난 사람들의 별자리이다.《뉴욕 포스트》의 점성술사는 별자리가 천칭자리인 사람에게 "타협하면 갈등이 줄어들 것"이라고 충고한다. 좋은 말이기는 하지만 너무 모호하다.《데일리 뉴스》의 점성술사는 나에게 "자신을 더 내세우도록"이라고 조언한다. 조언 내용이 역시 좀 모호하면서 앞의 것과는 다르다. 이런 '예언'은 예언이라기보다 충고다. "무슨 일을 어떻게 하라."라는 식이지, "무슨 일이 어떻게 일어날 것이다."는 아니다. 그리고 일부러 일반적이고 아주 모호한 표현을 써서 누구에게나 적용될 수 있게 한다. 그럼에도 불구하고 이들은 서로 다른 내용의 말을 한다.

2. 서양 점성술에서는 사람이 출생할 당시 각 별자리의 위치를 그 사람의 천궁도, 즉 호로스코프라고 한다. — 옮긴이

대체 무슨 까닭에 이러한 지시나 충고가 아무 거리낌 없이 스포츠 통계나 주식 시세표와 나란히 신문에 실릴 수 있는 것일까?

점성술의 실효성 여부는 쌍둥이의 삶을 조사해 보면 금방 알 수 있다. 쌍둥이 중 하나는 낙마 사고나 벼락을 맞아서 일찍 죽고 다른 하나는 건강하게 잘살다가 노년을 맞이했다고 하자. 둘 다 똑같은 장소에서 겨우 몇 분의 시간차로 세상에 나왔으므로 이들이 탄생할 때에 지평선 위로 떠오른 행성은 똑같았을 것이다. 점성술이 맞다면 두 쌍둥이의 운명이 어떻게 이리도 다를 수가 있겠는가? 게다가 점성술사들끼리도 어느 한 천궁도가 무엇을 뜻하는지를 놓고 그 풀이가 일치하지 않는다. 점성술사들이 내리는 예언을 잘 조사해 봤더니, 사람의 태어난 시간과 장소만 가지고는 그의 성격이나 미래를 예측하지 못함을 알 수 있었다.[3]

지구라는 행성 위에 있는 국가들의 국기에는 어떤 공통점이 있다. 미국 국기에는 별이 50개 있고, (구)소련과 이스라엘의 국기에는 1개, 미얀마는 14개, 그레나다와 베네수엘라는 7개, 중국은 5개, 이라크는 3개, 상투메 프린시페는 2개가 있다. 일본, 우루과이, 말라위, 방글라데시, 대만의 국기에는 태양이 하나씩 그려져 있다. 브라질 국기에는 천구天球가 그려져 있고, 오스트레일리아, 서사모아, 뉴질랜드와 파푸아

3. 점성술과 그와 비슷한 분야에 관한 불신은 오늘날이나, 서구 세계에만 국한된 현상은 아니다. 예를 들어 1332년 일본의 법사인 요시다 겐코吉田兼好가 쓴 『도연초徒然草』를 보면 이런 구절이 나온다. "(일본의) 음양 사상에는 적설일赤舌日들에 대해 아무런 언급이 없다. 옛 사람들은 이 날들을 꺼려 하지 않았지만, ― 누가 이런 풍습을 시작했는지 모르겠지만 ― 요즘에 와서 사람들은 이렇게 말한다. '일을 적설일에 시작하면 절대 끝을 보지 못한다.' ' 적설일에 한 말이나 행동은 말짱 헛수고다. 얻은 바를 잃을 것이요, 세웠던 계획이 허물어질 것이다.' 이 얼마나 어리석은 말인가! 만일 일을 공들여 고른 길일吉日에 시작했지만 끝내 이루지 못했던 일들의 수를 헤아려 본다면, 적설일에 시작해서 열매 맺지 못한 수와 비슷할 것이다."

뉴기니의 국기에는 모두 남십자성이 들어 있다. 부탄의 국기에는 지구를 상징하는 용의 여의주가 그려져 있고 캄보디아 국기에는 앙코르와트 천문 관측대가 그려져 있다. 인도, 대한민국, 몽골인민공화국의 국기에는 공통적으로 천체 상징물이 들어 있다. 사회주의 국가들 중에는 국기에 별을 쓴 경우가 특별히 많다. 이슬람 국가들은 초승달을 많이 쓴다. 모든 국기 중 거의 절반 정도에 천문학적 상징물이 들어 있는 셈이다. 이것은 문화권을 초월하고 사상을 넘어서 전 세계적으로 볼 수 있는 공통적인 현상이다. 그렇다고 해서 우리 시대에 한정된 현상도 아니다. 기원전 3000년 수메르 사람들이 만든 원통형 도장에도, 혁명 이전 중국 도교 신도들의 여러 가지 깃발에도 별자리가 그려져 있었다. 저마다 하늘의 힘과 영원무변함을 현 국가 체제에 빗대어 보고 싶었던 것이 아닐까? 인간은 코스모스에 연줄을 대고자 안달을 하며 산다. 우리도 그 큰 그림의 틀 속에 끼고 싶은 것이다. 그런데 알고 보니 '정말' 연줄이 닿아 있었다. 그 연줄은 점성술이 둘러대는 식의 개인적이고 자잘하며 상상력이 결여된 그런 수준의 관계가 아니었다. 인간과 코스모스의 관계는 물질의 기원을 통한 관계이다. 그것은 생명을 잉태할 수 있는 지구, 인류의 진화 그리고 우리의 운명이 걸린 지극히 심오한 연줄인 것이다. 이 이야기는 나중에 더 계속하겠다.

현대인들에게 인기가 있는 점성술도 따지고 보면 그 기원이 클라우디우스 프톨레마이오스Claudius Ptolemaeus에까지 올라간다. 영어식으로는 프톨레미Ptolemy라고 불리는 이 학자는 이집트의 프톨레마이오스 왕들과 인척 관계에 있는 사람은 아니다. 프톨레마이오스는 2세기에 알렉산드리아 대도서관에서 일하던 대학자였다. 이러저러한 행성이 여

차저차한 해의, 또는 달의 "집"에 올라섰다는 둥, "물병자리의 시대"라는 둥의 난해한 점성술 풀이들이 다 프톨레마이오스로부터 나왔다. 프톨레마이오스는 바빌로니아 시대부터 내려온 점성술 전통을 체계화했다. 프톨레마이오스 시대에 흔히 볼 수 있었던 별점 하나를 읽어 보자. 이 별점은 150년에 태어난 어느 여자 아이의 점괘로 파피루스에 그리스 어로 적혀 있다. "필로에Philoe 태어나다. 안토니우스 카이사르Antoninus Caesar 황제 10년, 파메노스Phamenoth 달 15일과 16일에 걸친 밤 제1시, 해는 물고기자리에, 목성과 수성은 양자리에, 토성은 게자리에, 화성은 사자자리에, 금성과 달은 물병자리에 있었다. 이 아이의 천궁도는 염소자리다." 몇 년 몇 월 하고 날짜를 세는 방식은 수백 년이 흐르는 동안 많이 바뀐 데 비해, 점성술의 시시콜콜한 표현 방식은 현재까지 그대로 쓰이고 있다. 프톨레마이오스가 저술한 점성술 책 『테트라비블로스*Tetrabiblos*』를 펼쳐 보면 이런 식이다. "토성이 동쪽에 있을 때 태어난 아이들은 그 피부가 거무스름하고, 몸집이 제법 건장하고, 검은 머리털에 고수머리이고, 가슴에 털이 많으며, 중간 정도의 눈과 어중간한 키에, 수기水氣와 냉기冷氣가 과過한 체질이다." 프톨레마이오스는 사람의 언행이 행성과 별의 영향을 받고 있다고 믿었을 뿐 아니라, 키, 얼굴색, 성격, 게다가 선천적인 장애도 별의 다스림을 받는다고 생각했다. 이 점에 있어서 오늘날의 점성술사들은 프톨레마이오스보다 좀 더 조심스러운 입장을 취하는 듯하다.

그러나 현대의 점성술사들은 프톨레마이오스와 달리 춘분점과 추분점의 세차 운동에 관해서는 모르쇠로 일관한다. 한때 프톨레마이오스가 언급했던 대기의 굴절 현상도 그들은 철저히 무시한다. 그리고 프톨레마이오스 이후로 발견된 수많은 위성, 행성, 소행성, 혜성, 퀘이사, 펄서, 폭발 은하, 공생별, 격변 변광성, 엑스선 광원 등도 거들떠보지 않는다. 천문학은 과학이고 우주를 있는 그대로 보는 학문이다. 점성술은 사이비 과학으로 확고한 근거 없이 여러 행성이 인간의 삶을 지배한다고 주장한다. 프톨레마이오스의 시대에는 천문학과 점성술이 딱히 구별되지 않았다. 그러나 오늘날 둘은 확실하게 서로 갈라섰다.

천문학자로서 프톨레마이오스가 이룩한 업적을 열거하면 다음과 같다. 별들에게 이름을 붙여 줬고 그들의 밝기를 기록하여 목록을 만들었고 지구가 왜 구형인지 그럴듯한 이유를 제시했으며 일식이나 월식을 예측하는 공식을 확립했다. 그리고 그의 가장 중요한 업적은 아마도 행성들의 이상한 운동을 설명하기 위해 우주의 모형을 제시한 것이리라. 그는 행성 운동의 모형을 개발하여 하늘의 신호를 해독하고자 했다. 프톨레마이오스는 하늘을 연구하면서 일종의 희열을 느꼈음에 틀림없다. 그는 그것을 "나는 한갓 인간으로서 하루 살고 곧 죽을 목숨임을 잘 안다. 그러나 빽빽이 들어찬 저 무수한 별들의 둥근 궤도를 즐겁게 따라 가노라면, 어느새 나의 두 발은 땅을 딛지 않게 된다."라는 기록으로 표현해 놓았다.

프톨레마이오스는 지구가 우주의 중심이며, 태양과 달과 별들이 지구 주위를 돈다고 믿었다. 지구 중심의 우주관은 세상에서 가장 자연스러운 생각이었다. 땅은 안정되어 있고 단단하고 고정적인 데 반하여 그 외의 천체들은 매일같이 뜨고 지기를 반복하기 때문이다. 어느 문화권에서나 지구 중심 우주관이 하나의 보편타당한 자연 진리로 서슴없이 받아들여졌다. 이 시점에서 요하네스 케플러 Johannes Kepler가 남겼다는 기록을 다시 읽어 보는 것도 유익할 것이다. "따라서 달리 교육을 받지 않는 한 누구나, '지구는 커다란 집과 같다. 그 위를 덮고 있는 둥근 천장이 하늘이고 집과 천장은 고정되어 있다. 천장 안에서 매우 작은 태양이 새가 허공을 누비며 날아다니듯 이 지역에서 저 지역으로 지나가는 것이다.'라고 생각할 수밖에 없다." 그러나 행성의 겉보기 운동에서 볼 수 있는 역행 운동은 어떻게 설명될 수 있을까? 화성의 역행은 프톨레마이오스 시대보다 수천 년 전부터 알려져 있었던 것 같다. 고대 이집트 인들이 화성을 가리키는 여러 가지 이름들 중에는 "세크데드 에프 엠 케트케트sekded-ef em khetkhet"라는 표현이 있는데, 이것은 '거꾸로 가는 자'라는 뜻이다. 이것은 거꾸로 가거나 공중제비를 넘는 듯한, 화성의 겉보기 운동이 갖는 특성을 의식해서 붙인 이름이 틀림없다.

프톨레마이오스의 행성 운동 이론을 재현할 수 있는 기계 모형을 제작할 수 있다. 이미 프톨레마이오스 시대에 그런 모형 장치가 실제로 있었다고 한다.[4] 그러나 문제의 핵심은 행성의 '진짜' 운동을 밝혀내는 일이었다. 지구 '바깥에서' 또는 저 높은 하늘에서 행성들을 내려다보았을 때 행성들이 과연 어떤 운동을 하기에, 지구 '안에서' 또는 아래에서 올려다봤을 때 행성들이 이러저러한 겉보기 운동을 하느냐는 것이다. 지구에서 본 행성들의 겉보기 운동을 가장 정확하게 재현할 수 있는 행성 운동 모형이 그들의 탐구 대상이었던 것이다.

4. 실제로 이와 같은 모형 장치를 프톨레마이오스보다 400년 전에 아르키메데스가 만들었다고 한다. 로마의 장군 마르켈루스Marcellus가 로마로 가져온 이 모형을 키케로Cicero가 면밀히 조사하여 그 내용을 설명해 놓은 기록이 남아 있다. 시라쿠사 정복 과정에서 일흔 살의 과학자 아르키메데스를 아무 이유 없이, 그것도 명령을 어겨 가면서 죽인 군인이 마르켈루스의 부하였다.

당시 사람들은 행성이 투명하고 완벽한 구球의 벽면에 붙어서 지구 주위를 돈다고 상상했다. 그러나 프톨레마이오스의 모형에서는 행성이 구에 직접 붙어 있는 것이 아니었다. 회전축과 중심점이 어긋난 바퀴 비슷한 장치에 붙어 간접적으로 투명 구에 부착된 형태였다. 구가 돌면 작은 바퀴도 같이 돈다. 이런 운동이 계속되다 보면 지구인이 보는 것처럼 화성이 때로는 공중제비를 넘게 된다. 정밀도가 그렇게 높지 않았던 프톨레마이오스 시절에는 물론이고 그로부터 수백 년 후까지도 이 모형을 이용하여 행성의 움직임을 비교적 정확하게 예측할 수 있었다.

프톨레마이오스의 투명한 천구天球 모형을 두고 훗날 중세 사람들은 천구가 수정으로 만들어졌으리라 상상했다. 오늘날까지 사람들이 쓰는 천구의 음악이나 제7천국seventh heaven 같은 말도 여기에서 유래했다. 달, 수성, 금성, 태양, 화성, 목성, 토성 그리고 별들이 붙어 도는 구, 즉 '천국heaven'이 각각 하나씩이므로 모두 일곱 개의 천국이 있는 셈이다. 우주의 한가운데 지구가 있고 지구에서 일어나는 사건을 주축으로 하여 창조된 만물이 그 주위를 돈다는 생각이다. 당시 사람들은 하늘의 구조와 원리를 지구상의 그것과는 완전히 동떨어진 것으로 상상했기 때문에 하늘을 철저히 관측할 의지가 생길 턱이 없었다. 프톨레마이오스의 모형은 중세의 암흑시대에 교회의 지지를 받았고 그로부터 1,000년 동안 천문학의 진보를 가로막는 데 결정적 기여를 했다. 마침내 1543년 폴란드의 가톨릭 성직자였던 니콜라우스 코페르니쿠스 Nicholaus Copernicus가 행성의 겉보기 운동을 설명하는 아주 색다른 가설을 내놓았다. 그 가설의 가장 대담한 제안은 지구가 아니라 태양이 우주

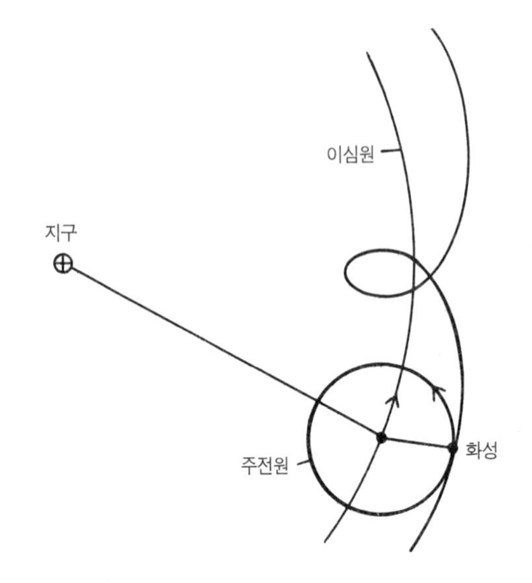

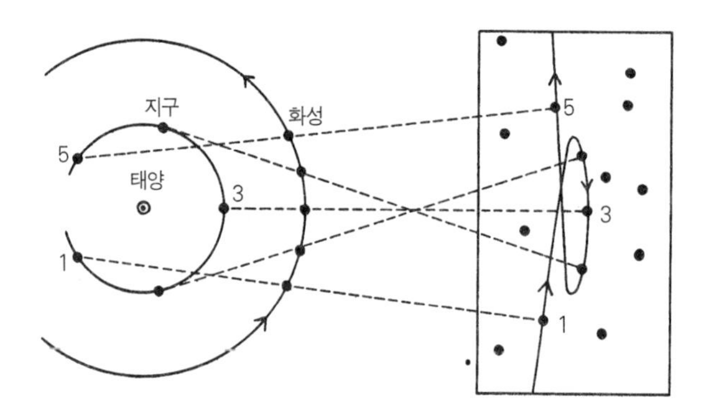

↑ 프톨레마이오스의 지구 중심 우주관에서는 행성이 주전원周轉圓, epicycle이라 불리는 작은 원 위를 움직이고 주전원의 중심은 이심원離心圓, deferent을 따라서 돈다. 이러한 모형은 행성들이 원거리에 있는 배경 별 사이를 움직이면서 보여 주는 역행 운동을 설명해 준다.

↓ 코페르니쿠스의 태양 중심 우주관에서는 지구와 함께 다른 행성들도 태양의 둘레를 원 운동한다. 지구가 화성을 추월할 때, 지구인에게는 화성이 배경 별 사이를 역행하는 듯이 보인다. 이것 역시 화성의 역행 운동에 대한 또 하나의 설명이 된다.

의 중심에 있다는 것이었다. 그의 가설은 지구를 하나의 행성으로 강등시키고 태양으로부터 세 번째 자리에서 완전한 원 궤도를 도는 존재로 만들어 버렸다.(프톨레마이오스도 한때 이러한 태양 중심의 우주관을 고려했다고 한다. 그러나 그는 그것을 즉시 내 버렸다. 이 경우 지구는 격렬한 회전 운동을 해야 하는데, 아리스토텔레스 물리학의 관점에서 볼 때, 그런 회전 운동이 관측에 부합되지 않는다고 생각했기 때문이다.)

행성의 겉보기 운동을 설명하는 데에 있어 코페르니쿠스의 모형은 적어도 프톨레마이오스의 모형만큼이나 훌륭했다. 그러나 당시에는 코페르니쿠스의 태양 중심 우주관 때문에 심기가 불편해진 사람들이 많이 있었다. 1616년 드디어 가톨릭 교회는 코페르니쿠스의 저술을 금서 목록에 포함시켰다. 지역 교회의 검열관들은 "다시 고쳐 쓰지 않는 한" 그의 저작물을 늘 금서 목록에 묶어 두었다. 이 금서령은 1835년까지 그대로 유지됐다.[5] 마르틴 루터가 코페르니쿠스를 두고 한 이야기는 지금 읽어도 재미가 있다. 그는 코페르니쿠스를 가리켜 "벼락출세한 점성술사"라고 일컬었다. 한발 더 나아가 그는 코페르니쿠스를 겨냥해서, "이 바보가 천문학이라는 과학을 통째로 뒤엎어 놓으려 한다. 그러나 성서에 분명히 쓰여 있듯이, 여호수아가 멈춰라 하고 명한 것은 태양이지 지구가 아니다."라고까지 했다. 심지어 코페르니쿠스를 존경하던 사람들 가운데서도 "그가 정말로 태양 중심의 우주를 믿은 것이 아니라, 그저 행성의 움직임을 계산하는 데 편리하기 때문에 그와 같은 제안을 했을 뿐이다."라고 하는 사람들도 있었다.

5. 최근에 오언 진저리치Owen Gingerich가 16세기에 출판된 코페르니쿠스의 저서를 거의 모조리 조사했다. 그의 연구에 따르면 이탈리아에 있는 책들 중에서 겨우 60퍼센트만 소위 "고쳐진" 판본이었고, 이베리아 반도의 책들 중에는 고쳐진 것이 하나도 없었다고 한다. 검열의 효과가 없었던 것이다.

코스모스를 보는 두 가지 관점, 즉 지구 중심설과 태양 중심설의 대결이 절정에 이른 것은 16세기 말과 17세기 초 사이에 살았던 한 과학자를 통해서였다. 그는 프톨레마이오스처럼 점성술사이자 천문학자였으며, 인간 정신이 족쇄에 묶여 있던 암울한 시대를 살아간 위대한 영혼이었다. 그가 살아야 했던 시대는 과학 기술 덕분에 고대인들이 몰랐던 새로운 지식들이 많이 발견됐어도, 교회가 발표한 1,000~2,000년 전의 과학 결과를 더 신뢰해야 했던 그러한 시대였다. 신학적 문제가 아무리 난해한 것일지라도 그 시대를 풍미하던 교회 교리의 틀을 벗어나는 사람은 그가 구교도이든 신교도이든 구별 없이 굴욕, 세금, 추방, 고문, 죽음으로 처벌받아야 했던 시대였다. 하늘은 천사와 악마가 사는 곳이며 신의 손이 영롱한 행성의 천구를 돌리는 곳이었다. 모든 자연 현상의 바탕에 물리 법칙이 있다는 생각은 그 시대 과학계에 존재하지도 않았다. 그러나 한 사람의 용감하고 고독한 분투 덕분에 현대 과학에 혁명의 불이 일기 시작했다.

요하네스 케플러는 1571년 독일에서 태어났다. 그는 이미 소년 시절에 시골 마을 마울브론의 개신교 신학교에 들어가 성직자가 되는 교육을 받았다. 그 학교는 가톨릭의 아성牙城을 무너뜨리는 첨병으로 쓰기 위해 어린 학생들의 정신을 신학적 무기로 훈련시키는 일종의 신병훈련소와 같은 곳이었다. 케플러는 고집이 세고 두뇌가 명석했으며 독립심이 무척 강한 소년이었다. 성격이 그러니 황량한 마울브론에서 외로운 2년을 힘겹게 보내야만 했다. 그러는 동안에 남과 어울리는 일이 더욱 적어지고, 속마음을 드러내지 않는 사람으로 변해 갔다. 그는 신이 보시기에 자신이 얼마나 비천한 존재인가에 대해 온 정신을 쏟고

← 니콜라우스 코페르니쿠스의 초상화. 장레옹 위앙Jean-Leon Huens의 작품.
→ 요하네스 케플러의 초상화. 벽에 튀코 브라헤의 초상화가 걸려 있다.

있었다. 그리고 사람이면 누구나 저지르는 소소한 죄들을 하나하나 수천 가지씩 회개하면서 자신은 영원히 구원받지 못하리라는 절망 속에서 신학교 생활을 했다.

그러나 케플러의 신은 공명정대하고 정의의 구현만을 외치는 분노의 신이 아니라 코스모스를 창조한 권능의 신이었다. 소년의 호기심은 두려움보다 강하여 세상의 종말에 대해 배우고 싶어 했다. 감히 신의 의중을 헤아려 보고자 했던 것이다. 이런 위험한 생각이 처음에는 흘러간 나날의 기억같이 가냘픈 것이었지만, 어느새 케플러의 일생일대의 목표가 되어 있었다. 한 어린 신학도의 마음속에서 꿈틀대던 오만한 갈망은 장차 틀에 박힌 중세 유럽의 사상 체계를 깨뜨리는 동력이 될 터였다.

고대에 한창 꽃피웠던 과학 문명은 교회의 억압 아래 1,000년 동안의 깊은 침묵에 빠져 있었다. 그러나 중세 후기가 되자 아랍 학자들을 통해 보존되었던 고대 과학의 목소리가 희미한 메아리가 되어 유럽의 교과 과정 속으로 파고들기 시작했다. 마울브론에서 신학, 그리스 어, 라틴 어, 음악, 수학을 공부하던 케플러의 귀에도 그 메아리가 들려왔다. 그는 유클리드의 기하학을 배우면서 완전한 형상과 코스모스의 영광을 엿보았다고 생각했다. 케플러는 그때의 심경을 이렇게 적어 놓았다. "기하학은 천지 창조 이전부터 있었다. 기하학은 신의 뜻과 함께 영원히 공존한다.…… 기하학은 천지 창조의 본보기였다.…… 기하학은 신 그 자체이다."

신학교에서 케플러는 수학이 주는 기쁨을 즐기며 속세에서 벗어난 생활을 했다. 그럼에도 불구하고 바깥 세계의 불완전함은 그의 성격을 형성하는 데 어느 정도의 역할을 했을 것이다. 가뭄, 역병, 사상 간의 무서운 대립 속에서 허덕이던 힘없는 사람들의 고통을 덜어 주는 만병통치약은 미신이었다. 많은 사람들의 눈에 오로지 변함없어 보이는 것은 별들뿐이었다. 그래서 공포에 질린 유럽 인들의 집 안뜰과 선술집에서는 고대의 점성술이 번성했다. 케플러는 평생 점성술에 대해 애매한 태도를 보였다. 하지만 그는 일상생활에서 만나게 되는 혼돈 안에 어떤 규범이나 법칙이 숨어 있을지도 모른다고 생각했다. 이 세상이 신의 창조물이라면 세상을 좀 더 자세히 들여다보아야 하지 않겠는가? 지상의 모든 피조물은 신의 마음속에 있는 조화를 드러내는 것이 아닐까? 자연이라는 제목의 책이 케플러라는 단 한 명의 독자가 나타나기까지 1,000년의 세월을 기다려야 했던 것이다.

1589년 케플러는 성직 공부를 더하기 위해 마울브론을 떠나 튀빙겐으로 갔다. 튀빙겐 대학교에서 케플러는 사고의 자유와 해방을 만끽할 수 있었다. 케플러를 맞이한 것은 그 시대에 가장 약동적인 지식의 도도한 흐름이었고, 그의 천재성은 즉시 교수들의 눈에 띄었다. 그중 한 교수가 코페르니쿠스의 가설에 내포된 위험한 신비를 케플러에게 알려주었다. 태양 중심의 우주관은 케플러의 종교관과 공명하였기에 그는 이 가설을 뜨거운 가슴으로 받아들였다. 태양은 신의 상징이었다. 만물은 그 주위를 돌아 마땅했다. 공부를 끝내고 목사 임명을 받기 전에 그에게 썩 좋은 세속 직장이 하나 나타났다. 자신이 성직에 맞지 않는다는 것을 알고 있었던 탓인지 케플러는 그 자리를 선뜻 받아들였다. 그는 오스트리아의 그라츠로 가서 목사 대신 중등학교의 수학 교사가 됐다. 얼마 후 그는 천문과 기상 현상에 관한 책력을 제작하여 별점을 치기 시작했다. "신께서 모든 동물들에게 스스로 살아갈 수 있는 방도를 마련해 주셨듯이 천문학자에게는 점성학의 길을 열어 주셨다." 그가 남긴 문장이다.

케플러는 명석한 사고력의 소유자이자 화려한 문체의 명료한 글을 쓸 줄 아는 문장가였지만 훌륭한 교사는 아니었다. 말을 입속에서 웅얼거리는 데다가 주제를 벗어나 곁길로 빠지기 일쑤였다. 도무지 무슨 소리를 하는지 영 알아들을 수 없는 경우도 간간이 있었다. 그라츠에서의 첫해에는 그래도 대여섯 남짓한 학생들이 수강했지만 다음 해에는 수강생이 단 한 명도 없었다. 케플러가 수업에 집중할 수 없었던 이유는 연상과 사색이 그의 머릿속에서 끊임없이 아우성댔기 때문이다. 어느 화창한 여름날이었다. 그날도 말 못하게 지루한 강의를 하던 중이었으리라.

갑자기 멋진 아이디어가 케플러의 머리를 번뜩 스치고 지나갔다. 천문학의 역사가 결정적으로 바뀌는 순간이었다. 어쩌면 케플러는 하던 말을 뚝 멈추고 잠시 멍하니 서 있었을지도 모른다. 그러나 내가 미루어 생각하건대, 그 자리에 있던 학생들은 지루한 강의가 끝나기만을 고대하며 그 역사적 순간을 감지하지 못했을 것이다.

케플러 시대에 알려진 행성은 지구를 포함하여 모두 여섯 개뿐이었다. 수성, 금성, 지구, 화성, 목성과 토성이 전부였다. 케플러는 행성들이 왜 하필 여섯 개뿐이어야 하는가 하고 깊이 고민했다. 스무 개면 어떻고 또 100개라면 어떻단 말인가? 행성들은 왜 코페르니쿠스가 알아낸 바로 그 간격들을 유지하며 궤도를 도는가? 그 누구도 이런 질문을 일찍이 던져 본 적이 없었다. 케플러는 태양계 구조의 근본을 묻고 있었던 것이다. 그는 행성 사이의 간격이 정다면체의 수학적 특성과 연관돼 있으리라고 추측했다. 추측의 배경에는 정다면체의 종류 역시 유한하다는 사실이 크게 작용했을 것이다. 정다각형을 면으로 해서 만들 수 있는 정다면체는 소위 '플라톤의 입체'라고 알려진 다섯 가지밖에 없다. 피타고라스 이후 '플라톤의 입체'는 그리스 수학자들에게 이미 널리 알려져 있었다. 케플러는 가능한 정다면체의 가짓수와 행성의 수 사이에 모종의 연관이 있으리라 생각했다. 그리고 행성이 여섯 개밖에 없는 '까닭'은 가능한 정다면체가 다섯 가지뿐이기 때문이라는 결론을 내렸다. 정다면체는 다른 정다면체 안에 꼭 맞게 들어갈 수 있다. 정다면체들의 이러한 관계가 태양과 행성들 사이의 거리를 결정한다면 완전한 형상인 정다면체를 통해서 행성의 상대 배치에 숨겨진 근본 원리를 파악할 수 있게 된다. 케플러는 행성의 여섯 개 구들을 유지

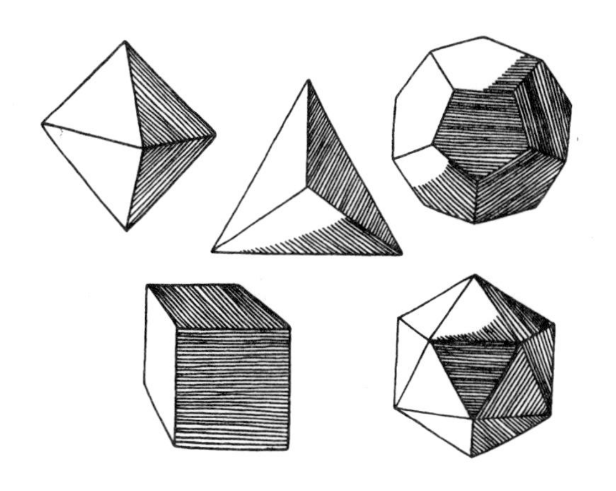

피타고라스와 플라톤의 완전 입체인 정다면체 다섯 가지. 「부록 2」 참조.

해 주는 하나의 투명 구조물을 플라톤의 정다면체에서 찾아냈다고 확신했다. 그는 자신의 생각을 "코스모스의 신비"라고 불렀다. 플라톤의 입체와 행성 간 거리의 연관성은 단 하나의 중대한 사실을 설명한다고 그는 굳게 믿었다. 그것은 신의 손이었다. 그에게 창조주의 손은 바로 기하학자의 손이었던 것이다.

스스로를 죄 많은 사람으로 여기던 케플러는 자신이 어쩌다 신의 선택을 받게 되어 위대한 발견을 할 수 있게 됐는지 놀라워 했다. 그는 이 발견의 의미를 더욱 심화시키기 위하여 뷔르템베르크Württemberg 공작에게 재정 지원을 요청하는 연구 제안서를 제출했다. 케플러는 그 제안서에서 내접內接된 정다면체 다섯 개의 3차원 모형을 제작함으로써 다른 이들도 그 거룩한 기하학의 아름다움을 엿볼 수 있도록 하겠다는 포부를 밝히고 있다. 그는 모형을 은과 보석으로 만들어, 이를테면 공작의 잔으로도 쓸 수 있게 제작할 수 있음을 덧붙였다. 연구 제안서는

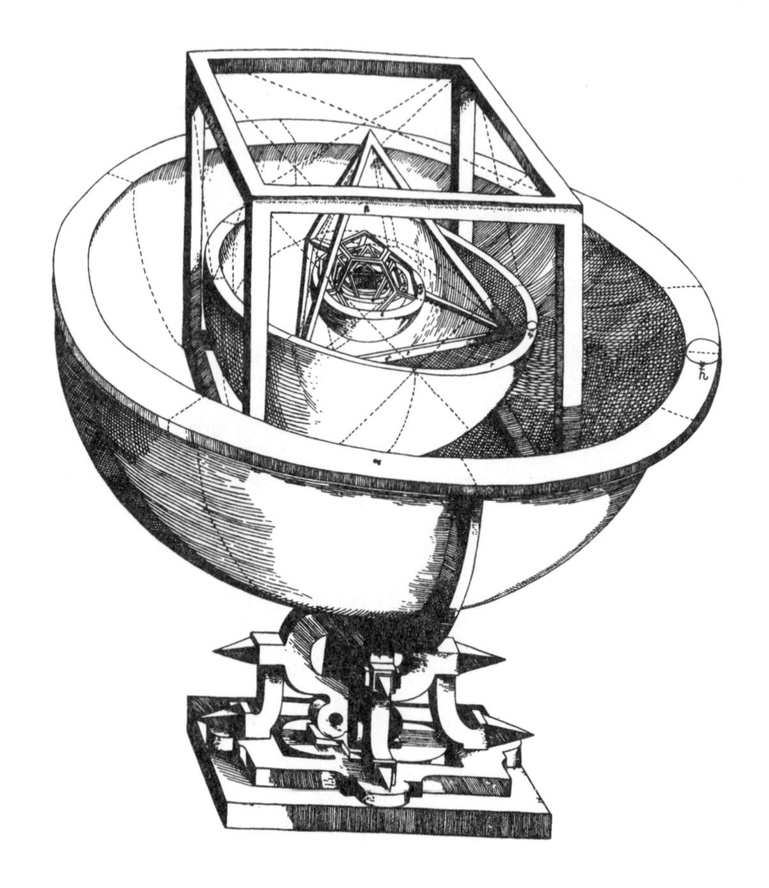

케플러가 생각한 코스모스의 신비. 피타고라스와 플라톤의 완전 입체들 안에 여섯 행성들의 구가 내접해 있다. 가장 바깥쪽에 있는 완전 입체가 정육면체이다.

값싸게 종이로 먼저 만들어 보는 것이 어떻겠냐는 친절한 충고와 함께 퇴짜를 맞았다. 케플러는 즉시 모형 제작에 들어갔다. "이 발견 덕분에 내가 느낀 환희를 나는 도저히 말로 표현할 수 없다.…… 나는 아무리 어려운 계산도 마다하지 않았다. 내 가설이 코페르니쿠스의 궤도와 과연 일치할 것인가? 아니면 나의 즐거움이 물안개처럼 사라져 버리고 말 것인가? 나는 밤낮을 수학적 노동으로 지새웠다." 그러나 아무리 열심히 계산해 본들, 정다면체와 행성의 궤도는 서로 일치하지 않았다. 관측 결과가 이론의 예상과 맞지 않을 때 관측값이 틀렸다는 결론을 내리는 이론가들을 우리는 과학의 역사에서 종종 만날 수 있다. 더군다나 가설의 우아함과 거창함에 빠졌던 케플러가 내릴 수 있는 결론은 뻔했다. 케플러는 코페르니쿠스가 찾아낸 행성 간 거리가 잘못된 값이라는 결론을 내렸다. 당시에 행성의 겉보기 운동에 관하여 누구보다 정확한 관측 자료를 다루는 딱 한 사람 있었다. 그는 고국을 버린 덴마크의 귀족으로 신성 로마 제국 황제 루돌프 2세Rudolf II의 황실 수학자로 일하고 있던 튀코 브라헤Tycho Brahe였다. 그를 만날 필요성을 케플러는 절감했다. 마침 튀코 브라헤도 그 당시 수학적 명성이 점점 커 가던 케플러를 초청하면 어떻겠냐는 루돌프 2세의 제안을 받은 상태였다. 튀코 브라헤는 케플러를 프라하로 불렀다.

케플러는 그 당시 몇몇 수학자들에게만 겨우 알려져 있던 미지의 인물이었다. 보잘것없는 시골 학교의 수학 선생이며 평민 출신이던 케플러는 튀코 브라헤의 초대를 받고 처음에는 주저했다. 그러나 결정은 케플러가 내릴 계제가 아니었다. 케플러 대신 주위의 사정이 결정을 내려 줬다. 1598년 케플러는 30년 전쟁의 전조가 된 여러 사건들 중

하나에 휘말려들었다. 그라츠를 지배하는 대공大公은 가톨릭교도였는데 가톨릭 교리를 교조적으로 신봉하던 사람이었다. 그는 심지어 "이교도를 다스리기보다 차라리 그들의 국토를 초토로 만들겠다."라는 맹세를 하기도 했다.[6] 개신교도들은 경제적, 정치적 권력 밖으로 밀려났다. 케플러가 출근하던 학교는 문을 닫았고 이단으로 간주된 기도, 서적, 찬송가 등은 모두 금지되었다. 마침내 마을 주민들까지 일일이 불려가 개인적 신앙의 건전성 여부를 조사받는 지경에까지 이르렀다. 로마 가톨릭을 받아들이지 않으면 수입의 1할을 벌금으로 물어야 하거나 그라츠에서 추방당해야 했다. 케플러는 추방을 택했다. 그러면서 의미심장한 한마디를 남겼다. "나는 위선을 행하라고 배운 적이 없다. 나의 신앙은 진지한 것이다. 나의 신앙이 농락의 대상이 될 수는 없다."

그라츠를 떠난 케플러는 아내와 의붓딸과 함께 프라하로 향하는 고난의 길에 올라야 했다. 케플러의 결혼 생활은 그다지 행복하지 못했던 것으로 전해진다. 부인은 지병이 있는 데다 얼마 전에 두 아이를 잃은 상태였다. 케플러에 따르면 그녀는 "바보 같고 부루퉁하고 외톨이고 침울한" 사람이었다. 그녀는 남편이 하는 일을 전혀 이해하지 못했다. 그리고 그리 높은 계급의 출신은 아니었어도 시골의 상류층 집안에서 자란 여자라 남편의 가난한 직업을 몹시 경멸했다. 케플러는 또 케플러 나름대로 그녀를 나무라고는 했다. 그것과 관련해서 케플러는 이런 글을 남겼다. "나는 연구에 몰두하다가 깜빡 잊고 그녀를 또

6. 이것은 중세 유럽의 전환기에 그다지 극단적인 표현이 아니었다. 알비파가 대다수였던 어느 도시를 포위 공략하던 중, 신심이 깊은 자와 이교도를 어떻게 구분할 수 있냐는 물음에, 훗날 도미니 성인이라고 불릴 도밍고 데 가즈만Domingo de Gazman은 이렇게 대꾸했다고 전해진다. "다 죽여라. 신의 자녀는 신께서 돌보신다."

꾸짖고는 했다. 그러나 과거 경험이 이제는 약이 되어 나는 그녀를 결코 다그치지 않는다. 그녀가 내 말로 인해 마음에 상처를 입는다는 사실을 알았으니, 그 이상 나무라기보다 내 손가락을 깨무는 편이 더 낫다." 이러한 가정 여건에서도 케플러는 자신의 연구에 몰두했다.

케플러는 튀코 브라헤가 있는 곳을 속세의 오욕에서 벗어날 수 있는 유일한 피난처로 여겼다. 케플러는 그곳을 자신이 추구하던 "코스모스의 신비"를 마침내 확인할 수 있는 장소로 마음에 그리고 있었다. 튀코 브라헤는 망원경이 발명되기 35년 전부터 우주의 정확하고 질서 정연한 움직임을 측정하는 데 모든 것을 바친 인물이었다. 케플러는 이 위대한 튀코 브라헤의 동료가 되겠다는 소망을 키워 갔다. 그렇지만 케플러의 소망은 이루어지지 않았다. 튀코 브라헤는 화려한 것을 좋아하는 사람이었다. 그는 황금으로 만든 가짜 코를 달고 멋을 부렸는데, 진짜 코는 학창 시절 누가 수학을 더 잘하는가를 놓고 펜싱으로 결투를 하다가 잃었다고 했다. 튀코 브라헤의 주변은 늘 소란스러웠고 많은 사람들로 북적거렸다. 조수助手, 아첨꾼들, 먼 친척뻘의 사람들, 식객 행세하는 어중이떠중이들로 들끓었다. 이들은 진탕 먹고 마시고 떠들기, 남을 빈정대기, 음모 꾸미기로 세월을 보내며 신앙심 깊은 촌뜨기 학자인 케플러를 잔인하게 놀려댔다. 이러한 분위기에서 케플러의 매일은 늘 우울하고 슬플 뿐이었다. 케플러가 남긴 다음의 글에서 우리는 당시 그의 심경을 읽을 수 있다. "튀코 브라헤는 비할 데 없는 부자지만 재물을 활용할 줄 모른다. 튀코 브라헤가 소유한 그 어떤 기구라도 나와 내 가족의 전 재산을 합친 것보다 더 비싸다."

튀코 브라헤의 천문 관측 자료를 보고 싶어 안달을 하는 케플러에게 튀코 브라헤는 자투리 자료만 조금씩 툭툭 던져 주고는 했다. "튀코 브라헤는 나에게 그가 경험한 바를 나눌 기회를 전혀 허락하지 않는다. 식사 도중에, 그리고 이 작업과 저 작업 사이사이에 그것도 지나가는 말처럼 오늘은 이 행성의 원지점遠地點에 대해서 몇 마디, 내일은 저 행성의 승하교점昇下交點에 대하여 몇 마디를 언급하곤 할 뿐이다.…… 튀코의 수중에는 최고 수준의 관측 자료가 있다. 그리고 작업을 함께 하는 협력자들도 많다. 이제 그에게는 이 모든 것을 적재적소에 가져다 쓸 유능한 건축가만 필요할 뿐이다." 튀코 브라헤는 당대 최고의 기량을 자랑하는 관측의 귀재였고 케플러는 제일의 이론가였다. 두 사람은 정확하고 이치에 맞는 새로운 우주관이 곧 탄생하리라는 것을 알고 있었다. 관측과 이론을 아우르는 우주 모형의 출현을 그 당시 누구나 고대하고 있었던 것이다. 그렇지만 그것이 두 사람 중 한 사람의 힘만으로는 결코 달성될 수 없다는 사실 또한 잘 알고 있었다. 그러나 평생 애써 모은 자료를 이 새파랗게 젊은 잠재적 경쟁자에게 "여기 있다. 너 가져라." 하는 식으로 그냥 넘겨 줄 튀코 브라헤가 아니었다. 케플러와 협력하여 어떤 결과를 얻으면 공동 저자로 발표할 수도 있었을 텐데, 웬일인지 튀코 브라헤는 이것을 받아들일 수 없다고 생각했다. 이론과 관측의 협동의 산물인 현대 과학이 두 사람의 상호 불신이 쌓은 벼랑 끝에서 태어나지 못하고 떨어질 듯 말 듯하고 있었다. 튀코 브라헤는 케플러를 만나고부터 18개월밖에 더 살지 못했는데 그동안 이 둘은 다투고 화해하기를 밥 먹듯이 되풀이했다. 튀코 브라헤는 로젠버그 남작이 베푼 만찬에서 포도주를 너무 많이 마신 뒤, "자신의 건강을 염려하기보다 예의를 차리느라" 남작 앞을 잠시도 뜨지 못하고 급한 용무를 지나치게 오랫동안 참다가 방광염에 걸렸다고 한다. 그렇게 해서 얻은 방광염은 음식과 음주를 자제하라는 충고를 고집스레 듣지 않는 바람에 더 악화됐다. 그러나 튀코 브라헤는 숨을 거두기 전에 자신의 관측 자료를 케플러에게 물려준다고 유언했다. 그리고 "마지막 밤은 가벼운 혼수상태에서 시를 짓는 사람처럼 다음의 독백을 되풀이했다. '내 삶이 헛되지 않게 하소서. 내가 헛된 삶을 살았다고 하지 않게 하소서!'"

튀코 브라헤가 죽은 뒤 케플러는 황실 수학자의 자리를 물려받았고, 완강하게 발뺌하는 튀코 브라헤의 친지들로부터 간신히 그의 관측 자료를 얻어 냈다. 케플러는 행성들 궤도의 경계가 다섯 개의 플라톤 정다면체에 따라 정해진다고 가정하고 받은 자료를 분석하기 시작했지만 코페르니쿠스의 결과와 마찬가지로 튀코 브라헤의 관측 자료도 자신의 가설을 뒷받침해 주지 못했다. 그로부터 한참 후에 천왕성, 해왕성, 명왕성 등이 발견되면서 "코스모스의 신비"는 완전히 그릇된 것으로 판명됐다. 이 행성들과 태양 사이의 거리를 결정해 줄 플라톤의 정다면체가 더 없었기 때문이다.[7] 게다가 포개 놓은 정다면체로는 지구의 위성인 달의 존재를 전혀 설명할 수 없었고, 또 갈릴레오가 목성 주위에서 발견한 네 개의 위성도 끼워 맞출 수가 없었다. 그러나 케플러는 시무룩해 하기는커녕 더 많은 위성이 발견되기를 기대하며 행성이 위성을 몇 개씩 거느려야 옳은가를 따져 보기로 하고 갈릴레오에게 문의 편지를 띄웠다. "저의 가설인 '코스모스의 신비'에 따르면, 유클리드의 정다면체가 다섯 개뿐이라 태양 주위에 행성이 여섯 개 이상

7. 증명은 「부록 2」에 실려 있다.

존재할 수는 없습니다. 그러나 저는 즉시 제 가설을 뒤집어엎지 않고도 행성의 수를 늘릴 수 있는지 생각해 보았습니다.…… 확실히 목성의 주위를 도는 위성이 네 개 있다고들 합니다. 그래서 저 역시 망원경이 있었으면 합니다. 당신이 틀림없이 더 발견하게 될 위성을 저 역시 볼 수 있었으면 하는 마음에서입니다. 각각의 비율에 맞춰 보아, 화성 주변에 두 개, 토성에는 여섯 개 내지 여덟 개, 그리고 수성과 금성에 있다면 한 개씩 있지 않을까 짐작해 봅니다." 실제로 화성은 두 개의 작은 달을 거느린다. 그중에서 큰 것에 있는 주요 지형 구조는 오늘날 케플러의 추측을 기리는 뜻에서 케플러 산맥이라고 부른다. 그러나 토성, 수성, 금성의 경우에는 완전히 틀렸다. 게다가 목성은 갈릴레오가 발견한 것보다 훨씬 더 많은 수의 위성을 거느리고 있다. 아직도 우리는 왜 행성이 아홉 개밖에 없는지, 그리고 왜 지금과 같은 거리를 두고 행성들이 태양 주위를 공전하는지 알지 못한다.(8장 참조)

멀리 있는 별들을 배경으로 하여 화성과 다른 행성들이 천구에 그리는 겉보기 운동을 튀코 브라헤는 여러 해에 걸쳐 자세히 관측했다. 이 자료들은 망원경이 발견되기 수십여 년 전부터 모아진 것으로 당시로서는 가장 정밀한 관측 결과였다. 케플러는 이 자료들을 이해하고 분석하는 작업에 정열적으로 임했다. 지구와 화성이 실제로 태양 주위를 어떤 식으로 운동하기에 측정 오차의 범위 내에서 화성은 우리 눈에 공중제비처럼 보이는 역행 운동을 하는 것일까? 튀코 브라헤는 케플러에게 화성부터 연구해 보라고 권했는데, 이것은 화성의 겉보기 운동이 매우 변칙적이어서 원 궤도 모형에 꿰어 맞추기가 가장 어려웠기 때문이다.(케플러는 자신이 수행한 긴 계산 과정을 따라가다가 혹시 지루하다고 불평할지 모르는 독자들을 위해서 이런 메모를 하나 남겨 뒀다. "이 지루한 과정에 진력이 나시거든, 이런 계산을 적어도 70번 해 본 저를 생각하시고 참아 주십시오.")

기원전 6세기의 피타고라스로부터 플라톤, 프톨레마이오스 그리고 케플러 이전까지 살던 기독교 세계의 천문학자들은 모두 원이 '완벽'한 기하학적 도형이므로, 행성들은 마땅히 원 궤도를 따라 돌아야 한다고 믿었다. 행성들은 하늘 높이 자리 잡고 있어, 이 땅의 '부패'로부터 거리가 먼, 역시 또 다른 의미의 신비와 '완벽'을 겸비한 존재라고 믿었기 때문이다. 갈릴레오, 튀코 브라헤, 코페르니쿠스도 행성이 운동하는 길은 원이라고 못박아 두었다. 코페르니쿠스는 원형이 아닌 궤도는 "생각만으로도 끔찍하다."라고까지 단언했는데, 왜냐하면 "최상의 모습으로 창조된 신의 피조물을 감히 불완전하다고 여길 수가 없기" 때문이었다. 이러한 시대적 배경에서 케플러도 지구와 화성이 태양 주위를 원 궤도를 따라 돈다고 간주하고 튀코 브라헤의 관측 결과를 이해하고자 고심했던 것이다.

3년에 걸친 긴 분석 끝에 케플러는 화성의 원형 궤도에 해당하는 정확한 수치를 찾았다고 생각했다. 그 결과는 튀코 브라헤의 관측값 열 개와 2분分의 오차 범위 내에서 잘 일치했다. 1도度가 60분이며 90도가 직각으로 수평에서 천정天頂, zenith에까지 이르는 각거리角距離라는 점을 생각해 보면 2분은 지극히 작은 각거리이다. 게다가 이 시대에 망원경이 없었다는 사실을 고려한다면 2분의 오차는 오차로서 매우 작은 값임에 틀림이 없다. 그러나 하늘을 찌를 듯하던 케플러의 기쁨은 금방 바닥을 가늠할 수 없는 우울의 심연으로 가라앉을 수밖에 없었다. 튀코 브라헤가 남긴 나머지 두 개의 관측 결과가 케플러의 예측값에서 한참 동떨어져 무려 8분이나 되는 큰 오차를 보였기 때문이다.

> 거룩한 분의 섭리로 우리는 튀코 브라헤라는 성실한 관측자를 가질 수 있었다. 그의 관측 결과는 …… 이 계산의 오차가 8분이라고 판단해 줬다. 하늘이 주시는 선물은 감사히 받아들여야 마땅하거늘. …… 내가 8분의 오차를 모른 체할 수 있었다면 나는 내 가설을 땜질하는 식으로 적당히 고쳤을 수 있다. 그러나 그것은 무시될 수 없는 성질의 오차였다. 바로 이 8분이 천문학의 완전 개혁으로 이르는 새로운 길을 내게 가르쳐 줬던 것이다.

원 궤도와 실제 궤도를 분간하는 일은 우선 측정값이 정확해야 가능했고 비록 자신의 이론과 일치하지 않더라도 그 측정값을 과감하게 수용하는 용기가 없었다면 불가능했다. "어디나 조화로운 비율이 장식처럼 박혀 빛나는 이 우주이지만, 그러한 조화의 비율도 경험적 사실에 반드시 부합해야 한다." 케플러는 여기서 원 궤도에 대한 미련을 버릴 수밖에 없었다. 그것은 신성한 기하학에 대한 그의 신앙을 뒤흔들어 놓았다. 그는 영혼에 가해진 충격을 감수해야만 했다. 케플러는, 천문학이라는 마구간에서 원형과 나선형을 쓸어 치우자, "손수레 한가득 말똥"만 남았다고 했다. 원을 길게 늘인 달걀의 모습(타원)을 그는 이렇게 말똥에 비유했던 것이다.

결국 케플러는 원에 대한 동경이 하나의 환상이었음을 깨달았다. 지구도 코페르니쿠스가 말한 대로 과연 하나의 행성이었다. 그리고 케플러가 보기에 지구는, 전쟁, 질병, 굶주림과 온갖 불행으로 망가진, 확실히 완벽과는 아주 먼 존재였다. 이런 지구를 완벽하다고 믿었다면 나머지 행성들도 완벽에서 멀리 떨어져 있을 수 있다고 생각한 그는 다른 행성들에 대해서 알아보기 시작했다. 이렇게 해서 케플러는 고대 이래 행성이 지구처럼 불완전한 것들로 구성된 물체라고 이야기한 몇 안 되는 인물들 중의 한 사람이 되었다. 그리고 만일 행성이 '불완전'하다면, 그 궤도 역시 불완전하지 않겠는가? 케플러는 달걀 모양 곡선을 여럿 시험해 보았다. 열심히 계산해 내려가다 산술적 실수를 하기도 하고 (그래서 옳은 답인데 틀린 것으로 여겨 버렸고) 몇 달 뒤에 자포자기 심정으로 타원의 공식을 이용하여 분석을 다시 시도했다. 그 공식은 알렉산드리아 도서관에서 페르가의 아폴로니우스가 처음 만들어 낸 식이었다. 결과는 튀코 브라헤의 관측값과 완전히 일치했다. "자연의 진리가, 나의 거부로 쫓겨났었지만, 인정을 받고자 겉모습을 바꾸고 슬그머니 뒷문으로 들어왔으니…… 아, 나야말로 참으로 멍청이였구나!"

케플러는 이렇게 해서 화성이 태양 주위를 공전할 때 원 궤도가 아니라 타원 궤도를 따라 돈다는 사실을 발견했다. 다른 행성들의 궤도도 타원이기는 하지만 화성의 궤도보다 훨씬 더 원에 가깝다. 튀코 브라헤가 화성이 아니라, 예를 들어 금성의 움직임을 연구해 보라고 부추겼다면 케플러는 영영 행성의 진짜 궤도 모양을 발견하지 못했을지 모른다. 태양은 타원 궤도의 중심에 위치한 것이 아니라, 중심을 조금 비껴나간 초점에 자리한다. 행성과 태양 사이의 거리가 가까울수록 행성은 더 빠른 속도로 움직인다. 행성이 태양에서 가장 먼 곳에 이르렀을 때 궤도 속도가 가장 느려진다. 이러한 운동 때문에 행성이 태양을 향해 떨어지는 중이지만, 절대로 태양으로 곤두박질하지는 않는다. 행성의 운동을 규정한 케플러의 첫 번째 법칙을 간단히 말하면 다음과 같다.

> 제1법칙. 행성은 타원 궤도를 따라 움직이고 태양은 그 타원의 초점에 있다.

일정한 속도로 원 운동을 하는 행성이라면 중심각이 같은 부채꼴의 호弧 또는 그 부분의 원둘레를 도는 데 같은 시간이 걸린다. 예를 들어, 원 운동을 하는 행성이 원둘레의 3분의 2를 도는 데 걸리는 시간은 3분의 1을 도는 데 걸리는 시간의 꼭 2배이다. 케플러가 보니 타원 궤도를 도는 행성은 그렇게 움직이지 않았다. 타원 궤도를 따라 움직이

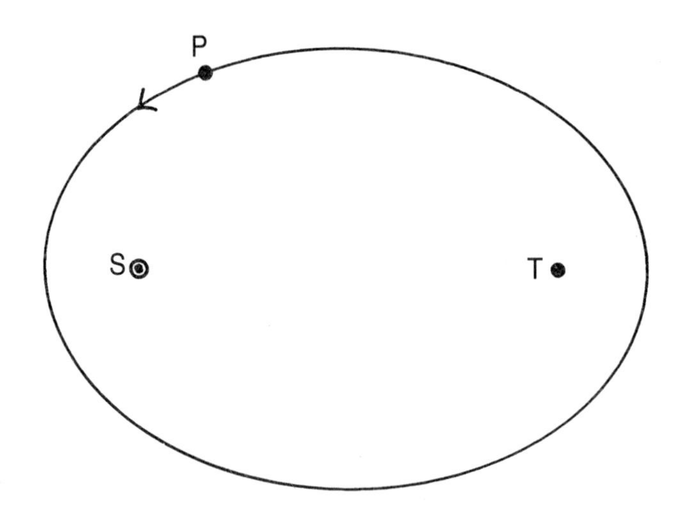

케플러의 행성 운동에 관한 첫 번째 법칙. 타원 운동의 법칙. 행성 P는 타원 궤도를 그리며 태양 주위를 움직이는데, 태양 S는 그 타원의 두 초점 중 하나에 자리한다.

는 행성과 태양을 이은 선은 타원 내부에서 부채꼴 형태의 영역을 쓸고 지나간다. 행성이 태양 가까이 있을 때 주어진 시간 동안 행성과 태양을 이은 선은 호의 길이가 길어 넓적한 모양의 부채꼴을 그리며 간다. 그러나 부채꼴의 넓이는 호의 길이만큼 크지는 않은데 이것은 행성이 태양에 가까이 있기 때문이다. 행성이 태양과 멀리 떨어져 있을 때에는 행성과 태양을 이은 선이 역시 같은 시간 동안에 훨씬 짧은 호와 뾰쪽한 모양의 부채꼴을 그리지만 부채꼴은 더 넓게 펴진다. 행성과 태양 사이의 거리가 멀기 때문이다. 케플러는 궤도가 아무리 심하게 찌그러진 타원이라도 이 두 넓이가 같다는 사실을 발견했다. 행성이 태양과 멀리 있을 때의 길고 뾰족한 부채꼴의 넓이는 행성이 태양과 가까이 있을 때의 짧고 넓적한 부채꼴의 넓이와 정확히 일치했다. 이것이 행성의 운동을 규정한 케플러의 두 번째 법칙이다.

> 제2법칙. 행성과 태양을 연결하는 동경은 같은 시간 동안에 같은 넓이를 휩쓴다.

케플러의 앞의 두 가지 법칙은 조금 생소하고 추상적인 것으로 보일 수 있다. 행성은 타원 궤도를 돌고 같은 시간 동안 같은 넓이의 부채꼴을 그린다. 그래 좋다. 그래서 어쨌다는 말인가? 원 운동은 그래도 좀 접근하기 쉽다. 이런 법칙들은 수학 문제에 불과하고 일상생활과는 아무 상관이 없다고 한편으로 치워 버릴 수도 있다. 그러나 이 법칙들은 행성에게도, 또 우리에게도 적용되는 법칙이다. 우리는 중력이란 힘으로 지구 표면에 붙어서 우주 공간을 날아다닌다. 그러므로 우리도 케플러가 처음 발견한 자연의 법칙에 순응하며 움직이는 중이다. 행성 탐사를 목적으로 우주라는 이름의 바다에 진수시킨 인공 위성들의 궤도 운동, 쌍성계를 이루는 두 별의 상호 궤도 운동 그리고 외부 은하들의 운동 등을 살펴보면 케플러의 법칙이 어디에서나 성립한다는 사실을 확인할 수 있다. 온 우주 어디에서나 천체들은 케플러의 법칙에 따라 움직인다.

몇 년이 더 지난 후, 케플러는 행성의 운동에 관한 마지막 규칙인 세 번째 법칙을 생각해 냈다. 이것은 여러 행성들이 다른 행성과 관련하여 서로 어떻게 움직이는지를 기술하는 법칙인데, 태양계 안에서 움직이는 각종 천체들의 운동 원리를 올바르게 제시하고 있다. 케플러는

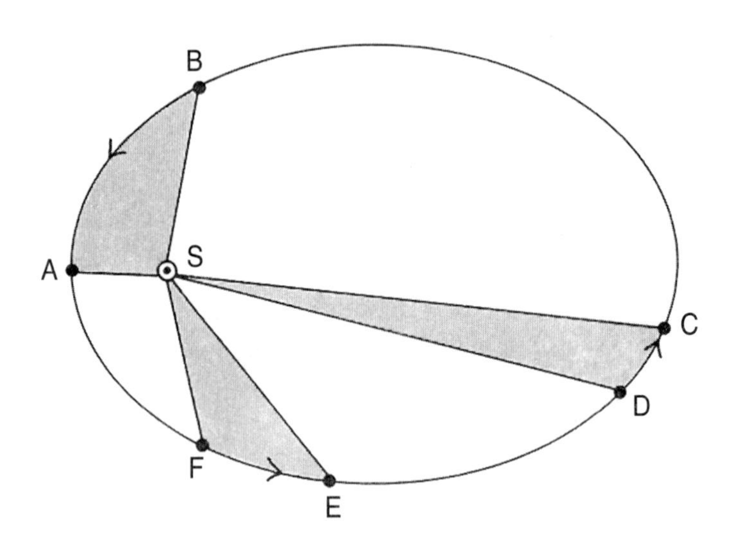

케플러의 행성 운동에 관한 두 번째 법칙. 면적 속도 일정의 법칙. 행성은 같은 시간 간격 동안에 같은 넓이의 부채꼴을 휩쓴다. 즉 단위 시간에 행성이 휩쓰는 넓이는 궤도 어디에서나 일정하다. 행성이 B에서 A로 움직이는 데 걸린 시간이 F에서 E, D에서 C로 움직이는 데 걸리는 시간과 각각 같다면, 호 BSA, FSE, DSC의 빗금친 넓이는 모두 같다.

자신의 세 번째 법칙을 『세상의 조화들*The Harmonies of the World*』이라는 제목의 책에서 설명하고 있다. 케플러는 "조화harmony"라는 한마디 말로 그가 알고 있던 많은 것을 표현하고자 했다. 행성 운동에서 볼 수 있는 질서와 아름다움 그리고 그것을 기술할 수 있는 수학적 공식의 존재, 게다가 음악에서의 화성음 등을 "조화"라는 개념 속에 포함시켰다. 사실 음音의 조화에 대한 생각은 피타고라스 때부터 우리와 함께해 온 개념이었는데, 케플러는 음의 높낮이에 행성 간 거리를 대응시켜 "행성 구球들의 조화" 역시 세상에서 볼 수 있는 다양한 조화의 한몫을 담당케 했다. 수성이나 화성과 달리 다른 행성들은 원형에 가까운 궤도를 돌기 때문에 아무리 그림을 정교하게 그린다 해도 그 일그러진 정도를 분간하기 무척 어렵다. 우리는 다른 행성의 움직임을 멀리 떨어진 별자리를 배경 삼아 관측하는데 우리의 관측대觀測臺가 다름 아닌 움직이는 지구이다. 내행성內行星들은 궤도를 재빨리 돈다. 수성이 영어로 머큐리Mercury인데 머큐리는 본래 로마 신화에서 신들의 심부름꾼인 메르쿠리우스Mercurius를 뜻하니 잽싸게 도는 수성에게 딱 어울리는 이름이다. 금성에서 지구, 화성으로 이어지면서 행성들은 차례대로 점점 더 느리게 돈다. 신들 중의 왕격인 유피테르Jupiter의 영어 이름인 주피터의 이름을 딴 목성이나 사투르누스Saturnus의 이름을 딴 토성 같은 외행성外行星들은 그 이름에 걸맞게 아주 천천히 장중하게 움직인다.

케플러의 세 번째 법칙, 즉 조화의 법칙은 다음과 같다.

> 제3법칙. 행성의 주기(행성이 궤도를 한 바퀴 도는 데 걸리는 시간)를 제곱한 것은 행성과 태양 사이의 평균 거리를 세제곱한 것에 비례한다. 즉 멀리 떨

어져 있는 행성일수록 더 천천히 움직이되, 그 관계가 수학 공식 $P^2=a^3$을 정확하게 따른다.

P는 행성의 공전 주기를 1년 단위로 표시한 것이고, a는 태양에서 행성까지의 평균 거리를 '천문단위'로 잰 값이다. 천문단위란 지구와 태양 사이의 평균 거리를 1로 지정한 거리 측정의 단위로서 약 1억 4960만 킬로미터이다. 예를 들어 목성은 태양에서 5천문단위 떨어져 있다. 따라서 평균 거리의 세제곱은 $5^3=5\times5\times5=125$가 된다. 한편 제곱해서 125가 되는 수는, 대략 11 정도면 그럭저럭 맞는다.(11의 제곱은 $11\times11=121$이다.) 그런데 목성이 태양을 한 바퀴 공전하는 데 정말 11년쯤 걸린다. 이런 식으로 케플러의 제3법칙을 나타내는 위의 공식은 다른 행성뿐 아니라 소행성과 혜성 들의 궤도 운동에 대해서도 모두 성립한다.

행성 운동에 관한 케플러의 법칙은 자연 현상에서부터 직접 찾아낸 경험 법칙이었다. 케플러는 법칙을 자연에서 그저 캐낼 수 있었음에 만족하지 않고 한발 더 나아가 더 근본적인 행성 운동의 원인을 찾고자 노력했다. 태양이 태양계 내 물체들의 운동에 어떤 영향을 미치는가? 행성이 태양에 가까워질수록 공전 운동 속도가 빨라지고 또 멀리 떨어질수록 속도가 느려진다. 태양과 그토록 멀리 떨어져 있는 행성들은 자신이 태양에 접근 또는 후퇴하는지를 어떻게 알아내는 것일까? 행성이 태양의 존재를 감지할 수 있는 모종의 방법이 있는 모양이다. 그렇다면 떨어져 있어도 작용하는 자기력磁氣力 같은 힘이 태양과 행성 사이에서 작용하는 것은 아닐까? 케플러는 행성 운동의 근본 원인이 자기력의 작용과 유사한 성격의 것이라고 제안했다. 그는 놀랍게

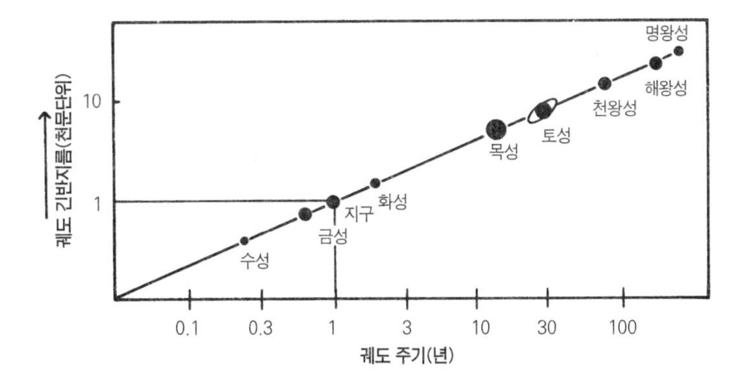

케플러의 행성 운동에 관한 세 번째 법칙인 조화의 법칙. 행성 궤도의 크기를 나타내는 궤도 긴반지름과, 그 행성이 태양 둘레를 한 바퀴 도는 데 걸리는 시간인 공전 주기 사이에 다음의 관계가 정확하게 성립한다. 즉 주기의 제곱이 긴반지름의 세제곱에 비례한다. 케플러가 세상을 떠난 지 한참 뒤에 발견된 천왕성, 해왕성, 명왕성까지도 조화의 법칙을 정확하게 따른다.

도 중력 또는 만유인력의 개념을 예견했던 것이다.

> 여기서 내가 의도하는 바는, 천체의 작동 기제를 논함에 있어 신이 생명을 부여한 신성한 유기 생물보다 태엽이나 추 같은 동인으로 작동하는 시계 장치 등을 염두에 둬야 한다는 점을 보여 주는 것이다.…… 시계의 운동이 시계추 단 하나에서 비롯되듯 천체들의 온갖 움직임의 거개가 극히 단순한 이 자기력 하나로 인하여 구현되는 것이다.

물론 자기력은 중력과 다르다. 그러나 케플러의 이 깊은 사유 속에는 세상의 근본을 건드리는 숨 막힐 정도로 혁신적인 내용이 담겨 있었다. 그의 생각을 좀 더 깊이 들여다보자. 케플러는 지구에 적용되는 측정 가능한 물리 법칙이 천체들에게도 똑같이 적용된다는 점을 간파

했던 것이다. 여기서 측정 가능하다는 것은 정량적으로 기술할 수 있다는 뜻이다. 그의 생각으로 말미암아 인류사에서 최초로 천체의 운동을 설명하는 데에서 신비주의가 배제되었다. 이제 지구는 코스모스의 중심에서 구석 변방으로 물러나야만 했다. 케플러는 역사의 한 꼭짓점에 서서 "천문학은 물리학의 일부다."라고 단언했다. 그는 그런 주장을 할 만한 자격을 충분히 갖추고 있었다. 인류사에서 마지막으로 나타난 과학적 점성술사가 우리가 만난 최초의 천체물리학자였던 것이다.

케플러는 자신의 업적을 겸손하게 내보일 성격의 인물이 아닌지라, 다음과 같은 말로서 자신의 발견을 평가했다.

> 이 소리들의 화음으로 인간은 영원을 한 시간 안에 연주할 수 있게 되었다. 비록 적게나마 지극히 높으신 신의 환희를 맛보게 됐다. …… 이제 나는 이 거룩한 열광의 도가니에 나 자신을 고스란히 내어맡긴다. …… 주사위는 이미 던져졌고, 나는 펜을 들어 책을 쓴다. 나의 책을 요즘 사람들이 읽든 아니면 후세인들만이 읽든, 나는 크게 상관하지 않으련다. 단 한 사람의 독자를 만나기까지 100년을 기다린다 해도 나는 결코 서운하지 않을 것이다. 우리의 신께서는 당신을 증거할 이를 만나기까지 6,000년을 기다리지 않으셨던가.

케플러가 여기서 "소리들의 화음"이라 한 것은 행성마다 그 움직이는 속도에 따라 대응되는 음音이 있다고 생각해서이다. 그는 행성들에 당시 유행했던 라틴 음계인 도, 레, 미, 파, 솔, 라, 시, 도를 대응시켰다. 행성 구들이 이루는 조화 속에서 지구의 음정은 파와 미였다. 케플러는 지구는 끊임없이 파와 미를 웅얼거리니 라틴어로 '파민famine', 즉 '굶주림'을 연상케 한다면서 이 서글픈 단어 하나로 지구를 제대로 묘사할 수 있다고 주장했다. 그의 주장에도 일리가 있기는 하다.

케플러가 행성 운동의 세 번째 법칙을 발견한 지 정확히 8일째 되던 날, 30년 전쟁의 도화선이 된 사건이 프라하에서 일어났다. 전쟁의 격동 속에서 수만 명의 삶이 산산조각 났는데 케플러도 그 피해자들 중의 한 명이었다. 군사들이 옮긴 전염병에 부인과 아들을 잃었고, 그를 후원하던 황제는 폐위당했으며 케플러 본인은 교리 문제에 관해 너무 강경하게 개인의 주장을 폈다는 이유로 루터파로부터 파문당했다. 케플러는 다시 난민의 신세로 떨어졌다. 구교도와 신교도 양편 모두 입으로는 성스러운 전쟁이라고 떠들어댔지만, 실은 영토와 권력에 주렸던 이들이 종교의 광신적 측면을 자신들의 목적에 이용했을 뿐이다. 과거에는 호전적 성격의 군주들이 갖고 있던 전쟁 자원이 바닥나기 시작하면 전쟁도 끝을 보았다. 그러나 당시에는 군대 유지를 위해 조직적 약탈이 자행되었다. 빼앗기는 쪽에 설 수밖에 없었던 유럽의 일반 대중은 쟁기와 낫이 창과 검으로 변하는 꼴을 바라보는 수밖에 없었다.[8]

뜬소문과 인간의 광기가 파도처럼 시골까지 덮쳐, 힘없는 자들일수록 더 큰 고통을 겪어야 했다. 그 당시 많은 사람들이 희생양이 되었는데 그 와중에 혼자 사는 늙은 여인들은 마녀 사냥에 걸려들기까지 했다. 케플러의 어머니도 한밤중에 빨래 통에 처박혀 끌려갔다. 케플러의 고향,

8. 그라츠의 무기고에는 이렇게 만들어진 무기가 요즘도 전시돼 있다.

바일 데어 슈타트Weil der Stadt라는 작은 도시에서도 1615년부터 1629년까지 매년 서너 명의 여인들이 마녀의 누명을 쓰고 고문을 당한 뒤에 처형됐다. 카타리나 케플러Katharina Kepler는 심술궂은 노파였다. 말참견으로 지방 권력가의 심기를 건드리기 일쑤였고, 수면제를 몰래 팔았고, 어쩌면 환각제까지 끼워 팔았던 모양이다. 불쌍한 케플러는 자기 어머니가 잡혀가게 된 데에는 어느 정도 자신의 잘못도 있다고 믿었다.

문제의 발단은 케플러가 최초의 공상 과학 소설이라고 할 만한 책을 쓴 데 있었다. 그 책은 대중에게 과학을 설명하고 널리 전파하고자 쓴 것이었다. 제목은 '솜니움*Somnium*', 즉 '꿈'이었다. 『꿈』은 상상 속의 달 여행을 그린 소설로서 거기에는 우주여행객들이 달 표면에 서서 달의 하늘에서 아름다운 행성 지구가 천천히 자전하는 광경을 보는 장면이 나온다. 관점을 바꿔 봄으로써 우리는 세상의 작동 원리를 알 수 있다. 케플러가 살던 시절의 사람들이 지구가 돈다는 생각을 거부했던 첫째 이유는 아무도 그 회전을 느낄 수 없다는 데에 있었다. 케플러는 『꿈』을 통해서 지구의 자전이 가능한 일이고 멋있으며 이해할 수 있는 현상임을 알리려고 애썼다. "다수가 그른 길을 걷지 않는 한, …… 나 역시 다수의 편에 서고 싶다. 그 까닭에 나는 가능한 한 많은 이들에게 과학을 설명해 주려고 무진 애를 쓰는 바이다." 또 다른 상황에서 그는 편지에 이렇게 쓰기도 했다. "수학 계산의 쳇바퀴에 저를 온종일 매어 두지는 마십시오. 철학적 사색은 제가 누릴 수 있는 유일한 기쁨이오니, 제게 사색할 여유를 허락해 주십시오."[9]

망원경의 발명으로 이른바 "월면 지리학月面地理學, lunar geography"이 가능해졌다. 케플러는 『꿈』에서 달은 산과 계곡으로 그득하고, "마치 움푹 파인 구덩이와 계속 이어지는 동굴을 파 놓은 것같이 구멍이 숭숭 뚫려 있다."라고 달의 모습을 기술하고 있다. 그즈음 갈릴레오는 천체 관측용 망원경을 가지고 최초로 달 표면에 있는 분화구[10]들을 관찰했다. 케플러는 공상 과학 소설을 쓰는 과정에서 갈릴레오의 최신 발견들을 참조했음에 틀림이 없다. 케플러는 또 달에는 각 지역의 혹독한 기후에 잘 적응해 사는 생물이 있으리라 상상했다. 그는 『꿈』에서 천천히 회전하는 지구를 달 표면에서 보는 광경을 묘사하고 있다. 우리가 달에서 계수나무와 옥토끼를 연상하듯이, 그는 달에서 보면 지구의 대륙과 바다도 어떤 형상을 그릴 것이라고 상상했다. 지브롤터 해협을 사이에 두고 북아프리카 대륙에 닿을 듯 가까이 있는 남부 스페인의 모양새를 긴 치마를 늘어뜨린 젊은 여인이 자기 연인에게 입을 맞추는 모습이라 했는데, 내 눈에도 영락없이 코를 맞대고 비비는 것처럼 보인다.

9. 튀코 브라헤도 케플러와 마찬가지로 점성술을 결코 적대시하지 않았다. 그러나 그는 자신이 비밀스레 알고 있는 점성술과 그 당시에 성행하던 점성술 사이에 조심스레 선을 그어 둘을 구별했는데, 그것은 후자가 미신을 조장한다는 생각에서였다. 브라헤는 1598년에 출간된 『천체 운동론*Astronomiae Instauratae Mechanica*』이라는 자신의 책에서, 별의 위치를 나타내는 성도가 제대로 보강되지 않아서 그렇지, "실은 점성술이 생각보다는 더 믿을 만한 것"이라 주장했다. "나는 나이 23세 때부터 천문 연구에 힘써 온 만큼 연금술에도 몰두해 왔다."라고 튀코 브라헤는 썼다. 그러나 그는 이 두 가지 사이비 과학은 그가 재정 지원을 요청하게 되는 왕이나 왕자들의 손에서는 절대 안전하지만 일반 대중의 손에 내맡겨 두기에는 너무나 위험한 비밀이라고 생각했다. 튀코 브라헤는 오로지 자신들만이, 그리고 현세의 권력자와 교회의 권위자 들만이 신비한 지식을 안전하게 맡을 수 있다고 믿었다. 브라헤 역시 일부 과학자들의 매우 오래되고 위험한 발상을 그대로 고수한 셈이다. "그와 같은 것들을 일반인에게 알려 봤자 아무 소용이 없으며, 이치에 닿지도 않는다."라고 브라헤는 써놓았다. 이와는 대조적으로 케플러는 학교에서 천문학을 강의했고 때로는 자신의 돈을 들여가면서 자신의 생각을 책으로 출판하여 과학을 일반 대중에게 널리 알렸으며, 공상 과학 소설까지 썼다. 공상 과학 소설은 당연히 동료 과학자를 주요 독자로 겨냥해서 쓴 글이 아니었다. 케플러가 오늘날 대중 과학서 작가들만큼 과학 대중화에 큰 성공을 거둔 것 같지는 않다. 그러나 튀코 브라헤에서 케플러에 이르는 한 세대 사이에 과학자들의 대중에 대한 태도가 변화했다는 사실이 우리에게 시사하는 바는 적지 않다고 하겠다.

10. 달 표면에서 볼 수 있는 구덩이 모양의 지형들은 화산 폭발 때문에 생긴 것이 아니라 운석이 충돌하면서 파 놓은 구조물이다. — 옮긴이

달에서는 낮과 밤이 매우 길기 때문에 "달에는 추위와 더위가 양극으로 치달으며 일교차가 매우 크다. 따라서 달의 기후 조건은 대단히 난폭하다."라고 케플러는 달의 실제 상황을 정확하게 설명했다. 그렇지만 케플러의 달나라 상상이 모두 옳은 것은 아니었다. 예를 들어 케플러는 달에 대기권이 있다고 믿었고 바다와 생물도 존재한다고 생각했다. 케플러는 달의 운석공을 가리키며 이 때문에 달 표면이 "마마를 앓은 곰보 아이의 얼굴처럼 심하게 얽었다."라고 했는데, 그 분화구의 기원에 대한 케플러의 관점이 꽤 흥미롭다. 그가 주장하는 대로 분화구는 솟구쳐 나온 지형이라기보다 움푹 파인 구덩이의 형태이다. 케플러는 자기 스스로 달을 관측하여, 분화구 둘레를 에워싸는 성벽 비슷한 지형과 분화구 중앙에 비죽이 솟은 산봉우리의 존재도 확인할 수 있었다. 그러나 이렇게 일정한 기하학적 형태의 원에서 볼 수 있는 고도의 질서는 오직 지성을 갖춘 생물의 존재로만 그 기원을 설명할 수 있다고 케플러는 추론했다. 그렇지만 거대한 암석이 하늘에서 떨어지면 지면이 국부적으로 폭발하면서 사방팔방으로 물질이 튕겨 나가며 거의 완벽한 대칭 구조의 원형 구덩이가 파인다. 달과 여러 고체 행성들에서 볼 수 있는 대다수의 분화구도 실제로는 이렇게 만들어진 것이다. 이러한 사실을 알지 못했던 케플러는 그 대신 "이성적 능력으로 이렇게 움푹한 지형을 달 표면에 건설할 수 있는 종족의 존재"를 추론했던 것이다. 한발 더 나아가 그는, "이 종족은 개체 수가 대단히 많아 이 구덩이를 파는 무리, 저 구덩이를 건설하는 무리가 따로 있을 것이다."라고 자신의 생각을 피력했다. 그토록 거대한 건설 작업이 불가능하다는 견해를 반박하기 위해 케플러는 이집트의 피라미드와 중국의 만리

장성을 구체적인 반증 사례로 들었다. 피라미드와 만리장성이 실은 오늘날 지구를 선회하는 인공 위성에서 식별할 수 있는 지구의 유일한 거대 지형지물이기는 하다. 기하학적 질서의 배후에서 지적 생물의 존재를 가늠할 수 있다는 생각은 평생 동안 케플러의 정신세계를 지배한 중심 사상이었다. 달의 분화구에 대한 케플러의 주장은, 훗날 화성의 운하 논쟁으로 이어진다.(5장 참조) 외계에서 생명을 탐색하려는 시도가 망원경의 발명과 함께 시작되었다는 것, 그리고 당대 최고의 이론가에서 비롯됐다는 점도 현대를 사는 우리가 꼭 한번 짚고 넘어갈 문제이다.

그의 작품『꿈』은 부분적으로 자전적인 내용을 담고 있다. 예를 들어 주인공은 튀코 브라헤를 찾아간다. 또 그에게는 약 장사를 하는 부모가 있다. 주인공의 어머니는 혼령과 악마 들과 어울려 지내는데, 결국에는 그 악령 중의 하나가 주인공에게 달나라로 여행할 수단을 제공한다. 케플러는 "비록 오감五感으로 인지認知 가능한 세계에 전혀 존재할 수 없는 것이라도, 우리에게는 그런 것을 상상할 수 있는 자유"가 반드시 주어져야 한다고 주장했다.『꿈』을 읽는 현대인이라면 누구나 케플러의 주장에 동의할 수 있을 것이며 그를 충분히 이해할 수 있을 것이다. 그렇지만 케플러와 동시대를 살았던 사람들은 그의 주장을 받아들이기 어려웠다. 또 30년 전쟁 당시 공상 과학 소설이라는 장르는 매우 생소한 것이었다. 그러므로 케플러의 책은 그의 어머니가 마녀라는 증거물로 채택됐던 것이다.

케플러는 자신도 여러 가지 개인적 문제로 심각한 상황에 처해 있었지만 서둘러 뷔르템베르크로 달려갔다. 갈릴레오가 가톨릭 감옥에 갇혔을 때와 마찬가지로, 일흔넷의 그의 노모도 사슬에 묶여 개신교의 감옥에 갇힌 채 고문의 위협을 받고 있었다. 마녀 누명을 쓰게 된 여러 가지 이유 중 하나는 그의 모친이 주문을 외워 뷔르템베르크 주민들을 크고 작은 병에 걸리게 했다는 것이었다. 과학자라면 누구나 그랬겠지만 케플러도 주민들이 걸린 질병 등의 현상을 설명할 수 있는 자연적 원인을 찾으려고 동분서주했다. 그의 조사와 연구는 성공적이었다. 케플러의 전 생애가 그러했듯이 이 경우에도 우리는 미신과 싸워 이긴 한 위대한 이성의 승리를 목격하게 된다. 케플러의 모친은 추방당했고 만일 뷔르템베르크로 돌아올 경우 사형에 처해질 것이라는 '관대한' 판결을 받았다. 그리고 케플러의 열성적인 변호의 덕분이었던지 뷔르템베르크 공작은 미미한 증거를 가지고 마녀 재판을 여는 일을 금지시켰다.

전쟁의 북새통에서 케플러는 재정 지원처를 거의 모두 상실했다. 그의 말년은 돈을 빌고 후원자를 구하러 다니는 동동걸음으로 채워졌다. 전에 루돌프 2세에게 했던 것처럼, 그는 바렌슈타인 대공을 위해 별점을 쳐 주었고, 바렌슈타인 대공이 지배하는 슐레지엔Schlesien 지방의 한 마을인 사간Sagan에서 생의 마지막 나날을 보냈다. 케플러가 스스로 지은 비문을 읽어 보자. "어제는 하늘을 재더니, 오늘 나는 어둠을 재고 있다. 나는 뜻을 하늘로 뻗쳤지만, 육신은 땅에 남는구나." 그러나 30년 전쟁으로 그의 묘마저 사라졌다. 오늘날 케플러의 묘비가 다시 세워진다면 그의 과학적 용기를 기리는 뜻에서 이런 문장을 새겨 넣으면 어떨까. "그는 마음에 드는 환상보다 냉혹한 현실의 진리를 선택한 사람이었다."

요하네스 케플러는 미래의 하늘에는 "천상의 바람을 잘 탈 수 있는 돛단배들이" 날아다니고 우주 공간은 "우주의 광막함을 두려워하지 않는" 탐험가들로 그득할 것이라 했다. 우주 탐사선이 광대한 우주를 가로질러 외계로 달려갈 때, 사람이고 기계고 가릴 것 없이 그들에게는 확고부동한 이정표가 하나 있다. 그것은 케플러가 밝혀낸 행성 운동에 관한 세 가지 법칙이다. 그의 평생에 걸친 수고로 그는 발견의 환희를 맛보았고 우리는 우주의 이정표를 얻었다.

요하네스 케플러가 자신의 일생을 바쳐 추구한 목표는, 행성의 움직임을 이해하고 천상 세계의 조화를 밝히는 것이었다. 이러한 목표는 그가 죽고 36년이 지난 후에 결국 결실을 맺게 된다. 그것은 아이작 뉴턴Isaac Newton의 연구를 통해서였다. 뉴턴은 체중 미달의 미숙아로 1642년 크리스마스에 태어났다. 훗날 그의 모친이 뉴턴에게 들려준 이야기에 따르면 출생 당시의 뉴턴은 쿼트(약 1리터)들이 컵에 넣어도 될 정도로 작았다고 한다. 일생 동안 병약했고 스스로를 부모로부터 버림받은 자식이라 생각했고 걸핏하면 남과 다투었으며 성격이 비사교적인 데다가 죽는 날까지 독신으로 살았던 아이작 뉴턴이지만, 그는 아마도 인류 역사상 제일가는 과학의 천재였을 것이다.

뉴턴은 이미 젊은 시절부터 비현실적인 문제를 고민하지 않고는 못 참아 했다. 예를 들어, 빛이 "물질인가, 아니면 현상인가?", 또는 "인력이 어떻게 진공을 가로질러 작용할 수 있는가?" 같은 문제를 가지고 고민했다. 진작부터 뉴턴은 삼위일체三位一體라는 기독교의 통상적 가르침이 성경의 오독誤讀에서 비롯된 것이라고 단정했다. 그의 전기 작가 존 메이너드 케인스John Maynard Keynes는 이렇게 썼다.

뉴턴은 마이모니데스Maimonides 학파의 유대교적 유일신론자唯一神論者라고 할 수 있다. 그가 이와 같은 신념에 도달한 것은, 이른바 합리주의적 또는 회의주의적 사고를 거쳐서가 아니라, 전부 권위 있다는 고대 문헌들의 해석을 통해서였다. 뉴턴이 살펴본 바에 따르면 밝혀진 사료 중에서 삼위일체설을 뒷받침하는 것이 단 하나도 없었다. 그래서 그는 삼위일체설을 후세 사람들이 거짓으로 덧붙여 만든 것이라고 생각하게 되었다. 그에게는 계시로 밝혀진 신이 세 가지 위격으로 존재하는 삼위일체의 신이 아니라 온전히 하나이신 유일신이었다. 그러나 이것은 감히 입 밖에 내지 못할 생각이었기에, 뉴턴은 평생토록 이 비밀을 지키느라 무진 애를 써야 했다.

케플러와 마찬가지로 뉴턴도 그 시대를 풍미하던 미신을 완전히 멀리 하지 못했고 신비주의와도 자주 접촉했다. 사실상, 뉴턴이 지적으로 성장하게 된 것도 상당 부분 이 같은 이성주의와 신비주의의 대립과 긴장 덕분이라 할 수 있다. 1663년 스투어브리지Stourbridge에서 박람회가 열렸다. 당시 스무 살이던 뉴턴은 그곳에서 "안에 무엇이 씌어 있는지 궁금해서" 점성술 책을 한 권 구입했다고 한다. 그는 그 책을 읽다가 도면을 하나 이해하지 못해 계속 읽어 나갈 수가 없었다. 이것은 그가 삼각법을 몰랐기 때문이다. 그래서 삼각법에 관한 책을 사서 읽기 시작했지만, 이번에는 그 책의 기하학적 논의를 따라갈 수가 없었다. 그래서 유클리드의 『기하학 원론*Elements of Geometry*』을 구해다가 읽기 시작했다. 그리고 2년 뒤에 뉴턴은 미적분학을 발명하기에 이른다.

학생 시절 뉴턴은 빛에 큰 관심이 있었다. 그는 미친 듯이 태양에 빠져들었다. 뉴턴은 거울에 비친 태양의 상을 들여다보는 위험천만한 짓을 하기도 했다.

아이작 뉴턴의 초상화. 장레옹 위앙의 작품이다.

> 그렇게 하기를 몇 시간, 곧 내 두 눈은 아무리 밝은 물체를 본다 해도 태양 말고는 아무것도 보지 못하는 지경에 이르렀다. 그래서 쓰거나 읽기는 엄두도 내지 못하고 시력을 회복하기 위해 내리 사흘 동안 어두운 방에 문을 닫아걸고 들어가 지내면서 온갖 수단과 방법을 다 동원해서 태양을 상상하는 일만은 그만두느라고 무척 고생을 했다. 왜냐면 어둠 속에서도 태양 생각만 하면, 즉시 태양의 형상이 내 눈앞에 나타났기 때문이다.

1666년 스물세 살의 뉴턴이 케임브리지 대학교의 학생이 됐을 때 흑사병이 돌았다. 그래서 뉴턴은 자신이 태어난 외딴 고향 마을 울즈소프Woolsthorpe에 내려가서 어떤 의무에도 얽매이지 않고 1년의 세월을 편히 보낼 수 있었다. 뉴턴은 그 1년 동안에 미분과 적분을 발명했고 빛의 기본 성질을 알아냈으며 만유인력 법칙의 기반을 구축할 수 있었다. 물리학의 역사에서 이와 비슷했던 해를 하나 더 찾는다면 그것은 아인슈타인이 "기적의 해Miracle Year"라 불렀던 1905년뿐이다. 누군가 뉴턴에게 어떻게 그리 놀라운 발견들을 많이 할 수 있었느냐고 묻자, "그것들을 그냥 생각하면서 해냈습니다."라고 아무 참고도 되지 않을 답을 했다고 한다. 그의 업적이 얼마나 뛰어났는가 하면, 젊은 뉴턴이 대학으로 되돌아온 지 5년이 지나자 그의 스승이었던 아이작 배로Isaac Barrow 교수가 수학 교수 자리에서 물러나 그 자리를 뉴턴에게 넘겨줄 정도였다.

다음은 뉴턴의 하인이 40대 중반의 뉴턴을 묘사한 글이다.

> 저는 그분이 오락이나 기분 전환을 목적으로 바람을 쏘이러 말을 타고 나간다던가, 산보를 한다던가, 아니면 볼링을 친다거나, 또는 이러저러한 운동 하나 하시는 걸 본 적이 없습니다. 그분은 연구에 쓰지 않은 시간은 모두 내다 버린 시간이라고 생각하셨기에 그렇게 사셨습니다. 그분이 연구에 얼마나 열심이셨는지 방을 비우는 적이 거의 없었고, 있다면 오로지 학기 중 강의할 때뿐이었습니다. 그분의 강의를 수강하는 학생들은 얼마 없었고, 강의를 들어도 제대로 알아듣는 사람은 더더욱 없었습니다. 이해하는 학생이 없으니 그분의 강의는 벽에다 대고 하는 것이었습니다.

케플러의 학생들과 마찬가지로 뉴턴의 학생들은 자기들이 무엇을 놓치고 있는지 결코 알지 못했을 것이다.

뉴턴은 관성의 법칙을 발견했다. 움직이는 물체가 어떤 다른 것의 영향을 받아 가던 길을 벗어나지 않는 한 계속 그 방향을 따라 직선으로 움직이려고 하는 성질을 관성이라 한다. 뉴턴이 보기에, 만약 어떤 힘이 달을 지구 쪽으로 잡아당겨 지속적으로 운동 방향을 바꾸지 않는 한 달도 직선으로, 그러니까 달이 도는 궤도의 접선 방향으로 날아가 버릴 듯싶었다. 그러나 어떤 힘이 달을 계속해서 지구 쪽으로 끌어당기기 때문에 달은 거의 원에 가까운 궤도를 따라 운동을 한다. 뉴턴은 이 힘을 중력重力, gravity이라고 불렀고, 거리를 두고도 작용하는 힘, 즉 원격 작용이 가능한 힘이라 생각했다. 지구와 달은 직접 물리적으로 연결되어 있지 않다. 그러나 지구는 달을 항상 우리 쪽으로 잡아당긴다. 뉴턴은 케플러의 세 번째 법칙을 이용해 인력의 세기를 수학적으로 추정했다.[11] 지구가 사과를 잡아당겨 떨어뜨리는 바로 그 힘이 달이 원 궤도를 따라 운동하도록 지구가 달을 잡아당기는 힘이었다. 뿐만 아니라 뉴턴은 그 당시 발견된 목성의 달들이 목성의 주위를 궤도 운동하도록 만드는 힘도 바로 목성의 중력임을 밝혔다.

물체가 떨어지는 일은 태초부터 있었다. 달이 지구 둘레를 돈다는 사실은 까마득한 옛적부터 알려져 있었다. 그렇지만 이 두 가지 현상이 같은 힘에 따라 일어난다는 엄청난 사실을 최초로 알아낸 사람이 뉴턴이었다. 뉴턴의 중력 법칙을 '만유인력萬有引力의 법칙'이라고 하는 까닭이 바로 여기에 있다. 뉴턴의 중력 법칙은 우주 어디에서나 성립하는 범우주적 성격의 보편 법칙이기 때문이다.

만유인력은 거리 역제곱의 법칙이다. 인력의 세기는 두 물체 간 거리

11. 유감스럽게도 뉴턴은 그의 걸작, 『프린키피아』에 자신이 케플러에게 진 빚을 언급하지 않았다. 케플러는 뉴턴의 감사를 백 번 받아 마땅함에도 불구하고 말이다. 그렇지만 뉴턴이 만유인력 법칙을 발견하는 데 케플러의 공헌이 지대했음을 아무도 부인할 수 없다. 1686년 에드먼드 핼리에게 보낸 한 편지에서 뉴턴은 자신이 발견한 중력 법칙에 대해서 이렇게 적고 있다. "나는 약 20년 전쯤에 행성 운동에 관한 케플러의 법칙에서부터 이 관계를 추론해 낼 수 있었다네."

의 제곱에 반비례한다. 두 물체 사이의 거리를 2배로 늘리면 둘 사이에 작용하는 인력의 세기는 4분의 1로 약해진다. 만약 거리를 10배로 늘리면 인력은 10의 제곱 $10^2=100$, 즉 100분의 1로 약해진다. 확실히 인력은 거리와 반비례 관계여야 한다. 즉 거리가 멀어지면 힘은 줄어야 마땅하다. 만약 인력이 거리와 정비례 관계라면, 즉 거리가 커지면서 힘도 커진다면 가장 멀리 있는 물체가 가장 큰 힘을 받을 것이다. 그럴 경우, 우주의 모든 물체들이 곧장 한곳으로 날아가 붙어, 단 하나의 덩어리로 뭉칠 것이다. 따라서 인력의 세기가 거리의 증가와 함께 감소해야 혜성이나 행성이 태양에서 멀리 있을 때에는 천천히 움직이고 가까이 있을 때에는 더 빨리 움직일 수 있을 것이다. 즉 태양에서 멀리 떨어질수록 이것들이 태양으로부터 받는 인력의 세기는 점점 더 약해지는 것이다.

행성 운동에 관한 케플러의 세 가지 법칙은 모두 뉴턴의 중력 법칙에서 유도해 낼 수 있다. 케플러의 법칙은 경험 법칙으로서 튀코 브라헤가 공들여 모은 관측 결과에 그 바탕을 두고 있다. 한편 뉴턴의 중력 법칙은 이론 법칙으로 비교적 간단한 수학적 공식으로 기술된다. 궁극적으로 튀코 브라헤의 모든 관측 결과를 우리는 뉴턴의 중력 법칙 하나에서 추론해 낼 수 있다. 뉴턴은 『프린키피아*Principia*』에서 만유인력의 법칙을 설명하기에 앞서, "나는 이제 세계의 기본 얼개를 선보이겠다."라고 자랑스럽게 선언한다.

만년에 뉴턴은 과학자들의 단체인 영국 왕립학회의 회장을 역임했고 조폐원장 자리에도 취임하여 위조 화폐의 유통을 통제하는 데 온 정성을 쏟기도 했다. 본래 감정의 기복이 심했던 뉴턴은 나이를 먹어 가며 그 증상이 심해졌고 또 사람 대하기를 점점 더 꺼려 했다. 다른 과학자들과 걸핏하면 논쟁을 벌였다. 논쟁의 원인은 주로 누가 먼저 발견했는가에 있었다. 앞으로는 남과 다투는 과학 연구는 그만두겠다고 마음먹기도 했다. 그리고 뉴턴이 '신경 쇠약증'에 걸렸다는 소문을 퍼뜨리고 다니는 사람들도 있었다. 여하튼 그런 와중에서도 뉴턴은 연금술과 화학의 중간 정도에 해당하는 실험을 평생 계속했다. 최근 밝혀진 바에 따르면 뉴턴의 증세가 정신병은 아니었다고 한다. 일종의 중금속 중독으로 작은 양의 비소와 수은을 장기간에 걸쳐 섭취했을 때 나타나는 증세로 의심할 수 있는 정황이 뉴턴의 행동 양식에서 포착됐다고 한다. 그 당시의 화학자들은 물질의 성분을 분석할 때 조금씩 맛을 보는 게 통례였기 때문이다.

어쨌거나 뉴턴의 천재적 지력知力은 늙어도 지칠 줄 몰랐다. 1696년 스위스의 수학자 장 베르누이Johan Bernoulli가 동료 수학자들에게 그 당시까지 미해결로 남아 있던 최속 강하선最速降下線의 문제를 도전 형식으로 제시했다. 이 문제는 연직면 위의 두 점이 서로 떨어져 있을 때, 한 물체가 윗점에서 아랫점까지 오직 인력의 영향으로 떨어져 내려간다면 어떤 형태의 곡선 경로를 따라야 가장 짧은 시간에 강하할 수 있는가를 묻는 문제였다. 베르누이는 본래 마감일을 6개월 후로 잡았다. 하지만 라이프니츠Leibniz의 요청에 따라 1년 반으로 연장했다. 라이프니츠는 당시의 선구적인 학자로서, 뉴턴과는 독자적으로 미분법과 적분법을 발명한 수학자이다. 도전장이 뉴턴에게 전달된 시각은 1697년 1월 29일 오후 4시. 그때부터 그 다음 날 아침 출근 전까지, 뉴턴은 변분법이라는 전혀 새로운 분야의 수학을 발명했고 이것을 이용해서 최속 강하선의 문제를 해결한 뒤, 정리한 답을 돌려보냈다. 뉴턴의 풀이는 그의 요구대로 익명으로 발표됐다. 그러나 해결책의 뛰어남과 독창성으로 말미암아 저자의 이름이 저절로 밝혀졌다. 베르누이는 해답을 보자 "발톱 자국을 보아 하니 사자가 한 일이다."라고 평했다고 한다. 뉴턴은 그때의 나이가 55세였다.

뉴턴이 말년에 주로 한 연구는 고대 문명의 연표를 보정하고 수정하는 일이었는데, 이것은 고대 역사학자였던 마네토Manetho, 스트라본, 에라토스테네스 등의 전통을 이어받은 것이었다. 뉴턴의 마지막 저서인 『개정 고대 왕국 연표 *The Chronology of Ancient Kingdoms Amended*』는 유작으로 발표됐는데, 그 책에는 역사적 사건들의 시기를 천문학적으로 보정한 예들이 여럿 나오고, 솔로몬 신전의 건축학적 복원이며, 북반구의 별자리 이름들이 전부 그리스의 「이아손과 아르고 원정대Jason and the Argonauts」에 등장하는 사람이나 물건이나 사건을 기린 것이라는 도발적인 주장 그리고 뉴턴 자신의 신을 제외한 여러 문명이 받들던 다양한 신들은 모두 고대의 왕이나 영웅을 후세 사람들이 신격화한 것에 불과하다는 논리가 시종일관 등장한다.

케플러와 뉴턴은 인류 역사의 중대한 전환을 대표하는 인물이다. 이 두 사람은 비교적 단순한 수학 법칙이 자연 전체에 두루 영향을 미치고, 지상에서 적용되는 법칙이 천상에서도 똑같이 적용되며, 인간의 사고방식과 세계가 돌아가는 방식이 서로 공명共鳴함을 밝혔다. 그들은 관측 자료의 정확성을 인정하고 두려움 없이 받아들였다. 그리고 그들은 행성들의 움직임을 정확하게 예측함으로써 인간이 코스모스를 대단히 깊은 수준까지 이해할 수 있다는 확고한 증거를 제시했다. 오늘날 세계화된 우리의 문명, 우리의 세계관 그리고 현대의 우주 탐험은 전적으로 그들의 예지에 힘입은 것이다.

뉴턴은 자신이 발견한 것을 남에게 빼앗길까 늘 전전긍긍했고 동료 과학자들과 무서울 정도로 경쟁적이었다고 한다. 역제곱의 법칙을 발견하고도 10년, 20년이 다 지나서야 발표하는 일은 뉴턴에게 아주 당연한 것이었다. 그러나 자연의 장대함과 복잡 미묘함 앞에서 뉴턴은 프톨레마이오스와 케플러와 마찬가지로 명랑하면서 또 정감 어린 겸손을 보일 줄도 알았다. 죽기 바로 전 뉴턴은 이렇게 썼다. "세상이 나를 어떤 눈으로 볼지 모른다. 그러나 내 눈에 비친 나는 어린아이와 같다. 나는 바닷가 모래밭에서 더 매끈하게 닦인 조약돌이나 더 예쁜 조개껍데기를 찾아 주우며 놀지만 거대한 진리의 바다는 온전한 미지로 내 앞에 그대로 펼쳐져 있다."

웨스트 혜성. 마르틴 그로스만Martin Grossman이 독일 그로마우Gromau에서 1976년 2월에 찍은 사진이다. 이날 긴 혜성 꼬리가 하늘을 휘황하게 장식했다. 혜성의 꼬리는 태양에 뿜어져 나오는 양성자와 전자가 얼음 등으로 구성된 혜성의 핵에서 미세 고체 입자와 기체를 밀어내기 때문에 생긴다. 이 사진에서 혜성의 핵은 이미 지평선을 넘어갔지만 꼬리는 여전히 하늘에 있다.

4 천국과 지옥

나는 아홉 개의 세계를 기억한다.

— 스노리 스털러슨이 쓴 아이슬란드 고대 신화집 에다, 1200년경

나는 죽음, 세상을 깨뜨리는 자가 되었노라.

— 『바가바드기타』

천국과 지옥으로 가는 갈림길에는 똑같이 생긴 두 개의 문이 나란히 서 있다.

— 니코스 카잔차키스, 『그리스도 최후의 유혹』

지구는 사랑스러울 정도로 아름다울 뿐 아니라, 특별한 사건이 없는 한 우리에게 마음의 고요를 허락하는 곳이기도 하다. 변화가 있되 아주 천천히 일어난다. 한 개인이 평생 동안 겪게 되는 자연 재해災害도 대단한 것이라고 해야 태풍 정도가 고작이니, 우리는 지구에서 크게 걱정하지 않고 살아갈 수 있는 것이다. 그러나 긴 자연의 역사를 살펴보면 자연 재해에 관한 흔적들이 여기저기에 남아 있다. 세상이 온통 풍비박산난 적이 한두 번이 아니다. 어디 그뿐인가. 의도적일 수도 있고 아닐 수도 있지만, 최근에는 자기 파멸적인 재앙을 불러올지도 모르는 기술적 '발전'이 파괴의 요인으로 작용하고 있다. 과거의 기록이 잘 보존되어 있는 다른 행성들의 지형을 살펴봐도 그곳에서 대규모의 자연 재해들이 많이 일어났음을 알 수 있다. 결국 얼마나 긴 시간 척도로 변화를 보느냐에 따라 '평온과 고요의 지구'가 '격동과 소란의 행성'이 될 수도 있다. 인생 100년에서는 상상조차 할 수 없는 사건이라도 100만 년이라는 긴 세월에는 필연적으로 발생할 수 있기 때문이다. 지구상에서도, 그리고 심지어 20세기에도 아주 기이한 자연 현상이 몇 건 일어났다.

그중의 하나가 1908년 6월 30일 이른 아침 중앙시베리아의 한 오지에서 일어난 사건이다. 그날 거대한 불덩어리 하나가 하늘을 가로지르는 것이 목격됐다. 그것이 지평선에 닿는 순간, 엄청난 폭발음과 함께 약 2,000제곱킬로미터의 숲이 모두 납작하게 밀렸고, 낙하 지점 가까이에 있던 수천 그루의 나무가 순식간에 재로 변했다. 그때 대기에서 발생한 충격파가 지구를 두 바퀴나 돌았다고 한다. 그때부터 이틀 동안은 미세한 고체 티끌 입자들이 대기 중에 하도 많이 떠돌아 다녀서 폭발 지점에서 무려 1만 킬로미터나 떨어진 런던에서도 한밤중에 신문을 읽을 수 있을 정도로 온 하늘이 산란광으로 가득했다고 한다.

당시의 제정 러시아 정부는 그런 사소한 일을 한가하게 조사할 여력이 없었다. 멀고 먼 시베리아의 오지, 미개한 퉁구스 족Tungus이 사는 곳에서 일어난 사건이었으니 더더욱 그랬다. 현지의 상황을 조사하고 현장의 증언을 청취하기 위해서 파견된 정부 조사단이 도착한 것은 러시아 혁명이 일어나고 10년이 지난 후였다. 그들이 조사 현장에서 가져온 증언의 일부를 들어 보자.

> 이른 아침 아직 잠에서 깨어나기 전이었다. 천막 안에서 자고 있던 사람들이 천막과 함께 갑자기 공중으로 떠올랐다. 땅바닥에 떨어져서 주위를 둘러보니, 가족 모두가 경미한 타박상을 입고 있었다. 그렇지만 아크리나와 이반은 정신을 잃은 채 혼수상태에 빠져 있었다. 이들이 정신을 차릴 즈음 갑자기 요란한 소리가 들렸다. 주위의 나무들이 온통 불에 타고 있었으며, 숲의 태반이 파괴돼 있었다.

> 나는 그때 바노바라의 무역 사무소 앞에 집을 갖고 있었다. 아침 식사 시간이었다. 집 앞 베란다에 앉아서 북쪽을 바라보고 있다가 나무로 만든 통에 테두리를 두르려고 막 도끼를 집어 들었을 때, …… 갑자기 하늘이 둘로 쪼개지고, 숲 위로 높이 타오르는 불빛이 북쪽 하늘로 넓게 번지고 있었다. 동시에 나는 내 웃옷에 불이 붙은 듯한 열기를 느꼈다. …… 상의를 벗어 던져야겠다고 생각하는 순간, 꽝 하는 굉음과 함께 하늘에서 아주 큰 무엇이 떨어지는 듯한 소리가 들려왔다. 나는 베

란다에서 약 6미터 정도 떨어진 땅 위로 튕겨 나가 잠시 정신을 잃고 쓰러졌다. 아내가 뛰어와서 나를 오두막으로 데리고 갔다. 그러자 돌이 쏟아지는 듯한, 아니면 총을 쏘는 듯한 소리가 하늘에서 들려왔다. 땅이 흔들렸다. 나는 머리를 감싸고 땅에 엎드렸다. 머리가 돌에 맞을까 두려웠기 때문이다. 하늘이 쪼개질 때, 대포에서 나올 법한 뜨거운 바람이 북쪽에서 불어와 오두막을 쓸고 지나갔다. 땅바닥에는 바람이 휩쓸고 지나간 흔적을 볼 수 있었다.

아침을 먹으려고 쟁기 옆에 앉아 있었는데, 갑자기 대포 소리가 쿵 하고 들렸다. 내 말이 그 소리에 놀라서 땅에 펄썩 주저앉았다. 북쪽 숲 위로는 불길이 치솟았다. 그리고 주위를 둘러보니 가문비나무 숲이 다 쓰러지고 있었다. 나는 폭풍이 온다고 생각했고 쟁기가 바람에 날아가지 않도록 두 손으로 쟁기를 움켜쥐었다. 바람이 아주 강해서 땅 위의 흙을 휘몰아 갔으며, 폭풍은 앙가라의 강물을 거꾸로 흐르게 만들었다. 내 땅이 언덕배기에 있었기 때문에 나는 이 모든 광경을 똑똑히 볼 수 있었다.

요란한 소리에 말들이 어찌나 놀라던지, 어떤 놈은 쟁기를 질질 끌면서 이리저리 도망다녔고, 어떤 녀석은 그 자리에 그냥 주저앉았다.

첫 번째와 두 번째 굉음이 들렸을 때 넋이 나간 채 가슴에 성호聖號를 긋는 목수들이 보였고, 세 번째 충격음이 터지자 목수들이 건물에서 나무토막이 쌓인 곳으로 떨어졌다. 너무 큰 충격으로 공포에 질린 사람들이 있어서 안심시켜 주느라고 나는 그들을 달래야 했다. 우리는 결국 일거리를 내버려 둔 채 마을로 돌아왔다. 두려움에 떨던 마을 사람들이 모두 거리에 나와 서성거리고 있었다. 도대체 무슨 일이 어떻게 일어난 것인지 파악하느라고 모두들 자기가 겪은 상황을 떠들썩하게 이야기하고 있었다.

나는 그때 밭에 있었다. 말 한 마리는 쟁기에 이미 붙들어 맸고, 나머지 한 마리마저 막 매려던 참이었는데, 오른쪽에서 총소리가 한 방 크게 들렸다. 내가 즉시 돌아서 보니, 하늘에 길쭉한 물체가 불길에 싸여 날아가는 것이 보였다. 앞쪽의 머리 부분이 꼬리 부분보다 훨씬 넓었고 색깔은 대낮에 보는 불과 같았다. 크기는 태양보다 여러 배 컸지만 밝기는 태양보다 덜 밝아서 맨눈으로 쳐다볼 수 있었다. 불길 뒤로 먼지처럼 보이는 것이 따랐다. 가장자리를 빙 둘러가며 먼지 구름이 작게 피었고 지나간 자리에 푸르스름한 연기가 감돌았다. …… 불길이 사라지자마자 꽝꽝 하는 소리가 총소리보다 더 크게 들렸고 땅이 흔들렸으며 판잣집의 유리창이 산산조각 났다.

나는 그때 칸 강변에서 양모를 빨고 있었다. 어디에선가 갑자기 놀란 새의 파닥거리는 날갯짓 소리가 들려왔다. 그러고는 강물이 급작스럽게 불어 수위가 높아졌다. 그 뒤에 날카롭고 큰 소리가 한 번 들렸는데, 그 소리가 어찌나 컸던지 일하던 사람 중 하나가 놀라서 물에 빠졌다.

이 놀라운 현상을 우리는 퉁구스카 사건Tunguska Event이라고 부른다.

어떤 학자들은 이 사건의 원인을 물질과 반물질의 소멸 현상에서 찾으려고 했다. 날아가던 반물질 조각이 어쩌다 물질인 지구와 충돌해 엄청난 양의 감마선 복사를 방출하고 흔적도 없이 사라졌다는 것이다. 그러나 충돌 지점에서 방사능이 검출되지 않았으므로 그 제안은 받아들여질 수 없었다. 또 다른 이들은 블랙홀에서 그 원인을 찾으려 했다. 소형 블랙홀 하나가 시베리아 지역으로 들어갔다가 지구를 관통해서 반대편으로 빠져나갔다는 것이다. 그러나 대기의 충격파 기록을 조사해 보면 그날 이후로 북대서양 쪽으로 물체가 튀어나갔다는 흔적은 찾을 수 없었다. 혹은 상상을 초월할 정도로 우리보다 앞선 외계 문명권에서 출발한 우주선이 우주 비행을 하다가, 비행체에 심각한 문제가 발생하여 외딴 행성 지구에 추락하게 됐다고 설명하는 사람들도 있었다. 그러나 사고 지점에는 그와 같은 우주선의 흔적이 전혀 없었다. 아무튼 이렇게 다양한 설명들이 제시됐다. 일부는 진지한 제안이었지만 그중에는 반은 장난삼아 던진 설명도 있었다. 어쨌든 확연한 증거로 뒷받침된 제안은 하나도 없었다. 다만 퉁구스카 사건에서 우리가 확인할 수 있었던 사실은 다음의 몇 가지뿐이다. 어마어마한 규모의 폭발이 있었고, 그 폭발이 지구 대기에 거대한 충격파를 발생시켰으며, 그 결과 광대한 산림 지대가 초토로 변했다. 그렇지만 사건 현장에는 충돌 때문에 생긴 구덩이가 파이지 않았다. 이 모든 사실을 포괄해서 설명할 수 있는 단 한 가지 가설은, '1908년에 혜성의 조각이 지구와 충돌했다.'라는 것이다.

행성과 행성 사이의 공간에도 많은 천체들이 떠돌아다닌다. 일부는 암석질의 작은 덩어리이고 또 어떤 것들은 철을 많이 함유하는 금속성 물질의 소형 천체이다. 이 외에도 얼음 성분의 덩어리들이 있는가 하면 유기물을 많이 함유한 것들도 있다. 이들은 티끌만 한 알갱이에서 시작하여 니카라과 또는 부탄의 영토만 한 것에 이르기까지 그 크기가 다양하다. 모양은 행성과 달리 지극히 불규칙적이다. 이 소형 천체들은 이따금씩 행성과 충돌하기도 한다. 퉁구스카 대폭발 사건의 원인이 된 물체도 아마 혜성이었을 것이다. 퉁구스카 사건은 지름 100미터, 무게 수백만 톤, 초속 30킬로미터의 속력으로 달리던 얼음 덩어리, 즉 혜성 조각이 지구와 충돌한 결과라고 생각된다. 지름이 100미터라면 미식축구 경기장 하나를 연상하면 되고, 초속 30킬로미터는 시속으로 거의 11만 킬로미터에 해당하는 엄청난 속력이다.

만일 이와 같은 규모의 충돌이 오늘 다시 발생한다면 정신적 공황 상태에 빠진 사람들은 그것을 핵폭발로 오인할 소지가 다분하다. 혜성 충돌의 결과가 메가톤 급의 핵폭탄이 폭발할 때 볼 수 있는 상황과 아주 흡사하기 때문이다. 치솟는 불덩이의 규모며 버섯구름의 출현은 물론이고 그 모양까지 똑같다. 단 한 가지 차이가 있다면, 그것은 혜성의 경우 감마선의 방출과 방사능 낙진이 없다는 점이다. 큼직한 혜성 조각과 지구가 충돌할 확률이 희박하기는 하지만, 그렇다고 해서 이러한 사건이 전혀 안 일어난다는 보장은 없다. 자연에서 반드시 일어날 수 있는 현상이라는 말이다. 그렇다면 자연 현상이 핵전쟁을 유발할 수도 있지 않을까? 괴이한 시나리오이기는 하지만 한 번 들어 보도록 하자. 과거 45억 년의 역사를 통해서 수백만 개의 혜성들이 지구와 충돌해 왔듯이, 작은 혜성 하나가 지구와 충돌하는 사건이 오늘 발생한다면, 현대 지구 문명은 그 사건에 즉각적으로 잘못 반응하여 핵전쟁을 일으키고는 자기 파멸로 치달을지도 모른다. 이 시나리오의 개연성은 혜성 충돌로 일어나는 현상이 핵폭발과 유사하다는 사실에 그 뿌리를 두고 있다. 그렇기 때문에 혜성 자체의 구조, 지구와 혜성의 충돌 가능성 그리고 그 충돌이 가져올 자연 재해의 내역과 규모 등을 현재 우리가 알고 있는 수준보다 훨씬 더 깊게 연구해 둘 필요가 있다. 실제로 우려할 만한 사건이 한 번 있었다. 1979년 9월 22일 미국의 벨라Vela 인공 위성이 남대서양과 서인도양 근방을 날다가 강렬한 불빛이 두 번 번쩍거리는 것을 감지했다. 사람들은 이 섬광의 발생 원인으로 우선 핵실험을 꼽았다. 남아프리카공화국이나 이스라엘이 TNT 2,000톤 규모, 즉 히로시마에 떨어뜨린 핵폭탄의 6분의 1 수준의 소형 핵무기를 비밀리에 시험하는 중이라고 판단했던 것이다. 이 사건이 국제 정치에 미칠 심각한 영향을 세계 도처에서 우려하기 시작했다. 그러나 섬광의 원인이 애초부터 핵무기가 아니라 소행성이나 혜성 조각의 충돌로 밝혀졌더라면 그 사건의 성격은 크게 달라졌을 것이다. 공군기가 섬광이 검출된 지역의 상공을 비행하면서 실제로 방사능을 측정해 본 결과, 그 어떤 방사능도 검출되지 않았다. 결국 하나의 해프닝으로 끝나고 말았지만 세계는 이 사건을 통해서 확실한 교훈을 하나 얻었다. 즉 지구와 근접 천체의 충돌을 지속적으로 감시하고 철저하게 연구하지 않는다면, 현대 지구 문명이 엉뚱한 이유 때문에 핵전쟁에 휘말릴 수도 있다는 것이었다.

혜성은 대부분 '얼음'으로 이루어져 있다. 천문학에서 흔히 사용하는 '얼음'이라는 표현은 순수하게 물로 된 얼음만을 가리키는 것이 아니다. 물H_2O, 메탄CH_4, 암모니아NH_3 등의 혼합물이 결빙된 것을 총체적으로 얼음이라고 지칭한다. 이러한 얼음 물질에 미세한 암석 티끌들이 한데 엉겨 붙어서 혜성의 핵을 이룬다. 웬만한 크기의 혜성 조각이 지구 대기와 충돌한다면 혜성은 거대하고 눈부신 불덩이로 변하고 강력한 충격파를 발생시킬 것이다. 그리고 나무란 나무는 모조리 태워 버릴 것이며 숲은 납작하게 쓰러뜨릴 것이다. 또한 이 격변에서 발생하는 굉음을 세계 구석구석에서 들을 수 있을 것이다. 그렇지만 땅에는 변변한 크기의 충돌 구덩이 하나 파이지 않을 수 있다. 혜성을 이루던 얼음이 지구 대기권을 통과하면서 다 녹아 증발하기 때문에 혜성의 조각이라고 볼 수 있는 덩어리는 지표에 도달하지 못한다. 땅에서 발견할 수 있는 것은 고작 혜성의 핵에서 나온 미세 고체 알갱이 몇몇뿐이다. 작은 다이아몬드 조각들이 퉁구스카 대폭발 현장에 무수히 흩어져 있음을 최근에 (구)소련의 과학자 소보토비치E. Sovotovich가 확인했다. 이런 종류의 다이아몬드 알갱이들은 운석에도 존재한다. 지표에까지 떨어진 운석 중에는 그 기원이 혜성인 것도 있다.

맑게 갠 밤, 하늘을 참을성 있게 올려다보고 있노라면 외로운 별똥별流星 하나가 우리 머리 위로 빛을 내며 지나가는 것을 볼 수 있다. 때로는 유성이 비 오듯이 쏟아지는 경우가 있다. 이러한 현상을 우리는 유성우流星雨라고 부른다. 유성우는 하늘이 선사하는 자연의 불꽃놀이인 셈이다. 일반적으로 불꽃놀이는 연중 특별히 정해진 날에만 거행된다. 그런데 유성우도 매년 같은 시기에 며칠 동안 계속해서 나타나므로 '자연의 불꽃놀이'라는 이름도 그럴듯하다. 유성 하나하나는 겨자씨보다 작은 미세한 고체 알갱이다. 흐르는 별이 아니라 나풀나풀 떨어지는 먼지라는 표현이 제격이다. 이렇게 작은 고체 알갱이는 지구 대기에 들어오자마자 대기와의 마찰로 인하여 고온으로 가열돼 빛을 방출하지만, 지상에서 약 100킬로미터 상공에 이르기 전에 완전히 소멸되고 만다. 유성들은 혜성이 남기고 간 부스러기들이다.[1] 태양 근처를 통과하는 일이 반복되면 혜성은 태양의 중력과 열의 영향으로 여러 덩어리로 쪼개지고 증발하여 점차 분해된다. 이렇게 떨어져 나온 부스러기들이 그 혜성의 원래 궤도에 흩어진다. 따라서 혜성과 지구의 궤도가 서로 만나게 되는 지점에 유성의 무리가 있게 마련이다. 이 무리와 지구가 만날 때 유성우 현상이 일어나는 것이다. 지구는 매년 같은 시기에 그 지역을 지나게 되므로 유성우는 해마다 같은 시기에 반복해서 나타나는 것이다. 매년 6월 30일을 전후로 하여 황소자리 베타별 방향에서 유성우를 보게 된다. 바로 이 시기에 지구가 엥케Encke 혜성의 궤도를 지나기 때문이다. 그러므로 1908년 6월 30일 퉁구스카의 대폭발은 엥케 혜성에서 떨어져 나온 혜성 한 조각이 지구와 충돌했기 때문에 생긴 사건으로 추정할 수 있다. 퉁구스카에 떨어진 유성은 반짝반짝 빛을 내며 인간에게 무해한 유성우를 일으키는 자잘한 부스러기가 아니라, 엥케 혜성에서 떨어져 나온 상당히 큰 조각이었을 것이다.

혜성은 인류에게 공포감과 함께 경외심을 불러일으켜 왔으며, 마음을 홀리는 망령된 미신의 빌미를 제공하기도 했다. 하늘에 이따금씩

1. 유성 및 유성우 현상을 최초로 혜성과 연관시켜 설명한 학자는 알렉산더 폰 훔볼트Alexander von Humboldt였다. 그는 여러 분야의 과학을 다양한 계층의 대중들에게 널리 알릴 목적으로 1845~1862년에 『코스모스*Kosmos*』라는 책을 출판했다. 젊은 찰스 다윈도 훔볼트의 저술들을 읽고서 지질 탐사와 자연사 연구를 병행하는 직업에 나설 것을 결심했다고 한다. 다윈은 곧이어 비글 호H. M. S. Beagle의 박물학자 자리를 받아들였다. 결국 훔볼트의 책이 찰스 다윈의 『종의 기원』이라는 대작을 낳은 셈이다.

등장하는 혜성은 영원불변하고 질서정연한 위대한 코스모스에게 도전장을 내미는 존재로 여겨졌다. 사람들은 비록 며칠 동안이기는 하지만, 그래도 밤마다 영원불변의 별들과 함께 뜨고 지는 우윳빛의 저 불길이 아무 이유도 없이 불쑥 나타나는 것은 아닐 것이라고 믿었다. 이렇게 해서 혜성에게 불길한 일을 예고하는 전령의 역할이 주어졌다. 옛사람들은 혜성을 재앙의 전조이자, 신성한 존재의 진노를 예시하는 것으로 받아들였다. 혜성이 나타나면 왕자가 갑자기 죽는다든지, 한 왕조의 멸망이 멀지 않다든지 하는 미망迷妄한 생각을 했다. 바빌로니아 인들은 혜성을 천상天上의 수염으로 묘사했다. 그리스 인들은 휘날리는 머리카락을, 아랍 인들은 불타오르는 칼의 모습을 혜성에서 떠올렸다. 프톨레마이오스 시절의 사람들은 혜성을 그 모양에 따라 "빛줄기", "나팔", "항아리" 등으로 분류했다. 프톨레마이오스는 혜성이 전쟁, 가뭄 그리고 "불안한 분위기"를 가져오는 장본인이라고 생각했다. 중세에 혜성을 묘사한 그림 중에는 미확인 비행 십자가도 있었다. 루터교의 '감독관Superintendent', 즉 마그데부르크의 주교인 안드레아스 켈리키오스Andreas Celichius는 1579년에 반포한 '새 혜성에 관한 신학적 조언'에서 혜성에 관한 자신의 영감을 이렇게 피력했다. "인간의 죄로 말미암은 자욱한 연기가 매일 매시간 매순간 피어올라 주님의 대전을 지독한 악취와 끔찍함으로 가득 채운다. 그 자욱함의 정도가 차차 심해지다가 도를 넘으면 땋아 내린 곱슬머리 모양으로 꼬리를 길게 늘어뜨려서 드디어 혜성을 이루게 된다. 천상의 최고 재판관은 이에 참다못해 크게 진노하게 되고 혜성은 진노의 열기 속에서 불살라 없어진다." 그러나 이러한 영감에 대하여 혜성이 정말로 죄악에서 피어오르

1066년 4월에 출현한 핼리 혜성을 기록한 11세기의 바이외 태피스트리의 상세도. 고도로 형상화된 혜성의 왼쪽에 라틴 어로 "남자들이 혜성에 깜짝 놀라고 있다."라고 씌어 있다. 한 신하가 영국의 해럴드Harold 왕에게 무엇인가 급히 보고하고 있다. 당시 사람들은 이 혜성이 해럴드 왕이 정복왕 윌리엄에게 패배할 것을 예언하고 있다고 믿었다. 아래에 침공용 배가 있다. 이 태피스트리는 윌리엄의 아내인 마틸데Matilde 왕비의 주문으로 제작된 것이다.

는 연기라면 하늘에 죄악의 연기가 걷힐 날이 없을 것이라고 통렬하게 반박하는 사람들도 있었다.

이번에는 핼리 혜성에 관한 역사적 기록을 몇 개 살펴보자. 핼리 혜성을 포함하여 혜성 출현에 관한 가장 오래된 기록은 중국의 『회남자淮南子』라는 책에 적혀 있다. 기원전 1057년, 주周의 무왕武王이 은殷의 주왕紂王을 공격할 때의 상황을 기술하는 기록에 핼리 혜성이 언급돼 있다. 기원후 66년도 핼리 혜성이 지구에 접근했던 해이다. 그러므로 요세푸스Josephus의 "예루살렘 상공에 1년 동안 칼이 드리워져 있었다."라는 기록도 핼리의 66년 출현을 두고 한 이야기일 것이다. 핼리의 1066년 출현은 노르만 인들이 기록해 놓았다. 그들에게 혜성의 출현은 어느 왕국인가가 반드시 멸망하리라는 조짐이었으니, 어찌 보면 혜성이 정복왕 윌리엄William the Conqueror을 북돋아 영국을 침략하게 한 장본인인 셈이다. 이 혜성의 출현은 바이외 태피스트리Bayeux Tapestry에도 자세히 기록돼 있다. 바이외 태피스트리가 당시의 상황을 알리는 신문의 구실을 하는 셈이다. 근대 사실주의 회화의 원조 중의 한 사람인 화가 조토 데 본도네Giotto de Bondone도 1301년 핼리 혜성의 출현을 목격한 것 같다. 그가 그즈음에 그린 「동방 박사의 경배」를 보면 거기에도 밝은 혜성이 들어 있다. 아마 핼리 혜성일 것이다. 1446년의 혜성은—역시 핼리 혜성이었는데—유럽의 기독교도들을 충격의 도가니로 몰아넣었다. 기독교도들은 혜성은 신께서 보내시는 것이니 곧 신께서 터키 편에 서 계신다는 뜻이 아닐까 걱정했던 것이다. 바로 얼마 전에 터키 군이 콘스탄티노플을 함락시켰기 때문이다.

16~17세기의 세계 천문학을 이끌어가던 학자들도 혜성에 푹 빠져 있었다. 뉴턴 역시 혜성이라면 사족을 못 쓰는 편이었다. 케플러는 혜성이 "마치 바다 속 물고기같이" 우주 공간을 헤엄쳐 다닌다고 서술했으며, 혜성의 꼬리가 항상 태양의 반대 방향으로 놓이는 것을 근거로 혜성은 태양의 빛에 의해 사라진다고 생각했다. 여러모로 보아 완고한 이성주의자라 할 만한 데이비드 흄David Hume 같은 학자도 혜성에 관하여 아주 묘한 아이디어를 갖고 있었다. 행성은 별들의 짝짓기를 통해서 태어나는데 혜성이 행성계의 생성을 가능케 하는 일종의 생식 세포일 수 있다고 생각했던 것이다. 즉 혜성이 장차 행성이 될 난자나 정자라는 제안이었다. 대학 시절에 뉴턴은 맨눈으로 혜성을 찾느라 여러 날

핼리 혜성의 1910년 출현을 찍은 귀한 사진. 이 사진 왼쪽 아래에 있는 것은 금성이다.

밤을 뜬눈으로 지새웠기 때문에 나중에 병이 날 지경이었다고 한다. 그가 반사 망원경을 발명하기 전의 일이었다. 아리스토텔레스를 필두로 한 고대 과학자들은 혜성이 지구 대기 내부의 현상이라고 생각했다. 그러나 뉴턴은 튀코 브라헤와 케플러의 견해를 받아들여 혜성이 달보다는 먼 곳에서, 토성보다는 가까이에서 일어나는 현상이라는 결론을 내렸다. 혜성이 밝게 보이는 까닭은 행성과 마찬가지로 태양의 빛을 반사하기 때문이라고 그는 제대로 알고 있었다. 그의 논지를 좀 더 따라가 보자. "누가 혜성을 붙박이별들과 같이 아주 먼 거리에서 일어나는 현상이라고 주장한다면, 그는 큰 오류를 범하는 것이다. 그렇다면, 태양계 행성들이 붙박이별들로부터 받아 다시 반사시킬 수 있는 빛이 거의 없는 것과 마찬가지로, 혜성도 우리 태양으로부터 거의 빛을 받을 수 없을 것이기 때문이다." 뉴턴은 혜성도 행성들과 마찬가지로 타원 궤도를 그리며 태양 주위를 돈다고 증명해 보였다. "혜성은 매우 찌그러진 타원 궤도를 그리는 일종의 행성이다." 이렇게 뉴턴이 혜성을 둘러싼 미신들을 모두 제거하고 혜성 운동의 규칙성을 예측하자, 드디어 1707년에 이르러서 그의 친구 에드먼드 핼리Edmund Halley가 1531년, 1607년, 1682년에 출현했던 혜성들이 모두 같은 혜성으로서 76년마다 되돌아온다는 사실을 계산으로 밝혀냈다. 동시에 이 혜성이 1758년에 다시 올 것이라고 예측했다. 혜성은 때맞춰 나타났고 그래서 핼리 사후에 이 혜성은 "핼리 혜성"이라는 이름으로 불리게 됐다. 핼리 혜성은 긴 인간사에서 여러 가지 재미있는 역할을 수행해 왔다. 1986년에 다시 돌아오게 되면 최초의 혜성 탐사선의 표적이 될 것이다.[2]

현대의 행성 과학자들은 혜성과 행성의 충돌이 행성의 대기 조성에 지대한 영향을 끼쳤다고 주장한다. 예를 들어, 오늘날 화성 대기에 존재하는 물은, 최근에 작은 혜성 하나가 화성과 충돌했다면 모두 설명될 수 있는 양이다. 뉴턴은 혜성 꼬리 부분의 물질들이 행성 간 공간으로 흩어진 다음 인력의 영향으로 근처 행성에 조금씩 끌려가게 된다는 사실에 주목했다. 그는 지구의 물도 서서히 소실되는 중이라고 믿었다. "지구의 물은 외부로부터의 공급이 없다면 식물의 생장과 물질의 부패 그리고 마른 대지에 스며드는 것들 때문에 지속적으로 감소하다가 결국 바닥이 나고 말 것이다." 뉴턴은 지구의 바다가 혜성으로부터 기원했다고 믿은 듯하다. 그는 생명 현상이 가능한 것도 오로지 혜성의 물질이 우리 행성에 떨어지기 때문이라고 믿었다. 뉴턴은 신비로운 몽상 속에서 이렇게 썼다. "한발 더 나아가 나의 소견을 말할 것 같으면 인간의 영혼도 따지고 보면 주로 혜성에서 왔다. 영혼은 우리의 숨결 중에 지극히 적은 부분이지만 가장 미묘하고 유용한 요체이다. 우리 가운데 살아 숨쉬는 모든 것들을 유지하는 데 필수불가결의 요소가 영혼이기 때문이다."

윌리엄 허긴스William Huggins라는 천문학자는 이미 1868년에 혜성의 스펙트럼과 천연가스나 에틸렌 계열 기체의 스펙트럼이 몇 가지 측면

2. 유럽 14개국 연합체인 ESA(European Space Agency)는 지오토Giotto라는 이름의 탐사 위성을 발사하여 핼리 혜성과의 랑데부에 성공시켰다. 한편 일본은 혜성 탐사 위성인 스이세이Suisei와 사키카케Sakikake를, (구)소련은 베가Vega 1, 2호 우주선을 핼리 혜성과 만나게 했다. 특히 지오토는 핼리 혜성의 핵 600킬로미터 지점을 근접 통과하면서, 핵의 회전과 분열 현상, 핵에서 가스가 방출되는 현상 등을 생생하게 관찰할 수 있었고, 핵 표면의 지형적 특성도 알아냈다. 핼리 혜성의 핵은 15킬로미터 × 10킬로미터 크기의 땅콩 모습이었으며, 구성 성분은 90퍼센트가 탄소, 10퍼센트가 규산염이었다. 핵 표면의 약 10퍼센트에 이르는 넓이에서 얼음이 증발한 수증기 성분의 가스와 고체 티끌이 분출하면서 핵 주위에 거대한 코마를 형성했다. — 옮긴이

에서 동일하다는 사실을 밝혀냈다. 허긴스는 유기 물질을 혜성에서 발견했고 후년에는 시안cyanogen, 즉 탄소 원자와 질소 원자로 이루어져 청산가리 같은 시안화물을 형성하는 분자 조각 CN을 혜성의 꼬리에서 발견했다. 1910년, 지구가 핼리 혜성의 꼬리 부분을 관통할 때 많은 사람들은 이 사실 때문에 크게 겁을 먹었다. 그들은 혜성 꼬리의 CN 성분이 말도 못할 정도로 희박하다는 사실을 간과했던 것이다. 혜성의 꼬리에 들어 있는 독으로 인한 실질적인 위험도는 1910년 당시 대도시에서 만들어지던 공해 수준에도 훨씬 못 미치는 정도였다.

그럼에도 불구하고 거의 모든 사람들이 마음을 놓지 못했다. 예를 들어 샌프란시스코의 《크로니클*Chronicle*》의 1910년 5월 15일자 머리기사를 보자. "집채만 한 혜성 촬영용 사진기", "혜성이 오자, 남편이 개과천선", "뉴욕은 지금 혜성 파티로 벅적" 같은 표제가 붙어 있다. 한편 로스앤젤레스의 《이그재미너*Examiner*》는 문제를 좀 더 가볍게 다루었다. "혜성이 뿌린 청산가리 맡아 보셨나요? 전 인류, 공짜 독가스 목욕을 앞두다.", "야단 법석 예상 중", "청산가리 맛보았다는 사람 많다.", "희생자들 나무에 오르거나 혜성에 전화를 걸다." 이런 기사 제목을 보면 당시 분위기를 짐작할 수 있다. 1910년에는 지구 멸망의 날이 오기 전에 즐겁게 한판 놀아 보자는 파티가 도처에서 열렸다. 수단 좋은 장사꾼들은 혜성을 이기는 알약과 방독 마스크를 팔았다. 그렇지만 방독 마스크는 으스스하게도 제1차 세계 대전의 전쟁터를 예감케 하는 듯했다.

혜성에 대한 오해는 오늘날에도 여전하다. 1957년 나는 시카고 대학교 여키스 천문대에서 일하는 대학원생이었다. 어느 날 밤늦게 혼자 천문대에서 일을 하고 있는데 전화가 끈질기게 울어댔다. 수화기를 집어 들자 이미 술이 머리꼭지까지 오른 사람의 목소리가 저편에서 들려왔다. "거기 천문학자 좀 바꿔 봐." "제가 천문학자인데, 어쩐 일이시죠?" "이쪽은 윌멧Wilmette인데, 여기서 우리 가든 파티 중인데 말이요, 하늘에 뭐가 있어요. 그런데 말이죠, 이게 요상하게 똑바로 쳐다보면 없어져요. 그래서 안 볼라치면, 또 보인단 말이요." 망막에서 가장 민감한 부분은 시야의 한가운데가 아니다. 그래서 눈길을 약간 비껴 주면, 희미한 별이나 물체가 더 잘 보이게 된다. 나는 그때 새로 발견된 아렌드롤란드Arend-Roland 혜성이 하늘에 보일 듯 말 듯 떠 있다는 사실을 알고 있었다. 그래서 "그건 아마 혜성일 겁니다." 하고 알려 주었다. 그러자 상대방은 한동안 가만히 있다가 "혜성이 뭐요?" 하고 물었다. "혜성은요," 내가 대답하기를, "지름이 1킬로미터가 넘는 눈 덩어리입니다." 그 말에 상대방은 한참을 더 잠자코 있다가 이렇게 말했다. "거기 진짜 천문학자 좀 바꿔 봐요." 핼리 혜성이 1986년에 다시 나타나면 정치인들 중에 크게 겁을 먹는 이들이 생길 것이고 그렇게 되면 또 어떤 우스꽝스러운 일들이 벌어질까 자못 궁금하다.

행성들은 태양 주위의 타원 궤도를 따라 운동하지만, 그 궤도의 모양이 아주 찌그러진 타원은 아니다. 언뜻 보기에는, 그리고 웬만한 어림짐작으로는 원 궤도와 구별이 잘 가지 않을 정도로 원에 가까운 타원이다. 그것에 비해 혜성은—특히 공전 주기가 긴 혜성일수록—정말 보란 듯이 길쭉한 타원형의 궤도를 그리며 돈다. 어째서 행성들은 거의 원형 궤도를, 그것도 이웃 행성들과 갈라선 듯 따로따로 멀리 떨어진 원 궤도를 도는가? 그런데 혜성은 어떤 연유에서 길쭉한 타원을 그린단 말인가. 그것은 행성들이 태양계의 고참인 반면에, 혜성은 신참내기들이기 때문이다. 행성들이 아주 찌그러진 모양의 타원 궤도를 따라서 태양 주위를 공전한다면, 서로 교차하는 지점이 있을 것이고, 그렇다면 언젠가는 필연적으로 충돌하게 될 것이다. 태양계의 형성 초기에는 생성 중이던 행성들이 꽤 많았을 것이다. 그것들 중에서 긴 타원형 궤도를 그리며 서로 엇갈리는 궤도를 돌던 행성들은 충돌하여 붕괴할 수밖에 없었다. 반면에 원형 궤도를 돌던 원시 행성들은 살아남아 점점 크게 자랄 수 있었다. 현재의 행성들은 충돌이라는 자연 선택의 과정에서 살아남은 것들이다. 초기의 파국적 충돌을 모두 이겨내고 이제 우리 태양계는 중년의 안정기에 들어선 것이다.

태양계의 외곽, 행성계 너머 어두컴컴한 저편에는 수조 개에 이르는 혜성의 핵들이 둥글게 원 궤도를 이루고 모여서 하나의 거대한 구름을 이루고 있다. 이것을 '오오트의 혜성 핵 구름Oort cloud'이라고 부른다. 구름을 형성하는 혜성의 핵 하나하나는 인디애나폴리스 500 자동차 경기장에서 달리는 경주용 자동차보다 결코 빠르지 않은 속력으로 태양 주위를 공전한다.[3] 이것은 다른 행성에 비하면 아주 '느린' 속력

3. 지구는 태양에서 $r = 1$ 천문단위, 즉 1억 5000만 킬로미터 떨어져 있다. 그렇다면 지구가 도는 원 궤도의 둘레는 $2\pi r$에서 대략 10^9 킬로미터가 된다. 우리가 사는 행성은 1년에 한 번씩 이 길을 완주한다. 그런데 1년이 대략 3×10^7초이므로, 지구의 공전 속도는 10^9킬로미터/3×10^7초에서 대략 초속 30킬로미터로 계산된다. 한편 혜성 구름은 반지름 10만 천문단위의 구각을 형성한다고 알려졌다. 10만 천문단위는 가장 가까운 별까지의 거의 절반쯤 되는 거리이다. 3장에서 설명한 케플러의 세 번째 법칙을 이용하면, 혜성 구름에 있는 혜성의 핵들이 태양 주위를 완전히 한 바퀴 도는 데 걸리는 시간, 즉 공전 주기를 계산할 수 있다. 주기는 긴반지름의 2분의 3 제곱에 비례하므로, $(10^5)^{3/2} = 10^{7.5} = 3 \times 10^7$에서 대략 3000만 년이라는 계산이 나온다. 태양계의 외곽 지역에서 사는 이들이 태양을 한 바퀴 돌려면 이렇게 오랜 세월을 기다려야 한다는 말이다. 한편 혜성 궤도의 총 둘레는 $2\pi a = 2\pi \times 10^5 \times 1.5 \times 10^8$ 킬로미터에서 대략 10^{14}킬로미터가 된다. 혜성의 궤도 운동 속력은 10^{14}킬로미터/10^{15}초에서 겨우 초속 0.1킬로미터에 불과한 아주 느린 값이라는 것을 알 수 있다. 그래도 이 값을 우리에게 익숙한 시속으로 환산해 보면 시속 360킬로미터에 이른다.

이다. 혜성 핵의 대부분은 지름이 1킬로미터가 넘는 거대한 눈 덩어리로서 사람이 굴릴 수 있다면 대굴대굴 굴러갈 수 있을 정도로 구球에 가까운 형상이다. 대부분의 혜성들은 명왕성의 궤도가 그리는 경계선을 뚫고 그 안으로 넘어 들어오는 일이 거의 없다. 그러나 가끔씩 태양계의 외곽을 지나는 별의 중력이 혜성이 느끼던 인력에 변화를 주어, 혜성 구름에 요란을 일으키는 일이 생긴다. 그러다 보면 혜성의 핵이 대단히 길쭉한 타원형의 궤도를 타고 태양을 향해 돌진하게 된다. 도중에 목성이나 토성의 인력을 받으면 그 궤도의 모양과 방향이 또 바뀐다. 이러한 일은 평균 100년에 한 번꼴로 일어난다. 목성과 화성 궤도 중간쯤에 이르면 혜성의 핵은 태양의 열을 받아 증발하기 시작한다. 태양의 대기에서 뿜어져 나온 물질의 흐름을 우리는 태양풍이라고 하는데, 태양풍 때문에 먼지 조각과 얼음이 혜성 핵의 뒤편으로 밀려나간다. 이렇게 해서 혜성의 꼬리가 만들어지는 것이다. 만일 목성의 지름이 1미터라면 혜성은 티끌보다 작다. 그렇지만 충분히 성장한 혜성의 꼬리는 행성과 행성 사이를 이을 만큼 길다. 혜성이 지구 가까이에 이르러 마침내 지구인들의 눈에 띄기 시작하면 지구에서는 온갖 얼토당토않은 미신들이 난무하게 된다. 그러나 곧 지구인들도 혜성이 지구 대기 중에 있지 않고, 더 바깥쪽 행성들 사이에 있음을 알게 될 것이다. 그러고는 혜성의 궤도를 계산할 것이다. 그리고 언젠가는 작은 우주선을 쏘아올려 별나라에서 우리를 찾아온 희귀한 방문객을 탐사하기 시작할 것이다.

언젠가 이 혜성들은 행성과 충돌하고 만다. 한편 소행성은 태양계가 형성되던 과정에서 남은 자투리 조각들이다. 지구와 지구의 동반자인 달은 소행성과 혜성 들에게 무수히 두들겨 맞았을 것이다. 크기가 작은 물체들이 큰 것들보다 수적으로 월등히 많기 때문에 작은 물체와의 충돌이 그만큼 더 자주 일어난다. 지구와 작은 혜성 조각이 충돌하면 퉁구스카 사건과 같은 폭발이 일어나는데, 이런 사건은 대략 1,000년에 한 번꼴로 발생한다. 그러나 핼리 혜성과 같이 지름이 대략 20킬로미터 수준에 이르는, 비교적 커다란 혜성과 충돌할 확률은 기껏해야 10억 년에 한 번꼴이다.

작은 얼음 덩어리가 행성이나 달과 충돌할 경우, 행성에는 이렇다 할 상처가 남지 않는다. 그러나 충돌하는 물체가 더 크거나 주성분이 얼음이 아니라 암석이라면 충돌 지점에서 대규모의 폭발이 발생하여 충돌 구덩이 또는 운석공이라 불리는 반구형 또는 사발 모양의 거대한 구덩이가 파인다. 지구의 경우 운석공은 풍화 작용이나 강수에 따른 침식 작용으로 사라지거나 다시 메워지게 마련이다. 그러나 달과 같이 기상 현상이 전혀 없는 천체에서는 새로 만들어진 운석공이 수백만 년 또는 그 이상 건재할 수 있다. 그래서 달 표면은 온통 충돌 구덩이들로 뒤덮여 있는데, 오늘날 태양계에서 발견되는 혜성이나 소행성 파편 조각의 희박한 밀도로 설명하기에는 그 수효가 너무나 많다. 그러므로 달 표면의 운석공들은 오늘날 만들어진 것이 아니라 지난 수십억 년의 세월에 걸친 수많은 충돌이 누적된 결과라고 하겠다. 그러므로 오늘의 달 표면은 과거의 충돌과 파괴의 역사를 생생하게 증언하고 있다.

충돌 구덩이의 생성은 달에만 국한된 현상이 아니다. 태양계 어디에서든 운석공을 볼 수 있다. 태양에 가장 가까이 있는 수성의 표면이나, 구름으로 뒤덮인 금성뿐만 아니라, 화성 그리고 심지어 그 조무래기 달인 포보스Phobos와 데이모스Deimos 등에서도 볼 수 있다. 여기에서 말한 행성들은 지구형 행성으로 그럭저럭 지구와 닮은 지구의 가족이다. 지구형 행성의 표면은 단단한 고체이며, 내부는 돌과 철로 이루어져 있고, 대기는 거의 진공에 가까운 것에서 시작하여 지구 기압의 90배가 넘는 것들까지 다양하다. 이들은 모닥불 근처에 둘러앉은 캠핑객들처럼 빛과 열의 근원인 태양을 에워싸고 그 주위를 옹기종기 돌고 있다. 나이는 모두 46억 년 정도로 같다. 그리고 달과 마찬가지로 이들의 표면은 모두 태양계 형성 초창기에 있었던 파국적인 충돌의 시대를 생생하게 증언하고 있다.

태양에서 더 멀리 떨어져 화성의 궤도를 넘어가면 매우 다른 성격의 세계가 우리를 맞는다. 여기서부터는 목성의 영역이다. 거대 행성 또는 목성형 행성들이 상주하는 곳이다. 목성형 행성은 대부분 수소와 헬륨으로 구성되어 있고, 그밖에 수소 원자를 많이 포함하는 기체 분자들, 예를 들면 메탄과 암모니아와 물이 소량으로 섞여 있다. 단단한 고체 표면이 없는 목성형 행성에는 오로지 대기권과 색색의 구름만 있을 뿐이다. 목성형 행성은 태양계의 장상長上격 행성들로서 지구와 같은 자투리 세계가 결코 아니다. 목성은 그 안에 지구를 1,000개 정도 집어넣을 수 있을 정도로 크다. 만일 혜성이나 소행성이 목성의 대기권에 떨어진다면, 운석공은 어림도 없는 일이고 구름에 잠시 틈새가 났다가 사라지는 것이 우리가 볼 수 있는 현상의 전부일 것이다. 그래도 우리는 외행성계 역시 수십억 년에 이르는 충돌의 역사를 거쳤음을 알 수 있다. 그것은 목성이 거느린 열두 개 이상의 위성을 보면 확실하게 알 수 있다. 그중 다섯 개를 보이저 우주선이 찬찬히 조사할 수 있었는데, 그곳에도 과거에 있었던 파국적 충돌의 흔적이 역력했다. 태양계의 구석구석이 완전히 탐사되면 수성에서 명왕성에 이르는 아홉 개의 세계는 물론이고 올망졸망한 위성들과 혜성과 소행성에서도 충돌의 역사를 증언하는 흔적들을 찾아볼 수 있으리라.

지구에서 망원경으로 달을 관찰하면 지구를 향한 쪽에서 약 1만 개의 운석공을 헤아릴 수 있다. 그리고 그것들의 거의 대부분이 달의 오래된 지형인 고원 지대에 자리한다. 고원 지대는 행성 간 공간을 떠돌던 부스러기들이 모여서 달의 형성이 완성되던 시기에 굳어진 월면의 지형이다. 달의 형성 얼마 후 내부로부터 용암이 흘러나와서 표면의 저지대를 덮기 시작했다. 이때 저지대에 본래부터 있었던 운석공들은 모두 메워질 수밖에 없었다. 그러므로 오늘날 우리가 '바다maria'라고 부르는 저지대에 있는 운석공들은 모두 그 후에 생긴 것이다.('maria'는 라틴 어로 '바다'라는 뜻인 'mare'의 복수형이다.) 그중에는 지름이 1킬로미터 이상 되는 구덩이가 1,000개 정도이다. 운석공의 형성률을 추산해 보자. 10억 년 동안에 1만 개가 생긴 셈이니, '10^9년/10^4운석공=10^5년/운석공'에서 충돌 구덩이 하나가 만들어지는 데 대략 10만 년이 걸린다는 계산이 나온다. 몇 십억 년 전에는 행성들 사이의 공간을 떠돌던 부스러기 천체들이 오늘날보다 더 많았을 터이므로, 우리가 달에 운석공이 파이는 현장을 목격하려면 앞으로 10만 년보다 훨씬 더 긴 세월을 지구에서 기다려야 할지 모르겠다. 지구는 달보다 표면적이 더 넓기 때문에 지구에 지름이 1킬로미터에 이르는 구덩이를 만들 수 있는 충돌이 있기까지는 대략 1만 년 정도의 세월이 필요할 것이다. 미국 애리조나 주에 있는 운석공은 그 지름이 약 1킬로미터인데, 이 충돌 구덩이는 실제로

2만에서 3만 년 전에 파인 것으로 추정된다. 그러므로 달의 자료를 근거로 추산한 결과가 지구에서의 실제 상황과 잘 맞아떨어지는 셈이다.

실제로 달에 작은 혜성이나 소행성이 충돌하면, 지구에서도 그 폭발의 빛을 순간적으로 목격할 수 있을 것이다. 10만 년 전 어느 날 저녁, 우리 조상들이 우연히 하늘을 올려보다가 달의 어두운 부분에서 이상한 구름이 피어올라서 갑자기 태양 광선을 반사하는 모습을 보았을 수도 있다. 그러나 인류가 역사 시대에 들어선 이후에는 이런 사건을 기대하기 어렵다. 그럴 확률은 아마 100 대 1쯤이 될 것이다. 그럼에도 불구하고 달과 작은 천체가 충돌한 것으로 추정되는 사건을 맨눈으로 보고 이것을 묘사한 역사적 기록이 남아 있다. 1178년 6월 25일 저녁에 희한한 사건이 발생했다. 5명의 영국 수도사들이 경험한 것인데, 그 내용이 『캔터베리 저베이스 가家의 연대기 *Chronicle of Gervase of Canterbury*』에 기록돼 있다. 당시의 정치적, 문화적 상황을 비교적 충실하게 전하는 것으로 평가받는 연대기이다. 연대기의 기록자는 목격자로 하여금 진술 내용이 진실임을 맹세하게 한 다음 이렇게 적어 놓았다.

> 초승달이 밝게 떠 있었는데, 여느 때와 마찬가지로 달의 뾰족한 양쪽 끝이 동쪽으로 기울어져 있었다. 그런데 갑자기 위쪽 끝이 둘로 갈라지면서 그 한복판에서 타는 듯한 횃불이 솟아올라 화염과 함께 작렬하는 석탄 덩이와 섬광을 흩뿌렸다.

천문학자인 데럴 멀홀랜드Derral Mulholland와 오다일 캘럼Odile Calame의 계산 결과에 따르면 달에 소형 천체가 충돌하면 표면에서 피어오르는

방사상의 광조 무늬가 주위에 뚜렷하게 남아 있는 점으로 미루어 브루노 운석공은 최근에 파인 충돌 구덩이일 것이다. 이 사진은 아폴로 궤도선에서 찍은 것이다.

흙먼지 구름의 모습이 캔터베리 수도사들이 보고한 내용과 상당히 유사할 것이라고 한다.

기록대로라면 충돌이 겨우 800년 전에 있었다는 이야기이니, 그 충돌이 만든 운석공을 지금도 우리가 눈으로 볼 수 있어야 할 것이다. 달에는 물과 공기가 없어서 침식 작용이 거의 일어나지 않는다. 따라서 몇 십억 년 전에 만들어진 작은 운석공이라도 달 표면에서는 잘 보존될 수가 있다. 충돌에 관한 저베이스 가 연대기의 기술을 잘 이용하면 수도사들이 지칭하는 지역이 과연 달 표면 어딘지 꼭 집어낼 수 있을 것이다. 운석과의 충돌은 달 표면에 방사상의 광조光條 무늬를 남긴다. 여기서 광조란 충돌 시에 방사상으로 뿜어져 나온 고운 흙먼지들의 흔적을 뜻한다. 광조는 아리스타르코스, 코페르니쿠스, 케플러와 같은 이름이 붙은 아주 최근에 생긴 운석공들 주위에서 잘 볼 수 있다. 운석공과 거시적 지형 구조물은 침식 작용을 잘 견뎌 낼 수 있지만 지극히 가느다란 밝은 빛줄기처럼 보이는 광조는 시간이 흐르면서 서서히 사라지게 마련이다. 우주로부터 날아드는 미세 운석들조차 광조 무늬를 망가뜨려 놓을 수 있기 때문이다. 따라서 광조를 동반하는 운석공들은 최근에 있었던 충돌에서 만들어진 것임에 틀림이 없다.

운석학자 잭 하르퉁Jack Hartung의 연구 결과에 따르면 브루노의 이름이 붙은 작은 운석공이 바로 캔터베리 수도사들의 이야기와 일치하는 지점이라고 한다. 그리고 그 주위의 광조 무늬는 유난히 선명하다. 즉 브루노 운석공은 만들어진 지 얼마 안 된다는 것이라는 이야기이다. 잘 알려진 바와 같이 로마 가톨릭의 철학자 조르다노 브루노Giordano Bruno는 1600년에 말뚝에 묶여 화형에 처해진 비운의 인물이다. 브루노는 우주에는 무수히 많은 세상들이 존재하며 그중에는 생명이 사는 곳도 많다고 주장했다. 이 주장과 또 다른 몇 가지의 죄목이 추가되어 그는 화형을 당했다.

브루노의 운석공이 캔터베리 수도사들이 본 충돌의 흔적이라는 주장을 뒷받침할 수 있는 구체적 증거를 캘럼과 멀홀랜드가 찾아냈다. 달은 고속 물체와 충돌하면 이때 생긴 충격 때문에 약간 비틀거리며 진동한다. 이 진동은 시간이 흐르면 서서히 사라지겠지만, 800년이란 시간은 진동을 완전히 잦아들게 하기에는 충분히 긴 시간이 못 된다. 현대의 관측 기술은 달에 레이저 광선을 보내 반사돼 돌아오는 빛을 수신하여 아무리 미소한 진동이라도 확인할 수 있다. 실은 이러한 목적으로 아폴로 우주선의 비행사들이 월면 몇몇 곳에 레이저 반사경을 설치해 놓았다. 지구에서 발사한 레이저 광선이 월면 반사경에서 반사되어 지구에까지 도달하는 데 걸리는 시간을 원자시계로 아주 정확하게 측정할 수 있다. 이 시간에 빛의 속도를 곱하여 다시 2로 나누면 그 순간 지구와 달 사이의 거리가 정확하게 산출된다. 학자들은 이러한 실험을 수년에 걸쳐 수행하여 달의 칭동秤動, liberation 주기와 진폭이 각각 3년과 3미터임을 밝혀낼 수 있었다. 이러한 수치는 브루노의 운석공이 파인 지 1,000년이 채 못 되는 충돌 구덩이라는 생각과 잘 일치하는 결과이다.

이 모든 증거는 추론에 따른 간접적인 것이다. 앞에서 언급한 바와 같이, 그런 사건이 역사 시대 이후에 일어날 확률이 매우 낮음에도 불구하고, 이와 같은 간접 증거들은 그러한 충돌이 이미 발생했음을 설득력 있게 시사한다. 퉁구스카의 대폭발 사건과 애리조나 주의 운석공이 우리에게 증언하고 있듯이, 소행성과 지구의 충돌은 태양계 역사의 초창기에만 국한됐던 현상이 아니다. 그럼에도 불구하고 달 표면에 광조 무늬가 또렷하게 보이는 운석공의 수가 적다는 사실은, 달에서도 어느 정도의 침식 작용이 진행 중임을 시사한다.[4] 한 구덩이가 다른 구덩이와 겹쳐 있는 양상과 월면 지형의 층서학적 특징들을 종합적으로 분석하면, 역사의 바퀴를 뒤로 돌려 달 표면에서 충돌과 용암 분출이 어떤 시간순으로 발생했는지 알아낼 수 있다. 이러한 연구를 통해서

4. 화성에서는 침식 작용이 달에서보다 훨씬 더 심하게 이루어진다. 그 까닭에 화성에 운석공들이 많이 있지만 그중에서 광조를 갖춘 구덩이는 찾아볼 수가 없다.

수성의 남반구. 화성 탐사선 매리너Mariner 10호가 찍은 이 사진에서 우리는 운석공들이 겹친 모습과 광조 무늬를 뚜렷하게 볼 수 있다. 수성과 달의 표면은 아주 유사한데, 이것은 둘 다 수십 억 년 전에 충돌과 폭발을 심하게 경험했고, 그 이후로 침식의 영향을 거의 받지 않았기 때문이다. 가위로 오린 듯한 검정색 부분은 촬영할 수 없었던 지역이다.

우리는 브루노의 운석공이 가장 최근에 있었던 충돌의 결과라고 규명할 수 있었다. 달의 지구 쪽 면에서 볼 수 있는 지형 구조물들이 형성되는 과정이 컬러 화보에 설명돼 있다.

지구와 달이 태양으로부터 거의 같은 거리에 있음에도 불구하고, 달의 표면은 수많은 충돌로 심하게 파였는데, 지구는 어떻게 그런 충돌들을 면할 수 있었을까? 어째서 지구에는 운석공이 드물까? 혜성과 소행성이 생명이 서식하는 행성과 부딪치면 안 된다고 스스로 조심이라도 했단 말인가? 물론 그런 식으로 조심해 줄 리야 만무하다. 설득력 있는 유일한 설명은 충돌 구덩이가 지구와 달에서 같은 비율로 만들어지지만 공기와 물이 없는 달에서는 일단 파인 구덩이들이 오래 보존되는 데 비하여 지구에서는 꾸준히 진행되는 침식 작용으로 말미암아 지워지고 메워지기 때문이라는 것이다. 흐르는 물, 모래를 날리는 바람, 산맥을 밀어 올리는 조산 활동 등은 아주 서서히 진행되기는 하지만 수만 년 또는 수억 년 동안 누적되면 어마어마하게 큰 충돌의 흔적도 말끔히 지워 버릴 수 있다.

어떤 행성이건 어느 위성이건 그들의 표면을 변형시키는 과정은 여러 가지가 있다. 우주에서 들어오는 물체와의 충돌과 같이 외부 요인으로 인한 과정이 있고 지진과 같이 내부 요인에서 비롯되는 과정이 있다. 화산 폭발과 같이 순간적이고 파국적인 사건이 있는가 하면, 바람에 날리는 작은 모래 알갱이들이 표면을 깎아 내는 것과 같이 이루 말할 수 없을 정도로 느리게 진행되는 과정도 있게 마련이다. 그것이 외부에서 오든, 내부에서 일어나든, 드물고 격렬한 사건이건, 흔하지만 눈에 잘 띄지 않는 현상이건, 어느 과정의 영향력이 가장 강한가 하는 질문에는 딱 떨어지는 정답이 없다. 달에서는 외부적인 변화와 파국적인 사건이 더 크게 작용하고, 지구에서는 내부적인 변화와 느린 과정이 더 큰 영향력을 행사한다. 화성의 상황은 이 둘의 중간쯤으로 생각하면 된다.

화성과 목성의 궤도 사이에 헤아릴 수 없이 많은 소행성들이 떠돌고 있는데 이들은 소규모의 지구형 행성이라고 볼 수 있다. 큰 것은 지름이 수백 킬로미터에까지 이른다. 소행성 중에는 길쭉하게 생긴 데다 빙글빙글 돌면서 우주 공간을 떠다니는 것들도 많다. 두 개 또는 그 이상의 소행성들끼리 바짝 다가서서 같은 궤도를 도는 경우도 있다. 소행성들끼리는 서로 충돌이 잦은데, 그러다 가끔씩 어느 한쪽 귀퉁이가 떨어져 나가고, 우연히 그 조각이 지구가 가는 길에 들어오게 되면 지구로 떨어지면서 운석이 되기도 한다. 박물관 선반에 얌전히 전시되어 있는 운석은 머나먼 세계에서 온 소행성의 한 조각인 것이다. 소행성대小行星帶는 하나의 거대한 맷돌로 작용한다. 거기에서는 큰 조각이 점점 더 작은 조각들로 부서지고 또 부서져서 아주 작은 티끌로까지 변해 간다. 소행성 중 덩치가 큰 것들은 혜성과 함께 최근에도 행성 표면에 구덩이를 파놓는 주범이다. 원래 행성으로 성장하려던 것들이 이웃의 거대 행성인 목성의 인력 때문에 서로 밀고 당기는 통에 더 결합하지 못하고 그냥 작은 돌덩이들로 남아 있는 곳이 바로 소행성대이다. 어쩌면 현재 이 공간을 차지하고 있는 소행성들은 원래는 하나의 의젓한 행성이었을 수도 있다. 그러나 어쩐 연유에서엔가 그 행성은 폭발했고, 소행성들은 그 잔해일지도 모른다. 그렇지만 두 번째 가능성은 비현실적인 것으로 여겨지고 있다. 그것은 지금까지 어느 누구도 행성이 자폭自爆하게 되는 메커니즘을 알아내지 못했기 때문이다. 가만히 생각해 보니까, 행성의 자폭의 메커니즘을 알지 못하는 편이 오히려 마음 편할 것 같다.

토성의 고리는 소행성대와 비슷한 데가 있다. 소행성대에서 소행성들이 태양 주위를 돌고 있듯이, 토성 고리에서는 수조 개의 미세한 얼음 조각들이 꼬마 위성이 되어 토성 주위를 돌고 있다. 이들은 토성의 강력한 인력 때문에 하나의 위성으로 뭉치지 못한 채 작은 조각으로 남게 된 찌꺼기들일 수 있다. 아니면 어쩌다 토성에 너무 가까이 접근했다가 토성의 강력한 기조력 때문에 산산이 쪼개진 어느 위성의 파편일 수도 있다. 토성 고리를 설명하려는 또 다른 아이디어가 있다. 토성이 거느린 위성 중 하나가, 예를 들면 타이탄이 자신의 물질을 방출한다면 방출된 물질은 토성의 대기권으로 떨어져 들어갈 것이다. 위성에서의 방출과 모母행성으로의 추락이 모종의 평형을 이루고 있는 상태가 토성의 고리 구조라는 것이다. 목성과 천왕성도 역시 고리를 두르고 있다는 것이 최근에 밝혀졌는데, 너무 희미해서 지구에서는 직접 보기 어렵다. 해왕성이 고리를 갖추었는지는 아직 행성학자들 사이에 큰 화젯거리다. 고리는 코스모스에 있는 목성형 행성들이 일반적으로 달고 다니는 장신구일지 모른다.[5]

최근에 토성과 금성 사이의 공간에서 대형 충돌 사건들이 있었다고 주장하는 대중 서적이 시중에 돌아다닌다. 정신과 의사인 이마누엘 벨리코프스키Immanuel Velikovski가 1950년에 출판한 『충돌하는 세계들*Worlds in Collision*』이라는 제목의 책이 그것이다. 벨리코프스키는 그 책에서 행성 수준의 질량을 지닌 물체 하나가, 그는 그것을 혜성이라 지칭했는데, 여차여차해서 목성과 그 위성이 이루는 계에서 만들어졌다고 주장했다. 약 3,500년 전 이 물체는 내행성계로 날아 들어와 지구와 화성에 여러 번 근접했다. 이때 홍해가 갈라져서 모세와 이스라엘 민족이 이집트 파라오의 손아귀에서 빠져나올 수 있었다. 그리고 여호수아의 명령에 따라 지구의 자전이 잠시 멈춘 적이 있는데 이것도 역시 근접 충

5. 1989년 보이저 2호의 탐사를 통해 해왕성에서도 고리가 발견됐다. 목성형 행성 넷이 모두 고리를 갖고 있는 셈이다. —옮긴이

돌의 결과였다. 또한 왕성한 화산 활동과 홍수의 범람도 여기에서 비롯했다는 것이다.[6] 벨리코프스키는 또한 이 혜성이 다른 행성들 사이를 당구공처럼 어지럽게 왔다 갔다 하다가, 드디어 안정을 찾고 원형에 가까운 궤도에 들어서면서 금성이 되었다고 상상했다. 그 전까지는 금성이 존재하지 않았다는 것이다.

언젠가 내가 다른 책에서도 길게 논의했듯이, 이런 생각들은 거의 확실하게 오류에서 비롯된 것이다. 천문학자들이 대형 충돌이라는 아이디어 자체를 부정하는 것이 아니다. 대형 충돌이 '최근에' 일어났다는 주장에 부정적 시선을 보낼 뿐이다. 모형으로 태양계를 나타낼 때, 행성의 크기와 궤도를 같은 비율로 축척하면 행성이 눈에 보이지도 않게 작아지므로, 태양계의 모형을 실제로 그렇게 제작할 수는 없다. 행성이 겨우 먼지 알갱이 정도의 부피를 차지하게 되기 때문이다. 그러나 누가 이렇게 제작된 모형을 본다면 어떤 혜성이 몇 천 년 안에 지구와 충돌할 가능성이 지극히 희박함을 쉽게 알아챌 수 있을 것이다. 더군다나 금성은 암석과 금속으로 되어 있고 수소를 아주 적게 함유하고 있는 행성인 데 반해 금성 탄생의 근원이라고 벨리코프스키가 주장한 목성은 거의 전부가 수소로 이루어져 있다. 목성이 혜성이나 행성을 만들어 밖으로 내던질 수 있는 에너지는 목성권 어디에서도 찾아볼 수 없다. 그런 물체가 지구 옆을 지나칠지라도 공전하던 지구를 "거기 서라."하는 식으로 멈추게 할 수는 없다. 비록 멈췄다고 해도, 그 지구를 다시 하루 24시간마다 한 바퀴씩 도는 행성으로 되돌리는 일은 더더욱 불가능하다. 지질학적으로도 3,500년 전에 화산 활동이나 홍수가 평균 이상의 빈도로 발생했음을 뒷받침하는 증거를 찾아볼 수 없다. 또 금성을 의미하는 메소포타미아 시대의 명각銘刻이 하나 전해 내려온다. 이것은 벨리코프스키가 혜성이 행성으로 탈바꿈해 금성이 되었다고 한 시기 이전의 유물이다.[7] 긴 타원형의 궤도를 돌던 물체가 오늘날 금성의 궤도와 같이 거의 원형의 궤도로 급속히 바뀌는 일도 비현실적이다. 그 밖에도 여러 가지 이유가 있지만 여기서 더 나열하지 않겠다.

과학자가 아닌 사람들이 제시한 것만이 아니라, 과학자들이 제시한 가설들 중에도 훗날 틀렸다고 밝혀지는 것이 많다. 그러나 과학은 자기 검증을 생명으로 한다. 과학의 세계에서 새로운 생각이 인정을 받으려면 증거 제시라는 엄격한 관문을 통과해야 한다. 벨리코프스키 건의 가장 서글픈 면은 그 가설이 틀렸다거나 그가 이미 입증된 사실을 간과해서가 아니라, 자칭 과학자라는 몇몇 이들이 벨리코프스키의 작업을 억압하려 했던 데에 있다. 과학은 자유로운 탐구 정신에서 자생적으로 성장했으며 자유로운 탐구가 곧 과학의 목적이다. 어떤 가설이든 그것이 아무리 이상하더라도 그 가설이 지니는 장점을 잘 따져 봐 주어야 한다. 마음에 들지 않는 생각을 억압하는 일은 종교나 정치에서는 흔히 있을지 모르겠지만, 진리를 추구하는 이들이 취할 태도는 결코 아니다. 이런 자세의 과학이라면 한발도 앞으로 나아가지 못한다. 우리는 어느 누가 근본적이고 혁신적인 사고를 할지 미리 알지 못하기 때문에 누구나 열린 마음으로 자기 검증을 철저히 해야 한다.

6. 나는 하나의 역사적 사건을 전설적 존재의 개입을 배제한 채 혜성의 영향으로 설명하려 한 것은 에드먼드 핼리가 처음이라고 알고 있다. 노아의 홍수가 "혜성의 충격"으로 일어났다고 제안한 사람이 바로 핼리였다.

7. 기원전 3,500년경에 만들어진 원통형 아드다Adda 인장에 이난나Inanna가 선명하게 새겨져 있다. 샛별의 여신인 이난나는 바빌로니아의 이슈타르Ishtar 여신의 전신이다.

금성은 질량, 크기, 밀도 면에서 지구와 거의 동일하다.[8] 금성은 지구에 가장 가까운 행성으로서 수백 년 동안 우리 지구의 자매로 여겨져 왔다. 지구의 자매는 진짜 어떻게 생겼을까? 우리보다 태양에 조금 더 가까이 있으니 지구보다 약간 더 따뜻할 것이다. 그렇다면 금성은 싱그러운 여름 기후의 행성일까? 충돌 구덩이들이 금성에도 있을까, 아니면 침식 작용으로 다 깎여 없어졌을까? 화산이 있을까? 산은? 바다는? 그리고 생물은?

망원경을 통해서 금성을 처음 본 사람이 갈릴레오다. 때는 1609년. 그러나 그의 시야에 들어온 모습은 특징이라고는 전혀 찾아볼 수 없는 하나의 밋밋한 원판이었다. 갈릴레오는 금성도 달과 마찬가지로, 얇은 초승달 모양에서 둥그런 보름달로 그 위상이 변한다고 기술했다. 금성의 위상 변화도 달의 위상 변화와 같은 원리에서 이루어진다. 우리에게 금성의 밤 쪽이 주로 보일 때가 있고, 금성의 낮 쪽이 주로 보일 때도 있다. 말이 나온 김에, 이러한 관측 사실들이 지구가 태양 주위를 돌지 태양이 지구 주위를 도는 것이 아니라는 태양 중심 우주관에 근거를 제공했다는 것을 지적해 두겠다. 갈릴레오 이후에 광학 망원경의 구경이 점점 커졌고, 동시에 망원경의 분해능도 높아졌다.(분해능은 미세한 모습을 구별해서 볼 수 있는 능력으로서, 분해 가능한 최소의 각거리로 표시된다. 분해능이 좋을수록 더 미세한 구조를 알아볼 수 있다.) 그럼에도 불구하고 망원경으로 보이는 금성의 모습은 갈릴레오 시대와 별로 다르지 않다. 확실히 금성은 두껍고 불투명한 구름으로 덮여 있다. 우리가 아침 혹은 저녁 하늘에서 보는 샛별의 밝은 빛은 금성

8. 참고로 금성은 지금까지 알려진 혜성 중 가장 무거운 것보다 3000만 배 더 무겁다.

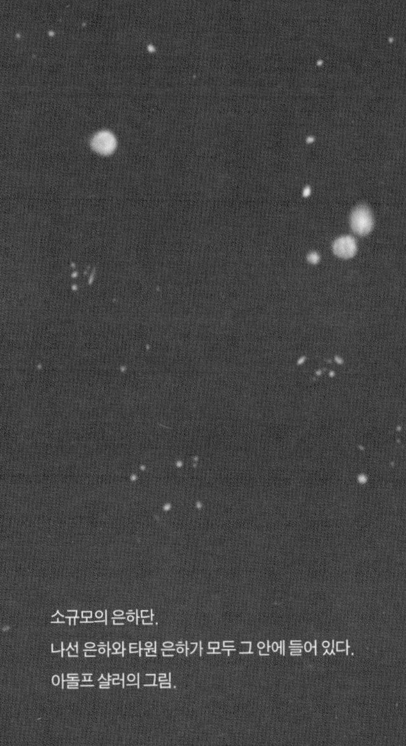

소규모의 은하단.
나선 은하와 타원 은하가 모두 그 안에 들어 있다.
아돌프 샬러의 그림.

↑ 막대 나선 은하.(빗장 나선 은하)

중심을 가로지르는 막대 모양의 별과 티끌의 집단 때문에 이런 이름이 붙여졌다. 존 롬버그의 그림.

↓ 나선 은하의 전형적인 모습. 존 롬버그의 그림.

우리 지구가 속한 은하수 은하를 나선 팔이 있는 은하의 중심 평면 약간 위에서 내려다본 모습이다. 나선 팔을 따라서 젊고 뜨겁고 푸른 별들이 수십억 개나 모여 있기 때문에 나선 팔은 은하의 다른 부분에 비하여 훨씬 더 밝게 빛난다. 은하의 중심 핵에는 주로 늙고 붉은 별들이 많이 있다. 존 롬버그의 상상도.

별들이 모여 있는 구상 성단. 구상 성단들은 은하 중심의 주위를 궤도 운동한다. 앤 노르치아가 그린 상상도.

↑ 이집트 알렉산드리아 도서관에 있는 대형 홀. 고증을 거쳐 복원한 것이다.

↓ 사냥꾼과 찌. 목성과 비슷한 행성에서 생존할 수 있을 것으로 기대되는 생물들의 모습이다.
구름은 목성에서 보이저 탐사선이 알아낸 형태를 주로 따랐다.
고공에 떠 있는 얼음 결정체들 때문에 태양 주위에 헤일로光背, halo가 생긴다.

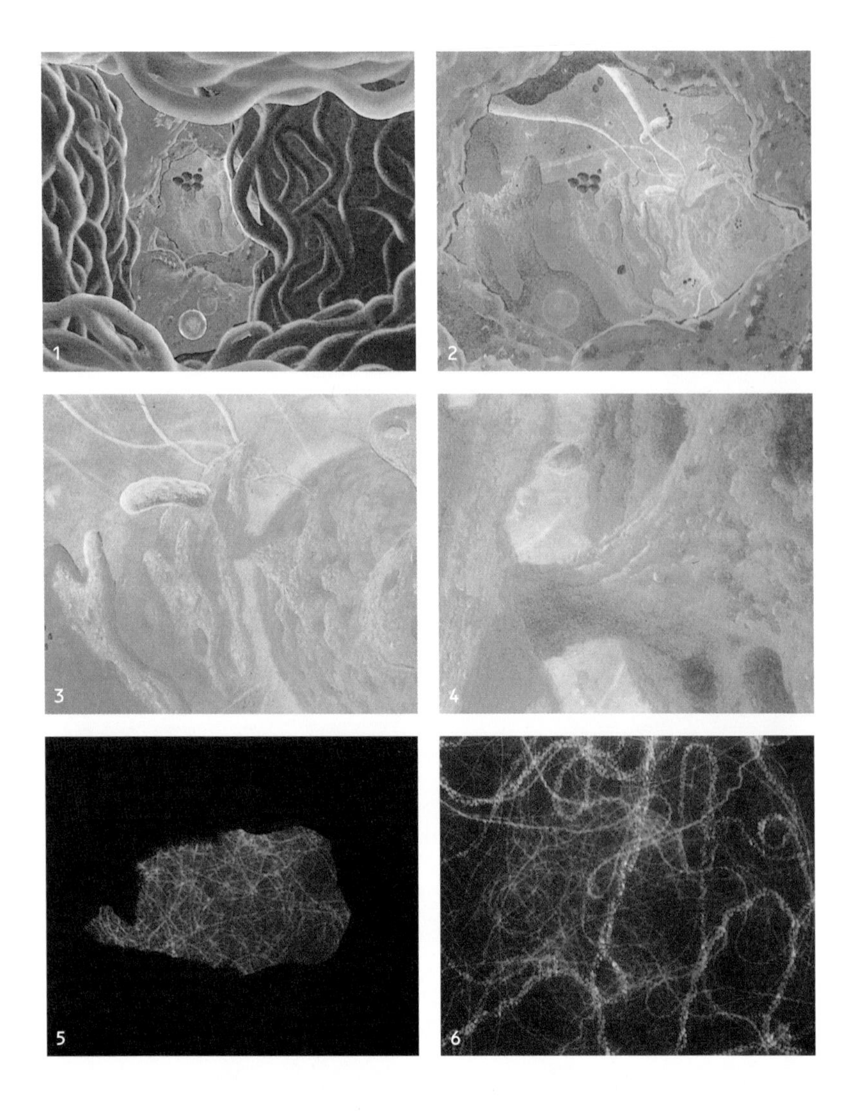

1~10 살아 있는 세포 안으로의 여행.

1 일단 두께 0.01마이크로미터의 세포막을 뚫고 안으로 들어가면 세포막에 연결된 밧줄 같은 구조물들과 만나게 된다. 이것이 세포질 망상 구조 또는 소포체(ER)이다. 소포체는 세포의 골격 유지에 중요한 역할을 한다.

2 세포질 내부에는 리보솜이 많다. 이 사진에서 리보솜을 여럿 볼 수 있는데, 둥글고 검은 덩어리 다섯 개가 한데 모여 있는 것들도 모두 리보솜이다. 리보솜 중의 어떤 것들은 단백질 분자, 또는 핵의 DNA가 보낸 전달자 RNA와 연결돼 있다. 리보솜의 크기는 대략 0.02마이크로미터이다. 실오라기 같은 모양의 미소관들이 배경에 보이는 옅은 청색의 세포핵을 향하여 늘어서 있다.

3 소시지같이 보이는 것이 미토콘드리아로서 세포에 에너지를 공급하는 일을 한다. 미토콘드리아는 굵기와 길이가 각각 1마이크로미터와 10마이크로미터에 이르며 독자적인 DNA를 가진 것으로 보아, 이들의 조상이 한때 독립된 개체로 살던 미생물이었다고 생각된다.

4 소포체는 세포핵에 연결돼 있다.

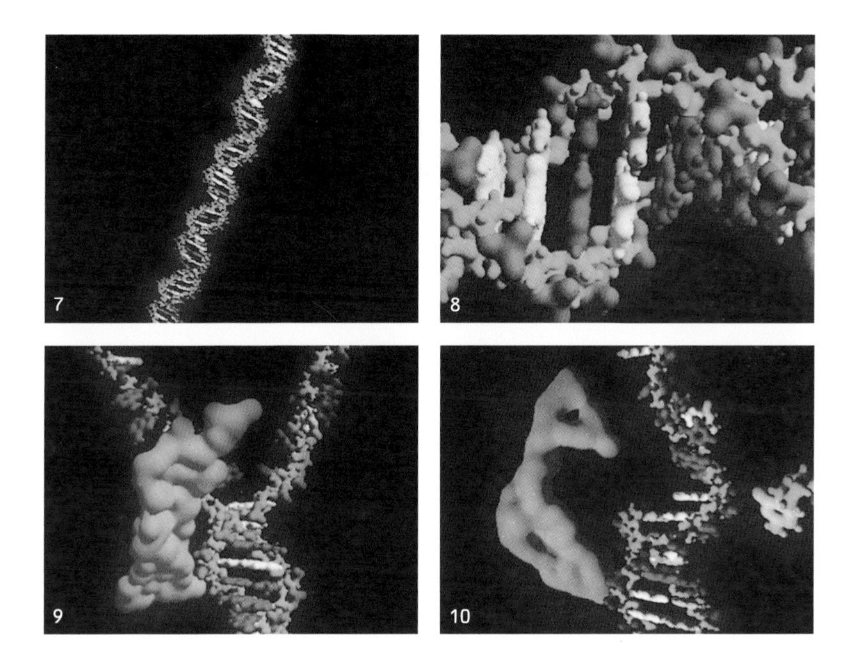

5 핵막에 있는 지름 0.05마이크로미터의 터널 같은 작은 구멍을 통해 안으로 들어가면, 결국 세포핵에 다다르게 된다.

6 핵에는 DNA가 실타래같이 엉켜 있다. '스파게티 공장의 폭발 현장' 이 바로 이런 모습일 게다.

7 여기에서는 DNA 나선을 볼 수 있는데, 나선 가닥 각각에 원자들이 대략 4,000개씩 늘어서 있다. DNA 분자 하나에서 나선 가닥은 대략 1억 번 휘감아 돈다. 그러므로 DNA 분자 하나는 약 1000억 개 정도의 원자로 구성돼 있다. 1000억은 전형적인 은하 하나에 속한 별들의 총수와 엇비슷한 수이다.

8 DNA 나선의 한 주기 꼬임에 해당하는 부분을 그려 놓았다. 두 개의 녹색 가닥이 DNA 분자의 골격에 해당하는 부분인데, 당과 인산염 분자가 번갈아 자리한다. 각각 노란색, 황갈색, 빨간색, 갈색으로 표시된 부분이 질소를 포함하는 핵산기로서 이들이 양쪽 가닥의 나선을 서로 연결한다.(이들이 아데닌, 티아민, 구아닌, 시토신이라는 분자들이다. 아데닌은 반드시 티아민을 붙잡고, 구아닌은 반드시 시토신과 결합한다.) 생명의 언어는 핵산기의 배열로 결정된다. 이 그림에서 볼 수 있는 하나하나가 수소, 탄소, 질소, 산소, 인 원자이다. 가장 작은 공이 수소 원자이다.

9 DNA 나선을 해체시키는 효소, 헬리카아제를 파란색으로 그려 넣었다.

10 DNA의 복제 과정에서 헬리카아제가 하는 일은 인접한 핵산기의 화학 결합이 깨지는 과정을 감독하는 것이다. 즉 여기 파란색으로 나타낸 DNA 중합체라는 효소 분자는 가까이에 있는 기본 벽돌이 DNA의 한 가닥에 들러붙도록 조절한다. 이렇게 함으로써 원래부터 있던 이중 나선 각각이 상대방 가닥을 복제하여 DNA의 자기 복제가 완성된다. 달려온 뉴클레오티드 하나가 상대방과 '궁합' 이 맞지 않으면, 중합체 효소 분자가 그 뉴클레오티드를 제거한다. 이 과정을 생물학자들은 "교정쇄 읽기 작업" 이라고 부른다. 중합체 효소 분자는 교정 작업에서 실수를 거의 범하지 않지만, 어쩌다 실수했을 때 돌연변이가 발생한다. 사람의 DNA 중합체 효소 분자는 1초에 대략 여남은 개의 핵산 분자들을 첨가시킨다. 그리고 DNA 분자 하나가 자기 복제를 하는 과정에 약 1만 개의 중합체가 동시에 활동한다. 중합체 효소는 분자 수준에서 기능하는 일종의 화학 공장인데, 식물, 동물, 미생물, 지상의 모든 생물에서 이와 같은 역할을 하는 분자 수준의 화학 공장이 돌고 있다.

1에서 6까지의 그림은 프랭크 아미티지Frank Armitage, 존 앨리슨, 아돌프 샬러가 그렸다.

7에서 10에 이르는 컴퓨터 사진은 제트 추진 연구소 소속의 제임스 블린James Blinn과 팻 콜Pat Cole이 제작한 것이다. 색깔은 임의로 택했다.

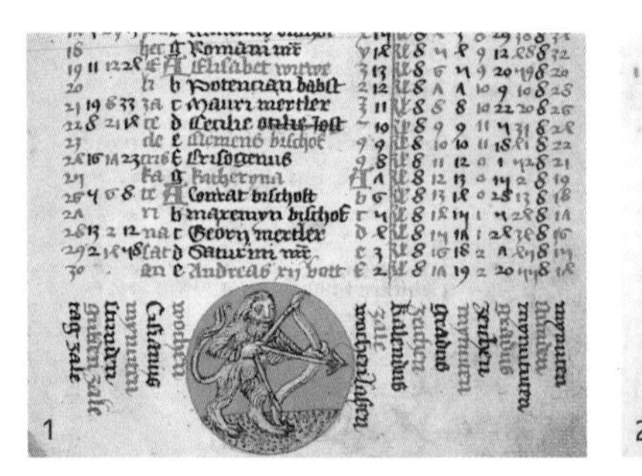

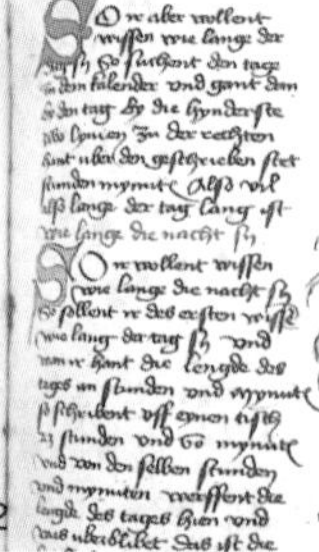

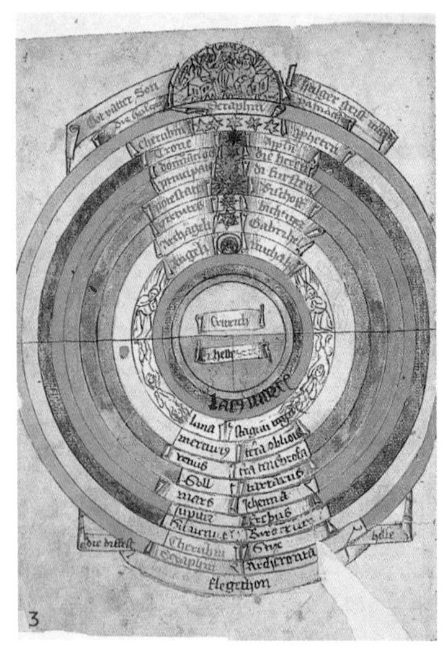

중세 유럽의 달력과 천문도들.

1 달력의 11월 페이지에 사수射手가 보인다. 1450년경에 쓰인 독일의 점성술에 관한 한 저작물에서 따왔다.

2 중세에 있었던 낮과 밤의 상대 길이에 관한 토의 내용.

3 기독교가 지배하던 유럽에서 코페르니쿠스의 우주관이 나타나기 전의 지구 중심설을 설명하는 그림이다. 중앙에 자리한 지구는 천국을 나타내는 황갈색의 상부와 지옥을 의미하는 짙은 갈색의 하부로 양분돼 있다. 지구의 주위는 물(초록색), 바람(파란색), 불(빨간색)의 3원소가 둘러싸고 있으며, 밖으로 나가면서 다섯 행성, 달, 태양이 각각 실려서 움직이는 동심원이 차례로 놓여 있다. 더 바깥에는 "축복의 성령이 주관하는 12 천상계", 케루빔과 세라핌의 천사들이 사는 하늘이 그 뒤를 따른다. 1450년경의 독일 저작물에서 인용했다.

4 중앙에 태양과 달이 있고 그 주위를 황도 12궁이 둘러싸고 있다. 네 귀퉁이에는 바람이 불고 있다. 4대 원소인 흙, 바람, 물, 불을 각각 갈색, 파란색, 초록색, 빨간색으로 나타냈다.
점성술에 관한 1450년경의 독일 저작물에서 인용했다.

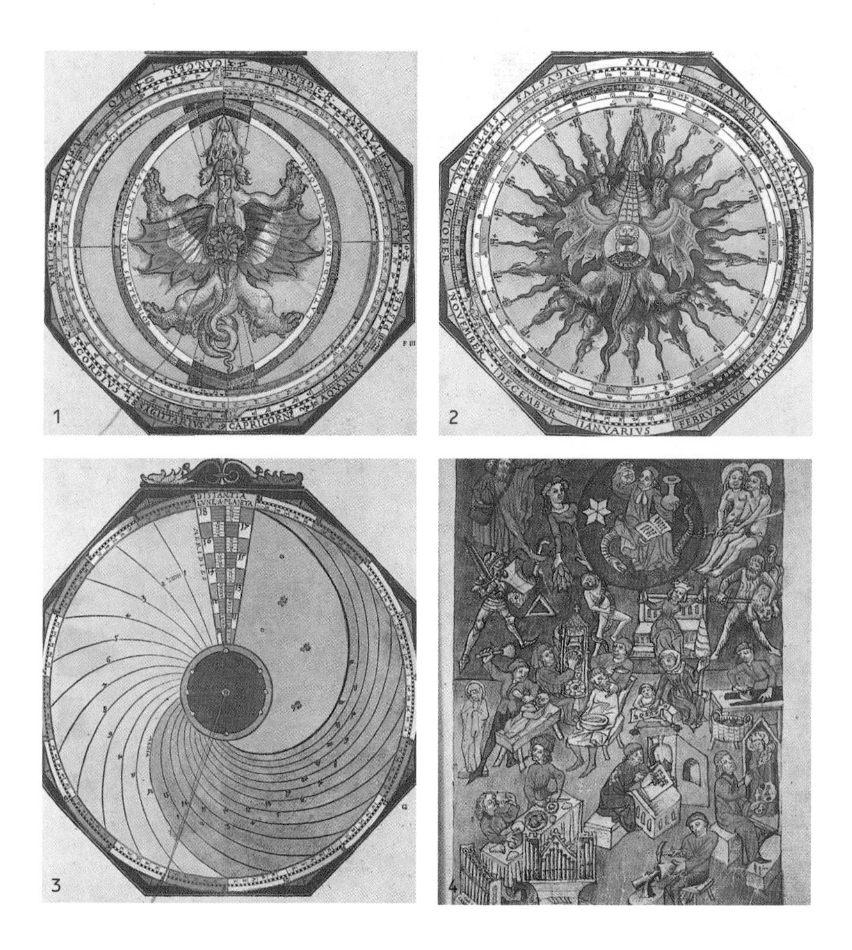

중세 점성술의 종이 컴퓨터.

1 일식과 월식을 예보할 수 있는 종이 컴퓨터이다. 네 개의 판을 움직여서 위치를 계산할 수 있다. 1과 2그림은 페트루스 아피아누스Petrus Apianus가 1540년에 출간한 『아스트로노미쿰 카에사리움The Astronomicum Caesarium』에서 인용한 것이다.

2 달이 주어진 행성에 대하여 원하는 시좌時座에 언제 오는지 계산할 수 있는 종이 컴퓨터. 실 끝에 진주알을 매달아 하나의 지표로 사용하기도 했다.

3 수성에 관한 "행성 페이지" 의 한 쪽. 수성은 파란색의 원으로 그리고 그 주위에 여러 가지의 별자리를 그려 넣었다.(카시오페이아가 수성 바로 아래 앉아 있고, 오리온이 수성 오른쪽에 있는 짐승 한 마리를 지금 칼로 베는 중이다.)

4 그리고 지상 세계에서는 인간의 각종 직업 활동이 벌어지고 있는데 점성술에서는 행성들이 이러한 활동을 지배한다고 믿었다.

1450년경 독일의 점성술 관련 저작물에서 인용.

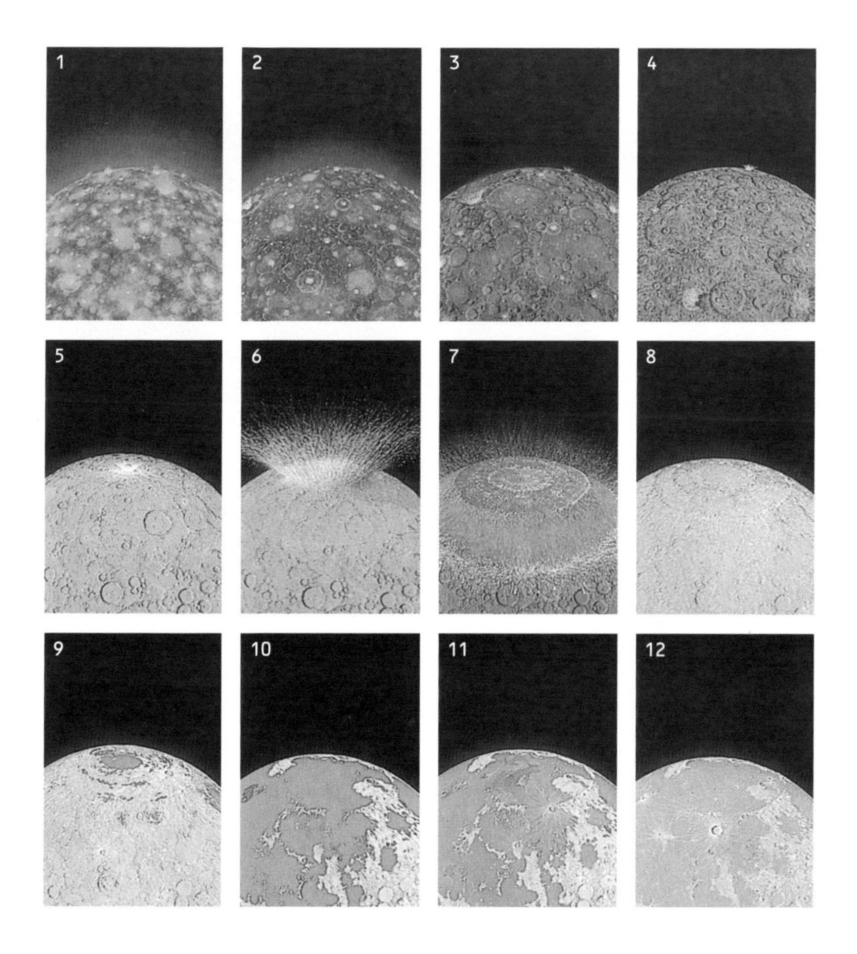

달의 형성 과정.

1~3 지구 대략 46억~50억 년 전쯤, 원시 달은 집적集積과 유착癒着에 의한 성장 과정을 거의 마무리하고 있었다. 이 단계에서 외부로부터 떨어져 들어온 미행성 부스러기들이 원시 달의 고체 표면과 충돌하면서 막대한 양의 열에너지를 발산했고, 이 에너지가 물질을 녹여 달의 표면을 용융 상태에 있게 했다. 원시 달의 궤도 근처에 남아 있던 잔해들의 대부분도 달의 중력으로 끌려 들어와서 원시 달의 질량을 키웠고, 이러한 일이 진행되는 동안 원시 달은 천천히 식어 갔다.

4~8 지구 39억 년 전 소행성 하나가 달과 충돌하여 큰 구덩이를 파놓았다. 이때 분출물이 사방으로 비산했고 달 표면에는 충격파가 동심원을 그리며 널리 퍼져 나갔다. 달은 충격파 때문에 다시 뜨거워졌다.

9~10 지구 충돌의 결과로 만들어진 커다란 구덩이가 현무암질의 용암으로 온통 뒤덮였다. 지금으로부터 약 27억 년 전쯤으로 추정된다. 지구에서 맨눈으로도 쉽게 볼 수 있는 이 뚜렷하게 검은 구덩이를 오늘날 우리는 "비의 바다Mare Imbrium"라고 부른다.

11의 에라토스테네스 운석공이나 12의 코페르니쿠스 운석공같이 광조 무늬가 뚜렷한 것들은 더 최근에 있었던 충돌의 결과로 생긴 운석공이다. 오랫동안 서서히 진행하는 침식 작용이 비의 바다와 그 주변 지역의 선명했던 대조를 서서히 퇴조시켰다.

이 그림은 미국 지질 조사 연구소 천체지질학부의 자문을 받아 돈 데이비스가 그린 것이다.

↑ 바이킹 2호에서 바라본 유토피아의 경관.
이 사진 왼쪽에는 표면에서 표본을 채취하는 팔이 삐죽이 뻗어 나와 있다. 오른쪽 구석에 있는 깡통은 표본 채취 팔의 금속 덮개가 튕겨져서 땅에 떨어진 것이다. 살아 있는 생물나 혹은 지능의 부산물을 연상시키는 그 어떤 것도 바이킹 착륙지 근처에서는 발견되지 않았다.
↓ 바이킹 우주선의 화성 생명 탐사 작업. 이 사진에 보이는 도랑들은 화성에서 생명을 찾기 위하여 토양을 채취하느라 파 놓은 것이다.

의 구름에 반사된 태양의 빛인 것이다. 그러나 이러한 발견 이후 수세기가 지나도록 그 구름의 성분이 무엇인지 도무지 알아낼 수가 없었다.

금성의 표면을 들여다볼 방법이 없던 시기에 어떤 과학자들은, 금성의 지표면이 석탄기의 지구처럼 늪지라는 묘한 결론을 이끌어 냈다. 그들의 논리는, 논리라고 취급해 줘도 좋을지 모르겠지만, 이런 식으로 전개됐다.

"저는 금성 표면에서 아무것도 볼 수가 없어요."

"왜죠?"

"완전히 구름으로 덮여서 그렇죠."

"그 구름들은 무엇으로 만들어진 건데요?"

"물론 물이죠."

"그러면 왜 금성의 구름이 지구의 구름보다 더 두껍습니까?"

"그곳에 물이 더 많기 때문이죠."

"그럼, 구름에 물이 더 많다면 표면에도 물이 더 많아야 할 텐데, 어떤 종류의 표면이 아주 습하지요?"

"늪지죠."

금성 표면에 늪지가 있다면, 금성에 소철나무와 잠자리 그리고 심지어 공룡까지 있어야 하지 않을까? 결국 금성에서 그 어떤 물체나 지형지물들을 알아볼 수 없다는 관찰에서 어처구니없게도 금성이 생물로 가득해야만 한다는 결론이 도출됐다. 금성의 구름에 아무런 특징이 없다는 사실이 오류에 빠지기 쉬운 인간의 습성을 드러낸 셈이다. 우리가 살아 있다는 사실에서, 우리는 그 어딘가에 생명이 있을 것이라는 생각을 항상 하게 된다. 그러나 생명의 존재 여부는 보다 주의 깊은 증거의 축적과 평가를 통해서 판단해야 할 사항이다. 결국 금성에는 생물이 없다는 것이 밝혀졌다.

금성의 정체에 대한 최초의 단서는 유리 덩어리로 만들어진 프리즘이나 평면 유리에 가는 줄을 균일한 간격으로 그려 넣은 회절 격자의 덕분에 확보할 수 있었다. 보통의 백색광이 슬릿의 좁은 틈을 지나서 프리즘을 통과하거나 회절 격자 면을 비스듬히 비추게 되면 무지개 색깔의 띠가 펼쳐지는데, 이 띠를 분광 스펙트럼 또는 그냥 줄여서 스펙트럼이라고 한다. 가시광선 대역의 분광 스펙트럼은 주파수가 높은 빛에서 낮은 것의 순으로 보라색, 파란색, 초록색, 노란색, 주황색, 빨간색으로 펼쳐진다.[9] 이 색깔의 빛이 우리 눈에 잘 보이니까 우리는 이것을 가시광선可視光線 대역의 스펙트럼이라고 한다. 그러나 빛의 주파수 대역은 우리가 볼 수 있는 부분보다 보지 못하는 부분이 더 넓다. 보라색 너머, 주파수가 높은 쪽의 스펙트럼 부분을 우리는 자외선紫外線 대역이라 한다. 자외선도 아무 나무랄 데 없는 완전한 빛이다. 하지만 미생물에게는 죽음을 가져다준다. 자외선은 우리 눈에 보이지 않는다. 그러나 호박벌과 광전 소자光電素子는 자외선을 능히 감지할 수 있다. 세상은 우리 눈이 볼 수 있는 것만이 아니다. 그보다 훨씬 더 많고 넓다. 특히 빛은 우리 눈이 감지할 수 있는 부분보다 훨씬 넓은 주파수 대역

9. 빛은 골과 마루로 연결되는 파동이다. 주파수란 정해진 위치를 단위 시간에 통과하는 골이나 마루의 개수를 의미한다. 빛을 감지할 수 있는, 망막의 한 지점을 단위 시간 동안에, 즉 1초 동안에 파동의 골이나 마루가 몇 개나 지나가느냐에 따라 그 빛의 주파수가 결정된다. 주파수가 높을수록 에너지가 큰 빛이다.

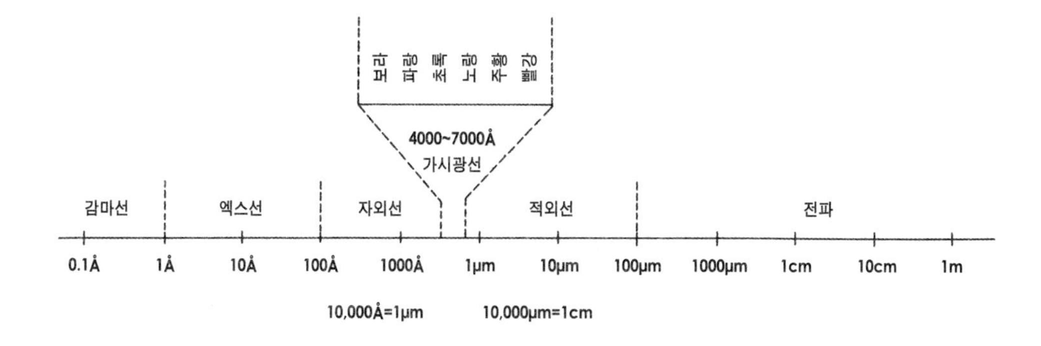

전자기파 스펙트럼. 가장 짧은 파장의 감마선부터 가장 긴 파장의 전파 영역까지 보여 준다. 파장은 스펙트럼 대역에 따라 옹스트롬(Å), 마이크로미터(μm), 센티미터(cm), 미터(m) 등으로 잰다.

에 걸쳐 존재한다. 자외선 너머의 스펙트럼은 엑스선이고 그 너머에는 감마선 영역이 있다. 낮은 주파수 쪽으로 가면 빨간색 너머에 적외선赤外線 대역이 있다. 우리 눈에는 빨간색 너머는 어둠일 뿐이다. 그러나 그 자리에 열에 민감한 온도계를 놓으면 눈금이 올라간다. 이러한 관찰을 통해 적외선이 처음 발견됐다. 우리 눈에는 보이지 않지만 온도계 내부의 수은을 팽창시킬 수 있는 열기를 가진 빛이 분명 거기에 있었던 것이다. 불순물이 적절히 첨가된 반도체나 방울뱀은 적외선을 아주 잘 감지한다. 적외선 너머의 넓은 주파수 대역을 우리는 전파電波, radio wave 대역이라고 부른다. 감마선에서 전파 대역까지 모두 다 당당한 빛이다. 천문학에서는 이 모두를 다 유용하게 이용한다. 그러나 눈의 한계로 인해 인간은 가시광선이라고 하는 아주 좁은 띠 모양의 무지개를 편애하며 살아간다.

1844년 철학자 오귀스트 콩트Auguste Comte는 영원히 미지로 남겨져 있을 것으로 예상되는 지식의 예를 찾고 있었다. 그는 별과 행성이 무엇으로 이루어져 있는지에 대한 문제를 자신이 찾던 완벽한 사례라고 생각했다. 별에 직접 가 볼 수도 없고 시료를 채취할 수도 없으니 별의 구성 성분을 영원히 알 수 없을 것이라고 생각했던 것이다. 그러나 콩트가 죽은 지 겨우 3년 후에 스펙트럼으로부터 화학 성분을 결정할 수 있다는 사실이 밝혀졌다. 서로 다른 화학 성분의 물질은 서로 다른 주파수 또는 다른 색깔의 빛을 흡수한다. 따라서 분자나 원소의 종류에 따라 흡수하는 빛의 주파수 또는 파장이 각기 다르다. 흡수하는 빛의 주파수는 감마선에서 전파 대역까지 스펙트럼 어디에도 올 수 있다. 예를 들어 지구 대기를 통과한 태양 광선의 스펙트럼에 하나의 어두운 선이 나타났다고 하자. 그렇다면 해당 주파수의 빛으로는 슬릿의 이미지를 만들 수 없었다는 뜻이고, 이것은 바로 그 주파수에 해당하는 태양 광선이 슬릿에 닿지 않았다는 이야기이다. 즉 태양 광선이 지구 대기를 거쳐 오는 동안에 특정 주파수의 빛만 선택적으로 흡수된 것이다. 지구 대기를 구성하는 특정 성분의 분자나 원소가 바로 그 주파수의 빛을 흡수했을 것이다. 어떤 물질이든 그 물질 고유의 분광학적 특성이 있게 마련이다. 이러한 원리를 이용하면 지구에서 무려 6000만 킬로미터나 떨어져 있는 금성 대기의 화학 조성도 여기 지구에 그대로 앉아서 식별할 수 있다. 어디 그뿐인가. 태양의 구성 성분을 점칠 수 있고, 자기장이 강력한 A형 별의 대기에 유로퓸europium이라는 원소가 특별히 많다는 사실도 귀신같이 알아낸다.(사실 헬륨은 지구에서 발견되기 전에 태양에서 먼저 발견된 원소다. 과학자들은 그리스의 태양신 헬리오스 Helios의 이름을 따서 그 원소의 이름을 지었다.) 별만이 아니다. 별보다 훨씬 더 먼 거리에 있는 은하들도 분광 분석의 대상이 된다. 수천억 개의 별들이 내놓은 빛의 무지개에서도 우리는 은하의 화학 조성을 알아낼 수 있

금성 적도 지역의 레이다 지도. 전파 세기 지도에서 밝게 보이는 지역이 금성 표면에서 전파를 잘 반사하는 곳이다. 더 자세히 연구된 지역들은 원으로 표시했다. 그중의 한 지역이 사진에 실려 있다.

다. 천체분광학은 신비의 기술이다. 콩트가 예를 들 때 하필 별의 화학 조성을 운운한 일은 매우 운수가 나쁜 탓일 게다.

금성이 물로 가득하다면 스펙트럼에서 수증기 때문에 생긴 흡수선들을 쉽게 발견할 수 있을 것이다. 하지만 1920년경 윌슨 산 천문대Mount Wilson Observatory에서 최초로 시도된 금성의 분광 관측에서는 금성 대기의 구름에 수증기가 많다는 단서나 흔적을 하나도 발견할 수 없었다. 단지 금성의 표면이 건조한 사막으로서 규산염 성분의 미세한 고체 티끌들만이 낮게 떠다닐 것이라는 예측을 할 수 있었다. 이후의 연구를 통해서 금성 대기에 엄청난 양의 이산화탄소가 있음이 밝혀졌다. 어떤 과학자들은 이 발견을 행성의 모든 수분이 탄화수소들과 결합하여 이산화탄소를 형성하기 때문이라고 해석했다. 그렇다면 금성의 표면은 하나의 거대한 유전油田 혹은 행성 크기의 석유 바다여야 했다. 어떤 이들은 대기가 너무 차가워서 수증기가 모두 물방울로 응결되었고 물방울은 수증기와 다른 형태의 스펙트럼을 보이기 때문에 금성의 대기에 수증기가 없다는 결론이 나온 것이라고 주장했다. 그들은 이 행성이 완전히 물로 덮여 있을 것이라고 주장했다. 도버Dover 해협의 해안 절벽처럼 석회암으로 덮인 섬들이 간간이 있기는 하겠지만 말이다. 비록 그렇다고 하더라도 대기 중에 있을 엄청난 양의 이산화탄소 때문에 바다는 평범한 물이 아닐 것이다. 물리화학적으로 탄산수일 수밖에 없다. 그래서 그들은 금성에 거대한 탄산수의 바다가 있다는 가설을 제안했다.

금성의 실제 상황을 알려 준 최초의 단서는 가시광선이나 적외선 대역의 스펙트럼에서가 아니라 전파 대역에서 얻어졌다. 전파 망원경은 카메라이라기보다 광도계와 같이 작동한다. 전파 망원경을 사용하면 상당히 넓은 범위의 하늘을 관찰할 수 있다. 천문학자들은 전파 망원경으로 에너지가 하늘의 특정 지역에서부터 특정 주파수의 전파를 통해 얼마만큼 지구로 유입되는지를 측정한다. 우리가 흔히 접하는 전파 신호는 일정 수준의 지능을 갖춘 생물이 만든 것이다. 주로 라디오나 텔레비전 방송국을 운영하는 사람들 말이다. 그러나 자연 그대로의 물체들도 여러 가지 이유에서 전파 신호를 방출한다. 그중 한 가지 이유는 뜨겁기 때문이다. 고온의 물체도 전파를 낸다는 말이다. 1956년 초였다. 전파 망원경을 금성 쪽으로 돌렸더니, 금성이 전파를 방출하고 있음을 처음 알게 됐다. 수신된 전파 신호를 분석한 결과 금성의 온도가 매우 높다고 추측할 수 있었다. 그러나 금성의 표면이 정말 놀랍게 뜨겁다는 사실에 대한 실질적 증거는 (구)소련이 수행한 베네라 Venera 우주선 계획이 가져다줬다. 금성은 지구에서 가장 가까운 행성이지만 불투명한 대기층 때문에 광학적 방법으로 표면까지 접근하기가 불가능했다. 그 까닭에 금성은 늘 신비의 세계로 남아 있었다. 그렇지만 베네라 우주선이 최초로 두꺼운 구름층을 통과해서 표면에 착륙해 보니 금성은 타는 듯이 뜨거운 곳이었다. 늪지도, 유전도, 탄산수의 바다도 없었다. 불충분한 자료에 근거한 추론은 우리를 쉽게 오류의 늪에 빠지게 한다.

우리가 친구와 인사를 나눌 때 일어나는 상황을 빛과 연계시켜 살펴보자. 태양이나 백열등에서 나온 빛이 상대방 얼굴에 일단 반사된다. 우리는 반사된 빛을 보고 상대가 누구인지 알아본다. 그러나 유클리드같이 똑똑한 사람을 포함해서 많은 고대인들은 눈에서 발산된 빛이 보고자 하는 물체에 직접 닿아서 우리가 그 물체를 알아볼 수 있다고 믿었다. 이것은 자연스러운 생각이고 여전히 이런 생각을 하는 사람들이 우리 주위에 많다. 그렇지만 이러한 설명으로는 우리가 어째서 어두운 방에서 물체를 알아볼 수 없는지 이해할 수 없다. 오늘날 우리는 레이저와 광전지, 혹은 전파 발진기와 전파 망원경 등을 조합하여 멀리 있는 물체에 직접 닿도록 빛을 송출할 수 있다. 전파천문학에서는 지상에 설치한 전파 망원경으로 전파를 쏘고 그것이 금성의 지구 쪽 면에 반사되어 되돌아오게 한 다음, 그 반사된 전파 신호를 수신하여 세기를 측정한다. 어떤 주파수(파장)의 전파는 금성의 구름과 대기층을 완전히 투과할 수 있다. 금성 표면에까지 도달한 전파는 표면에서 장소에 따라 흡수되기도 하고 주변으로 분산되기도 한다. 그러므로 이런 지역에서 되돌아 온 신호는 미약할 것이다. 즉 이러한 성격의 지역들은 전파 세기 지도에서 주위보다 어둡게 나타날 것이다. 한편 금성도 자전한다. 그러므로 전파 세기 지도에 드러난 무늬가 일정한 주기로 나타났다 사라지기를 반복할 것이다. 이러한 관측을 반복 수행하면 금성의 자전 주기를 정확하게 측정할 수 있다. 멀리 있는 별들에 대해서 금성은 지구 시간으로 243일 만에 한 번씩 자전한다. 그러나 자전의 방향이 다른 태양계 행성들과는 반대다. 결과적으로 금성에서는 서쪽에서 해가 떠서 동쪽으로 진다. 일출에서 다음 일출까지 지구 시간으로 118일이 걸린다. 금성의 공전과 자전에는 신기한 점이 또 하나 있다. 지구에 가장 근접할 때마다 금성의 동일한 면이 지구를 향한다. 금성이 자신의 공전과 자전을 지구의 공전 운동과 절묘하게 맞추지 않는다면 이러한 일은 일어날 수 없을 것이다. 금성이 지구의 인력권 내에서 어떻게 지구와 이렇게 잘 공조할 수 있게 됐는지 아직 잘 모르겠지만, 짧은 기간에 이루어진 것은 확실히 아니다. 금성의 나이를 수천 년 정도로는 결코 볼 수 없고 내행성계의 다른 천체들만큼 오래됐다는 점이 확실하기 때문이다.

전파를 이용한 금성의 사진들 중에서, 어떤 것은 지상에 설치된 전파 망원경으로부터, 또 어떤 것은 금성의 주위를 도는 파이오니아호에서 얻어졌다. 그것들은 충돌 구덩이에 대한 매우 흥미로운 사실을 우리에게 알려 주었다. 금성에는 아주 크지도 아주 작지도 않은 운석공들이 달의 고원 지대만큼이나 많이 있는데, 이것으로부터 우리는 금성이 아주 오래됐다는 사실을 쉽게 알 수 있다. 그러나 금성 표면에 파인 운석공의 깊이가 놀랄 정도로 야트막하다. '표면의 고온 상태가 암석을 장기간에 걸쳐 흘러내리게 하기에' 알맞기 때문이라고 이해할 수 있다. 말랑말랑한 타피나 사탕, 또는 고무 찰흙에 예리한 흔적을 만들어 놓아도 시간이 얼마 경과하면 그 예리하던 흔적이 사라진다. 처음에는 금성 표면에 깊게 파인 계곡이라도 세월이 지나면서 완만하게 뭉그러졌을 것이다. 금성에는 티벳 고원 두 배 높이의 대지臺地, mesa가 있고, 거대한 협곡이 존재하며, 추측컨대 엄청나게 큰 화산과 에베레스트 산만큼 높은 산이 있을 것이다. 여태껏 구름에 철저히 가려져 있던 세계를 우리는 지금 새롭게 보고 있는 것이다. 전파를 이용한 레이더와 우주 탐사선이 두꺼운 구름층을 열어젖혀 금성 표면의 세세한 모습을 밖으로 드러내 보인 것이다.

처음에는 전파천문학을 통해 유추했고 나중에 우주선으로 직접 측정해 확인할 수 있었던 금성 표면의 온도는 가정용 오븐의 최고 가열 온도보다 더 높다. 섭씨로 대략 480도, 화씨로는 900도에 이르는 고온

베네라 9호와 10호가 금성 표면에서 찍은 각기 다른 두 지역의 전경 사진. 두 사진에서 지평선은 오른쪽 위에 위치한다. 표면 암석의 침식된 상태를 볼 수 있다.

이다. 그리고 표면의 대기압은 90기압에 육박한다. 지구 대기에서 우리가 느끼는 압력의 90배라는 말이다. 지구에서는 해수면에서 수심 1킬로미터까지 내려가야 이만 한 압력을 느낄 수 있다. 금성에서 오래 견디게 하려면 우주선을 잠수정처럼 만들어야 할 뿐 아니라, 우주선에 냉각 장치도 갖추어야 할 것이다.

(구)소련과 미국에서 만든 여남은 대의 우주선들이 고밀도의 금성 대기 내부로 진입해서 짙은 구름층을 통과할 수 있었다. 그중 몇 대는 실제로 표면에서 1시간 정도 견디기도 했다.[10] (구)소련의 베네라 우주선들 중 2대는 금성 표면에서 사진을 찍기까지 했다. 이러한 선구자적 우주 탐사 계획들의 발자취를 따라 이제 또 하나의 다른 세상으로 가 보도록 하자.

가시광선으로 보면 옅은 노란색의 금성 구름들을 어느 정도 분간해 볼 수 있지만, 갈릴레오가 처음 언급했듯이 금성은 실제로 별다른 특징이 없는 것처럼 보인다. 그러나 자외선으로 사진을 찍어 보면 우아하고 복잡한 형태의 소용돌이가 대기 상층부에 나타나는 것을 알 수 있다. 자외선 사진으로 측정한 풍속은 초속 100미터, 즉 시속 360킬로미터였다. 금성의 대기는 96퍼센트가 이산화탄소이다. 질소, 수증기, 아르곤, 일산화탄소와 다른 기체들도 각각 적은 양씩 존재한다. 탄화수소와 탄수화물의 양은 전체 대기의 1000만분의 1 이하의 수준이다. 알고 보니 금성의 구름들은 완전히 농축된 황산의 용액이었다. 미량의 염산HCl과 플루오르화수소산HF도 존재한다. 상층부의 비교적 서늘한 구름 속에서도 금성은 완전히 몹쓸 세상이었던 것이다.

눈에 보이는 구름층보다 더 높은, 고도 약 70킬로미터 고공에는 작은 입자들로 구성된 옅은 안개가 연속적으로 펼쳐져 있다. 금성에서 고도 60킬로미터까지 구름 속을 파고 들어가면, 농축된 황산 방울에 둘러싸여 있는 자신을 발견하게 될 것이다. 황산 방울에 둘러싸여 있다니 생각만 해도 끔찍한 노릇이다. 더 밑으로 내려가면 구름 입자들

10. 1978~1979년에 미국이 보낸 금성 파이오니아호는 성공적으로 임무를 수행했다. 금성 파이오니아호는 궤도선 하나와 4대의 대기 돌입 탐사구로 구성된 하나의 선단이었다. 4대 중 둘이 잠시 동안이나마 금성 표면의 험악한 조건을 용케 견뎌 낼 수 있었다. 행성을 탐사하기 위하여 우주선을 활용하는 데 예상치 못한 어려움들이 많았다. 예를 하나 들어 보겠다. 대기 돌입 탐사구 하나에 탑재한 여러 가지 실험 기구들 가운데, 순 플럭스 복사 측정계純- 輻射 測定計, net flux radiometer가 있다. 이것은 금성 대기의 각 지점에서 상하로 흐르는 적외선 복사의 플럭스를 측정하도록 고안된 측정기였다. 고압에 견뎌야 하므로 탐사구는 우선 튼튼해야 했으며, 적외선을 통과시키는 창의 설치가 필수 조건이었다. 해결책으로 13.5캐럿의 다이아몬드를 수입해서, 알맞은 크기의 창으로 가공한 다음, 탐사구에 붙였다. 그러나 제작 담당 측은 다이아몬드 수입 관세로 1만 2000달러를 미국 세관에 지불해야 했다. 그러나 관세청은, "금성으로 보내진 이 다이아몬드는 앞으로 지구상에서의 상거래 대상이 될 리 없다."라고 판단한 뒤, 세금을 제작자에게 환불해 주었다고 한다.

이 점점 커진다. 지독한 냄새의 이산화황SO_2이 대기 하층부에 미량 존재한다. 이산화황 분자들은 구름 위로 올라갔다가, 태양의 자외선으로 일단 해리되고 해리된 황이 다시 물과 결합하여 황산을 만든다. 황산 기체가 응결하여 황산 액체가 되면 밑으로 가라앉고 낮은 고도에서 높은 열 때문에 다시 이산화황과 물로 분해된다. 이렇게 해서 황 순환의 한 주기가 완성되는 것이다. 금성에서는 행성 전체에 항상 황산 비가 내리고 있지만 표면에는 한 방울도 이르지 못한다.

이 유황색의 안개는 금성의 표면 위로 45킬로미터 지점에까지 펼쳐져 있고, 거기서부터 더 아래에는 밀도는 높지만 엄청나게 맑은 대기가 존재한다. 그러나 대기압이 너무 높아서 표면을 볼 수는 없다. 햇빛이 대기 분자들에 철저하게 산란되기 때문에 구체적 형상을 알아볼 수 없다. 이곳에는 티끌도 구름도 없다. 밀도만 분명하게 높다. 그래도 충분한 양의 햇빛이 상층부 구름을 뚫고 여기까지 들어오기 때문에, 적어도 지구의 흐린 날 정도의 밝기는 유지된다.

세상을 통째로 태워 버릴 듯 맹렬한 더위, 모든 것을 뭉개 버릴 듯한 높은 압력, 각종 맹독성 기체, 게다가 사위는 등골 오싹한 붉은 기운을 띠고 있어서 금성은 사랑의 여신이 웃음 짓는 낙원이 아니라 지옥의 상황이 그대로 구현된 저주의 현장이라고 하겠다. 우리가 금성 표면에서 간신히 알아볼 수 있는 것은, 말랑말랑하게 녹은 제멋대로 생긴 돌멩이들과 그것들이 널려 있는 불모의 벌판뿐이다. 이 거친 불모의 사막에서 그나마 한숨을 돌릴 수 있게 해 주는 것이 있으니, 그것은 여기저기 흩어져 있는 부식된 우주선의 잔해들이다. 그 우주선들은 언젠가 먼 행성에서부터 날아온 것일 게다. 그러나 금성의 두꺼운 유독

성 대기의 바깥에서는 이것들의 존재를 알아볼 길이 없다.[11]

금성은 전 행성 규모에서 대참사大慘事가 벌어지는 내행성계의 한 세계이다. 표면의 고온 상태가 온실 효과에서 야기됐다는 설명이 최근에 논리적으로 충분한 설득력을 얻게 됐다. 태양의 가시광선 대역의 빛이 금성의 반투명 대기와 구름층을 통과하여 지표에 흡수된다. 이렇게 가시광선으로 데워진 표면은 복사열을 우주로 내보내려고 한다. 금성이 뜨겁다고는 해도 태양보다는 훨씬 더 차갑기 때문에, 가시광선 대역이 아닌 적외선 대역에서 주로 복사열을 방출할 것이다. 그런데 금성의 대기에 있는 이산화탄소와 수증기[12] 분자들이 적외선 복사열을

11. 이렇게 숨 막힐 듯한 환경에서는 비록 그들이 우리와 근본적으로 다른 생물이라고 하더라도 그 어떤 것도 유기체로 살아남을 수 없을 것이다. 유기 화합물과 그 이외의 상상할 수 있는 그 어떤 생물학적인 분자라고 해도 이러한 환경에서는 작은 조각으로 쉽게 분해되기 때문이다. 그러나 마음 내키는 대로 지적인 생물이 한때 이러한 행성에서 진화했다고 상상해 보자. 그들에게도 과학이 있었을까? 지구에서의 과학 발달은 기본적으로 천체와 행성 운동의 규칙성을 관찰함으로써 비롯됐다. 그러나 금성의 표면은 완전히 구름으로 덮여 있다. 밤이 지구 시간으로 약 59일로 매우 길어서 기분이야 좋겠지만, 당신이 금성의 밤하늘을 쳐다본다고 해서 천문학적 우주의 그 어떤 모습도 알아볼 수는 없을 것이다. 낮이라고 해도 태양조차 볼 수 없다. 태양의 빛이 전 하늘에 산란되고 흩어져 버리기 때문이다. 금성 표면의 이러한 상황은, 스쿠버 다이버가 바다 밑에 들어갔을 때 사방이 균일하게 밝지만 태양은 보이지 않는 것과 마찬가지다. 만일 전파 망원경이 금성에 설치된다면 태양, 지구 그리고 멀리 있는 다른 천체들을 관찰할 수 있을 것이다. 전파는 금성의 대기층을 통과할 수 있기 때문이다. 금성인들에게 고도로 발달한 천체물리학이 있다면 그들도 항성의 존재를 물리학의 기본 원리들에서 유추할 수 있겠지만 그것은 어디까지나 이론상 개념으로 남을 것이다. 비행 기법을 완전히 익힌 금성의 지적 생물이 어느 날 고밀도의 공기층을 수직 항해하여 드디어 고도 45킬로미터 상공으로 부상하는 광경을 상상해 본다. 그들이 구름 장막을 헤치고 나와서 태양과 행성과 항성들의 찬란한 우주를 처음 목격하게 됐을 때, 그들은 과연 어떤 반응을 보일 것인가?

12. 금성 대기의 수증기 함량은 아직도 조금은 불확실하다. 금성 파이오니아호의 대기 돌입 탐사구에 장착한 기체 크로마토그래피의 측정 결과에 따르면, 하층 대기의 수증기 함량이 대략 0.1퍼센트 수준에 이르는 것으로 밝혀졌다. 반면에 (구)소련의 탐색선인 베네라 11호와 12호가 적외선으로 측정한 바에 따르면 이 값은 0.01퍼센트 수준으로 떨어진다. 전자의 관측값을 적용하면, 이산화탄소와 수증기만 가지고 표면으로부터 방출되는 거의 모든 열을 차단하고, 금성의 지표면 온도를 섭씨 480도 정도로 유지하기에 적절하다. 내가 좀 더 신뢰하는 후자의 값을 적용하면, 이산화탄소와 수증기만 가지고 유지할 수 있는 지표면의 온도는 섭씨 380도 정도이다. 함량이 0.01퍼센트든 0.1퍼센트든 수증기만으로는 금성 대기의 적외선 창을 완전히 닫을 수 없다. 적외선 대기창이 완전히 밀폐되기 위해서는 다른 종류의 대기 성분이 필요하다고 판단된다. 금성의 대기에서 발견된 소량의 이산화황, 일산화탄소, 염산들은 이러한 목적의 기능을 적절히 수행할 수 있을 것으로 보인다. 최근에 금성에 파견된 미국과 (구)소련의 우주선들이 금성 표면의 온도가 실제로 온실 효과에 기인한다는 점을 증명해 준 셈이다.

거의 완벽하게 차단한다. 그러므로 열복사가 우주 공간으로 나가지 못하고 금성 대기에 갇혀 표면 온도는 점점 상승한다. 대기 밖으로 새어 나가는 조그만 양의 적외선 복사열이 하층 대기와 지표면에서 흡수된 태양 복사의 양과 겨우 평형을 이루어 상쇄될 때까지 표면 온도는 상승할 것이다.

우리의 이웃 세상이 무시무시하고 불유쾌한 장소인 것으로 판명이 났다. 그렇지만 금성 문제는 좀 더 다루어야 한다. 금성은 그 자체만으로도 매우 흥미로운 곳이기 때문이다. 그리스와 북유럽 신화에 나오는 많은 영웅들도 저마다 지옥에 가 보고 오겠노라 요란하게들 시도하지 않던가? 상대적으로 천국인 우리의 행성을 금성이라는 지옥과 비교함으로써 우리는 또 많은 것을 배울 수 있을 것이다.

반은 사람이고 반은 사자의 형상을 한 이집트 기자의 스핑크스Sphinx는 지금으로부터 약 5,500년 전에 만들어졌다. 그 얼굴은 한때 선이 또렷하고 깨끗했을 것이다. 수천 년 동안 이집트 사막의 모진 모래 바람과 간헐적으로 내리는 비를 맞아서 뚜렷했던 윤곽이 지금은 많이 닳아 문드러졌다. 뉴욕 시에는 이집트에서 가져온 클레오파트라의 바늘Cleopatra's Needle이라고 불리는 오벨리스크가 하나 서 있다. 뉴욕 센트럴파크에 놓인 지 100년밖에 안 됐지만, 대도시의 스모그와 산업 공해, 즉 금성 대기에서 벌어지는 상황과 비슷한 화학 침식의 작용으로 말미암아 이 돌탑에 새겨진 문양들은 이제 거의 알아볼 수 없게 마모됐다. 지구의 침식 작용이 이러한 정보들을 지워 버린 것이다. 그러나 아주 느리게 진행되기 때문에 똑똑 듣는 빗방울이나 따갑게 날리는 모래알이 주는 문제가 심각하다는 사실이 쉽게 간과되었다. 산맥과 같은 큰 구조물들은 수천만 년 동안, 더 작은 충돌 운석공들은 아마도 수십만 년 동안,[13] 그리고 규모가 큰 인간의 구조물들은 겨우 수천 년 동안만 유지된다. 어느 정도 균일하게 진행되는 점진적 침식 작용 말고도 지구에서는 크고 작은 재해로 인한 파괴 또한 무시할 수 없다. 그러한 예를 우리는 스핑크스의 코에서 볼 수 있다. 누군가가 신을 모독할 목적에서, 아니면 장난삼아 총을 쏴서 깼다고 한다. 어떤 이들은 그 장본인이 중세 터키 인 노예 기병이었다고 하고 또 어떤 이들은 나폴레옹의 병사였다고 한다.

금성과 지구에서, 그리고 태양계 내의 모든 곳에서 자연의 대재앙에 따른 파괴의 흔적들을 역력히 알아볼 수 있다. 물론 대재앙 당시에 생긴 상처의 실상은 그 후에 아주 느리게 진행되는 지속적인 침식과 풍화에 깎이고 다듬어졌겠지만 말이다. 먼저 지구에서의 예를 들어 보자. 하늘에서 쏟아진 빗물이 냇물에 모여 개울로 흘러들고, 다시 강을 이루면서 거대한 충적지를 하구에 만들어 놓는다. 화성에도 옛 강들의 흔적이 있다. 어쩌면 지표보다 훨씬 깊은 곳에 만들어진 하천의 바닥이 서서히 올라오는 중일지 모른다. 목성의 위성 중 하나인 이오에는 황산 용액이 흘러서 만들어진 넓은 수로와 같은 것들이 있다. 지구에는 엄청난 위력을 발휘하는 기상 현상들이 있다. 이 점에서는 금성과 목성도 마찬가지이다. 지구와 화성에는 모래 폭풍이 분다. 번개는 목성, 금성, 지구 모두에서 요란하게 친다. 지구와 이오에서는 화산 분출

13. 좀 더 정확하게 이야기해 보자. 지구상에서 지름 10킬로미터의 충돌 구덩이는 50만 년에 하나꼴로 만들어진다. 그렇게 만들어진 구덩이는 유럽이나 북아메리카와 같이 지질학적으로 안정 상태에 있는 지역에서는 침식에 약 3억 년 동안 견딜 수 있다. 이보다 작은 규모의 충돌 구덩이들은 더 자주 만들어지고 특히 지질학적 활동이 활발한 지역일수록 더 빨리 사라진다.

물들이 대기권으로 유입된다. 내부에서 진행되는 지질학적 과정들은 지구뿐 아니라 금성, 화성, 가니메데와 유로파의 표면을 서서히 변화시킨다. 느림보로 소문난 빙하도 지구의 지형 구조에 커다란 변화를 초래한다. 사정은 화성에서도 마찬가지다. 이러한 과정들이 시간에 따라 늘 일정한 속도로 진행되는 것은 아니다. 유럽 대륙의 거의 대부분이 한때는 얼음으로 뒤덮였던 시기가 있었다. 현재 시카고의 도심이 자리 잡은 지역이 수백만 년 전에는 3킬로미터 두께의 얼음층 밑에 묻혀 있었다. 화성 그리고 태양계의 여타 장소에서도 도저히 오늘날 만들어졌다고 생각할 수 없는 특성의 지형 구조와 만나게 된다. 그러한 풍경들은 수억 혹은 수십억 년 전에 지구에 새겨졌다. 그리고 당시의 기후는 현재와 판이했을 것이다.

지구의 경우, 또 다른 요인 때문에 풍경과 기후가 바뀐다. 그것은 지적 생물의 활동이다. 금성처럼 지구에도 이산화탄소와 수증기가 존재하므로 온실 효과가 작용한다. 온실 효과가 없었다면 지구 전체의 평균 온도는 영하에 머물렀을 것이다. 온실 효과 때문에 지구의 바다는 액체 상태를 유지할 수 있었고 생물은 살아남을 수 있었다. 어느 정도의 온실 효과는 이렇게 생명에게 유익하다. 금성처럼 지구에도 약 90기압의 이산화탄소가 있다. 기체 상태가 아니라 석회암이나 다른 종류의 탄산염 형태로 지각에 존재한다. 지구가 지금보다 태양과 아주 조금만 더 가까웠다면, 지구의 기온은 현재보다 약간 높았을 것이고, 그 때문에 이산화탄소의 일부가 암석에서 대기 중으로 분출하게 됐을 것이다. 이산화탄소의 증가는 온실 효과를 높이는 쪽으로 작용할 것이고 이에 따라서 지표의 온도 역시 더 상승할 것이다. 이제 더 뜨거워진 표면 온도는 더 많은 양의 탄산염들을 이산화탄소로 기화시켜서 온실 효과는 한층 더 효율적으로 작용하게 된다. 즉 온실 효과의 폭주로 말미암아 지구의 표면 온도가 현재보다 무척 더 높아질 가능성이 있다. 실제로 이런 폭주 현상이 금성의 초기 역사에서 벌어졌던 것 같다. 지구보다 금성이 태양에 더 가깝기 때문이다. 현재 금성의 표면이 처한 상황을 보고 있노라면, 우리는 엄청난 규모의 재앙이 지구의 위치에서도 일어날 수 있다는 경고의 메시지를 읽게 된다.

현대 산업 문명의 주요 에너지원은 화석 연료이다. 우리는 나무, 석유, 석탄, 천연가스를 태우고 이 과정에서 폐기 기체, 주로 이산화탄소를 대기 중에 내보내고 있다. 결과적으로 지구 대기의 이산화탄소 함량이 점차 증가하고 있다. 그러므로 언젠가는 지구의 기온이 온실 효과로 인해 급격히 치솟을 가능성이 있다. 지구 전체의 평균 기온이 1도 내지 2도만 상승해도, 그것이 초래할 재앙은 자못 심각하다. 석탄, 석유, 휘발유를 태울 때, 이산화탄소뿐 아니라 황산 기체도 대기 중으로 내보내진다. 그렇기 때문에 금성에서처럼 지구의 성층권에도 아주 작은 액체 황산의 방울들로 이루어진 상당한 규모의 황산 안개 층이 형성된다. 우리의 주요 도시들은 유독 가스로 오염돼 있다. 인간이 무심코 행하는 일련의 활동들이 장기간에 걸쳐 어떤 결과를 초래할지 제대로 알지도 못하는 상태에서 우리는 현재의 생활 방식을 그대로 고집하며 살고 있다.

그러나 인간은 정반대의 측면에서도 기후를 교란시켜 왔다. 수십만 년 동안 인간은 숲을 태우고 나무를 베고 가축을 초원에 방목함으로써 초원과 밀림을 지속적으로 파괴해 왔다. 화전 농업과 산업을 위한 열대림의 개간, 그리고 지나친 방목이 지구 도처에 만연하고 있다. 그러나 숲은 초원보다 어둡고, 초원은 사막보다 어둡다. 결과적으로 지표에 흡수되는 햇빛의 양이 줄어들고 있다는 이야기다. 즉 토지의 사용 양식이 변함에 따라 지구의 표면 온도가 낮아질 수 있다. 이러한 식의 냉각은 극지방에 있는 만년설 지대의 넓이를 증가시킬 것이다. 만년설 지대가 넓어지면 햇빛이 더 잘 반사되어 지구 밖으로 나간다. 그 결과로 지구의 표면 온도는 더욱 낮아질 것이다. 이것이 온실 효과의 또 다른 방향으로의 폭주이다. 급격하게 치솟는 반사도[14] 때문에 지구는 종국에 '백색 재앙'의 위기에 빠질지도 모른다.

우리의 아름답고 푸른 행성 지구는 인류가 아는 유일한 삶의 보금자리이다. 금성은 너무 덥고 화성은 너무 춥지만 지구의 기후는 적당하다. 인류에게 지구야말로 낙원인 듯하다. 결국 우리는 이곳에서 진화해 왔다. 지구의 현재 기후 여건이 실은 불안정한 평형 상태일 가능성이 있는 데도 불구하고 인간은 자기 파멸을 가져올 수 있는 수단들을 동원하여 지구의 연약한 환경을 더욱 교란시키고 있는 중이다. 그것이 초래할 심각한 결과는 전혀 개의치 않고 말이다. 지구의 환경이 지옥과 같은 금성의 현실이나, 빙하기에 놓여 있는 화성의 현재 상황으로 근접할 위험은 없는가? 이 질문에 당장 할 수 있는 답은 현재로서는 "아직은 아무도 모른다."뿐이다. 행성 지구의 전일적全一的 기후학 그리고 비교 행성학적 연구는 아직 초보 단계에 있다. 이 분야 연구들에 지원되는 예산의 규모 또한 아주 보잘것없다. 우리는 지구 기후의 장

14. 반사도는 행성으로 들어온 햇빛 중 우주로 반사되어 다시 돌아간 부분을 나타내는 수치이다. 지구의 반사도는 30퍼센트에서 35퍼센트 정도이다. 즉 지구로 입사되는 태양 광선의 65퍼센트 내지 70퍼센트만이 지표면에 흡수되어 지구의 평균 표면 온도를 유지시켜 준다.

기 변화에 대해서 참으로 무지하다. 인류는 자신의 무지를 망각한 채 대기를 오염시키고 숲을 제거함으로써 지표면의 반사도를 점점 높이고 있다.

수백만 년 전 인류가 오랜 진화 과정을 통해 지구상에 처음 얼굴을 내밀었을 때는 지구가 젊음의 격변기와 형성 초기의 격렬함에서부터 46억 년이나 되는 세월을 이미 보내고 중년기의 안정을 찾은 뒤였다. 그러나 현대에 들어와서 인류의 활동이 지구에 아주 새롭고 결정적인 영향을 미치는 요인으로 작용하기 시작했다. 우리의 지능과 기술이 기후와 같은 자연 현상에도 영향을 미칠 수 있는 힘을 부여한 것이다. 이 힘을 어떻게 사용할 것인가? 인류의 미래에 영향을 줄 수 있는 문제들에 대하여 무지와 자기만족의 만행을 계속 묵인할 것인가? 지구의 전체적 번영보다 단기적이고 국지적인 이득을 더 중요시할 것인가? 아니면 우리의 자녀와 손자손녀를 위한 걱정과 함께, 미묘하고 복잡하게 작용하는 생명 유지의 전 지구적 메커니즘을 올바로 이해하고 보호하기 위해서 좀 더 긴 안목을 가져야 할 것인가? 알고 보니 지구는 참으로 작고 참으로 연약한 세계이다. 지구는 좀 더 소중히 다루어져야 할 존재인 것이다.

서리에 덮인 낙원. 이 사진은 화성 북반구에 겨울이 시작될 즈음인 1977년 10월경에 촬영한 것이다. 북위 44도 지역의 화성 표면을 물 성분의 서리가 엷게 덮고 있다. 수직 구조물이 떠받치고 있는 것이 바이킹 2호와 지구 사이의 직접 교신을 가능케 하는, 지향성 좋은 통신용 안테나이고 검은색 눈금과 색색의 사각형들이 그려져 있는 판이 카메라를 조정하는 데 쓰이는 표적물 또는 과녁이다. 왼쪽 아래에 있는 흰 테두리를 한 검정 사각형은 한 장의 극히 작은 사진인데, 그 사진에는 바이킹 우주선의 설계, 조립, 시험, 발사와 운영 등을 책임진 사람들 총 1만 명의 서명이 아주 작은 글씨로 빽빽하게 새겨져 있다. 인류는 자기도 알지 못하는 사이에 다행성多行星의 생물 종으로 변해 가는 중이다.

5 붉은 행성을 위한 블루스

신들의 과수원들에서 그는 운하들을 감시한다.

— 수메르 신화 『에누마 엘리시』, 기원전 2500년경

우리의 지구가 다른 행성들처럼 태양 주위를 돌면서 빛을 받는 한 행성이라는 코페르니쿠스의 주장에 동조하는 사람이라면, 나머지 행성들에도 지구에서와 같이 가재도구뿐 아니라 거주민들이 있지 않을까 하는 공상을 때때로 해 보지 않을 수 없을 것이다. 그렇지만 우리는 그런 곳에서 자연이 제멋대로 벌여놓은 수많은 일들을 탐구해 봤자 헛수고나 마찬가지라고 언제나 뻔한 결론을 내리게 마련이었다. 그러나 얼마 전, 내가 이 문제에 대해 다소 진지하게 생각해 본 끝에(그렇다고 해서 (그 옛날의) 위대한 분들보다 내가 더 뛰어나다고 간주해서가 아니라, 그분들보다 훗날에 살게 되는 행운을 가졌을 뿐이라는 뜻에서) 이 탐구가 아주 실행 불가능하지도 않을뿐더러 온갖 어려움을 무릅써야 하는 그런 성격의 일도 아니고, 예상 가능한 범위 내에서

추측은 해 볼 만한 여지가 충분히 있다고 생각하게 되었다.

— 크리스티안 하위헌스, 『천상계의 발견』, 1690년경

사람들이 눈의 기능을 크게 확장하여 지구와 같은 행성들을 볼 수 있는 날이 언젠가 우리 곁에 오고야 말 것이다. — 크리스토퍼 렌, 그레샴 대학교에서 행한 취임사, 1657년

오래전에 들은 이야기 하나가 생각난다. 한 저명한 신문의 발행인이 유명한 천문학자에게 전보를 쳤다고 한다. 그 전보에는 "화성에 생명이 존재하는지 500개의 단어로 정리하여 수신자 부담으로 즉시 전송해 주기 바람."이라는 요구가 적혀 있었다. 그 천문학자는 시키는 대로 순순히 답을 보냈다. "아무도 모름, 아무도 모름, 아무도 모름 ……" 하는 식으로. 그는 '아무도 모름'이라는 두 개의 단어를 정확히 250번 반복하는 식으로 답을 작성하여 보냈다. 해당 분야의 전문가가 이 정도로 철저하게 자신의 무지를 인정하고 또 강조했음에도 불구하고 그의 답에 귀를 기울인 사람은 아무도 없었다. 그 까닭에 화성에 생명이 존재한다고 주장하는 측과 반박하는 측 사이의 권위 싸움이 오늘날까지 계속되고 있는 것이다. 화성에 생명이 존재하기를 간절히 바라는 사람들이 있는가 하면, 또 다른 쪽에서는 화성에 생명이 없다고 열을 올린다. 두 진영 모두 도가 지나치도록 자기주장을 해 왔다. 양 진영의 감정이 극도로 고조되다 보니, 어느 정도의 불확실성은 수용해야 하는 과학의 기본 미덕마저 저버리기 시작했다. 누구나 서로 모순되는 두 가지 가능성을 함께 보듬어 안고 살아야 하는 부담에서

벗어나고 싶을 것이다. 그래서 사람들은 어느 쪽이라도 좋으니 그냥 한 가지의 답만을 달라고 요구한다. 어떤 과학자들은 나중에 타당성이 극도로 희박하다고 밝혀진 증거들을 기반으로 해서 화성에 생명이 존재한다고 믿는다. 아니 믿으려고 한다. 또 반대편의 과학자들은 생명의 특정 징후를 찾고자 했던 초기의 시험적 시도가 성공적이지 못했다거나 또는 그 실험의 결과가 불확실하다는 이유만으로 화성에 생명이 없다고 결론짓는다. 사정이 이 지경에 이르게 됐으니 붉은 행성을 위한 블루스는 여러 차례 반복 연주될 수밖에 없었던 것이다.

왜 하필 화성인인가? 토성인이면 어떻고, 명왕성인이라면 뭣이 문제란 말인가? 화성인만 두고 그토록 열심히 궁리하고 또 그토록 열렬히 상상의 나래를 펴는 이유가 도대체 무엇일까? 그것은 언뜻 보기에 화성이 지구와 매우 유사하기 때문이다. 화성은 지구에서 그 표면을 관측할 수 있는 가장 가까운 행성이다. 얼음으로 뒤덮인 극관極冠이나, 하늘에 떠다니는 흰 구름, 맹렬한 흙먼지의 광풍, 계절에 따라 변하는 붉은 지표면의 패턴, 심지어 하루가 24시간인 것까지 지구를 닮았다. 그렇다면 누구나 화성 생명을 상상하고픈 유혹에서 벗어나기 어려울 것이다. 화성이 지구인의 희망과 두려움을 투사할 수 있는 신화神話의 공간으로 어느새 둔갑해 버린 것이다. 인간의 심리적 성향의 잘잘못을 떠나서, 누가 뭐라고 해도 우리는 엉뚱한 길로 가서는 안 될 것이다. 중요한 것은 구체적 증거이다. 그런데 그 증거가 아직 우리 손 안에 쥐어져 있지 않다. 화성은 참으로 경이로운 세계이며, 화성의 미래상은 과거에 우리가 화성에 대해 품었던 억측들보다 훨씬 더 흥미진진한 내용으로 가득하다. 인류는 20세기에 비로소 화성의 흙과 모래를 헤집어

볼 수 있게 됐고, 그렇게 함으로써 지구인의 흔적을 화성에 확실하게 남겨 놓았다. 한 세기에 걸친 인류의 오랜 꿈이 드디어 성취된 것이다.

> 19세기 말까지만 해도 인간보다 뛰어나지만 인간처럼 결국은 죽을 수밖에 없는 운명을 지닌 어떤 지적 존재들이 이 세계를 치밀하고 상세하게 관찰하고 있다는 사실을 아무도 믿으려 하지 않았을 것이다. 말하자면 사람들이 삶의 여러 문제로 바쁘게 허둥대고 있는 동안에, 마치 현미경으로 물방울 하나에서 헤엄치고 증식하는 작은 생물들을 우리가 자세히 관찰하듯이, 우리들의 행동거지 하나하나를 누군가가 주의 깊게 꼼꼼히 연구하고 있다는 사실을 아무도 예상할 수 없었을 것이다. 자기만족에 도취된 지구인들은 자신들이 세계를 지배한다는 확신에 차서 또 다른 지적 존재 따위는 안중에도 두지 않았다. 인간들은 그저 자질구레한 일상에 사로잡혀 이 지구상에서 복작거릴 뿐이다. 현미경 아래에서 꼼지락거리는 짚신벌레 같은 적충류滴蟲類들도 이 점에 있어서는 우리와 마찬가지일 게다. 우리는 우리에게 위협적인 존재가 될지도 모를 오래된 세계들이 우주 어디엔가 있으리라고는 상상하지 못했다. 설혹 외계의 세상을 생각해 봤을지라도 그런 곳에는 생명이 존재할 수 없다고 치부해 버리고는 했다. 여기서 지난 시절 우리의 습관적 사고방식을 한번 되돌아보는 것도 우리에게 유익할 것이다. 고작 생각한다는 게 화성인이 지구인보다 열등할 것이라는 근거 없는 믿음이었고, 그렇기 때문에 그들은 지구에서 파견될 선교사들을 감지덕지 환영할 것이라는 어처구니없는 자기도취였다. 그러나 우주의 심연 저 너머에서는 짐승과 우리 사이의 격차만큼이나 우리보다 뛰어나고 냉

철한 지성을 갖춘 지적 존재들이 우리를 호시탐탐 노리면서 지구를 공격할 확고부동의 계획을 서서히 수립하고 있었다.

허버트 조지 웰스Herbert George Wells는 그의 1897년 작품인 『우주 전쟁 *The War of the Worlds*』의 첫 장을 이렇게 열고 있다. 웰스의 『우주 전쟁』은 공상 과학 소설의 전범으로 꼽히는 작품이다. 100년의 세월이 지난 오늘날에도 이 글은 우리에게 긴 여운으로 다가온다.[1] 지구 이외의 세상에 생명이 존재할지 모른다는 두려움과 같이 생명이 존재했으면 하는 희망이 인류의 전 역사를 관류했다. 그리고 외계 생명의 징후를 찾는 데 있어 우리는 밤하늘에 밝게 빛나는 붉은 점 하나에 특히 주목해 왔다. 그러니까 『우주 전쟁』이 출판되기 꼭 3년 전이었다. 미국 보스턴 출신의 퍼시벌 로웰Percival Lowell이 대규모의 천문대를 설립하고 심혈을 기울여 화성 생명의 존재를 입증하기 위한 연구를 시작했다. 로웰은 젊은 시절에 천문학을 취미삼아 공부했고 하버드 대학교를 졸업한 뒤에는 준準외교관의 신분으로 당시 '조선'이라고 불리는 나라에서 근무한 적이 있는 특이한 경력을 가진 인물이었다. 그리고 무엇보다도 그는 부유했다. 1916년에 세상을 떠날 때까지 로웰은 행성의 본질과 진화에 관한 지식과 우주의 팽창에 관한 추론 그리고 명왕성의 발견 등과 관련해서 인류 문화 발전에 커다란 공헌을 했다. 사실 그는 명왕성을 자기 이름을 따서 명명했다. 명왕성의 영어 이름인 Pluto의 첫 두 글자는 퍼시

1. 1938년 오선 웰스가 제작한 「우주 전쟁」의 라디오 드라마에서는 화성인의 침공 대상이 원작의 영국에서 미국 동부로 바뀌었다. 당시 전쟁 발발의 가능성에서 전전긍긍하던 수백만 명의 미국인들은 이 방송을 듣고 겁에 질린 나머지 화성인이 실제로 공격하고 있다고 믿기까지 했다.

스키아파렐리가 그린 화성의 지도. 그림의 직선과 곡선이 그가 이야기한 '운하'이다. 화성에서 볼 수 있는 두드러진 특징의 장소들을 고대사와 신화에 관련된 장소의 이름을 따서 명명함으로써 스키아파렐리는 바이킹 1호와 2호의 착륙지인 크라이세와 유토피아 등을 포함해서 화성에 대한 현대적 명명법의 기초를 확립했다.

벌 로웰의 머리글자인 P와 L이며, 이 두 글자를 결합한 ♇는 명왕성을 상징한다.

그러나 로웰의 전 생애에 걸친 최대의 관심사는 화성이었다. 1877년 이탈리아의 천문학자 조반니 스키아파렐리Giovanni Schiaparelli가 화성의 '카날리canali'에 관한 연구를 발표하자, 로웰은 묘한 전율이 자신을 감싼다고 느꼈다. 스키아파렐리는 화성의 지구 대접근 시기에 화성의 표면을 자세히 관측할 수 있었다. 그는 한 개 혹은 두 개의 직선들이 복잡한 네트워크를 이루며 이 행성의 밝은 지역 여기저기를 가로지르는 것을 보고 이것을 "카날리"라고 불렀다. 이탈리아 어로 'canali'는 경로나 가늘고 길게 파인 홈을 의미하지만, 영어권에서는 이 단어가 '지적 존재가 설계한 구조물'이라는 의미를 내포하는 '운하canal'로 번역됐다. 그리하여 화성의 열풍이 유럽과 미국을 휩쓸기 시작했고 로웰도 그 열기의 도가니 속에 빠져 들었다.

1892년, 시력을 잃어 가던 스키아파렐리가 화성 관측을 이제 그만둬야겠다고 발표하자, 로웰은 그의 작업을 자기가 대신하기로 결심하고, 구름이나 도시 불빛의 방해를 받지 않으며 시상視相이 좋은 최상급의 관측 장소를 물색하기 시작했다. 시상은 대기의 안정도에 민감하다. 대기가 안정적인 곳에서는 별의 이미지가 흔들리지 않지만, 대기가 심한 교란을 겪는 곳에서는 별의 이미지도 몹시 흔들린다. 맑은 날 밤에 별빛의 깜빡거림도 대기 교란에 기인한다. 로웰은 자신의 고향에서 멀리 떨어졌지만 시상이 좋은 애리조나 주 플랙스태프Flagstaff라는 도시의 한 언덕에 자신의 천문대를 건설하고, 그곳을 "화성의 언덕Mars Hill"이라고 불렀다.[2] 그는 그곳에서 화성 표면의 특징, 특히 그를 매료시켰던 운하들을 자세히 스케치했다. 그것은 힘든 작업이었다. 망원경 끝에 매달려 찬 새벽 공기와 여러 시간 동안 싸워야 했기 때문이다. 시상이 나빠지면 화성의 상이 흐려지거나 왜곡된다. 그럴 때에는 모든 관측이 허사가 된다. 때로는 이미지가 안정되면서 행성의 특징들이 순간적으로 아주 선명하게 드러날 때가 있다. 이럴 때면 감히 볼 수 있도록 허락된 화성의 귀중한 모습을 머리에 잘 기억해서 종이에 정확하게 옮겨 그려야 한다. 진지한 천문학자라면 선입관은 잠시 한쪽에 밀어두고 열린 마음으로 화성의 경이로움을 기술해야 한다.

2. 아이작 뉴턴이 다음과 같은 이야기를 한 적이 있다. "망원경의 제작 이론을 완전하고 상세하게 적용시켜 한 대의 망원경을 만들었다고 해도, 그 망원경으로 구현할 수 있는 것에는 어떤 한계가 여전히 존재한다. 망원경으로 별을 관측하려면 별빛이 우선 대기를 통과해야 하는데, 작은 움직임이기는 하지만 지구 대기가 끊임없이 움직이기 때문이다. …… 이 문제의 유일한 해결책은 천문대 자리를 대기가 극도로 잔잔하고 조용한 곳에 잡는 것이다. 거대한 구름층 위로 솟아오른 높은 산의 정상이 바로 이러한 문제를 해결할 수 있는 장소일 것이다."

퍼시벌 로웰의 공책은 그가 보았다고 생각한 화성의 특징들로 빼곡하다. 밝고 어두운 지역들, 극관의 흔적, 운하들 그리고 운하로 얽히고설킨 행성 그 자체의 모습. 로웰은 자신이 보고 있는 그물 같은 것이 극관에서 녹아 내린 물을 적도 지방에 사는 목마른 도시민들에게 수송해 주는 거대한 용수로用水路 시스템이라고 믿었다. 행성 전역에 걸쳐 관개 시설이 돼 있는 이 행성에 지구인과 아주 다른, 그리고 더 오래되고 더 현명한 종족이 살고 있다고 믿었다. 그는 어두운 지역이 계절에 따라 변화하는 것은 식물의 성장과 쇠락 때문이라고 여겼다. 그는 화성이 지구와 아주 닮았다고 믿었다. 그러나 그의 믿음은 좀 지나친 데가 있었다.

로웰이 그린 화성의 모습은 태고의 역사를 간직한 메마르고 쇠락한 땅, 즉 사막의 세계였다. 그렇지만 그 사막은 여전히 지구에서 보는 사막과 같은 것이었다. 로웰의 화성은 로웰 천문대가 있는 미국 남서부 지역의 특성과 많은 공통성을 보인다. 그는 화성의 기온이 약간 낮은 편이기는 하지만 그래도 "영국 남부"처럼 지낼 만한 정도일 것으로 상상했다. 화성의 대기가 비록 희박하지만 호흡하기에 충분하고, 물이 전반적으로 귀하기는 하겠지만 운하망이 잘 짜여 있어서 생명 유지에 필요한 양을 화성 전역에 충분히 공급할 수 있다고 믿었던 것이다.

화성에 얽힌 지나간 역사를 되돌아보면 재미있는 점을 발견하게 된다. 로웰이 당시에 당면해야 했던 가장 심각한 도전은 전혀 생각하지도 못했던 아주 엉뚱한 방향에서부터 왔다. 앨프리드 러셀 월리스가 로웰의 도전자였다. 그는 자연 선택에 따른 생명 진화를 다윈과 함께 발견한 인물이었다. 1907년 그는 로웰의 저술들 중 하나의 서평을 써

← 퍼시벌 로웰의 애리조나 플랙스태프 시절. 그의 59세 때의 모습이다. 로웰 천문대 사진.
→ 자신이 설립한 천문대의 24인치 굴절 망원경 밑에 앉아 있는 로웰의 1900년 모습이다. 로웰 천문대 사진.

달라는 부탁을 받았다. 이것이 계기가 되었다. 젊은 시절에 월리스는 엔지니어였다. 그는 초감각 지적 능력 같은 주제를 다소 잘 믿는 편이기는 했어도 화성에 생명 거주의 가능성이 있다는 주장에 대해서는 지극히 회의적이었다. 월리스는 로웰이 화성의 평균 기온을 계산할 때 범한 실수를 입증하여 화성이 영국의 남부처럼 온화한 곳이 아니라고 주장했고, 극히 일부의 예외 지역이 있기는 하겠지만 화성의 기온은 어디를 가든지 빙점氷點 이하라고 지적했다. 그의 온도 계산에 따르면 화성 표면의 바로 아래는 영구 동토층凍土層으로 뒤덮여 있어야 했다. 그리고 대기는 로웰이 계산했던 것보다 훨씬 더 희박하며, 충돌 구덩이들이 달에서처럼 사방에 널려 있어야 했다. 그리고 운하의 물에 대해서는 이렇게 생각했다.

잉여분(의 물)이 그렇게 부족한데 그것이 운하를 넘치도록 채우고 흐른다는 게 말이 되는가? 그것도 물을 로웰 씨 자신이 묘사한 바와 같이 끔찍한 여건의 사막 지대를 가로질러서 구름 한 점 없이 쨍쨍한 하늘에 그대로 노출시킨 채로 한쪽 반구에서 적도 지대를 넘어 반대쪽 반구로 옮기겠다는 시도는 지적 존재가 아니라 광인 집단에서나 볼 수 있는 무모한 계획이다. 확실히 장담하건대 단 한 방울의 물도 남김없이 증발해 버리거나, 아니면 수원지에서 160킬로미터도 채 못 가서 땅에 완전히 스며들어 사라질 것이다.

통렬하지만 전반적으로 적확한 분석이다. 더욱 놀라운 점은 이 분석이 월리스의 나이 84세 때에 이루어졌다는 사실이다. 그의 결론은 화성에 생명이 존재할 가능성은 한마디로 0이라는 것이다. 이때 월리스가 생물이라고 한 것은, 수문학水文學을 잘 아는 토목 기술자를 지칭한 말이었다. 월리스는 미생물에 대해서는 가타부타 의견을 제시하지 않았다. 그럴 필요성을 느끼지 못했을 것이다.

월리스의 비판에도 불구하고, 대중은 화성에 관한 로웰의 생각에 무게를 실어 줬다. 다른 천문학자들이 로웰 천문대와 비견할 만한 관측 여건에서 로웰의 24인치 망원경과 같은 수준의 망원경으로 소위 화성의 '운하'에 관한 아무런 증거를 발견할 수 없었음에도 불구하고, 로웰의 생각은 대중적 지지를 얻는 데 아무런 문제가 없었다. 그의 주장에서는 「창세기」와 같은 태고의 신화적 분위기가 풍겼다. 이러한 인기에는 19세기가 거대한 운하의 건설을 포함한 공학 기술이 경이적으로 발전하던 시기라는 점도 단단히 한몫을 했다. 1869년에 수에즈 운하가,

1893년에 코린트 운하가, 1914년에 파나마 운하가 완공됐다. 그리고 그때는 미국 내에서 오대호의 갑문閘門과 뉴욕 주 북부의 바지선용 운하와 미국 서남부의 관개용 수로들이 많이 건설됐거나 건설 중이던 시기였다. 지구인들이 유럽과 미국에서 그런 과업을 달성할 수 있다면, 화성인이라고 해서 못하란 법이 있을까? 그들이 우리보다 더 오래되고 현명한 종족이라면, 그들은 붉은 행성에서 진행되는 건조화 현상에 용감하게 맞서서 지구에서보다 더한 노력을 기울이지 않겠는가?

현대는 인공 위성이 화성의 주위를 선회하며 화성의 세세한 모습을 정찰할 수 있는 시대이다. 화성 전역을 이미 지도에 담았으며, 자동 실험실을 두 개씩이나 화성 표면에 내려놓았다. 그러나 화성에 얽힌 신비는 로웰의 시대보다 오히려 더 깊어지기만 했다. 로웰이 언뜻언뜻 보고 그렸던 그 어떤 화성 그림보다 훨씬 더 정밀한 사진을 확보하게 되었지만 우리는 그 사진에서 세상을 떠들썩하게 했던 운하망의 지류 하나, 갑문 하나도 아직 발견하지 못했다. 로웰, 스키아파렐리 그리고 그 외의 사람들이 좋지 않은 시상 조건에서 육안 관측을 하면서 잘못 판단했던 것이다. 어쩌면 그들이 화성에 생명이 존재한다고 믿고 싶어 했기 때문에 오판했을 가능성도 배제할 수 없다.

퍼시벌 로웰의 관측 일지를 보면 그가 망원경 앞에서 수년 동안 지속적인 노력을 기울였음을 알 수 있다. 그의 일지는 운하의 실재에 대한 다른 천문학자들의 회의적 시각을 로웰 자신도 잘 알고 있었음을 생생하게 증언해 준다. 일지에 드러난 로웰은 자기가 중요한 발견을 했음에도 불구하고 다른 이들이 그 발견의 의미를 아직 알아차리지 못했기 때문에 무척 괴로워하는 사람이었다. 예를 들어, 1905년 1월 21

일자 일지에는 다음과 같은 글이 실려 있다. "이중 운하가 순간적으로 여러 차례 나타났다. 운하의 실재가 확인됐다." 나는 로웰의 일지를 읽다가 그가 정말로 무언가를 본 것 같다는 편치 않은 느낌이 분명하게 들었다. 하지만 대체 그는 무엇을 봤을까?

나는 코넬 대학교의 폴 폭스Paul Fox와 함께 로웰이 만든 화성 지도를 매리너 9호에서 찍은 위성 사진들과 비교해 보았다. 위성 사진은 로웰의 24인치 지상 굴절 망원경보다 어떤 때에는 1,000배나 탁월한 분해능을 보여 준다. 그러나 둘 사이에서 우리는 사실상 아무런 상관관계도 발견할 수가 없었다. 로웰의 눈은, 화성 표면의 서로 연관돼 있지 않은 미세한 특징들을 이어 붙여서 직선으로 착각했던 게 아니었다. 그의 운하들이 있어야 하는 곳에는 어두운 반점이나 연결된 운석공들조차 없었다. 그곳은 아무런 특징도 없는 장소였다. 그렇다면 그는 어떻게 똑같은 운하를, 그것도 몇 년씩이나 계속해서 그릴 수 있었을까? 뿐만 아니라 어떻게 다른 천문학자들도 똑같은 운하들을 그릴 수 있었을까? 그들 중의 어떤 이들은 자신이 운하를 본 다음에 로웰의 지도를 자세히 조사했다고 주장했다. 그리고 매리너 9호의 화성 탐사 계획의 가장 탁월한 성과 중 하나는, 계절에 따라 변하는 가변적 선들과 반점들의 발견이었다. 그중의 많은 수가 충돌 구덩이의 벽과 연결돼 있다. 가변적 선과 반점의 출현은 바람에 날리는 먼지들 때문이었는데, 그 구체적 모습은 계절풍에 따라 변했다. 그러나 그 선들에서는 운하의 특성을 찾아볼 수 없었고, 또 로웰이 운하가 있다고 한 곳에 있지도 않았다. 어느 것도 지구에서 개별 운석공으로 보일 만큼 크지 않았다. 따라서 20세기의 초기 수십 년 동안만 존재했다가 우주선을 이용한 근접

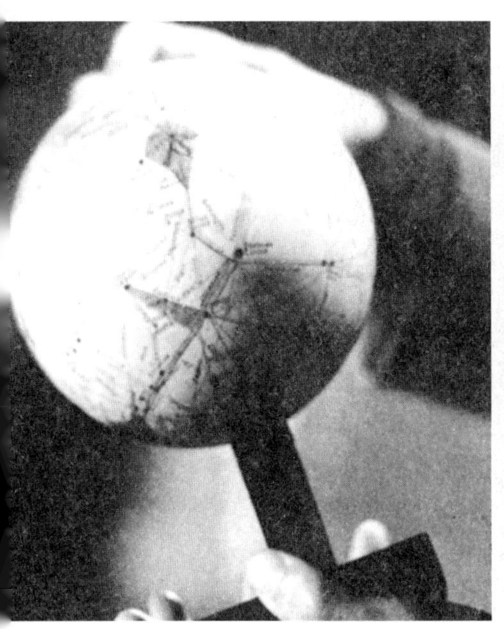

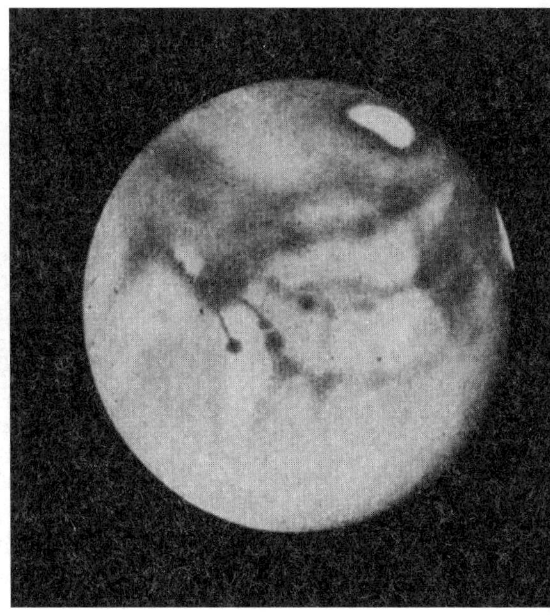

← 로웰이 만든 화성본 중의 하나이다. 유명한 이름이 붙은 운하들이 보인다.
→ 1909년 프랑스의 안토니아디 E.-M. Antoniadi가 그린 화성의 모습. 이 그림에는 극관과 희미한 선들이 보인다. 하지만 다른 천문학자들은 시상이 썩 좋은 조건에서도 운하를 찾아낼 수가 없었다.

탐사가 가능해지자마자 흔적도 없이 사라져 버린 로웰의 운하와 아주 조금이라도 비슷한 지형적 특징이 화성에 실제로 있었을 가능성은 극히 희박하다고 하겠다.

그럼 화성 운하의 정체는? 좋지 않은 시상 조건에서 인간의 손과 눈과 뇌가 잘못 작동한 종합 결과인 듯싶다. 최소한 일부 사람들의 경우에는 그렇다는 말이다. 로웰 당대와 그 후에도 똑같은 수준의 기기로 관측했던 많은 다른 천문학자들 중에는 운하건 뭐건 간에 아무것도 볼 수 없다고 주장한 이들이 있었다. 하지만 이것은 포괄적인 설명이라고 할 수 없다. 나는 화성 운하에 얽힌 일부 핵심적 문제들이 여전히 미해결 문제로 남아 있다는 의심이 자꾸 든다. 로웰은 운하의 규칙성이야말로 "지성을 갖춘 존재의 설계"에서 유래했다는 것의 의심할 수 없는 표시라고 항상 말했다. 이 말은 분명히 맞는 말이다. 문제는 그 지적 존재가 망원경의 어느 쪽 끝에 자리 잡고 있었느냐는 것이다.

로웰의 화성인은 선량하고 희망적이었으며 심지어는 약간 신적이기까지 해서 『우주 전쟁』에서 H. G. 웰스와 오선 웰스가 보여 준 사악하고 위협적인 존재와는 사뭇 달랐다. 이 서로 다른 두 아이디어는 일간 신문의 일요 부록판과 공상 과학 소설 등을 통해서 대중의 의식 속으로 잠입해 들어갔다. 나도 어린 시절에 에드거 라이스 버로스Edgar Rice Burroughs의 화성 소설을 숨을 죽여 가며 열중해서 읽었다. 지금도 기억이 난다. 나는 버지니아 주 상류층 출신의 모험가인 존 카터John Carter와 함께 바르숨Barsoom으로 여행했다. 바르숨은 화성의 거주민들이 화성을 부르는 이름이었다. 나는 다리가 여덟 개 달린 짐 나르는 짐승인 소트thoat의 떼를 따라갔다. 헬륨 왕국Kingdom of Helium의 공주인 아름다운 데자 도리스Dejah Thoris의 결혼 승낙도 얻어 냈다. 키가 4미터나 되는 타르스 타르크스Tars Tarks라는 이름의 초록색 전사와 나는 친구가 되었다. 첨탑이 솟은 바르숨의 도시들과 돔 모양의 양수장들 안에서, 그리고 닐러서티스Nilosyrtis와 네펜테스Nepenthes 운하들의 신록이 우거진 둑을 따라서 배회하기도 했다.

정말 존 카터와 함께 화성에 있는 헬륨 왕국으로 과감히 떠나 보는 것이 가능한 일일까? 공상에서가 아니라 정말로 가는 것 말이다. 한여름 밤 바르숨의 두 달(포보스와 데이모스)의 빛으로 우리의 길을 밝히면서, 하늘을 가로질러 의기충천한 과학 모험의 여행을 시도해 볼 수 있을까? 말로만 전해오는 운하를 포함해서 로웰의 모든 결론이 엉터리로 판명난다 할지라도 화성에 관한 그의 묘사에는 긍정적 측면이 많이 있다. 몇 세대에 걸쳐 나는 물론이고 수많은 여덟 살배기 어린이들에게 행성 탐험을 하나의 가능성으로 받아들이게 해 주었고, 우리도 언젠가 화성으로 갈 수 있다는 상상과 확신을 심어 주었다는 점에서 말이다. 존 카터는 화성에 가기 위하여 들판에서 양팔을 펴고 서서 자신의 소원을 간절히 빌었다. 결국 그는 그곳에 가게 되었다. 몇 시간씩이나 빈 들판에서 두 팔을 활짝 펴고 서서 화성이라고 믿었던 것을 향해 나를 거기에 데려가 달라고 애원했던 어린 시절의 기억이 내게도 있다. 그런데 그 방법은 전혀 성공적이지 못했으니, 이제 뭔가 다른 방법을 찾아야 한다.

자연의 작품인 생물처럼 사람이 만든 기계도 진화한다. 로켓은 중국에서 발명됐는데, 처음에는 의전상의 목적과 심미적 용도로만 사용됐다. 로켓이 추진 동력을 화약에서 공급받는다는 점을 생각한다면, 화약을 발명한 중국인에게 로켓 발명의 영광도 돌아가야 마땅하다. 어쨌든 이렇게 발명된 로켓이지만 14세기경에 유럽에 흘러 들어가면서 전쟁에 응용되기 시작했다. 그리고 러시아의 한 중등학교 교사 콘스탄틴 에두아르도비치 치올코프스키Konstantin Eduardovich Tsiolkovsky가 행성까지의 교통 수단으로 로켓을 거론한 때가 19세기 후반이었다. 본격적인 고공 비행용 로켓은 미국의 과학자 로버트 허칭스 고더드Robert Hutchings Goddard가 처음 개발했으며, 제2차 세계 대전 당시 독일이 사용한 군사용 V-2 로켓은 사실상 고더드의 혁신적 기술을 거의 그대로 활용한 것이었다. 마침내 1948년에 2단계 V-2/WAC 코포럴 통합형 로켓을 그

← 러시아의 로켓 과학 및 우주과학의 선구자 콘스탄틴 에두아르도비치 치올코프스키(1857~1935년). 그는 10세 때 성홍열로 귀머거리가 됐다. 도서관 등을 다니며 거의 독학으로 물리학과 천문학을 공부했으며, 교사 검정 고시에 합격하여 자기 고향의 중등학교 교사가 됐다. 치올코프스키는 우주항해학에 많은 공헌을 했고, 인간이 다른 행성들의 환경을 재설계할 수 있게 되는 시대, 즉 행성의 지구화가 가능한 시대가 올 것이라고 일찍이 예견했다. 1896년 외계 지능과의 교신에 관한 책을 집필했고, 또 1903년에는 다단계 액체 연료 로켓으로 지구 대기 바깥을 여행할 수 있는 방법에 관해 상세하게 기술했다.
→ 실험 중인 33세의 고더드. 고체 연료를 이용하는 소형 로켓과 강철제 연소관을 시험대에 붙이는 중이다.

당시로서는 초유의 고도인 400킬로미터까지 쏘아 올리는 데 성공함으로써 로켓 개발사의 한 획이 그어졌다. 1950년대에 들어와서 로켓 개발의 주도권은 (구)소련의 세르게이 코롤로프Sergei Korolov와 미국의 베르너 폰 브라운Wernher von Braun의 손에 쥐여 있었다. 그러다가 로켓이 대량 파괴 무기의 운반체로서 각광을 받게 되면서, 로켓 개발에 충분한 재정적 지원이 쏟아 부어졌고, 그 결과로 로켓 공학은 엄청난 기술적 진전을 보게 되었다. 드디어 로켓에서 인공 위성이 탄생했다. 그 후의 발전 속도는 눈부시게 빨랐다. 유인 궤도 비행, 유인 우주선의 달 선회 비행, 달 착륙 그리고 태양계를 떠나 저 밖으로 향하는 무인 우주선으로 숨가쁘게 이어졌다. 미국과 (구)소련을 제외한 다른 나라들도 우주선을 발사하기 시작했다. 그중에는 영국, 프랑스, 캐나다, 일본 그리고 로켓을 최초로 발명한 중국이 포함되었다.

치올코프스키와 고더드(청년 고더드 역시 H. G. 웰스의 책을 읽었고, 퍼시벌 로웰의 강연에 고무되기도 했다.)의 초기 아이디어들 중에는 아주 높은 고도에서 지구를 관찰하는 과학 궤도선과 화성의 생명을 탐색하는 탐사선을 실현하는 데 우주 로켓을 응용하는 것이 있었다. 그들의 이 두 가지 꿈이 이제 모두 실현된 셈이다.

당신이 낯선 행성에서 온 방문객으로서 아무 선입관 없이 지구에 접근하고 있다고 상상해 보자. 지구에 가까워질수록 지구에 대한 당신의 시계視界는 점점 향상될 것이다. 접근할수록 지상의 세세한 부분도 점점 더 잘 알아볼 수 있게 된다. 적정 거리에 이르면 당신은 '이 행성에도 생명이 있을까?' 하는 의문을 당연히 갖게 될 것이다. 그렇다면 생명의 존재 여부를 언제부터 가늠할 수 있을까? 우선 지성을 가진 존재들이 살고 있다면 그들은 수 킬로미터의 규모에 걸쳐 현저한 대조를 보이는 요소들로 이루어진 공학적 구조물들을 만들어 냈을 것이라고 예상할 수 있을 것이다. 그 다음에 당신은 자신이 타고 있는 우주선의 광학 기기들이 가진 분해능을 알고 있으므로 선형 해상도가 킬로미터 단위를 식별할 수 있을 정도가 되려면 얼마나 가까이 접근해야 할지 분주하게 계산할 것이다. 그리고 바로 그 거리에서부터 당신은 지구를 아주 주의 깊게 내려다보기 시작할 것이다. 그렇지만 지구는 그 거리에서 거의 불모지와 같이 보일 것이다. 지성을 갖춘 생명의 존재 여부는 차치하고라도 워싱턴, 뉴욕, 보스턴, 모스크바, 런던, 파리, 베를린, 도쿄와 베이징 같은 곳에서도 생명의 흔적이라고는 전혀 찾아볼 수 없을 것이란 말이다. 지구에 지성을 가진 생물이 분명히 살고 있지만, 우리 지구인들이 지형을 아직 그렇게 심하게 변화시키지는 않았기 때문이다. 지구 바깥에서 킬로미터 단위의 해상도로 관찰했을 때 두드러지게 나타나는 기하학적 형태의 구조물들을 아직 지구상에서 찾아보기 어렵다.

그러나 더 접근하여 선형 해상도가 10배로 향상되어 크기 100미터 정도의 작은 형태들도 보이기 시작하면 상황은 완전히 달라진다. 지구상의 많은 장소들이 갑자기 선명하게 드러나기 시작하면서 정사각형과 직사각형, 직선과 원의 복잡한 기하학적 형태들이 시야에 들어올 것이다. 이것들이야말로 지성을 가진 존재가 구축한 공학적 구조물인 것이다. 예를 들면 도로, 고속도로, 운하, 농장, 도심의 거리 같은 인공 구조물들 말이다. 한편 이러한 인공 구조물들의 배치 양상은 유클리드 기하학과 영토 욕심이라는 인간의 두 가지 집착을 잘 드러낸다. 이 정도의 규모에서는 지성을 갖춘 생물들의 존재를 보스턴, 워싱턴, 뉴욕 등지에서 확인할 수 있을 것이다. 해상도가 10미터 수준으로 향상되면 지형이 어느 정도 변형됐는지 비로소 가늠할 수 있게 된다. 지형 구조에 인간이 초래한 변형의 양상이 뚜렷하게 드러나기 때문이다. 그동안 인간은 참으로 분주하게 살아왔던 것이다. 지금까지의 이야기는 낮에 찍은 사진을 기초로 한 분석이다. 그러나 해질 녘이나 밤이 되면 완전히 다른 것들이 보이기 시작한다. 리비아와 페르시아 만의 유정에서 솟구치는 화염, 일본 오징어잡이 선단의 유인등이 방출하는 불빛, 불야성을 이룬 대도시의 조명 등도 보인다. 그리고 대낮에 1미터 크기의 물체를 구분할 수 있을 정도로 해상도가 향상되면, 개별 생물들이 처음으로 구별되어 인식되기 시작한다. 예를 들면 고래, 소, 홍학, 사람 등을 구체적으로 분간할 수 있게 된다.

지구상에 사는 지적 생물들은 자신이 만든 건축물의 기하학적 규칙성을 통해서 자신의 존재를 외계 방문객들에게 제일 먼저 드러낼 것이다. 만약 로웰의 운하망이 화성에 정말 존재했다면 지적 존재가 화성에 거주한다는 결론 역시 충분한 설득력을 얻었을 것이다. 운하망이 갖는 기하학적 규칙성이 표면 지형의 대대적 변형을 뜻하기 때문이다. 비록 화성 궤도 근처에서 찍은 사진일지라도, 화성 생물의 존재를 설득력 있게 내비치려면 지구인들과 마찬가지로 그들도 화성의 표면을 대대적으로 바꾸어 놨어야 한다. 그 경우 체계적으로 구축된 운하망은 기술 문명의 존재를 쉽게 유추할 수 있게 해 준다. 그러나 한두 가지의 불가사의한 특징을 제외하고는 무인 우주선이 가져다준 엄청난 양의 화성 표면에 관한 정보 그 어디에서도 우리는 그런 징후를 찾아볼 수 없었다. 그렇다면 우리가 화성에서 기대할 수 있는 남은 가능성은 무엇일까? 대형 동식물이나 미생물만이 화성에 살아 있다던가, 화성에서 생물이란 생물은 이미 모조리 멸종됐다던가, 예전이나 지금이나 화성은 항시 생명이 없는 행성이라던가 하는 가능성들이 남아 있다. 화성은 지구보다 태양에서 멀리 떨어져 있기 때문에 기온이 상당히 낮다. 희박한 대기는 주로 이산화탄소로 이루어져 있지만 질소 분자와 아르곤이 좀 있고, 아주 소량의 수증기와 산소 그리고 오존이 존재한다. 오늘날 화성의 지표면에서 액체 상태의 물은 기대할 수 없는데, 그 이유는 화성의 대기압이 너무 낮아서 찬물조차 급격히 증발해 버리기 때문이다. 혹시 토양의 작은 구멍이나 모세관이 액체 상태의 물을 극소량 품고 있을지 모른다. 인간이 숨쉬기에는 산소의 양도 너무 부족하다. 오존의 함량도 적다 보니 살균력이 강한 태양의 자외선이 화성의 표면에까지 거침없이 도달한다. 과연 어떤 생물이 그런 환경에서 살아남을 수 있을까?

나는 동료들과 함께 이 질문의 답을 실험에서 찾기로 했다. 벌써 오래전의 일이다. 당시까지 알려진 화성의 환경을 '화성 단지Mars Jar'라고 이름 붙인 큰 용기에 재현해 놓고 그 안에 지구의 미생물을 집어넣은 다음 어떤 미생물이 살아남는지 지켜보았다. 화성 단지를 주로 이산화탄소와 질소로 구성된 산소 결핍의 대기로 채우고, 온도를 정오즈음에는 빙점 위로 약간 올렸다가 동트기 직전에는 영하 80도까지 내려서, 화성의 전형적인 기온 변화 범위 내에서 온도가 주기적으로 변하게 했다. 강렬한 태양광은 자외선 램프로 재현할 수 있었다. 얇은 막의 형태로 모래 알갱이 하나하나를 적시는 극히 적은 물을 제외하고는 액체 상태의 물은 존재하지 않았다. 일부 세균들은 첫 밤을 지내고 나더니 얼어 죽었고 다시는 기별이 없었다. 다른 것들은 가쁜 숨을 몰아쉬다가 결국 산소 부족으로 사망했다. 어떤 것들은 목말라서 죽었고 어떤 것들은 자외선에 튀겨졌다. 하지만 지구상의 세균 중에는 산소를 필요로 하지 않는 종류가 상당수 있다. 그 밖에도 온도가 너무 떨어지면 일시적으로 활동을 중단하는 종류, 자외선을 피해 자갈이나 얇은 모래층 밑으로 숨는 종류 등도 있다. 또 다른 실험에서는 액체 상태의 물이 소량이라도 존재하면 세균들이 실제로 번식하기도 했다. 지구의 세균이 화성의 환경에서 생존할 수 있다면, 그리고 만약 화성에 세균들이 존재한다면 그들은 화성에서 훨씬 더 잘 살 수 있지 않겠는가. 하지만 우리는 거기에 가 보기부터 해야 한다.

(구)소련은 무인 행성 탐사 프로그램을 활발히 운영했다. 1년이나 2년에 한 번씩 최소한의 에너지로 화성이나 금성으로 우주선을 발사할 수 있는 시기가 지구에 찾아온다. 행성들의 상대 위치와 케플러의 법칙과 뉴턴의 물리학만 알면 그 시기를 계산할 수 있다. 1960년대 초반 이후 (구)소련은 그런 기회를 거의 놓치지 않고 그때마다 우주 탐사선을 발사했다. 그러한 (구)소련의 끈질긴 노력과 공학 기술은 결국 두둑한 보상으로 돌아왔다. 다섯 척의 소련 우주선들이 ― 베네라 8호에서 12호까지 ― 금성에 착륙해서 측정 결과와 실험 자료를 지구로 전송하는 데 성공했던 것이다. 금성의 대기가 그렇게 뜨겁고 고밀도인 데다가 부식성이 강하다는 점을 감안할 때, 이것은 결코 하찮게 볼 수 없는 위대한 성과였다. 그러나 수많은 시도에도 불구하고 (구)소련은 화성에는 한 번도 탐사선을 성공적으로 착륙시켜 본 적이 없다. 화성은 적어도 얼핏 보기에는 조금 쌀쌀한 기온과 저밀도의 대기 그리고 무해한 공기를 가진 매우 쾌적해 보이는 장소이다. 얼음의 극관, 분홍빛의 청명한 하늘, 거대한 모래 언덕, 태고의 강바닥, 광대한 열곡裂谷, 현재 우리가 알기로 태양계에서 가장 큰 화산 그리고 적도의 싱그러운 여름날 오후 등. 화성은 금성보다는 지구를 훨씬 더 닮은 세계이다.

1971년 (구)소련의 마르스 3호 우주선이 화성의 대기로 진입했다. 지구로 자동 전송된 정보에 따르면 (구)소련의 이 우주선은 진입하면서 착륙 장치를 성공적으로 가동시켰고 융삭融削 또는 융제融除, ablation 보호막을 아래쪽으로 제대로 폈으며 거대한 낙하산을 똑바로 펼쳤다. 그 다음 하강 경로의 막판에 이르러 역추진 로켓을 점화했다. 마르스 3호에서 전송된 데이터에 따르면 우주선은 붉은 행성에 성공적으로 착륙했어야만 했다. 그러나 착륙 후 이 우주선은 아무것도 보이지 않는 20초짜리 텔레비전 영상 한 조각만을 달랑 지구로 전송하고는 작동을 멈췄다. 1973년에도 이와 상당히 비슷한 일련의 사건들이 마르스 6호 착륙선에서 발생했는데 이 경우에는 착지하고 1초 만에 작동 불능 상태가 됐다. 대체 무엇이 잘못됐던 것일까?

내가 처음 본 마르스 3호의 모습은 (구)소련의 16코펙kopeck짜리 우표의 삽화였다. 그 우표에는 보랏빛 먹구름 같은 것을 뚫고 하강하는 우주선이 그려져 있었다. 내 생각에 화가는 이 그림에서 화성의 표면에서 이는 세찬 먼지 폭풍을 묘사하려 했던 것 같다. 마르스 3호가 화성 대기에 진입할 당시, 화성은 행성 전역을 뒤덮는 엄청난 규모의 먼지 폭풍으로 난장판이 되어 있었다. 미국의 매리너 9호의 탐사에서 얻은 증거를 분석해 보면 당시의 폭풍이 화성 표면 근방에 초속 140미터의 광풍을 일으켰던 것으로 확인된다. 이 풍속은 화성에서의 음속의 절반보다 더 빠른 것이다. (구)소련 관계자들이나 우리나 낙하산을 펼친 상태에서 착륙하던 마르스 3호 우주선이 강풍에 휘말리면서 수평 방향으로 격렬하게 밀려가지 않았나 추측하고 있다. 커다란 낙하산을 펼치고 하강하는 우주선은 특히 옆으로 부는 바람에 취약하다. 마르스 3호는 착륙 후에 몇 번 튕겨 바위나 다른 지형의 표면 구조물들에 부딪쳐 뒤집히면서 모선과의 전파 통신이 완전히 두절되고 작동이 멈춘 듯싶다.

그런데 마르스 3호는 왜 하필 먼지 폭풍이 한창일 때 진입했던 것일까? 마르스 3호의 모든 일정은 이미 발사 전에 엄격하게 정해져 있었다. 우주선 작동의 각 단계는 지구 출발 전에 이미 탑재 컴퓨터에 입력됐기 때문에, 1971년 먼지 대폭풍의 규모가 확실해진 순간에도 컴퓨터 프로그램을 변경시킬 방법이 없었다. 우주 탐사의 전문 용어를 빌려서 표현한다면, 마르스 3호는 '사전 계획preprogrammed'돼 있어서 '적응적adaptive'이지 못했다. 마르스 6호의 실패는 더 불가사의하다. 이 우주선이 화성 대기에 진입하던 때에는 전 행성에 걸쳐 일어나는 대규모의 폭풍도 없었고, 착륙지에서 가끔 발생할 수 있는 국지 폭풍을 의심해 볼 만한 그 어떤 징후도 찾아볼 수 없었다. 혹시 착지하는 순간 기술상의 문제가 있지 않았나 싶다. 그렇지 않다면 화성 표면에 유난히 위험스러운 뭔가가 숨어 있었단 말인가?

(구)소련이 수행한 금성 착륙 계획의 눈부신 성공과 화성 착륙의 참담한 실패는 미국의 바이킹 계획에도 적지 않은 우려를 안겨 줬다. 우리는 두 대의 바이킹 착륙선 중 하나를 미국 독립 200주년 기념일인 1976년 7월 4일에 화성 표면에 연착륙軟着陸하도록 내부적으로 은밀하게 계획하고 있었기에 심각하게 우려할 수밖에 없었다. (구)소련의 선발주자들처럼 바이킹의 착륙을 제어하는 데에도 융삭 보호막, 낙하산 그리고 역추진 로켓 등이 쓰일 터였다. 화성의 대기 밀도가 지구의 1퍼센트밖에 되지 않기 때문에 착륙선의 하강 속도를 줄이려면 지름이 18미터나 되는 거대한 낙하산을 펼쳐야만 했다. 그러나 대기 밀도가 낮은 화성에서는 높이 올라갈수록 대기의 밀도가 급격히 감소하기 때문에 높은 산에 착륙하는 바이킹 착륙선은 충분한 제동력을 확보할 수가 없다. 그러니까 높

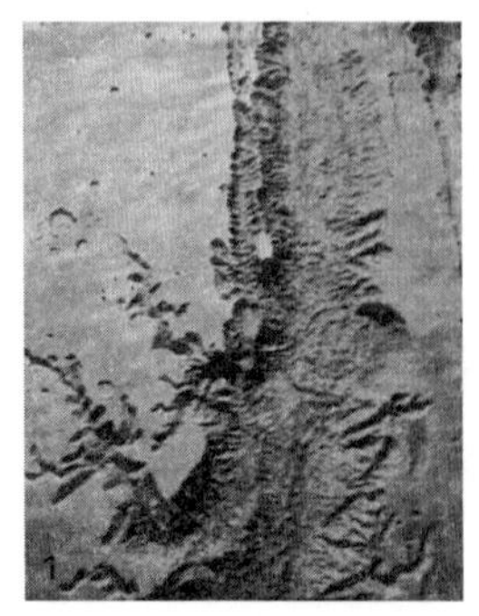
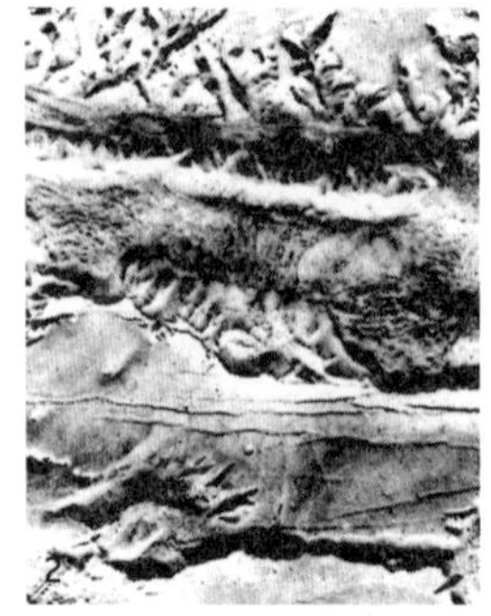

거대한 매리너 협곡Vallis Marineris의 일부. 1971~1972년에 매리너 9호가 발견한 이 계곡은 길이 5,000킬로미터에 너비가 대략 100킬로미터에 이른다. **1**은 매리너 협곡의 모형이다. 유수로 인해 형성됐을 가능성이 높은 지류 계곡들과, 충돌 구덩이와 연관되어 있는 바람에 날려 생긴 줄무늬들을 이 모형에서 알아볼 수 있다. 매리너 9호가 찍은 사진(**2**와 **3**)에서는 절벽을 무너뜨리고 계곡을 확장시킨 산사태를 알아볼 수 있고, 매리너 협곡의 바닥에는 거대한 검은색의 모래 언덕이 자리하고 있음을 알 수 있다. 모형은 돈 데이비스의 작품이다.

은 산에 착륙하는 것은 연착륙이 아니라 추락이다. 따라서 착륙지는 표고가 낮은 저지대여야 했다. 매리너 9호의 탐사 결과와 지상 레이더 연구로부터 우리는 이러한 조건에 맞는 지역을 많이 알고 있었다.

바이킹이 마르스 3호와 비슷한 운명을 맞게 하지 않으려면, 바람이 심하지 않을 때를 골라서 앞에서 이야기한 조건에 맞는 저지대에 착륙시켜야 했다. 착륙선을 추락시킬 만한 위력의 강풍이라면 지표면에서 많은 먼지를 날아오르게 할 터였다. 바람에 밀려 이리저리 옮겨 다니는 모래 언덕들을 화성 도처에서 볼 수 있다. 그러므로 어느 날 착륙 후보지에 이런 모래들이 덮여 있지 않다면 그날은 바람이 지나치게 세지 않다고 확신할 수 있을 것이었다. 바이킹 착륙선을 궤도선과 함께 화성 궤도에 진입시켜 놓고, 궤도선이 착륙지를 탐사하기까지 착륙선의 하강이 연기되었던 이유 중 하나가 바로 이것이었다. 우리는 매리너 9호의 경험을 통해서 화성 표면의 밝고 어두운 패턴이 강풍이 불때 어떤 특징적인 변화를 보인다는 사실을 이미 알고 있었다. 화성 궤도에서 찍은 사진에 그런 특징의 패턴 변화가 보였다면, 바이킹 착륙지의 안전성은 결코 보장될 수 없을 터였다. 그러나 우리의 판단을 100퍼센트 확신할 수는 없는 노릇이었다. 예를 들어 바람이 너무 센 나머지 이동할 수 있는 모래 먼지가 모조리 다 날아가 버렸다고 치자. 그렇다면 우리는 그 착륙 예정지에 현재 불고 있을지도 모르는 강풍을 전혀 눈치 챌 수 없게 된다. 화성의 기상 예보는 지구의 예보에 비해서 믿을 만한 것이 못된다.(사실, 바이킹 탐사 계획을 통해 우리가 달성하려던 여러 목표들 중의 하나가 바로 두 행성의 날씨를 비교함으로써 지구의 기상 현상에 대한 이해의 폭을 넓히려는 것이었다.)

우리는 교신 가능성과 기온 같은 제약 조건들 때문에 바이킹을 화성의 고위도 지역에 착륙시킬 수 없었다. 화성의 남반구나 북반구에서 대략 45~50도보다 극지방 쪽으로 가까이 가게 되면 우주선과 지구와의 교신 가능한 시간이나, 치명적일 수 있는 극저온의 상태를 피할 수 있는 시간이 지나치게 짧아진다.

또한 우리는 바이킹 착륙선이 너무 험한 지형에 착륙하기를 원치 않았다. 왜냐하면 우주선이 쓰러져서 파손될 위험이 있기 때문이었다. 그뿐만 아니라, 그럴 경우 화성 토양의 표본을 채취하는 데 쓰일 기계 팔이 어디에 박혀 버린다거나 아니면 지표에서 너무 높이 떨어져서 허공만 휘젓는 불상사가 발생할 수도 있기 때문이었다. 마찬가지로 너무 무른 땅에의 착륙도 원치 않았다. 우주선의 세 착륙 다리가 푸석푸석한 흙 속으로 깊이 빠지면 표본 채집용 팔이 못 움직일 수도 있고 여러 가지 원치 않는 결과가 초래될 수 있기 때문이었다. 그렇다고 너무 단단한 땅에 착륙시키고 싶지도 않았다. 예를 들어 가루 형태의 물질이 전혀 없는 유리질의 용암 지대에 착륙하게 된다면, 기계 팔이 예정된 화학 실험과 생물 실험에 꼭 필요한 표본을 채취할 수 없게 될 것이 확실하기 때문이었다.

당시 우리가 갖고 있던 화성에 대한 최상의 정보는 매리너 9호 궤도선에서 얻은 것이었다. 그 사진 자료에서는 크기가 90미터, 즉 100야드 이상인 지형지물들만 알아볼 수 있었다. 바이킹 궤도선은 사진의 해상도를 이것보다 아주 약간 향상시켰을 뿐이었다. 1미터 정도의 바위들은 사진에는 전혀 보이지 않지만 바이킹 착륙선에게는 치명적인 재앙을 가져다줄 수도 있었다. 마찬가지로 두껍게 쌓인 고운 모래도 사진으로는 탐지할 수가 없었다. 다행히도 우리는 착륙 후보지가 얼마나 험하고 부드러운지를 알아낼 수 있는 기술을 갖고 있었다. 그 기술은 레이더를 이용하는 것이다. 아주 험한 지면은 지구에서 발사한 전파 빔을 측면으로 산란시키므로, 결국 그런 지역은 반사가 잘 안 되는 것 같이 보인다. 이를테면 레이더 전파 세기 지도에 그런 지역은 어둡게 나타날 것이다. 아주 부드러운 먼지 모래로 된 지면도 개별 입자들 사이의 수많은 틈새 때문에 반사가 잘 안 되는 것처럼 나타난다. 험한 지형과 부드러운 지형을 구분할 수는 없지만 둘 다 위험하기는 마찬가지이므로 착륙지 선정을 두고 굳이 그런 구분이 필요하지 않았다. 레이더 탐사를 이용한 예비 조사에 따르면 화성 표면의 4분의 1에서 3분의 1이 전파 지도에서 어둡게 나타났다. 결과적으로 이런 지역은 바이킹 착륙선에게는 위험한 곳이었다. 하지만 지구에서 화성 전체를 레이더로 볼 수 있는 것은 아니다. 대략 남위 25도와 북위 25도 사이의 띠 안에 있는 지역만 레이더 전파 지도에 보인다. 그리고 바이킹 궤도선에는 화

보호용 공기 피막에 싸여 있는 바이킹 1호의 착륙선이 낙하산을 펼치기 시작할 무렵의 모습이다. 이 그림은 돈 데이비스가 실제 착륙이 이루어지기 전에 그린 것으로서, 배경은 원래 착륙 예정지였던 크라이세의 상공을 염두에 두고 그린 것이다. 착륙 후에 얻은 데이터를 분석하여 화성의 하늘이 지구에서와 같은 푸른색이 아니라, 일종의 노르스름한 분홍색을 띠고 있음을 알게 됐다. 이것은 화성 대기에 미세한 녹슨 입자들이 떠 있기 때문이다.

성 표면을 탐사할 수 있는 자체 레이더 시스템이 실려 있지 않았다.

착륙에는 이토록 많은 제약 조건들이 있었다. 어쩌면 너무 많지 않을까 걱정이 될 정도였다. 착륙지는 너무 높아도 안 되고, 바람이 너무 심하게 부는 지역도 안 되고, 너무 단단해도 안 되고, 너무 부드러워도 안 되고, 너무 험해도 안 되고, 너무 극지방에 가까워도 안 된다. 이 모든 안전 기준을 동시에 만족시키는 장소들이 화성에 그래도 있었다니 우리는 그저 놀라울 뿐이었다. 이렇게 안전한 포구를 찾다 보니 결과적으로 착륙지가 별 볼 것 없는 장소로 낙착된 것도 부인할 수 없는 사실이다.

바이킹은 궤도선과 착륙선으로 구성돼 있었다. 두 척의 바이킹으로 이루어진 선단이 화성의 위성 궤도에 일단 진입하면, 각각의 바이킹 우주선은 착륙선을 화성의 어느 한 특정 '위도'에만 착륙시킬 수 있었다. 궤도의 가장 낮은 점의 위치가 화성의 북위 21도라면 착륙선은 북위 21도에 내려앉아야 한다. 그러나 착륙지의 경도에는 아무런 제한이 없었다. 행성이 자전하는 것을 기다리다가 아무 '경도'에나 착륙시키기만 하면 되기 때문이었다. 따라서 바이킹 계획의 과학자들은 착륙지로서의 가능성이 높아 보이는 장소가 여러 개 있는 위도를 목표 위도로 삼았다. 결국 북위 21도가 바이킹 1호의 목표 위도로 결정됐으며, 그 위도에서 착륙지 1순위는 네 개의 구불구불한 운하가 합류하는 지점 근처에 있는 크라이세Chryse라는 지역으로 낙착됐다. 크라이세는 그리스 어로 '황금의 땅'이라는 뜻이었다. 이 운하들은 먼 옛날 화성 대지를 적시며 흐르던 유수流水에 깎여 만들어진 것으로 추정되었다. 크라이세 지역은 안전 기준들을 모두 다 만족시키는 듯싶었다. 그러나 기존의 레이더 관측 자료는 크라이세 착륙지 자체가 아니라 그 근방에 대한 것만 있었다. 크라이세 지역의 레이더 관측은 예정된 착륙 날짜로부터 불과 수주 전에야 비로소 가능했다. 그것은 지구와 화성 간의 상호 위치가 마음대로 조정될 수 있는 것이 아니기 때문이었다.

바이킹 2호의 착륙 후보지의 위도는 긴 과정을 거쳐 결국 북위 44도로 결정됐다. 착륙 1순위 지역은 카이도니아Cydonia라는 장소였는데, 이 장소를 선정하게 된 특별한 이유가 있었다. 1년 중 적어도 특정 기간 동안에는 그곳에 소량의 물이 액체 상태로 존재할 확률이 상당히 크다고 주장하는 이론들이 있었기 때문이었다. 바이킹의 실험들이 액체 상태의 물에서 잘 살 수 있는 생물들을 주요 대상으로 했기 때문에 바이킹 계획을 통해서 생명을 발견할 확률이 카이도니아에서 상당히 높다고 믿는 과학자들이 있었다. 반면에 화성과 같이 바람이 많이 부는 행성에서는 어딘가에 미생물이 있기만 하다면 어디에나 다 있어야 할 거라는 반론도 만만치 않게 제기됐다. 양 진영의 주장에 다 일리가 있어 보여서 어느 한쪽을 선뜻 택하기가 쉽지 않았지만 한 가지 분명한 점은 북위 44도 지역은 레이더로 조사할 수 없는 장소였다는 사실이었다. 그러므로 북쪽의 고위도 지역을 착륙지로 선정한다면 바이킹 2호가 실패할지 모른다는 위험 부담을 감수해야만 했다. 일단 바이킹 1호가 착륙해서 잘 작동하기만 한다면, 바이킹 2호로는 더 큰 위험 부담을 무릅쓸 수 있지 않겠느냐는 주장도 설득력이 있었다. 나는 10억 달러짜리 우주 계획의 운명을 놓고 대단히 신중하지 않을 수 없었다. 나는 카이도니아에서 불행하게도 추락 사고가 일어난 직후에 크라이세에서 핵심 기기가 작동하지 않게 되는 최악의 상황까지 걱정해야 했다. 바이킹의 선택폭을 넓히기 위해서 크라이세와 카이도니아와는 지질학적으로 아주 다른 착륙지들이 남위 4도 근방 지역에서 추가로 선정되었다. 이 위치는 이미 레이더로 검증된 지역이었다. 바이킹 2호를 고위도에 착륙시켜야 할지 아니면 저위도에 착륙시켜야 할지는 사실상 마지막 순간까지도 결정이 내려지지 않았다. 결국 카이도니아와 같은 위도에 있는 유토피아라는 희망찬 이름의 장소가 착륙지로 최종 낙착됐다.

바이킹 1호의 원래 착륙 예정지는 궤도선들에서 찍은 사진을 분석하고 또 지구에서 예전에 얻은 레이더 데이터를 해독해 본 결과, 매우 위험해 보였다. 나는 바이킹 1호가 희망봉 근처에 출몰한다는 전설의 유령선처럼 안전한 안식처를 찾지 못하고 화성의 하늘을 영원히 떠돌아다니는 저주를 받지나 않을지 한동안 우려하지 않을 수 없었다. 결국에 가서는, 여전히 크라이세 지역이기는 해도 태고의 운하 네 개가 합류하는 지점에서 멀리 떨어진 곳에서 적당한 착륙지를 하나 발견할 수 있었다. 이렇게 착륙지의 선정이 지연되다 보니 착륙 일정을 도저히 1976년 7월 4일까지 맞출 수가 없었다. 그렇지만 하필 그날 추락이라도 하게 된다면 미국의 200주년 생일 선물로 바이킹이 결코 좋은 선택이 되지 못한다는 점에 대부분의 사람들이 의견을 같이 했다. 예정일에서 16일이나 지나 우리는 착륙선을 궤도에서 화성의 대기로 진입시킬 수 있었다.

태양 주위를 돌아서 1억 킬로미터의 먼 거리를 가로지르는 1년 반에 걸친 행성 간 여행의 끝에, 바이킹 선단의 궤도선-착륙선 통합체들이 화성 주위의 적절한 궤도로 진입하기에 이른 것이다. 궤도선은 착륙 후보지들을 조사했고 착륙선은 전파 지시에 따라 화성 대기에 진입해서 융제 보호막의 위치를 올바르게 조정한 다음 낙하산을 펼치고 덮개를 벗어 버리고 나서 자신의 역추진 로켓에 불을 댕겼다. 인류 역사상 처음으로 붉은 행성의 황금의 땅과 유토피아에 우주선이 유연하고 안전하게 내려앉았다. 우리의 성공은 우주선의 설계와 제조, 시험에 투입된 뛰어난 기술력 그리고 우주선 통제사들의 유능함에 힘입은 바가 매우 컸다. 그러나 화성이 위험하고 신비에 싸인 행성이라는 것을 생각한다면 우리는 운이 상당히 좋았던 것 같다.

바이킹 착륙선은 착륙하자마자 사진들을 즉시 전송하기로 되어 있었다. 별 볼 일 없는 심심한 지역이라는 사실을 우리도 이미 알고 있었

1976년 7월 20일, 사상 최초로 화성 표면에서 지구로 전송된 사진이다. 이 사진 오른쪽에는 안전하게 화성 표면에 내려앉아 있는 착륙 발 2의 일부가 보인다. 다른 쪽 착륙 발은 모래에 파묻혀 있음이 나중에 밝혀졌다. 중앙에 있는 기공성氣空性의 암석은 크기가 10센티미터 정도이다.

지만, 그래도 혹시나 했다. 그런데 바이킹 1호 착륙선이 제일 먼저 찍어 보내도록 되어 있었던 사진은 자신의 착륙용 다리였다. 그것은 착륙선이 혹시 화성의 유사流砂에 빠질 경우를 감안해서, 착륙선이 모래 속으로 파묻혀 버리기 전에 착륙지의 상황을 미리 알아보기 위해서였다. 한 줄씩 전송된 주사선으로 만들어진 사진에서 착륙용 다리의 발이 화성 표면에 똑바로 말짱하게 서 있음을 보고 나서야 우리는 안도의 한숨을 크게 쉴 수 있었다. 곧 다른 영상의 화소畵素들이 하나씩 지구로 전송돼 왔다.

나는 화성의 지평선을 인류에게 처음 보여 준 영상을 그만 넋을 놓고 바라봤다. 이건 외계의 세상이 아니라는 생각이 들었다. 나는 콜로라도나 애리조나나 네바다 주 등에도 그런 지역들이 있다는 사실을 익히 알고 있었다. 지구상의 어느 풍경과 다를 바가 없는 자연 그대로의 바위 덩이와 모래 언덕들이 무심하게 놓여 있었고 지평선 멀리에는 높은 산이 자리 잡고 있었다. 화성은 그저 하나의 '장소'일 뿐이었다. 머리가 반백이 된 광산 채굴꾼이 노새를 끌면서 모래 언덕 뒤에서 나타나기라도 할 것 같았다. 물론 그랬다면 화들짝 놀랐겠지만 말이다. 나는 베네라 9호와 10호의 금성 영상을 검토하느라 수많은 시간을 보낸 적이 있다. 그렇지만 금성 표면을 보면서 그런 생각을 해 본 적은 전혀 없다. 여기야말로 어떻게든 우리가 다시 돌아오게 될 곳임을 나는 직감으로 알 수 있었다.

화성의 경관은 황량하고 붉고 아름다웠다. 지평선 너머 어딘가에서 운석공이 만들어질 때 튕겨 나왔음 직한 자갈 조각들이 널려 있었다. 작은 모래 언덕들, 바람에 흩날려 높이 솟아오른 미세 입자들과 이리저리 떠돌아다니는 먼지들로 덮였다 드러나기를 반복하는 바위 덩이들이 벌판에 점점이 흩어져 있었다. 저 바위 덩이들은 도대체 어디에서 온 것일까? 얼마나 많은 먼지가 바람에 실려 옮겨진 것일까? 이 행성의 과거 역사가 어떠했기에 바위가 잘려 나가고 암석이 땅에 파묻혔으며 홈이 다각형으로 파이게 된 것일까? 바위의 성분은 모래와 같을까? 모래는 바위가 부서져 만들어진 것일까, 아니면 뭔가 다른 요인으로 생긴 것일까? 하늘은 왜 분홍빛일까? 공기의 성분은 무엇일까? 바람의 속도는 어떻게 될까? 화성에도 지진이 있을까? 대기압이나 경관은 계절에 따라 어떤 변화를 보일까?

이 의문점들에 대해서 바이킹은 확실한, 아니면 최소한 타당한 대답을 제공해 주었다. 바이킹 탐사를 통해 밝혀진 화성은 엄청나게 흥미로웠다. 착륙지의 선정 조건이 그렇게 별 볼 일 없는 것이었음을 감안하면 더더욱 그렇다. 그러나 사진에는 운하를 건설하는 기사도, 바르숨의 비행 자동차나 단도도, 공주나 전사도, 소트나 발자국도, 그리고 선인장이나 캥거루쥐의 흔적도 찾아볼 수 없었다. 시야에 들어오는 경관에는 생명의 징조라고는 아무것도 없었다.[3]

어쩌면 커다란 체구의 생물들이 화성에 살고 있지만 우리가 바이킹을 착륙시킨 바로 그 두 지점에는 그들이 없었을 수도 있다. 어쩌면 바위나 모래 알갱이마다 아주 작은 생물들이 살고 있는지도 모른다. 대부분의 지구 역사에서 물로 덮이지 않았던 지역은 오늘날의 화성과 상당히 비슷했다. 대기에는 이산화탄소가 풍부했고 오존이 결여된 대기층을 무사히 통과한 자외선이 지표면을 여지없이 내리쬐었다. 커다란 동식물들이 육지를 점령한 것은 지구 역사의 마지막 10퍼센트에 해당하는 짧은 시간에 불과하다. 그렇지만 미생물들은 지구 전역에서 무려 30억 년 동안이나 줄기차게 살아왔다. 그렇다면 화성에서 생명을 찾으려면 세균부터 먼저 찾아야 한다는 결론을 피할 수 없을 것이다.

바이킹 착륙선은 인간의 능력과 그 범위를 외계의 경관에까지 확장시켰다. 바이킹 우주선의 지능은 어떻게 보면 지구에 사는 메뚜기만하다고 할 수 있다. 또 다른 기준에서 보면 바이킹 우주선은 박테리아 정도의 지능밖에 갖고 있지 않다. 이런 비유를 바이킹에 대한 모욕이라고 생각해서는 안 된다. 자연이 박테리아를 진화시키는 데 수억 년

3. 화성판 낙서로 추정되는 대문자 'B'가 크라이세에 있는 한 작은 바위에서 보이는 듯하자, 비록 잠시 동안이긴 했지만 큰 소동이 일었다. 나중에 자세히 분석해 본 결과, 그것은 그림자가 부린 장난과 패턴을 만들어 인식하고자 하는 인간의 성향 탓으로 밝혀졌다. 만약 화성인들이 로마자를 독립적으로 알아냈더라면 이 또한 놀랍다고 아니 할 수 없을 것이다. 하지만 비록 한순간이었지만 내 머릿속에서는 먼 옛날 내가 소년 시절에 들었던 바로 그 단어, 바르숨Barsoom의 'B'자가 메아리치고 있었다.

캘리포니아 주 죽음의 계곡에서 모의실험 중인 바이킹 착륙선. 텔레비전 카메라들이 들어 있는 두 개의 작은 탑들 사이로, 표본 채취용 팔의 보관 장치가 보인다. 팔은 이 사진에서 아직 뻗어 있는 상태다. 빌 레이의 사진.

이 걸렸고, 메뚜기를 진화시키기까지는 수십억 년이 필요했다. 이런 일에 경험이 별로 많지 않음에도 불구하고 우리는 벌써 상당 수준의 재주를 부리게 됐다. 충분히 대견한 일이다. 바이킹 우주선도 우리처럼 눈이 둘이지만, 우리가 보지 못하는 적외선을 감지할 줄 안다. 바이킹의 팔은 바위를 밀쳐 내고 땅을 파서 토양 표본을 채취할 줄도 안다. 바이킹은 일종의 손가락을 뻗어서 풍향과 풍속을 측정한다. 사람의 코와 맛봉오리에 해당하는 기관을 가지고 있어서, 바이킹 우주선은 극소량의 분자들을 우리보다 훨씬 더 정밀하게 감지할 수 있다. 그런가 하면 내부에 달린 귀로 지진地震, 아니 화진火震의 으르렁거림을 들을 줄 알고, 그뿐 아니라 바람으로 인한 우주선 자체의 가벼운 흔들림까지 포착할 수 있다. 그리고 세균을 탐지하는 장치들이 있다. 바이킹 우주선은 방사능 자가 발전기까지 갖추고 있다. 수집된 모든 과학 정보는 지구로 송신된다. 바이킹 우주선이 수행한 실험 결과들에 대해 곰곰이 생각해 보고 나서 우리가 뭔가 새로운 지시를 보내면, 바이킹 우주선과 착륙선은 그것을 받아서 그 지시대로 다음 단계의 임무를 수행할 줄도 안다.

하지만 우주 실험이라는 것은 규모, 크기, 비용, 사용 가능한 동력 등의 측면에서 심한 제약을 받지 않을 수 없다. 그러한 상황에서 화성의 세균을 탐사하려면 과연 어떤 방법이 최선일까? 아직까지는 미생물학자를 화성에 보낼 수 없다. 한때 나는 뉴욕 주 로체스터 대학교의 울프 블라디미르 비시니액Wolf Vladimir Vishniac이라는 이름의 비범한 미생물학자를 친구로 둔 적이 있었다. 1950년대 말 화성 생명 탐사가 이제 막 진지하게 거론되기 시작할 무렵이었다. 한 과학 학술 회의에 참석한 그는 미생물을 탐지해 낼 수 있는 간단하면서도 믿을 만한 자동 기구를 생물학자들이 갖고 있지 않다는 사실을 한 천문학자가 개탄하는 것을 목격하게 됐다. 그래서 비시니액은 이 문제를 자신이 해결해야겠다고 단단히 결심했다.

그는 행성에 보낼 수 있는 장치를 하나 개발했다. 친구들은 그의 이름 울프Wolf, 즉 '늑대'를 따서 그 장치를 '늑대의 덫Wolf Trap'이라고 불렀다. 영양 유기물이 담긴 작은 병에 채취한 화성 토양을 넣고 섞은 뒤 화성 미생물이(있다는 전제 하에) 그 속에서 번식(한다는 전제 하에)함에 따라 액체의 혼탁도, 즉 흐리게 보이는 정도가 변화하는 양상을 관찰할 수 있도록 고안된 장치였다. 세 가지의 미생물학 실험들과 함께 늑대의 덫 실험도 바이킹 착륙선의 탑재 실험으로 선정됐다. 나머지 세 실험 중에서 둘 역시 화성 생물에게 먹이를 주어 보는 실험이었다. 늑대의 덫 실험이 성공하려면 화성의 미생물들이 액체 상태의 물을 좋아해야 한다는 전제 조건이 충족돼야 했다. 그래서 어떤 사람들은 비시니액이 그래봤자 화성의 꼬마 생물들을 익사나 시킬 것이라고 생각했다. 그러나 늑대의 덫 실험의 한 가지 장점은 화성의 미생물이 취하는 영양분이 무엇인지에 대해 아무런 가정도 할 필요가 없다는 데에 있었다. 미생물들이 그저 증식하기만 해도 미생물의 존재를 알아낼 수 있는 실험이었다. 다른 모든 실험들은 미생물이 방출하거나 흡입할 기체의 정체에 관해 모종의 가정을 도입해야만 했다. 그렇지만 이런 가정들은 거의 추측에 불과한 것들이었다.

미국의 행성 탐사 계획을 주관하는 미국 국립 항공 우주국NASA은 종종 예측 불허의 예산 삭감을 당하고는 한다. 기대치 않던 예산의 증액은 아주 드물게 일어나는 '사건'이다. NASA의 과학 활동이 정부로부터 실질적인 지원을 거의 못 받고 있던 터라, NASA의 예산을 감축할 필요가 있을 때마다 과학이 희생양이 되는 수밖에 없다. 1971년 미생물학 실험 네 개 중에서 한 개를 취소해야 한다는 결정이 내려졌고 취소 대상으로 늑대의 덫 실험이 거론되었다. 이것은 12년이라는 긴 세월을 투자했던 비시니액에게는 참담한 실망을 안겨 주었다.

비시니액이 여느 사람 같았으면 바이킹 생물학 팀에서 당장에 뛰쳐나갔을 것이다. 그러나 비시니액은 관대하고 헌신적인 인물이었다. 그는 뛰쳐나가는 대신, 화성에서 생물을 탐사하려는 이 계획에 최상의 기여를 할 수 있는 방법을 찾았다. 결국 그는 지구상에서 화성과 가장 비슷한 환경이라고 생각되는 지역, 즉 남극의 건조 계곡dry valley을 찾아가기로 작심했다. 예전에 남극의 토양을 조사했던 몇몇의 연구자들이 그곳에서 발견된 얼마 안 되는 미생물들이 건조 계곡의 토착 생물이 아니라 좀 더 온화한 지역에서부터 바람에 실려 온 이주자라는 결론을 내린 적이 있었다. '화성 단지' 실험 결과를 반추하면서 비시니액은 생명의 강인성뿐 아니라 남극과 미생물 사이의 완벽한 궁합을 믿었다. 그는 지구에서 볼 수 있는 미생물이 화성에서 생존할 수 있다면 그들이 남극에서 살지 못할 이유가 없다고 생각했던 것이다. 전반적으로 남극이 화성보다 더 따뜻하고 습기도 높고 산소도 충분하다. 또 내리쬐는 자외선도 훨씬 적다. 거꾸로 생각해서 비시니액은 남극의 건조 계곡에서 생명을 발견하게 되면 화성에 생명이 존재할 가능성이 그만큼 높아질 것으로 봤던 것이다. 비시니액은 남극 토착 미생물의 존재를 부정하는 데 쓰였던 이전의 실험 기법들에 오류가 있다고 확신했다. 실험에 사용된 영양 물질이 대학 미생물 실험실의 편안한 환경에서는 영양 물질로서 제구실을 했을지 모르지만, 불모의 황무지인 남극에서는 부적합한 영양 물질이라는 것이었다.

1973년 11월 8일, 비시니액은 새로 만든 미생물학 실험용 기기들을 가지고 동료 지질학자 한 명과 함께 맥머도McMurdo 기지에서 헬리콥터를 탔다. 아스가르드Asgard 산맥에 있는 건조 계곡인 벌더Balder 산 근처로 들어가기 위해서였다. 그의 실험은 소형의 미생물학 실험 기구들을 남극 토양에 심어 놓고 약 한 달 후에 회수해 오는 것이었다. 1973년 12월 10일, 그는 자신이 심어 놓은 실험실 표본을 수거하러 벌더 산으로 떠났다. 그가 떠나는 모습이 약 3킬로미터 떨어진 지점에서 촬영된 한 사진에 잡혀 있다. 그 사진이 살아 있는 그의 마지막 모습이 되고 말았다. 그로부터 18시간 후 얼음 절벽 밑에서 비시니액의 시신이 발견됐다. 그는 미답의 지역으로 발을 들여놓았다가 얼음에 미끄러지면서 무려 150미터나 되는 높이에서 굴러 떨어진 것 같다. 뭔가가 그의 눈길을 끌었기 때문이었을지도 모른다. 예를 들어 미생물의 서식지처럼 보이는 곳이거나 혹은 예상치 않은 곳에 자리 잡은 초록색 땅뙈기 같은 것 말이다. 하지만 그가 우리 곁을 영원히 떠난 지금 그것이 무엇이었는지 알 길은 없다. 그의 조그만 갈색 노트에는 그가 마지막 남긴 기록이 이렇게 적혀 있다. “202 실험실 표본 수거. 1973년 12월 10일. 22시 30분. 토양 온도 영하 10도. 대기 온도 영하 16도.” 이 숫자들은 화성 여름의 전형적인 기온이기도 하다.

비시니액의 미생물학 소형 실험 기구들은 아직도 남극에 많이 남아 있다. 그러나 수거된 표본들은 그의 동료 연구자와 친구 들이 그의 방법으로 분석했다. 다양한 미생물 종들이 회수된 표본 모두에서 검출됐다. 전통적인 개체 수 검사 기법으로는 감지할 수 없는 미생물들이었다. 그의 미망인 헬렌 심슨 비시니액Helen Simpson Vishniac은 남편의 실험 표본에서 남극에만 서식하는 것으로 보이는 신종의 효모균을 발견하기도 했다. 그 남극 탐험 여행에서 가져온 큰 돌멩이들을 임레 프리드만Imre Friedmann이 조사했는데, 거기서 아주 흥미로운 미생물의 세계를 확인할 수 있었다. 돌의 1~2밀리미터 안쪽 극도로 좁은 공간에 소량의 물이 액체 상태로 갇혀 있었고, 거기에 조류藻類가 집단으로 서식하고 있었다. 그 돌이 화성에서 발견됐다면 이런 성격의 장소가 우리의 흥미를 극도로 자극했을 것이다. 광합성에 필요한 가시광선은 그 깊이에까지 쉽게 도달할 수 있지만, 살균력이 강한 자외선은 적어도 부분적으로는 약화될 것이 분명하기 때문이었다.

우주 탐사 계획은 발사 수년 전에 모두 확정된다. 게다가 비시니액의 사망으로 말미암아 그의 남극 실험 결과는 화성의 생명을 탐사하려는 바이킹의 설계에 아무런 영향을 줄 수가 없었다. 미생물학 실험들은 실제로 화성의 극저온 상태에서 수행되지 않았고, 배양 시간도 대부분은 충분히 길지 않았다. 그뿐만 아니라 실험 모두가 화성에서의 대사 작용에 대한 상당 수준의 확고한 가정들을 전제로 하고 있었다. 그러므로 돌 안에 있을 생명을 탐사할 방도는 전혀 없었던 것이다.

각 바이킹 착륙선에는 표본 채취용 팔이 장착되어 있어서 지표면에서 흙을 채취한 다음 천천히 우주선 안으로 거두어들일 수 있다. 착륙선 내부로 들어온 입자들은 장난감 전기 기차 같은 소형 운반기에 실려 다섯 개의 각기 다른 실험 장치에 배분된다. 그중 하나에서는 토양의 무기화학 실험이, 또 다른 하나에서는 모래와 먼지에 있는 유기 분자를 찾는 실험이, 그리고 나머지 세 개에서는 미생물을 찾는 실험이 각각 수행된다. 어느 행성에서 생명을 찾으려고 할 때 우리는 일련의 가정들을 하게 되지만 외계의 생명이 지구의 생명과 같다는 가정은 될 수 있는 한 피해야 한다. 그러나 우리의 이러한 노력에는 한계가 있게 마련이다. 우리가 상세하게 알고 있는 생명은 오로지 지구의 것이기 때문이다. 바이킹 계획을 통해 수행한 우리의 생물 실험이 하나의 선구자적 성격의 시도이기는 하지만, 그렇다고 해서 화성 생명 탐사의 결정판은 아니다. 우리가 바이킹을 통해 얻은 결과들은 감질나고 약오르고 우리의 지적 능력에 도전장을 내밀고 때로는 무척 자극적인 것이기도 하다. 그러나 바이킹의 생물학 실험은 적어도 최근까지는 확정된 결론을 얻지 못하고 있다.

바이킹 계획의 미생물학 실험 세 가지가 서로 각기 다른 내용의 질문을 던지고 있지만 세 실험 모두 신진대사와 관련됐다는 공통점을 가지고 있다. 화성 토양에 미생물이 산다면 음식을 섭취하고 기체를 배설할 것이다. 또는 대기에서 모종의 기체들을 받아들여서 태양 광선의 도움으로 그것을 뭔가 유용한 물질로 변환시킬 수도 있을 것이다. 이러한 생각에 근거해서 음식물을 바이킹에 실어 화성으로 가져갔다. 물론 화성의 생물들이 좋아 할 것 같은 음식물 말이다. 그것은 음식물이 첨가된 화성 토양에서 무언가 새롭고 흥미로운 기체가 방출되는지 조사하려는 것이었다. 또 다른 한편에서는 지구로부터 특정의 방사능 동위 원소를 가져가서 그 특정 동위 원소를 포함하는 유기 물질이 만들어지는지 조사할 계획도 세워 두었다. 만약 만들어지는 게 확인되면 미생물이 적어도 어느 정도의 규모로 화성에 살고 있다는 결론을 얻게 될 터였다.

바이킹 우주선을 우주에 진수하기 전에 생각했던 판단 기준들에 따를 것 같으면, 세 실험 중 두 실험에서 긍정적인 결과가 나온 듯했다. 첫 번째 실험에서 화성 토양을 지구에서 가져간 무균 용액과 혼합시켰더니 토양에 있던 무엇인가가 그 용액을 화학적으로 분해했다. 마치 화성 토양의 미생물이 지구의 용액을 흡수하여 신진대사 과정에서 어떤 가스를 배출하는 듯했다는 이야기이다. 두 번째 실험에서는 지구에서 가져간 여러 종류의 기체를 화성의 토양 표본과 섞었더니 그 기체들이 화성의 토양과 화학적으로 결합한 듯했다. 마치 광합성을 하는 미생물이 화성 토양에 존재하는 것처럼 말이다. (지구의) 대기 중에 있는 기체 성분에서 유기 물질을 합성하는 미생물들이 화성 토양에도 살고 있는 듯했다는 것이다. 화성 미생물학 실험에서 모두 일곱 개의 서로 다른 표본에서 생명 존재에 관한 긍정적인 결과를 얻을 수 있었는데, 이 시료들은 5,000킬로미터나 멀리 떨어진 두 지점에서 채취된 것이었다.

그러나 실제 상황은 이것보다 복잡했다. 실험 결과를 가지고 생물의 유무를 결정할 수 있는 판단 기준이 좀 불충분했다고 생각된다. 바이킹 계획에서 미생물학 실험을 수행할 장비를 제작하는 데 들인 공과 예산은 엄청난 것이었다. 그리고 시험 실험에 동원된 미생물 종의 다양성 또한 대단했다. 그러나 실험의 결과를 평가하기 위한 잣대 마련에는 이것에 걸맞은 노력을 전혀 쏟지 않았다. 예를 들어 보자. 제대로 된 잣대를 마련하려면 시험 실험에 화성 표면에서 예상되는 무기 물질을 사용했어야 마땅했다. 화성은 지구가 아니지 않는가? 퍼시벌 로웰의 경우에서 봤듯이 우리는 스스로에게 곧잘 속고는 한다. 화성의 토양에 실제로는 미생물이 존재하지 않지만 화성의 무기 물질이 갖는 고유한 무기화학적 반응 특성 때문에 영양 물질이 미생물과 아무 관계없이 산화될 가능성도 있었다. 어쩌면 화성의 토양에 생명이 아닌 모종의 무기물 촉매가 들어 있어서 대기 중에 있던 기체를 고정시켜 유기 분자로 변환시킬 수도 있지 않았겠는가?

최근 연구에 따르면 이와 같은 무기화학적 변화들이 실제로 가능하다. 1971년 화성에 거대한 흙먼지 폭풍이 불었을 때 매리너 9호에 탑재된 적외선 분광기가 흙먼지의 화학 조성을 유추할 수 있는 스펙트럼을 얻었다. 내가 툰O. B. Toon, 폴락J. B. Pollack 등과 함께 매리너 9호의 적외선 스펙트럼을 분석한 결과에 따르면 화성 흙먼지의 주성분은 몬모릴로나이트montmorillonite와 그 외 몇몇 종의 진흙 성분들과 가장 그럴듯하게 일치했다. 그 후에 있었던 바이킹 착륙선의 관측 결과들도 화성 흙먼지가 몬모릴로나이트라는 동정同定 결과를 지지했다. 바이킹 미생물학 실험들 중에서 소위 '성공적'이었다는 실험의 결과를 앞에서 잠깐 언급했다. 광합성과 호흡 작용을 암시하는 결과로부터 미생물의 존재를 긍정적으로 받아들였다. 그러나 배닌A. Banin과 리시폰J. Rishpon이 몬모릴로나이트 종류의 진흙을 화성의 토양으로 삼아서 거기에 영양 물질을 섞어 봤더니, 앞에서 이야기한 광합성과 호흡 작용의 특성들을 모두 재현할 수 있었다. 진흙은 복잡한 활성 계면을 갖고 있다. 그래서 분자의 흡착, 기체 배출, 촉매 화학 반응 등에 있어서 활성이 강하다. 바이킹 미생물학 실험의 결과가 모두 무기화학적 반응으로 설명될 수 있다고 주장하기에는 아직 시기상조이지만 그럴 가능성은 충분히 있다. 그렇다고 해서 진흙을 매개로 한 화학 반응들이 있다는 설명이 화성에 생물이 존재한다는 주장을 완전히 배제하는 것은 아니다. 우리가 현재 내릴 수 있는 결론은 '화성의 미생물학적 존재를 받아들여야 할 확실한 증거가 없다.'라는 것이다.

그럼에도 불구하고 배닌과 리시폰의 연구는 생물학적으로 매우 중요한 의미를 내포하고 있다. 그 이유는 생명 활동과 관련해서 나타나는 화학적 현상들의 일부를 생물 없이도 그대로 재현할 수 있는 길이 토양화학으로 열렸기 때문이다. 지구에 생명이 탄생하기 이전에도 광합성 및 호흡 작용과 비슷한 화학 반응들이 이미 지구의 토양에서 존재하고 있다가 일단 생명이 등장하자 생물 체계 속으로 편입되지 않았나 싶다. 한마디 덧붙인다면 몬모릴로나이트 종류의 점토가 아미노산을 결합시켜 단백질 분자와 비슷한 긴 사슬 형태의 분자를 만드는 데 아주 유력한 촉매로 작용한다는 사실을 우리는 알고 있다. 그렇다면 원시 지구에서는 각종 진흙들이 생명 창출의 대장간이나 거푸집으로 기능했을 가능성이 크다. 현재 화성에서 일어나는 화학 작용들은 지구 생명의 기원과 지구 생명의 초기 역사를 규명하는 데 필요한 결정적 정보를 제공할 수 있을지도 모른다.

화성 표면에서 우리는 충돌 구덩이들을 많이 볼 수 있다. 통상적으로 운석공 하나하나에는 과학자의 이름이 붙어 있다. 비시니액 운석공은 그의 과학적 활동에 걸맞게 화성의 남극 지방에 자리 잡고 있다. 비시니액이 주장했던 바는 화성에 반드시 생명이 존재해야 한다는 것이 아니라 단지 가능성이 있다는 것이었다. 그는 생명의 존재 여부를 확

아래 가운데에 초점이 흐릿하게 잡힌 부분에 있는 모래와 돌조각을 주의 깊게 보라. 이 부분이 화성 토양의 무기화학 작용을 측정하기 위한 장치인 엑스선 형광 분광계 입구이며, 거기에 있는 모래와 돌은 바이킹 2호의 표본 채집용 팔이 화성 표면에서 채취한 시료이다. 근처의 다른 입구들 너머로는 유기화학과 미생물학 실험 장치들이 보인다.

인하는 일이 가진 의미와 중요성을 강조했다. 만약 화성에 생명이 어떤 형태로든 존재한다면 지구 생명 형태의 보편성을 시험해 볼 수 있는 절호의 기회가 된다. 그리고 지구와 상당히 비슷한 행성인 화성에 생명이 없다면, 왜 없어야 하는지 그 이유를 밝혀야 한다. 화성에 생명이 없다면 비시니액이 생전에 강조한 것처럼 처리군(생명이 있는 지구)과 대조군(생명이 없는 화성)이 대비되는 고전적 의미의 실험 체계가 우리 손 안에 그대로 들어오기 때문이다.

바이킹의 미생물학 실험 결과가 토양 화학으로 설명될 수 있다는 사실과, 그 결과가 생명의 존재를 반드시 의미하지는 않는다는 점은, 또 하나의 문제를 푸는 데 큰 도움을 줄 수 있을 것이다. 그 문제는 다름이 아니라, '유기물의 증거를 화성의 토양에서 단 한 건도 찾아볼 수 없었다.'라는 바이킹의 유기화학 실험의 결과이다. 화성에 생명이 존재한다면 생물의 사체들은 도대체 어디로 갔단 말인가? 화성에서는 어떤 유기 분자도 발견되지 않았다. 핵산과 단백질 같은 생체를 구축하는 기본 구성 물질이나 단순한 형태의 탄화수소마저 없었고, 지구 생명의 물질 따위는 아예 찾아볼 수가 없었던 것이다. 그렇다고 해서 바이킹 유기화학 실험과 바이킹 미생물학 실험이 상호 모순적이지는 않다. 왜냐하면 미생물학 실험이 유기화학 실험보다 유효 탄소 하나에 대한 비율로 봤을 때 우선 1,000배나 더 정밀한 실험이기 때문이다. 그리고 미생물학 실험은 화성 토양에서 합성된 유기 물질을 검출한 듯하기 때문이다. 그럼에도 불구하고 두 종류의 실험 결과가 완전히 일치한다고 주장하기에는 여러 가지 사정이 우리를 망설이게 한다. 지구의 토양은 한때 살아 움직이던 유기 생물들의 유기물 사체와 잔해로 넘치는 데 반해 화성 토양의 유기 물질은 달보다 더 적다. 우리가 여전히 화성 생명의 존재를 가정한다면 화학적 활성이 강한 화성의 산화성 표면 성질 때문에 그 사체들이 완전히 파괴되었다고 할 수도 있다. 과산화수소가 들어 있는 병에서 병균이 완전히 파괴되듯이 말이다. 그것도 아니라면 화성에 있는 생명은 지구와는 달리 유기화학의 지배를 받지 않는다고 주장할 수도 있다.

그러나 마지막 가능성은 내게는 설득력이 없는 하나의 애원으로 들린다. 왜냐하면 나는 마지못해서이기는 하지만 스스로가 인정하는 탄소 지상주의자이기 때문이다. 우주에는 탄소가 풍부하다. 탄소는 대단히 복잡한 분자들을 만들 수 있기 때문에 각종 생명 현상에서 매우 유익한 역할을 담당한다. 나는 고백컨대 물 지상주의자이기도 하다. 물이야말로 유기화학이 작동할 수 있는 이상적 용매 체계를 제공하는 분자이다. 게다가 물은 상당히 넓은 온도 범위에 걸쳐서 액체 상태로 존재한다. 그러나 때때로 나는 이런 의문을 품고는 한다. 탄소와 물을 좋아하는 것은 내가 주로 이 두 물질로 만들어져 있다는 사실과 무슨 관련이 있는 것은 아닐까? 사람이 탄소와 물을 기초 물질로 하는 생물인 것은 생명이 처음 태어날 즈음 지구에 탄소와 물이 가장 흔했기 때문은 아닐까? 지구 이외의 행성에서는, 예를 들어 화성에서는 생명이 물과 탄소가 아닌 다른 물질로 만들어지지 않을까?

따지고 보면 나 칼 세이건은 물, 칼슘 그리고 각종 유기 분자들로 이루어진 하나의 커다란 덩어리이다. 이 책을 읽고 있는 당신도 나와 거의 동일한 분자들로 구성된 집합체이면서, 단지 나와 이름만 다를 뿐이다. 그러나 이것을 전부라고 하기에는 어쩐지 이상하다. 분자가 나의 전부란 말인가? 어떤 사람들은 이러한 생각이 인간의 존엄성을 해친다고 언짢아하기까지 한다. 그러나 나는 우주가 분자들로 구성된 하나의 기계를 인간과 같이 복잡 미묘한 존재로 진화하게끔 허용했다는 사실에 기분이 고양된다.

생명의 본질은 우리를 만들고 있는 원자들이나 단순한 분자들에 있는 게 아니라 이 물질들이 결합되는 방식에 있다. 인체를 구성하는 화학 물질의 총가치가 97센트라는 둥 10달러라는 둥 하여간 그 정도밖에 되지 않는다는 주장의 글을 종종 읽을 수 있다. 돈으로 친 우리 육체의 가치가 그것밖에 안 된다니 서글프다. 그러나 이것은 어디까지나 육체를 가장 기초적인 부품으로 환원시켰을 때의 이야기이다. 육체의 대부분이 물이다. 그까짓 물, 어디서나 쉽게 거저 얻을 수 있다. 탄소는 석탄의 형태로 있을 때 어느 정도의 값이 나간다. 우리 몸에 들어 있는 칼슘은 또 어떤가? 푼돈 주고 살 수 있는 것이 분필이다. 단백질에 들어 있는 질소 역시 값도 없는 공기의 질소와 다를 게 하나도 없다. 피는 때로 생명의 동의어이지만, 혈액에 들어 있는 철이라고 해야 녹슨 못과 다를 바 없다. 우리가 좀 아는 바가 있기에 망정이지, 그렇지 않았더라면 우리 몸을 구성하는 모든 원자들을 큰 양재기에 쏟아 붓고 주걱으로 슬슬 저으며 섞어서 생명이 만들어지는가 보려 했을지 모른다. 그럴 마음이 있으면 얼마든지 구해다가 마냥 섞을 수도 있다. 그러나 우리 손에 남는 것은 원자들의 아무 재미없는 혼합물일 뿐이다. 무슨 다른 결과를 기대할 수 있겠는가?

해럴드 모로위츠Harold Morowitz가 한때 재미있는 계산을 한 적이 있다. 사람 한 명을 구성하는 데 필요한 각종 분자 물질을 화공 약품 가게에서 구입하려면 돈이 얼마나 드나 알아봤더니, 약 1000만 달러라는 계산이 나왔다. 내 몸값이 이 정도 나간다니 기분이 약간은 좋다. 그러나 필요한 분자들을 다 준비했다고 하더라도, 그냥 병 안에 넣고 흔들어 섞는다고 해서 거기서 새로 사람이 만들어져 나오는 것은 아니다. 그것은 우리의 능력을 훨씬 넘는 일이며, 이 점에 있어서는 앞으로 아주 긴 기간 동안에도 인간의 능력에는 큰 변화가 없을 것이다. 다행히 이보다 훨씬 싸게 먹히면서 사람을 아주 신통하게 잘 만들 수 있는 방법들이 있다.

내 생각에는 다른 많은 외계 세상들에 존재할 법한 생물도 대부분 지구의 생물과 동일한 원자로 이루어져 있을 것 같다. 원자는 물론이고, 심지어는 분자 수준에서도 아마 많은 세상의 외계 생명들이 단백질이나 핵산과 같은 지구 생물과 동일한 기본 분자들로 이루어져 있을 것이다. 그러나 그 조합의 방식은 우리에게 낯선 것일지 모른다. 예를 들어 대기가 아주 농밀濃密한 행성이라면, 생물들이 공중에 둥둥 떠다니면서 삶을 영위할 터이므로 굵은 뼈가 필요하지 않을 것이다. 그렇다면 그들은 칼슘 원자를 필요로 하지 않을 수 있다. 그러니까 어떤 특정한 원소들에 있어서는 다소간의 차이가 있을 수야 있겠지만, 원자 수준에서 봤을 때에는 그 구성 성분이 우리와 비슷할 것이다. 다른 세상에서는 물 아닌 다른 물질이 용매로 쓰일지 모른다. 플루오르화수소산이 용매로 적당한 물질이지만 우주에 불소가 그다지 많지 않은 게 문제다. 플루오르화수소산은 우리 몸을 구성하는 분자들에는 치명적으로 해롭지만, 예를 들어 석랍石蠟, paraffin wax과 같은 다른 유기 분자들한테는 아무런 문제를 일으키지 않는다. 액체 암모니아가 그보다 더 좋은 용매가 될 수 있다. 왜냐하면 우주에는 암모니아가 아주 흔하기 때문이다. 하지만 암모니아는 지구나 화성보다 훨씬 추운 곳에서만 액체로 존재한다. 물이 금성에서 기체인 것처럼 암모니아는 지구상에서는 대개의 경우 기체 상태로 존재한다. 어쩌면 세상에는 용매가 전혀 필요치 않는 생물이 있을지도 모른다. 또 분자의 이동 대신에 전기 신호를 전파시키는 고체 생물도 가능하다.

그러나 이런 아이디어들도 바이킹 착륙선에서의 실험이 화성 생명의 존재를 제시했다는 주장을 살려주지 못한다. 왜냐하면 지구처럼 탄소와 물이 풍부한 화성에 생명이 만약 존재한다면 그들도 마땅히 유기화학에 기반을 두어야 하기 때문이다. 그런데 유기화학의 실험 결과는 영상 및 미생물학 실험 결과와 마찬가지로 크라이세와 유토피아 지역의 미세 입자들 속에는 1970년대 말경에 생명이 존재하지 않았음을 일관되게 보여 주고 있다. 남극의 건조 계곡에서와 같이 어쩌면 암석 표면에서 수 밀리미터 정도 내부로 들어간 곳이나 화성의 다른 지역에는 어떤 형태든 생물이 있을지도 모른다. 또는 화성이 지금보다 좀 더 온화했던 과거에는 생명이 있었을지 모른다. 그러나 적어도 우리가 들여다봤던 때와 장소에서는 화성 생명의 존재를 확인할 수 없었다.

바이킹의 화성 탐사는 역사적으로 대단히 중요한 우주 탐사 계획이었다. 다른 종류의 생명에 어떤 것들이 있을 수 있는지를 진지하게 찾아본 첫 번째 시도였을 뿐 아니라, 우주선이 지구가 아닌 다른 행성에서 수 시간 이상 작동할 수 있었던 최초의 경우이기도 했기 때문이다. 참고로 바이킹 1호는 수 년간이나 작동했다. 어디 그뿐인가. 지질학, 지진학, 광물학, 기상학 그리고 대여섯 개의 과학 분야에서 외계에 관한 데이터를 풍부하게 수확하는 기록을 수립했다. 이와 같은 찬란한 성취를 뒤이을 다음 단계의 연구는 어떻게 해야 할 것인가? 어떤 과학자들은 자동 장치를 화성에 보내 토양 표본을 수집한 다음 지구로 가져오게 하고 싶어 하는데, 그러면 현재 우리가 화성에 보낼 수 있는 극도로 소형화되고 제한된 실험실 대신 설비가 잘 된 대규모 지구 실험실에서 표본들을 아주 상세하게 조사할 수 있을 것이다. 이런 방법을 쓰면 바이킹의 미생물학 실험 결과에서 문제가 됐던 불확실성이 대부분 해결될 것이다. 토양의 화학적 그리고 광물학적 성질들이 확인될 수도 있을 것이다. 그리고 가져온 암석들을 부서뜨려서 암석 내부 생명을 직접 찾아볼 수도 있다. 수백 가지의 유기화학 및 생명 탐구 시험들을 광범위한 조건에서, 직접 현미경으로 조사하는 것까지 포함해서 해 볼 수 있을 것이다. 심지어 비시니액이 개발한 개체 수 검사 기술까지 사용할 수 있을 것이다. 비용이야 만만치 않겠지만, 이 정도의 탐사 계획은 현재 우리가 가진 기술로 실현할 수 있으리라고 본다.

하지만 이 계획에는 역오염逆汚染, back-contamination이라는 새로운 위험이 따른다. 미생물을 찾기 위해 화성의 토양 표본을 지구에 가져와 조사한다면 당연히 표본을 미리 살균시켜서는 안 된다. 그 탐사의 목표는 그것들을 산 채로 가져오는 것이다. 하지만 그런 다음에는? 지구로 가져온 화성의 미생물들이 공중 보건에 위협을 초래하지 않는다고 누가 장담할 수 있을까? H. G. 웰스나 오선 웰스의 화성인들은 버른마우스Bournemouth와 저지 시Jersey City의 점령에만 몰두하다가 그들의 면역 체계가 지구의 미생물에 대하여 속수무책이라는 사실을 너무 늦게 깨달았다. 그 반대의 상황이 벌어질지도 모른다. 이것은 심각하고 어려운 문제이다. 화성 미생물은 없을지도 모른다. 존재한다 해도 그것들 1킬로그램을 섭취하고도 아무 일이 없을 수 있다. 그러나 그건 아무도 장담할 수 없는 일인 데다 엄청난 도박일 수 있다. 살균이 안 된 화성의 표본을 지구로 가져오고 싶다면 지독하게 엄격한 격리 절차를 갖추어야 한다. 세균 무기를 개발하고 비축하는 국가들이 있다. 간혹 그 나라들에서 사고가 일어나는 듯싶지만 내가 아는 한 아직 전 세계적으로 전염병을 발생시키지는 않았다. 어쩌면 화성 표본들을 지구로 안전하게 가져올 수 있을지도 모른다. 그러나 나 같으면 표본을 채집해서 회수해 오는 탐사를 고려해 보기 전에 먼저 확신할 수 있는 안전 대책부터 강구할 것이다.

화성을 탐사하면서 이 이질적인 행성이 우리를 위해 준비해 놓은 온갖 종류의 즐거움과 새로운 발견들을 모조리 만끽할 수 있는 또 다른 방법이 있다. 바이킹 착륙선의 사진들을 가지고 작업할 때 나를 끈질기게 괴롭힌 감정은 우리가 전혀 움직일 수 없다는 사실에 대한 불만이었다. 원래 안 움직이도록 설계된 이 실험실이 마치 일부러 한 발짝도 안 뛰려고 고집을 부리기라도 하는 양, 나는 무의식적으로 우주선더러 발돋움이라도 좀 해 보라고 재촉하고는 했다. 저기 저 언덕을 기계 팔로 얼마나 들쑤셔 보고 싶었던가? 저기 저 암석 아래에 생물이 있는지 찾아보고, 또 저 멀리에 있는 산등성이가 운석공의 가장자리 절벽인지를 알아보고 싶었다. 게다가 동남쪽으로 그다지 멀지 않은 곳에는 굽이굽이 흐르는 크라이세 운하 네 개가 있다는 사실도 알고 있었다. 바이킹의 결과들 모두가 감질나고 도발적이기는 하지만, 우리의 착륙지보다 훨씬 더 흥미진진한 지역을 나는 화성에서 100군데는 더 알고 있었다. 이상적인 방법은 사진 촬영과 고급 화학 · 생물학 실험을 수행할 수 있는 이동식 차량이다. 그런 이동식 차량의 원형 모델이 NASA에서 개발되고 있는 중이다. 그 차량은 어떻게 해야 암석을 넘어가고 계곡 아래로 떨어지지 않으면서 궁지에서 빠져나올 수 있는지 스스로 판단할 줄 안다. 주위를 둘러봐서 시야에 들어오는 장소 중에 가장 흥미로운 곳이 어딘지를 정하고, 다음 날 같은 시각에 그곳으로 갈 수 있는 이동 차량을 화성에 착륙시키는 일은 현재 우리의 능력 범위 안에 있다. 매일 새로운 장소를 그것도 이 매력적인 행성의 다양한 지형을 요리조리 구불구불 돌아서 찾아갈 수 있게 된다니! 나는 생각만으로도 흥분이 된다.

설혹 화성에 생명이 없다 할지라도 우리는 그런 탐사를 통해 과학적으로 엄청난 소득을 거둬들일 수 있을 것이다. 태고의 하천이나 계곡이나 장대한 화산들 중 하나의 산자락을 조사할 수 있고, 극지의 얼음 덩어리들이 단구段丘처럼 계단 모양을 한 이상한 지역을 여기저기 둘러볼 수도 있을 것이다. 혹은 우리를 부르는 듯한 화성 피라미드에 가까이 접근해 보고자 마음을 먹을 수도 있다.[4] 그런 탐사에 대한 대중적 관심은 대단할 것이다. 매일 새로운 풍경들이 안방 텔레비전 화면에 등장할 것이다. 차량이 지나온 길을 검토해 보고 조사 결과에 대해 고려해 본 뒤에 새로운 목적지를 제시할 수도 있을 것이다. 이것은 참으로 긴 여행이 되겠지만 이동 차량은 지구에서 전파에 실려 오는 지

4. 가장 큰 것은 바닥 너비가 3킬로미터이고 높이가 1킬로미터에 이른다. 지구에 있는 수메르, 이집트, 혹은 멕시코의 피라미드들보다 훨씬 크다. 이것들은 침식되고 나이도 오래된 듯싶은데 아마 장기간에 걸쳐 모래가 깎여나간 작은 산에 불과한지도 모른다. 그러나 나는 신중하게 살펴볼 필요가 있다고 생각한다.

시에 충실히 따를 것이다. 그뿐만 아니라 새로운 좋은 아이디어들을 탐사 계획에 구체화시킬 시간을 충분히 갖게 될 것이다. 수십억의 사람들이 외계 탐험에 참여할 수 있게 된다는 말이다.

화성의 표면적은 지구의 육지 넓이와 거의 같다. 철저하게 답사하려면 분명히 몇 세기 동안 꼬박 이 일에만 매달려야 할 것이다. 하지만 언젠가 화성 탐사가 완료되는 때가 오고야 말 것이다. 로봇 비행선으로 공중에서 지도를 다 작성하고 이동 차량으로 표면을 샅샅이 조사하고 표본을 지구로 안전하게 가져오고 인간이 화성의 모래 위를 걸어 본 후에 말이다. 그런 다음엔 화성을 어떻게 해야 할까?

인간이 지구를 잘못 사용한 수많은 사례가 있다 보니 이 질문을 제기하는 것만으로도 등골이 오싹해진다. 만약 화성에 생명이 있다면 화성을 그대로 놔둬야 한다고 나는 믿는다. 그런 경우라면 비록 화성 생물이 미생물에 불과할지라도 화성은 화성 생물에게 맡겨 둬야 한다. 이웃 행성에 존재하는 독립적 생물계는 가치 평가를 초월하는 귀중한 자산이다. 그런 생명의 보존은, 내 생각이지만, 화성의 다른 용도에 우선돼야 한다. 그렇지만 화성에 생명이 없다면 어떨까? 화성은 원자재의 공급원으로는 적당치 않다. 앞으로도 수세기 동안은 화성에서 지구까지 화물을 운송해 오는 데 드는 비용이 비현실적으로 비쌀 것이다. 그렇지만 우리가 화성에 가서 살 수는 있지 않을까? 어떻게든 인간이 거주할 수 있도록 화성을 변형시킬 수 있지 않을까?

분명히 아름다운 세계이기는 해도 화성은 편협한 우리의 관점에서 볼 때 문제가 한두 가지가 아니다. 지구인에게는 주로 낮은 함량의 산소, 액체 상태에 있는 물의 결여 그리고 많은 양의 자외선 복사 등이 해결해야 할 큰 문제들이다.(저온이라는 악조건은 연중 내내 운영되는 지구의 남극 과학 기지가 입증하듯이 극복하기 힘든 장애는 아니다.) 이 모든 문제들은 공기를 더 많이 만들어 낼 수만 있다면 해결될 수 있는 성질의 것이다. 대기압이 높아지면 물이 액체 상태로 존재할 수 있게 된다. 또 산소가 많아지면 지구인도 화성 대기를 직접 호흡할 수 있을지 모르고, 자연스럽게 오존이 형성되어 태양의 자외선 복사로부터 화성의 표면을 보호하게 될 것이다. 구불구불한 운하들, 계단처럼 겹겹이 쌓인 극지 지형, 그 밖의 다른 증거들이 화성의 대기 밀도가 한때 높았음을 시사한다. 이 기체들이 화성에서 모조리 탈출했을 것 같지는 않다. 화성 어딘가에 남아 있을 것이다. 그중 일부는 지표면의 암석과 화학적으로 결합했고 또 일부는 지표면 아래 얼음 안에 갇혀 있다. 그러나 대부분은 현재 극관의 얼음 덩어리 속에 모여 있을 것이다.

극관을 증발시키려면 열을 가해야 한다. 또 다른 방법으로는 극관에 검은색 가루를 뿌려서 태양 광선의 흡수를 조장할 수도 있다. 이것은 지구에서 숲과 초지를 없애 버리는 경우와 반대의 효과를 노린 것이다. 그러나 극관의 표면적이 엄청나게 넓어서 극관 전체를 검은색 가루로 뒤덮으려면 새턴 5호의 추진 로켓 1,200대 분의 먼지를 지구에서 화성까지 실어 날라야 한다. 그렇게 한다고 하더라도 화성 표면에 자주 이는 강풍이 일껏 덮어 놓은 극관의 먼지를 흩어 버릴지도 모른다. 더 좋은 방법은 자기 복제가 가능한 어떤 종류의 검은 물질을 이용하는 것이다. 예를 들어 까무잡잡한 소형 기계를 화성에 보내서 극관 전역에 걸쳐 토착 물질로부터 자기와 같은 소형 기계들을 복제하도록 한다. 사실 그런 기계들이 있기는 하다. 우리는 그것을 식물이라고 부른다. 적응과 생존에 아주 능한 식물들이 있다. 적어도 지구 미생물들 중 몇몇은 화성에서 생존할 수 있다. 여기서 필요한 것은 훨씬 혹독한 화성 환경에서 생존할 수 있는 어두운 색깔의 식물—예를 들어 이끼—을 인위적으로 선택해서 유전공학의 기술을 가하는 것이다. 그런 식물이 번식할 수만 있다면 우리는 다음과 같은 일련의 현상을 기대해도 좋다. 먼저 화성의 광대한 얼음 극관에 그와 같은 이끼류의 씨를 뿌린다. 씨가 뿌리를 내려 번창하면서 극관을 어둡게 변색시킬 것이다. 그러면 태양 광선이 아주 효율적으로 흡수된다. 따라서 얼음이 녹기 시작하면서 동시에, 장구한 세월 동안 갇혀 있던 태고의 화성 대기가 밖으로 방출되는 극적 상황을 맞게 될 것이다. 심지어는 화성판 조니 애플시드Johnny Appleseed[5]를 상상할 수 있다. 화성의 애플시드는 인간이거나 로봇일 수 있다. 화성의 애플시드가 미래 인류에게 혜택이 돌아가도록 하겠다는 일념으로 얼어붙은 극지의 황무지를 종횡무진으로 휩쓸고 다니는 광경은 상상만 해도 즐겁다.

이러한 작업을 일반적으로 지구화地球化, terraforming라고 부른다. 외계 행성의 환경을 인간이 살기에 적합하도록 바꾸는 것이다. 수천 년 동안 인간은 온실 효과와 반사도의 변화를 통해서 지구의 기온을 약 1도 정도 교란시켰다. 하지만 현재와 같은 속도로 화석 연료를 소비하고 산림과 초지를 파괴한다면, 불과 한두 세기 안에 지구의 기온은 1도 이상 더 변할 것이다. 이런 지구의 환경 변화와 함께 다른 여러 가지 요

5. 미국의 과수 개척자. 후세 사람들을 위해 미국 각지를 다니면서 사과씨를 뿌리고, 만나는 사람들에게 사과씨와 묘목을 나눠 주었다는 전설적인 인물이다. — 옮긴이

소를 고려할 때 화성이 적정 수준으로 지구화되는 데 걸리는 시간은 아마 수백 년에서 수천 년에 불과할 것이다. 훨씬 기술이 진보된 미래에는 화성의 대기압을 증가시키고 물을 액체 상태로 존재하도록 할 뿐 아니라 극관에서 녹아 내리는 물을 따뜻한 적도 지대로 운송하게 될지도 모른다. 물론 그렇게 할 방법이 있다. 그것은 바로 운하망 건설이다.

운하들의 거대한 연결망을 통하여 지표면과 그 아래에서 녹은 얼음을 적도 지방으로 수송할 수 있을 것이다. 그런데 이러한 구상은 100년도 채 못 되는 가까운 과거에 퍼시벌 로웰이 화성에서 실제로 진행 중이라고 착각했던 바로 그 생각을 실현하자는 것이다. 로웰과 월리스 모두 화성에서 인간이 거주하는 데 가장 큰 걸림돌로 물 부족을 들었다. 운하 연결망이 구성된다면 물 부족 문제가 해결될 것이고 화성에서의 인간 거주 가능성도 그만큼 높아질 것이다. 로웰은 극히 어려운 시상 조건에서 관측했다. 로웰이 화성과의 평생에 걸친 사랑을 시작하기 전에 스키아파렐리 같은 사람들도 운하 비슷한 것들을 관측한 적이 있다. 스키아파렐리는 그것을 가냘픈 홈이라는 뜻으로 "카날리"라고 불렀다. 하지만 로웰은 그것을 행성을 대규모로 개조하고 있는 지적 생명의 흔적으로 해석했다. 인간은 감정이 연루되면 스스로를 기만하기도 한다. 그렇지만 이웃 행성에 지성을 갖춘 존재가 살고 있으리라는 생각보다 더 인간의 가슴을 설레게 하는 것은 없지 않겠는가?

이 시점에서 나는 굳이 로웰의 생각에 큰 무게를 실어 주고 싶다. 그의 생각을 나는 하나의 훌륭한 예언으로 간주하고 싶기 때문이다.

로웰의 운하망은 정녕 화성인이 건설한 것이 될 터이다. 화성인이 없으니 로웰의 생각이 틀린 것이라고 당신은 나무라겠지만, 이 틀린 생각마저 나는 하나의 정확한 예언이라고 믿고 싶다. 언젠가 화성의 지구화가 실현된다면 화성에 영구 정착해서 화성인이 된 인간들이 거대한 운하망을 건설하게 될 것이기 때문이다. 이 경우 바로 우리가 로웰의 화성인인 것이다.

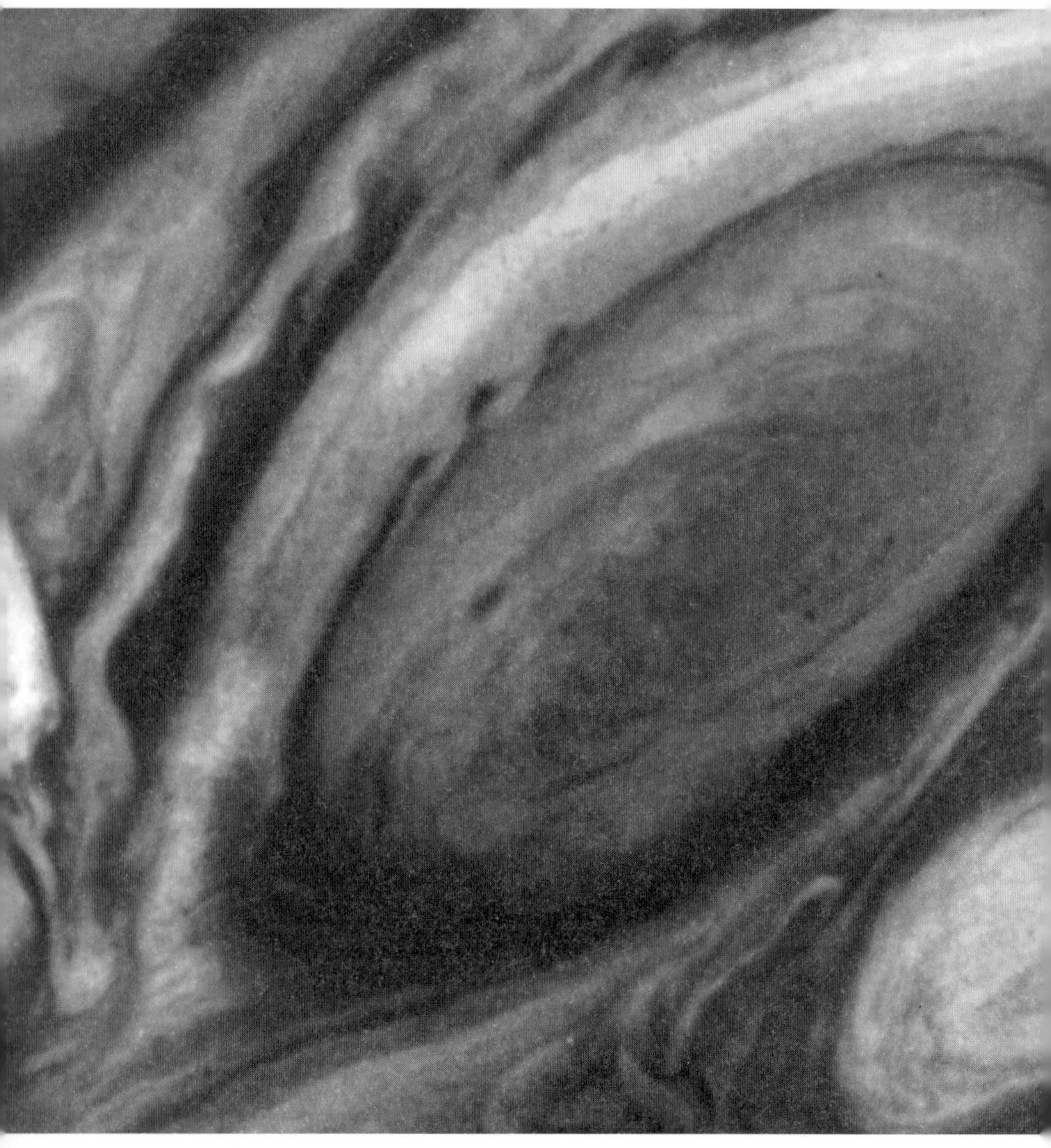

목성의 대적반. 이 사진에 보이는 검붉은 점은 목성 대기에서 볼 수 있는 거대한 기상 현상이다. 길이 4만 킬로미터에 너비 1만 1000킬로미터에 이른다. 대적반은 회오리치는 바람의 기둥으로서 주변 구름들 사이를 뚫고 솟아오르는 식의 운동을 한다. 1664년 로버트 후크가 처음 발견했으며, 그 후에 크리스티안 하위헌스가 그 존재를 다시 확인했다. 대적반 내부의 물질은 지구 시간으로 엿새에 한 바퀴씩 회전한다. 오른쪽 모서리에 보이는 흰색의 타원형 구조물은 대적반과 반대 방향으로 회전한다. 이 사진 왼쪽 상단부에 흰색의 구름들이 보이는데 이것들은 대적반을 오른쪽에서 왼쪽으로 앞질러 움직이고 있다. 어떤 연유에서 대적반이 붉은색을 띠게 되는지는 아직 알려지지 않았다. 목성에서 이 정도 크기의 거대 구조물은 오직 대적반 하나뿐이다. 그 이유도 아직 확실치 않다. 보이저 2호에서 찍은 사진이다.

6 여행자가 들려준 이야기

세상은 단 하나의 세계로만 존재할까, 아니면 다중의 세계일까? 이것이야말로 자연 탐구에 있어서 가장 고상하고 가장 소중한 질문의 하나일 것이다. — 알베르투스 마그누스, 13세기

처음에 섬사람들은 자기네가 지상에 존재하는 유일한 인간이라고 생각했다. 설령 다른 데 어디엔가 사람들이 살고 있다고 생각했을지라도, 망망대해茫茫大海가 그들의 앞을 가로막고 있었으므로 외부 세계와의 교역 따위는 엄두도 낼 수 없었다. 하지만 그 후에 그들은 선박을 발명했다. 그렇다면 앞으로 달로 갈 수 있는 어떤 방법이 발명될 수도 있지 않겠는가? …… 현재 우리 주위에 이런 탐험을 감행해 줄 드레이크 선장도 콜럼버스도 없고, 공중을 헤쳐 나갈 여행편을 발명해 줄 다이달로스도 없다. 그러나 나는 확신한다. 예나 지금이나 새로운 진리의 아버지인 시간은 우리 조상들이 알지 못했던 많은 사실을 우리에게 밝혀 주었던 것처럼 현재 우리

가 알고자 갈구하나 알지 못하는 것을 우리 후손에게 드러내 보일 것이다.

— 존 윌킨스, 『달세계의 발견』, 1638년

지루한 지구에서부터 한참 높이 올라가서 지구를 내려다보면 대자연이 과연 한 점 먼지에 불과한 이 지구에 자신의 아름다움과 온갖 가치를 다 퍼부어 놓았는지 가늠할 수 있지 않겠는가? 그렇게 고공에서 지구를 내려다볼 수만 있다면 집을 떠나 먼 나라로 여행하는 사람들처럼 우리도 집안 구석에서 이루어진 일들의 잘잘못을 더 잘 판단할 수 있을 것이며, 더 공정하고 올바른 평가를 내려서 결국은 모든 것들에 합당한 가치를 부여할 수 있을 것이다. 그러므로 이 지구만큼이나 사람들이 잘 살고 있고, 잘 꾸며진 세계가 한둘이 아니라 여럿 있다는 사실을 인지하는 순간부터 우리는 이 세상 사람들이 위대하다 일컫는 것들에 찬미를 보내지 아니하게 되고, 또 일반 사람들이 정성을 쏟아 추구하는 자질구레한 것들을 오히려 하찮게 여기게 될 것이다.

— 크리스티안 하위헌스, 『천상계의 발견』, 1690년경

현대는 인류가 우주의 바다를 항해하기 시작한 시대이다. 케플러의 궤도를 따라 힘차게 노를 저으며 우주의 바다를 항행하는 현대판 범선帆船에는 사람이라고는 단 한 명도 타고 있지 않다. 무인 우주선이야말로 기막히게 잘 설계된 고도의 지능형 로봇이다. 캘리포니아 주 패서디나에 위치한 미국 국립 항공 우주국 소속 제트 추진 연구소Jet Propulsion Laboratory, JPL에서 우주 공간을 무시로 누비면서 미지의 세계를 탐험하는 이 로봇의 일거수일투족을 완전히 제어하고 있다.

1979년 7월 9일 보이저 2호라는 이름의 로봇과 목성권의 회우會遇

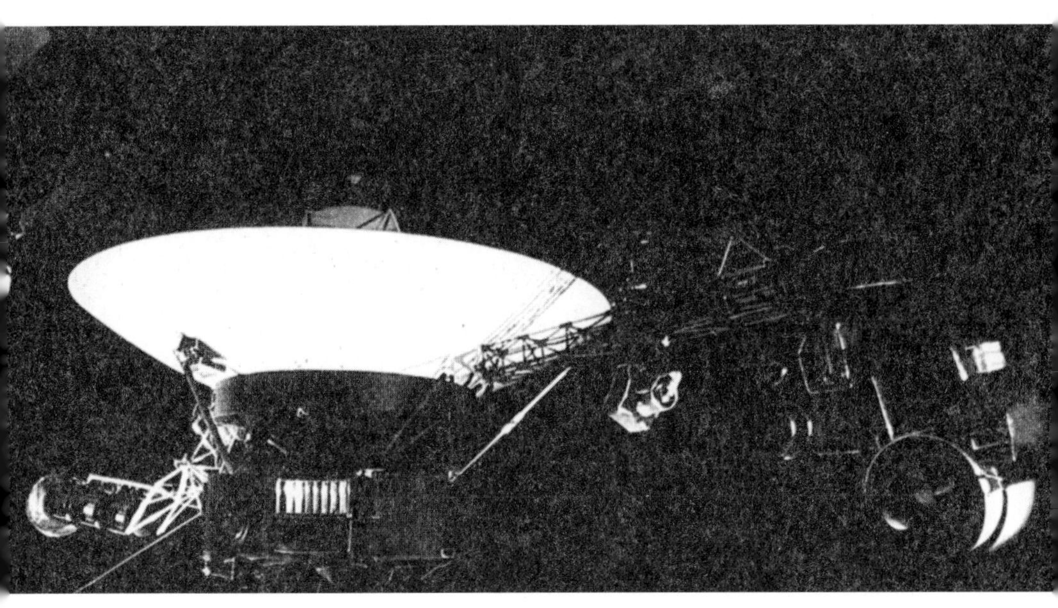

제트 추진 연구소에 전시되어 있는 보이저 우주선. 핵 발전기들은 왼쪽으로 뻗어나간 사다리에 설치돼 있으며, 컴퓨터는 중앙에 자리한 육각형 모양의 전자 기기용 격실에 들어 있다. 격실의 껍데기에 보이는 황금색의 원판은 보이저 성간 레코드판이다.(11장 참조) 오른쪽으로 길게 뻗어나간 막대가 바로 주사 플랫폼으로서, 거기에 설치된 관측 기기들은 해당 목표물을 지속적으로 주시할 수 있도록 설계돼 있다. 막대의 오른쪽 밑에 달려 있는 것이 해상도가 매우 높은 카메라이다.

가 이루어졌다. 행성 간 공간을 항해하기 시작한 지 거의 2년 만의 사건이었다. 조립에 들어간 개별 부품의 개수만 수백만 개에 이르는 대단히 복잡한 기능의 이 우주선이 그 먼 거리를 아무 탈 없이 무사히 항해해 낸 것이다. 하나의 부품에 이상이 발생한다면 다른 것이 그 부품의 역할을 완전히 대신할 수 있도록, 동일한 기능을 수행하는 부품을 여러 개씩 중복 조립한 덕을 단단히 본 것이다. 보이저 2호는 총질량이 0.9톤이고 전체 크기가 큰 방 하나를 가득 채울 정도이다. 태양에서 멀리 떨어진 태양계의 외곽 지대를 탐험하는 것이 이 우주선의 임무였기 때문에 보이저 2호는 다른 우주선들과는 달리 태양의 빛 에너지를 동력원으로 직접 사용할 수 없었다. 그래서 보이저 2호는 추진력을 태양 전지 대신 소형의 자체 핵 발전소에서 공급받도록 했다. 플루토늄 펠릿의 방사능 붕괴로부터 에너지를 얻는 이 핵 발전소는 수백 와트의 발전 용량을 자랑한다. 우주선 중심부에는 3대의 통합 컴퓨터와 함께 온도 제어 시스템과 같은 자체 유지용 설비들이 탑재돼 있다. 지구에서 보내는 명령을 수신하고 탐사 결과들을 지구로 송신하는 일은 지름 3.7미터의 접시형 안테나의 몫이다. 우주선이 고속으로 항해하는 동안 주사 플랫폼이 목성과 목성의 위성을 계속해서 추적하도록 설계되어 있으며 과학 장비들은 거의 대부분이 이 플랫폼 위에 설치돼 있다. 주요 과학 장비에는 자외선 분광 측정기, 적외선 분광 측정기, 하전 입자 검출기, 자기장 측정기, 목성 전파 수신기 등이 포함돼 있다. 보이저 계획에서 가장 큰 성과를 거둔 장비는 두 대의 텔레비전 카메라로서 이것들이 태양계 외곽에 외로이 떨어져 있는 행성들의 생생한 모습을 수만 장의 화상에 담아 우리에게 전해 준 장본인이다.

목성 주변에는 눈에는 보이지 않지만 매우 위험한 고에너지의 하전 입자들이 두껍게 둘러싸고 있다. 목성과 목성의 위성들을 가까이에서 관측하고 토성과 그 너머로까지 항해하려면 우주선이 우선 목성의 이 위험한 복사 벨트의 외곽을 뚫고 지나가야 한다. 그런데 고에너지의 하전 입자들은, 아주 민감하게 반응하는 관측 장비들을 망가뜨리는 것은 물론이고 전자 장비들을 완전히 태워 버릴 수도 있다. 그러므로 고에너지 하전 입자는 보이저 호에게 매우 위험한 존재이다. 그리고 또 넉 달 전에, 보이저 1호가 목성 주위에 고체 입자들로 이루어진 고리 구조를 발견해 알렸는데, 보이저 2호는 이 고리 구조를 가로질러 가야 했다. 만약 보이저 2호가 목성 고리에 있는 돌멩이에라도 부딪쳐 우주선이 심하게 흔들린다면 안테나의 방향을 지구에 고정시킬 수 없게 될 수 있었다. 그 결과로 자칫하면 소중한 탐사 자료를 영원히 잃어버릴 가능성도 있었다. 그렇기 때문에 목성 통과 직전에 지상 통제실의 연구팀은 안심할 수가 없었다. 하지만 지상에 자리한 인간과 우주에 떠 있는 로봇이 서로의 지능을 절묘하게 결합하여 그동안 몇 차례 발생했던 비상사태를 모두 무사히 넘길 수 있었다. 이 또한 여간 다행한 일이 아니었다.

보이저 2호는 1977년 8월 20일에 우주의 바다에 진수되었다. 보이저 2호는 화성 궤도를 커다란 호를 그리면서 통과하고 소행성대를 지난 후 목성권에 접근했다. 그리고 목성과 목성의 열네 개 남짓한 위성들을 한 줄로 꿰는 대장정을 시작했다. 보이저 2호가 목성 곁을 지날 때 목성은 보이저를 가속시켜서 토성을 근거리에서 통과할 수 있는 길목으로 보이저를 슬쩍 밀어 넣었다. 토성 중력의 도움으로 보이저는 다시 천왕성을 향해 힘차게 달리게 된다. 천왕성을 지나 해왕성을 뒤로하면 보이저는 태양계를 떠나게 되는 것이다. 그 후에는 별들 사이의 광막한 바다를 영원히 떠돌아다녀야 할 새로운 운명이 보이저 우주선을 기다리고 있다.

끊임없이 지속되는 탐험과 발견이야말로 인류사를 특징지은 인간의 가장 뚜렷한 속성이었으며, 인류사를 장식한 일련의 탐험 중에서 보이저 계획이야말로 가장 최근의 사건이다. 15, 16세기에는 스페인에서 아조레스Azores 제도까지 항해하는 데 며칠이 걸렸다. 지금은 이 시간에 지구와 달 사이에 놓인 우주의 해협을 훌쩍 건너뛸 수 있다. 또한 당시에는 대서양을 횡단하여 이른바 아메리카 신대륙에 도착하는 데 몇 개월씩이나 필요했다. 오늘날에는 이 시간이면 태양계의 내해內海를 가로질러 화성이나 금성에 사뿐히 내려앉을 수 있다. 그렇다면 화성과 금성이야말로 현대판 신대륙으로서 우리의 도착을 기다리고 있는 외로운 섬인 셈이다. 17, 18세기에는 네덜란드에서 중국까지 가는 데 1년 내지 2년의 세월이 필요했지만, 오늘날 보이저는 이 시간에 지구에서 목성까지 갈 수 있다.[1] 과거의 여행 비용이 오늘날에 비해서 상대적으로 좀 더 비쌌다고는 하지만, 그때나 지금이나 국민총생산GNP 대비로 1퍼센트에도 채 못 미치는 미미한 수준임에는 변함이 없다. 인공지능을 탑재한 현대 우주선들의 행성 탐사는 행성들의 유인 탐사를 알리는 선구자이며 선두주자이다. 인류의 탐사는 늘 이렇게 진척돼 왔다.

인류는 15세기와 17세기 사이에 중요한 전환기를 맞으면서 지구의 모든 곳을 탐험할 수 있다는 확신을 갖게 됐다. 그래서 유럽의 대여섯 국가들에서 대규모 함대를 세계 곳곳으로 용감하게 파견하기 시작했다. 물론 함대마다 그 모험의 동기는 다양했다. 분수에 넘치는 야망, 재화에 대한 탐욕, 국가적 자존심과 국가 간의 경쟁심, 종교의 맹목적 광신, 죄수의 대량 사면, 과학적 탐구심의 발동, 모험에 대한 심한 갈증, 스페인 에스트레마두라 지방의 고용 불안을 해결하기 위한 방안 등에서 우리는 탐험대를 유럽 밖으로 내밀었던 압력의 요인들을 찾아볼 수 있을 것이다. 이 항해가 항상 좋은 결과만 가져온 것은 아니지만 결과적으로는 지

1. 시간과 거리를 다른 비유로 가늠해 보자. 수정란이 나팔관을 지나 자궁에 착상할 시간이면 지구를 떠난 아폴로 11호는 달에까지 갈 수 있다. 수정란이 자궁에서 성장하여 아기로 태어날 즈음 바이킹 우주선은 화성에 도착한다. 인간의 평균 수명은 보이저 우주선이 명왕성 궤도를 벗어나 위험을 무릅쓰고 태양계 바깥으로 나설 때까지 걸릴 시간보다 길다.

구를 하나로 묶고 지역주의의 문제를 일부 해소하여 인류를 하나의 종으로 통합하는 데 큰 기여를 했다. 무엇보다도 행성 지구와 인류 자신을 이해하는 데 결정적인 기여를 했던 것이다.

혁명적인 네덜란드 공화국의 17세기는 범선을 이용한 항해와 발견으로 상징된다. 강력한 스페인 제국의 지배로부터 독립을 선언하고 해방된 직후, 네덜란드는 당시 유럽의 그 어떤 국가보다 적극적으로 계몽주의 사조를 받아들여 합리적이고 질서정연하며 창의적인 사회를 이루었다. 하지만 스페인의 항구와 강력한 함대가 네덜란드의 무역권을 가로막고 있었던 관계로 이 작은 신생 공화국의 경제적 생존은 거대 무역 선단을 구축하고 유효적절하게 사람을 쓰느냐와, 어떻게 이 둘을 적재적소에 배치하느냐에 달려 있었다.

정부와 민간의 합작으로 만들어진 네덜란드 공화국 동인도 회사는 세계 곳곳의 오지로 선단들을 파견하고, 거기에서 희귀 물품을 구해다가 비싼 값을 받고 유럽에 되팔아 많은 이문을 챙길 수 있었다. 그러므로 탐사 항해는 네덜란드 공화국의 생명선이었다. 항해 일지와 항해도는 국가 비밀로 분류됐으며, 수많은 배들이 국가의 비밀 지령을 받고 출항했다. 이렇게 해서 네덜란드 인들은 세계 도처로 급속하게 퍼져 나갔다. 그 결과 북극해에 있는 바렌츠 해Barents Sea와 오스트레일리아의 태즈메이니아Tasmania와 같이 네덜란드 인 선장의 이름을 딴 지명들이 지구 곳곳에 등장하기 시작했다. 탐험 항해는 본국에 경제 교역을 통해서 얻을 수 있는 것 이상을 가져다줬다. 물론 해상 교역을 통해서 얻을 수 있었던 경제적 이득이 엄청난 것이기는 했지만 말이다. 그 속에는 지식 그 자체를 추구하는 과학적 탐구의 욕망, 미지 세계와 그곳의 동식물을 발견하고자 하는 호기심 그리고 자신들과 다른 사람들을 알고 싶은 열정이 있었다. 이 모든 것은 탐험을 이끄는 또 하나의 강력한 추진력이었다.

암스테르담 시청 청사는 17세기 네덜란드 인들의 자신감과 현세적인 자아관을 반영하는 건축물이다. 이 건물을 짓느라 대리석을 여러 척의 배로 실어 와야 했다. 당시 시인이자 외교관이었던 콘스탄틴 하위헌스Constantijn Huygens[2]는 이 암스테르담 청사가 "고딕 양식의 추하고 너저분한 측면"을 완전히 없애 버렸노라고 말한 바 있다. 오늘날까지도 이 청사에는 아틀라스 신의 조각상이 별자리로 장식된 하늘을 어깨로 떠받친 채 버티고 서 있다. 아틀라스의 조각상 밑에는 정의의 신이 죽음의 신과 형벌의 신 사이에서 한 손에 황금의 칼을 잡고 다른 손에 저울을 들고 상인들의 신이라고 할 탐욕의 신과 시기의 신을 두 발로 밟고 서 있다. 네덜란드 공화국은 자국의 경제적 기반을 사유 재산 제도에 두었지만 무절제한 이윤의 추구는 국가의 건강을 해칠 수 있는 위험 요인이라는 점을 알고 있었다.

아틀라스와 정의의 조각상 밑으로 눈길을 돌리면 그보다 덜 비유적인 상징물이 보인다. 그것은 청사의 돌 바닥에 아로새겨진 지도이다. 그 세계 지도는 17세기 후반부터 18세기 초반에 이르는 시기의 서아프리카에서 태평양까지를 아우른다. 이것은 당시의 세계가 통째로 네덜란드의 활동 무대였음을 알게 하는 확실한 증거일 것이다. 그러나

2. 네덜란드 어 인명인 'Huygens'는 보통 '호이겐스'로 표기되지만, 이 책에서는 네덜란드 어의 원래 발음을 존중하여 '하위헌스'라고 표기한다. — 옮긴이

이 지도에는 네덜란드 공화국이라는 이름은 슬쩍 빠져 있다. 대신 유럽에서 네덜란드가 있는 지역을 가리키는 라틴 어 옛 이름인 '벨기움 Belgium'만 겸손하게 적혀 있다.

당시에는 한 해에도 여러 척의 선박이 지구를 반 바퀴쯤 도는 항해에 나섰다. 주로 아프리카 대륙의 서해안을 따라 이른바 에티오피아해라고 불리던 바다를 거쳐, 대륙 남단의 마다가스카르 해협을 끼고 돈 다음, 인도의 서쪽 끝을 지나 그들의 주요 목적지이자 오늘날 인도네시아라 불리는 향료 제도香料諸島까지 항해하고는 했다. 그중 몇몇은 거기서 뉴 홀란드 대륙(현재의 오스트레일리아 대륙)까지 더 나아갔다. 또 어떤 배들은 말라카 해협과 필리핀 군도를 지나 중국에까지 가는 모험을 감행하기도 했다. "네덜란드 연방 United Provinces of the Netherlands에서 타타르 제국, 중앙아시아의 칸 그리고 중국 황제에게 파견한 동인도 회사의 대사"들이 17세기 중반에 작성한 기록이 오늘까지 전해온다. 네덜란드 해적들, 대사들 그리고 선장들이 베이징과 같은 대제국의 도시를 보고 새로운 문명이 주는 충격으로 입을 다물지 못했던 정황을 우리는 이 기록에서 자세히 알아볼 수 있다.[3]

역사상 네덜란드가 그때처럼 막강한 영향력을 행사하던 시기는 없었다. 지혜와 꾀에 의존해서 살아야 했던 이 작은 나라의 외교 노선은 철저한 평화 정책이었다. 그들은 정통에서 벗어난 사조에 대해서도 비교적 관대했다. 마치 1930년대에 나치에게 쫓겨난 유럽 지식인들이

3. 그들이 중국 황실에 가져다 바친 선물의 내역까지 기록되어 있다. 그들은 황후에게는 "갖가지 그림으로 장식된 여섯 개의 작은 궤"를, 황제에게는 "계피 두 다발"을 바쳤다.

대거 망명해 오는 바람에 톡톡히 덕을 보았던 미국처럼, 온갖 검열로 사상의 자유를 억압받던 당시의 유럽 지성인들에게 네덜란드는 문자 그대로 이상향이었다. 그래서 17세기의 네덜란드는 아인슈타인이 존경해 마지않았던 위대한 유대인 철학자 스피노자Spinoza의 안식처일 수 있었다. 어디 그것뿐인가. 수학사에서 한 획을 그은 데카르트Descartes에게도 사정은 마찬가지였다. 한편 페인Paine, 해밀턴Hamilton, 애덤스Adams, 프랭클린Franklin, 제퍼슨Jefferson과 같이 철학적 성향의 혁명가들에게 깊은 영향을 미친 정치학자 존 로크John Locke에게도 네덜란드는 안식처였다. 위대한 예술가, 과학자, 철학자 그리고 수학자 들이 홀란드라는 땅에 그때처럼 넘쳐났던 시대는 아마 없을 것이다. 당시의 네덜란드 공화국은 렘브란트, 베르메르Vermeer, 프란스 할스Frans Hals 같은 걸출한 화가들과, 현미경을 발명한 레벤후크Leeuwenhoek, 국제법의 창시자 그로티우스Grotius, 빛의 굴절 법칙을 발견한 스넬Snellius 같은 사람들의 활동 무대이기도 했다.

사상의 자유를 존중하는 네덜란드의 전통에서 라이덴 대학교는 지동설을 주장했기 때문에 로마 가톨릭으로부터 고문의 위협을 받으면서 자신의 생각을 버리라고 강요받던 이탈리아의 과학자 갈릴레오[4]에게 교수직을 제의하기까지 했다. 이렇게 네덜란드와 긴밀한 관계를 유지했던 갈릴레오는 네덜란드 사람이 설계한 스파이글라스spyglass[5]를 개조하여 그의 첫 번째 천체 망원경을 만들 수 있었다. 이 망원경을 통해

4. 1979년 교황 요한 바오로 2세는 346년 전에 교황청이 갈릴레오에게 내렸던 유죄 판결의 파기를 조심스럽게 제기한 바 있다.(1992년 11월 요한 바오로 2세는 갈릴레오 재판의 오류를 인정하고 그를 공식 복권시켰다. — 옮긴이)

5. 다단계로 접히는 휴대용 망원경으로, 주로 바닷길에 나간 선장이 들고 다니는 것이다.

태양의 흑점, 금성의 위상 변화, 달의 운석공 그리고 목성 주위의 네 위성 등을 관측할 수 있었다. 그리고 그 위성들은 "갈릴레오의 위성"으로 불리게 되었다. 갈릴레오는 자신의 천문학적 주장과 관련된 종교적 갈등을 1615년 크리스티나 대공비Grand Duchess Christina에게 보내는 편지에 이렇게 털어놓고 있다.

> 대공비 전하께서도 잘 아시다시피, 몇 년 전에 소인은 천체 관측을 통하여 그때까지 알려지지 않았던 새로운 사실들을 많이 발견할 수 있었습니다. 이러한 발견들은 매우 색다른 것이었고 또 거기서 유도되는 결론이 학계의 공식 입장과 모순되었기 때문에 소인은 적지 않은 수의 학자들로부터 (그중에는 성직자들이 많기는 합니다만) 감내하기 어려운 비판을 받아야만 했습니다. 제가 자연과학의 지식 체계를 뒤집으려는 모종의 불순한 의도를 가지고 마치 제 손으로 그러한 것들을 하늘에 올려다 놓은 양, 많은 이들이 저를 극렬하게 매도했습니다. 새로운 발견이 과학의 연구, 성과, 성장의 동기가 된다는 사실을 그들은 망각하고 있는 듯합니다.

갈릴레오는 (그리고 케플러도) 지동설을 지지하며 이를 주창했다. 그러나 그런 용기를 그 당시 다른 사람들에게서 찾아보기는 어려웠다. 그것은 교리를 따르는 데 있어 비교적 덜 광신적인 지역의 유럽 사람들도 마찬가지였다. 예를 들어 1643년 4월에 데카르트가 쓴 편지를 보자. 당시에 데카르트는 네덜란드에 거주하고 있었다.

물론 당신도 최근에 갈릴레오가 종교 재판을 받았고, 지구의 움직임에 대한 그의 견해는 이단으로 단죄되었음을 아실 것입니다. 그래서 저의 입장을 차제에 명확히 해 둘 필요가 있을 것 같습니다. 저의 논문에서 제가 밝혀 설명한 모든 것들은 지구의 움직임에 관한 가설을 포함하여 너무도 상호 의존적입니다. 그러므로 그중 하나가 틀렸음을 알면, 나머지 것들도 모두 그 논리가 어긋남을 어렵지 않게 보실 수 있을 것입니다. 비록 저의 소견이 명확하고 확실한 준거에 의거하였다고 주장한 바 있습니다만, 교회의 권위에 맞서서 이를 고수하고 싶은 생각은 추호도 없습니다. …… 저는 소란을 피우고 싶지 아니하며, "편히 살려면 남의 눈에 띄지 말아야 한다."라는 제 좌우명대로 지금껏 조용히 지내왔습니다. 원컨대 앞으로도 조용히 살기를 바랍니다.

해양 강국으로서의 네덜란드와, 지성과 문화의 중심지로서의 네덜란드는 서로 별개의 것이 아니었다. 조선술의 발전이 모든 기술 분야의 발전으로 이어졌다. 네덜란드 인들은 기술을 존중했으며, 사회 전체가 발명가를 제대로 평가하고 예우하는 분위기였다. 기술의 진보는 지식 추구의 자유가 전제돼야 비로소 가능하다는 점을 염두에 둔다면, 네덜란드가 유럽 출판의 중심지였다는 사실은 충분히 이해할 수 있다. 외국어 저작물의 번역 출판은 물론이고, 다른 나라에서 판매가 금지된 서적이라도 네덜란드에서는 출판이 허용됐다. 미지의 세계로 향하는 탐험의 정신과 낯선 사회와의 잦은 접촉은 자기만족의 타성을 송두리째 흔들어 사상가들로 하여금 사회 전반에 걸쳐 유효한 통념들을 다시 한 번 더 생각하게 하는 동인으로 작용했다. 그 결과 수천 년 동안 의심 없이 받아들여졌던 주장들조차 근본적인 오류가 있음이 지적되고 과감하게 수정됐다. 우리는 특히 지리학 분야에서 그런 예들을 많이 볼 수 있다. 왕이나 황제의 통치가 보편적이던 당시 유럽에서 네덜란드는 국민에 의한 통치가 그 어느 나라보다 더 잘 이루어지는 공화국이었다. 사회 전반에 퍼져 있던 개방적 사고와 생활양식 그리고 물질적 풍요와 새로운 세계에 대한 탐험과 개척의 정신은, 네덜란드를 진취성과 활력이 넘치는 공동체로 만드는 데 훌륭한 밑거름으로 작용했다.[6]

그즈음 이탈리아에서는 갈릴레오가 또 다른 세상의 발견을 공표하고, 조르다노 브루노는 우주에 우리와 다른 형태의 생물들이 존재하리라는 주장을 펴고 있었다. 물론 그들은 이러한 발표와 주장으로 철저하게 비판받는 처지에 놓이게 됐다. 하지만 이와는 대조적으로 네덜란드에서는 크리스티안 하위헌스Christiaan Huygens가 위 두 사람의 의견을 모두 지지하면서도 온갖 찬사를 다 받으며 살고 있었다. 그의 아버지 콘스탄틴 하위헌스는 당시 수석 외교관이었고 문학자, 시인, 작곡자, 연주자로서 다양한 문화 활동을 펴는 한편, 영국의 시인 존 던John Donne의 절친한 친구로서 그의 작품을 번역하기도 했다. 아울러 그는 전형적인 대가족의 가부장이었다. 콘스탄틴은 화가 루벤스Rubens를 존경했고, 또한 청년 렘브란트를 '발굴'하였다. 그래서 훗날 렘브란트의 작품에 종종 등장하게 된다. 콘스탄틴 하위헌스와의 첫 만남에서 데카르트는 그

6. 네덜란드의 탐구 정신은 오늘날까지 면면이 이어져 내려오고 있다. 예를 들면, 네덜란드는 인구 대비로 본 저명 천문학자의 수가 다른 나라에 비해 현저하게 많다. 헤라르트 페터 콰이퍼Gerard Peter Kuiper도 그중의 한 명으로, 1940년대와 1950년대에 전적으로 행성만 연구하는 세계 유일의 천체물리학자였다. 이때만 하더라도 행성천체물리학은 대부분의 천문학자들에게 외면당하는 분야였다. 퍼시벌 로웰의 지나친 주장으로 말미암아 불신의 오명을 완전히 씻어 낼 수 없었기 때문이었다. 하지만 내가 콰이퍼의 제자였다는 사실에 나는 깊이 감사한다.

← 갈릴레오 갈릴레이(1564~1642년). 갈릴레오가 자신의 생각에 비판적인 성직자들 앞에서 달에 산이 있으며 목성 주변에도 달과 같은 위성이 돌고 있다고 주장하는 중이다. 물론 가톨릭 교회는 갈릴레오의 주장을 인정하지 않았다. 1633년 이교도 신앙을 가졌다는 혐의로 갈릴레오는 종교 재판에 회부됐고 불온 문서 배포 혐의로 생애의 마지막 8년을 플로렌스 외곽에 있는 조그마한 그의 집에서 연금 상태로 지내야만 했다. 참고로 천체 연구에 망원경을 도입한 최초의 인물이 바로 갈릴레오였다. 장레옹 위앙의 작품이다.
→ 크리스티안 하위헌스(1629~1695년). 베르나르트 바일란트Bernard Vaillant가 그린 초상화이다. 네덜란드 보르부르그Voorburg 소재 하위헌스 박물관 '호프바이크Hofwijck' 소장.

가 그렇게 다양한 분야에 관심을 갖고 뛰어난 능력을 발휘하는 것을 보고 도저히 믿을 수 없다며 놀라움을 금치 못했다. 하위헌스의 집은 세계 각지에서 온 온갖 종류의 진귀한 물건들로 가득했고, 종종 세계 여러 나라의 위대한 사상가들이 방문하는 장소가 되기도 했다. 이러한 환경에서 자란 크리스티안 하위헌스는 아주 어려서부터 여러 나라의 언어, 회화, 법률, 과학, 기술, 수학, 음악 등을 동시에 접하며 이에 능하게 되었고, 이 과정에서 그의 관심사와 전공 분야는 폭넓게 형성돼 갔다. 그는 "전 세계가 나의 고향이며, 과학이 바로 나의 종교이다."라고 선언하기도 했다.

당대의 모티프는 빛이었다. 빛은 사상과 종교의 자유 그리고 지리적 발견의 상징이었다. 빛에 대한 생각이 당시 회화에 깊숙이 파고들었다. 특히 베르메르의 작품에는 빛의 오묘함이 절묘하게 표현돼 있다. 스넬의 굴절 현상 연구, 레벤후크의 현미경 발명 그리고 하위헌스의 빛의 파동설 등 당시 과학 연구의 중심 주제가 모두 빛과 연관된 것들이었다.[7] 이러한 연구들은 서로 연계되어 이루어졌고 학자들은 연구 영역의 경계를 자유롭게 넘나들었다. 베르메르의 작업실에는 항해 도구들이 널려 있었고 작업실의 벽면에는 항해 지도들이 걸려 있었다. 그리고 현미경은 응접실의 장식품이었다. 레벤후크도 화가 베르메르의 재산을 관리하는 일을 했고, 호프바이크에 있는 하위헌스의 집을 자주 방문하며 그와 긴밀한 관계를 유지했다.

레벤후크의 현미경은 재단사들이 옷감의 품질을 자세히 살피기 위해 사용했던 확대경을 개량한 것이었다. 그는 그 현미경으로 물방울에서 하나의 소우주를 발견할 수 있었다. 물방울에서 본 미생물을 "극미

7. 아이작 뉴턴도 하위헌스를 존경했다. 그를 당시의 "가장 고상한 수학자"로 평가했으며, 고대 그리스 수학의 전통을 계승한 진정한 후계자라고 지칭했는데, 이 말은 예나 지금이나 극찬이다. 뉴턴은 그림자의 경계가 선명한 것을 근거로 빛은 작은 입자들의 흐름과 같다고 주장하고, 또한 붉은색 빛이 보라색 빛에 비해 그 입자의 크기가 상대적으로 클 것이라고 생각했다. 그에 반해 하위헌스는 바다의 파도처럼, 빛이 진공을 지나가는 파동의 일종이라고 생각했다. 우리가 빛을 이야기할 때 파장과 주파수를 들먹이는 이유가 여기에 있다. 굴절 현상을 포함한 빛의 여러 가지 특징이 파동설로 자연스럽게 설명됐으므로, 하위헌스의 이론은 최근까지 정설로서 인정받아 왔다. 그런데 1905년 아인슈타인이 광전 효과를 발견하면서 빛의 입자설이 다시 부활했다. 광전 효과란 금속 표면에 빛을 쏘였을 때 전자가 방출되는 현상이다. 현대의 양자 역학은 이 두 가지 이론을 모두 인정하여, 상황에 따라서 빛이 파동으로 행동하고 또 입자로서 존재한다고 생각한다. 상식적으로는 '빛의 입자-파동 이중성'을 언뜻 받아들이기 쉽지 않다. 하지만 실험에 드러나는 빛의 다양한 현상들을 보면 빛의 이중성을 받아들일 수밖에 없다. 결국 우리가 이러한 빛의 모순적이면서도 신비한 속성을 이해하게 된 데에는 뉴턴과 하위헌스 두 '독신자'들의 공헌이 컸음을 인정하지 않을 수 없다.

동물animalcule"이란 애칭으로 부르면서 "귀엽다."고 생각했다. 하위헌스는 초기의 현미경들을 설계하는 데 적지 않은 기여를 했으며, 그 자신도 현미경으로 새로운 발견을 많이 했다. 사람의 정자를 처음 본 소수의 사람들 중에 레벤후크와 하위헌스가 들어 있을 것이다. 정액 세포의 발견이 사람의 생식 작용을 이해하는 단초가 되었다. 하위헌스는 충분히 끓여서 완전 소독한 물에서도 미생물이 서서히 증식하는 현상을 관찰하고, 미생물들은 충분히 작아서 공기 중에 떠다닐 수 있으며 떠다니다가 물에 내려 앉아 번식한다고 설명함으로써, 생명의 자연 발생설에 하나의 대안을 제시할 수 있었다. 자연 발생설이란 생물은 기존의 생물과 아무 관계없이 발효 중인 포도나 썩은 고기 등에서 자연적으로 나타난다는 생각이었다. 그러나 하위헌스의 추측을 루이 파스퇴르Louis Pasteur가 확인하기까지는 2세기에 이르는 긴 시간이 더 필요했다. 여러 가지 측면에서 화성 생명 탐사 계획은 그 기원이 레벤후크와 하위헌스에 닿아 있다. 병이 세균 때문에 생긴다는 학설의 비조鼻祖도 바로 이 둘이다. 그러고 보니 현대 의학의 상당 부분도 레벤후크와 하위헌스에게서 그 뿌리를 찾을 수 있다. 하지만 그들은 자신들의 생각을 실제 응용의 단계까지 밀고 가지 않았다. 당시 사회의 기술 수준에서 독특한 생각들을 제시하는 선에서 그치고 말았다.

네덜란드에서 17세기 초에 개발된 현미경과 망원경은 인간의 가시 한계를 아주 작은 것으로 그리고 아주 큰 영역으로 각각 확장시켰다. 현재 우리가 원자핵이나 은하를 관측할 수 있게 된 것도 따지고 보면 그 뿌리가 17세기 초 네덜란드에까지 닿아 있다고 하겠다. 크리스티안 하위헌스는 유리를 직접 갈아서 천체 망원경 제작에 필요한 렌즈를 만

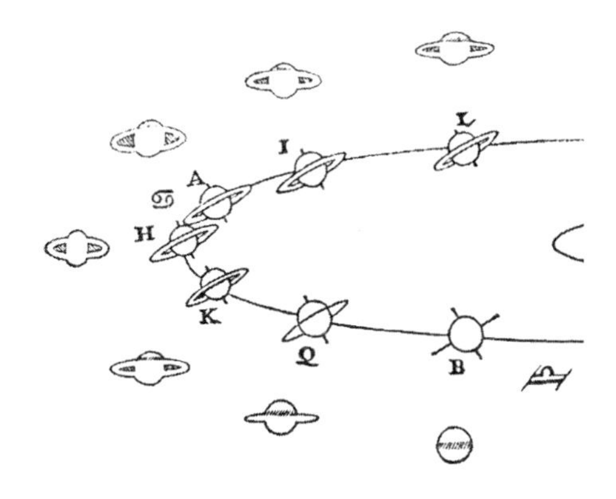

하위헌스는 1659년에 출판한 『토성계의 상세도*Systema Saturnium*』에서 토성 고리의 모양이 변하는 이유를 지구와 토성의 상대 위치의 변화로 옳게 설명하고 있다. B의 위치에서는 토성 고리가 종잇장 모양으로 납작하고 얇게 보이기 때문에 고리가 거의 보이지 않는다. A 위치에서 토성의 고리는 지구에서 볼 수 있는 최대 넓이를 내보인다. 하위헌스에 비해 상대적으로 조악한 망원경을 사용한 갈릴레오는 토성 모습의 이러한 변화를 관측한 뒤 심히 당혹스러워 했다.

들기 좋아했으며, 한 번은 5미터 길이의 굴절 망원경을 제작했다. 그 망원경으로 그가 이룩할 수 있었던 새로운 발견들은 인류사에서 하위헌스의 위치를 확고히 하기에 충분한 수준의 것이었다. 그는 에라토스테네스의 발자취를 따라서 지구 외의 다른 행성의 크기를 측정한 첫 번째 인물이며 금성이 구름으로 완전히 뒤덮여 있다는 사실을 맨 처음으로 추측해 본 천문학자였다. 그리고 화성의 표면 특징을 지도로 그려 남겼을 뿐 아니라, 그러한 표면 특징이 나타났다 사라지는 현상을 관찰하여 화성의 자전 주기가 지구와 비슷하게 24시간 정도라는 것까지 측정했다.(그가 작성한 지도는 서티스 메이저Syrtis Major라고 불리는 지역으로 지상 망원경으로 볼 때 바람에 휩쓸린 것처럼 검게 보이는 넓은 경사지에 대한 것이다. 이 지역은 화성 북반구 적도 근방에 있다.) 토성이 여러 겹의 고리로 둘러싸여 있고 특히 그 고리가 토성 표면과 접촉하지 않는다는 사실을 처음 확인한 것도 하위헌스였다.[8] 타이탄도 그가 발견했다. 타이탄은 토성의 위성 중에서 가장 큰 위성이자 태양계에서는 둘째로 큰 것이다. 타이탄에서 흥미진진한 현상들을 많이 볼 수 있어서 앞으로 생명의 기원 연구와 관련해서 크게 기대되는 연구 대상 천체이다. 그는 이러한 발견과 업적의 대부분을 20대에 이룩했으니 이 또한 우리를 놀라게 하기에 충분하다. 하위헌스는 또한 점성술이란 것은 말도 안 되는 소리라고 생각했다.

하위헌스의 업적은 사실 위에 언급한 것보다 훨씬 더 많다. 당시 항해술의 핵심 문제는 바다에서 자신의 경도를 어떻게 알아내느냐는 것이었다. 위도는 별자리를 통해서 정확히 알 수 있다. 남쪽으로 갈수록 위도가 낮은 곳의 별자리들을 볼 수 있으므로, 위도의 결정은 쉬운 일이었다. 그러나 경도의 결정은 시간의 흐름을 추적해야 하므로 위도의 측정보다 한층 더 어려운 작업이었다. 배에 실려 있는 시계는 배가 출발한 항구의 표준시標準時를 가리킨다. 한편 태양이나 별이 뜨고 지는 것을 이용하면 배가 위치한 지방의 시간을 알 수 있다. 또한 몇몇 밝은 천체들의 천구상 좌표를 알고 있기 때문에 그러한 천체들을 관측하면 지방시地方時를 측정할 수 있다. 지방시와 표준시의 차이가 떠나온 항구와 현 위치의 경도 차이와 같다는 점을 이용하면 배가 있는 지점의 경도를 알아낼 수 있을 것이다. 하위헌스는, 일찍이 갈릴레오가 제시한, 진자의 주기가 일정하다는 원리를 이용하여 추시계를 발명했고 그것

8. 토성의 고리를 발견한 사람은 갈릴레오였지만, 그는 자신이 본 것이 무엇인지 도통 파악하지 못했다. 그가 사용했던 초기의 천체 망원경으로는 토성의 고리가 토성 양편에 대칭으로 삐죽하게 붙은 물체로 보였다. 갈릴레오는 어리둥절해 하면서 그것을 귀처럼 생겼다고 기술했다.

을 경도 측정에 이용할 수 있을 것이라고 생각했다. 그가 발명한 추시계를 항해사가 바다 한복판에서 자신의 위치를 측정하는 데에 활용했지만 완전히 성공적이지는 못했다. 그러나 그가 쏟은 노력의 결과로 천문 관측과 과학 실험의 정확도가 그때까지의 수준을 훨씬 뛰어넘게 됐다. 정확도의 향상이 항해용 시계의 발달을 크게 자극했던 것이다. 하위헌스는 균형을 잡아 주는 나선 모양의 용수철을 발명했으며, 이 용수철은 오늘날까지도 일부 시계에 이용되고 있다. 그는 역학의 발전에도 큰 공헌을 했다. 예를 들어 원심력은 그가 계산해 낸 것이다. 그는 또 주사위 놀이를 연구하여 확률론에도 공헌했다. 하위헌스는 공기 펌프를 개량하여 나중에 채광 산업의 혁명을 불러왔다. 그가 발명한 '요술 등'은 오늘날 슬라이드 영사기의 원조이다. 그는 '화약 엔진'이라 할 수 있는 것을 개발하여 증기 기관 발달에도 큰 영향을 미쳤다.

하위헌스는 지구가 하나의 행성으로서 태양의 주위를 공전한다는 코페르니쿠스의 지동설이 네덜란드의 보통 사람들 사이에 널리 받아들여지는 것을 보고 무척 기뻐했다. 그는 지동설을 놓고, "이해력이 좀 부족하거나 인간이 만든 헛된 권위의 미신에 완전히 사로잡힌 이들"만 제외하면, 모든 천문학자들이 받아들이는 학설이라고까지 이야기했다. 중세 기독교 철학자들은 천구가 지구를 중심으로 하루에 한 바퀴씩 돌기 때문에 결코 무한대일 수 없다고 주장했다. 따라서 그들은 무한개의 세계는 말도 안 되고, 여러 개의 다른 세계, 심지어 단 한 개의 다른 세계도 존재할 수 없다고 믿었다. 도는 것은 하늘이 아니라 지구라는 사실의 발견은 우리로 하여금 지구의 유일성에 의심의 눈초리를 던지게 했으며, 지구 이외의 장소에 생명이 존재할 수 있다는 것을 하나의 훌륭한 가능성으로 받아들이게 했다. 그렇지만 코페르니쿠스는 태양이 태양계뿐만 아니라 전 우주의 중심이라고 생각했고, 케플러는 다른 별들이 행성계를 거느리지 않는다고 믿었다. 태양 아닌 자신들만의 중심 별 주위를 각기 궤도 운동하는 행성들이 우주에 수없이 많을 것이라는 생각을 인류사에서 처음으로 한 사람은 아마 조르다노 브루노일 것이다. 그러나 많은 사람들은 코페르니쿠스와 케플러의 우주관에서 다중 세계에 대한 생각이 직접적으로 유도돼 나온다고 생각했고, 스스로 그 다중 세계관에 경악해 마지않았다. 17세기 초에 로버트 머튼Robert Merton은 귀류법歸謬法을 동원하여 태양 중심 우주관이 이미 그 자체로 다른 행성계의 존재를 의미하기 때문에, 태양 중심 우주관은 자체 모순이라고 주장했다.(「부록 1」 참조) 그는 약간 강압적인 어투로 다음과 같이 열을 올렸다.

> 만약 천상의 실상이 코페르니쿠스주의의 위인들이 주장하는 바와 같이,…… 무한히 큰 공간에 무수히 많은 별들이 가득 차 있는 것이라고 할 것 같으면, 우리는 다음과 같은 생각도 할 수 있다. 창공에 빛나는 저 많은 별들이 모두 그 나름의 태양으로서 중심에 자리를 잡고 앉아 자기 주위에 행성들을 거느릴 수 있지 않겠느냐는 생각 말이다.…… 그리고 천상의 사정이 실제로 그렇다면 셀 수 없이 많은 세계들이 무한히 넓은 우주 공간에 있다고 해도 누가 뭐랄 수 없지 않은가?…… 어떻게 이런 것들이 가능할 수 있다고 하겠는가? 이것이야말로 엄청난 역리가 아니고 또 무엇인가?…… 케플러와 같은 이들의 말처럼 지구가 움직인다는 가설을 그대로 받아들인다면 우리는 이러한 난제들에 봉착하게 되고 마는 것이다.

하지만 지구는 움직인다. 머튼이 만약 우리 시대에 살았더라면, 그는 아마 똑같은 귀류법을 동원하여 "무한한 개수의 세계들이 틀림없이 존재한다."라고 추론했을 것이다. 하위헌스는 머튼 식 주장에 주눅들지 않았다. 그는 오히려 우주 저 너머에는 또 다른 태양들이 있을 것이라고 다중 세계의 실재성을 흔쾌히 받아들였다. 더 나아가 하위헌스는 그러한 별들이 우리의 태양계와 같은 행성계를 거느리고 또한 그 행성들에는 생물이 살지도 모른다고 생각했다. "우리가 그 행성들을 단지 거대한 사막과 같이 아무런 생물이 살지 않는 그러한 곳으로 간주한다면, 그것은 결국 지구라는 행성에게 모종의 특별한 지위를 부여하는 셈이다. 따라서 그것은 전혀 합리적인 생각이 아니다."라고 그는 잘라 말했다.[9]

하위헌스는 자신의 생각들을 『천상계의 발견—행성들의 세계, 그곳의 거주민, 식물 그리고 그 생성에 관한 몇 가지 추측*The Celestial Worlds Discover'd: Conjectures Concerning the Inhabitants, Plants and Productions of the Worlds in the Planets*』이라는 위풍당당한 제목을 붙인 특이한 책에서 제시했다. 이 책은 하위헌스가 죽기 직전인 1690년경에 완성되어 러시아의 표트르 대제Czar Peter the Great를 비롯한 많은 이들로부터 높은 평가를 받았다. 표트르 대제는 하위헌스의 이 책을 서양의 과학을 러시아에 소개하는 시리즈의 첫 번째 책으로 출판했다. 하위헌스는 이 책의 대부분을 행성들의 자연 환경에 관한 내용으로 채웠다. 고급스럽게 장정된 초판본을 보면 태양과 거대

9. 이와 비슷한 생각을 한 사람들은 하위헌스 외에도 여러 명 있었다. 케플러는 그의 저서 『우주의 조화*Harmonice Mundi*』에서 "황량한 행성이지만 생산성이 없는 것이 아니라 생물로 가득한 행성"에 대한 튀코 브라헤의 생각을 인용한 바 있다.

행성인 목성과 토성의 상대 크기를 비교한 그림이 들어 있다. 거대 행성이라고 해도 태양에 비하면 매우 작다. 그리고 토성과 지구가 나란히 있는 에칭화가 하나 있는데 우리 지구는 거기에 아주 작은 원으로 표현돼 있다.

하위헌스는 다른 행성들의 자연 환경과 그곳에 거주하는 생물들의 실상을 17세기 지구인들에게 알려진 지구의 상황과 대체로 비슷하게 상상했다. 그는 "행성인들"이 "그 체구와 육신의 세세한 부분에서 지구인과 눈에 띄게 다를 것이다. …… 그야말로 우스꽝스러운 생각은 …… 우리 인간과 같은 모습을 갖추어야만, 그 안에 이성을 갖춘 영혼이 깃들 수 있다는 생각이다." 다시 말해서, 이상하게 생긴 자도 똑똑할 수는 있다는 뜻이다. 그러나 그 뒤에는 이상하게 생겼어도 그 정도가 "지나치게" 이상할 리는 없다는 하위헌스의 주장이 이어진다. 즉 우리처럼 손이 있고 발이 달렸을 것이며 직립 보행을 하고 글자와 기하학을 알 것이고, 나아가 목성의 바닷길을 헤쳐 가는 목성의 뱃사람들은 목성에 딸린 위성 네 개를 그들의 항해에 활용할 것이라고 주장했다. 물론 하위헌스도 그 시대가 만든 인물이었다. 그렇지 않은 사람이 어디에 있을 수 있겠는가? 그는 과학이 자신의 종교라고 선언하고 나아가서 외계 행성들에 거주민이 있을 것이라고 주장했지만 그 추론은 신이 아무 목적 없이 행성을 만들어 놓을 리가 없으므로 외계 행성들에도 반드시 거주민이 있을 것이라는 논리에서 나온 것이었다. 사실 하위헌스의 시대는 다윈의 진화론이 나오기 전이므로, 외계 생물에 대한 그의 생각은 생명 진화를 전혀 고려하지 않은 것이었다. 그렇지만 그는 순전히 관측적 사실을 근거로 하여 현대 우주론의 내용과 비슷한 사고를 전개할 수 있었다.

> 끝없이 펼쳐진 광대무변의 이 우주란 얼마나 놀랍고 훌륭한 설계인가.…… 그렇게 많은 수의 태양들과, 그렇게 많은 수의 지구들 …… 그리고 외계의 지구들 하나하나에는 풀이며, 나무며, 짐승들로 가득할 것이고, 어디 그뿐인가, 거기에는 또 수많은 바다와 산 들이 있을 것이다! …… 별들까지의 엄청난 거리와 또 그들의 수를 생각할 때 우주에 관한 우리의 경외심은 또 얼마나 깊어져야 할 것인가?

오늘날의 보이저 우주선은 17세기 탐험선의 직계 후손으로서 크리스티안 하위헌스의 과학적 전통과 상상력에 그 기원이 있다. 보이저는 별들을 향해 나아가는 항해선이며, 또한 하위헌스가 알고 사랑해 마지않았던 천체들을 탐사하기 위한 탐험선이기도 하다.

수세기 전에는 탐험 여행에서 가져오는 '주요 상품'들 중의 하나로 빼어놓을 수 없는 것이 바로 여행자들이 들려주는 먼 나라의 이야기였다.[10] 낯선 땅과 그곳에 있는 특이한 동식물들에 대한 여행자들의 이야기는 듣는 이들의 호기심을 자극하여 다음 탐험으로 이어지게 하는 매우 중요한 '상품'이었다. 이야기의 주요 주제에는, 하늘 높이 치솟은 산, 용과 바다 괴물, 아침저녁으로 황금 식기를 쓰는 나라, 코 대신 팔

10. 이런 생각은 고대 사회에서도 찾아볼 수 있는데, 그들이 탐사에 나선 주된 동기는 주로 우주론적인 것이었다. 예를 들면, 15세기 중국 명나라는 인도네시아, 스리랑카, 인도, 아라비아, 아프리카 등지를 탐사했다. 그 정화 함대의 일원이었던 비신費信이라는 사람이 자신이 본 상황을 황제에게 알리기 위하여 「성사승람 星槎勝覽」이라는 화첩을 만들어 바쳤는데, 안타깝게도 그림은 유실되었고 문장만 전해지고 있다.

이 달린 짐승에 관한 것 등이었다. 어디 그것뿐인가. 개신교, 가톨릭, 유대교, 이슬람 등의 교리 논쟁이 참으로 한심하다고 생각하는 사람들, 불에 타는 검은 돌, 머리는 없고 입이 가슴에 달린 사람들, 나무에서 자라는 양羊 등등 별별 해괴한 것들이 그들의 이야기에 포함되어 있었다. 그중에는 사실도 있었고 거짓도 있었다. 어떤 것들은 사실은 사실이되 어느 정도 과장되고 왜곡되어 전해지기도 했다. 이런 이야기들은 볼테르Voltaire나 조너선 스위프트Jonathan Swift 같은 작가들의 손을 통해 다양하게 각색되어 유럽 사회로 하여금 새로운 안목을 갖게 하는 자극제로 작용했으며, 동시에 외부와 고립된 세상과 사회에도 관심을 갖게 하는 계기를 제공했다.

현대판 탐험대도 여행담을 가져온다. 아니, 보내온다고 해야 맞다. 보이저 1호와 2호가 우리에게 보내 준 여행담을 좀 들어 보자. 귀가 아니라 눈으로 듣자. 보이저는 산산이 깨어진 수정구같이 금이 간 세상이나 북극에서 남극까지 온통 거미줄 같은 것들로 뒤덮여 있는 구형 천체에 대한 이야기를 들려주는가 하면, 감자처럼 생긴 작은 위성과 지하에 용암의 바다가 형성되어 있는 위성에 관한 이야기를 저 멀리에서 지구인들에게 들려준다. 우리는 황산의 호수가 널려 있고, 화산이 폭발하는가 하면, 또 피자처럼 생겨서 썩은 달걀 냄새를 풍기는 이상한 곳에 대한 이야기도 종종 듣게 된다. 그리고 지구와는 비교가 안 될 정도로 거대한—지구와 같은 행성이 1,000개는 족히 들어갈—목성에 대하여 참으로 놀라운 여러 가지 이야기들을 우리에게 전해 준다.

목성 주변에 있는 갈릴레오의 위성들은 그 크기가 거의 수성과 맞먹을 정도로 큰데, 우리는 그들의 크기와 질량으로부터 밀도를 계산하고, 밀도에서부터 각 위성의 구성 성분을 추정할 수 있다. 가장 안쪽에서 돌고 있는 이오Io와 유로파Europa는 주로 암석 성분의 위성이며, 바깥쪽의 가니메데Ganymede와 칼리스토Callisto는 이보다 훨씬 낮은—얼음과 바위의 중간 정도의—밀도의 물질로 이루어진 위성임이 밝혀졌다. 얼음과 바위로 된 바깥쪽의 위성도 지구의 바위들처럼 열을 발생시키는 방사능 물질을 함유할 수밖에 없을 것이다. 그런데 그 위성들에는 방사능 붕괴 과정에서 발생되어 수십억 년 동안 내부에 축적된 열에너지가 표면으로 이동하여 외부로 방출될 수 있는 효율적인 냉각 메커니즘이 없다. 그러므로 가니메데와 칼리스토 내부의 얼음은 대부분 액체 상태의 물로 존재할 것이다. 우리의 이런 예상은 갈릴레오의 위성들을 직접 관측하기 전까지는 하나의 가능성에 불과한 것이었지만, 이제 보이저의 목성 근접 관측으로 그 예상이 실제로 확인됐다. 또한 그 천체들은 우리가 여태껏 보지 못한 완전히 새로운 세계인 것으로 규명됐다. 갈릴레오의 위성들의 표면을 자세히 들여다보기 전에 우리는 이들의 지하층에 자리한 바다가 물과 얼음의 진창일 것이며 갈릴레오의 위성들이 서로 다른 모습을 할 것이라고 추정했다. 보이저의 눈을 통해서 이 위성들을 정말 가까이에서 들여다보니, 예상대로 그들은 서로 아주 다른 모습을 하고 있었다. 갈릴레오의 위성들은 우리가 여태껏 알고 있던 그 어떤 세상과도 판이하게 다른 곳이었다.

보이저 2호는 지구로 영원히 되돌아오지 않을 것이다. 하지만 보이저 2호의 과학적 탐사 결과와 역사에 길이 남을 보이저의 발견들은 여행자의 이야기로서 결국 전파를 타고 우리에게 전해질 것이다. 1979년

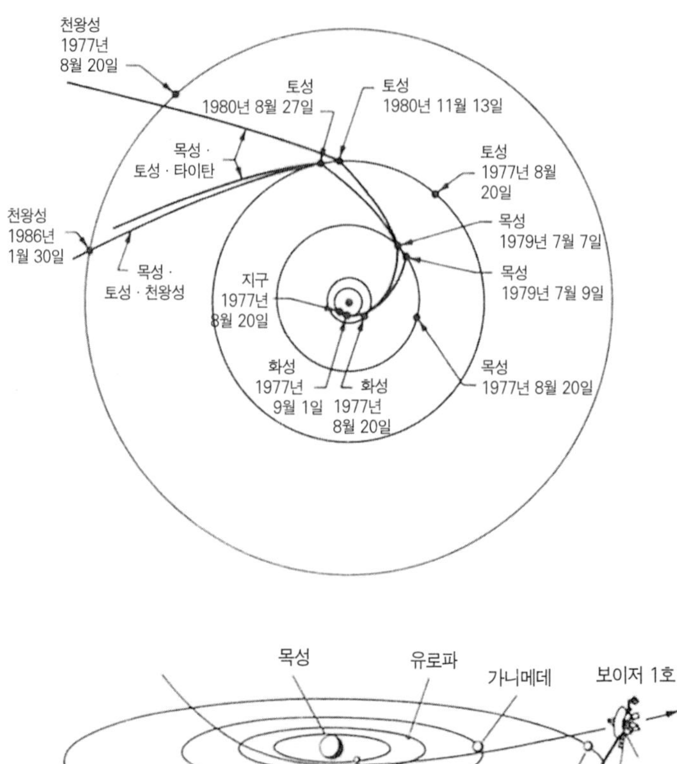

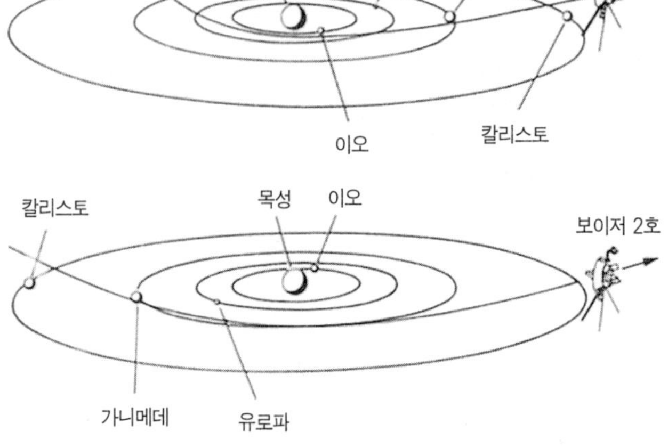

↑ 보이저 1호와 2호의 우주 항해 경로. 왼쪽 위에서 천왕성의 궤도를 가로지르는 것이 보이저 1호의 경로이고, 왼쪽 아래에서 1986년 1월 30일자로 천왕성에 근접하는 것이 보이저 2호의 항로이다. 그리고 보이저 2호의 대체 항로도 그려져 있는데, 보이저 1호가 그랬던 것처럼, 토성의 위성인 타이탄에 근접하는 항로이다.
↓ 보이저 1호(위)와 2호(아래)가 갈릴레오의 위성들을 근접 통과하는 경로를 나타낸 그림이다. 보이저 1호는 1979년 3월 5일의 상황이고, 2호는 같은 해 7월 9일의 상황이다.

7월 9일 태평양 표준시로 아침 8시 4분, 목성의 위성 유로파의 첫 번째 영상이 지구로 전송되었다. 그 이름은 구세계가 되어 버린 유럽에서 따왔지만, 유로파는 말 그대로 신세계였다.

그럼, 어떻게 태양계 먼 곳에서 관측된 영상이 우리 지구에까지 전송될 수 있는 것일까? 먼저 태양 광선이 목성 주위를 궤도 운동하는 위성 유로파에 떨어지고, 유로파는 입사된 빛의 일부를 반사하여 우주 공간으로 다시 내보낸다. 이렇게 반사된 빛의 일부가 보이저에 실려 있는 텔레비전 카메라의 형광 물질을 자극함으로써 유로파의 이미지가 만들어지는 것이다. 이렇게 만들어진 이미지를 보이저의 컴퓨터가 읽어서 숫자 신호로 변환한 다음, 10억 킬로미터나 떨어져 있는 지구상의 전파 망원경으로 송출한다. 그 신호를 수신할 지상 전파 망원경은 스페인에 한 대, 캘리포니아 남쪽 모하비 사막Mojave Desert에 한 대 그리고 오스트레일리아에 또 한 대가 있었다. 1979년 7월 9일 아침 바로 그 시간에 목성과 유로파를 정면으로 바라볼 수 있었던 망원경은 오스트레일리아의 것이었다. 오스트레일리아에서는 받은 전파 신호를 지구 주위를 돌고 있던 통신 위성으로 보내고, 통신 위성은 그 신호를 받아서 캘리포니아 남부로 넘겨준다. 이 신호는 지상에 설치된 몇 개의 극초단파 중계탑들을 징검다리 삼아 제트 추진 연구소에 도달한다. 그 다음 제트 추진 연구소에서 숫자 신호가 영상의 이미지로 변환된다. 보이저가 보낸 이미지는 우리가 신문 지상에서 흔히 보는 전송 사진과 근본적으로 같은 원리로 만들어진 것이다. 이미지 한 장을 만드는 데 밝기가 다른 약 100만 개의 회색 점들이 쓰인다. 점이 매우 작은 데다가 서로 가까이 붙어 있어서 약간 멀리 떨어져서 보면 점들은 하나하나 구별돼 보이지 않고 밝기가 연속적으로 변하는 하나의 이미지로 나타난다. 우리 눈에 회색 점들이 하나씩 따로 보이는 것이 아니라 많은 점들의 누적된 효과가 연속적인 화상으로 느껴지는 것이다. 우주선이 보내 주는 정보는 점 개개의 밝기이며, 이 밝기를 나타내는 숫자는 레코드판과 같은 역할을 하는 자기 디스크에 저장된다. 보이저 1호가 찍은 목성과 그 위성들의 사진이 총 1만 8000여 장에 이르며, 비슷한 양의 사진을 또 보이저 2호가 촬영해서 지구로 보내 줬다. 수차례에 걸친 연결과 중계의 최종 결과가 한 장의 인화지 사진으로 우리 앞에 나타나는 것이다. 유로파의 놀라운 광경도 이런 과정을 거쳐서 우리의 가슴을 설레게 할 수 있었던 것이다. 이것이 바로 1979년 7월 9일 아침에 전송돼 온 유로파 사진의 배후 사연이며 전후 사정이다.

이 사진들에서 우리가 본 광경은 정말로 대단한 것이었다. 보이저 1호는 갈릴레오의 위성 넷 중에서 유로파를 제외한 나머지 세 위성들의 세세한 모습을 사진에 담아 보내 주었다. 유로파와 대면하려면 보이저 2호의 접근을 기다려야 했다. 보이저 2호의 근접 촬영 사진에서는 불과 6킬로미터 규모의 작은 구조물까지 분해해 볼 수 있다. 언뜻 보기에 유로파의 표면에서는, 퍼시벌 로웰이 화성을 보고 상상했던 운하 비슷한 구조물—물론, 지금은 우주 탐사선의 직접 관측으로 이러한 구조가 없다고 밝혀졌지만—은 찾아볼 수 있었다. 그것들은 직선과 곡선이 서로 얽혀 놀라울 정도로 복잡다기한 그물망을 이루고 있었다. 얽히고설킨 저 검은 줄들이 주위보다 고도가 높은 산마루인지 아니면 오히려 주위보다 낮게 침하된 골인지 궁금하다. 어떻게 만들어졌을까? 혹은 이 위성의 지각이 전반적으로 팽창 또는 수축하는 과정에서 생긴 거대한 판구조 운동의 결과일까? 지구의 판구조 운동과 모종의 관련이 있을지도 모르는 일이다. 유로파의 그물망 구조가 나머지 세 위성의 지형 특성을 이해하는 데 어떤 도움을 줄 수 있지 않을까? 놀라운 발견의 배후에는 항시 첨단 기술이 뒷짐을 진 채 우리에게 미소 짓고 있지만 발견된 사실의 분석은 결국 인간 두뇌의 몫이다. 유로파의 표면은 이러한 선들의 복잡한 구조에도 불구하고 전체적으로 마치 당구공과도 같이 아주 매끈한 것으로 밝혀졌다. 충돌 구덩이가 전혀 보이지 않는 이유는, 표면의 얼음이 녹으면서 충돌의 흔적들을 다 지워 버렸기 때문일 것이다. 그리고 위에서 말한 표면에 보이는 많은 선들은 움푹 파인 홈이거나 갈라진 틈새라고 생각된다. 하지만 그 선들의 생성 과정에 대해서는 아직도 의견이 분분한 실정이다.

만약 보이저가 유인 우주선이었다면, 보이저의 함장은 항해 일지를 반드시 기록했을 것이다. 보이저 1호와 2호의 가상 함장들이 작성했음직한 항해 일지를 종합해서 정리한 내용을 읽어 보자.

1일

식량과 기타 비축물, 그리고 기기에 관한 걱정을 뒤로하고, 성공적으로 케이프 커네버럴 우주 기지를 이륙. 행성과 별을 향한 긴 여정을 시작했다.

2일

과학 장비들을 탑재한 주사 플랫폼의 지지 사다리를 펴는 데 문제가 발생함. 이 문제가 해결되지 않으면 촬영한 이미지와 측정한 과학 자료들이 모두 유실되기에 큰 걱정이다.

13일

우리 뒤로 보이는 지구와 달을 촬영하다. 둘이 우주에 나란히 떠 있는 모습을 찍은 최초의 사진이다. 참으로 어여쁜 한 쌍이다.

150일

궤도 중간 수정을 위한 엔진 점화 실시.

170일

일상적인 하루를 보냄. 몇 달째 무사 평온함.

185일

밝기 눈금 조정의 기준으로 쓰기 위하여 목성의 이미지를 촬영했다. 결과는 성공적이다.

207일

지지 사다리의 문제가 드디어 해결됐다. 하지만 주전파 송신기는 여전히 작동 불능이다. 여분의 송신기로 교체했는데, 이게 작동하지 않는다면 관측 자료를 지구로 보낼 수 없게 된다.

215일

화성의 궤도를 지났다. 화성은 이제 태양 반대쪽에 있다.

295일

소행성대 진입. 큰 바위 덩어리들이 사방으로 굴러다니니 영락없는 우주의 모래톱과 암초이다. 대부분은 궤도 추정이 불가능하다. 경계 요원을 배치했다. 충돌을 모면하길 바란다.

475일

소행성대를 무사히 벗어났다. 살아나와 다행이다.

570일

드디어 목성이 그 웅장한 모습으로 우리에게 다가온다. 이제 우리는 지구상의 어떤 망원경으로도 볼 수 없었던 목성의 모습들을 자세히 관측할 수 있을 것이다.

615일

목성의 엄청난 기후 변화에 우리는 마치 최면에 걸린 듯했다. 그리고 이 행성은 정말 엄청나게 크다. 아마 태양계의 다른 모든 행성들의 질량을 다 합쳐도 목성 질량의 절반에도 못 미칠 것이다. 산도 없고 계곡도 없고 화산도 없고 강도 없다. 또한 지표면과 대기의 경계도 없는 듯하다. 단지 엄청난 가스와 구름의 층들이 보일 뿐이고, 표면이라고 딱히 짚어 이야기할 만한 곳은 어디에도 없다. 우리가 목성에서 본 모든 것들은 다 둥둥 떠다니고 있었다.

630일

목성 기후의 지속적인 변화는 그것만으로도 하나의 장관이었다. 이 육중한 행성은 불과 10시간도 채 안돼서 한 바퀴를 완전히 돈다. 목성의 대기 변화는 고속 자전과 태양 광선, 그리고 내부로부터 치솟아 오르는 열이 만들어 내는 합작품인 듯하다.

640일

인상적이고 멋들어진 구름 무늬다. 고흐의 「별이 빛나는 밤」이나 블레이크나 뭉크의 작품들이 연상된다. 그러나 연상은 실제 상황에 미치지 못하는 법. 어떤 예술가도 이런 장관을 그리지 못했다. 그것은 아무도 우리 행성을 벗어나 보지 못했기 때문이다. 지구에 발이 묶인 화가가 어떻게 이토록 신비롭고 아름다운 세계를 상상이나 하겠는가.

목성의 다채로운 빛깔을 띤 띠들을 근접 관측할 수 있었는데, 흰색을 띨수록 암모니아 가스를 포함한 높은 층의 구름으로 생각되며, 갈색을 띨수록 더 깊고 더 뜨거운 지역으로 추정된다. 푸른색을 띠는 지역은 구름 사이를 가로지르는 깊은 구멍처럼 보인다. 우리는 아직 목성이 왜 적갈색을 띠는지 그 이유를 알지 못한다. 황이나 인과 관련된 화학 반응의 결과가 아닐까? 또는 태양으로부터의 자외선이 목성 대기에 있는 메탄, 암모니아, 수증기 또는 여러 종류의 분자 조각들과 반응하여 어떤 유기 분자들을 형성했기 때문은 아닐까 하는 추측만 할 수 있을 뿐이다. 그럴 경우 목성의 색깔은 40억 년 전 지구에서 있었던 생명의 탄생에 관한 하나의 실마리를 제공해 줄 수도 있을 것이다.

647일

대적반이다. 주변의 구름들 위로 치솟아 오른 가스 기둥인데 지구가 대여섯 개는 들어갈 정도로 엄청나게 거대하다. 대기의 깊은 곳에서 합성되었거나 축적되어 있던 고분자들이 상층부로 끌려 올라와 우리 눈에 붉게 비치는 것이라 추측해 본다. 이렇게 거대한 구름의 폭풍은 태어난 지 아마 100만 년은 족히 지났을 것이다.

650일

드디어 목성 최근접. 정말 굉장한 하루였다. 목성의 위험천만한 복사 벨트 지역을 성공적으로 헤쳐 나오는 데 성공했다. 피해는 사진 편광기 하나가 망가진 것뿐이다. 새로 발견된 목성의 고리를 고리 내부의 작은 입자나 돌멩이들과 충돌하지 않고 무사히 통과했다. 그 와중에 포착한 모습들도 대단하다. 복사 벨트 중심부에 있는 붉은 색깔의 작고 길쭉한 위성 아말테아Amalthea의 모습, 색색이 찬연한 이오, 선형 망상 구조의 유로파, 거미줄처럼 얼기설기 얽힌 가니메데, 여러 겹의 동심원 파문이 선명한 칼리스토의 표면 구조들. 우리는 칼리스토의 곁을 선회하여 알려진 목성의 위성들 중에서 가장 가장자리에 위치한 목성 13호의 궤도를 통과했다. 이제 목성을 떠난다.

662일

입자 검출기와 자기장 측정기의 측정 결과를 보면 우리가 복사 벨트 지역을 완전히 벗어났음을 확인할 수 있다. 목성의 중력을 이용해 가속을 하고 마침내 목성권을 벗어나서 우주 공간을 향해하기 시작했다.

874일

바다에서 밤하늘의 별자리가 항해하는 배들의 길잡이가 되듯이, 우주에서도 별이 길잡이의 역할을 한다. 우리는 노인성Canopus을 길잡이로 삼고 있는데 조타 장치에 문제가 생겨서 방향 좌표의 설정을 다시 해야 했다. 아무래도 광학 감지 시스템이 켄타우루스자리의 알파별과 베타별을 노인성으로 잘못 인식했던 것 같다. 다음에 정박할 항구는 토성권이다. 아, 2년쯤 후면 거기에 닿을 것이다.

나는 보이저의 여행담 중에서 특히 이오의 이야기에 홀딱 반했다. 이오는 갈릴레오의 4대 위성들 중 목성 가장 가까이에서 공전하는 위성이다.[11] 보이저가 정보를 보내오기 전부터도 우리는 이오가 좀 특이하다고 알고 있었다. 지상 망원경으로는 이오 표면에서 아무것도 알아볼 수가 없었다. 그렇지만 붉다는 사실 하나만은 확실했다. 사실 이오는 무척 붉었다. 화성보다 더 붉다고 알려졌으며 태양계에서 가장 붉은 천체로 지목되고 있었다. 수년에 걸쳐 지속적으로 수집한 자료를 통해 표면이 변하고 있다는 추측을 할 수 있었다. 특히 적외선과 전파 레이더 관측에서 변화의 조짐을 뚜렷하게 알아챌 수 있었다. 그리고 거대한 도넛 모양을 하는 원자 기체의 튜브가 이오의 궤도 근방에서 목성을 감싸고 있음을 어렴풋이 추측할 수 있었다. 그리고 그 기체의 성분은 황, 나트륨, 칼륨이며 이오가 흘리고 간 물질일 것이라는 것까

11. 미국인들이 『옥스퍼드 영어 사전*Oxford English Dictionary*』에 근거하여 이오Io를 "아이오Eye-Oh" 라고 발음하는 경우가 있다. 그렇지만 이 단어에 관한 한 영국 인들이 뭐 특별한 지혜를 갖고 있다고 할 수는 없다. 이오의 어원은 지중해 동부 지역인데, 영국을 제외한 다른 유럽 인들은 모두들 "이오" 라고 제대로 발음한다.

보이저 1호가 찍은 목성의 대적반. 일시적으로 높은 구름이 대적반 상층부의 3분의 1 정도에 걸쳐 퍼져 있다.

지 알고 있었다.

마침내 보이저가 이오에 접근하면서 이 거대한 위성의 표면이 다양한 색깔로 치장돼 있음을 알게 됐다. 태양계 내의 그 어느 천체와도 판이한 모습이었다. 이오는 소행성대 가까이에 위치하므로 전 생애를 통하여 소행성대에 떠도는 돌멩이들의 세례를 끊임없이 받았을 것이다. 물론 충돌 구덩이들이 많이 패였을 것이다. 하지만 이오의 표면에는 그러한 흔적이 전혀 남아 있지 않았다. 그렇다면 이오의 표면에서 일어나는 모종의 작용이 파인 구덩이를 모조리 메웠던가 아니면 지워 버렸을 것이다. 그 작용의 정체는 무엇일까? 결코 대기와 관련된 작용은 아닐 것이다. 왜냐하면 이오에는 대기가 없기 때문이다. 이오의 표면 중력이 너무 약해서 기체 분자들은 이오의 표면을 쉽게 탈출해 버렸던 것이다. 그렇다고 물의 흐름이 그 원인이라고 지목할 수도 없다. 이오의 표면은 물이 액체로 존재하기에는 기온이 너무 낮기 때문이다. 화산 분화구와 비슷하게 생긴 장소를 몇 군데 볼 수 있었지만, 이 또한 확고부동하게 확인할 수는 없었다.

보이저 항해 팀의 일원인 린다 모라비토Linda Morabito는 보이저의 궤도를 정확하게 유지해야 하는 책임을 맡고 있었기 때문에, 이오가 어떤 별 곁에 있는가를 자주 확인할 필요가 있었다. 그래서 그녀는 컴퓨터 앞에 앉아서 이오의 경계 부분을 밝게 하여 그 뒤쪽에 있는 별이 드러나게 하곤 했다. 그러던 어느 날 이오의 어두운 표면을 배경으로 높이 솟는 밝은 구름을 보고 그녀는 소스라치게 놀랐다. 버섯구름의 위치를 확인해 본 결과, 화산이 아닐까 하고 의심하던 곳 중 하나였다. 바로 보이저가 지구 바깥에서 활화산을 하나 발견하는 순간이었다. 가스와 기타 분출물을 계속해서 토해내는 활화산이 이오의 표면에서 그 후에 모두 아홉 개나 발견됐다. 사화산은 이오의 표면에 수백 어쩌면 수천 개가 있을 것이다. 이 화산들에서 뿜어져 나온 용암은 운석공을 모두 메우고도 남을 정도로 충분한 양이었다. 화산 분출물이 다양한 색깔로 물든 지표를 배경으로 거대한 호弧를 그리며 솟아오르는 모습은 상상만 해도 가슴 설레는 장관임에 틀림없다. 우리는 이오에서 완전히 새로운 광경을 보고 있는 것이다. 끊임없이 변하는 표면을 지금 우리가 바로 들여다보고 있다는 말이다. 갈릴레오와 하위헌스가 이 광경을 목격했다면 얼마나 감탄했을까!

보이저가 화산을 발견하기 전에 우리는 이미 이오에 화산의 존재를 예상하고 있었다. 스탠턴 필Stanton Peale과 그의 동료들은 목성과 유로파가 이오에 미치는 조석력의 세기를 계산하여 이오에서 화산 활동이 있을지도 모른다고 예측했다. 그들은 이오 내부의 암석이 방사능 붕괴가 아니라 강한 조석력의 작용으로 용융 상태에 놓이게 됨을 알 수 있었고, 그렇기 때문에 이오의 내부 거의 대부분이 액체 상태에 있어야 한다는 결론에 도달했던 것이다. 지하에 있는 액체 상태의 유황이 이오의 화산 활동으로 지상으로 계속 올라오게 된다. 고체 상태의 유황은 물의 끓는점보다 약간 높은 섭씨 115도 정도로 가열되면 색깔이 변하면서 액체 상태의 유황으로 변한다. 온도가 높아질수록 색깔이 짙게 변하며, 일단 녹았던 유황을 갑자기 냉각시키면 액체 상태의 색깔을 그대로 유지한다. 이오 표면의 색깔 분포의 패턴에서부터 중요한 사실을 유추할 수 있었다. 그 패턴은 화산의 분화구에서 마구 쏟아져 나온 액화 유황이 여울져 흐르는 강물이나 흙탕물의 급류와 같이 얇은 층을 이루며 흐르는 모습을 닮아 있었다. 즉 검정색, 그러니까 제일 뜨거운 유황이 화산 분화구 근처에서 보이고, 주황색의 황이 분화구에 비교적 가까운 곳에서 강을 이루고, 노란색의 상대적으로 저온 상태에 있던 유황이 분화구에서 멀리 떨어진 평지에 널려 있다. 표면 모습이 몇 달 간격으로 수시로 변화하기 때문에 지구에서 우리가 일기 예보를 하듯 이오의 표면 지도도 주기적으로 수정 편찬해야 한다. 그러므로 미래의 이오 탐사대는 정신을 바짝 차리는 편이 좋을 것이다.

이오의 매우 얇고 희뿌연 대기는 주로 이산화황으로 이루어져 있다는 사실이 보이저 우주선의 탐사로 밝혀졌다. 그런데 이산화황의 대기층이 비록 얇기는 하지만 목성에서 방출되는 하전 입자들로부터 이오의 표면을 보호하기에는 충분한 두께여서, 이오에게는 매우 소중한 존재이다. 밤에 기온이 떨어지면 기체 상태의 이산화황이 굳어 서리처럼 하얗게 변한다. 이렇게 되면 목성의 복사 벨트에서 나오는 하전 입자들이 이오의 표면까지 침투할 수 있다. 따라서 먼 훗날 사람들이 이오에 이주해서 생활하게 된다면, 밤에는 모두 지하로 대피하는 것이 좋을 듯싶다.

이오의 화산 분출은 그 구성 입자들을 목성의 주변 공간으로까지 직접 방출시킬 정도로 매우 높이 솟아오른다. 아마도 이 입자들이 이오 주변에서 목성을 둘러싸고 있는 도넛 모양의 튜브를 형성하는 장본인인 듯하다. 이 입자들은 원자 알갱이들로서 목성을 향해 천천히 나선 운동을 하다가 안쪽 궤도에 있는 아말테아 위성과 만나면, 모종의 화학 반응을 통하여 아말테아의 표면을 붉게 물들이는 것 같다. 또한 이오에서 분출된 물질이 여러 차례 충돌과 응결의 과정을 겪으면서 결국 목성의 고리를 만드는 데 한몫을 하게 되는 듯하다.

인류가 목성에 거주한다는 것은 사실상 거의 불가능해 보이지만, 먼 미래에 이룩될 과학 기술의 진전을 생각한다면, 가스 구름 속을 떠다니는 거대한 풍선 속의 도시를 상상해 볼 수도 있지 않을까? 달이 지구를 항시 같은 면을 보이면서 공전하듯이, 이오와 유로파도 목성을 향해 같은 면을 보이며 목성 주위를 궤도 운동한다.(태양계의 사실상 거의 모든 위성들이 자신의 모행성에게 늘 같은 면을 보이는, 자전과 공전 주기가 같은 동주기同周期 운동을 하고 있다.) 그렇기 때문에 이 위성들에 서서 목성이 있는 쪽의 하늘을 올려다보면, 하늘의 대부분을 차지하는 거대한 목성이 뜨지도 지지도 않은 채, 자신의 표면을 다채롭게 변화시키는 장관을 관람할 수 있을 것이다. 어쨌든 목성의 위성들은 미래에 있을 인류의 탐사 계획에서 호기심의 원천으로 오랫동안 남아 있을 것이다.

태양계가 성간 공간에 존재하는 가스와 고체 입자로부터 생성되었듯이, 목성 또한 그 형성 과정에서 많은 양의 가스와 티끌이 필요했을 것이다. 태양 형성에 쓰이고 남은, 그렇지만 우주 공간으로 유실되지 않은 물질의 일부가 목성의 형성에 쓰였을 것이다. 아마 목성이 이런 물질을 지금의 수십 배 정도로 많이 끌어 모을 수 있었다면, 지금쯤 목성 내부에서도 핵융합 반응이 일어나고 있을 것이다. 이 경우 목성은 현재와 같은 행성의 신세가 아니라 어엿한 별의 위엄을 자랑했을 것이다. 그렇지만 우리의 이 거대한 행성, 즉 목성은 별이 되려다 실패한 비운의 천체이다. 목성이 별이었다면, 지금 목성이 태양으로부터 받는 빛의 거의 두 배 이상을 목성 스스로 만들어 낼 수 있다. 그런데 적외선 대역에서 보자면 현재의 목성은 그대로 항성이라고 취급해도 사실 큰 무리가 없을 정도의 빛을 방출한다. 목성이 가시광선 대역에서도 별로서 행세할 수 있다면, 태양과 짝을 이뤄 하나의 쌍성계를 구성할 수도 있었을 것이다. 그랬을 경우 지구의 하늘에는 해가 둘이 있을 터이고, 밤은 아주 보기 힘든 희귀한 현상이 되었을 것이다. 실상 우리 은하에는 이런 쌍성계가 흔하다고 나는 믿는다. 그러한 곳에서는 밤이 없는 세상을 아주 자연스럽고 아름답다고 여길 것이다.

내부 구조를 보여 주기 위하여 목성을 절개한 모형이다. 목성 표면에서 볼 수 있는 가스 구름층은 이 모형에서는 보이지도 않을 정도로 얇다. 굳이 비유한다면 표면에 칠한 페인트의 두께보다 더 얇을 것이다. 중심에는 지구와 비슷한 암석과 금속의 고체 핵이 자리하고, 금속성의 액체 수소가 거대한 바다를 이루며 중심핵의 주위를 둘러싸고 있다.

목성의 구름 저 깊은 밑바닥에서 느끼게 되는 대기의 무게, 즉 기압은 지구 그 어디에서도 찾아볼 수 없는 엄청난 것이다. 수소 원자들은 그렇게 높은 압력을 받으면 서로 짓눌려서 핵에 속박되어 있던 전자들이 핵에서 떨어져 나가 금속성의 액체 수소로 변한다. 지구에서는 이 정도의 압력이 실현될 수 없기 때문에 지상 실험실에서 금속성의 액체 수소를 관측할 기회가 없다.(금속성 액체 수소는 상온에서도 초전도성을 지닐 수 있을 것으로 기대된다. 그러므로 지구의 실험실에서 이러한 물질을 만들어 낼 수만 있다면, 전자공학에 획기적인 발전이 초래될 것이다.) 구체적으로 목성 내부의 압력은 지구 표면 대기압의 300만 배나 된다. 이런 조건에서 예상되는 수소의 유일한 존재 양식이 앞에서 이야기한 금속성의 액체 수소이다. 그러므로 목성의 내부는 금속성의 액체 수소가 바다를 이루고 있을 것이다. 하지만 목성의 내부 한복판에는 암석과 철로 된 핵이 자리 잡고 있을지 모른다. 지구처럼 생긴, 태양계에서 가장 큰 행성의 중심핵은 거대한 압력으로 옥죄는 두꺼운 가스층에 갇혀 그 모습을 영원히 드러내지 않을 것이다.

목성은 태양계에서 가장 강력한 자기장을 발생시키는데, 이것은 목성 내부의 금속성 액체에 흐르고 있을 것으로 예상되는 전류 때문일 것이다. 이 전류는 자기장뿐 아니라 전자와 양성자로 구성된 목성 주변의 복사 벨트를 생성하기도 한다. 왜냐하면 자기장이 하전 입자를 붙들어 놓기 때문이다. 복사 벨트의 내부에서는 태양풍의 형태로 태양에서 방출된 하전 입자들이 목성의 자기장에 포획되어 가속 운동을 한다. 이 복사 벨트는 목성의 구름층보다 훨씬 높은 곳에 위치하며, 그 속에 있는 입자들은 목성의 남극과 북극 사이를 빠른 속도로 왕복한다. 그러다가 목성 고공의 대기 분자와 충돌하면 운 좋게 벨트에서 빠져나오기도 한다. 이오의 궤도는 목성과 매우 가까워서 이오는 하전 입자들의 복사 벨트를 가로지르며 움직인다. 이때 하전 입자들이 폭포수같이 쏟아지면서 전파 에너지가 폭발적으로 방출된다.(이 전파 폭발이 이오 표면에서의 물질 분출에도 큰 영향을 줄 것이다.) 우리는 이오의 궤도상 위치에 따라서 목성의 전파 폭발과 관련된 에너지의 양을 정확하게 예측할 수 있다. 천문학자들의 이 예측은 지구상의 일기 예보보다 더 정확하다.

전파천문학이 발달하기 시작한 1950년대에 목성이 강력한 전파 방출원이라는 사실이 우연히 알려지게 됐다. 미국의 젊은 두 과학자, 버나드 버크Bernard Burke와 케네스 프랭클린Kenneth Franklin은 당시로서는 감도가 대단히 좋은 최신형 전파 망원경을 사용하여 우주 배경 복사를 검출할 목적으로 전파를 관측하고 있었다. 그때 놀라울 정도로 강력한 전파 신호가 우연히 잡혔다. 그 전파 신호의 특성은 그때까지 학계에 보고된 어떤 전파원과도 부합하지 않았으며 별, 성운, 은하, 여타 그 어떤 것과도 맞지 않았다. 그런데 더욱 놀라운 것은 이 전파원이 천구상에서 멀리 있는 배경 천체들보다 더 빠르게 이동한다는 점이었다.[12] 이 전파원의 정체를 알아내기 위하여 그들은 우주 전파원 목록들을 다 뒤져 봤지만 아무 소용이 없었다. 하루는 하늘에 뭐 재미있는 현상이 벌어지고 있는가 알아보기 위하여 관측실 밖으로 나와서 육안으로 하늘을 쳐다보다가 어안이 벙벙해졌다. 문제의 전파원이 있다고 생각되는 방향으로 유난히 밝은 천체가 하나 보였기 때문이었다. 그것이 바로 목성이었다. 목성의 전

12. 빛이 매우 빠르기는 하지만 그래도 유한한 속도로 움직이며 태양계 천체들은 우리에게 비교적 가까워서 멀리 있는 천체들보다 천구상에서의 겉보기 운동이 빠르기 때문이다.(8장 참조)

파 방출은 이렇게 우연히 발견되었다. 사실 과학사에서의 발견은 거의 대부분이 이런 식이었다고 해도 과언이 아니다.

목성과 보이저 1호의 만남이 있기까지, 목성은 그저 하늘에서 반짝이는 하나의 행성일 뿐이었다. 이러한 사정은 우리의 조상들에게도 마찬가지였으리라. 100만 년의 세월 동안 목성은 항상 밤하늘에서 유난히 반짝거리는 경외의 대상일 뿐이었다. 보이저가 목성과 만나던 날 저녁, 나는 제트 추진 연구소에 도착한 보이저의 탐사 기록을 조사하기 위하여 연구소로 향하면서 다음과 같은 생각을 했다. 이제부터 목성은 더 이상 그 옛날의 목성일 수가 없구나. 이제부터 목성은 연구의 대상이며 탐사의 장場으로 남을 것이다. 목성과 그 위성들은 하나의 축소판 태양계를 이루는데, 앞으로 우리가 그곳에서 만나게 될 기기묘묘한 세계들은 우리에게 많은 것을 가르쳐 줄 것이다.

토성은 목성보다 약간 작다는 점만 제외하면 물질 조성을 비롯하여 여러 가지 측면에서 목성과 매우 비슷하다. 대략 10시간에 한 번씩 자전하는 토성은 다양한 색깔의 고리로 자신의 적도 부분을 아름답게 치장하고 있다. 목성도 토성과 마찬가지로 고리를 갖고 있지만, 토성의 고리만큼 두드러지지도 아름답지도 않다. 토성의 자기장과 복사 벨트는 목성에 비하여 매우 미약한 수준이다. 하지만 행성 고리만 본다면 토성은 목성에 비해 훨씬 더 훌륭한 장관을 우리에게 제공한다. 그리고 토성도 열두어 개 이상의 위성을 거느리고 있다.

토성의 위성들 중에서 우리의 가장 큰 관심을 끄는 것은 타이탄이다. 타이탄은 태양계 안에 있는 위성들 중에서 가장 거대한 존재로, 있으나마나 한 대기가 아니라 상당 수준의 대기를 실제로 보유한 유일한 위성이다. 1980년 11월 보이저가 토성에 접근하기까지 이 위성에 관하여 우리가 갖고 있던 자료는 너무나 빈약해서 무엇 하나 딱 부러지게 예측할 수가 없었다. 그 자료라는 것들은 우리의 갈증만 더할 뿐이었다. 대기의 구성 성분으로 확인된 분자는 G. P. 콰이퍼가 발견한 메탄 CH_4이 고작이었다. 메탄이 태양의 자외선을 받으면 좀 더 복잡한 탄화수소 분자와 수소 기체로 변한다. 탄화수소 분자가 타이탄의 표면을 짙은 갈색의 타르로 뒤덮을 것이다. 생명의 기원과 관련하여 지상 실험에서 볼 수 있었던 진한 갈색의 유기물인 타르 찌꺼기도 여러 가지 종류의 복잡한 탄화수소로 구성돼 있었다. 수소 기체는 가장 가벼운 기체인 데다가 타이탄의 중력이 약하기 때문에 '분출 이탈blowoff' 이라 불리는 격렬한 과정을 통해서 타이탄에서 매우 빠른 속도로 달아날 것으로 추정된다. 이때 타이탄 대기의 메탄을 포함한 다른 종류의 분자들을 수소가 함께 데리고 나갈 것이다. 그런데 이런 예측에도 불구하고 타이탄의 표면 기압은 최소한 화성과 비슷한 수준인 것으로 밝혀졌다. 그러므로 실제로는 분출 이탈이 타이탄에서 일어나지 않는 모양이다. 어쩌면 타이탄 대기에 메탄 이외의 아직 발견되지 않은 기체가 더 있을 수도 있다. 예를 들어 질소 분자가 대기 성분에 포함되어 있다면 대기의 평균 분자량을 높여서 분출 이탈과 같은 격렬한 현상을 막아낼 수 있을 것이다. 아니면 분출 이탈이 실제 진행 중일 수도 있다. 이 경우 내부로부터 새로운 기체가 방출되어 이탈에 따른 손실분이 지속적으로 보충되고 있을 것이다. 타이탄의 평균 밀도가 매우 낮은 것으로 미루어 보아, 타이탄에는 상당한 양의 H_2O 얼음과 메탄을 포함하는 또 다른 종류의 얼음이 존재할 것으로 예상된다. 이러한 얼음들이 구체적으로 어느 정도의 기체를 공급하는지는 예측할 수 없지만 내부 열에 기화되면서 대기에 기체를 공급할 것이다.

망원경을 통해 본 타이탄은 겨우 알아볼 수 있을 정도로 작은 붉은색의 원반 모습을 하고 있다. 어떤 관측자들의 보고에 따르면 붉은색 원반 위에 불규칙적으로 모양이 변하는 흰색 구름이 떠 있다고 한다. 구름의 흰색은 메탄 결정結晶 때문인 것이 확실하지만 원반의 붉은색은 도대체 무엇 때문일까? 타이탄을 연구하는 대부분의 학자들은 붉은색의 기원은 복잡한 유기 화합물에서 찾아야 한다는 점에 동의한다. 표면 온도와 기압의 구체적 값은 아직도 논란의 대상으로 남아 있지만, 여러 가지 정황에서 우리는 온실 효과에 따른 기온 상승이라는 설명을 수용할 수밖에 없다. 대기와 지표면에 상당한 양의 유기 물질이 존재한다는 점에서 타이탄은 우리의 시선을 끄는 태양계의 특별한 구성원임에 틀림이 없다. 과거 역사에서 우리를 새로운 세계의 발견으로 연결해 줬던 수많은 탐색 항해처럼 보이저라는 이름의 우주선을 비롯한 미래의 우주 탐사선들이 타이탄에 관한 우리의 지식 체계를 그 근본에서부터 바꾸어 놓고 말 것이다.

타이탄의 지표면에 서면 타이탄의 구름 사이로 토성과 그 고리들을 볼 수 있을 것이다. 그러나 타이탄 대기에서 빛이 산란되기 때문에 토성과 고리는 희뿌옇게 보이겠지만 말이다. 태양에서 토성까지의 거리는 태양에서 지구까지의 거리의 10배에 달하기 때문에 타이탄이 태양에서 받는 에너지의 양은 지구가 받는 값의 1퍼센트밖에 안 된다. 따라서 타이탄에서 비록 무시할 수 없을 수준의 온실 효과가 작용한다 치더라도 타이탄의 표면 온도는 섭씨 0도도 안 될 것이 확실하다. 하지만 이렇게 혹독하게 추운 환경임에도 불구하고 풍부한 양의 유기 물질, 태양에서 오는 복사 에너지의 역할 그리고 활화산 주위에서 예상되는 고온의 상황 등을 고려한다면, 여전히 타이탄에 생명이 있을 가능성을 완전히 배제할 수는 없다.[13] 지구와 전혀 다른 환경에 놓여 있는 타이탄에 서식할 수 있는 생물은 물론 지구의 생물과 전혀 다른 형태를 취할 것이다. 타이탄에 생명이 존재하는지의 여부는 당장 확인할 길이 없고 겨우 그 가능성만 점칠 수 있을 뿐이다. 타이탄 표면에 직접 탐사선을 착륙시켜 위성의 표면을 샅샅이 뒤진 뒤에야 그 답을 얻을 수 있을 것이다.

토성의 고리를 구성하는 입자들을 자세히 알아보려면 아주 가까이 접근해야 한다. 고리의 입자들은 크기가 1미터에 불과한 눈덩이나 얼음 조각으로 조그마한 축소판 빙산이 공중에 떠서 빙글빙글 돌고 있다고 생각하면 된다. 우리는 토성 고리의 스펙트럼을 찍어서 실험실에서 찍은 다양한 성분의 스펙트럼과 대조해 봄으로써 고리 입자의 주성분이 물로 된 얼음이라는 사실을 이미 알고 있었다. 그런데 고리의 입자를 우주선에서 근접 촬영하려면 우주선이 입자들과 같은 속도로 움직

13. 하위헌스가 타이탄을 발견한 때가 1655년이었다. 이 문제에 관해서는 일단 발견자의 의견에 귀를 기울여 보자. "목성과 토성 같은 거대한 행성계들을 서로 비교해 본 사람이라면 누구나 저 행성들의 엄청난 크기와 또 그들이 거느린 귀한 수행자들(위성)에 놀라지 않을 수가 없을 것이다. 우리가 살고 있는 이 작은 지구에 비하면 더더욱 그렇다. 지극히 현명하시다는 창조주께서 자신의 모든 동물과 식물을 이렇게 보잘것없는 지구를 골라서 거기에만 배치했다고 생각할 수 있겠는가? 조물주께서 지구 단 한 곳만을 선택하여 동물과 식물로 치장하여 살 만한 곳으로 만들어 놓았다고 믿기는 참으로 어렵다. 위대하신 창조주를 흠숭할 지혜로운 존재들이 목성과 토성에도 살 수 있음에도 불구하고, 창조주께서 그곳을 불모지로 내버려 둔 채 거주할 생물이 없도록 할 리가 있겠느냐는 말이다. 저 거대한 목성과 토성이 그저 밤하늘에서 반짝거리기만 한다니, 도저히 그럴 수는 없는 것이다. 신께서 목성과 토성을 미천한 인간들의 연구 대상으로만 남겨 뒀을 리야 없지 않겠는가?" 그는 계속해서 토성의 궤도 특성을 이야기한다. 즉 토성이 태양을 30년에 한 번씩 공전하기 때문에 토성과 그 위성들에서의 계절 변화는 지구에서보다 훨씬 느리게 진행된다. "토성의 생물들은 그 생활양식이 우리와 전혀 다를 수밖에 없을 것이다. 왜냐하면 그곳의 겨울은 지루하게 길기 때문이다."

세 방향에서 바라본 토성의 이미지를 컴퓨터에서 구성한 것이다. **1** 그림은 고리 면을 거의 옆에서 바라본 모습이고, **2** 그림은 고리를 약간 위에서 비스듬히 내려다본 모습이다. **3** 그림은 고리 면을 거의 수직으로 내려다본 모습인데, 이것은 지구에서는 도저히 포착할 수 없는 모습이다. 고리들 사이에 벌어진 틈들이 여러 개 보이는 데, 그중 가장 크게 벌어진 부분이 카시니 간극Cassini Division이다. 토성 고리 면의 간극들을 통해서 뒤에 있는 별들이 보이기는 하지만, 그렇다고 간극이 완전히 비어 있는 것은 아니다. 바로 그렇기 때문에 파이오니아 11호의 카시니 간극 관통 계획이 포기돼야만 했다. 그리고 토성의 간극들의 정확한 개수, 위치와 그 투명도에 대해서는 밝혀져야 할 사항이 아직 많이 남아 있다.

여 줘야 한다. 우주선의 속도를 입자들의 궤도 운동 속도인 시속 7만 2000킬로미터에 맞춘다면 우주선이 고리 입자의 정지 위성이 되는 셈이다. 이때 비로소 입자들이 고리 면에 길게 늘어선 띠가 아니라 개개의 입자로 구별되어 보일 것이다.

토성의 고리를 이루는 작은 입자들이 모두 뭉쳐서 토성 주위를 하나의 큰 위성으로 공전하면 안 될 무슨 특별한 이유라도 있었는지 궁금하다. 토성을 가까이에서 도는 입자일수록, 궤도 속도가 더 빠르다는 사실을 우리는 잘 알고 있다.(이것이 바로 케플러의 세 번째 법칙의 내용이다. 중심 천체에 가까울수록 '떨어지는' 속도가 빨라진다.) 그러므로 안쪽 궤도의 입자들은 바깥쪽 궤도에서 도는 입자들을 앞질러 간다.(우리가 알다시피 추월선은 왼쪽이다.) 물론 이것은 궤도 반지름이 짧을수록 그 공전 주기가 짧다는 케플러의 세 번째 법칙과도 일치하는 사실이다. 그러므로 토성의 고리 면에서는 인접 지역이 서로 '쓸리거나' 또는 '찢어지는' 듯한 운동을 하게 되며, 따라서 인접한 궤도에서 도는 두 입자는 만났다 헤어지기를 계속한다. 고리 면의 평균 회전 속도는 초속 20킬로미터에 이르는 아주 빠른 속도이지만, 두 인접 입자의 상대 속도, 즉 추월 속도는 아주 느려서 분속으로 고작 수 센티미터에 불과하다. 입자들 사이의 중력은 스쳐 지나가는 두 입자를 하나로 모으려 하겠지만, 이 상대 속도 때문에 둘은 헤어질 수밖에 없다. 그러나 토성에서 멀리 떨어진 곳에서는 인접한 두 입자 사이의 상대 속도가 무시될 정도로 작다. 그러므로 서로 들러붙어 좀 더 큰 눈송이로 성장해 갈 수가 있다. 다시 말해서 입자들이 토성에 그다지 가깝지만 않다면, 추월로 인해서 헤어지는 효과가 거의 없기 때문에,[14] 입자들은 상호 중력에 따른 합병으로 덩치를 점점 키워 가다가 결국 하나의 어엿한 위성으로 성장하게 된다. 그렇다면 토성의 고리 바깥쪽 먼 곳에 크기가 수백 킬로미터에서 거의 화성에 버금가는 타이탄에 이르기까지 일련의 위성들이 자리하는 것도 단순한 우연의 결과가 아닐 것이다. 태양계에 있는 행성과 위성 모두가 처음에는 고리를 이루며 돌던 미세 입자들이 이렇게 서로 엉겨 붙어 큰 천체로 성장하는 과정을 거쳐서 형성된 것이다.

목성과 마찬가지로 토성에도 자기장이 있다. 자기장은 태양에서 방출되는 하전 입자들을 포획하여 가속시킨다. 이렇게 포획 · 가속된 하전 입자는 북극과 남극 사이를 빠른 속도로 왕복한다. 그런데 적도 부근에 고리 면이 펼쳐져 있으므로, 왕복 운동을 하던 하전 입자, 즉 양성자와 전자 등은 고리 면의 얼음이나 눈덩이들에 흡수되고 만다. 따라서 목성이나 토성의 고리가 복사 벨트의 일부를 제거하는 역할을 한다. 사실 복사 벨트는 고리의 안쪽과 바깥쪽에서만 찾아볼 수 있다. 위성도 하전 입자들을 흡수하므로, 위성 부근에서도 복사 벨트가 사라진다. 실제로 토성의 위성들 중 하나는 이런 원리를 이용해서 발견했다. 파이오니아 11호가 토성의 복사 벨트에 틈새가 있는 것을 발견했는데 학자들은 앞에서 설명한 원리에 근거하여 그 틈새에 위성이 있을 것이라고 추측했다. 그리고 얼마 후 그 예측대로 그때까지 알려지지 않았던 위성 하나가 바로 그 위치에서 발견됐던 것이다.

14. 공전 속도 v는 중심 거리 r의 제곱근에 반비례해서 감소한다. 즉, $v \propto r^{-1/2}$의 관계가 성립한다. 따라서 $\triangle r$ 만큼 떨어져 있는 두 입자의 궤도 속도 차 $\triangle v$는 거리의 제곱근의 세 제곱에 반비례하여 감소할 것이다. 즉, $\triangle v \propto r^{3/2} \triangle r$의 관계가 일반적으로 성립한다. 이 식에서부터 우리는, 중심 천체에 가까울수록, 즉 중심 거리가 영에 수렴할수록($r \rightarrow 0$), 상대 속도 $\triangle v$가 엄청난 속도로 증가함을 알 수 있다. 즉 쓸림과 찢어짐의 효과가 크다. 반면에 중심에서 멀리 떨어질수록($r \rightarrow \infty$), 상대 속도 $\triangle v$는 빠르게 0으로 접근하므로 중력에 따른 합병을 방해할 찢어짐의 효과가 사라지게 된다. — 옮긴이

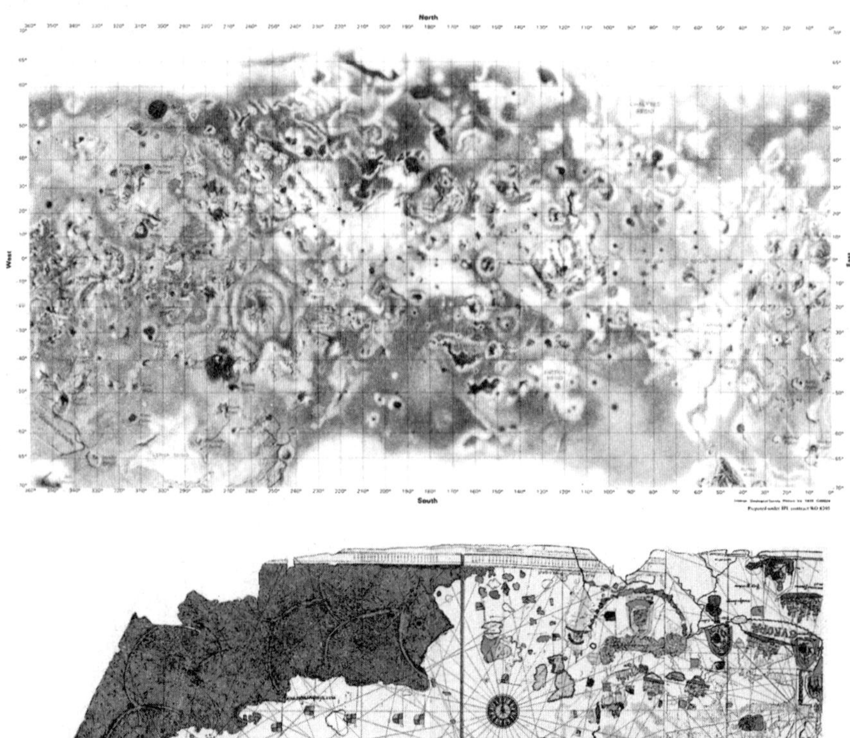

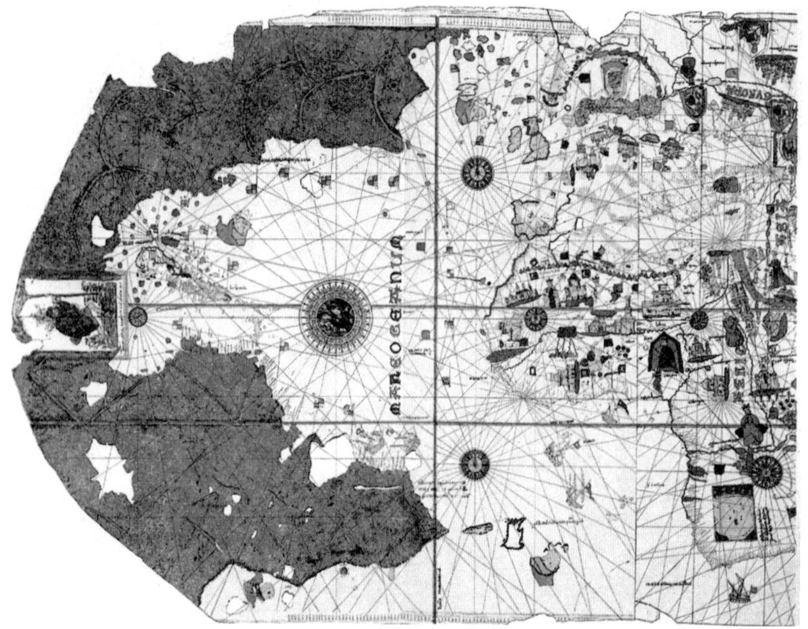

두 신세계의 지도. ↑ 목성의 위성 이오의 표면 지도인데, 보이저 1호와 2호의 관측 자료를 합성하여 만든 것이다. 이 지도에 라Ra, 로키Loki, 마우이Maui, 프로메테우스Prometheus 등의 이름이 붙여진 지역들이 보인다. ↓ 콜럼버스가 아메리카 대륙을 발견할 당시 항해사로 일하던 후안 데 라 코사Juan de la Cosa가 1500년에 작성한 신대륙 아메리카의 첫 번째 지도이다.

태양풍은 토성 궤도 저 바깥으로, 즉 태양계의 외곽 지대로 나가면서 그 세력이 점점 약해진다. 단위 넓이를 단위 시간에 지나는 태양풍 입자들의 개수가 태양에서 멀어질수록 감소한다는 뜻이다. 비록 태양풍이 미풍으로 바뀐다고 해도 보이저 우주선의 계측 장비들이 정상적으로 작동한다면 보이저는 천왕성, 해왕성, 명왕성 등의 궤도 근방에서도 태양풍의 존재를 충분히 감지할 수 있다. 보이저는 그러기에 충분한 성능을 갖추고 있다. 한없이 부풀어 오른 태양의 대기층을 여기서도 만나게 된다는 말이다. 그렇지만 태양에서 명왕성까지의 거리의 2~3배 정도 더 멀리 떨어진 곳에 이르면, 성간을 떠도는 양성자와 전자 들의 압력이 오히려 태양풍의 압력을 능가하기 시작한다. 거기가 바로 태양계와 그 바깥 세상의 경계 지대인 것이다. 천문학자들은 '태양 제국'의 국경이라는 뜻에서 이 지역에 '태양권계太陽圈界, heliopause'라는 이름을 붙여 줬다. 보이저 호는 전진에 전진을 거듭해 아마 21세기 중반에는 이 태양권계를 넘어설 것이다. 그리고 다시는 다른 항성계에 들어서는 일이 없이 별들 사이에 펼쳐진 무한의 공간을 향해 미끄러지듯 나아갈 것이다. 영원히 방랑할 운명의 우주선이 '별의 섬'들로부터 멀리 떨어져 나와, 엄청난 질량이 묶여 있는 은하수 은하의 중심을 한 바퀴 다 돌 때쯤이면 지구에서는 이미 수억 년의 세월이 흘렀을 것이다. 인류의 대항해epic voyage는 이렇게 시작되었다.

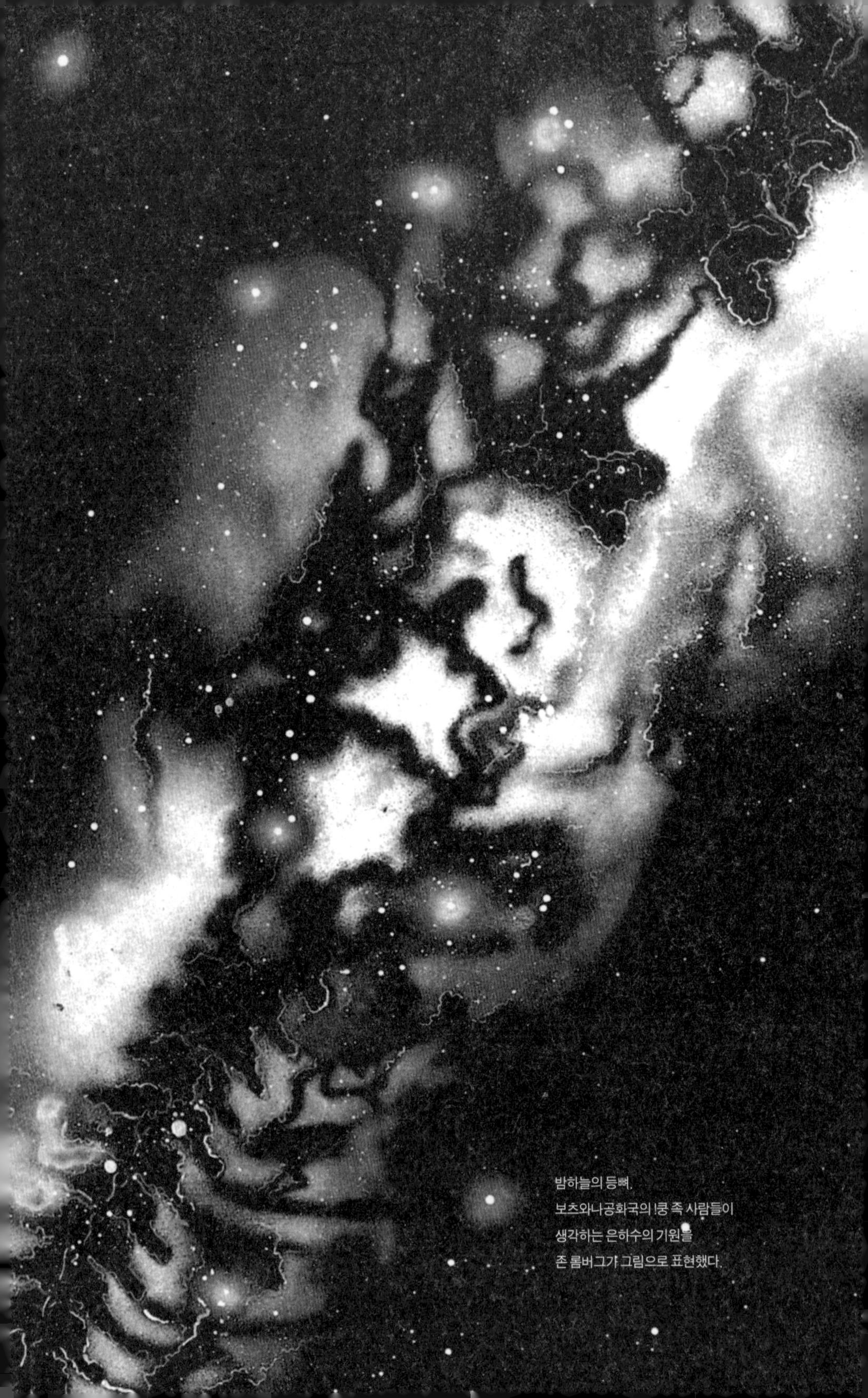

밤하늘의 등뼈.
보츠와나공화국의 !쿵 족 사람들이
생각하는 은하수의 기원을
존 롬버그가 그림으로 표현했다.

7 밤하늘의 등뼈

그들은 하늘에 난 둥그런 구멍에 이르렀다. …… 불처럼 빛을 내는 까마귀가 이것은 별이라고 말했다. — 에스키모의 창조 신화

나는 페르시아의 왕이 되느니, 차라리 인과율 하나를 터득하는 쪽을 택하겠소이다. — 아브데라의 데모크리토스

그러나 사모스의 아리스타르코스가 책을 한 권 집필했는데 그 책의 가설에 따르면 우주가 현재 알려진 것보다 수배가 더 크다는 결론에 이르게 된다. 그가 택한 전제는 별들과 태양은 고정되어 움직이지 않으며, 지구가 태양을 중심에 두고 그 주위를 원을 그리면서 회전한다는 것이다. 또한 그의 가정에 따르면 항성들이 박혀 있는 천구의 중심도 태양 부근에 있으며 항성들의 천구가 아주 크기 때문에 중심에 대한 그 천구 표면까지의 거리와 지구에서 항성들까지의 거리가 서로 비슷하다고 한다. — 아르키메데스, 『모래를 헤아리는 사람』

사람들이 생각하는 신성神聖의 개념을 자세히 살펴보면 거기에서 다음과 같은 측면을 발견하게 된다. 감추어진, 동떨어진, 미지의 원인으로 인한 현상에 접하게 될 때, 사람들은 '신神'이란 단어를 흔히 사용한다. 기존 원인의 자연적 근원인 이치理致의 샘이 손에 잡히기를 거부할 때, 사람들은 이 신이라는 용어에 자주 기대게 된다. 원인에 이르는 실마리를 놓치자마자, 또는 사고의 흐름을 더 이상 쫓아가지 못하게 될 때 우리는 그 원인을 번번이 신의 탓으로 돌려서 당면한 어려움을 극복하고 그때까지 해오던 원인 탐구의 노력을 중단하고는 한다. …… 그러므로 어떠한 현상의 결과를 신의 탓으로 돌리기만 한다면 그것은 우리 자신의 무지를 신으로 대치하는 것과 무엇이 다르다고 하겠는가? 이제 '신'은, 인간이 경외심 가득한 마음으로 듣는 데 익숙해져 버린, 하나의 공허한 소리일 뿐이다. — 폴 하인리히 디트리히 홀바흐 남작, 『자연계』, 1770년

나는 어릴 적에 뉴욕 시 브루클린의 벤손허스트 구역에서 살았다. 나는 우리 동네를 구석구석 잘 알고 있었다. 아파트, 비둘기 집 상자, 뒷마당, 현관 앞 계단, 공터, 느릅나무, 장식용 난간, 석탄 활송관 등이 하나하나 기억난다. 그리고 중국식 핸드볼[1]하기에는 루스 스틸웰Lew's Stillvell 극장 건물의 벽돌로 된 외벽 이상 가는 것이 없었다. 브루노와 디노, 로널드와 하비, 샌디, 버니, 대니, 재키, 마이라. 누가 어디에 사는지도 잘 알고 있었다. 하지만 우리 동네에서 몇 블록 너머, 자동차들이 시끄럽게 질주하고 그 위로는 고가 철도가 지나가는 86번가

1. 미국 어린이들이 흔히 '중국식 핸드볼'이라고 부르는 이 경기는 우리가 송구라고 알고 있는 정식 구기 종목이 아니다. 벽에서 튕겨오는 작은 공을 두꺼운 가죽 장갑을 낀 손으로 다시 받아 쳐서 벽에 맞게 한 다음 옆에 있는 상대에게 되돌려 보내는 식의 공놀이를 일컫는다. — 옮긴이

의 북쪽으로는 가 본 적이 없다. 그 지역은 내게 미지의 신비로 남아 있었다. 그곳은 화성과 같은 곳이었고 나는 그곳에 대해 아무것도 알지 못했다.

일찍 잠자리에 드는 사람이라도 겨울에는 별을 가끔 볼 수 있다. 나도 멀리서 반짝거리는 별들을 올려다보고는 했다. 그럴 때마다 그것들이 도대체 무엇인지 무척 궁금해져서 나보다 나이가 많은 아이들이나 어른들에게 물어보았다. 하지만 그들은 "하늘의 불빛이지, 꼬마야."라고 대답해 줄 뿐이었다. '하늘에서 반짝이는 빛', 그 정도는 나도 아는 이야기였다. 하지만 그것이 도대체 무엇이란 말인가? 떠돌아다니는 작은 등? 무슨 이유로 떠돌지? 나는 별들이 불쌍해 보이기까지 했다. 내 주변 사람들의 무관심 때문에 그들이 가진 독특함이 완전히 잊혀지고 아주 평범한 것으로 취급받는 별들의 신세가 불쌍해 보였던 것이다. 나는 좀 더 깊이 있는 답을 듣고 싶었다.

나이가 어느 정도 들자, 부모님은 내게 처음으로 도서관 카드를 건네주셨다. 그 도서관은 85번가에 있었던 것 같다. 아, 그곳은 정녕 새로운 세계였다. 난 곧장 사서에게 달려가서 "스타들stars"에 관한 책을 빌려 달라고 했다. 그녀는 클라크 게이블Clark Gable, 진 할로Jean Harlow와 같은 남녀의 사진이 담긴 그림책을 가져왔다. 나는 그런 책이 아니라고 했다. 나는 그녀가 왜 그 책들을 가져왔는지 이해하지 못했다. 그러자 그녀는 웃음을 짓고 다른 책을 하나 찾아다 주었다. 내가 원했던 바로 그 책을 말이다. 내가 원하던 깊이 있는 답을 찾을 때까지 나는 숨을 죽이며 그 책을 읽어 내려갔다. 그 책에는 깜짝 놀랄 만한 내용들이 많았다. 그 책은 참으로 장대한 세상에 관한 생각들로 가득했다. 그 책에 따르면 별이 태양이란다. 매우 멀리 떨어져 있기 때문에 작게 보일 뿐이라는 것이었다. 우리의 태양도 수많은 별들 중 하나이고 별과 다른 것은 그저 우리와 가깝다는 사실밖에 없다는 것이었다.

태양도 아주 멀리 가져다 놓으면 반짝거리는 빛의 점으로 보인다. 얼마나 멀리 가져가야 할까? 그때 나한테는 각도라는 개념이 없었다. 빛의 세기가 거리의 제곱에 반비례한다는 법칙도 몰랐다. 별까지의 거리는 꿈에도 상상하지 못했다. 하지만 별들이 정말로 태양과 같은 존재라면 그들은 꽤나 멀리 떨어져 있는 게 틀림없다고 생각했다. 분명히 85번가보다 멀었다. 맨해튼보다 멀고 아마 뉴저지보다 더 멀 것 같았다. 우주는 내가 상상했던 그 어떤 것보다 훨씬 더 컸다.

그 다음 나는 또 하나의 놀라운 사실을 알게 됐다. 브루클린을 포함한 지구가 하나의 행성이며 태양의 주위를 돈다는 것이었다. 태양계에는 다른 행성들도 있었다. 그들도 태양 주위를 돈다고 했다. 어떤 것은 가까이서, 또 어떤 것은 멀리서. 하지만 행성은 태양처럼 스스로 빛을 내지 않고 단지 태양의 빛을 반사할 뿐이라는 것이었다. 만일 우리가 태양에서 아주 멀리 떨어져 있다면, 지구와 행성들은 아예 보이지 않을 것이다. 그들은 눈부신 태양의 광채 속에 완전히 파묻힌 채 태양 광선을 반사하는 희미한 점일 뿐이다. 좋아, 그렇다면 다른 별들도 아직 우리가 알지 못하는 행성들을 거느리고 있지 않을까? 그리고 이러한 행성들 중 몇몇에는 생명이 살고 있지 않을까? 살지 말라는 법이 어디 있겠어? 그 생물은 물론 브루클린의 우리와는 다르겠지만 말이다. 그때부터 나는 천문학자가 되기로 결심했다. 별과 행성 들에 대해 공부하고 가능하다면 그곳들을 방문해 보겠다고 결심했다.

이러한 엉뚱한 꿈을 격려해 주신 부모님과 선생님을 만날 수 있었던 것은 내게 아주 큰 행운이었다. 그리고 인류 역사상 처음으로 다른 세상을 실제로 탐험하고 우주를 심층 탐사할 수 있는 시대에 살 수 있게 된 것도 내게는 엄청난 행운이었다. 만일 내가 더 앞선 시대에 태어났다면 나의 의지가 아무리 강했더라도 나는 별이나 행성이 무엇인지 알 수 없었을 것이다. 또 다른 태양과 또 다른 세계가 있다는 사실도 몰랐을 것이다. 이것이야말로 우리 조상들이 인내심을 가지고 자연을 100만 년 동안이나 지속적으로 관찰하고 탐구한 결과인 것이다. 또 그들이 대담한 생각으로 대자연에서 찾아낸 중대한 비밀 중의 하나인 것이다.

별이란 무엇인가? 이러한 질문은 아기의 웃음만큼이나 자연스러운 것이다. 인류는 끊임없이 같은 질문을 반복하면서 살아왔다. 그렇지만 우리가 살고 있는 바로 이 시대의 아주 특별한 점은 이 질문에 우리가 어느 정도 그럴듯한 답을 할 수 있게 됐다는 것이다. 책과 도서관은 이러한 질문의 답이 무엇인지 밝혀 주는 수단이다. 생물학에는 반복설反復說이라는 것이 있다. 이 가설은 모든 상황에 100퍼센트 다 적용되는 것은 아니지만 생물의 발생 과정에 관해서는 비교적 잘 들어맞는다. 반복설의 핵심 내용은 개체 하나의 발생 과정이 해당 종이 겪어 온 진화의 전 과정을 되풀이한다는 것이다. 나는 개개인의 지적 성숙 과정에서도 반복설이 성립한다고 믿는다. 우리는 자기도 모르는 사이에 우리의 조상들이 해 온 사고의 과정들을 되풀이하면서 하나의 개인으로 성장해 간다. 과학 이전의 세상, 도서관이 없었던 시대를 상상해 보자. 수십만 년 전에도 인류는 현재의 우리만큼이나 영리했고 지금처럼 호기심이 많았으며 오늘날과 같이 사회적 노동과 성적性的 관계에 연연하며 살았을 것이다. 하지만 그때는 인류사의 유명한 실험들이 수행되기 전이었고, 뭐 대단한 발명들이 이루어지지도 않은 상태였다. 이를테면 호모*Homo* 속屬의 유년 시절, 즉 불이 처음 발견되던 때를 상상해 보자. 당시 사람들의 생활상은 어떠했을까? 우리의 조상들은 별을 과연 무엇이라 여겼을까? 가끔 나는 다음과 같은 생각을 하는 누군가가 그 시대에도 틀림없이 살고 있었다고 상상한다. 이제 나의, 아니 그가 걸어온 상상의 발자취를 따라가 보자.

우리는 열매와 뿌리를 먹고산다. 나무 열매와 잎 그리고 죽은 짐승. 어떤 것은 그냥 있는 그대로 그리고 또 어떤 것은 죽여서 먹는다. 우리는 어떤 것은 먹어도 되고 어떤 것은 먹으면 위험한지 알고 있다. 어떤 것은 혀만 대도 죽는다. 그러한 것을 먹은 죄로 우리는 그냥 나가떨어지는 것이다. 나쁜 짓을 일부러 한 게 아닌 데도 말이다. 어쨌든 디기탈리스나 독당근을 먹으면 죽을 수 있다. 우리는 우리의 아이들과 친구들을 사랑하기 때문에 이와 같이 위험한 것들은 먹지 말라고 그들에게 단단히 주의를 준다.

사냥을 나갔을 때 우리는 짐승에게 죽임을 당할 수도 있다. 짐승의 뿔에 찔릴 수 있다. 짓밟힐 수도, 먹힐 수도 있다. 동물이 하는 일이 우리의 생사를 좌우하기도 한다. 어떻게 행동하는가? 어떠한 자취를 남기는가? 짝짓는 때와 새끼 치는 때, 돌아다니는 때가 언제인가? 우리는 이러한 것들을 알아 둬야 한다. 아이들에게도 이러한 것들을 알려 준다. 그 아이들은 또 제 아이들에게 같은 사실을 전해 줄 것이다.

우리는 동물 없이 살 수가 없다. 우리는 짐승들을 쫓는다. 특히 먹을 식물이 거의 없는 겨울철에 더욱 그렇다. 우리는 여기저기 돌아다니며 사냥하고, 거두고, 따고, 줍고, 모은다. 그래서 우리 자신을 수렵민이라고 부른다.

우리 대부분은 하늘이나 나무 아래 그냥 쓰러져 잠들거나, 아니면 나뭇가지에서 잔다. 우리는 동물의 가죽과 털을 옷으로 쓴다. 그리고 그것으로 몸을 따뜻하게 하고 알몸을 감싸고, 또 어떤 경우에는 나무 같은 것에 가죽을 매달아 그물 침대로도 쓴다. 동물의 가죽으로 옷을 해 입으면 그 동물의 힘을 느낀다. 우리는 가젤—아프리카에 사는 영양의 일종—가죽을 입고 가젤처럼 뛴다. 곰 가죽을 입고 곰처럼 다른 동물을 사냥한다. 우리와 동물 사이를 이어 주는 끈이 있다. 우리는 동물을 사냥해서 먹고 동물도 우리를 잡아먹는다. 그러므로 우리는 짐승의 일부이고 짐승은 우리의 일부다.

우리는 생존을 위해 도구를 만든다. 어떤 사람은 좋은 돌을 잘 찾는다. 동료 중에는 돌 쪼개기, 얇게 만들기, 다듬기, 깎기, 갈기 등을 특별히 잘하는 녀석들이 있다. 어떤 돌멩이는 동물의 힘줄로 나무 자루에 묶어 도끼로 쓴다. 그 도끼로 나무를 자르거나 짐승을 죽인다. 그리고 어떤 돌은 기다란 막대에 잡아매어 창으로 사용한다. 조용히 숨어서 잘 살피다가 짐승이 가까이 다가오면 그 창으로 찌른다.

고기는 잘 상한다. 어떤 때에는 배가 고파서 썩은 고기도 애써 모른 척하고 그냥 먹기도 한다. 가끔 상한 고기에 약초를 섞어 상한 맛을 지우기도 한다. 우리는 썩지 않는 음식은 동물의 가죽 조각에 싸 둔다. 또는 커다란 잎사귀나 큰 나무 열매 껍질에 넣어 둔다. 음식은 이렇게 비축해 두거나 아니면 가지고 다니는 편이 좋다. 음식을 미리 다 먹어 버리면 나중에 우리 중 누군가가 굶게 된다. 그러므로 우리는 서로 도와주어야 한다. 이러한 이유 때문에 우리에게는 따라야 할 규칙이 있다. 모든 사람은 이 규칙을 지켜야 한다. 우리에게는 항상 규칙이 있다. 규칙은 신성한 것이다.

하루는 큰 폭풍우가 있었는데, 천둥번개가 마구 치고 비가 많이 왔다. 어린이들은 폭풍우를 무서워한다. 나도 가끔 무섭다. 폭풍우의 비밀은 아무도 모른다. 천둥은 굵직하고 큰 소리를 낸다. 번개는 갑자기 환하게 빛났다가 순식간에 사라진다. 어쩌면 막강한 힘을 가진 누군가가 대단히 화가 났나 보다. 내 생각으로 하늘에는 누군가 그런 이가 있는 듯하다.

폭풍우가 지나간 후 근처 숲에 깜박거리며 탁탁 소리를 내는 것이 있었다. 우리는 그것이 무엇인가 보러 갔다. 거기에는 노랗고 빨가며, 밝고 뜨거우며, 화르르 타오르는 물체가 있었다. 그때까지 우리는 한 번도 그런 것을 본 적이 없었다. 그때부터 우리는 그것을 "불꽃"이라고 부른다. 그것은 독특한 냄새를 피운다. 어떤 면에서 그것은 살아 있다. 그것도 음식을 먹기 때문이다. 그냥 내버려 두면 식물이나 나뭇가지, 심지어 나무를 통째로 먹어치운다. 그것은 강하다. 하지만 똑똑하지는 않다. 먹이가 다 없어지면 그냥 죽고 만다. 길을 따라가다가 먹이가 떨어지면, 창을 던질 만한 거리도 건너뛰지 못한다. 먹지 않고서는 움직이거나 걷지 못한다. 하지만 먹을거리가 많으면 불꽃은 크게 자라고 새끼 불꽃을 많이 만든다.

우리 가운데 한 용감한 녀석이 아주 무서운 생각을 했다. 그는 불꽃을 잡아, 먹이를 조금씩 주어서, 우리의 친구로 만들자는 생각을 했던 것이다. 우리는 단단하고 기다란 나뭇가지를 몇 개 찾았다. 불꽃이 나뭇가지를 먹기 시작했다. 그러나 천천히 먹었다. 그러므로 우리는 긴 가지의 불이 없는 쪽 끝을 잡고 불꽃을 들어올릴 수가 있었다. 작은 불꽃을 가지고 빨리 뛰면 불꽃이 죽었다. 새끼 불꽃들은 약했다. 그러므로 우리는 뛰지 않았다. 우리는 불을 들고 걸으면서 행운을 부르는 주문을 외우고는 했다. "죽지 마라, 죽지 마라." 하고 불꽃에게 부탁했다. 다른 사냥꾼들이 놀란 눈으로 우리를 쳐다보았다.

그 후로 우리는 항상 불꽃을 가지고 다닌다. 우리는 불꽃이 굶어 죽지 않도록 천천히 먹이를 대 주는 불꽃 어멈을 두었다.[2] 불꽃은 신비롭고 쓰임새도 많다. 분명히 힘센 이들이 내려 준 선물일 것이다. 혹시 폭풍우 속에서 노여워하던 이들이 내려 준 게 아닐까?

불꽃은 추운 밤에 우리를 따뜻하게 해 준다. 우리에게 빛도 준다. 초승달만 뜬 어둠 속에 불꽃은 구멍을 뚫는다. 그래서 내일 사냥에 쓸 창도 오늘 밤에 손질할 수 있다. 피곤하지 않으면 어둠 속에서도 우리는 서로 마주보며 이야기를 나눌 수 있다. 불꽃 덕분이다. 또한 불은 짐승들이 다가오지 못하게 막아 준다. 참 좋은 점이지! 우리는 밤에 다

2. 불은 살아 있는 존재로서 보호받고 돌봐줘야 한다는 생각을 '원시적' 개념이라고 폄하해서는 안 된다. 이러한 생각은 수많은 근대 문명의 뿌리에서 공통적으로 발견되는 인류의 유산이다. 고대 그리스와 로마 시대의 각 집에는 반드시 화로가 있었다. 고대 인도의 브라만 계급 사람들의 집에도 마찬가지였다. 그리고 화로를 돌보는 규칙이 아주 엄하게 정해져 있었다. 밤에는 불이 죽지 않도록 재를 덮어 두어야 했고, 아침에는 불을 되살리기 위해 나뭇가지를 더 넣어 줘야 했다. 화로 속 불의 죽음을 가족의 죽음과 동격으로 여겼다. 이 세 문화권 모두에서 화로의 의식은 조상 숭배와 관련이 있었다. 이것이 '영원의 불'의 기원이다. 오늘날 전 세계적으로 종교 의식, 정치적 행사, 스포츠의 제전 등에서 두루 통용되는 횃불 점화 의식은 모두 같은 뿌리에서 나온 것이다.

칠 수 있다. 어떤 때에는 작은 동물, 하이에나, 늑대 같은 짐승한테도 잡아먹힌다. 그러나 이제는 상황이 다르다. 불이 동물들을 쫓아 주기 때문이다. 우리는 짐승들이 어둠 속에서 낮은 소리로 으르렁거리며 서성거리는 것을 본다. 불꽃의 빛으로 그들의 눈이 빛을 내기 때문이다. 그들은 불꽃을 두려워하지만 우리는 불꽃을 두려워하지 않는다 불꽃은 우리의 것이다. 우리는 불꽃을 돌보고 불꽃은 우리를 돌보아 준다.

하늘은 중요하다. 하늘은 우리를 덮고 있다. 하늘은 우리에게 말을 건다. 불꽃을 찾기 전 우리는 어둠 속에 누워 빛의 점들을 올려다보았다. 그러면 몇 개의 점들이 모여서 하늘에다 그림을 그리는 것을 볼 수 있었다. 우리 가운데 어떤 이들은 남들보다 그 그림을 더 잘 알아본다. 그녀는 별 그림을 우리에게 가르쳐 주었고, 또 이름도 알려 주었다. 우리는 밤늦게까지 자지 않고 둘러앉아서 하늘에 그려진 그림들에 대한 이야기를 만들어 냈다. 사자, 개, 곰, 사냥꾼. 더 희한한 것들도 많이 있었다. 저 그림들은 하늘에 있는 그 힘센 이들이 그린 것일까? 화가 나면 폭풍우를 일으키는 그 힘센 이들 말이다.

밤하늘의 그림은 거의 변하지 않는다. 똑같은 그림이 매년 거기에 걸려 있다. 달은 아무것도 없는 데서 시작해 가느다란 은이 되었다가 둥그런 동그라미로 자란다. 그리고 또다시 사라진다. 달이 변하면 여자들은 피를 흘린다. 어떤 부족들은 달이 차고 기우는 특정 시기에 성교를 금하기도 한다. 어떤 부족들은 달이 차고 이지러지는 날과 여자들이 피를 흘리는 날을 사슴 뼈에 새겨 둔다. 그렇게 하여 그들은 앞으로의 계획을 짤 수 있으며, 그들의 규칙을 지킬 수 있다. 규칙은 신성한 것이다.

별은 아주 멀리 떨어져 있다. 언덕이나 나무 위로 올라가도 전혀 가까워지지 않는다. 그리고 구름은 우리와 별 사이를 지나간다. 별은 확실히 구름 뒤에 있다. 달은 천천히 움직이며 별 앞으로 지나가지만, 나중에 보면 별이 다치지 않았음을 알 수 있다. 달은 별을 먹지 않는다. 그러므로 별들은 분명 달 뒤에 있다. 별들은 반짝인다. 그들은 기묘하고, 차가우며, 멀리 떨어져 있는 빛이다. 많기도 하다. 온 하늘에 널려 있다. 하지만 밤에만 하늘에 나타난다. 그들은 도대체 무엇일까?

불꽃을 발견한 후로 나는 모닥불 옆에 앉아 별에 관해 많은 상상을 하고는 했다. 한 가지 생각이 서서히 떠올랐다. 별이 불꽃이라는 생각. 그리고 또 다른 생각이 떠올랐다. 별은 다른 세상의 사냥꾼들이 밤에 피우는 모닥불이겠지. 그렇지만 별은 모닥불보다 작은 빛을 낸다. 그러므로 별은 아주 멀리 떨어진 모닥불임에 틀림없다. "하지만", 친구들이 내게 물었다. "어떻게 하늘에 모닥불을 피울 수 있지? 어째서 모닥불과 불꽃 곁에 앉아 있는 사냥꾼들이 우리의 발치로 떨어지지 않지? 어떻게 저 이상한 부족의 사람들은 하늘에서 떨어지지 않을까?"

좋은 질문이다. 나를 괴롭히는 질문이다. 가끔 나는 하늘이 커다란 알이나 나무 열매 껍질의 반쪽이라고 생각한다. 그곳 모닥불 주변의 사람들도 우리를 내려다보고 있을 것이다. 그들에게는 우리가 위에 있는 것으로 보일 것이다. 그리고 그들은 우리가 그들의 하늘 위에 있다고 하면서, 왜 우리가 그들 쪽으로 떨어지지 않을까 궁금해 할 것이다. 하지만 나의 동료 사냥꾼들은 "아래는 아래고 위는 위다."라고 잘라 말했다. 이것도 훌륭한 답이다.

우리 중 누군가가 또 다른 생각을 했다. 그는 밤이 하늘에 펼쳐진 커다란 검정 동물의 가죽이라고 했다. 그런데 그 가죽에는 여기저기 구멍이 나 있고, 그 구멍을 통해서 불빛이 새 들어온다는 것이다. 그의 생각은 별이 보이는 단지 몇 군데에만 불꽃이 있다는 것이 아니었다. 그의 생각은 불꽃이 온 사방에 다 있다는 것이었다. 불꽃이 하늘 전체를 덮지만 대부분의 하늘은 가죽에 가려져 있으므로, 우리는 가죽에 뚫린 구멍을 통해서만 불꽃을 볼 수 있다는 것이었다.

어떤 별은 하늘을 떠돌아다닌다. 우리의 사냥감들처럼. 그리고 우리처럼. 몇 달 동안 자세히 관찰하면 그들이 움직인다는 것을 알아챌 수 있다. 손에 붙어 있는 손가락들처럼 그들은 모두 다섯이다. 그들은 별과 별 사이를 천천히 떠돈다. 만일 별이 모닥불이라는 가정이 사실이라면 이 별들은 커다란 불을 들고 다니는 방랑하는 사냥꾼들인 셈이다. 하지만 나는 어떻게 가죽에 뚫린 구멍이 돌아다니는 별이 될 수 있는지 모르겠다. 구멍을 뚫으면 그 구멍은 뚫린 바로 그 자리에 있어야 하지 않는가? 구멍은 움직이지 않는다. 또 나는 자신이 불꽃의 하늘로 둘러싸여 있지 않기 바란다. 가죽이 떨어진다면, 밤하늘은 밝아질 것이다. 너무 밝을 것이다. 마치 사방에 불꽃이 있는 것처럼. 나는 그렇게 되면 불꽃 하늘이 우리를 전부 잡아먹을 것이라고 생각한다. 어쩌면 하늘에는 힘센 이들이 두 편으로 갈라서 있는지 모르겠다. 불꽃이 우리를 잡아먹기 바라는 나쁜 이들 그리고 불꽃이 우리에게 닿지 않도록 가죽으로 막아 놓은 좋은 이들. 이 좋은 이들에게 어떻게 고맙다고 해야 할지 알아야겠다.

나는 과연 별이 하늘에 떠 있는 모닥불인지 잘 모르겠다. 나는 별이 가죽에 뚫린 구멍인지도 모르겠다. 대단히 힘이 센 불이 우리를 내려다보는 구멍인지도 모르겠단 말이다. 어떤 때에는 이렇게 생각하다가, 또 다른 때에는 저렇게 생각하게 된다. 모닥불도 구멍도 아닌, 내가 알지 못하는 그 무엇인가 다른 것이라 생각했더니 모든 게 이해하기 너무 힘들어졌다.

통나무에 목을 대고 반듯이 누워 보자. 머리가 뒤로 젖혀진다. 그러면 오로지 하늘만 보일 것이다. 언덕도, 나무도, 사냥꾼도 안 보인다. 그저 하늘만 보인다. 어떤 때에는 하늘로 빠져 들어갈 것 같다. 만일 별들이 모닥불이라면, 나는 그 주위에 있을 사냥꾼들을 만나 보고 싶다. 방랑하는 자들 말이다. 그럴 때에는 하늘에 푹 빠져들고 싶다. 하지만 만약 별들이 가죽에 뚫린 구멍이라면 나는 두렵다. 구멍을 통해 하늘에 빠져들어 힘센 불꽃 속으로 들어가기가 싫기 때문이다.

어느 쪽이 사실인지 알았으면 좋겠다. 모른다는 것을 견딜 수 없다.

수렵 채집인 집단에 속한 모두가 별에 대해서 이렇게 생각했다고는 믿지 않는다. 여러 시대에 걸쳐 소수의 사람들이 이중 한두 가지 생각을 했을 것이다. 단 한 사람이 이 모든 생각을 다 하지는 못했을 것이다. 그렇지만 이 정도의 정교한 생각들은 원시 공동체의 집단에서 흔히 볼 수 있다. 예를 들어, 보츠와나 공화국 칼라하리 사막에 사는 !쿵!Kung 족[3]도 은하수를 그들 나름대로 설명할 줄 안다. 그들이 사는 위도에서는 은하수가 사람의 머리 바로 위에 떠 있다. 그들은 하늘이 거대한 짐승이고 우리는 그 짐승 뱃속에서 산다고 생각한다. 그리고 머리 위의 은하수

3. 글자 앞의 느낌표(!)가 뜻하는 것은, 이 소리를 낼 때 앞니 안쪽에 혀를 대는 동시에 K를 발음하라는 것이다.

는 그 짐승의 등뼈이다. 그래서 그들은 은하수를 "밤의 등뼈"라고 부른다. 이렇게 해석을 해 놓고 보면 은하수의 존재 가치가 생긴다. 뿐만 아니라 그 존재가 타당해 보이기도 한다. !쿵 족 사람들은 은하수가 밤을 지탱하고 있다고 믿는다. 은하수가 아니었더라면 어둠이 산산조각이 나면서 우리 머리 위로 우수수 떨어질 것이라고 생각한다. 멋지고 재미있는 상상이며 설명이다.

하늘의 모닥불이나 은하수 등뼈 같은 비유적 해석들은 대부분의 인류 문화에서 점차 다른 생각들로 대체돼 갔다. 하늘에 있다고 생각한 그 막강한 존재들이 다양한 이름의 신으로 승격됐다. 그들에게는 이름이 주어졌고 계보도 만들어졌으며 그들이 우주 속에서 수행해야 하는 임무도 맡겨졌다. 인간이 염려하는 모든 일을 관장하는 남신 또는 여신이 정해졌다. 신들이 자연을 다스렸다. 신들이 직접 개입하지 않는 이상, 아무 일도 일어날 수 없었다. 만일 그들의 기분이 좋으면 식량이 풍부해졌으며, 따라서 인간도 행복해질 수 있었다. 하지만 만일 무엇인가 신들을 언짢게 했다면 그것이 아무리 사소한 것이라고 해도 그 결과는 무시무시했다. 가뭄, 폭풍우, 전쟁, 지진, 화산, 돌림병 등이 인간을 덮쳤다. 그러면 신들의 노여움을 가라앉혀야 했다. 신들을 달래기 위하여 사제와 예언자로 이루어진 방대한 조직이 구성되었다. 하지만 신은 변덕스러웠기 때문에 무슨 일이 일어날지 아무도 몰랐다. 그리고 여전히 자연은 신비에 싸여 있었다. 세상을 이해하는 것은 쉽지 않은 일이었다.

헤라 여신에게 봉헌된 거대한 신전이 에게 해에 있는 사모스 섬에 세워졌다. 헤라 신전은 고대의 불가사의 중의 하나였다. 그러나 지금

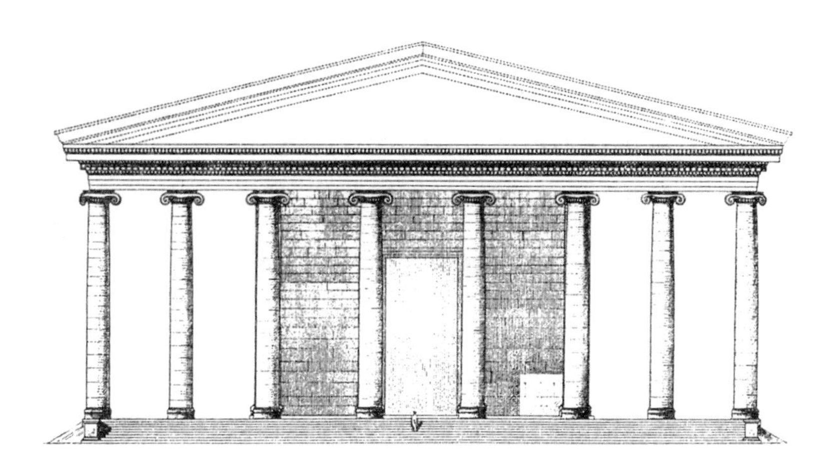

그리스 사모스 섬에 있었던 헤라 신전의 복원도. 당시 최대 규모의 신전으로 폭이 120미터에 이르렀다. 기원전 530년에 착공돼 기원전 3세기까지 공사가 진행됐다. 오스카 루터Oscar Reuther의 1957년도 저술인 『사모스의 헤라 신전*Der Heratempel von Samos*』에서 인용한 것이다.

은 거의 남아 있지 않다. 헤라는 처음 데뷔했을 때 하늘의 여신이었다. 또 아테네 시의 아테나 여신처럼 헤라 여신도 사모스의 수호신이었다. 훨씬 뒤에 헤라는 올림포스 신의 우두머리인 제우스와 결혼한다. 그리고 신혼 첫날밤을 사모스 섬에서 지냈다는 이야기가 전해진다. 그리스 종교의 가르침에 따르면 이때 헤라의 유방에서 힘차게 뿜어져 나온 젖이 밤하늘에 흘러서 빛을 내는 띠가 됐다고 한다. 서구인들이 은하수를 부를 때 쓰는 '젖 길Milky Way'이라는 단어의 어원이 바로 여기에 있다. 어쩌면 이 신화에는 하늘이 지구를 기른다는 통찰이 담겨 있는지도 모른다. 만약 그렇다면 우리는 은하수의 원래 의미를 수천 년 동안 잊고 있었던 셈이 된다.

우리는, 아니 우리 거의 대부분은 변덕스럽고 심술궂은 신들에 관한 이야기를 지어내서 생존의 위협에 대처하려 했던 사람들의 후손이다. 오랫동안 자연에 대한 종교의 피상적인 해석이 자연을 이해하려는 인간의 본능을 가로막아 왔다. 호메로스 시대의 고대 그리스에서는 하늘과 땅, 천둥 번개와 폭풍우, 바다와 지하 세계, 불과 시간, 사랑과 전쟁 모두에 신들이 관여했다. 나무나 풀숲 한구석, 자연 어디에나 요정이 살았다.

수천 년 동안 인류를 억눌러 온 생각은 이 우주가 눈에 보이지 않고 이해할 수도 없는 신 또는 신들이 실을 당겨 조종하는 꼭두각시연극이라는 생각이었다. 이런 생각에 사로잡힌 사람들이 여전히 우리 주위에 살고 있다. 그러다가 2,500년 전 이오니아에서 새로운 깨달음의 기운이 일기 시작했다. 이 깨달음의 진원지는 사모스 섬이었다. 그리고 동부 에게 해 주변의 섬과 해안가에서 번성하기 시작한 그리스 령의 식민지가 이 깨달음의 진앙이었다.[4] 배들의 왕래가 활발한 무역의 중심지에서 모든 것이 다 원자로 이루어져 있다고 믿는 사람들이 생겨나기 시작했다. 인간과 다른 동물이 원래는 아주 단순한 형태에서 발생했다는 생각도 태동했다. 질병은 악마나 신이 만든 것이 아니라는 깨달음도 고개를 들었다. 지구는 단지 태양 주위를 도는 행성이라고 믿는 사람들이 생겨났다. 그들은 별이 매우 멀리 떨어져 있다는 사실도 깨달았다.

이러한 사고의 혁명을 통해서 사람들은 혼돈Chaos에서 질서Cosmos를 읽어 내기 시작했다. 고대 그리스 인들은 태초에 '형태가 없는' 혼돈

4. 혼란을 막기 위하여 한마디 보탠다. 이오니아는 이오니아 해에 있지 않다. 이오니아 해에서 에게 해 연안으로 이주해 온 사람들이 자신들이 사는 곳을 이오니아라고 불렀다.

이 있었다고 믿었는데 그 내용은 「창세기」의 구절과 일치하는 것이었다. 혼돈의 신 카오스가 먼저 밤의 여신을 만든 다음 짝짓기를 했다. 거기에서 태어난 자손들이 결국은 모든 신과 인간이 됐다. 혼돈으로부터 이렇게 우주가 탄생했다는 생각은 그리스 인들의 자연관과 잘 맞는 것이었다. 변덕스러운 신들이 다스리는 예측 불허의 세상이 자연이라는 그들의 자연관과 상통했다. 하지만 기원전 6세기에 이오니아에서 새로운 사조가 태동했다. 그것은 인류 사상사에서 가장 위대한 생각들 중의 하나이다. 고대 이오니아 인들은 우주에 내재적 질서가 있으므로 우주도 이해의 대상이 될 수 있다고 주장하기 시작했다. 자연 현상에서 볼 수 있는 모종의 규칙성을 통해 자연의 비밀을 밝혀낼 수 있을 것이라고 생각했다. 자연은 완전히 예측 불가능한 것이 아니며, 자연에게도 반드시 따라야 할 규칙이 있다는 것이다. 그들은 우주의 이렇게 훌륭하게 정돈된 질서를 "코스모스"라고 불렀다.

하지만 왜 이오니아에서인가? 왜 특별할 것도 없는 동부 지중해 구석의 전원적인 해협과 섬에서 시작되었다는 말인가? 왜 인도, 이집트, 바빌로니아, 중국, 중앙아메리카에서가 아니었을까? 중국의 천문학은 수천 년의 전통을 가지고 있다. 중국인들은 종이 제조 기술과 인쇄술, 로켓과 시계 그리고 비단과 도자기를 발명했으며, 대양을 항해할 수 있는 해군도 가지고 있었다. 그럼에도 불구하고 중국에서 이러한 생각이 태동할 수 없었던 이유는 무엇일까? 어떤 학자들은 중국 사회가 지나치게 전통적이어서 새로운 생각에 눈과 귀를 막았기 때문이라고 주장한다. 그렇다면 또 인도는 왜 아니었을까? 인도야말로 수학이 고도로 발달했던 문화와 풍요로운 삶을 누렸던 나라가 아니었던가? 몇몇 역사가를 포함해서 사람들은 인도인들이 우주를 생과 사가 영원히 반복되고 영혼들과 우주들이 끝없이 순환하며 모든 것이 아주 정해져 버려서 새로운 것이라고는 아무것도 찾아볼 수 없는 세상으로 생각했기 때문에 그랬다고 생각한다. 마야나 아스텍 사회는 왜 또 아니었던가? 그들은 천문학 수준도 상당했고 인도인들처럼 거대한 수에 매혹되어 있지 않았던가? 어떤 역사가들의 견해에 따를 것 같으면, 그들에게는 기계를 발명할 수 있는 재능과 기계 발명에 대한 자극이 부족했기 때문이라고 한다. 마야와 아스텍 사람들은 아이들의 장난감을 제외하고는 수레바퀴조차 발명하지 않았다.

이에 비하여 이오니아 인들에게는 몇 가지 유리한 점이 있었다. 우선 이오니아가 섬들을 중심으로 발달한 세계였다는 사실이다. 섬마다 환경이 다르기 때문에 섬 생활에서 겪게 되는 고립은 비록 불완전할지라도 다양성을 가져다주었다. 다양한 환경에 놓여 있는 여러 섬에서 다양한 정치 체제가 발달했다. 섬마다 스스로를 다스리는 방식이 달랐던 것이다. 그리고 모든 섬들의 사회적, 지적 다양성을 하나로 묶을 만한 강력한 중앙 권력이 없었기 때문에 자유로운 탐구가 가능했다. 따라서 미신을 조장해야 할 정치적 필요도 약했다. 그리고 다른 문명권들과는 달리 이오니아 인들은 한 문명의 중심이 아니라 여러 문명이 교차하는 길목에 있었다. 페니키아의 음성 알파벳 기호를 처음으로 그리스 어에 사용한 곳이 이오니아였다. 곧바로 이오니아에는 글을 읽고 쓸 수 있는 사람들이 갑자기 늘어났다. 더 이상 글을 읽고 쓰는 게 사제나 서기書記만의 전유물이 될 수 없었다. 그리고 많은 사람들의 생각이 검토와 논의의 대상이 되기 시작했다. 정치적 권력은 상인들의 손

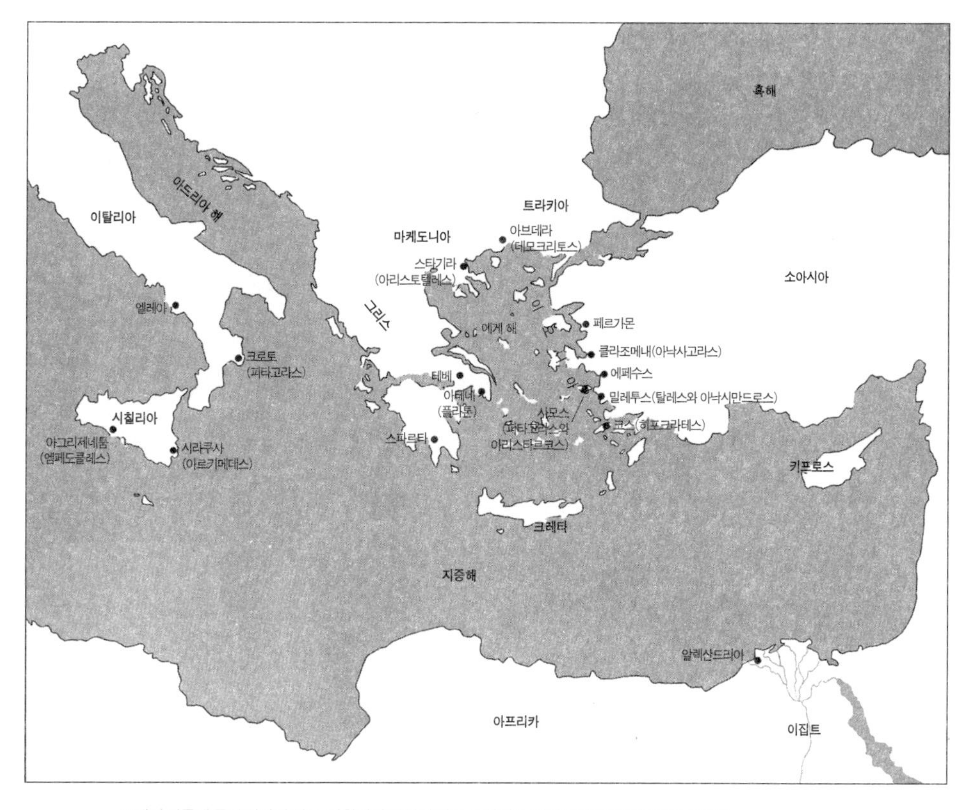

고대의 지중해 동부 연안의 지도. 과학자와 관련이 있는 도시에는 그 과학자의 이름을 적어 놓았다.

에 있었고 상인들은 번영의 성패가 달려 있는 기술 개발에 적극적이었다. 동부 지중해 연안은 이집트와 메소포타미아의 위대한 문화를 포함하여 아프리카, 아시아, 유럽의 문화가 한데 만나서 교차 · 배양되던 곳이었다. 그리고 각종 편견, 다양한 언어, 각기 다른 문화에 배경을 둔 사상 그리고 수많은 신들이 각축하며 서로에게 좋은 영향을 주고 있었다. 당신이라면 동일한 역할을 수행한다고 주장하는 여러 신들의 대결 현장에서 과연 어떤 입장을 취할 수 있겠는가? 바빌로니아의 마르두크와 그리스의 제우스가 자신이 하늘의 신이며 신들의 왕이라고 각기 우겨댄다. 그렇다면 당신은 마르두크와 제우스가 동일한 신이라고 판단할지 모르겠다. 또는 둘이 아주 다른 속성의 신이기 때문에 둘 중 하나는 사제가 꾸며 낸 것일 뿐이라고 추론할 수도 있다. 어디 그뿐이겠는가? 하나가 꾸며 낸 것이라면 둘 다 꾸며 낸 것일 수도 있지 않겠는가?

이런 의심을 바탕으로 신을 가정하지 않고 세상을 알 수 있는 방법이 있지 않을까 하는 깨달음이 바로 이 지역에서 일기 시작했다. 참새 한 마리 떨어지는 것까지 제우스의 뜻으로 돌릴 수야 없지 않은가? 이오니아 인들은 세상을 이해할 수 있는 원리와 힘 그리고 자연의 법칙이 있을 것이라고 생각하기에 이르렀다.

중국, 인도, 메소포타미아에도 시간이 좀 더 주어졌더라면 그들도 과학과 만났을 것이다. 문화는 일정한 박자와 일정한 방식으로 발전하지 않는다. 문화는 서로 다른 시기에 일어나며 서로 다른 속도로 발전한다. 과학적 세계관은 우리 뇌의 가장 고등한 부분과 잘 들어맞고 그 부분을 아주 잘 설명하며 또 그 부분과 훌륭하게 조화를 이루기에 지구상의 그 어떤 문화권이라도 내버려 둔다면 언젠가 과학을 발견하게 되고 말 것이다. 다만 한 문화가 다른 문화보다 과학과의 만남에서 앞서거나 뒤설 뿐이다. 그래도 최초는 있다. 그것이 바로 이오니아였다. 과학은 이오니아에서 태어났다.

인류 사상사에서 위대한 혁명이 기원전 600년과 400년 사이에 일어났다. 혁명의 열쇠는 손이었다. 이오니아의 뛰어난 사상가들 중에는 항해사, 농부, 직조공의 자식들이 있었다. 그들은 손을 써서 물건을 주

무르고 고치고 만드는 일에 익숙했다. 다른 나라의 사제들이나 서기들은 부유한 집안에서 태어나 사치 속에 자라서 손을 더럽히기를 싫어했지만, 이오니아 인들은 그 근본부터 그들과 달랐다. 그들은 미신을 배척하고 세상을 놀라게 하는 일들을 해냈다. 많은 경우 우리는 그 당시 이오니아에서 어떤 일이 일어났는지를 단편적이거나 간접적인 이야기를 통해서만 알고 있다. 그리고 당시에 사용된 은유가 오늘날의 우리에게는 낯선 것이라 이오니아에서 벌어진 일들을 명료하게 알기 힘들다. 게다가 몇 세기 지나지 않아 이오니아에서 탄생한 새로운 통찰을 억압하려는 조직적인 시도가 시작되었다. 공교롭게도 우리는 이것은 잘 알고 있다. 이런 이유들 때문에 우리는 새로운 깨달음의 주인공들에게 직접 다가갈 수가 없다. 어떻든 혁명적 사고의 주인공들은 오늘날 우리 대부분에게는 생소하게 들릴지 모르는 그리스 이름을 가진 사람들이었다. 이들이야말로 인류의 문명과 인간 정신 발달에 진정한 기여를 한 위대한 개척자들이었다.

이오니아의 첫 번째 과학자는 밀레투스Miletus의 탈레스Thales였다. 밀레투스는 좁은 해협을 두고 사모스 섬 건너편에 있는 아시아의 한 도시이다. 그는 이집트를 두루 여행했고 바빌로니아의 지식에도 정통했다. 전설에 따르면 그는 일식을 예측할 수 있었다고 한다. 탈레스는 피라미드 그림자의 길이와 수평선 위에 떠오른 태양의 고도를 이용하여 피라미드의 높이를 쟀다. 오늘날에도 달 표면에 있는 산들의 높이를 잴 때 똑같은 방법을 쓴다. 3세기 후 유클리드가 정리의 형식으로 기술한 기하학의 여러 성질들을 탈레스가 이미 증명했다는 이야기도 있다. 그러니까 탈레스는 유클리드의 기하학을 유클리드보다 먼저 증명한 인물로 통한다. 예를 들어 이등변삼각형의 두 밑각이 같다는 정리들 말이다. 따지고 보면 탈레스는 유클리드로 연결되고, 유클리드는 아이작 뉴턴으로 이어진다. 왜냐하면 뉴턴이 1663년 스투어브리지 박람회에서 구입한 책 중에 유클리드의 『기하학 원론』이 들어 있었기 때문이다. 스투어브리지에서 산 책이 뉴턴과 탈레스를 이어 주고 결국 현대 과학 기술을 탄생시킨 중대한 계기를 낳았다. 여기에서 우리는 인류의 지적 노력의 역사 속에서 면면히 이어지는 탈레스, 유클리드, 뉴턴의 연속성을 확인할 수 있다.

탈레스는 신들의 도움을 빌리지 않고 세상을 이해하려고 노력했던 인물이다. 바빌로니아 인들처럼 그도 세상이 한때 물이었다고 믿었다. 바빌로니아 인들은 마른 땅을 설명하기 위해 마르두크가 물 위에 멍석을 깔고 그 위에 흙을 쌓아 놓았다는 식의 설명을 내놓았다.[5] 탈레스도 세상이 물이었다는 점에 관해서는 바빌로니아 인들과 비슷한 생각을 했지만, 벤저민 패링턴Benjamin Farrington의 표현을 빌자면, 그는 "마르두크의 이야기는 빼고" 세상을 설명하려 했다. 그렇다, 모든 것들이 한때는 물이었다. 그렇지만 지구는 바다로부터, 마르두크의 개입이 아니라 자

5. 이러한 생각의 원조격인 고대 수메르의 신화에도 세상의 기원을 자연 과정에 두고 있다는 증거가 있다. 그 신화의 내용이 그 뒤 기원전 1000년경 『에누마 엘리시*Enuma elish*』라는 작품에 시의 형태로 기록돼 오늘까지 전해오고 있다. 'Enuma elish'는 '높이 있을 때' 라는 뜻으로 시의 첫 구절이다.(고대에는 책의 첫 구절을 따서 그 책의 이름으로 삼는 경우가 흔하다. — 옮긴이) 하지만 『에누마 엘리시』가 씌어질 당시에는 이미 모든 것을 자연 대신에 신의 탓으로 돌릴 때여서, 신화들이 우주의 기원을 이야기한다기보다 신들의 유래를 들려주는 데 급급했다. 에누마 엘리시는 일본과 아이누 족의 신화를 연상케 한다. 그 설화들에 따르면, 원래 코스모스는 진흙투성이였는데, 새의 날갯짓에 두들겨 맞아 육지가 바다에서 떨어져 나갔다고 한다. 그리고 피지 제도 사람들의 창조 신화도 이런 점에서 맥을 같이 한다. "로코마우투Rokomautu가 육지를 만들었다. 그는 대양의 밑바닥에서 진흙을 자신의 큰 손 가득히 퍼 올려 여기저기에 쌓아 놓았다. 그렇게 해서 피지 섬들이 만들어졌다." 물이 말라 육지가 되었다는 생각은 섬에 사는 사람들이나 바다를 항해하는 사람들에게는 아주 자연스러운 발상이었을 것이다.

연 과정을 통해서 형성되었다. 탈레스는 이렇게 생각했다. 상류에서 흘러 내려온 흙과 모래가 쌓여 만들어진 나일 강 하구의 삼각주를 본 적이 있던 탈레스가 생각한 자연 과정은 삼각주의 형성 과정과 비슷한 게 아니었을까? 물론, 탈레스는 물이 모든 물질의 근본을 이루는 공통의 원리라고 생각했다. 오늘날 우리가 양성자, 중성자, 전자, 쿼크에 근거해서 만물을 설명하듯이 말이다. 탈레스가 내린 결론의 옳고 그름은 큰 문제가 아니다. 정말 중요한 점은 문제 해결을 위해 그가 택한 접근 방식에 있다. 신들이 세상을 만든 것이 아니고, 자연 속에서 서로 영향을 주고받는 물리적 힘의 결과로 만물이 만들어졌다는 생각이야말로, 당시 사고의 근본을 뒤흔드는 발상의 대전환이었다. 탈레스가 바빌로니아와 이집트에서 이오니아로 가져온 천문학과 기하학 등의 새로운 씨앗이 그곳의 비옥한 토양 덕분에 튼실한 싹을 틔우고 과학으로 크게 성장할 수 있었던 것이다.

탈레스의 개인적 생애에 관해서는 알려진 바가 거의 없지만, 그에 관한 일화 한 토막을 우리는 아리스토텔레스의 『정치학*Politics*』에서 찾아볼 수 있다.

> 탈레스는 그의 가난 때문에 세인의 비아냥을 받았다. 그의 가난이 철학의 무용성을 드러내는 것으로 간주됐기 때문이다. 전해 오는 이야기에 따르면, 그는 자신의 (천상의 비밀을 해석해 내는 출중한) 능력과 기술을 이용하여, 겨울철에 그 다음 해의 올리브가 대풍일 것을 미리 알았다고 한다. 밑천이 두둑하지 않던 그는 자기가 갖고 있던 얼마 안 되는 돈을 들여 키오스와 밀레투스에 있는 올리브 기름틀의 사용권을 모두 예약

해 두었다. 아직 올리브의 수확철이 아니어서 기름틀을 사용하겠다고 그와 경합하는 사람들이 없었으므로, 그는 매우 싼값으로 모든 기름틀의 사용권을 확보할 수 있었다. 수확기가 다가오자 기름틀을 찾는 이들이 갑자기 늘어났다. 한마디로 기름틀의 사용료는 부르는 게 값이 됐다. 탈레스는 기름틀의 사용료를 멋대로 올려 엄청난 돈을 벌 수 있었다. 그리하여 철학자가 마음만 먹으면 쉽게 돈을 벌 수 있다는 사실을 세상 사람들에게 증명해 보였던 것이다. 하지만 철학자들의 관심은 돈이 아니라 다른 것에 있다는 점도 세상 사람들에게 가르쳐 줬다.

탈레스는 정치의 현인으로도 유명하다. 그는 밀레투스 사람들을 잘 설득하여 리디아의 왕 크로이소스Kroisos의 동화 정책에 저항하게 하는 데 큰 성공을 거두었다. 그러나 연합 전선을 펴서 리디아에 저항하자고 이오니아의 모든 섬 국가들을 설득하는 데에는 실패했다.

탈레스의 친구이자 동료인 밀레투스의 아낙시만드로스Anazimandros는 연구에서 실험의 중요성을 인식했던 최초의 인물이었다. 아낙시만드로스는 수직으로 세워 놓은 막대의 그림자가 이동하는 것을 관찰하여 1년의 길이를 정확하게 측정했고 계절의 시작과 끝도 제대로 알아냈다. 오랜 세월 상대방을 때리고 찌르는 무기로만 사용돼 온 막대기가 아낙시만드로스 덕분에 처음으로 훌륭한 시간 측정 도구로 활용된 셈이다. 그는 그리스에서 최초로 해시계를 만든 사람이었고 당시까지 알려진 세상을 지도로 표현하고 별자리의 모양을 나타내는 천구도를 만든 최초의 인물이기도 했다. 훨씬 오래전부터 내려오던 생각이었겠지만, 그는 해, 달, 별이 천구 위에서 움직이는 구멍을 통해 보이는 불이라고 믿었다. 그는 지구가 하늘에 매여 있거나 지지받지 않고, 대신 우주의 중심에 고정되어 있다는 주장을 폈다. 왜냐하면 지구가 '천구天球' 위의 모든 지점에서 등거리에 있으므로 지구를 움직일 수 있는 힘이 없기 때문이라는 것이었다.

그의 범상치 않은 주장을 하나 더 들어 보자. 아낙시만드로스는 사람은 태어났을 때 무력하기 이를 데 없으므로 만일 인류의 첫 아기들이 혼자 이 세상에 왔다면 그들은 그 즉시 죽을 수밖에 없었을 것이라고 생각했다. 그러므로 사람은 어려도 자력으로 살아갈 수 있는 다른 동물들이 발전한 것이라고 주장했다. 그는 또 생명의 자연 발생설을 제창했다. 생명은 진흙에서 자연적으로 발생했으며, 최초의 동물들은 가시로 덮인 물고기라고 말했다. 이 물고기들의 후손 중 일부가 물을 버리고 뭍으로 올라오고, 한 형태에서 다른 형태로의 변이를 통해 다른 동물로 진화했다는 것이다. 그는 무한히 많은 수의 세계가 있다고 믿었다. 그 세계 모두에 생명이 서식하고 그들은 소멸과 재생을 반복한다고 생각했다. 나중에 성 아우구스티누스는 그의 주장을 보고서, "아낙시만드로스는 탈레스 이상으로 이 끊임없는 활동들이 신성한 분의 뜻에서 비롯됐음을 생각지 못했다."라고 슬픈듯이 한탄했다.

기원전 540년경, 사모스 섬에는 폴리크라테스Polycrates라는 참주僭主가 정권을 쥐고 있었다. 그는 젊었을 때 섬과 섬을 돌아다니며 식량을 조달해 주는 운송인으로 시작하여, 나중에는 국제 해적이 된 인물로 추정된다. 폴리크라테스는 예술, 과학, 공학에는 인색하지 않은 후원자였지만, 자기 나라 사람들을 억압하고 주변국들과 전쟁을 일으키는 폭군이었다. 당연히 그는 침략을 받을까 두려워했다. 그 까닭에 그는 자기 나라 수도 주위에 길이 6킬로미터의 거대한 성벽을 둘러 요새를 구축했다. 그 성벽의 유적이 오늘날까지 남아 있다. 멀리 수원지로부터 요새 안으로 물을 대기 위해 거대한 터널을 파게 했는데, 그 터널은 길이가 1킬로미터나 되는 산을 관통했다. 산의 양쪽 끝에서 파기 시작한 두 개의 구멍이 터널 중간에서 거의 정확하게 서로 만났다. 터널 공사가 완성되기까지 15년이 걸렸다. 이 공사의 성공이야말로 당시 토목 기술의 우수성을 보여 주는 증거인 동시에, 이오니아 인들의 놀라운 실용적인 능력을 드러내는 것이라 하겠다. 하지만 이 사업 성공의 이면에는 어두운 측면도 있었다. 그 거대한 터널은 쇠사슬에 묶인 노예들이 건설한 것이었다. 그리고 그 많은 수의 노예들은 폴리크라테스의 해적선이 잡아온 사람들이었다.

당시는 테오도루스Theodorus의 시대였다. 테오도루스는 그 시대 공학 기술의 거장이며, 열쇠와 자물쇠, 자, 목수용 곱자, 수준기, 지렛대, 선반, 청동 주조 기술, 중앙 난방법 등의 발명가로 그리스 인들 사이에서 널리 존경받는 인물이다. 그런데 왜 이 사람의 기념비는 찾아볼 수 없을까? 자연의 법칙에 대해 꿈꾸고 심사숙고하던 당시의 이론가들은 공학자나 기술자와 자주 대화를 나누며 지냈다. 그리고 이론가는 대부분 기술자를 겸했다. 이렇게 그리스 사회에서는 이론과 실제가 함께했던 것이다.

이와 비슷한 시기에 근처의 코스Cos 섬에서는 히포크라테스Hippocrates가 그의 의학 전통을 세우고 있었다. 오늘날에는 '히포크라테스 선서' 하나를 제외하면 그가 세운 의학의 전통에 대해 알려진 바가 그리 많지는 않다. 그가 세운 의학의 전통은 실용적이고 효율적인 것이었다. 그리고 그는 의술이 (오늘날 우리가) 물리학과 화학(이라고 부르는 것)에 기반을 두어야 한다고 강조했다.[6] 하지만 히포크라테스의 전통에는 이론적인 내용도 많이 있었다. 예를 들어 그가 저술했다는 『고대 의술에 관하여*On Ancient Medicine*』를 보면 그의 생각을 엿볼 수 있다. "사람들이 간질을 신이 내린 것으로 여기는 이유는 그 병의 정체를 이해하지 못하기 때문이다. 그러나 이해하지 못하는 것들을 모두 신이 내렸다 여긴다면, 그 목록에 어디 끝이 있겠는가?"

시간이 흐름에 따라 이오니아적인 과학적 사고방식은 실험의 기법들과 함께 그리스의 전역을 거쳐, 이탈리아, 시칠리아 섬에까지 퍼져나갔다. 아무도 공기의 존재를 믿지 않던 시기가 있었다. 당시 사람들도 사람이 호흡을 한다는 것은 알고 있었다. 하지만 바람이 신의 숨소리라고 생각했지, 공기가 눈에 보이지 않는 정적인 물질이라는 생각은 하지 못했다. 공기에 대한 실험을 최초로 했다고 기록에 나오는 인물은 기원전 450년경에 활약했던 엠페도클레스Empedocles라는 이름의 의사이다.[7] 그가 자신을 신이라고 주장했다는 기록이 남아 있는데, 이것은 그가 지나치게 영리했기 때문에 주위 사람들이 그를 신으로 여겼다는 이야기일 것이다. 엠페도클레스는 빛이 매우 빠른 속도로 이동하지만 그렇다고 무한히 빠른 것은 아니라고 믿었다. 그리고 예전에 지구상에는 지금보다 훨씬 더 많은 종류의 생물들이 살았다고 가르쳤다.

6. 당시에 과학으로 여겨진 것에는 물리학과 화학 이외에 점성술이 있었다. 히포크라테스는 다음과 같은 기록을 남겼다. "별이 떠오를 때 주의해야 한다. 특히 천랑성天狼星, Sirius와 대각성大角星, Arcturus을 조심해야 한다. 그리고 또한 좀생이 Pleidades가 저물 때를 주의해야 한다."

7. 이 실험은 혈액 순환에 관한 완전히 잘못된 이론을 뒷받침하기 위하여 수행된 것이었다. 하지만 자연 탐구에 실험을 활용하려는 시도는, 과학하기에서 매우 중요한 혁신임에 틀림이 없다.

그리고 그중 많은 생물들이, "자손을 보지 못해 멸종했음에 틀림이 없다. 왜냐하면 현존하는 모든 종들을 보면, 그들 나름의 재주, 또는 특별한 용기, 아니면 민첩함 등의 특성을 가지고 태어난다. 이렇지 못한 종은 자신들의 생존을 보장할 수 없었을 것이다."라고도 이야기했다. 유기 생물이 자신이 처한 환경에 훌륭히 적응하는 모습을 설명하려는 이와 같은 시도를 놓고 볼 때, 엠페도클레스는 아낙시만드로스와 데모크리토스와 같이 '자연 선택에 따른 진화'라는 다윈의 위대한 생각의 일면을 분명히 다윈보다 앞서 구상할 수 있었던 인물이라고 할 수 있다.

엠페도클레스가 사용한 실험 기구는 사람들이 일상에서 수세기 동안 사용해 오던 가재도구였다. 예를 들면 물시계clepsydra 또는 '물도둑'이라는 기구를 이용한 실험을 통해 중요한 결론에 이르렀다. 물도둑은 끝이 열려 있는 가늘고 긴 대롱이 놋쇠 공 위에 붙어 있고, 놋쇠 공 밑에는 작은 구멍들이 여러 개 뚫려 있는 물건으로서 일반 가정의 부엌에서 국자 대용으로 쓰이던 것이었다. 물도둑을 물속에 담가 놋쇠 공 안에 물을 가득 채운 다음, 대롱 끝을 연 채로 물에서 꺼내면 밑에 뚫려 있는 구멍을 통해 물이 가는 빗줄기처럼 쏟아져 나온다. 그러나 대롱의 끝을 엄지손가락으로 제대로 막은 다음 꺼내면 손가락을 떼지 않는 한 물은 놋쇠 공 안에서 흘러나오지 않는다. 또 엄지손가락으로 대롱 끝을 막은 채로 놋쇠 공을 물속에 담가 보면 물은 놋쇠 공 안에 채워지지 않는다. 무언가가 물이 놋쇠 공 안으로 들어가지 못하게 막고 있는 것이다. 그렇지만 그 무언가는 '보이지' 않는다. 그렇다면 그것이 도대체 무엇이란 말인가? 엠페도클레스는 그것이 공기일 수밖에 없다고 설명했다. 그는 우리가 볼 수 없는 그 무엇인가가 압력을 미칠 수

고대의 물시계 또는 '물도둑'을 복원한 것이다. 이것을 이용한 실험을 통해 엠페도클레스는 공기가 헤아릴 수 없이 많은 미세 입자로 이루어져 있다고 추론했다. 빌 레이의 사진이다.

있다고 생각했다. 내가 멍청하게도 대롱 끝을 엄지손가락으로 막은 채 물도둑을 물에 넣는다면, 그 안에 들어 있던 공기가 물이 용기 안으로 들어가지 못하게 막을 것이다. 이렇게 해서 엠페도클레스는 눈에 보이지 않지만 존재하는 것을 발견할 수 있었다. 그는 공기가 너무 작게 나뉘어 있어서 하나의 형태로 보이지 않을 뿐이지 공기도 물질임에 틀림이 없다고 생각했다.

전해지는 바에 따르면, 엠페도클레스는 미쳐서 스스로 신이라 여긴 나머지, 에트나 대화산의 칼데라 꼭대기에서 뛰어내려 용암에 빠져 죽었다고 한다. 하지만 나는 그가 매우 용감한 지구물리학자였다고 상상해 본다. 그의 죽음은 생명을 무릅쓴 관측 중에 일어난 실족사였을 것이다.

원자의 존재에 대한 이러한 낌새와 단서가 데모크리토스Democritos에 와서 더욱 구체화됐다. 그는 북부 그리스, 이오니아의 식민지인 아브데라Abdera의 출신이다. 당시 아브데라라는 도시는 그리스 인들의 웃음거리였다. 만약 기원전 430년에 당신이 아브데라 사람에 관한 이야기를 했다면, 틀림없이 상대방은 웃음을 터뜨렸을 것이다. 아브데라는 오늘날로 치면 뉴욕의 슬럼가인 브루클린과 같은 곳이었다. 데모크리토스에게 있어 삶은 세상을 즐기고 온 세상을 이해하는 것이었다. 그에게 이해는 곧 즐거움이었다. 그는 "축제 없는 인생은 여관이 없는 긴 여정과 같다."라고 이야기한 적이 있다. 데모크리토스가 아브데라 출신이었을지는 모르지만 그는 결코 바보가 아니었다. 그는 수많은 세계들이 우주에 두루 퍼져 있는 물질에서 동시다발적으로 태어나 진화를 거쳐 결국 쇠퇴하게 된다고 믿었다. 운석 충돌 때문에 생긴 구덩이의 존재를 아무도 모르던 당시에, 데모크리토스는 이렇게 태어난 세계들이 이따금씩 서로 충돌할 것이라고 예상했다. 우주의 어둠 속을 홀로 헤매는 세계들이 있는가 하면, 여러 개의 태양이나 달을 동반한 세계들도 있다고 상상했다. 우주에는 동물도 식물도, 심지어 물조차 없는 세계들이 있는가 하면, 생명의 서식이 가능한 다른 세계도 있다고 믿었다. 그는 가장 간단한 형태의 생물이 원시 습지의 개흙에서 발생했다고까지 주장했다. 우리가 무엇을 지각하는 것도 순전히 물리적이고 기계적인 과정을 거쳐서 이루어진다고 가르쳤다. 예를 들어 내 손에 펜이 쥐어 있다고 인식하게 되는 것은 손에 주어지는 물리적이고 기계적인 자극 때문이라는 것이다. 또 생각과 감각은 물질이 아주 세밀하고 복잡한 방식으로 모아졌을 때 나타나는 물질의 속성이지, 신이 물질에 불어넣은 영혼의 속성은 아니라고 이야기했다.

데모크리토스가 만들어 낸 '원자atom'라는 단어는, 그리스 어로 '자를 수 없다.'라는 뜻이다. '원자는 궁극의 입자로서, 원자를 더 작은 조각으로 쪼개려는 시도는 결코 이루어질 수 없다.'라는 뜻이 이 한 단어에 담겨 있다. 그는 물체는 복잡하게 얽힌 원자의 집합이라고 생각했다. 심지어 우리 자신도 그렇다는 것이다. 데모크리토스는 "원자와 빈 공간void을 제외하면 아무것도 없다."라고까지 주장했다.

그의 논지에 따르면 칼로 사과를 자를 때 칼날은 원자들 사이의 빈 공간을 통과한다. 사과에 칼날이 통과할 빈 공간이 없다면 칼은 더 쪼개질 수 없는 원자를 만나게 되므로 결국 사과는 잘라질 수 없게 될 것이다. 예를 들어 원뿔 같은 것을 잘라서 만든 두 단면을 비교해 보자. 노출된 넓이가 같은가? 데모크리토스는 아니라고 말했다. 원뿔의 경사 때문에 한쪽 단면이 다른 단면보다 살짝 더 작아지기 때문이다. 만일 두 넓이가 같다면, 원뿔이 아니라 원기둥일 것이다. 그렇지만 아무리 날카로운 칼로 완벽한 의미의 원기둥을 자른다고 해도, 잘린 두 조각의 단면은 서로 같을 수가 없다고 그는 주장했다. 왜? 매우 작은 원자적 규모에서 보면 물질은 어쩔 수 없이 울퉁불퉁한 구조를 하기 때문이다. 이러한 미세한 규모의 울퉁불퉁함을 데모크리토스는 원자의 세계로 인정했다. 그가 전개한 원자론이 오늘날 우리가 받아들이는 원자의 개념에 딱 들어맞는 것은 아니지만, 그의 논지는 창의성이 풍부하고 하나같이 정연한 논리에 바탕을 두고 있으며 일상의 경험에서 우러난 것이었다. 그리고 이러한 논지를 통해서 그가 도출한 결론은 근본적으로 모두 옳았다.

이와 관련해서 데모크리토스는 원뿔 또는 피라미드의 부피를 계산하는 방법을 고안했다. 그는 점점 넓이가 좁아지는 지극히 얇은 판들을 밑바닥에서 꼭대기까지 쌓아올리면 원뿔이나 피라미드를 만들 수 있다고 여기고 얇은 판들의 부피를 더하면 피라미드나 원뿔의 부피를 계산할 수 있다고 생각했다. 현대 수학에서 극한의 원리라고 불리는 문제를 데모크리토스는 이런 식으로 기술했던 것이다. 그는 이렇게 해서 미적분의 문턱에까지 간 셈이었다. 미분과 적분은 세상을 이해하기 위한 기본 도구로서, 문헌상으로는 아이작 뉴턴이 처음 개발한 것으로 알려져 있다. 하지만 데모크리토스의 연구 결과는 거의 완전히 파기되고 말았다. 그렇지만 않았더라면 이미 예수의 시대에 미적분법이 사용되고 있었을 것이다.[8]

데모크리토스는 그 안에 있는 별을 하나하나 분간해 볼 수는 없지만 은하수가 수많은 별들이 모여서 이루어진 별들의 집단이라는 사실을 이미 알고 있었다. 이 사실을 1750년에 와서야 비로소 알게 된 토머스 라이트Thomas Wright는 데모크리토스의 혜안에 경탄을 금치 못하면서 이렇게 이야기했다. "천문학이 광학 기술 발전의 덕을 보기 훨씬 전부터 데모크리토스는 흔히들 말하는 이성의 눈만 가지고도 무한의 심연을 충분히 꿰뚫어 볼 수 있었다. 그러므로 그는 후대에 더 유리한 조건에서 능력 있는 천문학자들이 이룩한 수준에 이미 오래전에 도달했던 셈이었다." 데모크리토스의 사고력이야말로 헤라의 젖을 극복하고 밤하늘의 등뼈를 뛰어넘어 하늘 높이 치솟아 올랐던 것이다.

데모크리토스는 어떻게 보자면 독특한 인물이었다. 그는 여자, 아이들, 성性과 담을 쌓고 살았다. 자신이 사고할 수 있는 시간을 그러한 것들에게 빼앗긴다고 생각했기 때문이었다. 그렇지만 그는 우정을 소중하게 여겼고, 즐거움을 인생의 목표로 삼았으며, 열정熱情의 정체와 기원에 관한 철학적 고찰에 많은 시간을 투자했다. 그런가 하면 소크라테스를 만나러 아테네까지 갔지만 부끄러운 나머지 자기 소개도 하지 못했다. 그는 히포크라테스와 절친한 사이였으며, 물질계의 아름다움과 우아함을 경외했다. 데모크리토스는 독재 아래의 부유한 삶보다 민주주의 사회에서의 가난한 삶을 택하겠노라고 했다. 그는 자신의 시대를 지배하던 종교들을 모두 악이라고 판단했으며, 불멸의 영혼이나 불멸의 신 따위는 존재하지 않는다고 확신했다. "원자와 빈 공간을 제외하면 아무것도 없다."

데모크리토스가 자신의 사상 때문에 박해를 받았다는 기록은 없다.

8. 그 후에 에우독소스와 아르키메데스가 미적분법을 약간 진전시키기는 했다.

하기야 아브데라 출신이었던 점이 그에게 유리하게 작용했을 수도 있겠다. 그러나 그의 시대에 와서 새로운 견해에 대한 관용의 정신이 서서히 쇠퇴의 길을 걷더니 종국에는 모두 사라져서, 전통적 사고에서 벗어나는 생각을 하는 사람들이 처벌을 받기 시작했다. 오늘날에는 그리스의 100드라크마dracama 지폐에 그의 초상이 인쇄되는 등 높게 평가되고 있지만, 데모크리토스가 살아 있을 당시에는 그의 통찰은 억압당했고 그 후 역사에서도 그의 영향력은 의도적으로 과소평가됐다. 신비주의가 득세하기 시작했던 것이다.

아낙사고라스Anaxagoras는 기원전 450년경 아테네에서 활약했던 이오니아 출신의 실험가였다. 그는 부자였지만 재화에 관심이 없었다. 그의 삶은 과학에 대한 열정으로 가득했다. 인생의 목적이 무엇이냐는 질문에 그는 "태양, 달, 하늘에 관한 탐구"라고 답했다. 그것은 정말 천문학자들에게 어울리는 대답이었다. 그는 아주 재치 있는 실험도 많이 했다. 예를 들어 그는 크림같이 하얀 액체 한 방울을 주전자에 떨어뜨려 주전자에 가득 들어 있는 포도주와 같이 어두운 색깔의 액체를 눈에 띌 정도로 희게 만들지 못한다는 사실을 보여 준 다음, 비록 감각으로 직접 감지할 수 없을 정도의 미소한 변화라고 하더라도 잘 설계된 실험을 통하면 그 변화를 알아낼 수 있다고 주장했다.

아낙사고라스는 데모크리토스만큼 과격하지는 않았지만 철저한 물질주의자라는 점에서 그와 궤를 같이 했다. 소유물을 중히 여긴다는 뜻에서가 아니라, 물질이 세계를 지탱하는 근본이라는 뜻에서 그들은 물질주의자(유물론자)였다. 아낙사고라스는 모종의 정신적 요소는 믿었지만 원자의 존재는 믿지 않았다. 그리고 그는 인간이 손 때문에 다른 동물보다 더 현명하다고 생각했다. 이것은 기계 조작이나 제조를 중시했던 이오니아 인들에게 썩 잘 어울리는 발상이었다.

그는 달이 밝게 보이는 것이 반사된 빛 때문이라고 확실하게 이야기한 최초의 인물로서 달이 차고 기우는 위상 변화를 올바르게 이해하고 있었다. 당시 사회에서 이러한 생각을 한다는 것은 매우 위험한 일이었으므로, 그가 기술한 이론의 복사본이 비밀리에 유포됐다고 한다. 아테네의 지하 출판물이었던 셈이다. 지구, 달 그리고 스스로 빛을 내는 태양, 이 셋이 이루는 상대 배치에 따라서 달의 위상이 변하고 월식 현상이 일어난다는 설명은 당시의 상식과는 전혀 부합될 수 없는 성질의 것이었다. 그리고 두 세대 후 아리스토텔레스의 "위상 변화와 월식은 달의 내재적 특성이다."라는 설명이 고작이었다. 이것이야말로 말장난에 불과한 설명 아닌 설명이었다.[9]

당시 사람들은 태양과 달이 신이라고 믿고 있었다. 그런데 아낙사고라스는 태양과 별이 불타는 돌이라고 생각했다. 별이 우리에게서 아주 멀리 떨어져 있기 때문에 우리가 그 열기를 느끼지 못할 뿐이라는 것이었다. 그는 또한 달에는 산이 있으며(옳음) 거주자가 있다고(틀림) 생각했다. 그는 태양이 아주 큰 존재로서 남부 그리스의 약 3분의 1인 펠로폰네소스 반도보다 크다고 주장했다. 하지만 그의 생각에 비판적 시각을 가졌던 사람들은 그의 이러한 추정을 지나친 것이고 바보스러운 것이라고 평가했다.

9. 오늘날 우리에게는 이러한 설명이 아무것도 설명하지 못하는 그저 헛소리로만 들리겠지만, "하얀 것들이 '하얌'이라는 보편적 실재에 참여함으로써 하얗게 된다."라는 식의 생각은 중세까지 영향을 미친 중요한 사고 체계였다고 한다. — 옮긴이

아낙사고라스를 아테네로 데려온 장본인은 페리클레스Pericles였다. 당시는 아테네의 전성기였다. 하지만 페리클레스는 펠로폰네소스 전쟁을 일으킨 주인공이기도 했다. 이 전쟁으로 말미암아 아테네의 민주주의가 붕괴하기 시작했다. 철학과 과학을 좋아하던 페리클레스는 아낙사고라스와 절친한 사이였다. 이러한 면에서 아낙사고라스가 아테네의 융성에 크게 이바지했다고 생각하는 이들도 있다. 하지만 페리클레스는 정치적으로 많은 문제들을 안고 있었다. 그의 정적들은 페리클레스의 세력이 워낙 강대했기 때문에 그를 정면에서 공격하지 못하고 대신 그의 측근들을 노렸다. 이러한 상황에서 아낙사고라스가 불경죄로 투옥되었다. 달도 보통 물질로 만들어진 하나의 장소에 불과하며 태양도 하늘에 떠 있는 불타는 돌덩이일 뿐이라는 그의 주장이 문제의 발단이었다. 이러한 연유에서 그에게 불신앙의 죄목이 씌워졌다. 존 윌킨스John Wilkins 주교가 1638년에 쓴 글을 보면 그가 당시의 아테네 인들을 어떻게 평했는지 알 수 있다. "그 열광적인 우상 숭배자들은 자신들이 신으로 모시는 태양이 돌이라는 주장에 모욕감을 느끼면서도, 정작 우상인 돌을 신으로 모시는 자신들의 어리석음은 깨닫지 못했다." 페리클레스는 아낙사고라스의 석방을 위해 노력했고 성공을 거둔 것처럼 보였다. 하지만 때는 이미 늦었다. 그때는 그리스 사회의 전반적 분위기가 변화의 큰 물결에 휩쓸려, 이오니아의 전통이 급격히 쇠퇴하는 중이었다. 이오니아의 위대했던 전통은 그나마 200년쯤 뒤에 이집트의 알렉산드리아에서 다시 꽃을 피우게 된다.

역사나 철학 책을 보면 탈레스에서 데모크리토스와 아낙사고라스로 이어지는 그리스의 위대한 과학자들을 "소크라테스 이전의 철학자들"이라고만 간단하게 언급하고 마는 경우가 허다하다. 그러므로 이오니아 과학자들의 역할은 소크라테스, 플라톤, 아리스토텔레스가 등장할 때까지 철학의 성城을 지킨 것이 전부였고, 그들이 소크라테스 철학에 영향을 주었다고 해도 그것은 아주 미미한 수준이라는 느낌을 갖게 된다. 그러나 옛 이오니아 인들의 전통은 소크라테스 이후의 그리스 사조와는 상반되는 것이었다. 도리어 현대 과학과 더 잘 어울린다. 이오니아의 과학자들이 강하게 영향을 준 시대가 겨우 200~300년밖에 이어지지 못했음은 이오니아의 각성기와 이탈리아의 부흥기(르네상스) 사이에 태어나서 살다 간 수많은 사람들에게 하나의 돌이킬 수 없는 손실이었다.

사모스와 관련된 인물들 중에서 후세에 가장 많은 영향을 끼친 사람은 아마 피타고라스Pythagoras일 것이다.[10] 그는 기원전 6세기의 폴리크라테스와 동시대 인물이다. 사모스 지방에 전해 오는 이야기에 따르면, 그는 한동안 사모스 섬 케르키스Kerkis 산에 있는 한 동굴에서 산 적이 있다고 한다. 피타고라스는 지구가 공과 같이 둥글다고 추론한 역사상 첫 번째 인물이었다. 달이나 태양의 유사성에서 주목했거나, 아니면 월식이 일어날 때 달에 비친 지구의 그림자가 원형이라는 사실에 근거하여, 지구가 둥글다는 추론을 했을 것이다. 또는 사모스 섬을 떠나는 배가 수평선 너머로 사라질 때 시야에서 마지막으로 사라지는 부

10. 기원전 6세기는 놀랍게도 지구 전체가 지적, 정신적으로 요동하던 시기였다. 이오니아에서는 탈레스, 아낙시만드로스, 피타고라스와 그 밖의 철학자들이 활약하던 시대였고, 이집트에서는 당시의 파라오인 네코의 명에 따라 아프리카 대륙을 일주하는 항해가 있었다. 종교적으로도 특별한 시기였다. 페르시아의 조로아스터, 중국의 공자와 노자, 이스라엘, 이집트, 바빌로니아의 유대인 예언자들 그리고 인도의 석가모니가 활약하던 종교의 황금기였다. 이러한 활약상들 사이의 연관성을 찾아볼 수 없다는 점은 참으로 이해하기 어려운 인류 역사의 수수께끼이다.

분이 돛대라는 점도 지구가 구형이라는 추론의 근거가 됐을 것이다.

직각삼각형의 두 짧은 변의 길이의 제곱을 합한 값은 빗변의 길이의 제곱과 같다는 저 유명한 피타고라스의 법칙도 피타고라스 또는 그의 제자들이 발견하였다. 피타고라스는 이 법칙이 성립하는 직각삼각형들의 사례를 단순히 열거한 것이 아니라 이것을 일반적으로 증명할 수 있는 수학적 추론의 방식을 개발했다는 사실에 우리는 주목할 필요가 있다. 현대의 모든 과학 연구에서 필수적인 수학적 논증의 전통은 피타고라스에서 시작된 것이다. 그리고 '코스모스'라는 단어를 처음 사용한 이도 바로 피타고라스였다. 그는 우주를 "아름다운 조화가 있는 전체", 즉 코스모스로 봄으로써 우주를 인간의 이해 범주 안으로 끌어들였던 것이다.

이오니아 사람들 대부분은 우주의 조화에 인간이 접근할 수 있는 길은 관측과 실험이라고 믿었다. 현대 과학에서도 관측과 실험이 연구 활동을 주도한다. 하지만 피타고라스의 접근 방식은 매우 달랐다. 그는 순수한 사고를 통해서 자연의 법칙을 추론해 낼 수 있다고 가르쳤다. 근본적으로 피타고라스학파는 실험주의자가 아니었다.[11] 그들은 수학자였으며 철두철미한 신비주의자였다. 약간은 지나친 혹평이라고 할 수 있겠으나, 버트런드 러셀Bertrand Russell은 피타고라스학파에 관해서

11. 하지만 다행히도 몇 가지 예외가 있었다. 피타고라스학파는 음악적 화성의 정수비에 매료돼 있었다. 그들의 연구는 줄을 튕기는 소리 실험에 기반을 두고 있었음에 틀림이 없다. 실험을 중시하던 엠페도클레스의 사상도 일부는 피타고라스학파와 관련이 있다. 피타고라스의 학생인 알크마이온Alcmaeon은 인체를 해부한 최초의 인물로 알려져 있다. 그는 동맥과 정맥을 구별했으며 시신경과 유스타키오관을 발견한 첫 인물이며, 뇌가 지력知力의 장소라고 확실히 알고 있었다.(지력의 장소에 관한 그의 생각은 후에 아리스토텔레스를 통해 부정된다. 하지만, 칼케돈의 헤로필로스Herophilos에 의해 재확인된다. 아리스토텔레스는 지력이 심장에서 나온다고 믿었다.) 그는 또한 발생학의 창시자이기도 했다. 애석하게도 알크마이온이 품었던 소위 '때 묻은 생각'에 대한 열의는 그 후에 피타고라스학파 안에서 공유되지 않았다.

이렇게 이야기한 바 있다. "피타고라스는 새 종교를 창시했는데, 그것은 영혼의 이주성移住性, transmigration과 콩 섭취의 죄악성에 그 핵심 교의를 둔 일종의 밀의 종교密儀宗教였다. 그의 종교는 교단教團의 형태로 구체화되었다. 그 교인들이 여기저기 국가의 권력층에 끼어들었고, 드디어 성인聖人들이 지배하는 정치 체제를 구축했다. 그러나 회개하지 않은 죄인은 콩 맛을 잊지 못하고 안달하다가 결국에는 교의에 등을 돌리고 말았다."

피타고라스학파는 수학적 논증의 객관성 및 확실성에 매료돼 있었으며, 수학적 논증이야말로 인간 지성이 도달할 수 있는 순수하고 더러움이 없는 최상의 인지 세계라고 받아들였다. 그리고 이러한 논증 체계야말로 코스모스였다. 그 안에서는 직각삼각형의 변조차도 단순한 수학적 관계에 순종해야 했다. 이것은 번잡한 일상생활과 크게 대비되는 생각이었다. 그들은 자신들의 수학을 통해서 완벽한 현실, 즉 신의 영역을 들여다볼 수 있다고 여겼고, 우리에게 익숙한 세상은 완벽한 세계의 단지 불완전한 투영일 뿐이라고 생각했다. 플라톤의 유명한 동굴의 우화를 보면, 죄수들은 지나가는 이의 그림자만 볼 수 있도록 동굴 안에 묶여 있기 때문에 그 그림자를 현실이라고 생각한다. 고개만 돌리면 바로 옆에 있는 복잡한 현실계를 알아볼 수 있음에도 불구하고 그들은 그림자를 자신이 속한 세계의 전부라고 믿을 수밖에 없다. 현실의 복잡한 실상을 그들은 상상할 수가 없는 것이다. 피타고라스학파는 플라톤에게, 그리고 나중에는 기독교 사상에 지대한 영향을 미치게 된다.

그들은 상충하는 관점들의 자유로운 대결을 허락하지 않았다. 이

점은 모든 정통 종교에서 공통적으로 볼 수 있는 현상이다. 이와 같은 경직성 때문에 피타고라스학파는 자신들의 오류를 고쳐 나갈 수가 없었던 것이다. 키케로의 이야기를 들어 보자.

> 토론에서 정말로 필요한 것은 논지의 완벽함이지 그 논지가 지니는 권위의 무게가 아니다. 가르치는 것을 업으로 하는 이들의 권위가 배우고 싶어 하는 자들에게 장애의 요인으로 작용하여, 결국 학생들로 하여금 자신의 판단력을 발휘하지 못하게 만든다. 권위의 무게가 중시되는 사회에서는 주어진 문제의 답을 스승이 내린 판단에서만 찾으려 하기 때문이다. 나는 피타고라스학파에서 통용됐던 이와 같은 관행을 받아들이고 싶지 않다. 그들은 논쟁에서 "우리의 스승께서 말씀하시기를 ……" 하는 식으로 대답하는 습관이 있었다. 여기서 스승은 물론 피타고라스를 가리킨다. 이미 정해진 견해들이 아주 강해서 타당한 이유가 제시되지 않은 채 권위가 모든 것을 지배하는 식이었다.

피타고라스학파는 모든 면이 동일한 정다각형으로 만들어진 삼차원적 구조물, 즉 정다면체에 특별히 매료돼 있었다. 여섯 개의 정사각형으로 만들어진 정육면체가 정다면체의 가장 간단한 예이다. 정다각형의 종류는 무한하지만, 정다면체는 오로지 다섯 가지만 가능하다.(증명은 「부록 2」에 있다. 이것은 수학적 사유의 위력을 드러내는 아주 훌륭한 예로서 널리 알려진 증명이다.) 무슨 이유에서인지는 모르겠지만 그들은 면이 정오각형으로 구성된 정십이면체에 관한 지식을 위험한 것으로 간주했다. 그들은 정십이면체를 코스모스의 신비와 연관시켰던 것이다. 나머지 네 종류의 정다면체들을 당시 사람들이 세상을 구성하는 '4대 원소'로 여겼던 흙, 불, 공기, 물과 연관시켰으므로 정십이면체와 연관시킬 수 있는 대상이란 결국 하늘밖에 없었을 것이다.(이렇게 해서 생긴 다섯 번째의 원소라는 개념이 바로 '제5원소 quintessence'라는 단어의 기원이다.) 그리고 정십이면체에 관한 것은 일반인들이 알아서는 안 되는 비밀로 간주했다.

피타고라스학파는 정수整數를 특별히 좋아했다. 그들은 다른 수들은 물론이고, 만물의 근원도 모두 정수라고 보았다. 그런데 이러한 생각과 관련해 아주 곤란한 문제가 하나 발생했다. 정사각형의 한 변에 대한 대각선의 길이의 비를 나타내는 2의 제곱근이 무리수로 판명됐던 것이다. 아무리 큰 정수를 쓰더라도 $\sqrt{2}$는 두 정수의 비로는 정확하게 표시할 수 없는 숫자다. 이것도 운명의 장난인지, $\sqrt{2}$가 무리수라는 사실은 다름 아닌 피타고라스의 정리를 통해서 밝혀졌다.(「부록 1」 참조) 원래 '무리수無理數, irrational number'는 두 정수의 비ratio로 표현될 수 없는 숫자라는 뜻이었다. 그러나 피타고라스학파는 무리수를 모종의 위협적인 요소로 받아들였는데, 이것은 무리수의 존재가 그들 세계관의 불합리성과 오류를 암시했기 때문이었다. 이것이 오늘날 'irrational'이라는 단어가 '불합리'라는 두 번째 뜻을 갖게 된 연유이다. 피타고라스학파는 이렇게 중요한 수학적 발견들을 외부와 공유하지 않았고, 2의 제곱근과 정십이면체에 관한 사실의 공표를 거부했다. 그들의 관점에서 이러한 발견은 외부 세계가 알아서는 안 되는 것이었다.[12] 오늘날에

12. 피타고라스학파의 히파소스 Hippasos라는 학자는 정십이면체의 비밀을 『열두 개의 정오각형을 갖는 구』라는 이름의 책으로 발표했다. 그런데 그 후에 그는 바다에서 난파를 당해 죽게 됐는데, 이것을 두고 그의 동료들은 비밀 누설에 합당한 벌을 받은 것이라고 생각했다고 한다. 애석하게도 그의 책은 전해오지 않는다.

도 과학 대중화에 반대하는 과학자들을 종종 만나게 된다. 그들은 과학의 신성한 지식은 소수 집단의 전유물이며, 대중이 함부로 손대어 훼손시키는 일이 없도록 해야 한다고 고집한다.

피타고라스학파는 구를 완벽한 존재로 여겼다. 표면에 있는 모든 점들이 중심에서 같은 거리만큼 떨어져 있다는 사실을 그 완벽성의 근거로 삼았던 것 같다. 이런 의미에서 원 또한 완전한 도형이었다. 그리고 피타고라스학파는 행성들도 원형의 궤도 위를 언제나 같은 속도로 움직이고 있다고 주장했다. 행성이 궤도 어디에 위치하느냐에 따라 빠르고 느리게 속력을 바꾸며 움직인다는 것은 그들로서는 도저히 이해할 수 없는 일이었다. 그래서 그들은 원형이 아닌 운동은 어딘가 결함이 있다고 보았다. 한편 행성은 불완전한 지구와는 달리 '완벽한' 존재라고 믿었으므로, 행성들에게는 비원형 궤도가 어쩐지 걸맞지 않는다고 생각했던 것이다.

피타고라스학파의 사상이 가져다준 득得과 실失은 요하네스 케플러의 일생과 업적을 살펴보면 잘 알 수 있다.(3장 참조) 비록 감각으로 인식하지 못하는 세계이지만 피타고라스학파는 완벽하고 신비한 세계의 존재를 확신했다. 기독교도들은 그들의 이러한 생각을 쉽게 받아들였다. 사실상 이것은 케플러가 받은 초기 신학 교육의 핵심적인 요소이기도 했다. 한편으로 케플러는 자연에는 수학적인 조화가 존재한다고 확신했으며, "우주는 곳곳마다 조화로운 비율로 꾸며져 있다."라고까지 이야기했다. 즉 간단한 수학적 관계가 행성의 움직임을 결정한다고 믿었던 것이다. 다른 한편으로 그는 피타고라스학파의 주장에 따라 행성들이 등속等速 원운동만을 한다는 생각을 오랫동안 고집했다. 그런데 그는 번번이 행성 운동의 관측 결과를 이러한 방식으로 설명할 수 없음을 발견하게 되었다. 그때마다 그는 원 궤도로 다시 설명하려고 무진 애를 썼다. 그렇지만 피타고라스학파와 달리 케플러는 현실 세계에 대한 실험과 관측의 중요성을 깊이 신뢰했기 때문에 행성의 겉보기 운동에 관한 상세한 관측 자료에 따라 원 궤도 운동이라는 전제를 포기했다. 행성들의 궤도는 타원이었다. 케플러는 피타고라스학파의 생각에 매료되어 행성 운동의 조화를 연구하게 됐지만, 결국 피타고라스 학파의 생각 때문에 그의 연구는 10년 이상이나 지체됐던 것이다.

실용적 가치를 얕잡아 보는 풍조가 고대 사회에 만연하기 시작했다. 플라톤은 천문학자들에게 천상의 문제를 생각하되, 하늘을 관측하느라 시간을 낭비하지 말라고 역설했다. 어디 그뿐인가. 아리스토텔레스가 다음과 같은 생각을 했다는 사실에 우리는 놀라지 않을 수 없다. "하층민들은 본디부터 노예의 본성을 갖고 태어난다. 그들은 다른 모든 미천한 사람들과 마찬가지로 주인의 명을 받들어 모시며 살아야 오히려 나아진다.…… 노예는 주인의 삶을 나누어 가지며 산다. 제 손재주로 먹고사는 직인職人은 그 주인과의 관계가 노예의 것만큼 가깝지 않은데, 그가 노예 신분에 가까이 가면 갈수록 (주인과의 관계가 그만큼 가까워지므로—옮긴이) 그때에야 비로소 그의 재능은 탁월해진다. 그보다 더 단순한 노무勞務에 종사하는 직인에게는 특별히 구분된 노예의 일이 있다." 한편 플루타르코스Plutarchos는 또 이렇게 주장했다. "만들어진 물건이 우아하다고 해서 보는 사람마다 기뻐할지라도, 반드시 그것을 만든 사람까지 높이 칭송할 필요는 없다." 크세노폰Xenophon의 견해 또한 가관이다. "공학적 예술이라고 불리는 것들은 하나의 사회적 낙인을 담고 있다. 그러므로 우리의 도시들에서는 이런 것들을 천하게 여겨야 마땅하다." 기능인에 대한 이러한 사회적 통념과 천시 때문에 전도가 유망하던 이오니아의 실험 중심적인 방법론은 그 후 2,000년 동안이나 버림받을 수밖에 없었다. 그러나 실험을 통한 검증 없이 경쟁 중에 있는 가설들의 우열을 가릴 수가 없으므로, 과학은 실험에 의존하지 않고는 발전을 할 수 없다. 피타고라스학파의 큰 오점인 실험을 천시하는 생각이 오늘날까지 살아 있으니 그 이유가 무엇인지 궁금하다. 실험에 대한 혐오감은 도대체 어디에서 비롯된 것일까?

과학사를 연구하는 벤저민 패링턴은 고대 과학의 쇠퇴 이유를 이렇게 설명한다. 이오니아의 중상주의적 전통은 과학의 발전을 가져온 원동력이었지만 동시에 노예 경제의 발전도 동반했다. 노예 소유가 부와 권력으로 이르는 길이었다. 폴리크라테스의 요새도 노예들이 쌓아 올렸으며 페리클레스, 플라톤, 아리스토텔레스 등이 활약하던 시기에 아테네 시에는 엄청난 규모의 노예 인구가 상주하고 있었다. 아테네인들의 민주주의에 관한 온갖 대범한 생각들은 소수의 특권층에게만 해당됐지, 구성원 전부를 대상으로 한 것은 아니었다. 노예의 정체성은 손을 사용하는 그들의 육체 노동에 있었다. 육체 노동은 바로 노예임을 뜻했다. 한편 과학 실험도 육체 노동이었다. 노예 소유자들은 당연히 육체 노동과 거리를 뒀다. 그러나 과학을 할 만큼의 물질적, 시간적 여유가 있었던 사람들도 일부 사회에서 체면치레로 'gentle-men'이라 불러 주는 바로 노예주들뿐이었다.[13] 그러니 과연 누가 과학을 했겠는가? 거의 아무도 과학을 하지 않았다는 이야기가 된다. 이오니아 인들의 능력은 꽤 훌륭한 기계를 만들기에 충분하고도 남았다. 그러나 기원전 7세기부터 5세기까지의 이오니아 출신 과학자들과 그 외 그리스 과학자들의 생존 시기를 나타낸 연표이다. 이 연표에서 우리는 기원전 1세기부터 그리스 과학자들의 수가 급격히 감소함을 알 수 있다. 즉 이때부터 그리스의 과학은 급격한 쇠락의 길을 걷기 시작했다.

당장 끌어다 쓸 수 있는 노예의 노동력이 기술 개발의 경제적 동기를 갉아먹었다. 따라서 중상주의의 전통은 기원전 600년경 이오니아의 위대한 깨달음을 이룩하는 데 크게 기여했지만, 노예 제도를 통하여 200여 년 후에는 과학적 사고의 몰락을 가져오는 원인이 되기도 했다. 인류사의 모순 중 모순을 바로 여기에서 볼 수 있다.

비슷한 경향을 우리는 세계 도처에서 찾아볼 수 있다. 예를 들어 중국 고유의 천문학은 1280년경에 절정에 이르렀다. 이 시기에 와서 곽수경郭守敬이 이미 1,500년의 장구한 세월에 걸쳐 축적된 관측 자료들을 기반으로 하여 각종 천문 관련 물리량들을 정확하게 측정했으며, 천문 관측 기기와 천문 계산에 필요한 수학적 기법들을 크게 향상시켰다. 그러나 중국의 천문학은 그 후에 급속한 쇠퇴의 길을 걷게 된다. 왜 그랬을까? 네이선 시빈Nathan Sivin은 쇠락의 원인을 엘리트 계층의 경직된 사고에 돌리고 있다. "점증하는 사고의 경직성은 지식인들의 기술에 대한 호기심을 반감시켰으며, 사대부 계급으로 하여금 과학이 자기네들이 추구할 분야가 못 된다는 생각을 하게 했다." 더군다나 직업으로서 천문학자는 세습되는 자리였다. 과학 발전에 꼭 필요한 요소는 자유로운 탐구 정신이다. 그런데 이 기본 정신에 크게 상치되는 관례가 바로 세습이다. 게다가 한술 더 떠서, "천문학 발전의 책임을 전적으로 궁정이 지고 있었으며, 그나마 실무는 외국인 기술자들의 손에 맡겨져 있었다." 이 경우 외국인 기술자란 주로 예수회 신부와 수도사

13. 여기서 옮긴이는 'gentleman'에 대응하는 우리말의 또 다른 표현인 '점잖은 분'을 음미하게 된다. 원래 이 말은 '젊지 않은 분'에서 왔을 것이다. 우리 사회에서도 '젊지 않은 분'들은 육체 노동과 거리를 두는 것이 마땅한 것으로 받아들여졌고, 그렇기 때문에 우리는 아직도 육체 노동의 가치를 과소평가하고 있는지 모르겠다. — 옮긴이

를 의미한다. 예수회 사람들은 유클리드의 기하학과 코페르니쿠스의 태양 중심 우주관을 중국에 소개하여 당시의 중국학자들을 깜짝 놀라게 한 장본인들이었다. 그러나 중국인들은 유클리드와 코페르니쿠스의 책을 검열한 후, 태양 중심 우주관을 속이고 덮어 두는 데 온 신경을 썼다. 기득권을 유지하려는 속셈에서였다. 과학이 인도, 마야, 아스텍 문화권에서 빛을 보지 못했던 것도 이오니아에서 과학이 쇠퇴한 이유와 마찬가지로 만연된 노예 경제의 병폐 때문이었을 것이다. 현대 (정치적) 제3세계의 커다란 문제는 고등 교육의 기회가 주로 부유층의 자녀들에게만 주어진다는 것이다. 부유층 출신은 당연히 현상 유지에만 관심이 있다. 뿐만 아니라 자신의 손으로 직접 일을 하여 무엇을 만든다던가, 또는 기존의 지식 체계에 도전하던가 하는 일을 매우 어려워한다. 사정이 이러하니 이런 나라들에서 과학이 뿌리 내리기는 지극히 어려울 수밖에 없다.

플라톤과 아리스토텔레스는 노예 사회에서 편히 살던 인물이었다. 그들은 노예 제도의 부당성에 괴로워하기보다 오히려 억압을 정당화하는 논지를 폈으며, 전제 독재 군주를 섬겼고 육체와 정신의 분리를 가르쳤다.(노예 사회에서는 충분히 있을 수 있는 생각이다.) 그들은 또 사상과 물질을 별개의 것이라고 가르쳤다. 어디 그것뿐인가. 그들은 하늘에서 지구를 분리시켰다. 이것이 서양의 정신세계를 2,000년 이상 지배해 온 분리의 사상이다. "만물에 신이 깃들어 있다."라고 믿었던 플라톤은 자신의 정치관을 우주관에 연결하기 위한 논지에서 사실 노예의 비유를 십분 활용하였다. 그는 데모크리토스의 책을 모조리 불태워 버리라고 했다고 한다.(호메로스의 책도 태워 버리게 했다고 한다.) 이것은 아마도 데모크리토스가 불멸의 영혼이나 불멸의 신 또는 피타고라스학파의 신비주의를 인정하지 않았기 때문일 것이다. 또는 데모크리토스가 무한개의 세계가 있다고 믿었기 때문일지도 모른다. 인간의 지식 전체를 73권의 책에 집대성했다는 데모크리토스의 저작물 중에서 그 어느 것 하나 온전히 전해오는 것이 없다. 그래서 우리가 데모크리토스의 가르침이라고 알고 있는 것들은 모두 단편적이고 지엽적 내용의 것들뿐이다. 그것도 주로 윤리학에 관한 내용이고 한 다리 걸쳐 전해진 간접적인 기술에 근거하고 있다. 다른 고대 이오니아 과학자들도 상황은 크게 다르지 않다.

피타고라스와 플라톤은 코스모스가 설명될 수 있는 실체이고 자연에는 수학적인 근본 얼개가 있다고 가르침으로써 사람들의 마음속에 과학을 하려는 동기를 크게 불어넣었다. 하지만 자신들의 입지를 불안하게 할 소지의 사실들이 유포되는 것을 억압하고, 과학을 소수 엘리트만의 전유물로 제한하고, 실험에 대한 혐오감을 심어 주고, 신비주의를 용인하고, 노예 사회가 안고 있던 문제들을 애써 외면함으로써 결과적으로 인간의 위대한 모험심에 큰 좌절감을 안겨 주고, 과학의 발전에도 어쩔 수 없는 퇴보를 불러왔다. 과학 탐구의 이오니아적 접근 방법이 신비주의에 눌려 긴 잠을 자는 동안 과학 탐구의 도구들은 하릴없이 먼지만 덮어쓰고 있다가, 그 일부가 알렉산드리아 대도서관의 학자들을 통해 후대에 전해지면서 재발견되기도 했다. 그리하여 서양 세계에 두 번째 깨달음의 시대가 도래했으며 실험 위주의 연구 방법과 개방적 탐구 정신이 다시 한 번 존경의 대상으로 떠올랐다. 그리고 잊혀졌던 고대의 저술과 단편적 지식이 다시 읽히기 시작했다. 레오나르도 다 빈치, 콜럼버스, 코페르니쿠스 등은 고대 그리스 전통으로부터 영감을 얻거나, 이러한 전통을 독자적으로 재조사하기에 이르렀다. 종교와 정치 분야는 그렇지 못하지만 과학 분야에서는 이오니아의 자유로운 탐구 정신에 뿌리를 둔 바람직한 면면을 오늘날에도 여기저기에서 많이 찾아볼 수 있다. 그렇다고 해서 현대가 미신에서 완전히 해방된 것은 아니다. 인류 전체에게 치명적일 수 있는 몇몇 윤리적 문제들에 대해서 현대인들은 아직도 모호한 태도와 완전히 결별하지 못하고 있다. 그렇다면 현대를 살아가는 우리는 고대 사회가 안고 있었던 내재적 모순의 상당 부분을 아직도 그대로 끌어안고 있는 셈이다.

플라톤주의자들과 그들의 기독교 후계자들은 지상의 세계는 때 묻고 골치 아픈 곳인 반면에 천상계는 완벽하고 신성하다는 특이한 견해를 갖고 있었다. 그들은 지구가 근본적으로 하나의 행성이라는 사실을 거부하고 우주 시민으로서 지구인의 위상을 망각한 채 살았다. 지구가 하나의 행성이며 지구인은 우주 시민이라는 생각은 피타고라스 이후 3세기가 지난 뒤 사모스 섬에서 태어난 아리스타르코스Aristarcos에서 시작한다. 그는 이오니아의 마지막 과학자라고 해도 과언이 아니다. 왜냐하면 이 시기에 와서 지적 깨달음의 중심지가 위대한 알렉산드리아 도서관으로 이미 이동했기 때문이다. 하지만 아리스타르코스는 태양이 행성계의 중심이고 모든 행성은 지구가 아니라 태양의 주위를 돈다고 주장한 첫 번째 인물이었다. 늘 그렇듯이 이 주제에 관한 그의 저술은 소실됐다. 그는 월식 중에 달의 표면에 드리워지는 지구의 그림자를 보고 태양은 지구보다 훨씬 크며 매우 멀리 떨어져 있다고 옳게 추론했다. 그 다음에 따라올 결론은 뻔하다. 그는 태양처럼 큰 물체가 지구처럼 작은 물체의 주위를 회전한다는 것은 불합리하다고 추론했다.

그는 지구 궤도 중심에 태양을 놓았다. 그리고 지구가 자신의 축을 중심으로 하루에 한 번씩 자전하는 동시에 태양을 1년에 한 번씩 공전한다고 가정했다.

아리스타르코스의 이와 같은 생각은 우리가 '코페르니쿠스' 하면 떠올리게 되는 생각과 그대로 일치한다. 그렇기 때문에 갈릴레오는 코페르니쿠스를 태양 중심 우주관을 "복귀시킨 사람이며 입증한 사람"이라고 기술했지 태양 중심 우주관의 창시자라고 부르지 않았다.[14] 아리스타르코스와 코페르니쿠스 사이에 있었던 1,800년이라는 긴긴 세월 동안, 어느 누구도 행성의 배열을 제대로 알지 못했지만, 이것은 이미 기원전 280년경에 완벽하고 명확하게 밝혀졌던 것이다. 지동설은 아리스타르코스의 동시대인들을 분노케 하기에 충분했다. 아낙사고라스, 브루노, 갈릴레오 등에게 던져졌던 반대의 외침들을 우리는 잘 알고 있다. 그러므로 아리스타르코스를 불경죄로 처벌하라는 아우성의 강도가 어떠했을지 충분히 상상할 수 있다. 아리스타르코스와 코페르니쿠스를 적대시하려는 생각이 여전히 우리에게 남아 있다. 일종의 지구 중심 우주관에 사로잡힌 우리는 아직도 일상적으로 "해가 뜬다." 하고 "해가 진다." 한다. 아리스타르코스 이후로 2,200년의 세월이 흘렀건만 우리의

14. 코페르니쿠스는 아리스타르코스에 관한 책을 읽으면서 태양 중심 우주관을 착상했을지 모른다. 코페르니쿠스가 이탈리아에서 의과 대학을 다닐 때, 이탈리아의 대학가에서는 그 당시 막 발견된 고대 문서의 원전들이 굉장한 관심을 불러일으키던 중이었다. 코페르니쿠스는 원고에서는 아리스타르코스가 (지동설의 주장에 있어서 — 옮긴이) 자신보다 먼저라는 것을 언급했지만, 책이 출간되기 전에 그 언급을 삭제했다. 그는 교황 바오로 3세에게 보낸 편지에 다음과 같이 썼다. "키케로에 따르면, 니케타는 지구가 (무언가에 의해서 — 옮긴이) 움직여진다고 생각했다고 합니다. …… 그리고 (아리스타르코스의 저서를 평했던) 플루타르크에 따르면, …… 몇몇의 특정 사람들도 그와 똑같은 견해를 가지고 있었다고 합니다. 따라서 소인도 이를 통하여 그와 같은 가능성을 마음에 간직하고 지구의 운동 가능성 문제를 숙고하기 시작했습니다."

말투는 여전히 지구가 돌지 않는 듯하다.

고대 그리스 인들은 "태양의 크기가 펠로폰네소스 반도만 할지도 모른다."라는 주장을 황당무계하다고 여겼다. 만일 그들이 실제 행성 사이의 간격을 제대로 알았다면 경악을 금치 못했을 것이다. 지구와 금성이 가장 가까이 있을 때라도 이 두 행성 사이의 거리는 4000만 킬로미터나 되며, 지구와 명왕성의 거리는 물경 60억 킬로미터에 이른다. 당시 사람들은 태양계의 구성 천체들이 훨씬 더 밀집해 있다고 생각했다. 그것은 당시 사람들이 채택할 수 있었던 가장 자연스러운 우주 모형이었다. 다시 말해서 그들은 태양계를 좀 더 작고 아담한 크기로 생각했던 것이다. (그것은 천체들의 겉보기 운동에서 거리에 대한 정보를 얻을 수 없었기 때문이다. 좀 더 자세히 설명하면 다음과 같다.—옮긴이) 눈앞에 손가락을 세워놓고 처음에는 왼쪽 눈으로, 그리고 다음에는 오른쪽 눈으로 손가락을 본다면, 멀리 떨어져 있는 배경에 대하여 내 손가락이 오른쪽에서 왼쪽으로 이동하는 것처럼 보인다. 그리고 손가락이 눈과 가까울수록 그 움직이는 듯한 거리가 크다. 이러한 시선 방향의 차이에 따른 겉보기 움직임의 변화, 즉 시차視差, parallax를 통해서 손가락까지의 거리를 가늠할 수 있다. 내 두 눈 사이의 간격이 넓으면 넓을수록 손가락의 겉보기 위치는 그만큼 더 많이 이동한다. 관측이 이루어진 두 위치 사이의 거리가, 즉 기선이 길면 길수록 시차가 크게 관측되고, 따라서 더 멀리 떨어진 물체까지의 거리를 정확하게 측정할 수 있다. 사람의 두 눈 사이의 간격은 일정하게 고정돼 있지만, 다행스럽게도 지구는 관측자에게 움직이는 관측대를 제공한다. 즉 지구가 6개월이 지나면 궤도의 정반대편에 오므로 지구에서의 기선이 실제로 3억 킬로미터까지 확장될 수 있다. 그러므로 별들이 천구에 고정되어 있는 것처럼 보이지만 6개월의 시간 간격을 두고 관측한다면 매우 멀리 있는 천체라도 그 거리를 측정할 수 있을 것이다. 별들도 우리의 태양과 같은 존재일 것으로 생각한 사람은 아리스타르코스였다. 그는 태양을 별들의 '반열班列'에 가져다 놓은 장본인이다. 그렇지만 실제로 6개월의 시간차를 두고 별을 관측해 보아도 그 별의 시선 방향에는 변화가 전혀 감지되지 않았다. 별들의 시차를 측정할 수 없다는 사실은, 별들이 태양과 지구 사이의 거리에 비해 훨씬 더 멀리 떨어져 있음을 암시하는 것이었다. 사실 망원경이 발명되기 전에는 가장 가까운 별의 시차도 감지할 수 없었다. 19세기에 들어와서야 비로소 별의 시차 측정이 이루어졌다. 일단 별의 시차가 알려지면 그리스 인들이 발명한 기하학을 이용하여 누구나 그 별까지의 거리를 쉽게 계산해 낼 수 있다. 이렇게 측정한 거리가 가장 가까운 별이라고 해도 수 광년이나 된다.

별까지의 거리를 잴 수 있는 또 다른 방법이 있다. 이오니아 인들도 충분히 알아냈음 직한 방법이지만 그들은 이 방법을 활용하지 않았다. 같은 물체라도 관측자와의 거리가 멀어질수록 작게 보인다는 사실은 누구나 다 알고 있다. 이와 같은 겉보기의 크기와 실제 거리 사이에 성립하는 반비례 관계는 미술과 사진술에서 널리 활용되는 원근법의 근본 원리이다. 그러므로 태양에서 멀어질수록 태양은 더 작고 희미하게 보일 것이다. 그렇다면 우리가 태양에서부터 얼마나 멀리 달아난다면 태양이 하나의 별같이 작고 흐린 점으로 보일까? 이 질문의 답에서도 우리는 별까지의 거리에 대하여 어느 정도 감은 잡을 수 있을 것이다. 앞에 던진 질문을 또 다른 식으로 표현해 보자. 태양에서 얼마나 작은 조각을 떼어내 보면 그것이 별과 같은 밝기로 보일까?

이 질문의 답을 찾기 위한 실험을 처음 시도한 인물은 크리스티안 하위헌스로 알려져 있다. 그는 이오니아의 전통을 그대로 따라서, 굵기가 다른 구멍이 여러 개 뚫려 있는 동판을 태양을 향해 들고, 어느 크기의 구멍을 통해서 본 태양의 밝기가, 전날 밤에 자신이 보아 둔 천랑성의 밝기와 비슷한지 조사했다. 결과는 태양의 겉보기 지름의 2만 8000분의 1이 되는 구멍으로 본 태양의 밝기가 천랑성과 비슷하다는 것이었다.[15] 그는 이 결과를 통해서 천랑성은 지구와 태양 사이의 거리보다 2만 8000배 더 멀리 떨어져 있다고 추론했다. 이것은 약 반 광년에 해당하는 거리다. 여러 시간 전에 본 별의 밝기를 기억하기는 그리 쉬운 일이 아니지만 하위헌스는 별의 밝기를 꽤나 잘 기억했던 모양이다. 하지만 이러한 방법으로 거리를 측정하려면 태양과 천랑성의 원래 밝기가 같다는 가정이 필요하다. 그런데 천랑성은 태양보다 원래 더 밝다. 이 사실을 하위헌스가 알고 있었다면, 그는 이 별까지의 거리를 거의 정확하게 알아냈을 것이다. 오늘날 우리가 알고 있는 천랑성까지의 실제 거리는 8.8광년이다. 아리스타르코스나 하위헌스가 부정확한 자료에 근거하여 부정확한 답을 얻었다는 것은 문제로 삼을 일이 전혀 아니다. 그들은 자신들이 구상한 방법의 원리를 명확하게 설명했으므로 더 자세한 관측이 이루어진다면 언제든지 누구나 그 방법을 써서 더 정확한 값을 구할 수 있기 때문이다.

15. 하위헌스는 실제로 구멍을 통과하여 눈으로 들어오는 빛의 양을 조절하기 위하여 구멍에 작은 유리구슬을 끼워 넣었다.

인류는 아리스타르코스의 시대에서 하위헌스의 시대에 이르는 동안에 브루클린의 한 소년을 그렇게나 흥분시켰던 질문에 대한 답을 찾아냈다. 별이란 무엇인가? 별이란 광막한 우주 공간에 흩어져 있는 막강한 힘을 가진 태양이었다.

아리스타르코스가 우리에게 남겨 준 위대한 유산은 지구와 지구인을 올바르게 자리 매김한 것이다. 지구와 지구인이 자연에서 그리 대단한 존재가 아니라는 통찰은 위로는 하늘에 떠 있는 별들의 보편성으로 확장됐고 옆으로는 인종 차별의 철폐로까지 이어졌다. 그러나 이러한 통찰이 성공을 거두기까지 인류의 역사는 반대쪽으로 흐르는 물결을 끊임없이 거슬러 가며 저항해야 했다. 지구와 지구인을 우주에서 올바르게 자리 매김하는 일이 천문학, 물리학, 생물학, 인류학, 경제학, 정치학의 발전에 원동력을 제공했음에도 불구하고 자연에 대한 깊은 통찰의 결과가 완강한 사회적 저항에 직면할 수밖에 없었던 이유는 그러한 통찰이 천문학 이외의 분야에 초래하게 되는 사회적 영향의 심각성 때문이라고 나는 생각한다.

아리스타르코스의 위대한 유산은 별들의 영역 너머로까지 그 적용 범위가 확장됐다. 18세기 말, 영국 국왕 조지 3세의 궁정 음악가이자 천문학자였던 윌리엄 허셜William Herschel은 별들의 분포를 지도로 작성했다. 허셜이 작성한 별들의 지도에는, 은하수의 띠가 흐르는 평면 안에서 어느 방향으로 보든지 비슷한 수의 별들이 늘어서 있음을 알 수 있었다. 그렇다면 우리 지구가 은하수 은하의 중심에 자리하고 있다는 결론에 도달하게 된다.[16] 한편 미국의 미주리 주 출신 할로 섀플리Harlow Shapley는 제1차 세계 대전이 발발하기 직전에 구상 성단까지의 거리를 측정하는 방법을 새로이 고안해 냈다. 구상 성단이란 구형으로 분포한 별들의 무리로서 벌 떼를 연상케 하는 아주 매혹적인 천체이다. 섀플리는 먼저 기준이 될 특별한 종류의 변광성을 구상 성단에서 찾아냈다. 그 별들은 밝기가 주기적으로 변하지만 그 밝기의 평균값은 일정하다. 그런데 이러한 별들의 원래 평균 밝기가 변광 주기와 긴밀한 관계에 있다는 사실이 알려져 있었다. 즉 밝기가 변하는 데 걸리는 주기를 관측을 통해서 알아내면, 그 별의 원래 밝기를 알 수 있다는 말이다. 구상 성단에서 특정한 패턴으로 밝기가 변화하는 별을 찾아내고 그 변광 주기에서 그 별의 원래 밝기를 추정한 다음 겉보기 밝기와 비교함으로써 우리는 그 별까지의, 즉 구상 성단까지의 거리를 계산해 낼 수 있는 것이다. 원래 밝기를 알고 있는 가로등의 희미한 정도로부터 나와 그 가로등 사이의 거리를 가늠할 수 있다. 같은 이치에서 별까지의 거리도 측정할 수 있다. 이것은 본질적으로 하위헌스가 사용했던 거리 측정의 방법이기도 했다. 이렇게 해서 모두 100여 개에 이르는 구상 성단들의 거리를 알아낸 다음에, 섀플리는 이들의 3차원적 분포를 조사했다. 그랬더니 구상 성단들이 태양계 근방이 아니라, 은하수 은하의 궁수자리 방향으로 멀리 떨어진 곳을 중심으로 하여, 대칭적인 분포를 하는 것이었다. 그렇다면 우리 은하의 중심은 태양계가 아니라 태양계에서 궁수자리 방향으로 멀리 떨어진 구역에 있다는 결론을 피

16. 당시 사람들은 지구에 모종의 특권을 부여하여, 우주 만물의 중심에 지구가 자리한다고 믿었다. 진화론 제창자 중 한 사람인 월리스도 이러한 믿음을 근거로 하여 아리스타르코스의 우주관에 반대하는 견해를 고수했다. 1903년에 출간한 『우주에서의 인간의 위치 *Man's Place in the Universe*』라는 책에서 그는 지구만이 생명이 서식하는 유일한 행성일 것이라고 주장했다.

할 수 없다. 100여 개에 이르는 구상 성단들이 바로 우리 은하수 은하의 한가운데에 몰려 있는 막대한 질량 중심점을 궤도 운동의 중심으로 삼고 있는 것이다. 구상 성단들이 은하수 은하 안에서 하는 운동은 마치 그 중심 구역에 경의를 표하는 모습 같다.

1915년 섀플리는 "태양계는 은하의 중심이 아니라 은하의 외진 변방에 있다."라는 참으로 대담한 주장을 펼쳤다. 허셜의 오류는 궁수자리 방향에 있는 많은 양의 미세 고체 입자들 때문이었다. 성간 티끌이라 불리는 이 고체 입자들이 별빛을 아주 효과적으로 흡수 · 산란하기 때문에, 허셜은 성간 티끌의 장막 너머에 존재하는 어마어마한 수의 별들을 볼 수 없었던 것이다. 이제 우리는 태양계가 은하의 중심핵으로부터 약 3만 광년 정도 떨어진 곳에 자리한다고 확실하게 알고 있다. 은하수 은하 내부에서 우리가 살고 있는 태양계의 현주소는 나선 팔의 가장자리이다. 별들의 밀도가 주위보다 좀 낮고 외지고 후미진 곳이다. 구상 성단 안에 있는 어느 한 별의 주위를 지구와 같은 행성이 돌고 있다고 상상해 보자. 그 행성에 거주하는 '사람들'은 우리 지구를 보고 측은하게 여길 것이다. 그 별이 구상 성단의 중심핵에 위치하는 것이라면 더욱더 그러할 것이다. 왜냐하면 지구의 밤하늘에 보이는 별들의 수에 비해서, 그들의 밤하늘은 도저히 밤이라 부를 수 없을 정도로 많은 수의 밝은 별들로 가득하기 때문이다. 은하수 은하의 중심 지역에는 구상 성단과는 비교가 되지 않을 정도로 별들이 많다. 은하의 중심핵에서는 육안으로도 밝은 별들을 100만 개 이상이나 볼 수 있을 것이다. 지구에서 볼 수 있는 수는 고작 수천 개에 불과한데 말이다. 그러한 곳에 있는 '사람들'도 그들의 태양, 아니 태양들이 뜨고 지는 것을 계속 보겠지만, 태양들이 진다고 해서 깜깜한 밤은 결코 오지 않을 것이다.

천문학자들은 20세기의 중반에 이르기까지 코스모스에는 오직 하나의 은하, 즉 우리 은하수 은하만 있다고 믿었다. 영국 더럼Durham의 토머스 라이트라든가 독일 쾨니히스베르크의 이마누엘 칸트Immanuel Kant 같은 학자는 이미 18세기에 망원경을 통해서 세련된 나선 형태의 빛을 발하는 성운들을 밤하늘에서 알아보고, 이것들이 우리 은하와 같은 존재의 은하라는 예감을 가졌다. 칸트는 안드로메다자리에 보이는 M 31이 수많은 별들로 구성된 또 하나의 은하일 것이라는 구체적 제안을 확실하게 했을 뿐 아니라, 이러한 나선형 성운에 "섬 우주island universe"라는 멋들어진 이름까지 지어 줬다. 한편, 나선형 성운이 우리 은하 바깥에 멀리 떨어져 있는 섬 우주가 아니라, 은하수 은하 내부에서 중력 수축 중에 있는 성간운이라는 주장을 펴는 학자들도 있었다. 그들은 한발 더 나아가 중력 수축의 결과물로서 어쩌면 새로운 태양계들이 탄생할지도 모른다고 했다. 결국 나선형 성운까지의 거리 측정이 문제 해결의 관건이었고, 이를 위해서 무척 밝은 새로운 부류의 변광성이 필요했다. 기준성의 광도가 높을수록 거리 측정에 유리하기 때문이었다. 에드윈 허블Edwin Hubble이 1924년에 드디어 M 31에서 그러한 변광성을 찾아냈다. 이러한 변광성들의 평균 겉보기 밝기와 원래 밝기를 비교하여, 그는 M 31이 어림잡아 200만 광년은 조금 넘는 매우 먼 거리에 있다고 규명했다. 만일 M 31이 그렇게 멀리 떨어져 있다면, M 31의 실제 크기는 은하수 은하의 내부에서 볼 수 있는 성간운과는 비교가 안 될 정도로 엄청나게 큰 것일 터였다. 그러므로 나선형 성운 M 31도 하나의 어엿한 은하였던 것이다. 하늘에는 훨씬 더 흐리게 보이는 성운들이 많이 널려 있다. 더 흐리다는 것은 더 멀리 떨어져 있음을 뜻한다. 코스모스의 광막한 어둠 속에는 1000억 개가 넘는 엄청난 수의 은하들이 널리 흩어져 있는 것이다.

지상에 발을 붙이고 살기 시작한 이래, 인류는 코스모스에서 자신의 위치를 알고자 끊임없이 노력해 왔다. 인류라는 종의 유아기, 우리의 조상들이 조금은 게으른 듯이 하늘의 별들을 그냥 바라보기만 하던 바로 그 시기에도, 그리고 고대 그리스로 와서 이오니아의 과학자들의 시대에도, 어디 그뿐인가 현대에 들어와서도 우리는 "우주에서 우리의 현주소는 어디인가?"이라는 질문에 꼼짝없이 사로잡혀 있다. 우리는 도대체 누구란 말인가? 아주 보잘것없는 작은 행성에 살고 있음을 우리는 잘 알고 있다. 이 행성은 따분할 정도로 그저 그런 별에 속해 있다. 그리고 태양이라는 이름의 그 별은 은하의 변방, 두 개의 나선 팔 사이에 잊혀진 듯이 버려져 있다. 태양이 속해 있는 은하라는 것도 뭐 그리 대단한 존재도 못 된다. 아무도 알아주지 않는 우주의 후미진 구석을 차지하고 겨우 십여 개의 구성원을 거느린, 작은 은하군의 그저 그렇고 그런 '식구'일 뿐이다. 그런데 그 우주에는 지구의 전체 인구보다 많은 수의 은하들이 널려 있다. 우리가 이와 같은 우주적 관점을 갖게 되기까지 우리는 하늘을 보고 머릿속에서 모형을 구축해 보고 그 모형에서 귀결되는 관측 현상들을 예측하고 예측들을 하나하나 검증하고 예측이 실제와 맞지 않을 경우 그 모형을 과감하게 버리면서 모형을 다듬어 왔다. 생각해 보라. 태양은 벌겋게 달아오른 돌멩이였고 별들은 천상의 불꽃이었으며 은하수는 밤하늘의 등뼈였다. 이론적 모

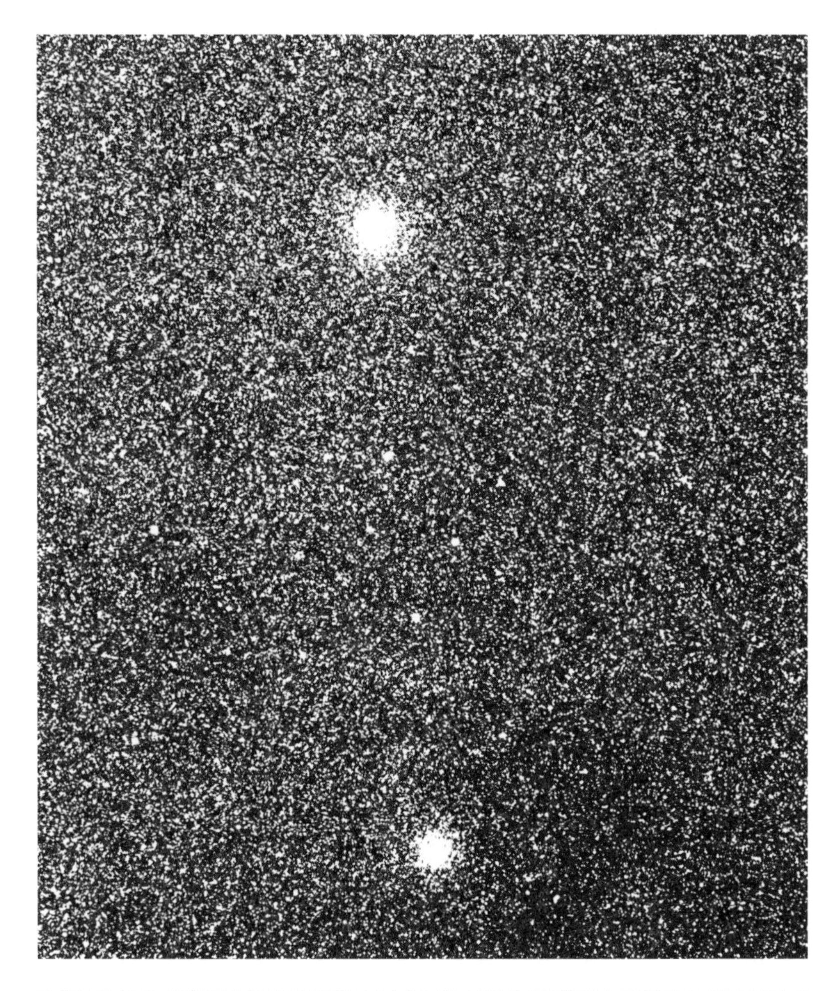

이 사진에서 우리는 두 개의 구상 성단을 확실히 알아볼 수 있다. 한편, 은하의 중심에 막대한 양의 질량이 모여 있으므로, 이 질량이 자아내는 중력의 작용으로 구상 성단들은 은하의 중심을 가운데에 두고 궤도 운동을 하게 될 것이다. 그러므로 구상 성단들의 공간 분포를 조사하면 은하의 중심을 찾아낼 수 있다. 우리의 은하수 은하도 나선 팔을 갖고 있다. 많은 수의 별과 성단이 은하수 은하 주위를 둘러싸며 거대한 구형의 별무리를 이룬다. 여기 보이는 것과 같이 일부 구상 성단들은 은하의 중심 방향으로 특별히 밀집해 있다. 이렇게 별이 밀집된 지역에 있는 어떤 별 주위를 행성이 돌고 있다면, 그 행성에 거주하는 '사람' 들의 하늘은 엄청나게 많은 수의 별들로 가득할 것이며, 밤낮의 구별 없이 하늘은 활활 타오르는 불과 같이 빛을 발할 것이다. 여기 보이는 두 개의 구상 성단은 각각 NGC 6522와 NGC 6528로 명명된 성단이다. 여기서 NGC는, 새 일반 목록 New General Catalogue의 머리 글자를 따서 만든 약자이다. 이 목록은 처음 작성되던 1888년 당시에는 정녕 새로운 목록이었을 것이다.

형을 이렇게 지속적으로 구축하고 또 파기하는 과정을 뒤돌아보면서, 우리는 인류의 진정한 용기가 과연 어떠했는가를 실감하게 된다.

아리스타르코스 이래 과학자들의 임무는 우주 드라마의 중심 무대에서부터 우리 자신을 한발씩 뒤로 물러서게 하는 것이었다. 새로운 곳에 자리를 잡기도 전에 물러서기는 계속됐다. 새로운 자리에 적응할 겨를도 없이. 섀플리와 허블의 발견들을 목격했던 세대들이 아직도 우리와 지구를 공유하며 살고 있다. 인류사의 위대한 발견과 대면하게 될 때마다 우주에서 인류의 지위는 점점 강등됐다. 한 발짝 한 발짝 무대의 중심에서 멀어질 때마다 강등당하는 인류의 지위를 한탄하던 이들이 있었다. 그리고 우리 가슴과 가슴 깊숙한 곳에는 지구가 우주의 중심이며 초점이며 지렛대의 받침목이기를 바라는 아쉬움이 아직 숨어 있다. 하지만 우리가 정녕 코스모스와 겨루고자 한다면 먼저 겨룸의 상대인 코스모스를 이해해야 한다. 여태껏 인류가 멋모르고 부렸던 우주에서의 특권 의식에 먹칠을 하는 한이 있더라도 우리는 코스모스를 제대로 이해해야만 한다. 자신의 위상과 위치에 대한 올바른 이해가 주변을 개선할 수 있는 필수 전제이기 때문이다. 우리와 다른 바깥세상이 어떠한지 알아내는 것도 자신이 처한 상황을 개선하는 데 결정적인 도움을 준다. 우리의 행성 지구가 우주에서 중요한 존재로 남기를 간절히 바란다면 지구를 위해 우리가 할 수 있는 일들이 분명히 있을 것이다. 질문을 던질 수 있는 용기와 던져진 질문에 대한 깊이 있는 답변만이 우주에서 지구의 위상을 높일 수 있는 밑거름이 되는 것이다.

인류가 하나의 생명 종으로서 그 유년기부터 품어 왔던 질문을 가슴에 안고 우주 항해의 첫발을 내디딘 지 이미 오래됐다. 세대를 거듭

할 때마다 유년기의 질문은 신선한 감각으로 우리에게 새롭게 다가왔으며, 세대를 거듭하면서 유년기의 호기심이 줄어들기는커녕 오히려 더 커져 갔다. 별들은 도대체 어떤 존재인가? 탐험의 욕구는 인간의 본성이다. 우리는 나그네로 시작했으며 나그네로 남아 있다. 인류는 우주의 해안에서 충분히 긴 시간을 꾸물대며 꿈을 키워 왔다. 이제야 비로소 별들을 향해 돛을 올릴 준비가 끝난 셈이다.

고리성운. 거문고자리에 있는 행성상 성운이다. 화가의 상상력이 이 행성상 성운계에 있을 것으로 가상한 한 얼음 행성의 모습을 그림으로 이렇게 담아 냈다. 색동 고리 한가운데에서 푸르스름한 빛을 발하는 것이, 자신의 외곽 대기층을 오래전에 우주 공간으로 날려 보낸, 중심별의 모습이다. 중심별을 떠난 기체는 색동의 고리를 이루면서 천천히 팽창하다가 결국 우주 공간으로 모두 흩어지고 말 것이다. 지구에서 1500광년이나 떨어져 있는 이 고리성운도 먼 미래 언젠가 지구인이 방문할 대상 천체가 될 수 있다. 데이비드 에게David Egge의 1979년 작품.

8 시간과 공간을 가르는 여행

어려서 죽은 아이보다 더 오래 산 자는 없다. 팽조彭祖도 젊어서 죽었다.
하늘과 땅이 내 나이와 같고, 만물이 결국은 하나다.

— 장자, 기원전 3세기경

우리는 별을 무척 사랑한 나머지 이제는 밤을 두려워하지 않게 됐다. — 어느 두 아마추어 천문가의 묘비

별들은 서릿발 같은 전설들을 우리의 눈에 휘갈겨 남겨 놓았으며,
번쩍이는 장시長詩의 시편들을 정복 불허의 공간에 내다 걸었다. — 하트 크레인, 『다리』

해안에서 부서지는 물결의 출렁임도 따지고 보면 태양과 달의 중력 작용이 만드는 조석 작용의 결과이다. 태양과 달이 지구에서 멀리 떨어져 있음에 틀림이 없지만 그들이 주는 중력의 영향을 우리는 이곳 지구에서 분명하게 느낄 수 있다. 그러므로 중력은 부정할 수 없는 자연의 실체이다. 큼직한 바위 덩이들이 서로 부딪쳐 깨지고 그 조각들이 다시 파도에 부대껴 고운 모래가 되기까지 얼마나 긴 세월이 흘러야 했을까? 멀리 있는 달과 태양은 그 긴긴 세월 동안 한시도 쉬지 않고 밀물과 썰물의 들고 남을 재촉했을 것이다. 기후 변화에 따른 풍화 작용도 바위를 부숴 모래로 만드는 데 한몫 했겠지만, 세월이라는 인내의 도움 없이는 해변의 모래밭은 탄생하지 않았을 것이다. 그래서 바닷가 모래밭은 우리에게 시간의 흐름을 실감케 하고 세상이 인류보다 훨씬 더 오래됐음을 가르쳐 준다.

모래를 한 줌 움켜쥐면 그 속에서 약 1만 개의 모래알들을 헤아릴 수 있다니, 맨눈으로 볼 수 있는 별들의 개수보다 더 많은 수의 알갱이들이 내 손에 들어 있는 셈이다. 하지만 볼 수 있는 별은 실재하는 별의 극히 일부에 지나지 않는다. 맑은 날 밤하늘에서 우리 눈에 보이는 별들은 가장 가까운 것들 중에서도 극히 일부에 불과하다. 그렇지만 우주에는 별들이 셀 수 없을 정도로 많고 또 많다. 지구상의 해변이란 해변 모두에 깔려 있는 모래알들보다 우주에 있는 별들이 훨씬 더 많다.

고대 천문학자와 점성술사 들은 하늘에 보이는 밝은 별들을 이리저리 이어서 여러 가지 모양을 만들어 내고자 무척 노력했다. 이렇게 해서 생긴 것이 별자리이다. 그러나 별자리는 실제로는 어둡지만 가까이 있기 때문에 밝게 보이는 별이나, 멀리 있지만 원래 밝아서 밝게 보이는 별들을 마음대로 무리를 지어 만든 것에 불과하다. (구)소련의 중앙아시아에서 본 밤하늘의 별자리나 미국 중서부에서 본 그것이나 그 모양에 있어서 아무런 차이를 발견할 수 없다. 별들까지의 거리가 워낙 멀기 때문이다. 그러므로 (구)소련과 미국은 천문학적 관점에서 동일한 지점인 것이다. 우리가 이 지구에 발을 붙이고 사는 한, 관측자의 위치를 아무리 옮겨 본다 해도, 별자리 하나를 이루고 있는 별들의 실제적인 3차원적 분포는 결코 알 길이 없다. 별들 사이의 평균 거리가 3~4광년이므로, 별자리의 모양은 몇 광년은 족히 움직여야 알아볼 수 있을 정도로 변할 것이다. 1광년이 거의 10조 킬로미터에 이르는 엄청난 거리인데 비하여 지구의 지름은 겨우 1만 3000킬로미터에 불과하다는 점을 기억해 두기 바란다. 따라서 3~4광년 정도의 거리를 이동해야만 어떤 별이 그 별자리에서 달아나고 또 어떤 것은 그 별자리로 들어오는 것같이 보여서, 주어진 별자리가 전혀 다른 모습으로 변모할 것이다.

아직까지 우리의 기술로는 이 정도 거리의 성간 여행을 적당한 시간 안에 해낼 수가 없다. 하지만 컴퓨터에서는 가능하다. 근처 별들의 3차원 분포에 관한 정보를 컴퓨터에 입력한 다음, 관측자의 위치가 변함에 따라 그 별들이 이루게 되는 별자리의 모양이 어떻게 변하는지, 컴퓨터에게 계산해 달라고 하면 된다. 예를 들어 북두칠성 근처를 한 관측자가 지날 때 관측자의 위치에 따라 일곱 개의 별들이 이루는 별자리 모양이 그 관측자에게 어떻게 보일지 계산할 수 있다는 말이다. 관측자의 시선 방향이 바뀜에 따라 별들을 연결한 다각형이 천구에 투영되는 모습도 변하게 마련이다. 그러므로 태양에서 멀리 떨어져 있는 어떤 별 주위를 도는 행성에 사는 사람들이 자기네 밤하늘에 보이는 밝은 별들을 서로 연결하여 만든 별자리들은 지구인의 별자리와는 아무 관계도 없을 정도로 판이하게 다른 모습을 하고 있을 것이다. 마치 로르샤흐 검사 Rorschach test[1]에서 같은 그림을 보고도 사람의 성격에 따라 다른 도형으로 해석하듯이 말이다. 그렇지만 이러한 상황은 아마도 앞으로 수세기 안에 크게 바뀔 것이다. 지구를 출발한 우주선이 매우 빠른 속도로 엄청난 거리를 이동하면서, 컴퓨터에서밖에는 본 적이 없는 전혀 새로운 별자리들을 우주선에서 직접 보게 될 것이기 때문이다.

별자리의 모양은 공간적으로만 변하는 것이 아니라 시간적으로도 바뀐다. 즉 별자리를 이루는 별들과 관측자의 상대 위치가 바뀌어도 주어진 별자리의 모양이 변하지만, 관측자가 한 장소에서 충분히 오랫동안 기다리기만 해도 별자리가 변하는 것을 볼 수 있다. 별들이 무리를 지어 한 덩어리로 함께 움직일 뿐 아니라, 때로는 어떤 별 하나가 주위 동료들보다 훨씬 빠르게 달아나기도 하기 때문이다. 그런 별은 본래 있던 별자리를 떠나 결국 다른 별자리로 편입된다. 예를 하나 들어 보자. 우주 공간에서는 쌍성계를 이루던 두 별 중 하나가 폭발하여 우주 공간으로 흩어지는 경우가 종종 있다. 이렇게 되면 나머지 동반성은 상대방과 이루던 중력의 속박에서 완전히 벗어나게 되므로, 폭발 이전의 궤도 속도로 우주 공간에 내팽개쳐진다. 하늘에도 고무줄 새총이 있는 셈이다. 어디 그것뿐인가. 별도 새로 태어나서 진화하다가 죽

1. 본래는 잉크 얼룩 같은 도형을 해석하게 해 그 사람의 성격을 판단하는 정신의학의 인격 진단 검사법이었으나, 현재는 성격심리학, 임상심리학, 문화인류학 등의 분야에서도 검사 도구로 널리 쓰인다. — 옮긴이

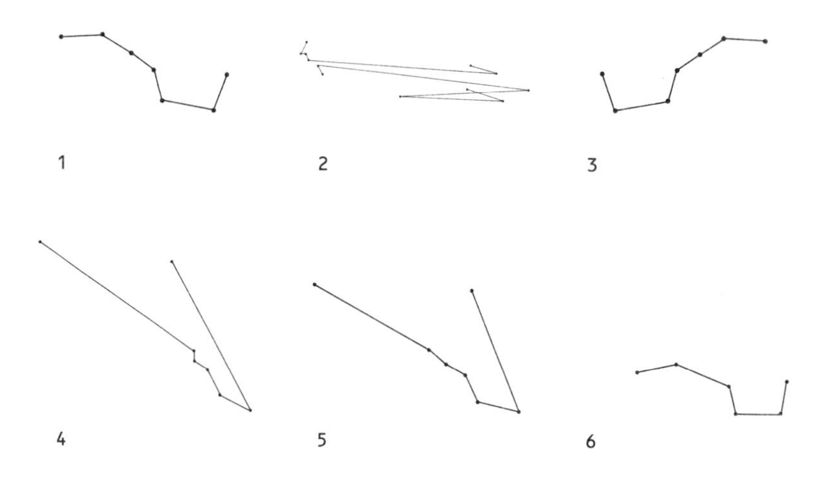

같은 북두칠성의 국자 모양이라도 관측자의 시선 방향에 따라서 그 모양이 다르게 보인다. **1**은 현대 지구인들에게 보이는 상태 그대로이고, **3**은 북두칠성을 가운데에 두고 지구의 반대쪽에서 바라본 모습이다. 그리고 **2**는 측면에서 본 것이다. **2**와 **3** 같은 북두칠성의 배치를 보려면 우리가 지구에서 150광년쯤은 움직여야 할 것이다.
4부터 **6**은 컴퓨터로 그려 본 북두칠성들의 배치도이다. **4**는 100만 년 전 지구에서 본 모습이고, **5**는 50만 년 전의 상황이다. **6**그림이 현재의 모습이다.

어 사라진다. 그러므로 충분히 오랫동안 기다린다면 새로운 별들이 하늘에 나타나고 늙은 별이 시야에서 사라지는 것을 목격하게 될 것이다. 하늘에 그려진 별자리들의 모양은, 그래서 아주 천천히 변하다가 결국엔 영영 사라지고 만다.

겨우 몇 백만 년에 불과한 짧은 인류사에서도 별자리의 모양은 계속해서 바뀌어 왔다. 한 가지 예로서 큰곰자리에 있는 북두칠성의 모습이 어떻게 변했는지 알아보자. 가상의 공간 이동에서와 마찬가지로 시간이 지남에 따라 북두칠성의 배치가 어떻게 변하는지 계산할 수 있다. 컴퓨터 계산에서는 시간의 흐름을 거꾸로 돌릴 수도 있다. 북두칠성은 100만 년 전에는 국자가 아니라 창과 비슷했다. 만일 당신이 타임 머신을 타고 먼 과거의 어느 시점에 도착했다면 별들이 어떻게 배치되어 있는지를 보고 그때가 대체로 언제쯤인지 가늠할 수 있을 것이다. 만일 북두칠성이 창과 같은 모습의 배치를 하고 있다면, 그때는 분명히 홍적세洪積世, Pleistocene의 중기였을 것이다.

이번에는 컴퓨터에게 시간의 흐름을 앞으로 빨리 돌리라고 지시하고 사자자리의 미래 모습을 미리 가서 보도록 하자. 태양의 겉보기 위치는 1년에 한 차례씩 천구상에 원을 그리며 완주한다. 태양의 천구상에서의 이동 경로를 우리는 황도黃道라 하며, 황도 근처에 있는 열두 개의 별자리들이 이루는 띠를 황도대黃道帶, zodiac 또는 황도수대黃道獸帶라고 부른다.[2] 먼저 'zodiac'이 동물원을 뜻하는 'zoo'에서 온 말임을 기억해 둘 필요가 있다. 그렇다면 왜 하필 동물원이란 말인가? 그것은 별자리 열두 개 모두가 사자와 같이 동물의 형상을 본뜬 것이기 때문이다. 하여튼 지금으로부터 약 100만 년이 지나면 사자자리의 모습이 지금보다 덜 사자같이 보일 것이다. 우리의 먼 후손들은 사자가 아니라 전파 망원경을 연상할지 모르겠다. 지금으로부터 100만 년 후에는 전파 망원경이 오늘날의 돌로 만든 창보다도 더 쓸모없는 존재가 되어 있겠지만 말이다.

오리온자리는 황도 12궁에 속하지 않는 별자리이다. 오리온자리는 사냥꾼의 모습을 이루고 있는 네 개의 밝은 별과, 별자리 전체를 사선

2. 우리가 'zodiac'을 그냥 '황도대'로 하지 않고 짐승을 뜻하는 '수(獸)' 자를 굳이 더 붙여서 '황도수대'라고 번역한 것은 'zodiac'의 어원을 고려했기 때문이다. — 옮긴이

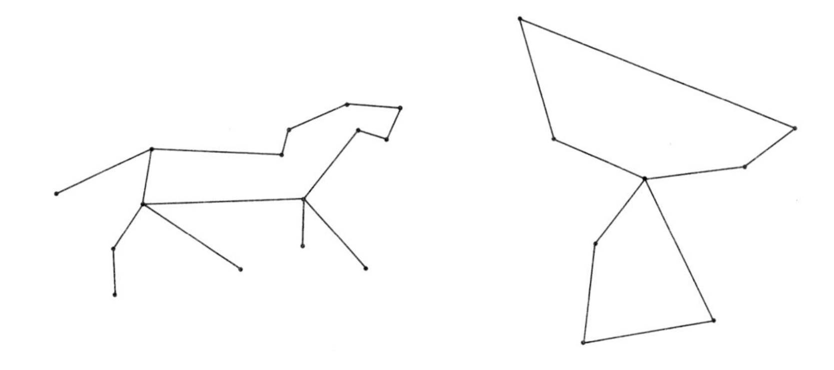

컴퓨터로 알아본 사자자리의 모양 변화. 왼쪽의 그림이 현재 지구인들에게 보이는 상태이다. 100만 년 후에는 오른쪽 그림처럼 전파 망원경의 모습을 하게 될 것이다.

을 그리며 둘로 나누는 사냥꾼의 벨트 같은 세 개의 별로 이루어진 별자리이다. 허리띠에 매달려 있는 듯한 약간 흐릿한 세 개의 별이 실은, 천문학적 전통에 따르면, 오리온의 칼이다. 하지만 세 별들 중에서 가운데에 있는 것은 별이 아니라 오리온성운이라 불리는, 별들이 태어나고 있는 거대한 가스 구름이다. 오리온자리에 있는 많은 별들은 표면 온도가 높고 태어난 지 얼마 되지 않는 매우 젊고 무거운 별이다. 이들은 빠르게 진화하여 초신성이라고 불리는 거대한 폭발 현상을 일으키면서 자신들의 생을 마감할 것이다. 이렇게 무거운 별들이 태어나고 죽는 주기는 몇 천만 년 정도이다. 만일 컴퓨터에서 시간의 흐름을 빠르게 진행시킨다면, 많은 수의 별들이 태어나고 극적인 죽음을 맞이하는 오리온자리의 별들이 마치 밤의 반딧불과 같이 반짝이는 것처럼 보일 것이다.

태양의 가장 가까운 이웃은 켄타우루스자리에 있는 알파별이다. 그런데 알파 켄타우리Alpha Centauri, 즉 켄타우루스자리 알파별은 사실 삼중성계三重星系로서 세 별 중의 둘이 서로 마주 보고 돌고, 나머지 프록시마 켄타우리Proxima Centauri가 멀리서 이 둘의 주위를 또 공전한다. 가깝다는 뜻에서 유래된 프록시마라는 이름이 붙은 것은 궤도상에서 이 별이 어떤 특정 위치에 올 때 태양에서 가장 가까운 곳에 있는 특별한 별이 되기 때문이다. 대부분의 별들은 이렇게 쌍성계 또는 다중성계의 구성원으로 존재한다. 홀로 떨어져 있는 태양이 오히려 이상한 별이다.

안드로메다자리 베타별의 영어 이름인 베타 안드로메대Beta Andromedae에는 이 별이 안드로메다자리의 별들 중에서 두 번째로 밝은 별이라는 뜻이 담겨 있다.(Andromedae는 Andromeda의 소유격이다.) 안드로메다자리 베타별은 태양에서 75광년 정도 떨어져 있으니, 현재 우리 눈에 도착하는 별빛의 광자들은 사실 75년 전에 그 별을 떠난 것들이다. 암흑의 성간 공간을 가로질러 우리에게 도착하기까지 75년이 걸렸다는 이야기이다. 실제로 그런 일이 일어났을 것 같지는 않지만, 만일 그 별이 지난 화요일에 폭발했다 해도 우리는 이 별에서 그런 엄청난 사건이 터졌는지 전혀 알지 못한 채 앞으로 75년을 더 지낼 것이다. 비록 빛의 속도가 매우 빠르다고는 하나, 빛이 안드로메다자리 베타별에서 지구까지 오는 데 75년의 시간이 필요하기 때문이다. 우리의 생각을 과거로 되돌려 보자. 금년이 1980년이고 특수 상대성 이론이 태어난 해가 1905년이니, 지금 막 우리에게 도착한 광자가 안드로메다자리 베타별을 떠났을 때쯤, 지구에서는 스위스 특허청에서 공무원으로 일하던 알베르트 아인슈타인Albert Einstein이 당시로는 지극히 획기적인 특수 상대성 이론을 발표하고 있었을 것이다.

공간과 시간은 서로 얽혀 있다. 시간적으로 과거를 보지 않으면 공간적으로 멀리 볼 수가 없다. 지금 이 순간에 우리가 공간적으로 멀리 떨어져 있는 어떤 천체를 들여다보고 있다면, 시간적으로 그 천체의 과거 모습을 보고 있는 것이다. 빛이 빠르게 움직이는 것은 틀림없다. 그러나 별 사이는 텅 비어 있고 서로 아주 멀리 떨어져 있다. 75광년이라는 거리도 천문학적 척도에서 볼 때에는 매우 가까운 이웃까지의 거리에 불과하다. 태양에서 우리 은하의 중심까지가 3만 광년이고 우리 은하에서 가장 가까운 나선 은하인 안드로메다자리의 M 31까지는 200만 광년이나 된다. 오늘 우리가 M 31에서 보는 빛이 지구를 향해 출발했을 당시 지구에는 인간이 단 한 명도 없었다. 우리 조상들이 빠르게 진화하고 있기는 했겠지만 말이다. 지구에서 가장 멀리 떨어진 퀘이사quasar까지의 거리는 80억 내지 100억 광년이다. 오늘날 우리가 보는 그들의 모습은 사실 우주 먼지가 뭉쳐 지구가 되기 전, 심지어 우리 은하가 만들어지기도 전의 상황이다.

천체들의 경우에만 시간과 공간이 얽혀 있는 것은 아니지만, 천체들 사이의 거리를 생각할 때 비로소 우리는 광속의 유한성을 실감하게 된다. 같은 방 안에서 나와 3미터 정도 떨어진 곳에 앉아 있는 친구를 바라본다면, 나는 사실 그의 '지금' 모습이 아니라 1억분의 1초, 즉 100분의 1마이크로초 전의 '과거' 모습을 보고 있는 것이다. 빛의 속도가 초속 30만 킬로미터이므로, 3미터를 움직이는 데 걸리는 시간은, 3미터 나누기 초속 3×10^{8}미터이기 때문에 10^{-8}초라는 계산이 나온다. 그렇지만 친구 모습의 지금과 10^{-8}초 전의 모습에는 변화가 전혀 없을 것이다. 그러나 준성체準星體, 또는 퀘이사와 같이 수십억 광년 떨어진 천체의 경우에는 상황이 크게 달라진다. 예를 들어서 우리가 지금 80억 광년 떨어진 퀘이사를 보고 있다면 그것은 그 퀘이사의 현재 모습이 아니라 80억 년 전의 모습이라는 말이다.(은하 형성 초기 단계에는 격렬한 폭발이 발생하는데, 그 폭발이 퀘이사의 현상으로 우리에게 관측되는 것이다. 한편 멀리 있는 은하일수록 더 오래전의 모습, 즉 형성 초기의 모습일 것이다. 그러므로 멀리 바라볼수록 퀘이사를 더 많이 보게 된다. 실제로 50억 광년 이상 떨어진 거리에서 퀘이사의 숫자가 급격하게 증가한다.)

지구에서 여태껏 발사된 물체들 중에서 그래도 가장 빨리 움직이는 것이 두 대의 보이저 우주선이다. 지금은 광속의 약 1만분의 1의 속도로 움직이고 있다. 그렇다고 하더라도 태양에서 가장 가까운 거리에 있다는 켄타우루스자리 알파별까지 가는 데에도 4만 년이 걸린다. 그렇다면 적정 기간 이내에 이 별까지 간다는 것이 과연 실현 가능한 일인가? 도대체 무슨 짓을 해야 광속에 버금가는 속도로 움직일 수 있을까? 빛이, 그리고 광속이 무엇이기에? 우리가 빛보다도 더 빨리 움직일 수 있는 날이 우리에게 오기나 할 것일까?

만일 당신이 1890년대 토스카나의 시골 벌판을 거닐 수 있다면, 고등학교를 중도에 그만두고 머리를 길게 늘어뜨린 채 파비아로 향해 걸어가던 한 10대 소년을 만날 수 있을 것이다. 그는 프러시아에서 선생님들로부터 “네가 커서 도대체 뭐가 되겠니.” 라든가, “네 질문이 수업 분위기를 망친다.”라거나, 또는 “학교를 그만두고 나가는 편이 차라리 나을 것 같다.”라는 등의 폭언을 듣고 낙담한 학생이었다. 그는 프러시아의 엄격한 분위기에서 벗어나 자유를 즐기기 위하여 정말로 학교를 그만두고 북부 이탈리아를 방랑하고 있었던 것이다. 규율이 엄격했던 프러시아의 교실에서 배운 것들과는 전혀 다른 문제들을 그는 그곳에

벨기에 출신 화가 장레옹 위앙이 그린 알베르트 아인슈타인(1879~1955년)의 초상화. 동정심의 발로로 아인슈타인의 부모가 막스 탈메이Max Talmey라는 아주 가난한 학생을 자기네 집으로 저녁 초대를 한 적이 있다. 이 자리에서 막스는 대중 과학책을 열두 살의 어린 알베르트에게 건네줬는데 알베르트는 그 책을 읽고서 자기 안에 숨어 있던 자연과학에의 흥미를 일깨울 수 있었다고 한다.

서 곰곰이 그리고 주의 깊게 생각할 수 있었다. 그가 바로 알베르트 아인슈타인이라는 이름의 소년이다. 그리고 그가 이 들판에서 즐겼던 생각들이 나중에 세상을 완전히 바꾸어 놓았다.

어린 시절 아인슈타인은 베른슈타인Bernstein이 쓴 『대중을 위한 자연과학*People's Book of Natural Science*』라는 제목의 책에 흠뻑 빠져 있었다. 책의 제목에서 바로 알 수 있듯이, 베른슈타인은 이 책에서 자연과학의 대중화를 겨냥했다. 그의 책은 첫 페이지부터 전선을 지나는 전기와 공간을 가로지르는 빛의 놀라운 속도를 설명하고 있었다. 어린 아인슈타인은 이 책을 읽고, 만약 빛의 파동을 타고 여행할 수 있다면, 다시 말해 빛의 속도로 이동할 수 있다면 세상이 어떻게 보일 것인지에 대해 깊이 고민하기 시작했다. 빛의 속도로 여행을 한다. 이 얼마나 놀라운 발상인가! 햇볕에 까맣게 그을린 얼굴에 곱슬머리를 펄럭이며 시골 길을 걷는 어린 소년의 머릿속에 이렇게 매혹적이고 신비로운 생각이 오가고 있었다니! 만약 당신이 빛의 속도로 여행하고 있다면 당신은 빛의 파동을 타고 있다고 말할 수 없을 것이다. 만일 파동의 마루에 타고 있다면 당신은 계속 마루에 타고 있을 것이므로 그것이 파동이라고 말할 만한 특징을 통 발견할 수 없을 것이란 말이다. 뭔가 이상한 일이 빛의 속도에서 발생하는 것이다. 그런 문제는 생각하면 할수록 더욱더 이상해진다. 빛의 속도로 움직일 수 있게 되면 이런저런 모순들이 여기저기에서 마구 튀어나오는 것이었다. 우리는 살아가면서 어떤 아이디어가 그것의 진위가 주의 깊게 고찰되지도 않은 채 하나의 확실한 사실로 받아들여지는 경우를 종종 볼 수 있다. 예를 들어, "두 사건이 동시에 발생했다."라고 말할 때, "동시에"라는 말은 도대체 무슨 뜻일까? 아인슈타인이 던진 이 질문은 이미 수세기 전에 누군가가 마땅히 고민했어야 했던 지극히 근본적인 성격의 문제인 것이다.

내가 자전거를 타고 당신을 향해 가고 있다고 하자. 사거리 근처에서 마차와 거의 부딪칠 뻔한다. 나는 마차에 깔릴 것 같아 방향을 틀고 그 덕분에 간신히 마차와의 충돌을 피한다. 이제 마차와 자전거가 광속에 가까운 속도로 움직인다고 가정하고 같은 사건을 다시 생각해 보

자. 만일 당신이 길에 서 있다면 마차는 당신의 시선 방향에 대하여 직각으로 움직이고, 나는 당신을 향해 당신의 시선 방향으로 움직이게 된다. 그리고 당신은 나한테서 반사된 다음 당신을 향해 움직이는 태양 광선을 통해 나를 알아볼 것이다. 이 경우 빛의 속도에 내가 탄 자전거 속도가 더해진다면 당신은 내 모습을 마차보다 훨씬 먼저 알아볼 수 있게 될 것이다. 만약 그렇다면 당신은 마차가 다가오고 있다는 사실을 알아채기 전에 내가 자전거의 방향을 트는 모습부터 보게 될 것이다. 이 경우 우리는 하나의 심각한 문제에 봉착하게 된다. 나의 관점에서 볼 때, 자전거와 마차는 사거리의 교차점에 동시에 도착한다. 그런데 당신의 관점에서는 그렇지가 않다. 이 무슨 이상한 상황인가? 당신이 본 상황을 다시 이야기하면 다음과 같다. 당신은 내가 부딪칠 마차가 없는 데도 공연히 핸들을 틀었다가 계속해서 빈치Vinci 마을을 향해 페달을 밟는 것이라고 생각할 것이다. 그런데 나는 거의 마차에 깔릴 뻔했다. 어떻게 동일한 사건이 나와 당신에게 다르게 인식될 수 있단 말인가? 이 질문은 자연이 우리에게 던진 하나의 도전장임에 틀림이 없다. 아인슈타인 이전에는 아무도 이런 도전을 경험해 본 적이 없었다. 그럴 만한 이유가 있었다. 그것은 그 누구도 빛의 속도로 움직일 생각을 하지 못했기 때문이다. 하지만 이것은 자연 세계의 근본을 건드리는 질문이며 매우 심각한 도전이었다. 아인슈타인은 이러한 질문들을 통해서 세계를 그 뿌리에서부터 다시 보기 시작함으로써 자연에 대한 근본적인 이해에 도달할 수 있었다. 물리학의 대혁명이 이탈리아의 한 시골 길에서 시작된 것이다.

만일 빠른 속도로 움직일 때 발생하는 이런 논리적 모순을 피해서

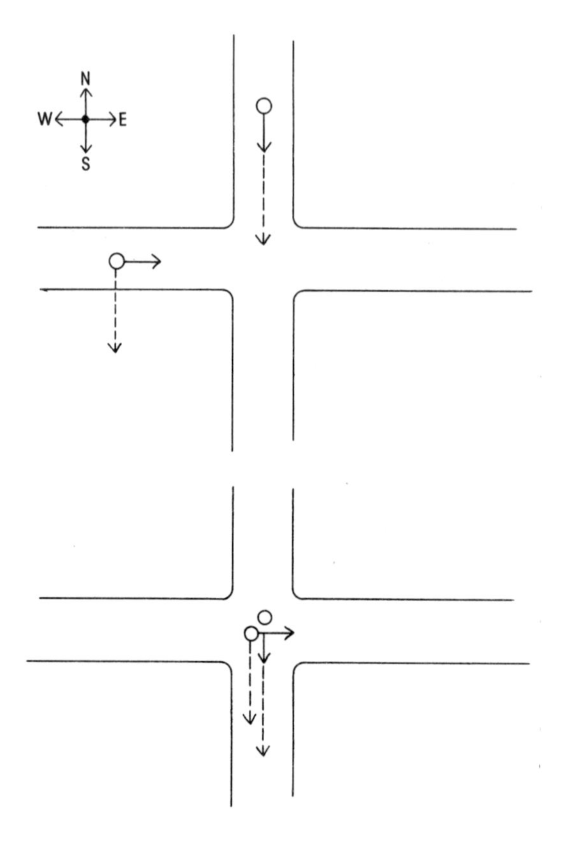

특수 상대성 이론의 동시성 패러독스. 관찰자는 사거리의 남쪽 거리에 서 있다. 자전거 한 대가 직선 화살표로 표시된 속도로 북쪽에서부터 접근하고 있다. 한편 자전거에 반사된 빛은 점선 화살표로 표시된 매우 빠른 속도로 관찰자에게 접근한다. 마차는 서쪽으로부터 역시 직선 화살표로 표시된 속도로 사거리에 접근하고 있고, 이 마차에 반사되어 남쪽으로 향하는 빛은 마찬가지로 점선 화살표로 표시된 속도로 움직인다. 만일 자전거의 속도를 빛의 속도에 더하는 것이 옳다면(자전거가 관찰자에게 다가오고 있으므로) 자전거에서 반사된 빛이 마차에서 반사된 빛보다 더 일찍 관찰자에게 도착할 것이다. 따라서 자전거를 탄 사람과 마차를 몰던 사람이 서로 충돌할 뻔했다고 인식한 사건이, 제3의 관찰자에게는 전혀 다르게 인식될 것이다. 정밀한 실험을 통해 이런 일은 발생하지 않는다고 밝혀졌다. 이런 패러독스는 자전거가 빛의 속도에 가까운 속도로 움직일 때에만 두드러지게 나타난다. 이 패러독스를 푸는 열쇠는 빛의 속도가 움직이는 물체의 속도에 관계없이 일정하다는 데에 있다.

세계를 제대로 이해하고자 한다면, 반드시 지켜져야 하는 대자연의 규칙 또는 계율 몇 가지를 알아야 한다. 아인슈타인은 이 규칙들을 특수 상대성 이론으로 정리했다. 어떤 물체에서 반사되거나 방출된 빛은 그 물체가 움직이든 움직이지 않든 상관없이 동일한 속도로 진행한다. "그대는 그대의 속도를 빛의 속도에 더하지 말지어다."가 반드시 준수돼야 하는 규칙인 셈이다. 또한 어떠한 물체도 빛보다 빠르게 움직일 수 없다. 그러므로 또 하나의 규칙은 "그대는 빛의 속도로나 빛의 속도보다 빨리 움직여서는 아니 되느니라."가 된다. 이론적으로 우리는 빛의 속도에 원하는 만큼 가까이 접근할 수 있다. 예를 들어 빛의 속도의 99.9퍼센트로도 움직일 수 있다. 하지만 우리가 아무리 노력하더라도 빛의 속도의 100퍼센트로는 절대로 움직일 수가 없다. 이 세계가 논리적 모순 없이 존재하려면 반드시 보편적인 속도의 한계가 있어야 한다는 말이다. 그렇지 않으면 페달을 계속 밟음으로써 어떠한 속도에라도 도달할 수 있어야 할 것이다.

19세기가 20세기로 바뀌는 시기에 대부분의 유럽 인들은 세상에는 어떤 특별한 기준 좌표계가 존재한다고 믿고 있었다. 그래서 독일 또는 프랑스 혹은 영국의 문화와 정치 체제가 다른 나라보다 더 낫다거나, 유럽 인이 식민 지배를 받아 마땅한 다른 인종들보다 우수하다고 믿었다. 사회나 정치에 대한 아리스타르코스나 코페르니쿠스의 생각을 적용하는 일은 거부되거나 무시되었다. 그러나 젊은 아인슈타인은 그가 정치에 대해 그랬던 만큼 물리학에서도 절대적 의미의 기준 좌표계를 거부했다. 이리저리 어지럽게 공간을 배회하는 별들로 가득 찬 우주에서 '정지해 있는' 장소라든가 우주를 관측하기에 더 좋은 좌표계 같은 특권이나 특전은 있을 수가 없었다. 적어도 그에게는 말이다. 그리고 이것이야말로 '상대성 이론'이라는 단어가 의미하는 바였다. 상대론적 상황에 접하게 될 때마다 요술 덫에 걸리는 듯하지만 아이디어 자체는 매우 간단하다. 즉 우주를 보는 데에 있어서 모든 장소가 공평하다는 것이다. 대자연의 법칙은 그 누가 설명하든지 간에 동일해야 한다. 이 규칙이 사실이라면 아무도 빛보다 빠르게 여행할 수 없게 된다. 그리고 우리가 살고 있는 이 지구의 위치가 우주에서 어떤 특별한 의미를 갖는 곳이라면 이 또한 이상한 일이 아니고 무엇이겠는가.

채찍을 휘두를 때 생기는 '휙' 하는 소리는 채찍이 소리의 전파 속도보다 빠르게 움직여 소규모의 충격파를 만들기 때문이다. 천둥소리도 비슷한 원리에서 발생한다. 한때 사람들은 비행기가 소리보다 더 빠르게 움직일 수 없을 거라고 생각했지만 오늘날 초음속 비행은 아주 일상적인 일이 돼 버렸다. 그러나 빛의 경우에는 사정이 다르다. 빛의 속도를 넘을 수 없다는 것은 초음속 비행기를 만드는 것과 같은 공학적 문제가 아니라, 중력과 같은 대자연의 근본과 관련된 문제이다. 그리고 경험상으로도 진공 속에서 빛보다 더 빨리 움직일 가능성을 시사하는 현상을 찾을 수 없었다. 채찍 소리라든지 천둥 소리 같은 현상을 빛에서는 전혀 찾아볼 수 있다는 말이다. 그렇지만 빛의 경우에는 채찍 소리나 천둥 소리는 비교할 수 없는 이상한 현상을 연출한다. 입자 가속기 속의 입자는 속도가 빨라지면 빨라질수록 무거워지고, 빛의 속도 가깝게 움직이는 원자시계는 느리게 간다. 우리는 이런 이상한 현상의 효과를 특수 상대성 이론으로 아주 정밀하게 예측하고 측정할 수 있다.

소리는 통상적으로 공기와 같이 형체를 가진 매질을 통하여 전파

되기 때문에 소리의 경우에는 빛의 동시성 패러독스 같은 문제가 생기지 않는다. 친구의 이야기를 전달하는 음파는 공기 분자들의 진동 운동에 따른 것이다. 반면 빛은 진공 속을 돌아다닌다. 공기 분자들에게는 만족시켜야 할 일련의 운동 규칙들이 있지만 그 규칙들이 진공에 적용되는 것은 아니다. 태양에서 방출된 빛은 태양과 지구 사이의 빈 공간을 가로질러 우리에게 도달하지만, 아무리 귀를 기울여 들어 봐도 흑점의 탁탁거리는 소리나 태양 플레어의 우레 소리 따위는 들을 수가 없다. 상대성 이론 이전 시대에는 빛이 공간에 충만한, '에테르aether'라고 불리던 특별한 매질을 통하여 전파된다고 믿었다. 하지만 실험을 통하여 에테르가 존재하지 않는다는 사실이 밝혀졌다. 그 실험이 바로 저 유명한 마이컬슨-몰리Michelson-Morley의 실험이다.

빛보다도 빠르게 움직이는 것이 있다는 주장을 우리는 종종 듣게 된다. 예를 들면, '생각의 속도' 같은 것인데 이것은 매우 어리석은 주장이다. 왜냐하면 우리 뇌의 신경 전달 신호는 당나귀가 수레를 끄는 것과 같은 느린 속도로 뉴런 사이를 움직이기 때문이다. 인류는 상대성 이론을 궁리해 낼 정도로 영리하기는 하지만 그리 빠르게 사고하지는 못한다. 그러나 현대 컴퓨터의 전기 회로 속에서는 전기 신호가 거의 빛의 속도로 움직이고 있다.

특수 상대성 이론은 아인슈타인이 20대 중반에 혼자서 수립한 이론이다. 특수 상대성 이론은 그 후에 그 이론을 검증하기 위해 수행된 각종 실험에서 그 정당성이 입증됐다. 앞으로 누군가가, 광속 이상의 속도를 허용하면서 특별한 기준 좌표계라는 개념이나 동시성의 패러독스와 같은 것 없이 그 이외의 다른 모든 물리 법칙들을 만족시키는 새로운 이론을 발명할 수도 있다. 하지만 나는 그런 이론을 의심할 것이다. 빛보다 빨리 움직이는 것에 대한 금지는 분명히 우리의 상식과 상충한다. 하지만 이 문제에 있어서 우리의 상식만을 꼭 믿고 고집해야 할 이유는 어디에도 없다. 왜 시속 10킬로미터의 상황에서 얻은 우리의 경험이 초속 30만 킬로미터 상황에서의 자연 법칙에도 적용된다고 믿어야 하는가? 상대성 이론은 인간이 할 수 있는 것에 궁극적인 제한을 가한다. 하지만 우주가 꼭 인류의 야망과 완전한 조화를 이루어야 할 필요는 없다. 상대성 이론은 광속 이상으로 움직일 수 있는 우주선의 가능성은 배제하지만 그 대신 매우 뜻밖의 또 다른 가능성을 우리에게 제시한다.

조지 가모브George Gamow의 사고 실험을 우리도 따라해 보자. 빛의 속도가 초속 30만 킬로미터와 같이 우리의 경험 범주를 완전히 벗어나는 값이 아니라, 우리에게 매우 익숙한 시속 40킬로미터인 가상의 세계를 상상해 보자. 이 세계에서는 광속이 시속 40킬로미터로 철저하게 지켜진다고 하자.(뭐 이렇게 광속을 바꿨다고 해서 벌금까지 낼 필요는 없다. 자연 법칙의 파기가 반드시 범죄의 성립을 의미하지는 않는다. 자연의 금지 사항을 어기는 것을 자연 자체가 용납하지 않기 때문에, 그런 사건의 발생은 애초부터 불가능하기 때문이다.) 당신이 오토바이를 타고 빛의 속도에 점점 가까워지고 있다고 상상해 보자.(상대성 이론에 관한 글에서 우리는 "……라고 상상해 보자."로 끝나는 문장들을 자주 접하게 된다. 즉 머릿속에서 실험을 해 보자는 말이다. 그래서 아인슈타인은 이런 실험에 "사고 실험思考實驗, Gedankenexperiment"이라는 멋진 이름을 붙였다.) 속도가 증가함에 따라 당신이 지나친 물체들의 귀퉁이가 보이기 시작할 것이다. 분명히 앞을 향해 달리고 있지만 당신이 이미 지나간 뒤에 있는 물체들이 당신 앞쪽에 나타난다는 말이다. 오토바이의 속도가 빛의 속도에 가까워지면 모든 것이 당신 앞에 머물러 있는 매우 작은 동그란 창 안에 모여 있는 것처럼 보일 것이다. 빛의 속도로 달리는 사람에게는 세상이 이상하게 보이는 것이다. 한편 멈춰 서 있는 관찰자의 입장에서는 만약 당신이 멀어지고 있다면 당신에게 반사되어 오는 빛이 빨갛게 보이고 가까워지면 파랗게 보인다. 당신이 관측자를 향하여 달리고 있다면 당신은 기분 나쁜 색깔의 광채에 둘러싸인 것으로 보일 것이다. 왜냐하면 당신에게서 방출되는, 통상적으로는 눈에 보이지 않던 적외선이 짧은 파장 쪽으로 이동해서 눈에 보이는 가시광선이 되기 때문이다. 당신은 움직이는 방향으로 압축되고 질량은 증가하며 광속과 같은 속도로 움직일 때의 가장 짜릿한 결과인 시간 지연時間遲延, time dilation이라는 이상한 현상을 경험하게 된다. 시간 지연은 글자 그대로 시간이 느리게 흐르는 현상을 일컫는다. 그러나 당신의 뒷좌석에 앉아서 당신과 함께 움직이는 관찰자는 이런 현상을 전혀 느끼지 못할 것이다.

이런 이상하고 복잡해 보이는 특수 상대성 이론의 예측들이 모두 사실로 확인됐다. 여기서 사실 확인이란, 과학에서 진리眞理라고 인정하는 그런 깊은 수준에서 검증된 사실이라는 뜻이다. 이 현상들은 당신과 관찰자 사이에 상대 운동이 있을 때 보게 되는 것이다. 하지만 이것은 시각적 환상이 아니라 실제 현상이다. 그리고 주로 대학의 첫해 과정에서 배우게 되는 간단한 대수학적 지식을 이용하여 증명할 수 있고, 따라서 교육을 받은 사람이라면 누구든지 이해할 수 있는 현상인 것이다. 또한 이런 현상은 많은 실험 결과들과도 일치한다. 매우 정확한 시계를 비행기에 실어 옮기면 지상에 가만히 있는 시계보다 약간 느리게 간다. 또 입자 가속기는 입자의 속도가 증가함에 따라 입자의 질량이 무거워지는 현상을 고려하여 설계되어 있다. 만일 그렇게 설계하지 않으면 가속된 입자들이 실험 기구의 벽에 충돌하게 되므로 실험 핵물리학에서 할 수 있는 일이 거의 없을 것이다. 속도는 거리를 시간으로 나눈 값이다. 빛의 속도에 가까워지면 일상생활에서와 같은 방법으로 속도를 더할 수 없기 때문에, 우리에게 익숙한 절대 공간과 절대 시간의 개념을 버려야만 한다. 절대 공간과 절대 시간은 상대 운동과는 무관한 개념이었다. 상대 운동의 영향 때문에 길이의 단축과 시간의 지연 같은 일이 벌어지는 것이다.

광속에 가까운 속력으로 여행을 하면 당신은 나이를 거의 먹지 않지만, 당신의 친구나 친척 들은 여전히 늙어 간다. 당신이 상대론적인 여행에서 돌아왔을 때, 친구들은 몇 십 년씩 늙어 있겠지만, 당신은 전혀 늙지 않았을 것이다. 그러므로 빛의 속도로 여행한다는 것은 일종의 불로장수의 영약을 먹는 것과 마찬가지라고 할 수 있다. 앞에서 이야기했듯이 특수 상대성 이론에 따르면 빛의 속도에 가깝게 움직일 때 시간의 흐름이 지연된다. 그 까닭에 우주여행을 하는 사람은 늙지 않으면서 다른 별로 갈 수 있게 될 것이다. 하지만 공학적인 의미에서 빛의 속도에 가깝게 움직인다는 것이 실제로 실현 가능한 일일까? 우주선을 타고 태양계가 아닌 항성계로의 이주가 과연 가능할까?

젊은 알베르트 아인슈타인이 위대한 아이디어를 고안해 낸 곳이 토스카나였다고 앞에서 이야기했다. 그렇다고 해서 아인슈타인과 관련된 이야기만이 이 도시가 우리에게 남겨 준 유산의 전부는 아니다. 400년 전의 또 다른 위대한 천재, 레오나르도 다 빈치Leonardo da Vinci가 바로 그곳에서 살았다. 토스카나는 레오나르도의 고향이기도 하다. 그는

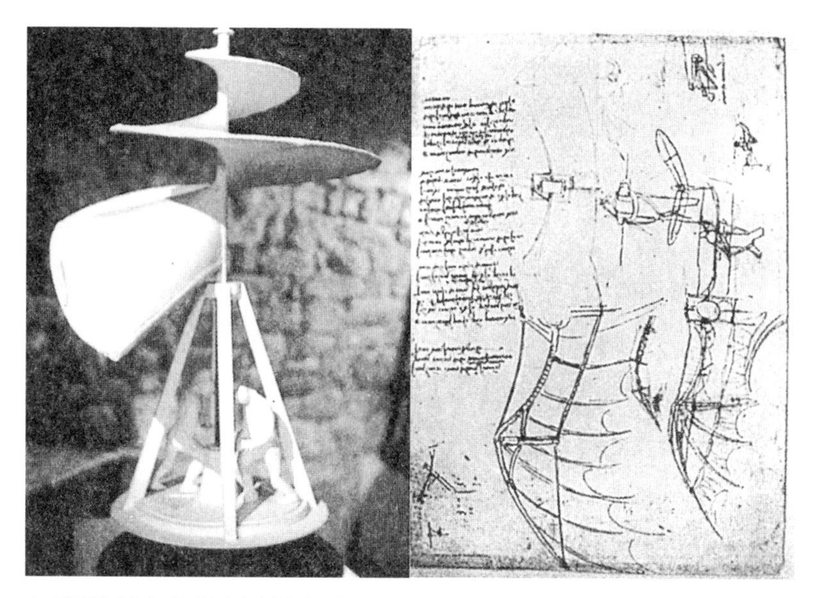

← 다 빈치의 레오나르도 박물관에 전시돼 있는 헬리콥터 모형에는 나선형의 스크루가 달려 있다. 이고르 시코르스키Igor Sikorsky가 현대식 헬리콥터를 설계할 때 이 모형에서 큰 영감을 얻었다고 한다.

→ 레오나르도가 1497년과 1500년 사이에 쓴 노트의 한 쪽이다. 경상문자鏡像文字, mirror writing로 적어 놓은 이 노트에서 우리는 반우격식 비행체半羽擊式, semi-ornithopter의 설계도를 볼 수 있다. 날개의 끝은 펄럭일 수 있도록 설계돼 있지만 안쪽은 비행체에 고정돼 있다. 안쪽 고정 날개는 공기역학을 이용하여 부력을 얻기 위한 설계였다. 비행체에 관한 레오나르도의 초기 구상은 공기보다 무거운 물체가 하늘을 날기 위해서는 새처럼 펄럭이는 날개가 있어야 한다는 것이었다. 그러나 이 설계도에는 날개의 반이 고정돼 있는 것으로 보아, 이즈음에 그의 비행체 구상에 획기적인 변화가 있었음을 알 수 있다. 이 설계가 1891년과 1896년 사이에 있었던 오토 릴리엔탈Otto Lilienthal의 행글라이더에 결정적인 영향을 끼쳤다. 릴리엔탈의 행글라이더는 윌버Wilbur와 오빌Orville 라이트Wright 형제의 발명에 바로 앞선 것이었다.

하늘로 날아 오르는 새처럼 토스카나의 언덕을 뛰어오르거나, 또는 언덕 높은 곳에서 아래에 있는 마을을 내려다보기를 즐겼다. 레오나르도는 토스카나의 자연 경관, 마을의 모습 그리고 성채의 위용 등을 조감도에 담은 최초의 인물이었다. 그는 언덕에 올라가서 마을을 내려다보며 마을의 모습을 그림에 옮겨 담았던 것이다. 그는 회화, 조각, 해부학, 지질학, 자연사, 군사학 및 토목공학 기술 등 다양한 분야에 특별한 관심을 보였으며, 이 모든 분야에서 대단한 업적들을 남겼다. 그밖에도 그는 하늘을 날 수 있는 기계를 고안하고 제작하는 데에도 대단한 열정을 쏟았다. 그는 여러 종류의 비행체를 설계했고 모형을 만들고 실제 크기의 견본을 제작했지만, 그 어느 것 하나 제대로 하늘을 날지는 못했다. 당시에는 충분히 강력하고 동시에 충분히 가벼운 엔진이 존재하지 않았기 때문이다. 하지만 설계들은 훌륭했고 후대의 기술자들에게 큰 용기를 심어 주었다. 레오나르도 다 빈치는 자신의 실패에 낙담했지만 실패는 그의 잘못 때문이 아니었다. 그가 경험해야 했던 실패의 아픔은 15세기 인류가 안고 있었던 어쩔 수 없는 한계였던 것이다.

비슷한 일이 1939년에도 있었다. 스스로를 영국 행성 간 학회British Interplanetary Society라고 부르던 일단의 공학자들이 당시의 기술을 이용하여 달로 사람을 보낼 수 있는 우주선을 설계했다. 그들의 설계는 30여 년 후에 만들어진 아폴로 우주선의 설계와는 전혀 달랐다. 수행해야 할 임무는 같았지만 말이다. 공학 기술의 관점에서 볼 때 영국 행성 간 학회는 달 여행이 실현될 날이 올 것임을 이미 이 시기에 분명하게 제시했던 셈이다.

오늘날 우리는 사람을 다른 별로 데려갈 우주선의 기초적인 설계도를 가지고 있다. 이 우주선들은 지구에서 바로 쏘아 올려지는 것이 아니라 지구 궤도에서 일단 만들어진 다음 거기에서 기나긴 항성 간 항해를 시작하게 된다. 이러한 계획 중의 하나로 오리온 계획Orion Project이라는 것이 있다. 오리온 계획의 이름은 별자리에서 따온 것이므로 궁극적인 목표가 별이라는 점을 우리에게 상기시킨다. 오리온은 핵무기인 수소 폭탄을 폭발시켜서 그 반작용으로 우주선이 전진하게끔 설계돼 있다. 그러므로 오리온은 우주라는 대양을 항해하는 핵추진 모터보트인 셈이다. 이 계획은 공학적 관점에서 실현 가능한 계획이라고 판단된다. 만약 이 프로젝트가 성사된다면 추진력을 핵폭발에서 얻는 오리온 계획의 우주선은 많은 양의 방사능 물질을 발생시킬 것이다. 그러나 우주선과 우주 비행 계획을 양심적으로 꼼꼼하게 설계하면 방사능 잔해의 확산을 성간 공간이나 행성 간 공간의 극히 제한된 영역으로만 국한시킬 수 있다. 미국이 적극적으로 추진하던 오리온 계획은 우주 공간에서의 핵폭발 금지 조약이 체결됨에 따라 갑자기 중단되고 말았다. 나는 이것을 매우 애석하게 생각한다. 핵무기를 가장 잘 사용하는 방법이 바로 오리온 계획이라고 믿기 때문이다.

다이달로스 계획Project Daedalus은 영국 행성 간 학회가 최근에 내놓은 계획이다. 이 프로젝트는 현존하는 원자력 발전소보다 훨씬 안전하면서도 효율적인 핵융합 반응로의 구현을 전제로 하고 있다. 아직 핵융합 반응로를 개발하지는 못했지만 앞으로 수십 년 이내에 가능할 것으로 기대된다. 오리온과 다이달로스는 광속의 10분의 1의 속력으로 여행할 수 있도록 설계된 것이다. 그러면 4.3광년 떨어진 켄타우루스자리 알파별까지 가는 데 인간의 일생보다 짧은 43년이 걸릴 것이다. 이 정도 속도의 우주선으로는 특수 상대성 이론의 시간 지연 효과를 크게 기대할 수 없다. 인류의 과학 기술이 순조롭게 발달할 것이라고 낙관하더라도 오리온, 다이달로스 또는 이와 비슷한 계획들의 성사는 아마 21세기 중반까지 기다려야 비로소 가능할 것이다. 그렇지만 우리가 정말 원한다면 오리온 계획은 사실 지금이라도 당장 실현할 수 있다.

지구에서 가장 가까운 별들 너머로의 우주여행을 실현하려면 몇 가지 해결해야 할 과제들이 남아 있다. 오리온과 다이달로스는 다세대多世代, multigeneration 우주선으로 쓰이게 될 것이다. 다른 별의 행성에 실제로 도착하게 되는 이 우주선의 주인은, 몇 세기 전에 우주여행을 시작한 사람들의 먼 후손이라는 이야기이다. 그리고 인간이 안전하게 동면할 수 있는 방안이 마련돼야 할 것이다. 우주여행자들을 얼렸다가 여러 세기가 지난 후에 다시 녹여서 깨울 수 있도록 말이다. 이런 비상대론적 우주선은 엄청나게 많은 비용이 들 것 같으나 광속에 버금가는 속도의 상대론적 우주선보다는 설계 · 제작 · 활용의 측면에서 볼 때 비교적 쉬워 보인다. 인류가 태양계 이외의 항성계에 접근할 가능성은 분명히 0은 아니지만, 그 가능성을 하나의 현실로 옮기기까지는 엄청난 노력이 필요할 것이다.

빛의 속도로 우주 공간을 여행하는 것이 수천 년 동안 꿈꿔 왔던 인류의 숙원 사업임에 틀림이 없다. 로버트 버사드Robert W. Bussard가 제시한 성간 램제트ramjet 엔진—이 엔진은 우주 공간에 있는 수소 원자를 포함한 성간 물질들을 핵융합 엔진으로 흡입한 다음, 이것을 뒤쪽으로 분사하여 추진력을 얻는다. 이 경우 수소는 연료와 반응 물질의 역할을 동시에 하게 된다.—을 사용한 광속 비행은 이론상으로는 가능하다. 그런데 우주 공간에 널린 게 수소라고는 하지만 밀도가 낮아지기 때문에(대략 10세제곱센티미터의 부피에 수소 원자 하나가 겨우 들어 있을 정도이다.) 버사드의 램제트 엔진이 작동하려면, 엔진 앞쪽에 설치할 흡입 장치의 크기가 거의 수백 킬로미터는 돼야 할 것이다. 또한 우주선이 거의 빛의 속도에 가까워지면 우주선을 향해 접근하는 수소 원자들의 속도 또한 상대적으로 빛의 속도에 가깝게 될 것이고, 따라서 잘못하면 고속으로 가속되어 날아 들어오는 우주선 입자宇宙線 粒子, cosmic ray particles 때문에 우주선과 그 안에 타고 있는 승객이 모두 녹아 버릴 위험성도 있다. 물론 이런 위험을 극복하기 위한 방법—레이저를 이용하여 유입되는 원자들을 전리시켜 하전 입자로 변화시킨 후, 강한 자기장을 사용해서 입자들을 모두 흡입 장치로 빨아들이자는 아이디어—이 제시되기는 했지만, 이 역시 앞서와 마찬가지로 상당한 크기의 흡입구를 요구한다는 점에서 현실적이지 못하다. 우리의 목표는 실용적인 크기, 즉 어느 정도 작은 엔진을 사용하여 광속에 접근하는 것이다.

이런 기술적인 문제는 잠시 접어 두고, 빛의 속도로 여행하는 것 자체에 대해서 생각해 보자. 지구는 우리를 지구 중심으로 잡아당기고 있다. 그래서 자유 낙하하는 물체는 1초에 초속 9.8미터씩 가속되면서 떨어진다. 우리를 지구 표면에 묶어 두는, 또는 중심으로 끌어당기는 이 힘을 우리는 중력이라고 부르고, 그 크기를 1g로 표시한다. 즉 사람은 지상에서 1g에 해당하는 힘을 받으면서 살고 있다. 따라서 우주여행 중에서도 1g의 가속을 받는다면 우리는 우주선에서 아주 편안한 여행을 즐길 수 있을 것이다. 사실 지구에서의 중력과 가속 중인 우주선 안에서 느끼는 관성력이 같은 성격의 힘이라는 것은 아인슈타인이 제안한 일반 상대성 이론의 주요 개념이기도 하다. 우주 공간에서 1년 정도 1g의 가속을 계속해서 받으면 광속에 가까운 속도에 도달한다. 구체적으로 계산을 해 보이면, $(0.01\text{km/sec}^2)\times(3\times10^7\text{sec})=3\times10^5\text{km/sec}$와 같다. 여기서 1년이 3000만 초, 1g의 크기가 9.8m/sec^2, 즉 0.01km/sec^2와 비슷하며, 광속이 초속 30만 킬로미터임을 기억하기 바

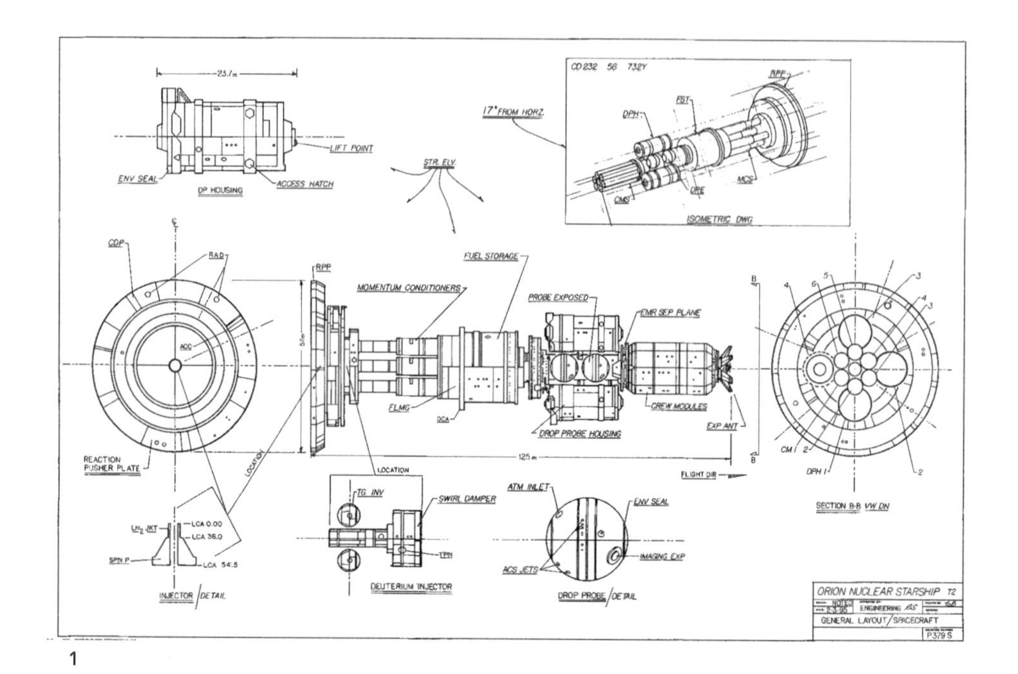

1

●CDF

PLACEMENT OF BEAM DEVICES

SUPPORT

SEP SYS

LNT 23

APU

WRD

LH_2 TANK (4)

SUPPORT

EROSION SHIELD

IS PROBES

B.I.S. DAEDALUS

GENERAL LAYOUT

NUCLEAR FUSION STARSHIP

DET

DATA--

BRITISH INTERPLANETARY SOCIETY

INJECTOR

PRS

REACTION CHAMBER

PWR SYS

ASTRONOMY DECK

CA• NP :THF

LH_2 TANK (6)

INDUCTION LOOPS

190 METERS

SL 2

TITLED ABOVE

A/N

4-79

COSMOS

1 OF 1

2

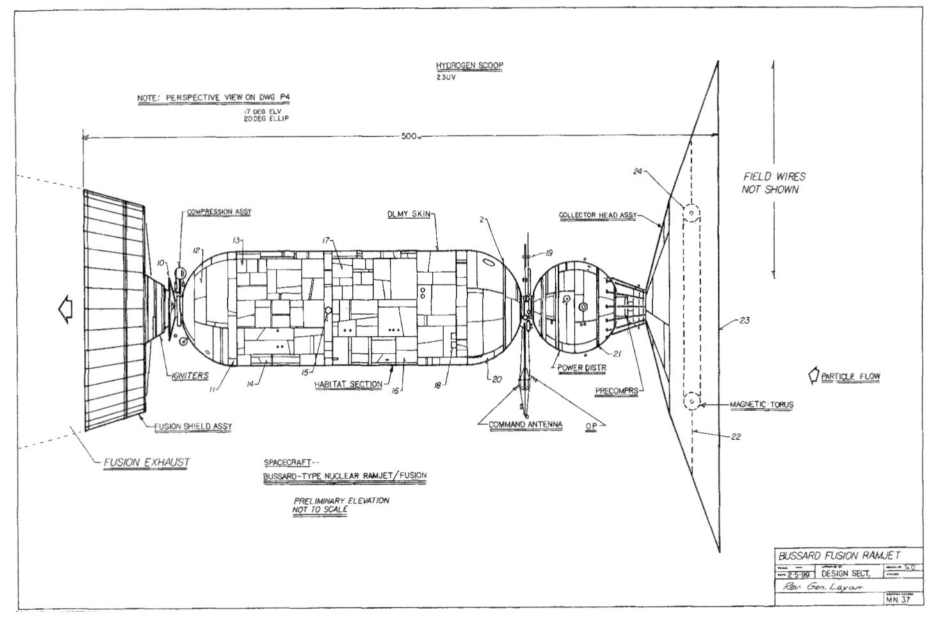

3

항성 간 우주 비행의 수단으로 진지하게 고려되어 온 세 가지 우주선의 개략적인 청사진. 셋 모두 어떤 식으로든 핵융합 반응에서 추진력을 얻는다. **1**은 오리온, **2**는 다이달로스, 그리고 **3**은 버사드 램제트 비행체의 설계도이다. 이론적으로 램제트 비행체만 상대론적 시간 지연이 작용하는 광속에 가까운 속도를 낼 수 있다. 그림 오른쪽에 성간 물질을 모으는 장치가 보인다. 이 장치의 유효 단면적은 이 그림에서보다 훨씬 더 넓어야 한다. 릭 스턴박이 실제 설계도를 보고 그린 청사진이다.

란다.

어떤 우주선이 1g의 가속을 받으면서 비행을 적정 시간 동안 계속하여 목표의 중간 지점쯤에 도달했을 때 비행 속도가 거의 광속과 같아졌다고 하자. 거기서부터는 가속의 방향을 반대로 돌려야 할 것이다. 즉 -1g의 가속도를 받으며 지금까지 오는 데 걸린 시간만큼 더 비행하면 목표 천체에 도착하게 될 것이다. 이 우주선은 여정의 상당 부분에서 거의 광속과 비슷한 속도를 유지했으므로, 우주선을 타고 움직이는 사람에게는 시간이 매우 느리게 흘렀을 것이다. 행성을 동반하고 있는 것으로 추정되는, 바너드의 별Barnard's Star은 태양에서 약 6광년 떨어져 있다. 당신이 우주선을 타고 앞에서 이야기한 식으로 이 별을 향해 달린다면, 약 8년 후면 이 별에 도착할 수 있다. 여기서 8년은 우주선에 실린 시계로 잰 당신의 시간이지, 우주여행의 장도壯途에 오르는 당신에게 손을 흔들며 환송했던 사람들의 시간이 아니다. 이와 같은 방식으로 은하수 은하의 중심까지 가는 데에는 21년 걸리고 안드로메다 은하에는 28년이면 도착한다. 그렇지만 지구에 남아 있는 사람들에게는 우주여행객의 21년이 무려 3만 년에 해당하는 장구한 세월이다. 그러므로 당신이 우주여행을 마치고 돌아왔을 때, 당신을 마중 나온 환영 인파 중에서 환송의 손을 흔들던 사람은 단 한 명도 찾아볼 수 없을 것이다. 소수점 여러 자리까지 광속에 가깝게 접근한다면, 이론상으로 단 56년이면 우주를 한바퀴 돌게 된다는 계산이 나온다. 다시 말하건대 여기서 56년은 우주선에서의 시간이다. 지구인의 시간으로는 수백억 년에 해당하는 시간이다. 사실 우주여행에서 돌아올 때쯤이면 지구 자체가 없어졌을 것이다. 지구는 이미 까맣게 타 버린 숯덩이로 변해 있을 것이며, 태양은 아주 오래전에 빛의 방출을 멈췄을 것이다. 이와 같이 상대론적 우주여행은 고도로 앞선 문명에게는 우주 전역에 접근할 수 있는 실질적 방안을 마련해 줄 것이다. 그렇지만 어디까지나 우주선을 타고 움직이는 사람들에게만 실현 가능한 방안이다. 우주여행객이 제한된 시간 안에 이렇게 우주의 구석구석을 전부 돌아볼 수 있다손 치더라도, 아직도 문제는 남아 있다. 지구에 있는 가족에게 그 어떤 정보도 광속 이상의 속력으로 보낼 수 없다는 문제 말이다.

오리온이나, 다이달로스 또는 버사드의 램제트 엔진의 우주선 모형은 레오나르도 다 빈치의 비행체 모형이 현대의 초음속 여객기와 다른 것만큼이나 미래의 광속 비행 우주선과 크게 다를 것이다. 하지만 우리 인류가 멸망하지만 않는다면 언젠가는 별을 향해 광속 여행을 할 수 있는 날이 반드시 올 것이다. 태양계 내부의 탐사가 끝나면 다른 외계 행성계에 대한 탐사도 이루어질 것이다.

우주여행은 공간뿐 아니라 시간과도 밀접한 관계를 맺고 있다. 따지고 보면 우주여행은 시간과 공간을 가르는 여행이다. 우리는 미래 속으로 빨리 여행함으로써 공간 속을 빨리 움직여 갈 수 있다. 그렇다면 과거로의 시간 여행은 어떠할까? 과거로 돌아가서 그 과거를 바꾸어 놓을 수 있을까? 역사책을 다시 쓰게 만들 수는 없을까? 우리는 이 순간에도 미래를 향한 시간 여행을 하고 있다. 하루에 24시간씩 말이다. 상대론적 우주선을 이용하면 미래 속으로 빨리 여행할 수 있다. 하지만 과거로의 시간 여행은 불가능하다고 믿는 물리학자들이 많다. 설사 과거로의 여행을 가능케 하는 어떤 장치를 마련한다손 치더라도, 이들의 주장에 따르를 것 같으면, 과거의 그 무엇도 바꾸어 놓을 수 없다고 한다. 예를 들어 당신이 과거로 돌아가서 당신을 낳아 준 부모의 결혼을 못하게 막았다면, 당신의 출생 자체가 부정되고 만다. 하지만 그 상황에서도 그 상황을 초래한 당신은 존재한다. 이것이야말로 모순이 아니고 무엇이겠는가. $\sqrt{2}$가 무리수라는 것을 증명할 때처럼, 또는 특수 상대성 이론의 동시성 패러독스처럼 결론이 모순에 빠지게 된다면 그 전제는 버려야 마땅하다.

하지만 어떤 물리학자들은 역사를 달리하는 두 갈래의 우주들이 서로 나란히 실재할 수 있다고 주장한다. 그 두 우주는 양쪽 모두 독립적으로 실재할 수 있는 우주이다. 하나는 당신이 아는 우주이고 다른 하나는 당신이 태어나지 않은 우주이다. 어쩌면 시간은 그 자체로서 수많은 잠재적 차원을 갖지만 우리는 그중에서 단 하나의 차원과 연관된 세상에서만 살아갈 운명인지 모른다. 그러나 당신이 살고 있는 시간 차원의 흐름에서 과거로 돌아가 역사의 흐름을 바꿀 수 있다고 상상해 보자. 즉 이사벨라 여왕Queen Isabella으로 하여금 콜럼버스를 지원하지 못하도록 유도한다면 그 후 시간의 흐름은 또 다른 사건들의 연속으로 이어질 것이다. 물론 그 사건들은 당신이 살고 있던, 그러나 버리고 떠난 시간 차원의 세상에서는 전혀 알 길이 없는 일들이다. 그와 같은 성격의 시간 여행이 가능하다면 상상 가능한 또 다른 갈래의 역사가 현실적으로 존재할 수 있을 것이다.

역사는 사회, 문화, 또는 경제 등의 매우 복잡한 동인動因들이 쉽게 풀리지 않는 실타래같이 서로 얽히고설켜 이루는 결과로서, 얽혀 있는 실타래에서 그 요인들을 하나하나씩 풀어내기란 결코 쉬운 일이 아니다. 늘 일어나는 사소하고 예측이 불가능하고 또한 제멋대로 발생하는 사건들에 따라서 역사의 물결에 큰 변화가 초래되지는 않는다. 그러나 특정 시점이나 분기점에서 일어나는 어떤 사건들은 역사의 물길을 완전히 다른 방향으로 돌려놓아 새로운 패턴의 흐름을 만들어 내기도 한다. 아주 사소한 조작이 역사의 큰 물줄기를 바꾸어 놓는 경우도 종종 있다. 먼 과거에 일어난 사건일수록 시간이란 지렛대의 길이가 더 길어지므로 역사에 남기는 영향은 그 만큼 더 커지게 마련이다.

소아마비를 일으키는 바이러스는 미생물이다. 우리는 소아마비 균을 하루에도 수없이 많이 접촉한다. 하지만 이 세균에 감염되어 소아마비가 발병할 가능성은 매우 낮다. '운이 무척 좋은' 바이러스만이 인간을 이 무서운 병에 걸리게 한다. 미국의 32대 대통령이었던 프랭클린 루스벨트Franklin D. Roosebelt도 소아마비의 희생자였다. 아마 이것이 사람들로 하여금 그에게 커다란 동정심을 갖게 했는지 모른다. 또는 성공을 향한 그의 야망에 열기를 더했는지도 모르겠다. 루스벨트가 장애 극복을 통해 보여 준 그의 인간성, 야망 그리고 지지자들의 동정심 등이 함께 작용하지 않았더라면 1930년대 미국의 대공황, 제2차 세계대전 그리고 핵무기 개발 등으로 점철된 미국의 현대사가 전혀 다른 양상으로 전개됐을지도 모른다. 이렇게 100만분의 1센티미터도 되지 않고 어떻게 보면 아무것도 아닌 미물로 인해서도 인류사의 미래는 크게 바뀔 수 있는 것이다.

한편, 우리가 과거로 되돌아가서 이사벨라 여왕에게 콜럼버스의 지리 정보는 잘못된 것이고 에라토스테네스가 측량한 지구의 둘레를 근거로 판단한다면 콜럼버스는 절대로 아시아를 발견할 수 없을 거라고 설득했다고 생각해 보자. 하지만 이 경우, 비록 콜럼버스의 항해는 이루어지지 않았더라도 유럽의 다른 탐험가들이 신대륙을 발견하는 데 성공했을 것이다. 콜럼버스의 용기가 아니었더라도, 항해술의 발달과 향료 무역에 대한 점증하던 욕구 그리고 유럽 열강들 사이에서 벌어진 해양 제패의 경쟁 등으로 말미암아 아마도 1500년경에는 아메리카가 필연적으로 발견되고야 말았을 것이다. 만약 그렇게 됐다면, 콜럼버스의 이름을 딴 컬럼비아 특별 구역District of Columbia, 오하이오 주의 주도州都인 컬럼버스 시Columbus City 같은 미국 지명과 컬럼비아 대학교University of Columbia 같은 이름은 지금 존재하지 않을 것이다. 그렇지만 세계 역사의 큰 흐름에는 아무런 변화가 없었을 것이다. 시간 여행자가 역사의 흐름을 바꾸기 위해서는 시간, 장소 그리고 상황을 매우 신중하게 선택하고 역사에 개입해야 하는 것이다.

이제껏 존재하지 않았던 세계를 탐험한다는 것은 생각만으로도 가슴 설레는 일이다. 그러한 곳을 찾아가 보아야만 역사가 어떻게 만들어지는지를 진정으로 이해하게 될 것이다. 즉 이제 역사도 경험 과학의 영역이 되는 것이다. 플라톤, 사도 바울, 표트르 대제와 같은 세계사의 주요 인물들이 없었다면, 이 세계는 과연 어떻게 달라졌을까? 고대 이오니아 그리스 인들의 과학 전통이 살아남아 발전했더라면 또 어떻게 됐을까? 역사를 바꾸는 데에는, 예를 들어 노예 제도를 자연스럽고 정당하게 받아들이는 여론을 압도할 만한, 어떤 강력한 시대적 요구와 같은 것들이 필요하다. 그런데 2,500년 전 동지중해를 밝힌 등불이 꺼지지 않았더라면 어떻게 되었을까? 또 산업 혁명이 있기 2,000년 전에 이미 과학적 방법론 및 기술과 공학에 대한 선구적인 개념이 있었다면 어떤 변화가 있었을까? 더 나아가 이렇게 진보된 생각들을 그 시대가 아주 자연스럽게 받아들였다면 또 어땠을까? 그런 경우라면 아마 인류 역사는 1,000년 내지 2,000년은 앞당겨져 진보했을 것이다. 레오나르도 다 빈치의 발명과 알베르트 아인슈타인의 과학적 업적 또한 1,000년 내지 500년 가까이 앞당겨졌을지도 모른다. 그렇게 형성된 또 하나의 '지구'에서는 레오나르도나 아인슈타인과 같은 인물이 태어나지 않았을 것이다. 그 외에도 너무나 많은 것들이 달라져 있을 것이다. 남성이 한 번 사정할 때 수억 개의 정자가 나오는데, 이중에서 오직 하나의 정자만이 다음 세대의 생식을 위해 선택된다. 그런데 바로 이 선택을 통해서 그 다음 세대의 육체적, 정신적인 특징들이 결정되는 것이다. 이렇게 볼 때, 2,500년 전의 아주 사소한 상황들이 조금만 다르게 전개됐더라면 우리는 현재 이 자리에 있지 않을 것이다. 또한 이런 생각에 기초한다면, 우리와 동시대를 사는 또 다른 다중 세계들이 무수히 존재할 수도 있을 것이라는 결론에 이르게 된다.

이오니아의 과학 정신이 그 명맥을 유지할 수 있었더라면 우리—물론 현재의 우리와는 전혀 다른 또 다른 세계의 '우리'—는 지금쯤 이미 성간 여행의 장도에 올라 있을지 모른다. 또한 우리가 켄타우루스자리 알파별, 바너드의 별, 천랑성, 고래자리 타우별 등을 향해 쏘아 올렸던 최초의 우주 탐사선들은 이미 오래전에 지구로 귀환했을 것이다. 성간 여행을 위한 거대한 우주 탐험 선단—무인 탐사선, 식민 이주선, 거대한 무역선 등으로 구성된 선단—이 지구 둘레의 위성 궤도에서 건조되고 있을 테고 그 우주선들 하나하나에 새겨진 상징물들과 글자들은 그리스 문자로 적혀 있을 게다. 혹시 건조된 첫 번째 우주선의 앞부분에는 정십이면체의 상징과 함께 "행성 지구에서 온 우주선

테오도로스 호"라는 문구가 선명하게 보일지도 모르는 일이다.

현재 우리가 살고 있는 세계의 진보는 매우 느린 편이어서, 인류는 아직 성간 여행의 첫발도 내딛지 못하고 있다. 앞으로 100년이나 200년 후에는 태양계 탐사가 어느 정도 마무리될 것이고, 또한 그때쯤이면 지구인들도 성간 여행을 시도할 만한 정신적, 물질적, 기술적 여유와 능력을 두루 갖추게 될 것이다. 외계에서 다양한 성격의 행성계들을 발견한 다음, 그들을 우리와 비슷한 것과 전혀 다른 것들로 분류함으로써 집중적으로 탐사할 후보 행성계들을 우선 골라 놓을 수 있을 것이다. 드디어 어느 날 우리의 후손들은 우주 탐사선에 올라타고 수 광년 너머의 별과 우주를 향한 대장정을 시작하게 될 것이다. 그들이야말로 탈레스와 아리스타르코스와 레오나르도 다 빈치와 알베르트 아인슈타인의 위대한 정신을 이어받은 우리의 자랑스러운 후손들이다.

외계에 얼마나 많은 행성계가 존재하는지 아직 확실치 않다. 하지만 상당히 많을 거라는 추측에는 변함이 없다. 우리 주변에는 태양계뿐이라고 단순하게 생각할 수도 있다. 그러나 조금 다르게 생각해 볼 필요가 있다. 목성, 토성, 천왕성도 그 주위에 위성들을 거느리며 태양계와 비슷한 구조를 하고 있다는 점에 주목한다면, 실은 하나가 아니라 네 개의 행성계가 우리 주변에 있는 셈이다. 목성형 행성들이 거느린 위성들의 상대적 크기며 그들 사이의 상대 간격 등을 보면, 목성, 토성, 천왕성도 각각 하나의 축소판 태양계를 이룬다고 할 수 있다. 질량이 뚜렷하게 서로 다른 별들로 구성된 쌍성계들의 다양한 자료를 통계적으로 분석해 보면, 우리의 태양같이 단독으로 존재하는 별들 주위에서 행성계가 형성될 가능성이 훨씬 높다는 결론에 이르게 된다.

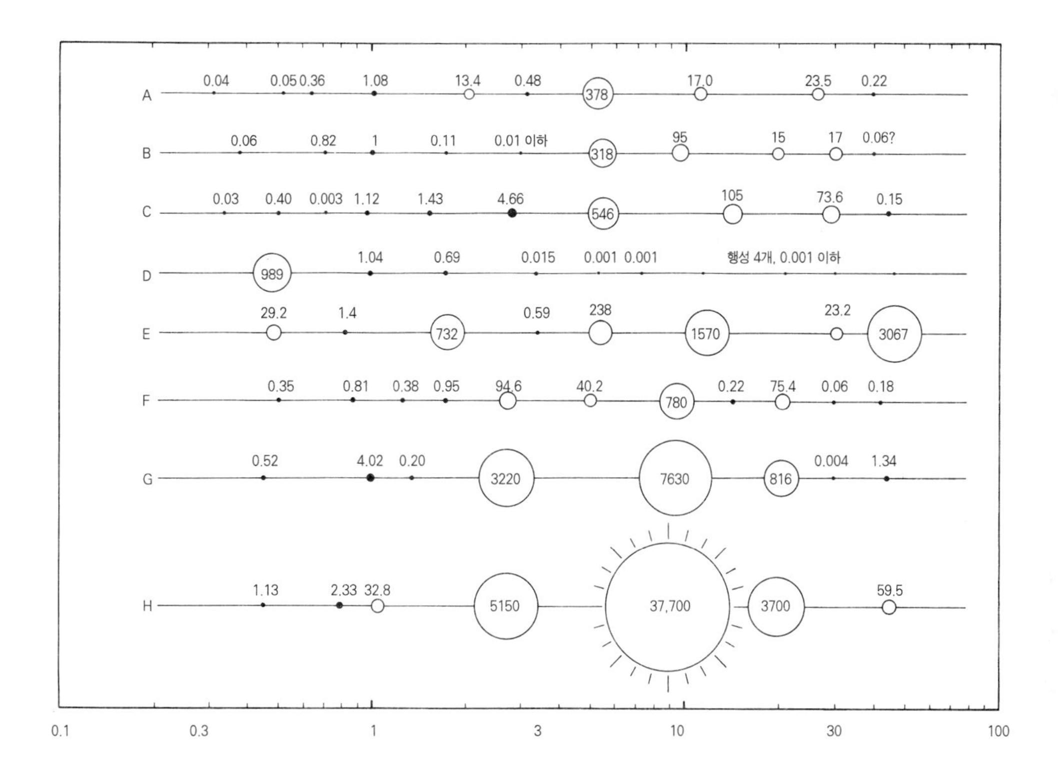

컴퓨터 프로그램 'ACCRETE'를 사용하여 수행한 수치 모의실험에서 태어난 일곱 개의 태양계 모형과 태양계(B)의 실제 상황을 비교해 놓았다. 이 그림 가로축의 숫자는 천문단위(= 1.5 × 10^8km)를 단위로 하여 표시한 중심 별로부터의 거리이다. 지구형 행성들은 점으로, 목성형 행성들은 원으로 표시했으며, 각각의 행성에 적혀 있는 숫자는 지구 질량을 단위로 한 해당 행성의 질량이다. 모형 A와 C는, 중심 별 가까운 곳에 지구형 행성들이, 먼 곳에 목성형 행성들이 자리한다는 점에서, 태양계의 현재 상황과 매우 비슷하다. 한편 모형 D는 이것과는 반대이다. 모형 E와 F에서는 지구형과 목성형 행성들이 뒤섞여 있다. 모형 G에서는 목성형 행성들의 질량이 아주 크게 나왔다. 특히 모형 H에서 다섯 번째 행성은 거의 별이 될 정도의 질량을 갖고 있어서, 실제로 중심 별과 함께 하나의 이중 성계를 이룰 수도 있겠다. 스티븐 돌Stephen Dole, 리처드 아이작맨Richard Isaacman과 내가 공동으로 수행한 연구의 결과이다.

우리가 다른 별 주위에 있는 행성들을 직접 본 적은 없다. 스스로 빛을 내지 못하는 작은 점에 불과한 그러한 행성들은 중심 별이 내는 강한 빛의 광채 속에 그대로 파묻혀 버리기 때문이다. 그렇지만 현대 관측 기술은 별빛에 숨어 있는 동반 행성이 그 중심 별에 미치는 중력의 영향을 검출할 수 있는 수준에 이르렀다. 고유 운동固有運動, proper motion[3]이 비교적 큰 별이 아주 멀리 떨어져 있는 별들을 배경으로 하여 천구 면에서 이동하는 경로를 수십여 년 동안 지속적으로 관측하면 그 별 주위에 행성이 돌고 있는지 판단할 수 있다. 고유 운동이 큰 어떤 별 주위로 목성 정도의 질량을 가진 행성이 우리 시선에 수직한 평면에서 궤도 운동을 한다고 머릿속에 그려 보자. 빛을 내지 않는 행성이 관측자의 시각視角에서 봤을 때 중심 별의 오른쪽에 있다면, 그 별은 중력의 작용으로 행성 쪽으로 약간 끌리게 될 것이다. 반대로 별의 왼쪽에 있다면, 중심 별은 마땅히 왼쪽 방향으로 중력을 받는다. 그러므로 그 별이 천구 면에 그리는 경로는 직선이 아니라, 자신이 거느린 행성으로부터 받는 중력 섭동 때문에 삼각함수 꼴의 구불구불한 곡선을 그리게 된다. 비록 딸려 있는 행성이나 동반성을 직접 볼 수 없더라도, 어떤 별의 천구상 운동이 이와 같이 주기성의 곡선을 그린다면 우리는 그 별 주위에 보이지는 않지만 어떤 천체가 반드시 존재한다고 추론할 수 있다. 이와 같은 원리를 이용하여 연구할 수 있었던 최초의 별이 바

3. 고유 운동이란 별이 1년 동안 천구상에서 움직인 각거리를 초(″) 단위로 나타낸 것이다. 가까운 별일수록 겉보기 운동이 크게 나타나므로, 고유 운동이 크다는 이야기는 우선 가깝다는 뜻이다. 그런데 별의 운동 방향이 관측자의 시선과 정확하게 일치한다면, 아무리 오랫동안 관측해도, 그런 별에서는 고유 운동이 측정되지 않을 것이다. 그러므로 관측자의 시선 방향에 수직한 방향 성분의 운동만이 고유 운동에 나타난다. — 옮긴이

로 바너드의 별이었다. 바너드의 별은 태양에서 가장 가까운 단독성이다. 실제로 삼중성인 켄타우루스자리 알파별의 경우, 그들 사이에 일어나는 중력의 복잡한 상호 작용 때문에 그 주위에 상대적으로 작은 질량의 행성들을 찾는 데 적지 않은 어려움이 따르게 마련이었다. 사실 바너드의 별만 하더라도, 수십 년에 걸쳐서 수집된 사진 건판에서 현미경으로나 알아볼 수 있을 정도의 아주 미세한 위치 변화를 측정하여, 겨우 발견한 것이었다. 바너드의 별 근처에 있을 행성의 존재를 확인하기 위하여 잘 짜여진 연구가 두 차례에 걸쳐 수행됐으며, 어떤 의미에서 둘 다 성공을 거두었다. 케플러의 세 번째 법칙을 이용하면 목성 정도의 질량을 가진 행성이 바너드의 별 주위에 둘 또는 그 이상 돌고 있을 것이라는 잠정적 결론에 도달할 수 있었다. 그들과 중심 별과의 거리는 태양과 목성이나 토성 사이의 거리보다 약간 짧은 것으로 나왔다. 그렇지만 두 차례의 연구에서 얻어 낸 결과들이 서로 일치하지 않았다. 상호 모순적이었기 때문에 어느 하나도 받아들일 수가 없었던 것이다. 우리는 이미 바너드의 별 주위에서 행성계를 발견한 것인지도 모른다. 하지만 그 존재를 아직 확신할 수 없는 실정이다.[4]

별 주위에서 행성을 찾아낼 수 있는 방법이 여러 가지 개발되고 있다. 그중의 하나가 인위적으로 식蝕을 일으키는 것이다. 우주 망원경 앞에 차폐 원반을 설치하여 중심 별에서 오는 빛을 살짝 가리면 행성 표면에서 반사된 중심 별의 빛을 알아볼 수 있다. 차폐 원반으로 중심

4. 최신 측정에 따르면 바너드의 별이 동반하는 천체의 질량은 지구의 3배 이상인 것으로 판명됐다. 따라서 지구형 행성일 가능성이 높다. — 옮긴이

별을 가리기 전에도 반사된 빛이 우리에게 도달했음에는 틀림이 없으나 중심 별의 광채가 워낙 휘황하기 때문에 그 속에 완전히 파묻혀 따로 식별할 수가 없었던 것이다. 달의 어두운 면의 경계를 이용하면 차폐 원반의 효과를 거둘 수 있다. 우리는 수십 년 이내에 태양 근처에 있는 수백 개의 별들 중에서 과연 어느 별들이 묵직한 행성들을 거느리고 있는지 확인할 수 있을 것이다.[5]

최근에는 적외선 관측을 통하여 가까운 별들 주변에서 원반 모양의 가스와 티끌의 구름을 찾아내기도 했다. 이러한 원반형 구름은 행성이 만들어지기 직전의 상태를 나타내는 것이라고 생각된다. 또 한편 이론적 측면에서 행성계의 형성은 은하수 은하에서 흔히 볼 수 있는 현상이라는 의견이 제기됐다. 컴퓨터를 이용한 일련의 수치 모의실험에서 우리는 가스와 티끌로 구성된 고밀도의 회전 성간운이 별과 행성으로 진화하는 모습을 엿볼 수 있었다. 거의 구에 가까운 모양으로 시작한 회전 성간운이 회전 원반으로 그 형태가 변해 가면서 원반 중앙에 원시 별이 만들어지고, 그 주위 원반에서 행성들이 자라 가는 모습을 다음과 같은 방식으로 추적해 봤다. 먼저 작은 질량의 물질 덩어리들을 회전 원반에 불규칙하게 집어넣고 그들이 성장해 가는 과정을 자세히 살핀다. 원반에서 만들어진 미행성微行星, planetesimal을 나타내는 이 덩어리들은 회전 원반 안에서 궤도 운동을 하면서 주위에 있던 기체 물질과 고체 티끌을 휩쓸어 자신의 크기와 질량을 점점 키워 간다. 적정 수준 이상의 질량을 갖게 되면 중력의 작용으로 주위의 기체, 주로

5. 10주기 특별판을 준비하고 있는 2006년 겨울 현재까지 외계에서 발견된 행성체들의 개수는 170여 개에 이른다. — 옮긴이

수소 기체를 끌어 모음으로써 성장의 속도를 더한다. 그러다가 개중에 어떤 두 덩어리가 서로 충돌하면, 컴퓨터로 하여금 그 둘이 한데 뭉치는 것으로 처리하게 한다. 충돌을 통한 원시 행성들의 합병合倂은 원반 내에서 가스와 티끌이 모두 소진될 때까지 지속된다. 최종 결과는 초기 조건에 많이 의존하는 것으로 나타났다. 최종적으로 만들어진 행성들의 특성은 회전 원반에서의 가스와 티끌의 중심거리에 따른 분포의 양상에 특히 민감했다. 하지만 수치 모의실험의 초기 조건을 잘 정의된 범주의 값으로 잡으면, 우리 태양계의 특성과 그럴듯하게 닮은 행성계의 탄생을 볼 수 있었다. 최종적으로 형성된 행성들의 개수가 열 개 정도이고 질량이 작은 지구형 행성들이 회전 원반의 안쪽에, 목성형 행성들은 바깥쪽에 자리하는 행성계가 만들어졌다. 이것은 우리 태양계의 구조와 잘 일치하는 결과라고 하겠다. 하지만 초기 조건에 따라서 행성은 없고 소행성만 조금 형성되는 경우, 목성형 행성만 형성되는 경우, 이런 목성형 행성들이 가스와 티끌 입자들을 응집시켜 별로 진화하여 중심의 별과 이중성의 구조를 형성하는 경우 등, 그 결과는 참으로 다양했다. 따라서 아직 행성계의 형성 과정을 확신하기에는 너무 이른 단계이지만, 이 연구 결과로 미루어보건대, 우리 은하에 상당히 다양한 종류의 행성계들이 존재할 것으로 판단된다. 물론 별도 가스와 티끌로 구성된 성간운에서 행성과 함께 만들어지는 것이다. 그러므로 은하수 은하 안에는 1000억 개에 이르는 행성계가 우리의 탐사를 기다리고 있을 것으로 기대된다.

이들 중에 지구와 완전히 같은 세상의 행성은 없을 것이다. 그중의 일부는 생명이 서식하기에 분명히 쾌적한 환경이겠지만 대부분은 생명 서식에 우호적인 조건은 아닐 듯싶다. 개중에는 정말로 아름다운 행성도 있겠지만 어떤 행성계에는 태양이 여러 개 있을 수도 있다. 또 어떤 행성 주위에는 달이 여러 개 있거나, 한쪽 지평선에서 반대쪽 지평선 사이로 고리가 멋지게 척 걸려 있을지도 모른다. 어떤 달은 행성 아주 가까이에 있어서 그 행성 하늘의 거의 절반 이상을 뒤덮을 수도 있을 것이다. 그리고 또 어떤 행성에서는 저 멀리에 가스 성운이 아주 넓게 펼쳐 있는 장관을 즐길 수도 있을 것이다. 이 가스 성운의 물질은 한때 어느 평범한 별의 외곽 층을 이루던 기체였으나, 이제는 그 별의 존재를 알리는 잔해로 남아 있을 뿐이다. 이러한 세상의 하늘에도 수많은 별자리들이 자신들의 이야기를 그곳 사람들에게 들려줄 것이다. 그 별자리들 중에는 한구석에 맨눈에 보일듯 말듯하거나, 어쩌면 망원경을 통해서만 겨우 알아볼 수 있는, 아주 흐릿한 노란색 별을 가지고 있는 것도 있을 터이다. 그 별이 다름 아닌 우리의 태양이다. 지극히 제한된 지역이겠지만 그래도 은하수 은하의 한구석을 탐사하겠다고 용감하게 떠난 성간 탐험 선단의 고향이 바로 그 노란색의 별에 숨어 있을 것이다.

지금까지 보아 왔듯이 시간과 공간은 서로 밀접하게 얽혀 있다. 별, 행성과 같은 세계 또한 우리 인간들처럼 태어나서 성장하고, 결국 죽어서 사라진다. 인간 수명이 수십 년 정도인 데 비하여, 태양의 수명은 인간의 수억 배나 된다. 별들의 일생에 비한다면 사람의 일생은 하루살이에 불과하다. 단 하루의 무상한 삶을 영위하는 하루살이들의 눈에는, 우리 인간들이 아무것도 하지 않으면서 그저 지겹게 시간이 가기만을 기다리는 한심한 존재로 보일 것이다. 한편 별들의 눈에 비친 인간의 삶은 어떤 것일까? 아주 이상할 정도로 차갑고 지극히 단단한 규산염과 철로 만들어진 작은 공 모양의 땅덩어리에서 10억 분의 1도 채 안 되는 짧은 시간 동안만 반짝하고 사라지는 매우 하찮은 존재로 여겨질 것이다.

우리와 다른 세계에서도 그들의 미래를 결정할 일들이 계속해서 벌어지고 있을 것이다. 그리고 현대 지구인은 2,500년 전 신비주의와 대결해야 했던 이오니아 학자들이 경험한 바와 비슷한 정도로 중요한 역사적 전환점에 서 있다. 우리가 우리의 세상을 지금 어떻게 하느냐가, 그 영향이 앞으로 수백 년의 세월에 걸쳐 전파되어 결국 우리 후손들의 운명을 좌우하게 된다. 그때까지 우리 후손들이 저 수많은 별들 어디엔가 살고 있다면 말이다.

지구에서 가장 가까운 별. 전리된 고온의 헬륨 기체는 특정 파장의 원자외선을 방출한다. 이 사진이 바로 원자외선으로 본 태양의 모습이다. 태양의 격동하는 모습이 한 장의 사진에 그대로 잡혀 있다. 오른쪽 윗부분에서 홍염이 장엄하게 솟아오르고 있다. 지금 이 홍염은 태양의 바깥 세계로 30만 킬로미터나 뻗어 있지만, 머지않아 태양 광구로 곤두박질할 것이다. 사진에 보이는 가장 작은 얼룩이라도 그 크기가 우리 지구에 견줄 만하다. 스카이랩 4호에서 찍은 사진이다.

9 별들의 삶과 죽음

태양 신 라께서 두 눈을 뜨시고 이집트 땅에 빛을 쏟아 부으시니, 밤이 낮에서 갈라졌습니다. 라의 입에서 신들이 나왔고 그의 눈에서는 인간이 나타났습니다. 모든 것이 그에게서 태어났으며, 그 아이는 연꽃 안에서 빛을 발하여, 그 빛이 모든 것에 생명을 불어넣었습니다.

— 이집트 프톨레마이오스 왕조 시대의 기도문

신은 물질 입자들을 다양하게 만들어 낼 수 있었다. 크기와 모양이 다를 뿐 아니라 …… 밀도가 다르고 힘의 세기에도 차이가 있어서, 신은 자연의 법칙에 다양한 변화를 줄 수 있었다. 그 결과 우주 곳곳에는 구구각각의 특성을 갖는 세상들이 빚어졌다. 이렇게 우주를 이해하니 세상에는 그 어떤 모순도 발견할 수 없게 됐다.

— 아이작 뉴턴, 『광학』

저기 저 높은 곳에 하늘이 있다. 그 하늘에 별들이 반짝이고, 우리는 여기 누워서 하늘을 우러르며 별들과 눈을 맞춘다. 저 별들은 누가 만들어 낸 것인가, 아니면 있는 자 바로 그대로인가? — 마크 트웨인, 『허클베리 핀』

내게는 무섭도록 필요한 게 딱 한 가지 있어. 그게 무엇인지 내가 꼭 말을 해야 하나? 신앙, 그것은 신앙이야. 내게 신앙이 있다면, 밤중에 밖으로 나가서 별들을 그릴 수 있을 거야. — 빈센트 반 고흐

애플파이를 만드는 데에는 밀가루, 사과, 설탕 조금, 비전秘傳의 양념 조금 그리고 오븐의 열이 필요하다. 파이의 재료는 모조리 설탕이니, 물이니 하는 분자들로 이루어져 있다. 분자는 다시 원자들로 구성된다. 탄소, 산소, 수소, 그 외의 원자들이 파이의 재료가 되는 분자들을 구성한다. 그렇다면 이 원자라는 것들은 도대체 어디에서 왔는가? 수소를 제외한 나머지 원자들은 모두 별의 내부에서 만들어졌다. 그러고 보니 별이 우주의 부엌인 셈이다. 이 부엌 안에서 수소를 재료로 하여 온갖 종류의 무거운 원소라는 요리들이 만들어졌다는 이야기이다. 별은 주로 수소로 된 성간 기체와 소량의 성간 티끌이 뭉쳐서 만들어진 것이다. 그런데 그 수소는 대폭발에서 만들어졌다고 한다. 수소 원자는 코스모스가 비롯된 저 거대한 폭발 속에서 태어났던 것이다. 애플파이를 맨 처음부터 만들려면, 이렇게 우주의 탄생에서부터 시작해야 한다.

애플파이 하나를 반으로 나눠 보자. 한쪽을 다시 둘로 나누고, 그것

을 반으로 또 나눈다. 데모크리토스의 정신에 따라 이렇게 반씩 나누기를 계속한다고 했을 때, 원자 알갱이에까지 이르려면 몇 번이나 칼질을 해야 할까? 답은 약 90번이다. 물론 그 어떤 칼도 이렇게 작은 조각을 떼어낼 수 있을 만큼 예리하지 않다. 그뿐만 아니라 파이가 부스러져서 당신이 원하는 대로 계속해서 반으로 나눌 수도 없다. 더군다나 원자란 것은 맨눈으로 볼 수 없는 작은 존재이다. 그러나 계속 쪼개서 원자에까지 이르는 방법이 있기는 하다.

1910년을 전후해서 45년 동안 영국의 케임브리지 대학교에서 수행된 연구의 결과로, 원자의 정체가 인류사상 처음으로 밝혀졌다. 실제 사용된 방법은 이렇다. 하나의 원자를 향해 다른 원자들을 쏘아 충돌시켰을 때 '총알 원자'들이 어떻게 튕겨 나가는가를 조사하여, 표적 원자의 내부 구조를 미루어 알아내는 것이었다. 대개 원자의 외곽부는 전자의 구름으로 둘러싸여 있다. 전자는 그 이름에서 알 수 있듯이 전하를 띠는데, 우리는 전자의 전하를 음陰전하로 부르기로 약속했다. 이 전자가 원자의 화학적 성질을 결정한다. 예를 들면 황금의 번쩍이는 광채, 철의 차가운 느낌, 탄소로 이루어진 금강석의 단단한 결정 구조 등을 전자들이 좌우한다. 원자의 저 깊숙한 내부, 전자구름 속 깊숙한 곳에는 핵이 숨어 있다. 핵은 양전하를 띠는 양성자들과 전기적으로 중성인 중성자들로 구성된다. 원자는 매우 작다. 원자 1억 개를 일렬로 늘어놓아 봤자, 한쪽 끝에서 다른 쪽 끝까지가 겨우 새끼손톱 끝만 하다. 원자의 핵은 원자 전체의 겨우 10만분의 1 정도이다. 원자핵이 발견되기 어려웠던 이유가 이렇게 작기 때문이었다.[1] 그럼에도 불구하고 원자의 질량은 거의 전적으로 이 조그마한 핵에 모여 있다. 전자는 그저 떠돌아다니기만 하는 솜털이라고나 할까. 그러니까 원자는 속이 텅 빈 엉성하기 이를 데 없는 녀석이다. 이렇게 따지고 보니 물질이란 것도 실은 속이 텅 빈 쭉정이였던 셈이다.

우리 인간도 원자로 만들어져 있다. 책상 위에 올려놓은 나의 팔꿈치도 원자로 이루어져 있다. 물론 책상도 원자로 되어 있다. 원자가 그렇게 작은 존재이고 게다가 속까지 그렇게 엉성하게 비어 있으며, 원자핵은 원자보다 더더욱 작기만 한데, 내 책상은 나의 무거운 몸을 도대체 어떻게 지탱할 수 있는 것일까? 이런 의문은 독자만 품어 본 게 아니다. 저 위대한 아서 에딩턴Arthur Eddington 교수도 똑같은 질문을 자신에게 던졌다. 내 팔꿈치를 구성하는 원자핵들이 어째서 책상의 원자핵들 사이로 스르르 미끄러져 들어가지 않는단 말인가? 책상이나 걸상을 만든 목재가 이렇게 텅 비어 있다면, 어쩐 연유에서 나는 마루로 그냥 내려앉지 않는가? 아니 지구의 저 속으로 그냥 떨어져 들어가지 않는 까닭은 무엇이란 말인가?

에딩턴의 질문은 전자의 구름에서 그 답을 찾아야 한다. 내 팔꿈치에 있는 원자의 외곽부는 음전하를 띠고 있다. 책상을 구성하는 원자도 이 점에서 마찬가지이다. 음전하들은 서로를 밀친다. 내 팔꿈치가 책상을 스르르 미끄러져 들어갈 수 없는 까닭은 음전하들 사이에 생기

1. 이전에는 양성자가 전자의 구름 안에 균일하게 분포한다고 여겨졌다. 사실 양성자는 원자의 좁은 핵 안에 밀집해 있다. 핵의 존재는 영국 케임브리지 대학교에서 어니스트 러더퍼드Ernest Rutherford가 수행한 실험에서 처음 밝혀졌다. 아주 얇은 금박에 특정 종류의 원자들을 쏘았더니, 입사 원자들의 일부가 입사 방향의 반대쪽으로 다시 튕겨져 나왔다. 러더퍼드는 이 실험의 결과를 보고 원자에 핵이 자리하고 있음을 알아냈다. 러더퍼드가 자신의 실험에 붙인 코멘트를 들어 보자. "내 일생을 통틀어서 도저히 일어날 수 없는 일이 일어났던 것이다. 이 실험의 결과는, 15인치짜리 대포알을 휴지 조각에 쏘았더니, 휴지를 뚫고 지나가는 것이 아니라 뒤로 반사돼서 대포를 쏜 나 자신을 맞추는 격이었으니, 나도 도저히 그 결과를 믿을 수가 없었다."

는 강력한 척력 때문이다. 전자들의 척력 덕분에 우리는 일상생활을 무리 없이 꾸려 갈 수 있다. 우리의 일상이 원자의 미시적 구조에 의존하는 것이다. 전하만 사라져 버리면 모든 것이 눈에 보이지도 않을 먼지 부스러기가 된다. 전기력이 작용하지 않는다면 우주의 그 어떤 구조물도 그대로 남아 있을 수가 없다. 그렇게 된다면 전자, 양성자, 중성자 등으로 만들어진 구름들 그리고 중력으로 엉겨 붙은 소립자의 덩어리들만이 있는 무형의 우주가 우리의 세상일 것이다.

애플파이 자르기를 원자보다 더 작은 세계로 계속해 가다 보면 무한소無限小의 문제와 씨름하게 된다. 끊임없이 더 작은 것을 생각해야 하기 때문이다. 큰 세계로 생각의 방향을 바꿔 보자. 이번에 우리는 밤하늘을 올려다보면서 무한대無限大의 문제를 고민하게 된다. 이제는 끊임없이 더 큰 구조물을 생각해야 하기 때문이다. 이러한 종류의 무한 문제는, 발을 수없이 구르면서도 멀리는 가지 못하는 사람의 경우와 같다. 이런 경우도 생각해 보자. 우리가 두 개의 거울 사이에 서 있다고 하자. 이발소에서 이러한 상황에 종종 놓이게 되는데, 이발소 의자에 앉으면 자신의 모습이 양쪽 거울에 수를 셀 수 없을 정도로 계속해서 나타나는 것을 볼 수 있다. 빛의 반사가 무한 회귀의 딜레마로 우리를 밀어 넣은 것이다. 실제로 내 얼굴이 무한히 계속해서 나타날 수는 없다. 왜냐하면 우선 거울이 완벽한 평면이 아니며 또 두 거울을 완전히 평행하게 세워 둘 수도 없기 때문이다. 그리고 두 거울 사이에 앉아 있는 나 자신도 무한개의 거울상을 만드는 데 하나의 방해 요인으로 작용한다. 비록 이 모든 조건들이 완벽하게 구현됐다고 하더라도, 빛의 속도가 유한하므로 무한개의 거울상은 결코 볼 수 없을 것이다. 무한

대란 그 어떤 수보다 더 큰 수를 의미한다.

미국의 수학자 에드워드 캐스너Edward Kasner가 한 번은 아홉 살짜리 조카에게 지극히 큰 수의 이름을 한 번 지어 보라고 한 적이 있다. 예를 들어, 1 다음에 0을 100개 붙인 10의 100제곱 같은 큰 수에 이름을 붙여 보라는 주문이었다. 캐스너의 조카는 종이에 10,000,000,000,000,000,000,000,000,000,000,000,000,000,000,000,000,000,000,000,000,000,000,000,000,000,000,000,000,000,000,000,000,000,000,000을 써놓고, 이 수를 "구골googol"이라고 불렀다. 당신도 큰 수를 하나 생각하고 이름을 지어 주고 싶을 것이다. 아홉 살짜리 어린이에게는 이러한 놀이가 더 큰 매력으로 다가갔겠지만 말이다.

구골이 큰 수임에 틀림이 없지만, 더 큰 수로 구골플렉스googolplex를 만들어 보자. 구골플렉스라는 것은 10의 구골 제곱이다. 1 다음에 구골 개의 0이 따라붙은 구골플렉스가 얼마나 큰 수인지 한 번 가늠해 보자. 우리 몸을 구성하는 원자들의 총수는 대략 10^{28}개이며, 관측 가능한 우주에 들어 있는 양성자, 중성자, 전자와 같은 소립자들의 총 수는 대략 10^{80}개가 된다. 우주를 중성자들로 가득 채우려면 10^{128}개가 필요하다.[2] 이 수는 구골보다 크지만 구골플렉스에는 못 미친다. 그런데 구골플렉스라고 하더라도 무한대와 비교하면 별것 아니다. 구골플렉스와 1이 무한대보다 작은 정도는 서로 정확히 같다. 누구나 구골플렉스를 써 보려고 시도야 하겠지만, 그 짓은 해 보나마나 희망 없는 야심에 불과하다. 구골플렉스를 적어 넣을 종이가 우주에 다 구겨 넣을 수 없을 정도로 엄청나게 크기 때문에, 그렇게 미련한 짓은 하지 않는 게 좋다. 이보다 아주 간단하게 $10^{10^{100}}$과 같이 쓰면 그것이 구골플렉스가 된다. 무한대란 '그 무엇보다 헤아릴 수 없을 정도로 크다.'라는 뜻이다. 그리고 이 무한대를 ∞로 표기하기로 약속하자. ∞는 그냥 '무한대'라고 읽으면 된다.

애플파이를 오븐에 너무 오래 두면 파이가 아니라 숯이 된다. 숯의 성분은 거의 전부 탄소이다. 숯이 된 파이를 90번 연속해서 반으로 나누면 탄소 원자를 만날 수 있다. 탄소의 핵에 양성자와 중성자가 각각 여섯 개씩 들어 있고, 핵 바깥에는 전자 여섯 개의 구름이 자리하고 있다. 탄소 원자의 핵에서 한 덩어리를 떼어 내면, 예를 들어 양성자와 중성자를 두 개씩 떼어 낸다면 그것은 더 이상 탄소 원자가 아니라 헬륨 원자가 된다. 이렇게 원자핵의 일부가 떨어져 나가는 현상이 핵폭탄과 원자력 발전소에서 실제로 발생한다. 이 경우 탄소 원자가 분열하는 것은 아니다. 애플파이를 91번 가른다면, 즉 탄소 원자를 한 번 더 쪼갠다면 작은 탄소 원자가 아니라 다른 종류의 원자, 즉 탄소와는 전혀 성질이 다른 원자가 만들어진다. 원자를 자르면 원소의 돌연변이가 생기는 것이다.

하지만 반분하기를 더 계속해 보자. 앞에서도 이야기했듯이 원자는 양성자, 중성자, 전자로 이루어져 있다. 그렇다면 양성자를 더 작게 쪼

2. 이러한 계산 뒤에 숨어 있는 기본 정신은 오랜 역사를 갖고 있다. 아르키메데스는 『모래를 헤아리는 사람 *The Sand Reckoner*』이라는 자신의 책 첫 페이지를 이렇게 열고 있다. "겔론 왕 전하, 세상에는 모래알의 수가 무한대라고 생각하는 사람들이 있습니다. 제가 말씀드리는 모래는, 시라쿠사와 시실리 섬 전역에 있는 모래만을 이야기하는 것이 아닙니다. 사람이 사는 곳이건 살지 않는 곳이건 세상의 모래란 모래를 모두 다 모았다고 해도 좋습니다. 단순히 무한대라는 표현을 쓰지 않고, 또 이렇게 말하는 사람들도 있습니다. '여태껏 이름 붙여진 그 어떤 크기의 수라도 모래알의 수보다는 작다.' 라고 말입니다." 이렇게 운을 뗀 다음에, 아르키메데스는 모래알의 총수에 이름을 지어 붙여 줄 뿐 아니라, 그 수의 크기를 직접 계산하기 시작한다. 그러고는 스스로에게 묻는다. 모래 알갱이들을 계속해서 옆으로 늘어놓아 자신이 우주의 크기라고 알고 있던 거리를 전부 채우려면 모두 몇 개가 필요할까? 그가 계산해 낸 답은 10^{63}개였다. 그의 모래알의 수를 원자의 수로 환산해 보면 10^{83} 정도가 된다.

갤 수는 없을까? 양성자들을 높은 에너지를 갖는 다른 소립자, 예를 들어 양성자로 때려서 나타나는 반응을 면밀하게 조사해 보면 양성자 내부에 더 근본적인 입자가 숨어 있는 것 같다. 물리학자들은 양성자와 중성자 같은 소립자들을 구성하는 더 근본적인 알갱이를 쿼크quark라고 부른다. 쿼크에도 여러 종류가 있다. 핵보다 작은 세상의 모습을 일상의 언어로 기술하기 위해 사람들은 쿼크에 '냄새'와 '색깔'을 입혔다. 쿼크야말로 궁극의 기본 입자인지, 아니면 쿼크도 더 근본적인 입자들로 구성돼 있는지는 아직 모른다. 물질의 정체를 이해하려면 우리는 언제까지 물질을 둘로 쪼개야 하는 걸까? 우리는 과연 가장 근본이 되는 입자들의 세계에 들어갈 수 있을까? 아니면 기본 입자를 찾는 행진은 끝이 없이 계속될까? 이것이야말로 현대 과학의 근본 문제들 중에서 가장 근본이 되는 문제인 것이다.

원소의 돌연변이는 연금술이라는 이름으로 중세부터 추구해 오던 인간의 오랜 꿈이었다. 연금술사들은 물질이 네 가지 원소, 즉 물, 공기, 흙, 불의 혼합으로 이루어져 있다고 믿었다. 4대 원소에 대한 생각의 기본 싹은 고대 이오니아 인들이 틔웠다. 예를 들어 그들은 흙과 불의 상대 비율을 조정함으로써 값싼 구리를 비싼 금으로 바꿀 수 있다고 생각했다. 당시의 연금술계는 사기꾼과 협잡꾼으로 그득했다. 칼리오스트로Cagliostro와 생제르맹Saint-Germain 백작 같은 이들은 원소를 변환시키는 기술 뿐 아니라 인간의 수명을 영원히 유지할 수 있는 비결도 알고 있다고 큰소리쳤다. 마술 지팡이 노릇을 하던 막대 끝에 금을 몰래 붙여 뒀다가, 겉보기에 아주 힘들고 긴 실험 끝에, 그 금을 내보임으로써 도가니에서 금이 만들어진 듯이 상대방을 속이기도 했다. 유럽의 많은 귀족들이 부와 영생을 미끼로 한 연금술사들의 사기 행각에 걸려 막대한 돈을 그들에게 바친 경우도 허다했다. 하지만 파라켈수스 Paracelsus와 아이작 뉴턴과 같이 연금술을 아주 진지하게 연구한 학자들도 많았다. 이제 지나고 보니까 그 많은 돈이 모조리 낭비된 것만은 아니었다. 연금술을 통하여 인P, 안티몬Sb, 수은Hg 같은 원소들을 새로 발견할 수 있었기 때문이다. 사실상 현대 화학은 연금술사의 실험에서 그 기원을 찾을 수 있다.

자연에는 화학적 성질이 뚜렷하게 다른 원소가 92종이 있다. 우리는 최근까지 지구의 모든 물질이 이 92종 원소의 조합으로 이루어져 있다고 믿었다. 물론 대부분의 물질은 이 아흔두 가지 원소로 구성된 각종 분자의 형태로 존재한다. 예를 들어 생명 현상에서 중요한 역할을 하는 물은 산소와 수소 원자로 만들어진 분자이다. 지구 대기는 질소N, 산소O, 탄소C, 수소H와 아르곤Ar으로 형성된 N_2, O_2, CO_2, H_2O와 Ar 등의 분자를 주요 구성 성분으로 한다. 흙은 규소, 산소, 알루미늄, 마그네슘, 철 등의 원자들로 구성된 매우 다양한 분자들이 주성분이다.[3] 불은 화학 원소로 만들어진 것이 아니다. 원자가 고온의 상태에 놓이면 전자를 잃고 전리된다. 이렇게 전리된 고온의 플라스마가 내는 전자기 파동이 우리에게 불로 보이는 것이다. 고대의 이오니아 인들이 믿었던 '4대 원소'와 연금술사들의 '원소' 모두 현대 화학의 관점에서

3. 규소 원자를 지칭하는 'silicon'이 규소 원자를 하나의 구성 성분으로 하는 수십억 종의 분자들을 일컫는 'silicone'으로 오해되는 경우를 종종 볼 수 있다. silicon은 비금속 원소로서 원자 번호가 14인 규소 원자 Si를 지칭하며, [Sílikən]으로 발음된다. 한편 silicone은 기름, 그리스, 수지 등과 비슷한 성질을 가지며 규소를 그 성분 원자로 하는 아주 넓은 범위의 유기 화합물들을 통칭하여 부르는 말이다. 발음은 [Sílikóun]이다. 일반적으로 silicone은 열기와 냉기에 잘 견딘다.

는 전혀 원소가 아니다. 4대 원소 중에서 하나는 분자, 둘은 분자들의 혼합물 그리고 나머지 하나는 플라스마이다.

연금술의 시대 이후 새로운 원소들이 속속 발견됐다. 최근에 발견되는 것일수록 희귀한 원소이다. 지구를 구성하는 주요 성분이거나 생명 현상과 관련이 있는 원소들은 우리에게 익숙한 것들이다. 상온에서 어떤 원소는 고체로, 일부는 기체로 존재하며, 브롬과 수은같이 액체 상태인 것들도 있다. 원자에는 복잡한 정도에 따라 번호가 매겨져 있다. 가장 간단한 수소가 1번, 가장 복잡한 우라늄이 92번이다. 그 외의 원소들은 우리에게 그렇게 익숙한 것들이 아니다. 예를 들면 하프늄Hf, 에르븀Er, 디스프로슘Dy, 프라세오디뮴Pr 따위는 일상에서 맞닥뜨릴 기회가 거의 없는 것들이다. 우리에게 익숙한 원소일수록 그만큼 흔하다고 생각하면 크게 틀리지 않는다. 우리에게 익숙한 철은 지구에 풍부하지만, 우리 귀에 아주 생소한 이트륨Y은 지구에 거의 없다. 물론 이런 일반론에 예외가 없는 것은 아니다. 금이나 우라늄은 매우 익숙한 원소들이지만, 그렇다고 흔하지는 않다. 이것들은 특별한 이유에서 매우 귀한 원소로 취급된다. 한때 화폐의 기준이 됐거나, 미적 판단 기준에서 높이 평가를 받게 됐거나, 아니면 실용성이 인정됐기 때문이다.

모든 원자가 양성자, 중성자, 전자의 세 가지 소립자들로 구성됐다는 사실이 밝혀진 것은 비교적 최근의 일이다. 중성자가 발견된 것도 1932년이었다. 양성자, 중성자, 전자의 구성비에 따라서 원자의 종류가 결정되고, 그 원자들이 적당히 모여서 분자들을 생성하고, 이 분자들이 조합을 이뤄 지구상의 모든 물질을 만든다. 그러므로 현대 물리학과 현대 화학은 매우 복잡한 이 세상을 단 세 가지 소립자로 환원시켜 놓은 셈이다.

이름에서 알 수 있듯이 중성자中性子는 전하를 띠지 않는다. 양성자와 전자는 똑같은 크기의 양전하와 음전하를 갖는다. 부호가 다른 전하들 사이에 작용하는 인력이 원자를 원자로 남아 있게 하는 요인이다. 원자는 전체적으로 중성이므로 핵에 있는 양성자의 개수와 전자구름을 이루는 전자의 개수가 정확하게 일치한다. 한 원자의 화학적 성질은 전자의 개수에 따라 좌우되는데, 원자 번호가 바로 양성자나 전자의 개수이므로 원자 번호에서 그 원자의 화학적 특성을 쉽게 점칠 수 있다. 그러므로 화학은 숫자 놀음이다. 이 소리를 피타고라스가 들었다면 무척 기뻐했을 것이다. 전자와 양성자를 하나씩 갖고 있으면 수소, 둘씩이면 헬륨, 셋씩이면 리튬, 넷씩이면 베릴륨, 다섯씩이면 보론, 여섯씩이면 탄소, 일곱씩이면 질소, 여덟씩이면 산소, 이런 식으로 계속된다. 원자 번호 92의 우라늄은 양성자와 전자를 각각 아흔두 개씩 갖는다.

닮은 사람이 서로에게 혐오감을 느끼듯이 부호가 같은 전하들 사이에는 척력이 작용한다. 그들이 만드는 세상은 은둔자나 염세가로 가득한 곳일 것이다. 아무튼 전자는 전자를 밀치고, 양성자는 양성자를 배척한다. 그렇다면 의문이 생긴다. 원자핵에 전하를 띤 입자라고는 양성자뿐인데, 핵이 와해되지 않는 까닭은 무엇일까? 그것은 핵에는 또 다른 종류의 힘, 즉 핵력이 작용하기 때문이다. 핵력의 정체는 중력도, 전자기력도 아니다. 핵력은 아주 가까운 거리에서만 작용하므로 갈고리에 비유될 수 있다. 양성자와 중성자가 아주 가까이 있을 때 핵력이라는 이름의 갈고리가 서로 떨어지지 않도록 붙잡아 맨다. 둘 사이의 거리가 갈고리보다 멀면 갈고리는 제 역할을 하지 못한다. 이런 이유에서 핵력을 갈고리에 비유했던 것이다. 핵과 같이 좁은 영역에 중성자가 양성자와 함께 들어 있으므로, 핵에서는 핵력이 발동하여 양성자들 사이의 척력을 무기력하게 만드는 것이다. 중성자는 전하를 갖고 있지 않으므로 전기력은 발휘할 수 없지만, 핵력을 발동하여 핵을 전체적으로 붙잡아 묶는 풀의 역할을 한다. 원래 떨어져 살기를 좋아하는 양성자가 핵력의 달변과 애교 덕분에 마음 안 맞는 이웃과도 오순도순 지내고 있는 셈이다.

양성자와 중성자가 각각 두 개씩 있는 헬륨의 핵은 매우 안정적이다. 헬륨의 핵 세 개가 탄소 핵 하나를 만든다. 네 개면 산소 핵, 다섯 개면 네온 핵, 여섯 개면 마그네슘 핵, 일곱 개가 모이면 규소 핵, 여덟 개가 합치면 황의 원자핵 하나를 만든다. 헬륨 핵에 하나 또는 그 이상의 양성자를 더하거나, 안정 구조를 구축하는 데 필요한 적정한 수의 중성자를 더할 때마다 새로운 원자핵이 만들어진다. 수은 핵에서 양성자 한 개와 중성자 세 개를 빼면 금 원자의 핵이 된다. 이것이 연금술사들이 그토록 염원했던 변화의 본질이다. 우라늄보다 원자 번호가 높은 것들은 대개 지구상에 자연적으로 존재하지 않는다. 인간이 합성한 이 원자핵들의 거의 대부분은 그냥 내버려 두면 순식간에 붕괴하는 방사능 원소들이다. 원자 번호가 94인 플루토늄Pu 원자핵은 가장 유독한 물질 중 하나이다. 이 물질은 아주 느리게 붕괴하기 때문에 인간에게 큰 재앙을 가져올 수 있는 위험한 존재이다.

자연 원소는 어디에서 왔을까? 여러분은 원자마다 만들어진 과정이 다를 것이라고 생각할지 모른다. 그렇지만 우주 어디를 보든 존재하는 물질의 99퍼센트가 수소와 헬륨이다. 가장 간단한 두 가지 원소가 우주에 가장 흔하다는 말이다.[4] 그런데 헬륨은 사실 지구에서 발견되기 전에 태양에서 먼저 검출됐다.(이 발견의 역사가 그 이름에 흔적으로 남아 있다. 헬륨이라는 이름이 그리스의 태양신들 중 하나인 헬리오스Helios에서 왔다고 한다.) 그렇다면 다른 원소들은 혹시 수소와 헬륨에서 만들어진 것은 아닐까? 간단한 핵에서 복잡한 핵을 만들려면 양성자와 중성자를 첨가하면 된다. 이때 방해의 요인인 전기적 척력을 어떻게 적절히 상쇄시킬 수 있느냐가 문제의 핵심이다. 역시 그 임무는 핵력의 몫이다. 핵력의 발동은 핵자核子들이 매우 가까이 접근해야 가능한데, 극도로 고온인 상황에서는 핵자들의 근거리 접근을 기대할 수 있다. 온도가 대략 1000만 도 이상의 상황에서는 핵자들이 전기적 척력이 위력을 발휘할 수 없을 정도로 매우 빠르게 충돌하기 때문이다. 이 고온의 조건은 별의 중심부에서 쉽게 구현된다.

태양은 지구에서 가장 가까운 별이다. 그러므로 태양이 내놓는 복사를 길게는 전파 대역에서부터 짧게는 가시광선 대역을 거쳐 엑스선 대역에 이르기까지 속속들이 관찰할 수 있다. 그렇지만 우리가 눈으로 관측하는 빛은 전부가 태양의 최외각부에서 나오는 것이다. 태양은, 한때 아낙사고라스가 생각했던 대로 붉게 달궈진 돌이 아니라, 수소와 헬륨으로 구성된 고온의 기체 덩어리인 것이다. 기체 덩어리가 빛을

4. 지구는 예외이다. 지구의 자체 중력만으로는 가장 가벼운 수소 원자를 오랫동안 붙잡아 둘 수 없기 때문에 태양계가 생성되던 당시에 지구에 있었던 수소 가스는 거의 모두 우주 공간으로 날아가 버렸다. 그렇기 때문에 지구에는 수소 기체가 희박하다. 헬륨의 경우에도 사정은 수소와 크게 다르지 않다. 한편 목성은 큰 질량을 갖고 있기 때문에 중력의 세기 또한 지구에 비할 바 아니게 커서, 우주 생성 초기부터 갖고 있던 수소와 헬륨을 현금까지 거의 전량 그대로 보유하고 있다.

쌀알 조직으로 드러난 태양 표면의 난류 운동. 밝은 부분이 상승하는 고온의 가스 덩어리이고, 검은 부분이 식어서 다시 하강하는 부분이다. 대류 운동의 덩어리 하나의 폭이 대략 2,000킬로미터에 이르는데, 이것은 파리와 키에프 간의 거리에 해당한다. 프랑스 픽 두 미디 천문대Pic du Midi Observatory에서 노란색 파장의 빛으로 찍은 사진이다.

발하는 것은 높은 온도로 가열된 낙화烙畵 인두가 붉은 빛을 발하는 것과 똑같은 이치이다. 태양의 수소와 헬륨 기체도 뜨겁게 가열돼 있기 때문에 빛을 낼 수 있는 것이다. 그렇다면 아낙사고라스의 생각이 완전히 틀렸던 것은 아니다. 태양 표면에서 일어나는 격렬한 폭발 현상은 플레어flare를 동반한다. 플레어는 지구상에서 벌어지는 각종 전파 통신에 심각한 장애 요인으로 작용한다. 프로미넌스prominence도 태양에서 볼 수 있는 거대한 폭발 현상이다. 홍염紅焰을 내놓을 수 있을 정도로 뜨거운 물질이 자기장의 안내를 받아 무지개 모양을 이루면서 분출하는 현상이 프로미넌스다. 그래서 프로미넌스를 그냥 홍염이라고도 부른다. 태양의 광구를 배경으로 홍염이 차지하는 하늘의 넓이를 지구의 그것과 비교해 보면 우리가 살고 있는 지구가 얼마나 초라한 존재인지 실감할 수 있다. 흑점은 태양이 서쪽으로 질 때 육안으로도 식별할 수 있다. 흑점은 강한 자기장을 동반하며 온도가 주위보다 낮다. 또 태양은 엄청난 규모의 소용돌이와 격렬한 난류 운동을 우리에게 끊임없이 보여 준다. 하지만 이 모든 활동은 주로 태양의 상층부 대기에서 일어나는 것이다. 우리가 가시광선을 통해서 볼 수 있는 이 지역의 온도는 절대 온도로 6,000도 정도이다. 우리에게 철저하게 숨겨진 태양의 저 깊숙한 내부의 온도는 1570만 도에 이른다. 이렇게 뜨거운 조건에서는 핵융합 반응이 일어나고 그 결과로 빛이 만들어진다.

기체와 티끌로 구성된 성간 구름이 중력 수축하여 별들과 그 별들에 딸린 행성들을 만든다. 성간운의 중력 수축이란 자체 중력 때문에 겪게 되는 성간운의 전반적인 낙하 운동이다. 이 과정에서 기체 분자들이 격렬하게 충돌하므로, 수축이 진행됨에 따라 내부의 온도는 상승하게 마련이다. 드디어 내부의 온도가 1000만 도에 이르면 수소 원자 네 개가 만나서 헬륨 핵이 하나 만들어지는 핵융합 반응이 전개된다.[5] 이때 발생하는 에너지가 감마선의 빛, 즉 감마선 광자로 나타난다. 감마선 광자는 주위 물질에 흡수됐다가 다시 방출되기를 거듭하면서 태양의 표면을 향해 이동한다. 흡수가 일어날 때마다 자신의 에너지를 조금씩 잃게 되므로 높은 에너지의 감마선 광자는 점점 낮은 에너지의 광자로 변신해서 드디어 사람의 눈이 볼 수 있는 가시광선 대역帶域의 광자가 된다. 중심핵에서 출발한 광자가 표면층에 도착하는 데 대략 100만 년이 걸린다. 핵융합 반응에서 최초로 태어난 광자가 가시광선의 광자로 표면을 빠져 나오기 시작하면 우리는 비로소 새로 탄생한 별을 보게 된다. 별이라고 하는 전구의 스위치를 돌려 빛을 밝히게 된 셈이다. 핵융합 반응의 개시와 더불어 그때까지 진행되던 중력 수축이 멈춘다. 별의 외곽층을 차지하는 질량의 무게를 중심핵 부분의 고온과 고압이 지탱하여, 별 전체가 안정된 상태에 놓이기 때문이다. 중심핵이 고온과 고압의 상태를 유지할 수 있는 것은, 물론 그곳에서 일어나는 핵융합 반응 덕택이다. 우리 태양은 지금까지 대략 50억 년 동안 이와 같은 평형 상태를 유지해 왔다. 하지만 태양과 수소 폭탄에서의 핵융합 반응에는 한 가지 중요한 차이점이 있다. 폭탄의 경우 일단 반응이 시작되면 반응의 진행 속도를 제어할 길이 없으며, 제어하지 않는 것이 폭탄의 사용 목적과 부합된다. 그렇지만 태양의 경우에는 중심핵

5. 수소 네 개의 질량이 헬륨 하나의 질량보다 약간 크다. 수소 네 개가 모여서 헬륨 한 개가 만들어질 때 0.7퍼센트 정도의 질량이 사라지는데, 이 결손 질량은 아인슈타인의 등가 원리에 따라서 에너지로 변환된다. — 옮긴이

에서 매초 생산되는 에너지가 표면에서 매초 방출되는 에너지와 같도록 별이 반응 속도를 스스로 조절한다. 태양은 표면에서 방출되는 광도를 충당하느라 중심핵에서 매초 4억 톤(4×10^{14}그램)의 수소를 헬륨으로 변환시킨다. 밤에 집 밖으로 나가 머리를 들면 까만 하늘에 총총히 빛나는 별들이 보인다. 별 하나하나가 빛을 낼 수 있는 것은 그 별 내부에서 핵융합 반응이 이루어지고 있기 때문이다.

백조자리에서 가장 밝은 백조자리 알파별, 즉 데네브Deneb 쪽을 관측해 보면 온도가 극도로 높은 초대형의 기체 구에서 나오는 희뿌연 빛의 흔적을 볼 수 있다. 이것은 기체 구의 중앙에 있던 별들이 자신의 일생을 초신성 폭발로 마감할 때 생긴 흔적이다. 초신성이 폭발하면 그때 발생한 충격파가 주위에 있던 성간 물질에 전해진다. 그러면 그 성간운의 밀도가 증가한다. 그 결과로 새로운 별의 탄생으로 이어질 중력 수축이 성간운에 유발된다. 그러므로 별들에게도 인간처럼 부모가 있고 그들의 세계에도 세대가 있는 셈이다. 먼저 태어난 별의 죽음이 새로운 별의 탄생을 가져오니까 하는 말이다.

태양 같은 종류의 별들은 무더기로 태어난다. 오리온 대성운과 같은 고밀도의 성간운 복합체 내부를 살펴보면 많은 수의 별들이 한꺼번에 태어났음을 알 수 있다. 성간운 내부에서 별이 탄생한다고 하더라도 바깥에서는 그저 어둑어둑하고 음침한 암흑 성간운으로 보일 뿐이다. 그러나 고온의 신생 항성에 의해 전리된 기체가 빛을 방출하므로 성운 내부는 황홀한 장관을 이룬다. 얼마간의 시간이 지나면 새로 태어난 별들이 '신생아실'에서 어슬렁어슬렁 걸어 나와 은하수 은하에서 자신들이 차지해야 할 자리를 찾아간다. 아직 풋내기에 불과한 젊은 별들은 실타래같이 빛나는 엷은 가스 성운을 자기 주위에 달고 다닌다. 이 가스 성운은 별들의 자궁이랄 수 있는 성간운에 있던 기체 찌꺼기로서 어머니 성간운과 신생아 별이 아직도 중력의 끈으로 묶여 있음을 보여 준다. 가까운 거리에서 찾아볼 수 있는 좋은 예가 좀생이성단과 거기에 딸린 반사 성운이다. 사람의 가족과 마찬가지로 같이 태어난 형제 별들도 나이를 먹을수록 고향을 떠나 뿔뿔이 흩어져서 서로 만날 기회가 거의 없게 된다. 지금으로부터 약 50억 년 전 같은 암흑 성간운에서 태양과 같이 태어난 열대여섯 개의 형제자매 별들이 지금은 은하수 은하의 이 구석 저 구석에 흩어져 살고 있을 것이다. 하지만 어느 별이 우리 태양의 형제요 자매인지 현재로서는 알 길이 없다. "은하수 너머 어딘가에 있겠지."라고 막연하게 이야기할 수 있을 뿐이다.

태양 내부에서 진행되는 수소의 헬륨으로의 변환은 우리 눈이 감지할 수 있는 가시광선의 광자만 생산하는 것이 아니라 이보다 훨씬 더 신비롭고 유령 같은 존재인 중성미자도 만들어 낸다. 중성미자는 광자와 마찬가지로 질량이 없으며 빛의 속도로 움직이지만 광자는 아니다. 중성미자는, 양성자, 중성자 그리고 전자와 같은 크기의 고유 각운동량, 즉 스핀을 갖고 있다. 광자의 스핀은 중성미자의 것의 2배이다. 또 물질은 중성미자에 대해 투명하다. 중성미자는 지구나 태양을 구성하는 물질에 거의 흡수되지 않은 채 자유롭게 관통할 수 있다. 흡수가 전혀 안 되는 것은 아니지만, 무시해도 좋을 지극히 미미한 수준의 흡수만 이루어진다. 대낮에 태양을 1초만 바라봐도 총 10억 개의 중성미자가 우리 눈을 통과한다. 통상의 광자는 망막에 걸려 시신경에 반응을 일으키지만, 중성미자는 망막에 전혀 걸리지 않고 시신경에 아무런 흔적도 남기지 않은 채 머리 뒤로 그냥 빠져 나간다. 대낮이 아니라 한밤중에 태양이 있을 곳, 즉 내 발 아래의 지면을 보고 있어도 내 눈을 통과하는 중성미자의 개수는 대낮과 마찬가지이다. 다시 말해서 태양과 내 눈 사이에 지구가 가로놓여 있어도 육안을 통과하는 중성미자의 개수에는 아무런 변화가 없다. 가시광선에 대해 유리판이 투명하듯이 중성미자에 대해 지구가 통째로 투명하다.

우리가 태양의 내부 구조를 정확히 파악하게 되고 중성미자가 만들어지는 과정에 관한 핵물리학적 상황도 잘 이해하게 된다면, 단위 시간에 단위 넓이를 몇 개의 중성미자가 관통할지 비교적 정확하게 예측할 수 있을 것이다. 앞에서 이야기한 10억 개가 바로 이렇게 계산된 값이다. 그러나 이 예측의 진위를 실험을 통해 검증하기는 대단히 어렵다. 중성미자는 지구를 통째로 관통할 수 있으므로, 단 한 개의 중성미자를 포획하려 해도 대규모의 실험을 수행해야 한다. 엄청나게 많은 수의 중성미자들이 특별한 물질과 상호 작용하면 그중의 지극히 낮은 비율의 중성미자는 그래도 그 물질에 모종의 반응 흔적을 남긴다. 그러므로 실험을 잘 고안하면 중성미자의 흔적을 찾아낼 수 있다. 학자들은 아주 드물게 중성미자가 염소 원자를 아르곤 원자로 변환시킨다는 사실을 알아냈다. 염소와 아르곤은 서로 원자 번호는 다르지만, 핵에 들어 있는 양성자와 중성자 수의 합은 같다. 다시 말해 염소와 아르곤은 원자 번호가 다르지만 원자량은 같다. 태양에서 방출될 것으로 예상되는 중성미자의 선속線束, Flux을 검출하려면 엄청난 양의 염소가 필요하다. 그래서 미국의 물리학자들은 사우스다코타 주 리드에 있는 홈스테이크 광산의 지하 깊숙한 곳에 엄청난 크기의 탱크를 설치하고 그 안에 양복 세탁에 쓰이는 테트라클로로에틸렌C_2Cl_4 용액을 가득 부어 넣었다. 그러고는 새로 생긴 아르곤 원자를 찾아 그 수를 헤아리는 실험을 반복했다. 실험의 결과는 태양에서 나오는 중성미자의 광도가 이론값보다 흐리다는 것이었다.[6]

이 실험 결과는 우리에게 미해결의 신비를 안겨 주었다. 태양에서 방출되는 중성미자의 광도가 예상보다 낮다고 해서 항성 핵융합 이론에 큰 구멍이 뚫리는 것은 아니지만, 대단히 중요한 무엇인가가 우리의 해결을 기다리고 있음에 틀림이 없다. 이 신비를 풀기 위하여 여러 가지 제안이 쏟아졌다. 중성미자가 태양에서 지구로 오는 동안에 쪼개진다는 것이 그중 하나였다. 태양 내부의 핵 용광로가 좀 쉬고 있는 중이라는 제안도 있었다. 이 경우, 현재 방출되는 태양 복사 에너지의 일부를 태양이 천천히 수축하면서 내놓는 중력 에너지가 감당해야 한다. 그러나 중성미자천문학은 아주 새로운 분야이다. 가시광선으로는 태양의 표면을 겨우 들여다볼 수 있을 뿐이다. 그러나 중성미자를 활용하면 태양의 가장 깊숙한 곳에서 일어나는 상황도 소상하게 알아볼 수 있다. 그러므로 중성미자천문학은 우리를 흥분시키기에 충분한 분야임에 틀림이 없다. 중성미자를 검출할 수 있는 망원경의 제작 기술이 앞으로 더 발달하면 우리는 태양은 물론이고 태양 근처에 있는 별들의 중심핵까지 들여다볼 수 있게 될 것이다.

수소 핵융합 반응이 영원히 지속될 수는 없다. 태양이건 별이건 간

6. 홈스테이크 탱크의 용량은 약 38만 리터였으며, 이 실험에서 태양의 표준 모형에서 예측된 값의 겨우 4분의 1 내지 3분의 1이 검출됐다. 이보다 나중에 수행된 일본 카미오칸데 II 실험에서는 태양 중성미자의 선속이 표준 모형이 제시하는 값의 0.46배로인 것으로 확인됐다. — 옮긴이

에 핵융합 반응이 일어날 수 있는 지역은 고온 고압의 중심부 일부일 뿐이며, 핵반응의 연료로 쓸 수 있는 수소가 그 지역에 한없이 많은 것은 아니기 때문이다. 그러므로 별의 운명, 별의 최후는 그 별이 얼마나 큰 질량을 갖고 태어났느냐에 따라 결정된다. 별은 진화하는 과정에서 자기 질량의 일부를 공간으로 서서히 방출한다. 방출하고 남은 질량이 태양의 2배 내지 3배 정도에 이른다면 그러한 별들은 우리 태양과는 판이하게 다른 최후를 맞게 된다. 그렇다고 태양의 최후가 그저 밋밋할 뿐이라는 이야기는 아니다. 태양의 최후는 그 자체만으로도 충분히 극적이다. 앞으로 50억 또는 60억 년이 더 지나면 태양의 중앙부에 있던 수소가 모두 헬륨으로 변하게 되므로 중심핵 부분에서는 핵융합 반응을 더 이상 기대할 수 없다. 반응에 쓰일 연료 물질이 없어지기 때문이다. 그 대신 헬륨으로 된 중심핵의 바로 바깥에는 수소가 그대로 남아 있다. 따라서 수소 핵융합 반응이 일어나는 지역이 중심핵 경계 지대에서부터 온도가 1000만 도가 되는 층까지 확장된다. 그러나 온도가 1000만 도가 안 되는 층과 표면 사이에서는 핵반응이 일어나지는 않는다. 한편 태양의 자체 중력은 헬륨으로 가득 찬 중심핵을 짓눌러 다시 수축하게 한다. 헬륨으로 구성된 중심핵은 다음 단계의 핵융합 반응을 일으키기에는 아직 충분한 여건을 갖추지 못해서 중력의 일방적 횡포를 견디지 못하고 다시 수축하게 되는 것이다. 수축이 진행될수록 그 지역의 온도와 밀도가 지속적으로 상승한다. 따라서 헬륨 원자들 사이의 간격이 좁아지고 이에 따라 원자핵 세계의 갈고리가 위력을 발휘할 수 있을 정도로 밀착하여 핵력이 발동하게 되면 드디어 헬륨의 핵융합 반응이 시작된다. 수소가 타고 남은 재에 불과했던 헬륨에 다시 불이 붙는 것이다. 이렇게 해서 핵융합 반응의 잔치가 태양의 중심핵 부분에서 또 한 차례 벌어진다.

태양은 새 연료인 헬륨을 태워서 추가 에너지를 얻는 동시에 탄소와 산소를 헬륨에서 합성해 낸다. 자신의 재에서 다시 불꽃을 피울 수 있으니, 별이야말로 불사조이다.[7] 이 상황에 이른 태양은 핵반응로核反應爐의 불을 두 군데에 지펴 놓은 형국이다. 중앙에서 멀리 떨어져 상대적으로 저온 상태에 있는 외부의 얇은 껍질에서는 수소가 타고 고온 상태에 있는 한복판에서는 헬륨이 연소 중이니, 태양은 이 단계에서 그 내부 구조에 큰 변혁을 겪지 않을 수 없을 것이다. 그래서 외부가 급격히 팽창하고 대신 온도는 하강한다. 태양은 이제 적색 거성赤色巨星이 된다. 가시광선으로 드러나는 태양 표면이 중심으로부터 아주 멀리 떨어져 있기 때문에 외각부外殼部에서 느끼는 중력은 미약하기 이를 데 없다. 그 까닭에 적색 거성이 된 태양의 바깥 대기층은 항성풍의 형태로 공간에 서서히 흩어져 나간다. 벌겋게 부풀어 적색 거성이 된 태양은 수성과 금성을 집어 삼키고 종내에는 우리 지구까지 자신의 품안에 넣어 버린다. 그러므로 내행성계가 완전히 태양 안에 들어가게 된다. 내행성계의 최후인 것이다.

지금으로부터 수십억 년 후 어느 날 지구는 최후의 날을 맞게 될 것이다. 태양은 점점 더 붉게 변하면서 팽창하고 지구에서는 남 · 북 양극 지방조차 땀이 뻘뻘 흘러내리는 더운 날씨로 변하기 시작할 것이

7. 태양보다 질량이 큰 별들은 진화의 후기 단계에서 중심부의 온도와 압력을 태양보다 훨씬 높게 유지할 수 있다. 높은 온도와 압력 덕에 불사조 같은 부활을 태양보다 몇 차례 더 즐긴다. 또 탄소와 산소를 핵융합시켜 더 무거운 원소들을 합성해 낸다.

다. 남극과 북극의 빙산이 녹아서 해수면이 높아지고 해안 지대는 바다 속으로 점점 더 깊이 잠겨 들어간다. 바닷물의 온도가 상승하므로 대기 중에는 수증기의 함량이 증가하고 구름의 양이 많아진다. 이 구름 덕에 태양의 빛을 어느 정도 차단할 수 있게 된다. 그 덕택에 최후 심판의 날이 도래하는 것을 잠시 늦출 수야 있겠지만, 시시각각 다가오는 최후의 순간은 면할 길이 없다. 지구의 사정 따위는 아랑곳하지 않은 채 태양은 자신의 진화 과정을 어김없이 밟아 간다. 바다가 끓어올라 물이 모두 증발하고 그 다음 대기마저 완전히 증발하여 사라지면, 우리의 상상력으로는 예상할 수 있는 최악의 재앙이 행성 지구를 뒤덮는다.[8] 지구에 이러한 '불상사'가 오기 훨씬 전에 우리 인류는 오늘날과는 꽤나 다른 형태의 존재로 이미 진화했을 것이다. 어쩌면 우리의 후손들은 태양의 진화 속도를 조정하여 지구에 닥쳐올 미증유의 재앙을 적당한 단계에서 막을 수 있을지도 모른다. 아니면 화성, 유로파, 타이탄 중에서 하나를 골라 지구를 버리고 그곳으로 떠났을지도 모른다. 한발 더 나아가 로버트 고더드의 꿈이 실현될 수는 없을까? 고더드는 한때 방금 태어난 행성계에서 아무도 발을 붙인 적이 없는 새 행성을 하나 골라 그곳으로 우주 항해를 떠나자는 꿈을 이야기한 적이 있다.

태양이라고 자신이 만든 재를 한없이 재활용할 수 있는 것은 아니다. 언젠가 태양의 내부가 완전히 탄소와 산소로 채워지는 시기가 온

8. 아스텍 원주민들이 지구 운명의 날을 이렇게 예언했다. 그들은, "지구의 피로가 겹치기 시작하고 지구의 씨가 아주 말라 버릴 때"가 되면 "하늘에서 태양이 떨어지고 별들이 흔들려 추락할 것이다."라고 믿었다.

다. 하지만 이 상태에서는 핵융합 반응이 더 이상 진행되지 않는다. 태양 내부의 온도와 압력이 탄소나 산소를 가지고 다음 단계의 핵반응을 유발시킬 수준에 이를 수 없기 때문이다. 중앙 핵반응로의 헬륨 연료가 거의 소진될 즈음 태양 중심부는 그동안 미뤄 오던 중력 수축을 재개하게 된다. 수축은 온도의 상승을 불러와서 마지막 단계의 핵융합 반응을 한 차례 더 일으키고 대기층은 약간 팽창한다. 단말마의 고통이 시작되는 것이다. 대략 1000년을 주기로 팽창과 수축을 느리게 반복하다가 자신의 대기층을 몇 개의 구각球殼으로 나누어 우주 공간으로 내뱉어 버린다. 외각층을 잃고 뜨거운 내부가 노출된 태양은 한때 자신의 피부였으나 지금은 벗겨져 멀리 떨어져 나간 수소 기체에 강력한 자외선을 퍼부어 거기에서 밝은 형광선이 방출되도록 유도한다. 그리고 이것은 명왕성의 궤도보다 더 먼 바깥쪽에 찬란한 쌍가락지를 만들어 놓는다. 이것은 외계의 관측자들에게 물병자리의 행성상 성운과 같이 보일 것이다. 태양이 가졌던 초기 질량의 거의 반이 이런 식으로 성간 공간에 흩어진다. 그때까지 태양계 내부에 누가 살고 있다면 그에게는 당시의 태양계가 태양의 유령에서 만들어지는 보라색 계통의 빛으로 그득하여 납량극의 분위기를 자아내기에 충분한 것으로 보일 터이다. 그리고 태양계의 외곽 지역에는 태양에서 떨어져 나간 태양의 허물이 떠다니고 있을 게다.

은하수 은하의 내부에서 사방을 두리번거려 보면 구각 모양의 발광 성운을 동반한 별들을 종종 만나게 된다. 우리는 이들을 행성상 성운行星狀星雲, planetary nebula이라고 부른다. 이들이 행성과 무슨 깊은 연관이 있어서 이런 이름이 붙은 것은 아니다. 그것들은 기능이 좀 떨어지는 망원경으로 봤을 때 그 모습이 태양계의 천왕성과 해왕성의 청록색 원반을 빼닮았기 때문에 이런 이름이 붙었다. 행성상 성운은 겉보기에는 가락지같이 보이는데, 그렇다고 해서 빛을 내는 기체가 고리 구조를 하고 있다고 생각하면 그것은 오산이다. 비눗방울은 가운데가 투명하고 가장자리가 뚜렷하게 보이는데, 이것은 방울의 가운데를 지나는 시선이 가장자리를 지나는 것보다 훨씬 얇은 비누 막을 관통하기 때문이다. 같은 이치에서 구형 껍질을 이루는 행성상 성운의 기체층이 우리에게는 고리로 보이는 것이다. 행성상 성운은 생의 마지막 단계에 들어선 별의 모습이다. 그리고 중심 별 근처에는 진화의 끔찍한 잔해들이 널려 있을 것이다. 멸망한 행성들의 잔해 말이다. 한때는 생명의 서식지로 생기발랄했던 세상이 이제는 물도 공기도 다 말라 버린 죽음의 불모지로 변한 채 유령 같은 광휘光輝 속에 깊이 잠겨 있다. 한편 태양의 잔해는 어떤 모습일까? 처음에는 행성상 성운에 깊숙이 싸여 있겠지만, 고온의 알몸이 밖으로 노출된 태양은 서서히 식으면서 수축을 계속한다. 지상에서는 들어 본 적도 없는, 차 숟가락 하나분의 질량이 1톤에 이르는 고밀도의 물질로 수축하게 된다. 이런 상태에 놓인 물질을 우리는 축퇴縮退 물질이라고 한다. 즉 태양이 행성상 성운 한복판에 자리하는 백색 왜성白色矮星, white dwarf으로 변신한 셈이다. 그리고 수십억 년의 세월이 또 흐르면 태양은 그나마 남아 있던 자신의 온기를 복사로 다 잃고 결국 흑색 왜성黑色矮星, black dwarf이 되어 우주인의 시야에서 영원히 사라질 것이다.

질량이 비슷한 두 별은 같은 진화의 과정을 같은 속도로 밟아 간다. 질량이 큰 별은 작은 별보다 자신의 핵연료를 더 급히 사용한다. 그렇기 때문에 질량이 다른 두 별이 동시에 태어나 쌍성계를 이루고 있다면, 큰 별이 작은 별보다 먼저 적색 거성 단계에 들어가고 백색 왜성으로의 종말도 먼저 맞게 된다. 그런데 별들은 둘씩 짝을 지어 쌍성계를 이루는 경우가 허다하다. 그러므로 하늘에는 적색 거성과 백색 왜성으로 구성된 쌍성계가 흔하다. 특히 근접 쌍성계인 경우에는 두 별 사이의 거리가 가까워서 잔뜩 부풀어 오른 적색 거성에서부터 흘러넘친 물질이 백색 왜성 표면의 특정 지역으로 떨어져 쌓인다. 이렇게 자신의 동반성同伴星에서부터 공급받은 수소를 가지고 백색 왜성은 강력한 중력의 작용으로 고온 고압의 상태를 만들고 결국 핵융합 반응을 다시 일으킨다. 이때 백색 왜성은 갑자기 많은 빛을 발한다. 그러나 잠시 후에 원래의 밝기로 돌아간다. 이것이 신성新星, nova이다. 신성의 출현은 광도의 변화 폭과 발생 메커니즘의 관점에서 볼 때 초신성과는 별개의 현상이다. 신성은 반드시 쌍성계에서 볼 수 있고 수소의 핵융합 반응이 신성의 급작스러운 광도 증가의 원천이 된다. 초신성은 혼자인 별들이 겪는 더욱 격렬한 변화이며 규소의 핵융합 반응이 에너지를 충당한다.

성간운에 들어 있던 수소와 헬륨이 뭉쳐서 별이 만들어진다. 그 별은 핵융합 반응을 통해 수소와 헬륨보다 무거운 원소를 합성하여 성간 공간으로 되돌려 보낸다. 적색 거성의 대기층이 항성풍의 형태로 밖으로 퍼져 나가기 때문이다. 태양 규모의 별들은 행성상 성운의 단계를 거쳐 자신들의 외각층을 날려 보낸다. 이보다 질량이 큰 별들은 초신성 폭발의 과정을 거치면서 질량의 대부분을 공간으로 분출한다. 성간 공간에 이렇게 공급된 물질들은 별의 핵융합 반응에서 쉽게 합성된 원소들로 구성돼 있다. 즉 거의 모든 별의 내부에서는 수소에서 헬륨이, 헬륨에서 탄소와 산소가 만들어진다. 질량이 비교적 큰 별들에서는 헬륨의 핵이 단계적으로 첨가되면서 네온, 마그네슘, 규소, 황 등의 순으로 무거운 원소들이 합성된다. 핵융합 반응이 한 단계씩 진행될 때마다 양성자와 중성자가 각각 두 개씩 더해지면서 최종 단계에서 드디어 철이 합성된다. 양성자와 중성자를 열네 개씩 가진 규소의 핵은 10억 도 이상의 온도에서는 핵융합 반응을 일으킬 수 있다. 규소 원자핵이 둘씩 모이면 양성자와 중성자를 스물여덟 개씩 가진 불안정한 니켈 핵이 생성된다. 이 니켈이 코발트를 거쳐 가장 안정한 철이 된다. 철은 양성자와 중성자를 스물여섯 개씩 갖고 있다.

앞에서 언급한 화학 원소들은 모두 우리에게 익숙한 것들이다. 누구나 이름을 아는 원소들이다. 별의 내부에서 일어나는 핵융합 반응에서는 에르븀Er, 하프늄Hf, 디스프로슘Dy, 프라세오디뮴Pr, 이트륨Y등이 합성되지 않는다. 우리가 일상생활에서 잘 알고 지내는 원소들의 과거를 되돌아보자. 그것들은 일단 별 내부에서 합성되어 성간 공간으로 나간 다음, 거기서 성간운의 구성 성분으로 남아 있다가, 그 성간운에서 중력 수축이 이루어지면 그 결과 차세대의 별과 행성의 구성 성분으로 다시 태어난다. 그것들은 이런 과정을 통해서 우리 곁에 가까이 올 수 있었다. 사실 원자적 수준에서 본다면 우리도 그런 경로를 거쳐서 여기에 와 있는 것이다. 수소와 일부 헬륨만 제외하면 지구의 모든 원소들이 수십억 년 전에 있었던 별들이 부린 연금술의 조화로 만들어진 것이다. 지구에 무거운 원소를 공급한 별들 중의 일부는 아직 은하수 은하 저편에 백색 왜성으로 남아 우리 모르게 조용히 숨어 있을 것이다. 우리의 DNA를 이루는 질소, 치아를 구성하는 칼슘, 혈액의 주요 성분인 철, 애플파이에 들어 있는 탄소 등의 원자 알갱이 하나하나가 모조리 별의 내부에서 합성됐다. 그러므로 우리는 별의 자녀들이다.

희귀 원소들 중에는 초신성이 폭발하는 과정에서 만들어진 것들이 일부 섞여 있다. 지구에는 금과 우라늄이 비교적 풍부한 편인데 그것은 태양계가 만들어지기 직전에 초신성의 폭발이 많았기 때문이다. 다른 별들이 거느린 행성계에서 볼 수 있는 희귀 원소들의 함량 분포는 지구와 다소 다를 수 있다. 그렇다면 외계 행성에 사는 사람들의 목과 귀에는 백금이 아니라 니오븀Nb의 목걸이와 귀걸이가 걸려 있고, 팔목에는 황금 대신 프로트악티늄Pa 팔찌가 쩔렁거릴 가능성도 있다. 그러나 우리가 귀하게 여기는 금은 그들에게는 실험실에서나 만지는 연구 대상에 지나지 않을지도 모른다. 금이나 우라늄이 지구에서 프라세오디뮴처럼 하찮은 것이었다면, 오늘날 우리의 삶이 좀 더 나아졌지 않았을까?

생명의 기원과 진화는 별의 기원과 진화와 그 뿌리에서부터 서로 깊은 연관을 맺고 있다. 첫째, 우리를 구성하는 물질이 원자적 수준에서 볼 때 아주 오래전에 은하 어딘가에 있던 적색 거성들에서 만들어진 것이기 때문이다. 우주에서 볼 수 있는 모든 원소들의 원자 번호에 따른 상대 함량 비율의 분포가 별에서 합성되는 원소들의 상대 함량 비율과 딱 들어맞기 때문에 그것들이 모두 적색 거성과 초신성이라는 특별한 용광로와 도가니에서 제조됐음을 그 누구도 의심할 수 없다. 우리의 태양은 제2세대, 또는 제3세대의 별일지 모른다. 태양에 들어 있는 모든 물질, 아니 우리 주위에 있는 모든 물질은 두세 차례에 거친 항성 연금술의 결과물이다. 둘째, 지구에서 발견되는 무거운 원소들 가운데 어떤 동위 원소는 태양이 태어나기 직전에 근처에서 초신성의 폭발이 있었음을 강력하게 시사하기 때문이다. 어찌 이것을 우연의 결과라고만 치부할 수 있겠는가? 초신성에서 유래한 충격파가 성간 기체와 성간 티끌로 구성된 성간운을 통과하면서 그곳의 밀도를 증가시킴으로써 중력 수축이 유발됐을 것이다. 그 결과로 태어난 것이 우리 태양계이다. 셋째, 우리는 생명의 탄생에서 별의 흔적을 찾아볼 수 있다. 새로 생긴 태양에서 쏟아져 나온 자외선 복사가 지구 대기층으로 들어와서 그곳에 있던 원자와 분자에서 전자를 떼어내면서 대기 중에는 천둥과 번개가 난무하게 됐고 이것이 복잡한 유기 화합물들의 화학 반응 에너지원으로 작용했다. 바로 이 과정에서 생명이 태어났던 것이다. 넷째, 지구상에서 벌어지는 모든 생명 활동이 결국 태양 에너지에 의존하고 있다는 사실에 주목할 필요가 있다. 식물은 태양의 빛을 받아서 빛 에너지를 화학 에너지로 변환시킨다. 따지고 보면 모든 동물은 식물에 기생하여 사는 존재이다. 농사가 무엇인가? 태양 광선을 조직적으로 추수하는 방법에 다름이 아니다. 마지못해 응하는 식물을 매개체로 하여 태양 광선의 에너지를 긁어모으는 체계적이고 효과적인 방법이 농업이다. 따라서 인류는 전적으로 태양의 힘에 기대어 살아가는 존재이다. 끝으로 유전의 관점에서도 그 이유를 찾을 수 있다. 돌연변이라고 불리는 유전 형질의 변화가 진화를 추동한다. 자연은 돌연변이를 통해서 생명의 새로운 존재 양식을 찾아내는데 고에너지의 우주선 입자들이 돌연변이를 촉발하기도 한다. 우주선은 초신성에서 높은 에너지를 가지고 태어나 거의 광속으로 움직이는 하전 입자들을 뜻한다.

지구상에서 이루어지는 생명의 진화도 이렇게 그 근원을 따져 거슬러 올라가다 보면 광대한 우주 어딘가에서 벌어지는 질량이 큰 별들의 극적인 최후에서 시작된 것임을 알 수 있다.

가이거 계수기와 우라늄 광석을 들고 지하 깊은 곳으로 들어갔다고 상상해 보자. 예를 들어 금광이나 용암이 뚫어 놓은 지하 터널 같은 곳으로 말이다. 땅속에는 뜨거운 용암이 강물같이 흐르면서 길을 내놓은 갱도 같은 것들이 있다. 예민한 계수기는 감마선이나 고에너지의 양성자나 헬륨 원자핵 등을 만날 때마다 삐삐거리는 소리를 낸다. 계수기를 우라늄 광석에 가까이 가져가면 방사능 자연 붕괴에서 나오는 헬륨 원자핵 때문에 단위 시간당 울리는 삐삐 소리의 횟수가 급격하게 증가한다. 납으로 만든 두꺼운 통 속에 우라늄 광석을 넣어 버리면 그 횟수는 현격하게 떨어진다. 납이 우라늄에서 나오는 각종 방사능 핵들을 흡수하기 때문이다. 그렇지만 계수율이 완전히 0으로 떨어지는 것은 아니다. 이 잔류 계수율의 일부는 동굴 벽에서 진행되는 방사능 자연 붕괴에 기인한다. 그런데 이 자연 붕괴 계수율을 제하고도 남는 것이 있다. 그중 일부는 동굴 천장을 뚫고 들어오는 고에너지 우주선宇宙線의 하전 입자들로 인한 것이다. 그러니까 우주 깊숙이 매우 먼 곳에서 아주 먼 옛날에 발생한 우주선들이 지금 여기에 있는 가이거 계수기를 울리는 것이다. 주로 전자와 양성자로 이루어진 우주선들이 지구 대기에 계속해서 들어오고 있다. 지구에 생명이 탄생한 이래 지금까지 지구 생물은 이 우주선들의 '폭격'을 계속해서 받아 왔다. 수천 광년 떨어진 곳에서 별 하나가 초신성으로 폭발하면서 많은 양의 우주선 입자들이 생겼다고 하자. 그들은 은하수 은하의 구석구석을 수백만 년 동안 이동하다가, 일부가 아주 우연하게 지구에 들어와서 어떤 생물의 유전적 형질을 바꾸어 놓는다. 유전자 코드의 형성, 캄브리아기에 있었던 생물 종의 폭발적 증가, 인류 조상의 직립 보행 등도 따지고 보면 모두 결정적 시기마다 지구 생물의 진화 역사에 개입했던 우주선과의 상호 작용에 따른 결과일 가능성이 크다.

1054년 7월 4일, 중국의 천문학자들은 황소자리에서 별이 갑자기 나타나는 것을 보았다. 그들은 이 별에 손님 별, 즉 "객성客星"이라는 이름을 지어 주고 기록으로 남겼다. 그리고 그전에 그 자리에서 볼 수 없던 별이 갑자기 나타나 하늘에 있던 그 어느 별보다 밝아졌다고 기록했다. 한편 중국에서부터 지구를 반 바퀴쯤 돈 남서아메리카 어느 곳에도 천문학 전통이 매우 강한 문명권이 있었다. 그들도 새로 태어난 이 눈부시게 밝은 별을 목격했다.[9] 그 지역에서 숯을 수거하여 탄소 14 동위 원소로 연도를 추정해 본 결과, 11세기 중반에 오늘날 호피Hopi 원주민의 선조인 아나사지 족이 그곳에 살고 있었던 것으로 밝혀졌다. 오늘날 그곳은 뉴멕시코 주이다. 아나사지 족 중 누군가가 처마처럼 돌출한 바위 밑 벽에 새로 생긴 별을 그려 놓았다. 그 때문에 그림은 풍화 작용으로 인한 침식에서 보호받을 수 있었다. 별 옆에는 초승달이 그려져 있다. 당시 달과 객성의 상대 위치가 바로 이 바위에 그려진 그대로였을 것이다. 큼직한 손바닥도 하나 옆에 그려져 있다. 그것은 이 기록을 남긴 천문학자 겸 예술가의 서명일 것이다.

9. 이슬람 문화권의 천문학자들도 게성운의 초신성 폭발을 목격했다. 그러나 무슨 이유에서인지 유럽에는 이것에 대한 기록이 전혀 남아 있지 않다.

뉴멕시코 대협곡 지대에서 발견된 아나사지 족의 암벽화. 이 암벽화가 그려진 시기가 11세기 중엽이므로 중국 천문학자들이 기록으로 남긴 1054년의 초신성 폭발을 아나사지 족도 목격했던 것 같다. 초신성이 그날 초승달과 이룬 상대 위치를 이 암벽화에서 알 수 있어서 더욱 흥미롭다. 빌 레이의 사진.

5,000광년 떨어져 있는 이 놀라운 별을 우리는 오늘날 게성운의 초신성이라고 부른다. 중국 천문학자가 객성의 출현을 문자 기록으로 남긴 지 여러 세기가 지났고, 아나사지 족 예술가가 자신의 작품을 완성한 지 10여 세기가 지난 어느 날이었다. 어떤 천문학자가 자신의 망원경으로 하늘의 바로 이곳을 바라봤다. 그의 망원경에 나타난 것은 게

와 천연덕스럽게 닮은 성운이었다. 그래서 1054년 초신성 폭발이 남겨 놓은 이 흔적을 우리는 게성운이라는 사랑스러운 이름으로 부른다. 게성운의 초신성은 폭발 후 3개월 동안이나 맨눈으로 볼 수 있었다고 한다. 낮에도 볼 수 있었고 밤이면 그 빛으로 책도 읽을 수 있었다. 은하 하나에서 평균 100년에 한 번 꼴로 초신성이 터진다. 은하의 나이를 대략 100억 년이라고 할 때, 그동안 약 1억 개의 별들이 폭발했을 것이라는 계산이 나온다. 1억은 엄청나게 큰 수이다. 그렇지만 은하 하나에 별이 1000억 내지 1조 개가 있으니, 1,000개 내지 1만 개 중의 하나가 초신성으로 터진 셈이다. 우리의 은하수 은하에서는 1054년 폭발 이후 1572년에 튀코 브라헤가 기록으로 남긴 초신성 폭발이 있었고 1604년에 요하네스 케플러가 적어 둔 초신성 폭발도 있었다.[10] 아쉽게도 그 후에는 우리 은하수 은하에서 초신성 폭발을 한 건도 볼 수 없었다. 이제 제법 쓸 만한 망원경들을 손에 넣은 천문학자들이 안달이 나서 손이 닳도록 '하나만, 하나만' 하고 몇 백 년째 빌고 있는 데도 하늘은 시치미만 뚝 떼고 있다.

그러나 외계 은하에서는 초신성 폭발이 늘 관측된다. 20세기 초반에 살던 천문학자가 읽고 깜짝 놀랄 문장을 하나 제시하라면, 나는 영국에서 발간되는 학술지 《네이처*Nature*》의 1979년 12월 6일자에 실린 데이비드

10. 케플러는 1606년에 출간한 『신성에 관하여*De Stella Nova*』라는 책에서, 초신성은 하늘의 원자들이 제멋대로 뒤섞여서 생기는 게 아닌가 하는 의문을 던진다. 그렇지만 이러한 생각이 자기의 아이디어가 아니라 부인의 것이라고 둘러댔다. "나의 의견이 아니라, 부인의 생각이다. 어제 집필 작업의 격무에 지친 몸을 쉬고 있는데, 저녁을 들라는 부인의 목소리가 들려왔다. 그 소리를 듣고 식탁으로 갔더니, 내가 먹고 싶다고 했던 생야채 요리 한 접시가 내 자리 앞에 놓여 있었다. '백랍 접시, 상치 잎, 소금 조금, 몇 방울의 물, 식초 조금, 올리브기름 약간, 그리고 삶은 달걀을 잘게 쪼갠 조각 등을 허공에 휙 날려서 영원으로 보낸 다음 얼마쯤 시간이 지나면, 이것들이 기적적으로 생채 요리 한 접시로 만들어져서 내 식탁위에 다시 나타날 수 있을까?' 라고 내가 이야기했더니, 나의 아내는 '그렇고 말고요.' 라고 대꾸하면서, '하지만 여기서 제가 만든 것만큼 맛있지는 않을걸요.' 라고 한마디 덧붙였다."

항성 진화의 후기 단계에서 출현하는 근접 쌍성계의 강착 원반. 왼쪽에서 적색 거성의 대기를 이루던 발광 물질이 오른쪽의 펄서 중성자별 주위에 형성된 강착 원반으로 흘러 들어가고 있다. 마찰 때문에 강착 원반에서는 엑스선과 그 이외 파장 대역의 빛이 방출된다. 돈 데이비스가 그린 상상도.

헬펀드David Helfand와 녹스 롱Knox Long의 논문에서 발췌한 다음 문장을 그 예로 들겠다. "경硬 엑스선과 감마선의 강력한 폭발이 1979년 3월 5일 폭발 감지 연결망의 역할을 하는 행성 간 우주선에서 검출됐다. 검출 시간에서부터 추적된 감마선 방출 위치는 대마젤란성운Large Magellanic Cloud의 초신성 잔해 N 49와 일치한다."(지구 북반구에 사는 사람으로서 이 성운을 최초로 본 사람이 페르디난드 마젤란Ferdinand Magellan이었기 때문에 이런 이름이 붙여졌다. 대마젤란성운은 우리 은하수 은하가 거느린 하나의 작은 위성 은하로서 18만 광년의 거리에 있다. 독자의 예상대로 소마젤란성운Small Magellanic Cloud도 물론 있다.) 그러나 《네이처》의 같은 호에는 (구)레닌그라드 소재, 이오페 연구소Ioffe Institute 소속의 마제츠E. P. Mazets와 그 동료들의 논문도 한 편 실렸다. 금성 착륙을 목적으로 항해 중이던 우주 탐사선 베네라 11호와 12호에 실려 있던 감마선 폭발 검출기로 (구)소련의 연구진도 동일한 현상을 관측했던 것이다. 그들은 지구에서 겨우 수백 광년 떨어져 있는 펄서가 갑자기 밝아진 것이라고 분석했다. 위치가 잘 일치함에도 불구하고 헬펀드와 롱은 감마선 폭발이 초신성 잔해와 물리적으로 연계돼 있다고 주장하지 않았다. 대신 그들은 다른 여러 가지의 후보 천체들을 고려의 대상으로 삼았다. 심지어 태양계 내부의 천체일 가능성까지 점쳤다. 긴 우주 항해 끝에 집으로 돌아가고 있는 외계인 우주선의 배기 현상을 본 것인지 모른다고까지 이야기했다. 그러나 다른 그 어떤 가능성보다 N 49에서 방출된 것이라고 생각하는 게 더 단순한 가정이 아니었을까? 초신성은 누구나 잘 알고 있는 천체가 아니었던가?

태양이 적색 거성이 될 때 내행성계가 맞을 운명은 소름끼치게 냉혹한 것이지만, 태양계 행성들은 적어도 초신성 폭발이 가져다줄 절멸의 순간은 걱정하지 않아도 좋다. 태양이 초신성이 될 수는 없기 때문이다. 태양보다 질량이 큰 별은 중심부가 태양보다 훨씬 더 고온 고압의 상태에 있으므로, 여러 종류의 핵연료를 단계적으로 태울 수 있다. 또 매우 빠른 속도로 진화하기 때문에 그 수명이 태양에 비해서 무척 짧다. 질량이 태양의 10배 정도인 별은 비교적 조용하게 진행되는 수소 · 헬륨 변환 과정을 불과 수백만 년 안에 마치고, 재빨리 훨씬 더 격렬한 핵융합 단계로 이행한다. 그 까닭에 주위에 있던 행성에서 생명이 탄생하여 고등 지능을 갖춘 존재로 진화할 충분한 시간적 여유가 없다. 그러므로 외계 생물들이 자기네의 별이 초신성이 될 것이라고 알고 있는 경우는 거의 찾아볼 수가 없을 것이다. 그들이 초신성이 무엇인지 이해할 수 있을 정도로 오래 살 수 있었다면 그들의 별이 초신성이 될 리는 애초부터 없었기 때문이다.

초신성 폭발의 전제 조건은 규소의 핵융합으로 철의 중심핵이 만들어져야 한다는 것이다. 엄청 높은 압력 아래서 별의 중심부에 있던 자유 전자들은 철 원자핵의 양성자와 짝짓기를 강요당한다. 같은 크기의 양전하와 음전하가 만나면 전하가 상쇄되므로 별 내부가 하나의 커다란 원자핵으로 변한다. 이렇게 생성된 한 덩이의 거대한 원자핵은 자신의 구성원이던 전자와 양성자가 따로따로 있을 때보다 부피가 훨씬 작다. 작은 철의 중심핵이 내파內破, implode되면 이를 따라 중심을 향해 돌진하던 외곽부는 중심핵에서 밖으로 튕겨서 격렬하게 외파外破, explode하여 초신성으로 폭발한다. 은하에서 초신성이 폭발하면 그 초신성 하나가 은하의 모든 별들을 합친 것보다 더 밝게 빛을 낸다. 오리온자리에서 볼 수 있는 최근에 태어난 무거운 별들도 앞으로 수백만 년 안에 모두 초신성으로 폭발할 것이다. 사냥꾼 오리온이 앞으로 벌일 불꽃놀이가 사뭇 기대된다.

초신성이 폭발할 때 별이 초신성 이전 단계에서 갖고 있던 질량의 거의 대부분이 우주 공간으로 방출된다. 조금 남아 있던 수소와 헬륨 그리고 새로 합성된 탄소, 규소, 철, 우라늄 같은 물질들이 폭발과 함께 우주 공간으로 날아간다. 그리고 폭발의 중심에는 뜨거운 중성자별이 하나 남는다. 중성자별은 핵력으로 결속된 원자량이 10^{56}인 하나의 거대한 원자핵이라고 할 수 있다. 태양 규모의 질량을 가진 중성자별은 크기가 대략 30킬로미터이다. 중성자별은 원래 큰 별의 잔해로서 매우 빠른 속도로 자전한다. 질량이 큰 적색 거성이 수축해서 작은 중성자별이 되면서 회전 속도가 점점 증가하기 때문이다. 구체적 예로서 게성운의 경우를 보자. 게성운 한복판에는 맨해튼 섬과 비슷한 크기의 중성자별이 1초에 30번씩 자전하고 있다. 수축 과정에서 자전 속도만 증가하는 것이 아니라 자기장도 증폭된다. 그러므로 하전 입자들은 강력한 자기장에 붙잡혀서 중성자별과 같이 회전하게 된다. 중성자별에 비할 바는 아니지만 목성의 미약한 자기장에도 하전 입자들이 붙잡혀 있다. 자기장에 붙잡혀서 중심 천체와 같이 회전하는 전자들은 전파에서 가시광선에 이르는 넓은 파장 대역의 빛을 잘 결속된 빔에 담아 방출한다. 빛의 빔이 중심의 중성자별과 함께 자전하므로 그 빔은 우리의 시선 방향에 들어오게 될 때만 한 차례씩 관측된다. 이것이 바로 펄스pulse이다. 항해하는 배에서 등대의 불빛을 보는 것과 마찬가지 원리이다. 그러므로 펄스의 원천인 펄서pulsar는 우주의 등대인 셈이다. 이것이 바로 펄서의 정체이다. 우주의 메트로놈인 펄서는 우리가 일상에서 사용하는 시계 중에서 가장 정확한 것보다 더 정확하게 시간을 맞춰 깜빡거린다. 오랫동안 펄스 신호를 관측해 보면 주위에 하나나 둘 정도의 행성을 거느리고 있는 펄서를 발견할 수 있다. PSR 0329+54라는 이름의 펄서가 그 한 예이다. 하나의 별이 진화의 모든 과정을 거쳐 펄서까지 되는 동안 그 주위에 있었던 행성이 파괴되지 않고 그대로 남아 있을 수 있음이 이 펄서를 통해서 입증된 셈이다. 그렇지 않다면 초신성 폭발 후에 펄서에 잡힌 행성일 수도 있다. 이러한 행성에서 올려다보는 하늘의 모습은 어떤 것일까? 대단히 궁금하다.

중성자별을 구성하는 물질은 차 숟가락 하나분의 무게가 보통 산 하나의 무게와 맞먹는다. 차 숟가락 분량의 덩어리를 놓쳤다면—사실 놓칠 수밖에 별 도리가 없겠지만—마치 공기 중에서 돌멩이가 떨어지듯, 지구 속으로 아무 어려움 없이 뚫고 들어가 행성 전체를 관통하는 구멍을 내면서 지구의 반대쪽으로 빠져나올 것이다. 서울에서 떨어뜨렸다면 부에노스아이레스로 빠져나온다는 이야기이다. 중성자별에서 퍼온 조그마한 덩어리 하나가 한 도시의 지면을 뚫고 나올 때, 사업 걱정을 하면서 거리로 나와 잠시 산책을 하던 사람들이 그 거리에 있었다면 땅바닥에서 솟아오른 돌멩이에 깜짝 놀라 어안이 벙벙했을 것이다. 그런데 그것도 잠시, 그 돌멩이는 다시 땅 밑으로 가라앉으니, 그들은 또다시 소스라치게 놀라는 도리밖에 없을 것이다. 아무튼 사업 걱정에서 잠시나마 해방될 수 있었으니 그들은 그것만으로 만족해야 할 것이다. 중성자별의 작은 조각 하나가 지표에서 상당히 높은 곳에서 자전하는 지구에 떨어진다면 지구 여기저기에다 구멍을 뚫어 놓으면서 지구의 중심을 관통하는 진동을 계속할 것이다. 지구 물질과의 마찰로 진동이 멈출 때까지 뚫린 구멍이 수십만 개는 족히 될 것이다. 뚫린 구멍이 암석과 철광석으로 다시 메워지기까지 지구는 뻥뻥 구멍이 난 스위스 치즈를 닮아 있을 것이다. 중성자별의 물질이 하나의 덩어리 형태로 지구에 떨어진 적은 없었다. 하지만 중성자별의 미세한 조각, 즉 중성자는 사방에 널려 있다. 지구를 구성하는 원자에는 중성자가 들어 있다. 그러니까, 차 숟가락, 다람쥐, 한 모금의 공기, 애플파이 그 어느 것에도 중성자별을 구성하는 물질과 동일한 중성자들이 들어 있는 것이다. 중성자별의 경이로운 위력에 대해 설명을 들은 여러분은 일상에서 볼 수 있는 모든 사물에 그러한 위력의 물질이 숨어 있다는 사실에 다시 한 번 놀랄 것이다.

태양 규모의 별들은 적색 거성의 단계를 거쳐 백색 왜성으로 자신의 일생을 마감한다. 질량이 태양의 두 배에 이르면서 중력 수축 중에 있는 별은 초신성 폭발을 거쳐 중심에 중성자별을 남기는 것으로 일생을 끝맺는다. 이보다 훨씬 큰 별의 경우, 이와 다른 성격의 운명이 그를 기다린다. 초신성으로 폭발하고 남은 질량이 태양의 다섯 배 이상이면 자체 중력이 잔존하는 질량 덩이를 블랙홀로 몰아간다. 우리가 중력의 마술 장치를 하나 가지고 있어서 그 장치의 손잡이를 돌림으로써 지구의 중력을 마음대로 조정할 수 있다고 가정하자. 처음에는 기계 손잡이의 눈금이 1g를 가리키고 있을 것이다. 이때는 지상의 모든 것이 정상적으로 작동할 것이다. 우리가 여태껏 살아오면서 익숙해진 상황 그대로 말이다. 지상의 모든 동물과 식물 그리고 건축물까지 1g에 알맞게 진화하고 성장해 왔다. 중력의 세기가 이보다 훨씬 작다면 키가 장대같이 껑충하더라도 자신의 무게 때문에 주저앉게 되는 불상사는 발생하지 않는다. 중력이 무척 센 세상에서는 식물과 동물은 물론이고 그곳 사람들이 만든 건축물들까지 키가 무척 작으며 옆으로 많이 퍼진 납작한 모양을 하고 있을 것이다. 그런 모습을 한 것이라야 쉽게 넘어지거나 찌부러지지 않기 때문이다. 비교적 강한 중력의 영향 아래에서도 빛은 우리의 일상에서 경험한 대로 직선으로 움직일 것이다.

지구에서 흔히 볼 수 있는 존재들을 생각해 보자. 예를 들어 다음 쪽 그림에서 만나 볼 수 있는 인물들 말이다. 중력 가속도가 감소할수록 물체의 무게가 가벼워진다. 중력이 거의 0에 가까우면, 슬쩍 건드리기만 해도 우리의 이웃은 공기 중으로 두둥실 떠올라 이리저리 돌아다니게 된다. 마시던 차茶나 다른 종류의 액체를 엎질러서 생긴 작은 물방울은 풍선같이 커다랗게 부풀어서 맥동脈動할 것이다. 표면 장력이 중력보다 더 세기 때문이다. 그래서 차로 된 커다란 방울들을 사방에서 볼 수 있을 것이다.

중력이 물질과 빛에 미치는 영향. 루이스 캐럴 Lewis Carroll의 『이상한 나라의 앨리스 *Alice in Wonderland*』 이야기를 가지고 상황을 구성해 보았다. **1** 이 그림에서는 삼월 산토끼, 미치광이 모자 장수, 체셔 고양이가 앨리스와 함께 지구의 현재 중력 상황(1g)에서 차를 마시며 담소하는 중이다. 오른쪽에 있는 램프에서 출발한 한 줄기의 빛이 지구 중력의 영향을 받지 않은 채 하늘로 똑바로 올라간다. **2, 3** 중력의 세기가 점점 약해져서 0g의 상황으로 접근하자, 차를 즐기던 주인공들은 조금만 몸을 돌려도 자기도 모르게 몸이 휙 돌면서 붕 떠오른다. 한편 차는 작은 물방울들이 되어 공중을 떠돌아다닌다. **4** 중력의 세기를 1g로 되돌리자, 앨리스와 그녀의 친구들이 다시 땅으로 떨어지고 잠시 동안 차의 비가 쏟아져 내린다. **5, 6** 중력이 현재 값의 수배로 증가하자, 그들은 꼼짝할 수 없게 된다. 그렇지만 빛은 여전히 아무런 영향을 받지 않고 직진한다. **7** 중력이 10^5g로 커지자, 주위의 풍광이 모두 납작하게 찌부러진다. 중력이 더 세져서 10^9g로 올라가자, 빛이 눈에 띌 정도로 휜다. 중력이 이보다 더 높아져 g의 수십억 배가 되자, 램프에서 하늘로 치솟던 빛줄기는 지상으로 되돌아온다. 아, 어디 그뿐인가. 중력의 세기가 이 지경에 이르니, 이상한 나라는 정말로 이상한 블랙홀이 된 것이다. 브라운이 그린 그림이다.

이때 중력을 1g로 환원시키면 이제는 차의 비가 사방에서 쏟아져 내린다. 1g에서 조금 더 높여서 3g 내지 4g로 하면 모두가 움직이지 않고 가만히 있게 된다. 앞발을 들어 올리는 일조차 많은 양의 에너지가 필요하기 때문이다. 이제는 중력을 무척 높일 계획이니 친구에게 친절을 베푼다는 뜻에서 중력의 영향권 밖으로 잠시 피신하라고 일러두라. 등불에서 나오는 빛은 3g 내지 4g 정도의 중력장에서도 무중력 상태에서와 마찬가지로 직진한다. 1,000g에서도 직진한다. 그러나 나무들의 키는 많이 줄었을 것이다. 10만 g에서는 암석들이 자신의 무게를 견디지 못해서 스스로 깨져 버린다. 체셔Cheshire 고양이와 같이 특별한 존재가 아닌 한 그 어떤 것들도 온전히 살아남을 수 없는 지경에 이른 것이다. 중력이 10억 g가 되면 이상한 현상이 벌어진다. 이렇게 큰 중력장에서는 직진하던 빛마저 그 진행 방향이 꺾이기 시작한다. 지극히 높은 중력장 속에서는 빛조차 영향을 받는 것이다. 중력의 세기를 이것보다 더 높이면 하늘을 향해 직진하던 빛이 지표로 끌려 내려온다. 우주적 체셔 고양이의 몸은 이제 사라지고 그의 싱긋 웃는 표정만 남는다.[11]

중력이 아주 강력하면 빛조차 그 중력장의 영향에서 벗어날 수 없다. 이렇게나 강한 중력장을 동반하는 천체를 우리는 블랙홀black hole이라고 부른다. 이것이야말로 주위 상황에 아랑곳 않는 불가해한 우주적 체셔 고양이인 것이다. 밀도가 충분히 높고 중력이 한곗값 이상으로 강해지면 블랙홀은 윙크 한 번 하고 우주에서 사라진다. 하지만 빛이 블랙홀 안에 갇혀 있으므로 블랙홀의 내부는 휘황하게 밝을 것이다. 블랙홀의 바깥에서는 블랙홀을 볼 수 없어도 블랙홀이 미치는 중력의 영향은 감지할 수 있기 때문에 성간 여행 도중에 까딱 잘못하면 블랙홀에 빨려 들어갈 수 있다. 이것은 말 그대로 돌이킬 수 없는 일이다. 그 과정에서 자신의 몸이 한없이 길게 실같이 늘어나는 매우 언짢은 경험을 하게 된다. 그렇지만 물질이 블랙홀 주위를 빙빙 돌면서 안으로 빨려 들어가는 모습 자체는 참으로 볼 만한 구경거리일 것이다. 그 나그네가 자연의 특별한 배려로 살아남을 수 있다는 실현 불가능의 조건이 성립된다면 말이다.

태양 내부에서 진행되는 핵융합 반응이 태양의 외각을 지탱해 주므로 태양은 중력 수축의 재앙을 앞으로도 수십억 년 동안 미룰 수 있다. 백색 왜성의 경우, 원자에서 떨어져 나온 전자들이 유발하는 특별한 압력 덕분에 안정이 유지된다. 중성자별에서는 중성자들이 만드는 압력이 중력의 일방적 횡포를 견제한다. 그러나 초신성 폭발이나 그 외의 격렬한 변혁 끝에 남은 잔해가 태양 질량의 다섯 배 이상이 되면 그 어떤 힘으로도 중력 수축을 막을 수가 없다. 이러한 잔해는 한없이

11. 지구 표면으로 낙하하는 물체가 느끼는 가속도의 크기가 1g이다. 1g의 가속도를 받으면, 속도가 매초에 대략 초속 10미터씩 증가한다. 그러니까 어떤 물체가 낙하를 시작한 지 1초가 지났을 때 그 물체의 속도는 대략 초속 10미터가 되며, 2초가 지나면 초속 20미터로 증가한다. 그러다가 지표에 충돌하든가 아니면 공기와의 마찰로 낙하 속도가 일정한 값에 머물 수도 있다. 중력 가속도가 무척 큰 세상에서는 물체의 낙하 속도가 가속도에 비례해서 빨리 증가할 것이 뻔하다. 구체적인 예로 10g의 상황에서 낙하 속도의 시간에 따른 변화를 따져보자. 낙하를 시작한 지 1초 후에 그 물체는 초속 10 × 10미터, 즉 초속 100미터의 속도를 얻는다. 그리고 1초 더 경과하면, 물체의 낙하 속도는 초속 200미터로 증가한다. 이런 식으로 시간이 지날수록 낙하 속도가 빨라진다. 그러므로 중력 가속도가 이렇게 큰 곳에서는, 자칫 비틀거리기만 해도 자신을 치명적인 상황으로 몰아넣는다. 중력에 따른 가속도는 항시 소문자 g로 표시하여 뉴턴의 중력 상수 G와 구별한다. 뉴턴의 중력, 또는 만유인력 상수 G는 중력 작용의 세기를 나타내는 상수로서 우주 어디에서나 같다. 하지만 중력 가속도는 특정 지역에서 느끼게 되는 중력 작용에 따른 가속도이다. 중력 가속도 g와 중력 상수 G 사이에는 다음의 관계가 성립한다.

$$F = Mg = GMm / r^2 ; g = GM / r^2,$$

여기에서 F는 중력에 따른 힘의 세기, M은 행성이나 별의 질량, m은 낙하하는 물체의 질량, r는 낙하 물체에서부터 그 행성이나 별의 중심까지의 거리를 뜻한다.

수축하면서 고속 자전을 한다. 그리고 점점 붉은색을 띠다가 종국에는 관측자의 시야에서 완전히 사라진다. 태양의 스무 배의 질량을 가진 별이 로스앤젤레스 시 정도의 크기로 수축하면 중력이 10^{10}g로 증가하면서 그 별은 자신이 만들어 놓은 시공간의 틈으로 빠져 들어가 우리의 우주에서 흔적도 없이 사라진다.

영국의 천문학자 존 미셸John Michell이 1783년에 최초로 블랙홀에 대한 생각을 했다. 그러나 그의 아이디어는 워낙 기상천외한 것이라, 최근까지 아무도 거들떠보지 않았다. 그러나 블랙홀이 존재한다는 관측적 증거들이 최근에 하나둘씩 나타나면서 천문학자를 포함한 모든 이들이 깜짝 놀라기 시작했다. 지구의 대기가 엑스선 복사에 대해 불투명하기 때문에 천체들이 엑스선을 방출하는지 조사하려면 엑스선 망원경을 대기 바깥으로 쏘아 올려야 한다. 최초에 올려진 엑스선 천문대는 멋진 국제 협력의 성과물이었다. 케냐의 해안에서 좀 떨어진 인도양에 이탈리아가 설치한 인공 위성 발사대가 있다. 미국이 이 발사대를 이용하여 자국의 로겟으로 엑스선 관측 위성을 지구 궤도에 진입시켰다. 스와힐리Swahili 어로 '자유'를 뜻하는 우후루Uhuru라는 이름의 이 위성은 최초의 엑스선 위성 천문대였다. 이 위성은 1971년에 백조자리에서 초당 1,000번씩 깜빡거리는 밝은 엑스선원源을 하나 발견했다. 이 엑스선 원은 그 후에 '백조자리 X-1'이라고 명명됐다. 이 천체의 엑스선 밝기가 변하는 원인이 무엇이든 간에 상관없이 언제 빛을 밝히고 언제 빛을 끄느냐 하는 정보가 백조자리 X-1을 가로질러 전달되는 속도는 결코 빛의 속도인 초속 30만 킬로미터를 넘을 수 없다. 그러므로 백조자리 X-1의 크기도 기껏 커 봐야 300킬로미터를 넘

백조자리 X-1을 담은 엑스선 사진. 중앙에 있는 밝은 천체가 백조자리 X-1로 거의 확실하게 블랙홀이라고 추정된다. 지구 궤도에 올려진 위성, 고에너지천체물리학 위성 천문대에서 찍은 사진이다.

을 수가 없음은 뻔한 사실이다.(300000km/s×1/1000s=300km) 크기로만 보면 겨우 소행성 규모의 천체가, 성간 공간을 통과한 다음에도 관측이 가능할 정도로 강력한 세기의 엑스선을 방출한다니, 도대체 이 천체의 정체는 무엇이란 말인가? 백조자리 X-1의 위치는 가시광선으로 관측했을 때 고온의 청색 초거성이 보이는 자리였다. 직접 확인은 불가능했지만 천문학자들은 이 청색 초거성에 근접 동반성이 있음을 스펙트럼 선의 주기적 이동에서부터 짐작할 수 있었다. 즉 이 별은 혼자가 아니라 동반성과 함께 쌍성계를 이루는 별이었다. 쌍성계에서는 두 별이 서로 맞물려 돈다. 그러므로 궤도 운동의 관측자에 대한 상대 속도가 주기적으로 변한다. 이 변화가 도플러 효과 때문에 흡수 스펙트럼선의 주기적 위치 변화로 나타난다. 천문학자들은 여기에서부터 쌍성계 구성원들의 질량을 추정할 수 있는데, 백조자리 X-1의 동반성은 태양의 약 10배 정도의 질량을 갖는 것으로 판명됐다. 초거성은 여러모로 보아 결코 엑스선의 방출원이 될 수 없었다. 그러자 사람들은 숨겨진 동반성을 의심하기 시작했다. 질량은 태양의 10배인데 크기는 겨우 소행성 정도라니 블랙홀이 아니고서야 이럴 수가 없는 것이었다. 그렇다면 엑스선의 원천은? 초거성에서 블랙홀로 빨려가면서 소용돌이치는 회전 원반에서 기체와 티끌 들이 서로 스치며 지나가기 때문에 막대한 양의 마찰열이 발생한다. 이 열이 회전 원반의 물질을 엑스선이 방출될 정도의 고온으로 가열한다. 전갈자리 V 861과 GX 339-4, SS 433, 컴퍼스자리 X-2 등도 블랙홀의 후보 천체들이다. 카시오페이아자리 A는 초신성의 잔해로 알려진 전파 방출원이다. 이 초신성에서 나온 빛이 17세기경에 지구에 도착했을 터인데, 당시 유럽에 상당수의 천문학자들이 살고 있었음에도 불구하고 이 초신성에 관한 기록을 남기지 않았다. 슈클로프스키I. S. Shklovskii는 숨어 있는 블랙홀이 폭발하는 핵을 먹어치우고 초신성의 불길을 약화시켰기 때문에 유럽 천문학자들이 초신성 폭발을 눈치 챌 수 없었을 것이라는 설명을 제안했다. 현존 자료의 편린들만으로 블랙홀이라는 퍼즐을 완성하기에는 역부족이다. 우주 공간에 쏘아 올린 망원경이 이런 자료의 편린들을 통해 전설적인 블랙홀의 행각을 추적할 수 있게 해 줄 것이다. 카시오페이아 A의 정체 규명에도 우주 망원경이 큰 역할을 할 것이다.

블랙홀을 좀 더 쉽게 이해하기 위한 한 가지 방편이 있다. 공간의 곡률을 생각해 보는 것이다. 모눈이 그려진 신축성 좋은 얇은 고무막이 있다고 하자. 그 위에 질량이 작은 물체를 올려놓으면, 고무막의 표면이 움푹 패여 보조개가 만들어질 것이다. 이렇게 변형된 고무막 위에 구슬을 살그머니 놓으면 그 구슬은 특정 궤도를 그리면서 보조개로 굴러 들어간다. 행성이 태양의 주위를 특정 궤도에 따라 돌고 있듯이 말이다. 이런 식의 설명은 아인슈타인에서 비롯됐다. 공간을 신축성 있는 천으로 비유했을 때 질량의 영향으로 변형된 공간이 중력으로 기능한다. 고무막의 예를 들면, 고무막이라는 2차원 공간의 특정 지역이 질량 때문에 국부적으로 3차원으로 구부러진 것이다. 이제 2차원의 고무막 공간을 3차원의 우주 공간으로 확장해 놓고 생각해 보자. 3차원 공간 역시 질량 때문에 국부적으로 우리가 감지할 수 없는 4차원으로 변형된다. 특정 부위에 있는 질량이 크면 클수록 그 주변 공간도 더 심하게 변형될 것이다. 보조개가 더 깊이 파인다는 말이다. 아인슈타인의 비유를 더 밀고 나가면, '블랙홀은 공간에 패인 바닥 없는 보조개'라고 주장할 수 있다. 당신이 그 보조개에 빠지면 어떻게 될까 생각해 보자. 밖에서 봤을 때 당신이 다 빠져 들어가는 데 무한대의 시간이 필요하다. 왜냐하면 이렇게 강력한 중력장에서는 기계적, 생물학적 시계가 완전히 멈춘 것으로 감지되기 때문이다. 한편 빠져 들어가고 있는 당신의 세계에서는 모든 시계가 정상적으로 작동한다. 중력에 따른 막강한 조석력과 강력한 복사를 당신이 '신의 특별 배려로' 어떻게든 견뎌 낼 수만 있다면, 그리고 당신이 빠져 들어가고 있는 검은 구멍이 자전하는 블랙홀이라면,(자전할 확률이 대단히 높다.) 당신은 시공간의 또 다른 점으로 출현할 것이다. 공간과 시간적으로 모처某處와 모시某時에 다시 나타난다는 말이다. 벌레가 사과에 침입하여 과육을 갉아먹고 나방이 돼서 빠져나가면 사과에 벌레의 입구와 출구를 연결하는 터널이 뚫린다. 벌레 구멍, 즉 웜홀wormhole은 사과에 뚫려 있는 입구와 출구에 해당한다. 존재를 증명할 수 없지만, 학자들은 벌레 구멍의 가능성을 진지하게 다룬다. 성간 공간이나 은하 간 공간에 중력이 파 놓은 벌레 구멍들이 있다면 그 구멍들을 연결하는 '우주 지하철'을 타고 통상적인 방법으로는 접근이 불가능한 우주의 구석구석을 보통 방법으로는 구현될 수 없는 쾌속으로 여행할 수는 없을까? 블랙홀이 우주의 아득한 과거, 또는 먼 미래로 우리를 데려가는 타임 머신의 역할을 할 수 있지는 않을까? 농담 비슷하게라도 이러한 생각들이 논의된다는 사실 그 자체만으로도 우주가 얼마나 '초현실적'인지 쉽게 가늠할 수 있을 것이다.

우리는 가장 근본적 의미에서 코스모스의 자녀들이다. 태양만 보더라도 그렇다. 구름 한점 없이 맑은 날, 하늘을 향해 얼굴을 쳐들고 그 위에 내려 쪼이는 햇볕의 따사로움을 느껴 보라. 이글거리는 태양을 정면으로 보았을 때 당신의 눈이 겪어야 할 위험의 심각성을 한번 상상해 보라. 1억 5000만 킬로미터 저 멀리 떨어져 있어 우리와 아무런 관계도 없는 듯하지만, 우리는 태양의 위력을 매 순간 생생하게 체험하며 살아간다. 끊임없이 요동하며 스스로 빛을 내는 태양의 표면에 있는 자신을 상상해 보라. 핵융합 반응이 진행되는 핵반응로의 한복판에 자신을 데려가 보라. 아니 상상만 해 보라. 태양은 우리를 따뜻하게 해 주고 먹여 주고 우리가 사물을 볼 수 있게 해 준다. 또 태양은 땅을 비옥하게 하여 다산多産의 충만감을 우리에게 안겨 준다. 태양은 인간 경험의 한계가 범접할 수 없는 권능 자체의 화신이다. 새들은 떠오르는 태양을 환희의 열정으로 노래하며 맞는다. 단세포 생물조차 빛을 향해 헤엄쳐 나간다. 우리 조상들이 태양을 숭배한 것[12]은 그들이 바보였기 때문이 아니다. 숭배의 대

12. 고대의 수메르 인들이 신을 나타내는 데 사용했던 그림 문자가 오늘날 별표로 애용되는 '*'이다. 한편 아스텍 인들은 '테오틀Teotl'이라는 단어로 신을 지칭했다. 그리고 태양의 기호를 테오틀의 그림 문자로 삼았다. 그들은 창공蒼空, heavens을 '테오아틀Teoatl'이라고 불렀는데 이 단어는 신의 바다, 또는 우주의 대양이라는 뜻이다.

상은 자신보다 훨씬 위대한 것이어야 마땅하다. 따라서 우리 조상들이 태양과 별들을 우러름의 대상으로 삼은 것은 아주 당연한 선택이었다. 천문학 연구는 바로 이러한 경외감에서 시작된다. 그렇지만 별들의 세상에서 태양의 위치는 보통, 그 이상 그 이하도 아니다. 또 그 별들도 은하의 바다에서는 작은 점에 불과하다.

은하는 미답의 대륙이다. 그 대륙에서는 규모는 별의 차원이지만 정체의 오묘함이 상상을 초월하는 현상과 실체 들이 우리의 접촉을 기다리고 있다. 예비적인 접촉과 만남이 일부 이루어진 것은 사실이다. 그래서 적지 않은 부분에서 그들과 우리의 동질성을 확인할 수 있었다. 상상은 조건을 거부한다지만, 우리의 상상은 항시 숨은 조건의 노예일 뿐이었다. 인간의 상상력이 그 숨겨진 조건들마저 모두 떨쳐 버릴 수 있다 하더라도, 은하에는 상상의 품 안에 담기 어려운 그 무엇들이 우리의 지적 탐사를 기다리고 있다. 인류는 은하 구성물의 정체를 밝히려는 대장정에서 이제 겨우 첫발을 내디뎠을 뿐이다. 여태껏 이루어진 지적 탐사에서 알아낸 사실은, 은하라는 미지의 대륙에는 우리가 알지 못하는 예상 밖의 구성원들이 아직 그득하다는 점이다. 행성들은 은하수 은하에서 멀지 않은 곳에 거의 확실하게 존재한다. 대마젤란성운과 소마젤란성운의 구름 안에 있는 별들 주위와 은하수 은하를 둘러싸는 구상 성단의 별들 주위에도 행성들이 있을 것이다. 우리가 그들의 세계로 달려가서 그 행성들의 지평선 위로 은하수 은하가 떠오르는 장관을 감상할 수 있다면 얼마나 좋을까! 팔을 넓게 벌리고 휘돌아 감도는 나선 팔 구조의 위용, 4000억 '인구'를 자랑하는 성단에서 벌어지는 별들의 퍼레이드, 중력 수축의 고통과 충격에 소리 없이 신음하는 암흑 성간운들, 그 안에서 새로이 태어나는 행성계, 초거성들의 휘황한 광채, 중년에 이른 주계열성들의 늠름한 모습, 적색 거성들의 빠른 팽창, 백색 왜성의 단아함, 행성상 성운의 미려함이 우리를 기다리고 있을 것이다. 어디 그뿐이겠는가. 신성, 초신성, 중성자별, 블랙홀 등은 어찌하고? 우리는 그들과의 만남 속에서 우리를 구성하는 물질, 우리의 내면과 겉모습 그리고 인간 본성의 형성 기제 모두가 생명과 코스모스의 깊은 연계에 좌우된다는 점을 확신하게 될 것이다.

창조의 춤. 춤의 신으로 현현한 힌두교의 시바 신이 창조의 춤을 추고 있다. 10세기에 제작된 이 청동 조각상은 시바 신의 불꽃 광륜으로 우주의 순환을 표현하고 있다. 연꽃은 힌두교에서 깨달음의 상징이다. 그 연꽃에서 불꽃이 활활 타오르고 있다. 시바 신은 인간의 무지를 상징하는 아파스마라푸루사Apasma-rapurusa를 밟고 춤을 춘다. 뒤로 뻗은 오른손으로 창조의 상징인 작은 북 모양의 다마루damaru를 쥐고 있다. 또 뒤쪽 왼손은 파괴의 상징인 불, 아그니agni를 잡고 있다. 앞쪽 왼손은 코끼리의 코처럼 생긴 가자하스타gajahasta를, 앞쪽 오른손은 마브하야문드라Mabhaya-mundra의 자세를 취하고 있다. '마브햐야문드라' 를 글자 그대로 옮기면 '두려워 마십시오.' 라는 뜻이다. 현재 미국에 있는 이 조각상은 곧 인도에 반환될 예정이다.

10 영원의 벼랑 끝

하늘과 땅이 열리기 전

혼돈에서 태어난 그 무엇이 있었다.

침묵과 공허 안에서

그것은 그것만으로 충만하여 변하지 않았고

두루 돌기는 하지만 닳아 없어지는 법이 없었다.

그것에서 모든 것이 말미암았으니 그것은 세상의 어머니.

그 이름 내 알 수 없으나

'도 道'라 부르겠노라.

'대도 大道'라 또 다른 이름으로 불러도 좋으리라.

도는 거대하므로 나를 벗어난다 할 수 있고

나를 벗어난다니, 그것은 내게서 멀리 떨어져 자리한다.

또한 멀리 있으니, 그것은 결국 내게 되돌아오리라.

— 노자, 『도덕경』, 기원전 600년경

맑은 하늘 높은 곳에 뚜렷하게 눈에 띄는 은하수라는 거대한 길이 있다. 은하수는 자신의 광채로 밝게 빛나며 이 길에는 신들께서 주석하신다. 이곳은 위대한 우레의 왕궁이며 막강한 천상의 실세들이 거주하는 곳. 나는 감히 이곳이야말로 위대한 하늘의 바른 길이라 부르리라. — 오비디우스, 『변신 이야기』, 1세기

창조주가 세상을 빚었다고 주장하는 아둔한 사람들이 있다. 세상이 창조됐다 함은 그릇된 가르침이며 버려 마땅한 가르침이다. 신이 세상을 창조했다면, 신은 창조 이전에 어디 있었단 말인가? 어떻게 신이 아무것도 없는 무無에서 세상을 만들어 낼 수 있겠는가? 만일 신이 유有를 만들고 난 다음, 세상을 만들었다고 주장한다면, 그 유란 것이 또 무엇에서 만들어졌는지 궁금하긴 마찬가지이다. 그러므로 끝없이 이어지는 논리의 순환 고리에 사로잡히고 말 뿐이다. 세상은 창조되지 아니했으며 시간 자체가 그러하듯이 세상은 시작도 끝도 없음을 명심할지어다. 이는 또한 진리에 기초한 것이니.

— 마하푸라나(위대한 신화), 인도 자이나교, 9세기

지금부터 100억 또는 200억 년 전에 빅뱅Big Bang이라고 불리는 대폭발의 순간이 있었고 우주는 그 대폭발에서 비롯됐다. 왜 그런 폭발이 있었는지는 신비 중의 신비다. 그러나 폭발이 있었음은 거의 틀림없는 사실이다. 현존 우주에 있는 모든 물질과 에너지가 대폭발의 순간에는 상상할 수 없을 정도로 높은 밀도로 모여 있었을 것이다. 그 상태는 부피를 전혀 갖지 않는 수학적 의미의 점이었다. 바로 그 점이 '우주의 알'이었다. 지구상 여러 문화권들의 창조 신화에서 우리는 우주의 알이라는 개념을 공통적으로 발견하게 된다. 대폭발의 순간에 이 우주의 모든 물질과 에너지가 현존 우주의 어느 한구석에

모여 있었다는 것이 아니다. 우주 전체, 물질과 에너지 그리고 이 모든 것이 들어 있는 공간마저도 하나의 점에 우그러져 있었다는 말이다. 그것은 사건이 발생할 여지가 전혀 없이 꽉 차 있는 그러한 점이었다.

대폭발의 순간 이후 오늘까지 우주는 한시도 쉬지 않고 팽창을 계속해 왔다. 우주를 부풀어 오르는 풍선에 비유하고 풍선 바깥에서 그 풍선을 바라본 것으로 팽창 우주를 설명하고는 하는데, 이러한 설명은 오해를 낳기 쉽다. 왜냐하면 우주의 바깥이라는 것에 대하여 우리가 알 수 있는 것이 아무것도 없기 때문이다. 바깥이 아니라 안에서 생각하는 것이 좋을 듯싶다. 좌표 격자가 그려져 있는 공간 구조물을 상정하고 그 구조물이 모든 방향으로 균일하게 팽창한다고 상상하자. 공간이 팽창함에 따라 우주의 물질과 에너지도 공간과 함께 팽창하면서 급히 식어 갔을 것이다. 그제나 이제나 우주를 가득 채우고 있는 '우주 화구火球, fireball'는 자신의 온도에 걸맞은 전자기 복사를 방출한다. 뜨겁던 화구가 식어 감에 따라 복사의 파장 대역이 감마선에서 엑스선으로 자외선을 거쳐 그리고 우리에게 익숙한 무지개 색깔의 가시광선 대역으로 옮아온 다음, 종국에는 적외선과 전파 대역으로까지 이동한다. 즉 화구는 높은 온도에서는 짧은 파장의 빛을 내지만 온도가 낮아질수록, 방출되는 복사의 파장이 점점 길어진다. 이제는 극도로 뜨겁던 우주의 원시 화구元始火球, primordial fireball도 식을 대로 식어서 매우 긴 파장의 빛을 낸다. 우리는 이 빛을 우주 배경 복사라고 부른다. 우주 배경 복사는 하늘의 모든 방향에서 볼 수 있다. 초기 우주에서는 우주 배경 복사가 매우 강력했을 것이다. 시간이 지남에 따라 물질과 에너지와 함께 공간이 계속 팽창하면서 원시 화구의 온도가 내려가 우주 배경 복사가 사람의 눈으로 볼 수 있는 가시광선의 빛을 방출하던 시기가 있었다. 이때만 하더라도 온 우주가 눈부시게 빛났을 것이다. 그 후 화구의 온도가 더욱 낮아지면서 우주 배경 복사의 파장 대역은 적외선과 전파 대역으로 이동하기 시작했다. 이때부터 우주는 깜깜한 암흑으로 보이게 된 것이다. 오늘날 우주 배경 복사를 검출하려면 전파 망원경에 의존해야 한다.

초기의 우주는 강력한 복사와 고온 고밀도의 물질로 가득 차 있었다. 소립자로 충만하던 고온 고밀도의 원시 화구가 점차적으로 냉각되자 거기에서 수소와 헬륨 원자들이 먼저 만들어졌다. 그러므로 우주가 주로 수소와 헬륨으로 구성된 시기가 한때 있었을 것이다. 당시에 관찰자가 있었다고 하더라도 그는 아무것도 보지 못했을 것이다. 우주가 완전히 균질하다면 어디를 둘러보나 다 똑같아서 결국 아무것도 보이지 않는 상황과 마찬가지였을 것이기 때문이다. 그러다가 밀도가 주위보다 약간 높은 지역이 군데군데 생기면서 가느다란 실과 덩굴손 모양의 가스 주머니들이 생기기 시작했다. 이것들이 자라 가스 구름으로 태어났다. 이 가스 구름이 거대한 회전 원반체로 변신하여 반짝이는 점들을 수천억 개씩 품으면서 자신의 밝기를 더해 갔다. 우주에서 볼 수 있는 가장 거대한 구조물들은 이렇게 만들어진 것이다. 오늘날 우리는 이것들을 은하라는 이름으로 부르며, 우리 자신도 이러한 구조물의 한구석을 차지하고 있다.

대폭발이 있은 지 약 10억 년이 지나자 우주 물질 분포에 비균질 구조가 나타나기 시작했다. 즉 덩어리가 생기기 시작했다. 아마 대폭발 자체가 완벽하게 균일하지는 않았던 모양이다. 이런 덩어리들은 여타 지

1 소용돌이 은하 M 51. M 51은 샤를 메시에Charles Messier가 만든 목록에 51번째로 기록된 천체인데 NGC 5194라는 이름으로도 불린다.(이 소용돌이 은하가 또 다른 천체 목록인 새 일반 목록에 5,194번째로 실려 있다.) 로스Rosse 가의 3대 백작인 윌리엄 파슨스William Parsons가 이 '성운'에서 처음으로 나선 팔 구조를 발견했다. 나선 팔의 구조가 최초로 관측된 은하도 바로 이 소용돌이 은하이다. 우리로부터 약 1300만 광년 떨어져 있다. 소용돌이 은하 M 51은 바로 옆에 있는 소형의 불규칙 은하 NGC 5195로부터 중력 섭동을 받아서 약간의 구조적 변형을 겪고 있는 중이다.
2 안드로메다 대은하 M 31. 지구에서 맨눈으로 식별할 수 있는 가장 먼 천체가 바로 안드로메다 대은하이다. 적어도 일곱 개의 나선 팔을 갖고 있으며, 그 구조가 우리가 속해 있는 은하수 은하와 비슷하다고 알려져 있다. 지방 은하단의 구성원으로서 약 230만 광년의 거리에 있다. 두 개의 왜소 타원 은하, NGC 205 그리고 바로 위에 있는 또 하나의 나선 은하 M 32가 각자의 궤도에 따라 안드로메다 주위를 돈다.
3 소형 타원 은하 NGC 147은 안드로메다 대은하의 동반 은하로서 질량이 태양의 10억 배 정도이다. 이 작은 은하 안에 약 10억 개 정도의 별이 있다는 이야기이다. 그중에 어느 하나가 행성들을 거느린다면, 그리고 그중 한 행성에서 모母은하인 안드로메다 대은하를 바라본다면, 그 광경은 정말로 황홀할 것이다.

역보다 밀도가 약간 높았으므로 주위에 있던 밀도가 희박한 물질을 중력으로 끌어당길 수 있었다. 이리하여 수소와 헬륨의 가스 구름이 점점 자라났다. 이것들은 나중에 은하단으로 변신하기로 운명지어져 있었다. 처음에는 아주 작았던 비균질 구조들은 시간이 지남에 따라 주위의 물질을 중력으로 끌어들여 점점 크게 성장해 나갔다.

중력 수축이 진행됨에 따라 원시 은하들의 회전 속도는 점점 더 빨라졌다. 그것은 각운동량이 보존되기 때문이다. 회전하는 물체는 회전 축에 수직한 방향으로 원심력을 느낀다. 그러므로 회전하는 기체 구름은 중력이 원심력에 상쇄되는 적도 근방보다 회전축 근방에서 빨리 수축한다. 따라서 회전하는 가스 구름은 중력 수축이 진행됨에 따라 점차 납작한 모습의 회전 원반체로 변하다가 결국 나선 은하가 된다. 그러니까 거대한 바람개비 구조의 물질 분포가 텅 빈 공간에 자리 잡게 되는 셈이다. 가스 구름들 중에서 애초부터 아주 느리게 회전했든가 질량이 충분히 크지 않은 것들은 중력 수축하여 타원 은하가 되었다. 우주 공간을 눈여겨보면 하나의 거푸집에서 찍어 낸 것처럼 모양이 아주 비슷한 은하들이 우주 도처에 널려 있는 것을 알 수 있다. 그럴 수밖에 없는 것이 은하들이 만들어지는 과정에서 가장 중요한 요인으로 작용하는 중력의 법칙과 각운동량 보존 법칙이 우주 어디에서든지 그대로 성립하기 때문이다. 중력 법칙과 각운동량 보존 법칙은 지상에서는 물체의 낙하 운동과 피겨스케이트 선수의 회전 묘기도 지배한다. 지구라는 미세한 세상에서 성립하던 이 두 법칙이 거대한 천상 세계에서도 그대로 성립하여 은하의 형성에 결정적 역할을 하는 것이다.

아직 덜 성숙한 은하 내부에서도 중력 수축이 국부적으로 진행된다. 질량은 은하에 비교될 수 없을 정도로 작지만 밀도가 충분히 높은 성간운들은 중력 수축을 한다. 수축으로 성간운의 부피가 감소하면서 중심부의 온도가 상승하고 내부의 온도가 약 1000만 도에 이르면 수소가 헬륨으로 변하는 핵융합 반응이 일어난다. 드디어 별이 탄생하는 순간이 찾아온 것이다. 초기 질량이 무척 큰 별들에서는 핵융합 반응을 통한 진화가 매우 빠르게 진행된다. 질량이 큰 별은 표면에서 막대한 양의 빛 에너지를 방출하는데 이것을 공급하려면 중심부의 수소를 빨리 '태워야 하기' 때문이다. 질량이 큰 별은 작은 별보다 핵연료를 훨씬 더 빠르게 소진하고 자신의 일생을 초신성 폭발로 마감한다. 핵융합 반응으로 일생 동안 합성한 헬륨, 탄소, 산소, 그 외의 무거운 원소를 초신성 폭발의 순간에 성간 공간으로 흩어 버린다. 이 무거운 원소들이 다음 세대의 별을 만드는 원료 물질로 다시 쓰임으로써 하나의 사이클이 완성되는 것이다. 중량급重量級 항성이 이렇게 초신성으로 폭발할 때마다 충격파衝擊波, shock wave가 발생하는데, 이 충격파가 주위에 있던 가스층을 통과하면서 압력을 가하는 동시에 그 가스 물질을 가속시킨다. 계속해서 발생하는 충격파는 결국 은하 간 물질을 압축하고 은하들까지 가속시킨다. 충격파의 압축 작용 덕분에 중력은 자신의 위력을 발휘할 호기를 맞게 된다. 은하 또는 은하단 규모의 가스 덩어리뿐 아니라 이것보다 질량이 훨씬 작은 가스 구름에서도 충격파로 인해 중력 수축이 촉발된다. 그러므로 다양한 크기의 구조물들이 여기저기에서 만들어지는데 이때 초신성 폭발이 결정적 기여를 한다. 이것이 바로 우주 진화의 대서사시이다. 대폭발에서 은하단, 은하, 항성, 행성으로 이어지고, 결국 행성에서 생명이 출현하게 되고 생명은 곧 지능을 가진 생물로 진화하게 된다. 물질에서 출현한 생물이 의식을 지니게 되면서 자신의 기원을 대폭발의 순간까지 거슬러 올라가 인식할 수 있다니, 이것이 우주의 대서사시가 아니고 또 무엇이겠는가!

오늘날 우주에는 은하가 모인, 수많은 은하단들이 있다. 은하단 중에는 여남은 개 남짓한 은하로 구성된 작은 것들도 있다. 우리 은하가 속해 있는 소규모 은하단은 국부 은하군Local Group 또는 지역 은하군이

1 NGC 891의 중심면이 우리의 시선 방향과 거의 평행하게 놓여 있어서, 성간 티끌 때문에 생긴 암흑 띠가 잘 보인다. 중앙 팽대부가 M 104보다 덜 발달됐다. 이 은하 주위에 보이는 별들은 우리 은하에 속한 것들이다. 그러니까 NGC 891의 전경에 있는 별들이다.

2 M 81은 국부 은하군의 구성원은 아니지만 나선 은하로서 우리 은하수 은하로부터 700만 광년 정도 떨어져 있다. 우리의 시선 방향이 이 은하의 중심면과 비스듬히 만난다. 외부 은하들의 회전축은 우리의 시선 방향과 무관하게 멋대로 분포한다.

3 페가수스자리에 보이는 나선 은하 NGC 7217. 나선 팔이 은하의 중심핵 주위를 아주 두껍게 감고 있다. 거의 완벽한 원반의 모습을 띤다. 현재의 위치보다 우리에게서 훨씬 더 멀리 떨어져 있다면 NGC 7217은 은하라기보다 하나의 별로 오인될 것이다. 아주 원거리에 있는 은하들은 외형상으로는 별과 쉽게 구별되지 않는다.

4 빗장 나선 은하 NGC 1300. 나선 은하의 3분의 1 정도는 중심핵 부분에 '막대' 모양의 구조물을 갖고 있다. 막대의 구성원도 물론 별, 성간 기체, 성간 티끌이다. 막대 끝에서부터 나선 팔이 시작한다. 대부분의 은하핵들이 그렇듯이 막대도 강체 회전을 하는 듯하다. 여태껏 알려진 나선 은하들의 나선 팔의 방향이 은하 회전을 선도하는 쪽에 오지 않고 따라가는 쪽으로 처져 있다. (여기서 옮긴이는 번역 용어에 대한 이야기를 안 할 수 없다. '막대 나선 은하'가 막대가 꽂힌 나선 은하라는 뜻의 'barred spiral galaxy'를 우리말로 충실하게 옮긴 표현이다. 그러나 한옥에서 자란 옮긴이 세대에게는 '빗장 나선 은하'라는 표현을 버릴 수 없다. 빗장이 질러진 대문의 모습이 눈에 선하게 떠오르지 않는가? 옮긴이가 여성이라면 '비녀 나선 은하'로 옮기고 싶었을 것이다. 단정하게 쪽진 어머니의 단아한 뒷모습을 'barred spiral galaxy'에서 만나게 된다. 그러나 오늘을 사는 한국인에게 빗장도 비녀도 낯선 골동품이기에, 옮긴이가 아끼는 '빗장(비녀) 나선 은하'는 경찰봉을 연상시키는 '막대 나선 은하'에게 결국 자리를 내주고 말 것이다. 그리고 은하 회전과 나선 팔의 문제도 세이건의 말처럼 이렇게 간단하지 않다. 중심에서 밖으로 나가면서 나선 팔이 주어진 은하의 회전 방향과 같은 쪽으로 꺾일 경우, 그 은하는 선도 팔leading arm을 갖는다고 한다. 그 반대의 경우가 추종 팔trailing arm을 갖는 은하이다. 그런데 투사가 주는 기하학적 효과 때문에 선도와 추종의 구별이 그리 쉽지 않다. 은하의 과연 어느 부분이 천구면의 앞 또는 뒤에 있는지 판단하기 어렵기 때문이다. 은하 회전을 추종하는 나선 팔이 대종을 이루지만, 선도 팔을 갖는 은하도 있다. — 옮긴이)

라고 불리는데 우리 은하군에서 은하라고 불릴 수 있는 준수한 은하는 오로지 우리의 은하수 은하와 안드로메다 대은하 단 둘뿐이다. 나머지 열두어 개는 대부분 왜소 타원 은하이다. 그러나 우주에는 수천 개의 은하들이 중력으로 서로 보듬어 안고 있는 거대한 은하단들도 수없이 많다. 처녀자리 은하단 하나만 해도 그 안에 수만 개의 은하들이 들어 있을 것으로 예상된다.

가장 큰 척도에서 본 인간의 서식지는 은하들로 구성된 우주이다. 그리고 우주에는 어쩌면 수천억 개에 이르는 다양한 구조물들이 존재한다. 매우 규칙적인 모양의 것이 있는가 하면, 또 규칙성이라고는 찾아보기 어려운 것도 있다. 같은 정상 나선 은하라고 해도 시선 방향에 따라 그 모습이 다 다르다.[1] 정면으로 보면 나선 팔이 잘 드러나고, 측면에서 보면 나선 팔을 구성하는 가스와 티끌이 암흑을 가르는 얇은 띠처럼 은하 중심면을 따라 흐르는 것을 볼 수 있다. 은하 중심에 막대가 있고 그 끝에서부터 나선 팔이 시작하는 듯한 빗장 나선 은하들도 있다. 사실 빗장같이 보이는 원기둥 모양의 막대는 많은 수의 별들이 은하 중심핵을 가로지르면서 만든 하나의 구조물이다. 질량이 태양의 1조 배 이상인 점잖은 모습의 거대 타원 은하들도 있다. 천문학자들은 질량이 이렇게 크다는 사실로부터 거대 나선 은하가 여러 개의 은하들이 병합倂合돼 생긴 것으로 여긴다. 개수로 보면 왜소 타원 은하가 우주에서 가장 많을 듯싶다. 왜소 타원 은하는 질량이 태양의 100만

1. 우리가 우리의 시선 방향을 마음대로 조정해서 한 은하의 여러 측면을 돌아가며 볼 수 있다는 뜻이 아니다. 우리의 고정된 시선 방향에 대한 은하들의 상대 위치가 다양하게 자리 잡을 수 있다는 이야기이다. 동일한 종류의 은하들을 하늘에서 많이 볼 수 있고, 은하마다 우리 시선 방향에 대한 배치가 다르기 때문에 이것이 가능하다. — 옮긴이

배에 불과한 이름 그대로 보잘것없는 꼬맹이 은하이다. 어디 이뿐인가. 정체를 알 수 없는 불규칙 은하들도 엄청나게 많다. 앞에서 이야기한 은하들은 잘 정의할 수 있는 모습을 가진 우주 구조물이다. 반대로 불규칙 은하는 도대체 은하라 불릴 수 없을 정도로 그 모습이 다양하며 종잡을 수 없고, 그래서 우리로 하여금 무언가가 잘못됐다고 생각하게 하는 각종 우주 구조물들을 일컫는다. 은하들도 쌍성계의 별처럼 서로 맞물려 돌거나 은하 중심핵 주위를 도는 별처럼 궤도 운동을 한다. 그리고 서로 중력의 영향을 주고받는다. 이 때문에 은하의 외곽부가 뒤틀려 있는 경우를 자주 보게 된다. 또 어떤 경우에는 가스와 별들의 흐름이 두 은하를 서로 연결하기도 한다.

은하단 중에는 구성 은하들이 구대칭球對稱의 분포를 하고 있는 것도 있다. 이러한 은하단의 구성 은하들은 거의 대부분이 타원 은하이고 은하단의 중심에서 거대 타원 은하가 발견되는 경우가 종종 있다. 거대 타원 은하의 존재로부터 우리는 은하들끼리 서로 잡아먹는 일이 성행했을 것이라고 추측한다. 은하들의 합병으로 거대 타원 은하가 만들어졌다는 이야기이다. 모양이 구대칭에서 크게 벗어난 은하단에는 나선 은하와 불규칙 은하들이 많다. 은하와 은하의 충돌이 원래 구형을 이루던 은하단의 모습을 바꿔놓았거나, 나선 은하와 불규칙 은하의 생성에 모종의 기여를 했을 수 있다. 은하단의 모양과 그 구성 은하들의 종류로부터 오래된 과거에 있었던 거시적 규모의 사건들을 유추해 낼 수 있지만, 그러한 연구는 아직 초보적인 단계에 머물러 있다.

고성능 컴퓨터의 개발로 수천 내지 수만 개의 천체들 사이에서 벌어지는 중력의 상호 작용을 수치 모의실험을 통해 재현할 수 있게 됐다. 이러한 수치 실험을 통해서 비로소 최근에야 알게 된 사실이 참으로 많다. 예를 들어, 회전하는 성간운이 중력 수축하여 얇은 회전 원반체로 일단 변신한 다음 그 원반에서 나선 팔이 자연스럽게 만들어지는 과정을 컴퓨터 화면에서 생생하게 볼 수 있다. 두 은하가 서로 영향을 미칠 수 있을 정도로 가까운 거리에서 만날 때에도 나선 팔이 만들어진다. 이때 조우遭遇하는 두 은하들의 질량은 각각 태양의 수십억 배에 해당한다. 은하들이 근거리에서 충돌하는 경우 각각의 은하 내부에 흩어져 있던 성간 기체와 성간 티끌이 서로 충돌하여 높은 온도로 가열된다. 그러나 내부에 있던 별들은 벌 떼 속을 총알이 그냥 지나가듯이 서로 충돌하지 않는다. 다시 말해서, 별과 별 사이의 간격이 별 하나의 크기에 비하여 너무 멀기 때문에 은하의 충돌 과정에서 별들이 서로 충돌하는 일은 거의 없다. 그럼에도 불구하고 은하의 전체적 모양에는 큰 변화가 온다. 한 은하와 다른 은하가 정면으로 부딪히면 구성 별들의 상당수가 은하와 은하 사이의 공간으로 빠져나오면서 은하 하나가 완전히 소실되기도 한다. 작은 은하가 자기보다 훨씬 큰 은하와 정면으로 충돌하면 지름이 수천 광년에 이르는 고리 은하가 만들어진다. 은하 간 공간에 펼쳐진 우단羽緞에 불규칙 은하를 가장 멋지게 그려 놓는다면, 그것이 바로 고리 은하일 것이다. 또는 이렇게 말할 수도 있겠다. 연못 한복판에 돌을 던지면 순간적으로 많은 양의 물이 튀기면서 구덩이가 잠시 움푹 파일 것이다. 작은 은하와 큰 은하의 정면 충돌 현상도 은하라는 거대한 연못에 돌이 떨어진 상황에 비유할 수 있다. 큰 은하의 중심이 뚫려서, 고리 은하가 만들어지는 것이다. 시간이 어느 정도 지나면 그 뚫린 구멍이 다시 메워질지도 모른다.

뚜렷한 구조를 보이지 않는 불규칙 은하들, 나선 은하에서 볼 수 있는 나선 팔 구조, 고리 은하의 도넛 구조 등은 우주 진화의 대서사시가 장대하게 펼쳐지는 '우주 영화'에서 잠시 나타났다가 사라지는 장면들에 불과하다. 여러분이 은하를 모양이 잘 변하지 않는 튼튼한 강체剛體라고 생각한다면 그것이야말로 큰 오해다. 은하는 약 1000억 개의 별들로 만들어진 유동성의 구조물이다. 어느 한 순간 사람은 대략 100조 개의 세포로 구성돼 있다. 그러나 그 사람을 구성하는 세포가 늘 같은 세포는 아니다. 100조 개의 일부는 죽어 없어지고 동시에 새 세포가 다시 만들어짐으로써 항상 일정한 상태를 유지하고 있는 것이 인간의 육체이다. 은하도 마찬가지이다.[2]

은하의 자살률은 의외로 높다. 은하의 자살은 흔히 폭발로 목격된다. 수천만 또는 수억 광년 떨어진 곳에서 엑스선, 적외선, 전파를 강력하게 내놓는 복사원輻射源들이 여러 개 알려져 있는데, 이것들은 중심핵 부분이 유난히 밝게 빛날 뿐 아니라 대략 몇 주의 시간 간격으로 밝기가 불규칙하게 변한다. 그중 어떤 것들은 그 길이가 수천 광년에 이르는 밝은 빛줄기를 뿜어 내기도 한다. 그뿐 아니라 티끌 때문에 검게 보이는 판구조들을 만들어 그 내부에서 대규모의 교란이 일어나고 있음

2. 약간의 보충 설명이 필요하다. 내 몸을 구성하는 세포의 수는 늘 일정하지만, 오늘 내 몸에 들어 있는 세포 모두가 어제의 그것은 아니다. 그렇다고 해서 오늘의 내가 어제의 내가 아니라고 할 수는 없다. '나'는 '나'로 남아 있다. 은하면에 펼쳐진 나선 팔 구조도 이와 같다. 나선 팔은 늘 같은 모습을 보이지만, 나선 팔을 이루는 구성원들은 끊임없이 변한다. '오늘'의 나선 팔을 이루는 별, 성간 기체, 성간 티끌은 '어제'의 그것들이 아니다. 어제 나선 팔을 이루고 있던 구성원들이 빠져나가면서 동시에 새로운 구성원이 들어와 그 빈 자리를 메운다. 구성원 자체는 변했지만 나선 팔의 구조는 그대로 유지된다. 그렇다면 어떻게 나선 팔 구조가 유지되느냐가 궁금한 문제이다. 나선 밀도파의 이론에 따르면 나선 구조는 유체에서 볼 수 있는 파동 현상의 결과이다. — 옮긴이

을 알려준다. 천문학자들은 이러한 은하들 내부에서는 거대한 폭발이 진행 중이라고 확신하고 있다. 밝기 변화의 주기로부터 폭발과 교란이 일어나는 지역의 크기를 조사해 보니 태양계보다 작은 것으로 판명됐다. 그런데 이렇게 좁은 지역에 앞에서 이야기한 정도의 질량이 들어 있다고 하니 그곳의 밀도는 상상을 초월하는 수준일 게다. 학자들은 NGC 6251과 M 87 같은 거대 타원 은하들의 중심 깊숙이에는 질량이 태양의 수백만 내지 수십억 배나 되는 블랙홀이 각각 들어앉아 으르렁거리고 있다고 주장한다. 그런데 수십억 광년 저 너머에는 은하 중심부의 폭발이나 소동과는 비교할 수도 없는 격렬한 변동을 겪고 있는 천체들이 있다. 이 천체들을 우리는 준성準星 또는 퀘이사quasar라고 부른다. 이것들은 대폭발 이후 우주의 역사에서 가장 큰 변동을 겪고 있는 젊은 은하일지도 모른다.

퀘이사quasar는 준성 전파원準星電波源이라는 뜻의 'quasi-stellar radio source'의 머리글자들을 조합해 만든 단어이다. 퀘이사가 발견되고 얼마 후 준성 전파원들 모두가 반드시 강력한 전파원은 아니라는 사실이 밝혀졌다. 그래서 준성 전파원은 준성체準星體라는 뜻의 'quasi-stellar object'로 이름이 바뀌었다. 요즈음은 이것을 더 줄여서 'QSO'로 흔히 표기한다. 겉보기에는 별과 구별하기 어려웠으므로 처음에는 이것들이 우리 은하에 속한 천체로 간주됐다. 그러나 분광 관측을 통해 적색이동을 측정해 본 결과, 준성체가 우리 은하에서 엄청나게 멀리 떨어진 곳에 있는 천체일 가능성이 높은 것으로 확인됐다.(적색 이동에 대한 자세한 설명은 잠시 후에 볼 수 있을 것이다.) 준성체는 우주 팽창에 적극 참여하는 천체이다. 우리에게서 후퇴하는 속도가 광속의 90퍼센트에 이르는 준성체들도 있으니, 그들은 우주의 저 먼 변방에 있는 셈이다. 준성체들이 이렇게 먼 거리에 있음에도 불구하고 겉보기 밝기가 별만 한 것을 보면 그들의 원래 광도가 상상을 초월할 정도로 높다는 결론을 얻게 된다. 원래의 광도를 환산해 보면 초신성 1,000개가 동시에 폭발할 때 예상되는 밝기의 수준이다. 백조자리 X-1과 마찬가지로 준성체의 변광 주기는 무척 짧기 때문에, 격동의 현장은 태양계보다 좁은 영역에 국한된다. 그렇다면 이렇게 좁은 영역에서 그렇게 높은 수준의 광도를 과연 어떤 방법으로 공급할 수 있단 말인가? 학자들이 제안한 몇 가지 이론을 들어 보면 다음과 같다. (1) 준성체는 펄서의 극단적 변형으로서 질량이 매우 큰 고속의 회전체가 그 내부 핵에 자리하고 이것이 강력한 자기장과 연결되어 막대한 양의 에너지를 방출한다는 이론이 있다. (2) 은하 중심에 밀집하여 있는 수많은 항성들이 서로 격렬하게 충돌하면서 별의 외곽부는 찢겨 달아나고 수십억 도에 이르는 고온의 내부 핵 부분이 노출된 것이 준성체라는 이론이 있다. (3) 바로 앞의 이론과 연관된 아이디어로서 내부에서 초신성 폭발이 연쇄적으로 일어나고 있는 은하가 준성체라는 이론이 있다. 별이 너무 밀집해 있는 은하에서는 하나의 별이 초신성으로 폭발하면서 발생한 충격파가 주위 별의 초신성 폭발을 촉발할 수 있다. 이리하여 초신성의 연쇄 폭발이 가능해진다. (4) 물질과 반물질의 상호 소멸에서 생기는 에너지의 급격한 방출이 준성체 현상으로 나타난다는 이론도 있다. 이 경우에는 어떤 연유에서인가 반물질이 퀘이사 내부에 남아 있어야 한다. (5) 성간 가스와 티끌이 은하의 중심에 자리한 거대한 블랙홀로 떨어지면서 폭발적으로 내놓는 막대한 양의 에너지가 준성체에서 볼 수 있는 제반 현

켄타우루스자리 전파원 A. 일명 NGC 5128라고 불리는 이 강력한 전파원은 거대 타원 은하가 나선 은하와 충돌하여 생긴 것이라는 설이 있다. 티끌 때문에 검게 보이는 두꺼운 띠는 충돌 과정에서 깨진 나선 팔들의 측면 모습일 수 있다. 또 다른 설에 따르면, NGC 5128은 약간의 가스와 티끌을 동반한 하나의 거대 타원 은하라고 한다. 가스와 티끌 그리고 어쩌면 별로 구성된 원반이 이 은하를 온통 둘러싸고 있다고 생각된다. 검게 보이는 띠가 바로 원반의 측면 모습이라는 것이다. 구체적 정체야 어떻든, 이 은하는 매우 강력한 전파원이다. 전파 세기의 분포도에는 티끌 원반에 수직한 방향으로 두 개의 전파엽電波葉이 쌍방 대칭으로 자리한다. 엑스선과 감마선의 방출량도 만만치 않다. 엑스선의 세기가 매우 빠른 주기로 변하는 것으로 보아, 중심에 숨어 있는 거대한 블랙홀을 향해 성단들이 통째로 빨려 들어가고 있다고 믿어진다. 우리로부터 거리는 1400만 광년 떨어져 있고, 두 전파엽의 총길이는 300만 광년에 이른다.

상을 빚어 낸 장본인이라는 이론도 있다. 이 경우 중심 블랙홀은 작은 블랙홀들이 장구한 세월에 걸쳐 충돌 · 합병된 결과물일 수 있다. (6) 준성체가 흰 구멍, 즉 '화이트홀white hole'이라는 이론도 빼놓을 수 없다. 다른 우주의 블랙홀들로 쏟아져 들어간 물질이 반대쪽으로 다시 출현하도록 하는 '깔때기'가 화이트홀이다. 이 이론은 화이트홀이 우리 우주 도처에 있다는 주장인 셈이다.

퀘이사를 생각하다 보면 그 신비의 늪은 깊어지기만 한다. 퀘이사의 에너지원이 무엇이든 간에 적어도 한 가지는 확실하다. 즉 전대미문의 거대한 파괴가 퀘이사 내부에서 진행 중이라는 사실 말이다. 엄청난 양의 에너지가 분출되는 퀘이사 하나하나에서 수백만 개에 이르는 세상들이 철저하게 파괴되고 있을 것이다. 파괴되는 세상 중에는 생물과 그 파괴 과정을 이해할 수 있는 지적 생물이 살고 있는 곳이 있을지도 모른다. 그들은 자신들이 파괴되는 순간에도 에너지의 분출과 대혼란의 정체가 과연 무엇인지 이해하려고 고민할 것이다. 고통 또한 인식 기능이 감내해야 할 의무가 아닌가. 우리는 외계 은하들을 연구함으로써 우주의 질서와 아름다움을 엿볼 수 있었다. 상상을 초월한 규모로 벌어지는 격렬한 혼돈의 폭력 역시 우주의 한 속성이다. 우주는 자연과 생명의 어머니인 동시에 은하와 별과 문명을 멸망시키는 파괴자이다. 우주는 반드시 자비롭지만은 않다. 그렇다고 우리에게 적의를 품지도 않는다. 우주 앞에서 우리의 생명, 인생, 문명, 역사는 그저 보잘것없는 존재일 뿐이다.

우리의 은하수 은하와 같이 겉보기에 점잖고 준수한 은하에도 들썩거리는 구석이 있고, 야단스러운 동네가 있게 마련이다. 우리 은하의 중심부를 전파 망원경으로 자세히 관찰해 보면 태양의 수백만 배나 되는 질량의 수소 기체 구름 두 덩이가 은하핵에서부터 분출되는 것을 확인할 수 있다. 마치 은하 중심핵에서는 자잘한 폭발들이 늘 심심찮게 일어나는 것처럼 말이다. 고에너지 우주 망원경이 지구 주위를 선회하면서 우리 은하의 핵을 관찰했더니 특정 파장을 가진 강력한 감마선이 방출되는 것도 검출할 수 있었다. 이것을 통해 우리는 은하수 은하의 핵 속에 거대 질량 블랙홀이 숨어 있다는 추측을 하게 됐다. 은하 진화의 긴 여정에서 격동의 청년기에 속한 은하들은 준성체로 나타나거나 격렬한 폭발을 일으킴으로써 자신의 존재를 바깥 세상에 내보인다. 우리의 은하수 은하 같은 은하들은 중년기에 들어선 '착실하고 건실한' 은하라고 하겠다. 퀘이사를 청년기의 은하로 보는 데에는 그럴 만한 이유가 있다. 퀘이사까지의 거리가 수십억 광년이므로 우리가 관측하는 퀘이사의 모습은 이미 수십억 년 전에 일어난 현상이기 때문이다.

별들은 은하수 은하의 내부에서 잘 정돈된 궤도를 따라 움직이며, 구상 성단들은 은하의 원반을 향해 곤두박질하여 원반을 뚫고 나갔다가 되돌아가는 진동 운동을 계속한다. 우리가 은하면 상하로 오르내리는 별들의 운동을 하나하나 따라갈 수 있다면 강냉이 알들이 은하면 위로 팍팍 터져 올라오는 것같이 보일 것이다. 우리가 은하 모양의 변화를 직접 관측한 적은 없다. 은하를 구성하는 별들의 운동이 워낙 느리기 때문이다. 예를 들면 은하수 은하의 중심 원반이 한 바퀴 도는 데 걸리는 시간은 무려 2억 5000만 년이다. 변화가 있다고 해야, 이렇게 긴 시간이 지난 다음에야 감지될 수 있는 성격의 변화일 뿐이다. 어떤 방법으로든 은하의 회전을 가속시킬 수만 있다면 은하수 은하도 매우 격렬하게 운동하는 유기체와 비슷하게 보일 것이다. 어떤 의미에서 우리의 은하수 은하는 다세포 생물을 닮았다. 망원경의 도움으로 찍은 은하의 사진은 모조리 아주 지루하게 진행되는 운동과 진화의 한순간을 포착한 스냅 사진인 셈이다.[3] 은하의 중심부는 힘을 가해도 모양이 변하지 않는 강체처럼 회전한다. 그러나 중심부에서 벗어난 지역은 태양의 주위를 공전하는 행성들처럼 케플러의 법칙에 따라 움직인다. 중심에서 멀어질수록 회전 속도는 감소하고 회전 주기는 증가하므로 하나의 나선 팔에서 은하의 중심에 가까운 부분이 완전히 한 바퀴 도는 데 걸리는 시간이 먼 부분보다 짧게 마련이다. 따라서 나선 팔은 세월이 경과함에 따라 은하의 중심핵 주위로 점점 더 팽팽하게 감기려는 경향이 있다.[4] 가스와 티끌은 주위보다 밀도가 높은 나선 팔에 모이며 거기서 별이 된다. 이렇게 태어난 젊고 뜨거우며 밝은 별들 덕분에, 우리 눈에 은하수의 나선 팔이 뚜렷하게 보인다. 이런 별들의 주계열 수명이 대략 1000만 년이고, 이것은 은하 회전 주기의 5퍼센트에 불과한 극히 짧은 기간이다. 그러므로 나선 팔을 장식하던 별들은 은하가 한 바퀴를 돌기도 전에 자신의 주계열 수명을 다하고 빛을 잃는다. 그러

3. 이것은 엄밀한 의미의 정확한 기술이 못 된다. 하나의 은하에서도 한쪽이 다른 쪽보다 지구에 수만 광년이나 더 가까울 수 있다. 그러므로 우리가 본 앞쪽의 상황이 뒤쪽보다 수만 년 나중에 일어난 것이다. 따라서 은하 사진은 엄밀한 의미의 스냅 사진이 아니다. 그러나 은하에서의 변화는 매우 느리게 진행되므로 수만 년 정도의 짧은 시간 속에서 뚜렷한 변화를 기대할 수는 없다. 은하의 사진이 그 은하에서 있었던 한순간의 상황을 포착한 것이라는 생각에는 얼마간의 오류가 있지만 오류의 정도는 실제로 무시해도 좋다.

4. 하나의 나선 팔을 항시 같은 티끌, 가스, 별 들이 구성하며, 그러한 나선 팔이 은하의 전반적인 회전에 정확하게 동참한다면, 시간의 흐름과 함께 나선 팔은 점점 더 팽팽하게 감기게 마련이다. 이러한 경향이 계속된다면 나선 팔의 구조는 은하에서 곧 사라지고 말 것이다. 실제로 나선 팔은 은하의 전반적 회전과 다른 속도로 움직이면서 자신의 패턴을 그대로 유지한다. 나선 팔의 패턴이 유지되는 것은 은하의 원반에서 모종의 파동 현상 때문이라고 해석된다. — 옮긴이

나 그곳에서 곧바로 새로운 별들이 탄생하고 자기 주위에 발광 성운을 형성한다. 이 때문에 나선 팔의 모습은 그대로 유지된다.

하나의 별이 은하의 중심을 도는 속도는 일반적으로 나선 팔의 패턴이 움직이는 속도와 같지 않다. 따라서 별은 나선 팔에 들어갔다 나왔다 하기를 반복하면서 은하 중심을 일주한다. 우리 은하에서 태양이 은하의 중심을 도는 회전 속도는 초속 200킬로미터 정도이다. 이 값은 시속 72만 킬로미터에 해당하는 엄청나게 빠른 속도이기는 하지만 은하 중심에서 태양까지의 거리가 약 2만 5000광년이나 되기 때문에 이 속도로 한 바퀴 도는 데 2억 5000만 년이나 걸린다. 그런데 태양의 나이가 대략 50억 년이므로 태양은 태어나서 지금까지 은하의 중심을 20번 정도 완주했음을 알 수 있다. 나선 팔을 들락날락하기를 반복하면서 이렇게 여러 번 은하의 중심을 맴돌았다는 이야기이다. 우리 은하에는 뚜렷하게 드러난 나선 팔이 두 개 있다. 태양이 은하 중심을 일주하는 동안에 하나의 나선 팔 안에 머무는 시간이 평균 4000만 년, 다음 나선 팔을 만날 때까지 나선 팔 바깥에서 보내는 시간이 8000만 년, 그리고 다음 팔로 들어가서 또 4000만 년을 지내고, 이 팔을 벗어나서 역시 8000만 년의 세월을 보내게 된다. 별들이 태어나는 지역이 나선 팔이다. 나선 팔 안에 반드시 태양과 같이 중년기에 들어선 별들만 있으라는 법은 없다. 우리 태양은 현재 나선 팔과 다른 나선 팔 사이를 지나는 중이다.

태양계의 반복되는 나선 팔 통과가 지구에 모종의 중대한 결과를 초래했을지도 모른다. 태양계는 지금으로부터 약 1000만 년 전에 굴드 벨트Gould Belt에서 벗어났다. 굴드 벨트는 오리온 나선 팔을 이루는 다양한 복합체들 중의 일부로서 현재 태양으로부터 1000광년이 채 안 되는 거리에 있다.(오리온 나선 팔에서 은하의 안쪽 방향으로 사수자리 나선 팔이 자리하고 바깥쪽에는 페르세우스 나선 팔이 있다.) 나선 팔 안에는 고온의 기체 성운, 저온의 암흑 성간운, 갈색 왜성 등이 나선 팔과 나선 팔 사이에서보다 월등히 많다. 그러므로 하나의 나선 팔 안에 머무는 동안 태양은 거기에 있는 성운을 통과하게 될 뿐 아니라 별이 채 못 된 미소한 천체들과도 조우할 확률이 높다. 태양이 암흑 성간운과 만나 그 안으로 들어갈 때 암흑 성운을 이루던 성간 티끌들이 태양에서 지구로 오는 빛을 차단하는 경우가 발생할 수 있다. 물론 이렇게 되면 지구의 기온이 내려갈 것이다. 지구에서 대략 1억 년의 주기로 발생했던 빙하기의 원인이 바로 이것이라고 주장하는 학자들이 있다. 네이피어W. Napier와 클러비S. Clube 같은 학자들은 현재 태양계 행성들 주위에서 볼 수 있는 다양한 고리들과 소행성 그리고 위성들의 상당 부분이 원래 암흑 성간운 내부에서 자유롭게 떠돌던 것들로 오리온 나선 팔에 들어온 태양계에 붙잡힌 것이라고 생각한다. 여러 가지 정황으로 보아 실제로 그러했을 가능성은 적지만 흥미로운 생각임에는 틀림이 없다. 그리고 검증도 간단히 할 수 있다. 현재 화성 주위를 돌고 있는 포보스 위성이나 혜성 등에서 시료를 채취해 지구로 가져와 실험실에서 그 성분, 특히 마그네슘 동위 원소들의 함량을 정확하게 측정하면 된다. 동위 원소는 핵에 들어 있는 양성자의 개수는 같은데 중성자의 수가 다른 원소들을 말한다. 그런데 동위 원소들의 상대 함량은 그 원소가 만들어지는 과정에서 겪은 일련의 핵융합 반응이 무엇이었으며 근처에서 발생한 초신성 폭발이 얼마나 오래전에 있었느냐 등에 따라서 결정된다. 그러므로 동위 원소들의 상대 함량을 알면 그 원소가 만들어진 배경을 추적할 수 있다. 이러한 추적 작업에 마그네슘의 동위 원소들이 매우 유용하게 쓰인다. 우리 은하의 한구석에서 물질이 겪은 일련의 사건들이 다른 곳의 상황과 반드시 같아야 할 이유가 없다. 그러므로 마그네슘 동위 원소들의 상대 함량을 자세하고 정확하게 분석하여 태양계를 구성하는 물질들이 단 한 가지 특성의 분포를 보이는지 아니면 여러 가지 분포를 보이는지를 면밀하게 조사한다면 태양계에 현존하는 마그네슘 원소가 태양계가 탄생할 당시라는 제한된 영역에서만 온 것인지, 아니면 그 기원이 여러 곳인지 가늠할 수 있을 것이다.

우주의 대폭발과 은하의 후퇴 운동을 발견할 수 있었던 것은 도플러 효과라고 알려진 자연의 간단한 원리 덕분이었다. 도플러 효과는 우리에게 익숙한 현상이다. 택시 기사가 우리 곁을 지나며 경적을 울린다고 하자. 택시 안에 있는 사람에게는 그 경적이 일정한 높이의 소리로 들릴 것이다. 그러나 택시가 지나는 길가에 서 있는 사람은 음높이가 변함을 느끼게 된다. 택시가 다가올 때에는 경적이 고음으로 들리다가 택시가 자기 앞을 지나서 멀어지기 시작하면 점점 저음으로 변한다. 경주용 차들은 보통 시속 200킬로미터의 속력으로 달리는데 이 속력은 음속의 5분의 1에 해당한다. 소리는 공기 밀도의 변화에 따라 만들어지는 일련의 파동 현상이다. 이러한 파동 현상이 우리에게 소리로 들리는 것이다. 음파의 마루와 골 사이 간격이 가까울수록 우리에게 들리는 소리는 점점 고음이 되고 그 간격이 멀수록 저음이 된다. 달리는 차의 관점에서는 비록 일정한 음조의 경적을 울린다고 하더라도 우리에게서 멀어지면서 그 소리의 골과 마루의 간격은 넓어지게 마련

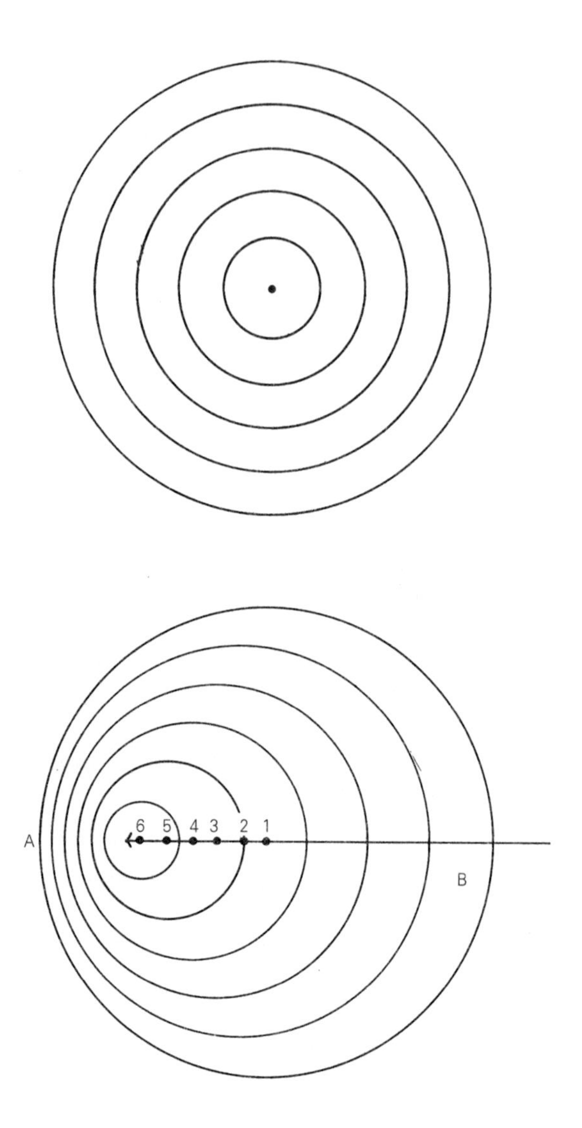

도플러 효과. 정지하고 있는 물체가 내는 소리나 빛은 위의 그림처럼 일련의 구면파를 이루며 멀리 퍼져 나간다. 먼저 나온 소리나 빛이 만든 구면파의 반지름이 나중에 나온 것보다 클 것이다. 그런데 만약 그 물체가 아래 그림처럼 오른쪽에서 왼쪽으로 이동하고 있다면, 구면파들의 중심도 1에서 6으로 점차 이동할 것이다. 그러므로 B에 있는 관측자에게 구면파와 구면파 사이의 거리가 본래 거리보다 길게 느껴지고, A에 있는 관측자에게는 반대로 짧게 느껴지게 된다. 따라서 관측자로부터 후퇴하는 물체가 내놓는 소리나 빛의 파장은 정지했을 경우보다 길어진다. 즉 후퇴하는 물체는 적색 이동을 보인다. 물체가 관측자에게 접근하는 경우 파장은 정지 상태의 경우보다 짧아진다. 즉 접근하는 물체는 청색 이동을 나타낸다. 도플러 효과가 현대 관측 우주론을 여는 열쇠의 역할을 했다.

이다. 그러므로 우리 곁을 지나는 차의 경적이 점점 저음으로 변하는 것같이 들리는 것이다. 경주용 차가 우리에게 접근할 때에는 음파의 골과 마루 사이 간격이 줄어든다. 그러므로 우리는 점점 높아지는 소리를 듣게 된다. 정지한 차에서 나는 경적 소리의 높낮이를 미리 알고 달리는 차에서 들려오는 소리의 높낮이를 측정하여 이 둘을 서로 비교하면 그 차의 접근 · 후퇴 여부와 속력까지도 바로 알아낼 수 있다. 높낮이의 변화 정도가 상대 속력과 음속의 비와 간단한 비례의 관계를 이루기 때문이다.

빛 또한 파동 현상이다. 소리와 다르게 빛은 진공에서도 전파된다. 그렇지만 도플러 효과는 빛에서도 나타난다. 달리는 자동차가 경적 대신에 전후사방으로 노란색의 빛을 방출한다고 하자. 차가 관측자에게 접근할 때에는 주파수(파장)가 증가(감소)하고 관측자에게서 후퇴할 때는 주파수(파장)가 감소(증가)한다.[5] 우리가 일상생활에서 경험하게 되는 차의 속력으로는 빛의 주파수(파장) 변화량이 감지할 수 없을 정도로 작지만 빛의 속도에 비해서 무시할 수 없을 정도로 빠른 속력이라면 그 변화량 역시 무시할 수 없는 수준에 이른다. 따라서 빛의 색깔이 변한다. 차가 관측자에게 접근하는 경우에는 빛의 파장이 감소하여 색깔이 노란색에서 파란색 쪽으로 이동한다. 이것을 청색 편이 또는 청색 이동

5. 파동에서 인접한 두 골이나 두 마루 사이의 거리를 파장이라 하며, 단위 시간에 일어나는 골에서 골, 또는 마루에서 마루까지의 변화 개수를 주파수라 한다. 주어진 매질에서 파동의 전파 속도는 일정하므로, 파장이 길어지면 주파수가 감소하고 파장이 짧아지면 주파수가 증가한다. 주파수가 많은 파동이 고음을 낸다. 다시 말해서 고음은 파장이 짧다. 빛의 파장과 주파수 관계도 이와 마찬가지다. 음파의 경우 주파수의 고저가 음조의 고저로 나타나는데, 빛의 경우에는 주파수의 높고 낮음이나 파장의 짧고 길이 색깔로 나타난다. 빨강에서 보라로 갈수록 빛의 파장(주파수)은 감소(증가)한다. — 옮긴이

이 일어난다고 한다. 반대로 관측자에게서 멀어지면 노란색이 빨간색 쪽으로 변하여 적색 이동(편이)[6]이 생긴다. 그런데 멀리 있는 은하들에서는 도플러 효과에 따른 빛의 적색 이동이 주로 관측됐다. 이 도플러 효과가 현대 관측 우주론의 출발점이 되었다. 그러면 이번에는 이 도플러 효과라는 물리 현상이 현대 우주론의 출발점이 된 사정을 살펴보도록 하자.

20세기 초 당시로서는 최대 구경의 반사 망원경이 윌슨 산 정상에 건설되었다. 이 망원경이 바로 먼 은하들의 적색 이동 현상을 발견하게 해 주었지만, 당시에 이것을 예상한 사람은 아무도 없었다. 윌슨 산 정상에서는 로스앤젤레스 시가 멀리 내려다보이는데 이때는 악명 높은 스모그도 없었고 시가지의 야간 조명 또한 미미한 수준이어서 윌슨 산의 밤하늘은 맑고 어두워 천문 관측에 아주 적격이었다. 천문대 건설 당시 망원경의 거대한 부품들을 산 정상으로 옮기는 데에는 노새들이 동원되었다. 노새 몰이꾼은 밀턴 휴메이슨Milton Humason이라는 젊은이였다. 그는 망원경의 기계 장비와 광학 설비는 물론, 과학자, 공학자, 고위 관리를 산 위로 나르는 일을 했다. 말을 탄 휴메이슨, 말안장 뒷부분을 뒷발로 밟고 서서 앞발을 주인의 어깨에 걸친 그의 애견인 흰색 테리어, 그리고 앞장서 가는 휴메이슨을 뒤따르는 노새들의 긴 행렬은 한 폭의 그림이었다고 한다. 언제나 씹는 담배를 질겅거리던 밀턴 휴

6. 여기서 청색이다 적색이다 하는 표현은 단지 파장(주파수) 변화의 방향을 나타내기 위한 방편이다. 물체 자체의 색깔은 사실 어느 색깔이라도 좋다. 적색 이동이 관측된 은하라고 해서 그 은하의 색깔이 붉다는 뜻이 아니다. 파장의 변화 정도는 물체의 이동 속도에 비례한다. 파장의 변화량을 정지 상태에서의 파장으로 나눈 값이 관측자와의 상대 속도를 빛의 속도로 나눈 값과 같다. 그러므로 적색 이동량을 측정하여, 그 천체가 우리에게서 얼마나 빠른 속도로 후퇴하는지 알아낼 수 있다.

메이슨은 노름과 당구에 도가 튼 인물이었고 흔한 말로 여자들깨나 후리고 다닐 성싶은 사나이였다. 교육이라고는 초등학교 8학년까지 다닌 것이 고작이었지만 휴메이슨은 머리가 총명하고 호기심이 많아서 자신이 힘들여 산으로 운반하고 있던 각종 기계들에 관하여 주위 사람들에게 이것저것을 열심히 묻고는 했다. 그는 그즈음 천문대 소속의 한 공학자의 딸과 교제 중이었다. 포부가 기껏 노새몰이 수준에 그친 젊은이가 자기 딸을 가까이 하니, 그녀의 아버지는 속이 편할 리가 없었다. 휴메이슨은 천문대에서 전기공 보조원, 건물 관리인, 돔의 걸레질하기 등 닥치는 대로 일을 했다. 물론 그 돔에는 자신이 끌어올려 세운 망원경이 들어 있었다. 전해오는 이야기에 따르면 그 다음 이야기는 이렇게 전개된다. 어느 날 야간 관측 보조원이 병이 나서 눕게 되자, 천문대 쪽에서는 밀턴에게 보조원 일을 대신 해 줄 수 있겠느냐는 제안을 하게 된다. 그날 밤 그는 망원경을 능숙하게 다룰 줄 아는 기술과 성의를 충분히 과시할 수 있었고 이것을 계기로 윌슨 산 천문대는 망원경을 조작하고 관측자를 보조하는 직원으로 밀턴 휴메이슨을 정식 채용한다.

제1차 세계 대전이 끝나자 영국 유학을 마친 에드윈 허블Edwin Hubble이 윌슨 산에 나타났다. 그는 두뇌 회전이 빠르고, 천문학계 바깥에 발이 넓고, 세련된 매너를 갖춘 미남이었다. 또 옥스퍼드에서 단 1년간 로즈 장학생Rhodes Scholar으로 지내는 동안 익힌 영국식 억양을 자랑스레 구사하는 인물이었다. 그리고 그는 곧 유명해졌다. 나선 모양의 성운들이 "섬 우주island universe"라는 확실한 증거를 제시한 인물이 바로 허블이다. 섬 우주는 우리 은하와 같이 수많은 별들이 한데 모여 있는 것인데, 허블은 어떤 부류의 별들의 절대 광도가 일정하다는 사실을 이용하여 이 먼 은하들의 거리를 측정했다. 거리 측정에 쓰이는 이런 부류의 천체들을 우리는 '표준 초standard candle'라고 부른다. 한 망원경에 붙어서 오순도순 일할 단짝 치고는 좀 이상했을지 모르지만 허블과 휴메이슨은 만나자마자 서로 장단이 잘 맞았다. 그들은 로웰 천문대의 슬리퍼V. M. Slipher를 따라서 먼 은하들의 분광 사진을 연구하기 시작했다. 같이 일을 하기 시작한 지 얼마 되지 않아서 양질의 은하 스펙트럼을 얻는 데 있어 휴메이슨이 전 세계 그 어느 천문학자보다 유능한 인물임이 판명됐다. 그리하여 휴메이슨은 윌슨 산 천문대의 정식 연구원이 됐다. 그는 자기가 해야 할 과학적 임무를 속속들이 이해했고 훌륭한 업적을 많이 남겼으며 천문학계에서 많은 존경을 받다가 세상을 떠났다.

은하 하나에서 오는 빛은 그 은하를 이루는 수십억 개의 별들이 방출하는 빛의 총합이다. 별에서 비교적 온도가 낮은 외곽부의 대기는 별 내부에서 나오는 특정 파장들의 빛을 흡수하여 스펙트럼 사진에 여러 개의 흡수선을 만들어 놓는다. 이 스펙트럼의 파장을 측정하면 별의 대기를 구성하는 화학 조성을 알아낼 수 있다. 그 결과 우리는 멀리 떨어져 있는 별들도 우리 태양과 같은 성분의 물질로 이루어졌음을 확인할 수 있었다. 그런데 휴메이슨과 허블은 자신들도 깜짝 놀랄 발견을 했다. 먼 은하들의 스펙트럼이 모두 적색 이동을 보이며, 더욱 놀라운 것은 적색 이동의 정도가 은하까지의 거리에 비례하여 증가한다는 사실이었다.

적색 이동을 가장 쉽게 해석할 수 있는 방편은 이것이 도플러 효과의 결과라고 보는 것이다. 그렇다면 은하들이 모두 우리에게서 멀어진다는 결론이 나온다. 그리고 멀리 있는 은하일수록 더 빠른 속력으로 후퇴한다는 추론도 사실로 받아들여야 한다. 은하들이 도대체 왜 후퇴한단 말인가? 그리고 우리를 피해서 달아나야 할 특별한 이유라도 있단 말인가? 우리가 사는 동네가 우주에서 유독 특별한 곳이란 말인가? 은하들의 사회 활동에서 우리 은하수 은하가 무슨 큰 잘못이라도 저질렀거나, 아니면 이웃에게 모종의 행패라도 부렸단 말인가? 의문은 꼬리에 꼬리를 문다. 그렇지만 우주 자체가 팽창하는 듯하다는 생각은 지워 버릴 수가 없다. 우주가 팽창하기 때문에 그 안에 들어 있는 은하들은 서로 멀어지는 수밖에 없는 것이고,[7] 과거에는 은하들 사이의 간격이 지금보다 훨씬 가까웠을 것이다. 휴메이슨과 허블의 발견은 우주의 기원이 대폭발임을 암시하고 있었다. 은하들의 적색 이동을 발견할 당시에는 이것이 우주의 기원과 관련되어 있으며 모든 것의 근본을 건드리는 문제라고 확신하는 사람은 아무도 없었다. 이제 돌이켜 보면 어울리지 않을 것 같은 이 두 사람이 은하의 스펙트럼에서 우리를 우주 기원의 순간으로 데려갈 이론적 터전을 찾아냈던 것이다.

현대 우주론의 거의 대부분, 특히 우주의 팽창과 대폭발 이론은, 은하들의 후퇴 운동을 도플러 효과에 따른 흡수 스펙트럼의 적색 이동으로 설명할 수 있다는 해석에 그 바탕을 두고 있다. 하지만 자연에서 적

7. 은하의 후퇴 운동을 택시가 관측자에게서 멀어지는 식의 이동으로 생각한다면 그것은 현실의 왜곡이다. 우주가 팽창하면서 그 안에 들어 있는 것들 역시 서로 멀어질 것이다. 팽창의 한 결과가 은하의 후퇴 운동으로 나타난 것이다. 그러니까 은하에서 관측되는 적색 이동을, 달리는 택시가 방출하는 파장 5000옹스트롬의 노란색 빛이 도플러 효과 때문에 약간 긴 파장으로 옮겨가는 바로 그런 식의 적색 이동이라고 단순히 이해한다면, 이것도 오해의 소지를 안고 있다. 우주의 팽창은 은하뿐 아니라 그 모든 것들의 간격을 체계적으로 늘려 놓는다. 빛의 파장도 공간의 팽창과 더불어 늘어난다는 말이다. 단지 겉으로 드러난 결과만이 통상의 적색 편이와 다를 바가 없을 뿐이다. — 옮긴이

색 이동은 도플러 효과 이외의 요인에서도 발생할 수 있다. 중력으로 인한 적색 이동이 그중의 한 가지 예이다. 빛이 강력한 중력장에서 벗어나려면 많은 일을 해야 한다. 그렇기 때문에 자신이 갖고 있던 에너지의 일부를 잃는다. 그렇게 되면 긴 파장의 빛으로 바뀌게 되고 멀리 있는 관측자에게는 원래의 색깔보다 더 붉게 보인다. 중심에 질량이 매우 큰 블랙홀을 갖고 있는 은하들이 우주에 많이 존재하므로 외부 은하의 적색 이동을 중력으로 인한 적색 이동의 결과로 볼 수 있다. 그렇지만 강력한 중력장이 지배하는 지역이라면 밀도 역시 당연히 높을 것이며, 빛도 더 많이 흡수될 것이기 때문에 그러한 환경에서 만들어진 흡수 스펙트럼의 흡수선들은 그 폭이 매우 넓게 마련이다. 그런데 관측된 흡수선들의 폭은 반대로 매우 얇은 것으로 나타났다. 이 점이 은하의 적색 이동을 강한 중력장의 효과로 설명하기 어렵게 만들었다. 또 은하에서 관측된 적색 이동을 그 은하가 후퇴하기 때문이라기보다 은하 내부에서 일어나는 모종의 폭발에 기인한 것이라고 설명하려는 시도가 있었다. 폭발이 일어난다면 우리에게서 후퇴하는 부분만 아니라 접근하는 지역도 있을 것이므로, 폭발 때문이라면 적색 이동과 함께 청색 이동도 관측돼야 한다. 그런데 우리의 은하수 은하가 속해 있는 국부 은하군의 은하들을 제외하면 외부 은하들이 모두 거리와 방향에 상관없이 적색 이동만 보여 준다.

하지만 천문학자들 중에는, 은하의 적색 이동 현상을 도플러 효과의 결과로 해석하여 우주의 팽창을 유추해 온 일련의 사고 과정에 의심의 시선을 보내는 이들이 있다. 홀턴 아르프Halton Arp가 그 좋은 예이다. 물리적으로 서로 연결돼 있는 것처럼 보이는 퀘이사와 은하, 또는 은하 한 쌍의 분광 사진을 찍어 보면 쌍을 이루는 두 천체의 적색 이동이 판이하게 나타나는 경우가 있다. 아르프는 이와 같은 수수께끼의 짝을 여럿 찾아 우리의 관심을 불러 모았다. 그 둘 사이에 다리를 놓는 것처럼 보이는 별과 성간 티끌의 흔적도 왕왕 발견됐다. 적색 이동이 우주의 팽창에서 비롯된 것이라면, 두 은하에서 측정된 적색 이동의 정도가 서로 다르다는 것은 둘이 서로 멀리 떨어져 있다는 이야기이다. 적색 이동을 통해 밝혀낸 거리의 차가 심지어 10억 광년인 경우도 있다. 물리적으로 연결돼 있는데, 어떻게 그 둘 사이의 거리가 이렇게 멀 수 있단 말인가? 어떤 이들은 아르프가 찾아낸 쌍들은 순전히 통계적 우연에 불과한 것들이라고 주장했다. 예를 들어 가까이에 밝은 은하가 하나 있고 그 은하의 방향으로 먼 곳에 퀘이사가 자리한다면, 동일한 시선 방향에 보이기는 하지만 둘의 적색 이동은 크게 다를 것이다. 물리적으로 연결된 것처럼 보이는 것도 단순한 기하학적 연결이 주는 착각에 불과하다. 천체를 관측하다 보면 이런 경우와 종종 만나게 된다. 그러므로 문제의 핵심은 아르프가 찾아낸 개수가 통계학적 예측보다 과연 얼마나 더 많으냐에 달려 있을 것이다. 또 아르프는 다음과 같은 특별한 예로 우리의 관심을 불러 모았다. 적색 이동의 값이 작은 은하의 양옆에 퀘이사가 하나씩 있는데 그 둘의 적색 이동은 크기가 거의 같고 은하에 비해 무척 큰 값이었다. 아르프는 이 관측 결과를 근거로 퀘이사들이 우주론적 거리에 있는 천체가 아니라, "전방에 있는 은하"에서 좌우로 분출된 것이라고 주장했다. 그리고 은하에서 관측되는 적색 이동은 단순한 도플러 효과의 결과가 아니라, 아직 그 정체를 알 수 없는 모종의 메커니즘에 따른 것이라고 추론했다. 아르프의 주장에 동의하지 않는 학자들은 은하에서 검출되는 적색 이동을 허블과 휴메이슨의 해석에 따라 이해하려고 했다. 아르프의 생각이 옳다면 퀘이사의 에너지원을 설명하기 위해서 초신성의 연쇄 폭발이니 거대 블랙홀이니 하는 이상한 가정을 더 이상 하지 않아도 무방하다. 퀘이사가 우주론적 거리에 있지 않다면 그들의 광도가 매우 높아야 할 이유가 없기 때문이다. 그렇지만 관측을 통해 드러난 적색 이동 현상을 설명해야 할 의무는 아르프에게 그대로 남아 있다. 아르프의 주장이 옳건 그르건 간에 우주의 저 광막한 심연에는 무언가 이해하기 어려운 사건이 터지고 있음에는 틀림이 없다.[8]

적색 이동을 도플러 효과로 해석하여 은하들의 후퇴 현상을 현실로 받아들임으로써 우리는 우주의 팽창을 추론할 수 있었다. 그런데 적색 이동이 우주 팽창의 유일한 증거는 아니다. 적색 이동과는 별도로 우주 배경 복사도 우주의 팽창을 설명하는 중요한 관측 사실이다. 하늘의 어느 방향을 보든 미약한 세기의 전파 신호가 잡힌다. 잡힌 전파 신호의 세기가 파장에 따라 어떻게 변하는지 조사하면, 이 신호를 내는 물질의 온도를 추정할 수 있다. 한편 오랜 세월을 거치는 동안, 대폭발 순간의 화구는 우주의 팽창과 더불어 점점 식어 왔다. 그런데 우주 배경 복사에서 측정한 온도가, 식어 버린 화구 온도의 추정값과 정확히 일치했기 때문에 우주 배경 복사 역시 우주 팽창의 훌륭한 증거가 된다. 그렇지만 여기에도 의문은 따른다. 정밀한 전파 망원경을 U-

8. 아르프가 제시한 예들의 거의 대부분이 기하학적 쌍인 것으로 나중에 판명됐으며, 일부는 중력 렌즈의 작용으로 만들어진 것들도 있었다. 오늘날 학자들은 은하의 적색 이동 현상을 우주 팽창의 결과로 받아들인다. — 옮긴이

2 비행기에 실어서 지구 대기의 최상부로 올려 보내 하늘의 모든 방향을 세밀하게 관측하고 거기서 얻은 결과를 1차적으로 근사 분석했더니, 우주 배경 복사의 세기가 완벽에 가까운 대칭적 분포를 하고 있었다. 이로부터 우리는 대폭발 순간에 화구가 모든 방향으로 일정하게 팽창했다고 미루어 추측할 수 있다. 다시 말해서 우주는 완전 대칭의 상태에서 시작했다는 결론이 나온다. 관측 결과를 좀 더 정밀한 방법으로 분석했더니 우주 배경 복사에 약간의 비대칭성이 드러났다. 우리 은하수 은하가 자신이 속해 있는 국부 은하군의 다른 은하들과 함께 처녀자리 은하단 방향으로 초속 600킬로미터 이상의 속력으로 달려가고 있다면 앞에서 드러난 이 비대칭성은 대부분 깨끗하게 설명된다. 이 정도의 속력이면 우리는 100억 년 이내에 처녀자리 은하단에 도달하게 된다. 그때가 오면 외부 은하의 연구가 한결 수월해질 것이다. 처녀자리 은하단은 여태껏 알려진 은하단들 중에서 구성원이 가장 많은 초대형의 은하단으로서 나선 은하, 타원 은하, 불규칙 은하 등으로 가득 차 있는 우주의 보석 상자이다. 그런데 왜 우리 은하는 처녀자리 은하단으로 돌진하고 있을까? 우주 배경 복사를 고공에서 관측한 조지 스무트George Smoot와 그의 동료들은 처녀자리 은하단의 중력 작용으로 우리 은하수 은하가 이 은하단의 중심으로 빨려 들어가는 중이라는 제안을 내놓았다. 스무트는 그 은하단 내부에 여태껏 알려진 것보다 훨씬 더 많은 수의 은하들이 존재할 것으로 예상했으며, 이 은하단이 차지한 공간 역시 20억 광년을 가로지르는 방대한 규모라고 밝혔다.

관측 가능한 우주가 수백억 광년의 규모라는 것과 처녀자리 은하단의 크기가 20억 광년이라는 점을 고려한다면, 이보다 더 먼 거리에 비슷한 규모의 초은하단들이 또 있을 것으로 기대할 수 있다. 그렇지만 멀기 때문에 찾아내기가 그만큼 더 어려울 것이다. 우주의 탄생 초기에 물질 분포의 비균질성이 있었다고 하더라도, 그것이 자라서 지금의 처녀자리 초은하단 정도의 질량을 끌어 모으기에는 우주의 나이가 충분하지 않다. 그럼에도 불구하고 우주 배경 복사의 관측 결과는 처녀자리 초은하단에 그렇게 거대한 양의 물질이 몰려 있어야만 하는 것으로 해석됐던 것이다.[9] 따라서 스무트는 대폭발 당시 우주의 물질 분포에는 상당한 수준의 비균질성이 있었을 것이라는 결론을 내릴 수밖에 없었다. 비록 그가 수행한 우주 배경 복사의 고공 관측 결과가 자신의 예상에 걸맞은 수준의 비균질성을 보이지 않았지만 처녀자리 초은하단의 질량으로부터 그는 우주 초기의 물질 분포가 심하게 불균일했다는 결론에 도달할 수 있었던 것이다.(나중에 은하 규모의 구조물로 성장할 수 있을 정도로 미미한 비균질 분포가 우주 초기에 있었다고 이론적으로 예상할 수는 있으나, 그렇게 작은 초기 우주의 상태에서도 물질 분포의 교란이 있었느냐는 현재의 관측 기술로 확인할 길이 없다.) 이것은 하나의 패러독스이다.[10] 거의 동시에 매우 좁은 영역에서 두 개 또는 그 이상의 대폭발이 있었다면, 이 패러독스를 해결할 수 있을지 모르겠지만

9. 이 부분은 원문의 논지가 명료하지 않다. 완전 대칭인 배경 복사장 안에서 관측자가 움직인다면, 운동 방향에서 오는 빛은 청색 이동을 일으키고 반대 방향에서 오는 빛은 적색 이동을 할 것이다. 즉 우주 배경 복사가 관측자의 후방보다 전방에서 약간 더 밝게 보일 것이다. 또한 밝기의 차이는 속력에 비례할 것이다. 밝기 분포의 이러한 비대칭 성분을 우리는 쌍극자 성분이라고 부른다. 스무트의 우주 배경 복사 관측에서 쌍극자 성분이 검출됐으며, 이것을 이용해 우리 은하수 은하의 운동 방향과 속력을 결정할 수 있었다. 운동의 방향은 처녀자리 쪽이었고 처녀자리 초은하단의 질량은 속력에서 가늠할 수 있었다. — 옮긴이

10. 은하수 은하가 처녀자리 쪽으로 움직인다는 사실만을 놓고 볼 때 처녀자리 초은하단에 막대한 양의 질량이 몰려 있어야 한다. 그런데 우주 배경 복사의 고공 관측 결과에서는 그러한 규모의 비균질성이 드러나지 않는다. 그렇기 때문에 패러독스라는 말이다. 그러나 현대 관측에서는 다양한 척도의 비균질 분포 구조를 우주 배경 복사에서 검출할 수 있었으며 이러한 관측 결과가 우주론의 제한 조건으로 쓰인다. — 옮긴이

말이다.

우주 팽창과 대폭발 이론이 전반적으로 옳다고 한다면, 우리는 좀 더 심각한 문제에 직면하게 된다. 대폭발의 순간은 어떤 상태였는가? 대폭발 이전의 상황은? 그 당시 우주의 크기는? 어떻게 물질이라고는 아무것도 없이 텅 비어 있던 우주에서 갑자기 물질이 생겨났는가? 이러한 물음은 우리를 곤혹스럽게 만든다. 사람들은 보통 특이점에서 벌어진 상황에 대한 설명을 신의 몫으로 떠넘긴다. 이것은 여러 문화권에 공통된 현상이다. 하지만 신이 무無에서 우주를 창조했다는 답은 임시변통에 지나지 않는다. 우리가 근원을 묻는 이 질문에 정면으로 대결하려면 당연히 "그렇다면 그 창조주는 어디에서 왔는가?"라는 질문을 해결해야 한다. 만일 이 질문에는 답이 없다는 식의 결론밖에 내리지 못한다면, 차라리 우주의 기원 문제에는 답이 없다 하고 한 단계 단축하는 것이 어떨까? 또 한편으로, 신은 항시 존재했다는 결론을 내린다면, 역시 한 단계 줄여, 우주가 항시 존재했다고 하면 어떻겠는가?

어느 문화권이든지 창조 이전의 세상과 세계 창조에 관한 신화를 갖고 있다. 세상이 "신들의 짝짓기에서 만들어졌다."라거나, "우주의 알에서 태어났다."라는 식의 소박한 우주관을 우리는 세계 도처에서 만나게 된다. 이러한 신화들은 우주가 사람이나 동물이 하는 바를 따라했다는 순진한 상상에 그 뿌리를 두고 있다. 여기에서는 세계 각지의 다섯 개 신화에서 각각 발췌한 내용을 소개하겠다. 완성도 면에서 수준의 차이가 있음을 알 수 있을 것이다. 그럼 태평양 해양 문화권에서부터 시작해 보자.

태초에는 세상의 모든 것이 영겁의 암흑과 함께하고 있었다. 무성하게 얽혀서 전혀 뚫고 들어가지 못하는 숲처럼 밤은 모든 것을 덮고 있었다.(중앙오스트레일리아, 아란다 족Aranda의 '위대한 아버지 신화')

모든 것이 침묵의 허공에 가만히 떠 있었다. 움직이는 것이라고는 아무것도 없었다. 하늘에는 텅 빈 허공만이 걸려 있었다.(퀴체 마야 족의 성전, 『포폴 부흐』)

텅 빈 허공에 떠 있는 구름과도 같이 나 아레안Na Arean이 하늘에 홀로 자리를 잡았다. 그는 잠을 자지 않았다. 잠이 없었기 때문이다. 그는 배고프지 않았다. 아직 배고픔이 있기 전이었기 때문이다. 아주 오랫동안 그는 그런 상태로 가만히 있었다. 그러다가 한 생각이 떠오르자, 그는 자신에게 이렇게 이야기했다. "내가 무언가를 하나 만들어야겠구나."(길버트 군도, 마이아나 족Maiana의 신화)

태초에 거대한 우주 알이 있었다. 알 속에는 혼돈이 있었다. 그 혼돈에 반고盤古가 떠다니고 있었다. 반고는 아직 깨어나기 전의 신성한 태아였다. 반고가 알을 깨고 밖으로 나왔다. 그의 몸은 오늘날 우리의 네 배나 되는 거구였다. 그는 들고 나온 망치와 끌을 가지고 세상을 오늘의 모습으로 다듬어 놓았다.(중국, 반고 신화, 3세기경)

하늘이 열리고 땅이 만들어지기 전에는 모든 것이 희미하고 형태를 갖추지 않았다.…… 투명하고 가벼운 것들은 위로 떠올라 하늘이 되었고, 무겁고 칙칙한 것들은 굳어 땅이 되었다. 순수하고 고운 물질은 한

데 어울리기는 쉬웠지만, 칙칙하고 무거운 물질이 뭉쳐 무엇인가 만들어지기는 지극히 어려웠다. 그 까닭에 하늘이 먼저 완성되고 나중에 땅의 틀이 잡혔다. 하늘과 땅이 허공 중에 서로 만나고 모든 것들이 미완의 모습 그대로였을 때 누가 만들지 않았지만 모든 것들이 스스로 비롯하여 생겨났다. 이것이 '위대한 하나'이다. 모두가 바로 그 하나에서 나타났지만 서로 다른 개체를 이루었다.(중국, 『회남자』, 기원전 1세기경)

이 신화들은 인간의 속성 중 가장 중요한 요소인 '뻔뻔함'을 잘 드러낸다. 여기에 예시된 고대 신화들의 우주관과 현대의 대폭발 우주론 사이에 단 한 가지 차이가 있다면, 그것은 과학은 스스로에게 끊임없이 질문을 던지고 제안의 사실 여부를 검증하기 위하여 실험하고 관찰한다는 점이다. 하지만 현대를 사는 우리는 창조 신화들에 응분의 존경심을 표해야 한다.

어느 문화권이든 사람들은 자연에 내재하는 주기성을 즐기며 그 주기성을 최대로 활용한다. 사람들은 오랫동안 '신이 의도하지 않아도 자연의 주기성이 가능할 수 있을까?'를 고민했다. 수십 년 세월의 인생에도 주기성이 있다면 영겁의 신의 세계라고 주기성이 없으란 법이 있겠는가? 인류 문화의 위대한 종교들 중에서 힌두교만이 코스모스가 무한 반복된다는 것을 믿는다. 우주가 생生과 멸滅의 끝없는 순환을 반복한다는 것이다. 현대 우주론이 밝힌 시간 척도와 비슷한 크기의 척도로 시간의 흐름을 이야기하는 유일한 종교가 바로 힌두교이다. 과학과 힌두교의 시간 척도가 서로 일치하는 것은 우연의 결과일 것이다. 일상의 하루는 낮과 밤 24시간이다. 그러나 브라흐마의 하루는 지구인의 시간으로 86억 4000만 년에 해당한다. 86억 4000만 년이라니! 이것은 지구나 태양의 나이보다 긴 시간이고 우주가 대폭발 이래 오늘에 이르기까지 경과한 시간의 절반도 넘는 참으로 장구한 시간이다. 힌두교의 가르침은 브라흐마의 1년보다 더 긴 세월도 언급한다.

우주가 신의 꿈에 불과하다는 생각에는 누구나 심오한 매력을 느끼게 된다. 신은 브라흐마의 1년이 100번 지난 다음에 스스로를 분해하여 꿈 없는 잠의 세계와 합일한다. 그러면 우주도 스스로를 해체해서 신과 합일된 상태에서 브라흐마의 1세기를 지낸다. 그 다음에 신은 잠에 빠진 스스로를 꿈틀거리며 깨워 자신을 재구성한다. 그리고 다시 우주적 꿈으로 빠져 들어간다. 이렇게 하여 무한히 많은 세계들이 생긴다. 그리고 이 세계들에는 각각 우주적 꿈을 꾸는 무수한 신들이 있다. 그런데 힌두교의 이 위대한 가르침은 다른 가르침, 어찌 보면 더 위대한 가르침을 통해 발전될 수 있다. 그것은 사람이라는 존재가 신의 꿈이 아니라, 신이 사람이 꾸는 꿈의 소산일지도 모른다는 가르침이다.

인도 문화에는 신이 많은데, 같은 신일지라도 그 현현 양식이 다양하다. 11세기에 만들어진 촐라Chola 왕조의 청동상에서 우리는 시바Shiva 신의 다양한 모습을 엿볼 수 있다. 시바 신의 여러 현신現身 중에서 우주의 새로운 주기가 시작할 때마다 이루어지는 창조를 춤으로 형상화한 것이 가장 우아하고 장대하다. 시바의 우주적 춤을 모티프로 한 이 청동상에서 시바 신은 네 개의 손을 가진 춤의 제왕 나타라자Nataraja로 나타난다. 위로 치켜든 오른손은 창조의 소리를 내는 북을 들고, 왼손은 화염을 쥐고 있다. 널름거리는 불꽃의 혀는 이번에 새로 태어나는 우주도 수십억 년 후에 다시 멸망함을 상징한다.

심원한 의미를 담고 있는 아름다운 이 신상들에서 나는 현대 천문학에서 태어날 각종 아이디어들의 전조를 즐거운 마음으로 읽어 낼 수 있다.[11] 우주는 대폭발 이래 지금까지 계속해서 팽창해 왔을 가능성이 크다. 그렇다고 해서 앞으로 우주가 영원무궁 팽창할지는 아직 확신할 수 없다. 우주 팽창의 속도가 점점 느려지다가 결국 멈춘 다음, 팽창의 방향을 바꿔 수축할 수도 있기 때문이다. 우주에 내재하는 물질의 밀도가 어떤 임곗값보다 작으면 현재 후퇴 운동 중인 은하들 사이의 중력이 팽창을 멈추기에는 역부족이어서 우주의 팽창은 영원히 지속될 수 있다. 그러나 만일, 빛으로 관측 가능한 물질의 질량보다 훨씬 많은 양의 물질이 우주 여기저기에 숨어 있다면 후퇴하던 은하들은 중력으로 서로 묶여서 인도의 창조 신화에서 볼 수 있는 팽창과 수축을 반복하는 우주적 주기 운동에 동참할 수 있다. 한편 빛으로 자신의 존재를 드러내지 않는 소위 '잃어버린 물질'의 후보로서 블랙홀을 쉽게 떠올릴 수 있을 것이다. 밀도가 매우 낮고 온도가 지극히 높은 물질도 천문학자들의 관측에 쉽게 걸리지 않는데, 은하들 사이의 공간이 저밀도 고온의 물질로 채워져 있을 수 있다. 그러므로 빛을 이용한 관측으로 검출할 수 있는 천체들의 총질량보다 훨씬 많은 물질이 우주에 내재할 가능성도 배제할 수 없다. 그렇다면 코스모스는 영원히 팽창과 수축을

11. 마야 문명의 유적에서 볼 수 있는 시간 개념도 아득한 과거에서 때로는 먼 미래로 넘나든다. 100만 년 이상의 과거를 언급한 유적이 하나 있다. 마야 문명을 연구하는 학자들이 논의하는 중이기는 하지만, 그래도 또 다른 유적은 4억 년 전의 과거를 이야기하고 있다. 이러한 유적에 언급된 사건 자체는 신화적 설화일지 모르지만, 그들이 생각할 수 있었던 시간의 척도에서 우리는 마야 문명의 비범성을 만나게 된다. 세상의 나이가 겨우 수천 년이라는 성서적 사고의 오류를 유럽 문명이 겨우 인식하기 시작한 게 인류사의 아주 최근의 일이 아닌가. 그런데 그보다 1,000년 전에 마야 문명은 이미 100만 년의 세월을 생각할 줄 알았고, 인도인들은 수십억 년을 상상할 수 있었다.

반복할 것이다. 수축과 팽창의 새로운 주기가 열릴 때마다 새롭게 태어나는 코스모스, 그것은 바로 인도 신화가 우리에게 가르쳐 준 우주의 실상이다. 우리가 살고 있는 코스모스가 바로 그렇게 진동하는 우주라면 대폭발은 우주 창조의 순간으로 볼 수 있지만 동시에 이전 우주가 완전히 파괴되는 최후의 순간으로 볼 수도 있다.

우리는 영원히 팽창하는 우주도 싫고 팽창과 수축을 반복하는 진동 우주도 달갑지 않다. 우선 지금으로부터 100억 년 전인지 200억 년 전인지 그 구체적 시간은 크게 문제가 되지 않지만, 어떻든 하나의 우주가 어느 순간에 갑자기 생겨 팽창을 시작한 것은 확실하다. 무한정 계속 팽창하는 우주론에 따르면 은하들은 팽창과 더불어 우주의 지평선cosmic horizon 너머로 하나둘씩 사라질 것이다. 그러다가 은하수 은하의 지평선 안에 끝까지 남아 있던 마지막 은하마저 지평선 너머로 사라지고 나면 홀로 남은 은하수 은하는 우주적 고독을 혼자 참아 내야 한다. 이렇게 되면 지구상에 살던 외계 은하 연구자들의 일거리가 없어진다. 어디 그뿐인가. 별들은 차갑게 식어 모두 죽고, 물질은 모조리 소립자의 상태로 돌아간다. 결국 소립자들만이 흐릿하게 분포하는 아주 재미없고 적막한 세상이 도래한다. 이것이 영원히 팽창하는 우주가 맞이할 최후의 운명인 것이다. 그렇다면 진동 우주의 운명은 어떻게 되는가? 진동 우주에서 코스모스는 시작도 없고 끝도 없으며 끝없이 반복되는 생과 멸의 중간에 자리할 뿐이다. 한 주기가 끝나고 다음 주기로 넘어갈 때, 앞의 코스모스에서 다음 코스모스로 어떠한 정보도 흘러 들어가지 못한다. 전생 우주에 있던 은하, 별, 행성, 생물 그리고 문명이 후생 우주가 태어나는 대폭발의 특이점을 넘지 못하고 모두 사라지고 만다. 영원무궁의 팽창 우주든 팽창과 수축을 반복하는 진동 우주든 우울하기는 마찬가지이다. 한 가지 위안 삼을 만한 점이 있다면 운명의 그 순간까지 아직 긴 시간이 남아 있다는 사실이다. 앞으로 수백억 년, 또는 이보다 더 긴 세월이 남아 있다. 코스모스가 멸망할 때까지 수백억 년의 세월 동안 현생 인류와 그의 후손이 이룩할 위업에 대한 기대와 희망이 우리를 우주적 우울증에서 구원해 줄 것이다.

우주가 실제로 진동한다면 의문의 행렬은 계속된다. 팽창에서 수축으로 바뀔 때, 그래서 은하의 적색 이동이 청색 이동으로 반전될 때 인과因果 관계에도 역전이 생겨 결과가 원인에 앞설 수 있다고 생각하는 학자들이 있다. 연못에 파문이 먼저 생기고 그 다음에 내가 돌을 던지는 격이란 이야기이다. 또 횃불이 타기 시작하고, 그 다음에 성냥을 그어 댄다는 식의 현상이 벌어질 수도 있다. 팽창이 수축으로 반전될 시기에는 무덤에서 탄생을 맞고 어머니 뱃속에서 죽음으로 삶을 마감한다니, 도대체 뭐가 뭔지 통 알아들을 수가 없다. 우리는 인과 관계의 역전을 제대로 이해했다고 아는 체하기 어렵다. 시간이 거꾸로 흐를까? 아니, 지금 여기에서 우리가 던진 이 질문들이 도대체 의미 있는 질문인지조차 확실하지 않다.

과학자들은 팽창이 수축으로 바뀌는 순간 진동 우주에 어떤 일이 일어날까 궁금해 한다. 자연의 법칙들이 그 순간 무작위적으로 마구 뒤섞인다고 믿는 학자들도 있다. 그들의 주장에 따르면 우주에서 일어나는 온갖 자연 현상을 지배한다고 알려진 물리학과 화학의 제반 법칙들은 무수히 많은 가능성들 중 하나일 뿐이기 때문이다. 매우 제한된 범위의 법칙들만이 현생 우주에서 볼 수 있는 은하, 별, 행성, 생명 그리고 지능 등의 현상을 합리적으로 설명할 수 있다. 그런데 우주의 팽창과 수축이 역전되는 순간에 법칙들이 멋대로 뒤섞인다면 그때 얻어지는 법칙이 현생 우주를 설명하는 법칙들과 우연히 일치할 확률은 실질적으로 0이다.[12] 그러니까 전생 우주와 현생 우주 사이에 어떤 공통성도 기대할 수 없다.

우리 우주가 영원무궁 팽창하는 우주인지, 아니면 팽창과 수축을 주기적으로 반복하는 우주인지 누구나 확인하고 싶을 것이다. 구별할 수 있는 방법이 있다. 우주 물질의 재고를 조사하는 것이 그 한 가지 방법이다. 그리고 다른 하나는 코스모스의 끝, 영원의 벼랑 끝까지 가 보는 것이다.

전파 망원경은 아주 멀리 있는 천체의 미약한 신호도 잡아낸다. 그래서 우리는 수억 광년 이상 떨어져 있는 퀘이사의 신호도 확인할 수 있다. 가장 가까운 퀘이사라고 해도 5억 광년은 떨어져 있고, 100억 광년, 120억 광년, 아니 이보다 더 먼 거리에 있는 퀘이사들도 많다. 공간적으로 멀리 떨어진 곳을 볼수록 시간적으로는 먼 과거에 일어난 상황을 보는 것이라는

12. 자연 법칙의 뒤섞임이 팽창과 수축의 변환점에서 일어나지 않을 것이다. 우주가 이미 여러 차례 팽창과 수축을 반복했으며 그때마다 다른 중력 법칙들이 선택됐다고 하자. 중력 법칙의 후보들 대부분이 실제로는 매우 미약한 중력을 동반한다. 이렇게 미약한 세기의 중력만으로는 우주를 한데 묶어 둘 수 없을 것이다. 그러므로 우주가 선택한 대부분의 중력에서는 우주가 흩어질 것이고, 그렇기 때문에 더 이상 팽창과 수축의 반복은 기대할 수 없다. 결과적으로 중력 법칙의 새로운 후보가 채택될 가능성이 자동적으로 배제된다. 그러므로 우리는 다음과 같은 결론에 도달한다. 우주가 유한한 기간 동안만 존속하든가, 팽창 · 수축의 매 주기마다 자연은 제한된 극히 일부의 법칙들만 선택할 것이다. 그렇다면 팽창이 수축으로 반전되는 순간에 일어나는 자연법칙의 뒤섞임이 완전히 제멋대로일 수는 없다. 후보 법칙들에서 선택이 이루어질 때 모종의 규칙이 준수돼야 할 것이다. 어떤 법칙은 선택되고 어떤 것들은 선택해서는 안 되고 하는 식의 제한 조건들이 있을 것이란 말이다. '법칙 선택의 법칙' 은 기존의 물리학을 뛰어넘는 새로운 물리학으로 우리에게 다가올 것이다. 이 지경에 이르면 인간의 언어는 빛을 잃는다. 새로운 물리학에 붙일 적당한 이름을 찾기 어렵다. '파라물리paraphysics' 이니 '메타물리metaphysics' 니 하는 이름들은 여기서 요구되는 의미와는 전혀 다른 뜻으로 이미 사용되고 있다. 그렇다면 '초월물리transphysics' 라는 표현은 어떨까?

미국 뉴멕시코 주, 소코로에 건설된 대형 배열의 전파 망원경들 중에서 네 개가 이 사진에 일렬로 늘어서 있다. 대형 배열은 미국 국립 전파 천문대NRAO National Radio Astronomy Observatory가 운영한다. 전파 망원경들이 철로 위에 놓여져 있어서 우리가 원하는 대로 배치를 바꿀 수 있다. 망원경들 사이의 거리가 전파 화상의 분해능을 결정한다. 빌 레이가 찍은 사진이다.

이야기를 앞에서도 했다. 따라서 120억 광년 떨어져 있는 퀘이사를 관찰하는 것은 그 퀘이사의 120억 년 전 모습을 보는 것이다. 멀리 볼수록 더 오래된 과거에 손을 대는 것이다. 우주의 지평선 근처를 본다면 우리는 대폭발 시대의 우주와 같이 하게 되는 것이다.

대형 배열VLA, Very Large Array은 27대의 전파 망원경으로 구성된 전파 간섭계로서 뉴멕시코 주의 오지에 설치돼 있다. 개별 망원경이 수신하는 전파 신호의 위상을 모두 고려해서 망원경의 배열을 미리 결정하고 관측을 시작한다. 구성 망원경들을 전선으로 연결하여 각 망원경으로 들어오는 신호의 세기와 위상을 합성함으로써 망원경 27대가 하나의 망원경같이 작동하도록 고안됐다. 가장 먼 두 안테나의 거리가 합성 망원경의 지름에 해당한다. 그러므로 대형 배열은 지름이 수십 킬로미터에 이르는 거대한 전파 망원경이라고 생각해도 좋다. 따라서 대형 배열은 가시광선 대역을 분석하는 광학 망원경처럼 전파 대역의 자잘한 스펙트럼을 상세하게 분석할 수 있는 지상 최대의 전파 망원경이다.

어떤 전파 망원경은 지구의 반대편에 있는 다른 전파 망원경과 연결하여 사용하기도 한다. 그러면 지구의 지름을 온통 기선baseline으로 활용할 수 있으니까 지구만 한 크기의 전파 망원경이 탄생하는 셈이다. 앞으로는 전파 망원경들을 지구 궤도에 올려놓을 수 있게 될 터인데, 그때가 오면 우리는 그 크기가 내행성계만 한 전파 망원경을 가질 수 있다. 이 정도의 전파 망원경 배열이면 퀘이사의 내부 구조와 정체도 밝혀낼 수 있을 것이다. 행성 궤도상에 전파 망원경 배열이 구축되면 표준 초의 구실을 할 퀘이사가 정해진다. 그러면 우리는 적색 이동을 측정하지 않고도 퀘이사까지의 거리를 직접 알아낼 수 있게 된다. 가장 멀리 떨어져 있다고 추정되는 퀘이사들의 거리를 정확히 알아내면, 우리는 우주의 팽창 속도가 수십억 년 전에는 현재보다 빨랐다가 점점 느려졌는지, 아니면 우주가 앞으로 팽창을 멈추고 수축할 것인지 등을 판가름할 수 있을 것이다.

현대 천문학에서 사용하는 전파 망원경들은 아주 높은 수신 감도를 자랑한다. 요즈음의 전파 망원경이 검출하는 먼 퀘이사의 전파 신호는 1000조분의 1와트이다. 즉 현대 전파천문학의 기술은 10^{-15}와트의 미약한 신호도 하늘에서 잡아낸다는 말이다. 이것이 얼마나 작은 신호인지는 지구에 있는 모든 전파 망원경들이 여지껏 검출한 우주 전파 신호의 에너지를 모두 합해도 눈 조각 하나가 지표를 때릴 때 발생하는 에너지보다 적다는 사실로 쉽게 짐작할 수 있을 것이다. 오늘날 전파천문학자들은 우주 배경 복사를 전 하늘에 걸쳐 측정하여 그 세기의 분포도를 작성한다거나 밝기에 따른 퀘이사의 개수를 헤아려 우주 진화의 정체를 밝히려 한다. 어디 이것뿐이겠는가. 그들은 외계 생물이 내놓을지 모르는 신호를 열심히 찾기도 한다. 전파천문학자들의 이러한 활동은, 따지고 보면, 그냥 흘려 버릴 수도 있는 지극히 미약한 전파 신호와 심각한 싸움을 벌이는 일이다.

고온의 물질, 특히 별의 대기층에 있는 물질은 사람의 눈이 식별할 수 있는 빛을 내놓는다. 그러나 주로 은하의 외곽부에 있는 저온의 성간 기체와 성간 티끌은 가시광선을 방출하지 않기 때문에 우리 눈에 쉽게 띄지 않는다. 대신에 전파 대역에서 전자기파를 방출한다. 그러므로 우주론적 신비를 캐내려면 통상의 광학 망원경이 아니라 대륙 간 전파 망원경 배열과 같은 초대형의 연구 시설이 필요하다. 엑스선 대역도 외계 은하와 우주론 연구에 중요한 역할을 한다. 인공 위성에 실린 엑스선 망원경으로 하늘을 관측했더니 은하와 은하 사이에서 강력한 엑스선 복사가 검출됐다. 처음에는 은하 간 물질로 존재하는 고온의 수소 가스가 이 엑스선 복사의 원천이라고 생각했다. 그것이 정말로 수소라면 그때까지 관측되지 않은 막대한 양의 그 수소는 코스모스의 팽창을 막기에 충분한 것이었다. 학자들은 그것을 우리가 진동 우주에 갇혀 있다는 증거로 받아들였다. 그러나 좀 더 최근에 수행된 고분해능 엑스선 관측을 바탕으로 리카르도 자코니Ricardo Giacconi는 은하 간 공간에서 검출된 엑스선 복사가 많은 점광원點光源들이 중첩되어 나타난 결과라고 규명했다. 그리고 그 점광원들은 아주 먼 거리에 있는 퀘이사일 가능성이 높은 것으로 판명됐다. 그러니까 여태껏 숨어 있던 질량의 일부를 찾아낸 것이었다. 이렇게 우주의 새로운 구성원이 알려질 때마다 우주 평균 밀도의 값이 수정돼 왔다. 우주 구성원들의 인구 조사를 철저히 하여 은하, 퀘이사, 블랙홀, 은하 간 수소 가스, 중력파원, 그 외에도 우주의 소수 희귀 거류민들의 질량을 모두 알아낸 후에야 우리가 살고 있는 이 우주의 운명을 점칠 수 있을 것이다.

우주의 거대 구조를 논할 때 천문학자들은 공간이 굽었다느니, 평탄하다느니 하는 식의 표현을 즐겨 사용한다. 이해하기 어려운 표현은 이것만이 아니다. '우주는 유한하지만 열려 있다.'라는 식의 설명도 무엇을 의미하는지 얼른 감을 잡을 수 없기는 마찬가지이다. 이해를 돕기 위해 다음과 같은 상상을 해 보자. 모든 것이 납작한 이상한 나라에 우리가 살고 있다고 하자. 영국 빅토리아 여왕 시대에 셰익스피어를 연구하던 에드윈 애벗Edwin Abbott이라는 학자가 이러한 나라를 납작이나라Flatland라는 이름으로 불렀다. 납작이들 중에는 정사각형도 있고 삼각형도 있고 또 다른 이들은 이보다 좀 더 복잡한 모양을 하고 이 나라에서 산다. 납작이들은 종종걸음으로 평지 여기저기를 돌아다니며, 납작한 건물을 들락날락하고, 빈둥거리면서 '평면적인 일'을 수행하며 산다. 납작이나라에 사는 사람은 폭과 길이는 있어도 높이가 없다. 납작이나라의 일반 대중은 왼쪽이니 오른쪽이니 하는 것은 구별할 줄 안다. 물론 앞과 뒤도 안다. 그러나 위와 아래는 도저히 이해하지 못한다. 일반 대중에게는 도대체 '위다, 아래다.' 하는 개념이 있을 수 없다. 몇몇의 현명한 수학자 납작이들만 위와 아래의 개념을 이해한다. 한 수학자 납작이가 자기 동족 여러 명 앞에서 한창 열을 올리면서 연설을 한다. "내 말을 잘 들어봐. 그

거 정말 쉬운 거야. 전후, 좌우를 머릿속에 그려 보란 말이야. 그래. 여기까지는 뻔하지. 이제 전후와 좌우, 두 방향에 모두 수직인 또 하나의 방향을 머릿속에 그려 봐." 군중들이 웅성댄다. "당신 지금 뭔 소릴 하는 게요? '두 방향에 모두 수직인 방향', 그런 게 어디 있어! 모두 2차원뿐인데, 어떻게 그게 가능하단 말이야? 네가 그 세 번째 방향을 우리에게 가리켜 보여 줘. 어디야, 어디?" 열을 올리던 수학자는 풀이 죽는다. 아무도 수학자의 이야기를 더 이상 들으려 하지 않고 수학자는 군중을 피해 어디론가 사라진다.

납작이나라의 사람들은 상대방을 하나의 짧은 선분線分으로만 인식한다. 도형에서 자기 쪽에 가까운 변만 보인다는 말이다. 자기에게서 먼 쪽을 보려면 반드시 그쪽으로 이동해야 한다. 그러니까 상대방이 사각형이라면 그 '내부'는 그에게는 영원한 미지의 세계로 남아 있게 된다. 납작이나라에서 가공할 사고가 발생하거나 시체를 해부해야 할 불상사가 일어나지 않는 한, 한 납작이가 다른 납작이의 내부를 들여다볼 길이 없다.

하루는 사과처럼 생긴 3차원 생물이 이 납작이나라로 와서 그 위를 떠다녔다. 인상이 좋아 보이는 한 납작이가 납작한 집 안으로 들어오는 것을 보고, 그 3차원 생물은 '차원 간 선린善隣 관계'를 돈독히 할 목적에서 그에게 인사를 건네기로 작심했다. 사과가 3차원에서 "안녕하십니까?"라고 인사했다. "소생은 3차원의 세계에서 온 방문객입니다." 가엾은 납작이는 문이 닫혀 있는 자신의 집안을 두리번거렸지만 아무도 보이지 않았다. 더 놀라운 것은 그 목소리가 자기 몸안에 들리는 듯하다는 것이었다. 이것이야말로 환장할 노릇이 아닌가. 그는 과감한 생각으로 자

신을 타이른다. '아무래도 우리 집안에 정신병 병력이 있는가 보군!'

자기를 환각 증세로밖에 알아주지 않자 분이 난 사과는 3차원에서 내려와 납작이나라로 들어갔다. 여기서 우리 잠깐 생각을 가다듬어 보자. 3차원적 개체는 2차원 나라에 온전히 존재할 수가 없다. 자신의 일부분만 2차원 나라에 밀어 넣을 수 있을 뿐이다. 납작이들에게는 납작이나라의 평면과 접촉하는 단면만 보인다는 말이다. 납작이나라로 미끄러져 내려가는 3차원 생물은 납작이들에게 처음에는 작은 점으로 보이다가, 그 점이 점차 커지는 것처럼 보일 것이고, 결국에 가서는 원 비슷한 모양으로 인식될 것이다. 납작이의 관점에서는 모양이 계속해서 변하는 묘한 녀석이 난데없이 나타난 것이다.

인사를 했지만 퇴자를 맞아 불쾌해진 데다 납작이들의 아둔함에 화가 날 대로 난 사과가 사각형의 납작이를 쿵 하고 들이받았다. 그 납작이는 붕 하고 위로 뜨면서 한 바퀴 빙 돌아 그에게는 영원한 미지의 세계였던 3차원 세계로 진입했다. 납작이는 도대체 뭔 일이 일어나는지 알 수가 없었다. 자신의 경험 세계와는 모든 것이 너무나 달랐기 때문이다. 이윽고 사각형의 납작이는 자신이 납작이나라를 '내려다보고 있음'을 깨달았다. 그는 닫힌 방의 내부를 들여다보며 동료 납작이들을 꿰뚫어 볼 수도 있었다. 납작이는 자신이 속해 있던 우주를 아주 효과적으로 투시할 수 있는 절묘한 방향에서 바라보고 있었던 것이다. 자신이 속해 있지 않던 차원으로의 이동은 그에게 잠시나마 일종의 '엑스선 투시 능력'을 제공했던 것이다. 마른 잎이 나무에서 떨어지듯 사각형의 납작이는 천천히 납작이나라의 표면으로 내려앉았다. 그가 겪은 에피소드가 그의 동료들에게는 불가사의일 뿐이었다. 그가 닫힌 방에서 어디론가 쥐도 새도 모르게 사라졌다가 어딘지 알 수 없는 곳으로부터 다시 나타났으니 말이다. "하느님, 맙소사! 도대체 어떻게 된 거야?" 친구들이 그에게 물었다. "글쎄, 저 '위'를 다녀온 것 같아." 하고 얼떨결에 대답하는 그를 보고, 친구들은 그의 옆면을 다독이며 달랬다. "너희 집안 사람들에게 환각 증세가 좀 있다고들 하지 않던?"

이러한 차원을 바꾸기를 2차원과 3차원으로 제한할 필요는 없다. 애벗의 선례를 따라서 우리는 1차원의 세계를 머릿속에 그려 볼 수 있다. 1차원 세계에서는 모두가 선분이다. 0차원의 마술 세계도 상상할 수 있다. 거기서는 모두가 점이다. 차원을 이렇게 낮춰 가기보다 높여 가는 여행을 하면 더 재미있다. 아, 그런데 4차원은 실재할 수 있는 것인가?[13]

입방체를 만들 수 있는 방법을 하나 생각해 보자. 주어진 길이의 선분을, 그 선분에 수직한 방향으로 그 길이만큼 이동시켜 정사각형을 먼저 만든다. 그 정사각형을 다시 사각형에 수직한 방향으로 한 변의 길이만큼 이동시키면 이제 정육면체가 만들어진다. 이렇게 만든 정육면체가 그림자를 드리운다는 사실을 알고 있으며, 그 그림자를 나타내는 손쉬운 방법으로 우리는 꼭짓점이 연결된 두 개의 사각형을 그려놓는다. 2차원 평면에 드리워진 정육면체의 그림자를 자세히 보면, 선분

13. 정말로 4차원적 생물이 존재한다면 어떨까? 4차원에서의 실체인 그는, 우리 3차원 세계에 마음대로 나타나서 누구에게도 보이지 않다가, 또 자신의 모습에 주목할 만한 변화를 주기도 하고, 마음만 먹으면 우리를 밀폐된 방에서 잡아 밖으로 끌어내기도 하고, 또 아무도 알 수 없는 곳으로부터 다시 불러들여 실체를 부여할 수도 있을 것이다. 우리의 안팎이 뒤집혀질 수도 있다. 하나만 예를 들자. 창자와 온갖 장기가 외부로 나와 전 우주에 흩어지고, 그 대신 벌겋게 빛을 발하는 은하 간 물질, 은하, 행성, 그 외의 온갖 천체들이 내부에 들어앉는 것이다. 하지만 내가 아무리 차원 간 여행을 간절히 원한다고 하더라도 이런 식이라면 정중히 사양하겠다.

의 길이가 모두 같지도 않으며, 또 각이 90도도 아니다. 이렇게 3차원 적 구조물은 2차원 평면에 완벽하게 기술될 수 없다. 이것이 투영을 이용하여 차원을 줄이는 편리함에 지불해야 하는 대가이다. 현실의 왜곡이라는 대가를 염두에 두고 다음 작업을 계속하자. 3차원 입방체를 입방체 자신에게 수직한 방향으로 이동시킨다. 여기서 자신에게 수직한 방향이란 것은 전후좌우 그중의 어느 한 방향이 아니라 4차원을 통하는 방향을 뜻한다. 1차원 선분을 한 번 움직여 2차원의 정사각형을 만들고 이것을 한 번 더 이동시켜 3차원 입방체를 만들었듯이 3차원 입방체를 '수직 방향'으로 한 번 더 움직인다면 4차원 입방체를 만들 수 있을 것이다. 내가 그 '수직 방향'이 어디라고 독자 여러분에게 보여 줄 수는 없지만 여러분이나 나나 그런 방향이 있다고 상상은 할 수 있지 않겠는가? 아무튼 이렇게 해서 우리는 4차원 초공간에서의 입방체, 즉 4차원 입방체를 만들었다. 3차원에서는 4차원 입방체를 3차원 입방체 안에 또 하나의 입방체가 있고 그 둘의 꼭짓점들이 서로 선분으로 연결된 구조물로 표현할 수밖에 없다. 그러나 실제 4차원에서 4차원 입방체는 모서리의 길이가 동일하고, 모서리와 모서리가 이루는 각이 모두 90도인 구조물이다.

여기 납작이나라와 같은 우주가 하나 있다고 상상해 보자. 납작이나라의 주민들에게는 알려지지 않은 사실이지만 2차원적 우주는 3차원적으로 구부러져 있다. 납작이들이 자기가 사는 곳에서 다른 장소로 여행한다 해도 두 장소 사이의 거리가 특별히 멀지 않다면 자기 나라가 구부러진 줄 전혀 깨닫지 못할 것이다. 그러나 어느 납작이가 제 딴에 직선이라고 생각하는 길을 따라 아주 멀리 이동한다면, 그는 이상한 현상 하나를 발견하게 될 것이다. 그것은 여행 중에 어떤 경계를 만난 적도 없고 가던 방향을 바꿔서 되돌아 걷지도 않았는데, 출발점에 다시 돌아와 있는 자신을 발견하게 되는 것이다. 즉 납작이의 2차원 공간은 신비롭게도 3차원적으로 구부러져 있는 것이다. 그가 제3의 차원을 상상하지 못해도 3차원의 존재를 받아들이지 않을 수 없는 이유가 여기에 있다. 이제 납작이의 이야기에 나오는 차원을 하나씩만 높여 보라. 그러면 납작이의 고민이 바로 우리의 고민이 된다.

우주의 중심은 어디인가? 우주에 경계가 있는가? 있다면 그 경계 바깥은 도대체 무엇이란 말인가? 2차원 우주에는 중심이 없다. 비록 2차원 우주가 3차원적으로 구부러져 있어도 그 공의 표면에 해당하는 2차원 우주에서는 중심을 정할 수 없다. 그런 우주의 중심은 그 우주에 있지 않다. 중심이 있다면 그것은 그 우주의 주민들이 접근할 수 없는 3차원에 있다. 다시 말해서 구의 중심에 있다. 납작이나라의 영토는 구의 표면일 뿐이다. 그러므로 2차원 우주는 유한하다. 그렇지만 경계는 찾아볼 수 없다. 경계 바깥의 정체는 질문의 대상이 될 수 없다. 그것은 질문할 성질의 것이 아니란 말이다. 납작이나라에 사는 납작이들은 자신의 '힘'만으로는 2차원의 세계를 벗어날 수 없다.

이제 차원의 수를 1씩만 높여 보자. 그러면 납작이나라의 납작이들이 3차원 공간에 익숙한 우리 자신이라는 사실을 깨달을 수 있을 것이다. 4차원적 실체인 '초구체超球體, hypersphere'는 중심도, 경계도 없다. 그래서 그 경계의 바깥이란 것은 애당초 없는 것이다. 그렇다면 왜 은하들이 우리로부터 달아나는 것같이 보이는지 이해할 수 있다. 한 점에서부터 시작한 초구체가 4차원 풍선이 부풀듯이 팽창하면서 우주의 공간이 순간순간 더 만들어진다. 팽창이 시작되고 얼마쯤 지나자 은하들이 만들어졌고, 만들어진 은하들은 초구체의 표면에서 초구체의 팽창과 더불어 움직인다. 각각의 은하에는 천문학자들이 살고 있을 터이고 천문학자들이 관측하는 빛도 초구체의 굽은 표면을 따라서 초구체와 같이 움직인다. 초구체가 팽창함에 따라 어떤 은하의 천문학자는 다른 은하들이 자기로부터 멀어지고 있다고 생각할 것이다. 그러므로 그 어디에도 우주의 기준 좌표계라는 특별한 지위를 부여할 수 없다.[14] 멀리 있는 은하일수록 빨리 후퇴하는 것처럼 보인다. 은하들이 공간에 붙박여 있는데, 공간이라는 이름의 그 천은 모든 방향으로 늘어나는 중이다. 그렇다면 여러분은 "우리가 사는 이 우주에서 대폭발이 일어난 곳은 어디입니까?"라는 질문에 뭐라고 답할 수 있을까? 여러분은 이제 "우주 도처"라고 답할 수 있을 것이다.

우주가 팽창을 멈출 만큼 충분한 질량을 갖고 있지 않다면 우리가 살고 있는 우주는 열린 굽은 공간이다. 열린 굽은 공간의 3차원적 비유로 말안장 표면이 자주 이용된다. 안장은 구부러져 있고 무한히 뻗어나갈 수 있는 표면이다. 충분한 질량의 물질이 있다면 우주는 닫힌 굽은 공간이다. 3차원으로 낮춰서 생각하면 통상의 구에 비유될 수 있다. 닫힌 우주에서는 빛이 갇혀 있다. 1920년대에 관측 천문학자들이 M 31 반대쪽 먼 곳에서 나선 은하 한 쌍을 봤다. 이때 사람들은 '이 두 은하가 은하수 은하와 M 31을 반대 방향에서 보고 있는 것이 아닌가?'

14. 우주의 등방성은 관측자의 위치와 무관하게 성립한다. 우주는, 그 어느 곳에서 보든, 그 어느 방향으로 보든, 대국적으로 같은 모습이라는 뜻이다. 우주 등방성은 조르다노 브루노가 제일 먼저 주장했다고 한다.

하고 의심한 적이 있다. 다시 말해 자신의 뒤통수를 자기가 보고 있다는 이야기이다. 빛이 우주에 갇혀 있으면 내 뒤통수를 떠난 빛이 우주를 한 바퀴 돌아서 나의 정면에 다시 나타날 수 있다. 오늘날 우리가 알고 있는 우주의 크기는 1920년대에 상상했던 것보다는 훨씬 커서, 빛이 우주를 한 바퀴 돌아오려면 우주의 현재 나이보다 더 긴 시간이 필요한 것으로 판명됐다. 게다가 은하들의 나이가 우주의 나이보다 짧다. 그렇다고 해서 닫힌 우주의 이야기가 여기서 그냥 끝나지는 않는다. 우주가 닫혀 있기 때문에 빛이 우주를 빠져나갈 수 없다면 그것이 바로 블랙홀이 아니고 무엇이란 말인가? 블랙홀 안의 상황이 어떤지 궁금한가? 그렇다면 자신의 주위를 돌아보면 된다.

앞에서 우리는 벌레 구멍, 즉 웜홀의 존재 가능성을 언급했다. 벌레 구멍이라는 아이디어는 블랙홀을 통하면 실제로 움직여 가지 않고도 이 지점에서 저 지점으로 직접 이동할 수 있다는 생각에 기초한 것이다. 그러니까 웜홀은 4차원을 관통하는 통로인 셈이다. 우리는 웜홀의 존재 여부를 모른다. 그렇지만 웜홀이 실제로 존재한다면 그것들은 우리 우주의 어떤 곳과 반드시 연결돼 있지 않겠는가? 한발 더 나아가서 벌레 구멍이 한 우주와 다른 우주를 연결할 수도 있다. 통상적으로 두 개의 우주는 상대방의 존재를 알아챌 수 없도록 서로의 지평선 너머에 떨어져 있지만 둘 사이에 정보 교환은 벌레 구멍을 통해 이루어질 수도 있다. 어떻든 여러 개의 우주들이 있을 수 있다. 어쩌면 한 우주가 다른 우주를 감싸고 있을 수도 있다.

나는 여기서 인간이 이제껏 이룩해 놓은 과학과 종교를 통틀어서 가장 멋진 아이디어를 하나 이야기하고 싶다. 그 아이디어는, 심장 박동에 박차를 가할 만큼 생소하고 등골이 오싹하게 우리를 떨게 하며 온몸에 묘한 전율을 자아내기에 충분하다. 그렇지만 단 한 번도 검증된 적이 없고 어쩌면 영원히 검증될 수 없는 성질의 것인지 모른다. 그것은 '우주들'이 끝없이 이어지는 '계층 구조階層構造, hierarchy of universes'를 이루고 있다는 것이다. 이 아이디어에 따르면 전자 같은 소립자도 그 나름의 닫힌 우주이다. 그 안에 그 나름의 은하들이 우글거리는가 하면 은하보다 작은 구조물들도 있고 또 그들의 세계에 맞는 소립자들이 존재한다. 어디 그뿐인가. 이 소립자들 하나하나도 역시 또 하나의 우주이다. 이 계층 구조는 한없이 아래로 내려간다. '우주들의 계층 구조'가 이렇게 아래로만 연결되라는 법도 없다. 위로도 끊임없이 연결된다. 우리에게 익숙한 은하, 별, 행성, 사람으로 구성된 이 우주도, 바로 한 단계 위의 우주에서 보면, 하나의 소립자에 불과할 수 있다. 이러한 계층 구조는 무한히 계속된다. 아, 내 사고의 흐름을 절벽 같은 것이 가로막고 있는 듯하다.

힌두교의 우주론은 영원히 순환하는 우주를 우리에게 가르친다. 앞에서 이야기한 우주들의 계층 구조라는 아이디어야말로 힌두교의 우주관을 뛰어넘은 유일한 대안이라고 나는 생각한다. 우리 우주 외의 또 다른 우주들이 있다면 그 우주를 지배하는 자연법칙은 우리의 것과는 별도의 체계를 이룰까? 그 우주도 은하와 별과 사람과 사람들이 같이 하는 세상을 갖고 있다면, 이 모든 것들이 우리 우주의 그것들과는 과연 어떻게 다를까? 그 우주의 사람은 우리와 다른 구조와 형태의 생물일까, 아니면 비슷한 생물일까? 그들의 세계에 진입하려면 어떻든 4차원으로 '길'을 내야 할 것이다. 그 길은 쉽게 열리지는 않을 것이다. 하지만 블랙홀이 우리를 그 길로 데려가 줄 수 있을지도 모른다. 태양계 근처에 작은 블랙홀들이 존재하지 말라는 법도 없다. 자, 이제 영원의 벼랑 끝에 서서 정들었던 이 우주와 헤어져, 저 우주로 뛰어들 채비를 해 보자.

고도의 지능을 겸비한 생명. 물 위로 높이 뛰어오른 혹등고래 한 마리가 1979년 여름 알래스카의 프레더릭 만에서 카메라 앵글에 잡혔다. 혹등고래는 높이뛰기 기록과 비상한 의사소통 능력으로 특히 유명하다. 그들은 평균 몸무게가 50톤에 평균 몸길이가 15미터에 이르며 사람보다 큰 두뇌를 가지고 있다.

11 미래로 띄운 편지

이제 하늘과 땅의 운명은 모두 정해졌습니다.

도랑과 운하는 제자리를 잡았으며,

티그리스와 유프라테스에는 둑을 쌓았습니다.

저희가 무엇을 더 해야 합니까?

무엇을 더 창조해야 합니까?

오, 아누나키Anunaki시여, 저 하늘의 위대한 신들이시여!

무엇을 더 해야 합니까?

— 인간 창조에 관한 아시리아 인들의 해석, 기원전 800년경

많은 신들 중 어느 분이신지, 그분께서 세상을 정돈하여 카오스에서 코스모스의 영역으로 밀어 넣은 다음에, 제일 먼저 땅을 튼튼한 공의 모습으로 빚어내셨다. 어느 쪽에서 보든 땅이 같은 모습으로 보이도록 말이다. 그 어디에도 생명이 없는 곳이 없었으며, 하늘은 별과 성스러움으로 가득했고, 바다는 번쩍이는 물고기들의 집이 됐으며, 땅에는 짐승이,

부드러운 공기에는 새들이 있었다. …… 그 다음에 사람이 태어났다. …… 모든 짐승들의 시선은 땅을 향하게 하셨지만, 사람에게는 쳐들 수 있는 머리를 주시고 곧추설 수 있게 하셨다. 사람은 자신의 시선을 하늘로 향할 수 있게 됐다.

— 오비디우스, 『변신 이야기』, 1세기

우주의 저 광막한 암흑의 심연에는 우리 태양계보다 더 젊거나 늙은 별과 행성 들이 수없이 많이 존재한다. 아직 확신할 수는 없지만 지구에 생명이 태어나서 지적 능력을 갖추기까지 있었던 일련의 진화 과정이 코스모스 도처에서 지금 이 순간에도 진행되고 있을 것이다. 우리 은하수 은하 하나에만도 100만 개의 다른 세상이 존재한다. 거기에서는 우리와 전혀 다른 모습의 지적 존재들이 살면서 우리보다 훨씬 앞선 기술 문명을 키우고 있을 것이다. 박학博學하다는 것과 현명하다는 것은 별개의 문제이다. 지적 능력은 단순히 축적된 정보를 의미하지 않는다. 지적 능력은 주어진 정보에서 연관성을 읽어 내 판단할 수 있는 능력을 뜻한다. 그럼에도 불구하고 우리가 접근할 수 있는 정보의 양 자체가 우리의 지적 능력을 가늠하는 하나의 척도 구실은 한다. 지적 능력을 잴 수 있는 잣대, 즉 정보의 단위로 이진법의 '비트'가 사용된다. 던져진 질문에 대한 답인 '예 · 아니오'가 1비트를 이룬다. 이때 질문은 물론 묻는 내용이 확실한 질문이어야 할 것이다. 그런데 알파벳 스물여섯 글자 중에서 하나를 지칭하는 데 5비트가 필요하다. 가부 두 가지 가능성 중에서 하나씩 택하기를 다섯 번 반복해야 한다는 뜻이다.(2×2×2×2×2=32) 26은 분명히 32보다 적은 수이므로 알파벳 스물여섯 글자 각각은 5비트로 충분히 구별된다. 이 책에 실린 언어 정보의 총량은 1000만 개(10^7개)의 비트가 채 못 되며 한 시간짜리 텔레비전 프로그램의 평균 정보량이 10^{12}비트 정도이다. 지구상에 있는 모든 도서관에 보관된 책과 그림에 언어와 화상의 형태로 담겨 있는 정보의 총량은 대략 10^{16} 내지 10^{17}비트이다.[1] 그중의 대부분은 중복된 정보이지만 이 숫자가 인류가 갖고 있는 지식의 총량을 얼추 짐작할 수 있게 해 준다. 그렇지만 지구보다 오래된 문명 세계가 보유한 정보량은 비트 단위로 10^{20}, 아니 10^{30}일 수도 있을 것이다. 정보의 양뿐 아니라, 그 질적 내용의 측면에서도 지구와 큰 차이가 있을 것이다.

앞에서 인류보다 고등한 지적 생물이 살고 있다고 생각되는 세상이 은하수 은하에만도 100만 개에 이른다고 했다. 이렇게 많은 수의 세상들 중에서 지구는 표면이 온통 물로 덮여 있는 아주 진귀한 존재이다. 물이 풍부한 지구에는 지능을 가진 생물이 몇 종 살고 있다. 개중에는 뭘 쥐는 데 필요한 팔다리가 여덟 개나 되는 녀석이 있는가 하면, 자기 몸의 밝고 어두운 무늬를 변화시켜 저희들끼리 대화를 나누는 놈도 있다. 어디 그것뿐인가. 육지에서 그러모은 나무나 금속으로 배를 만들어 바다로 타고 나가 약탈을 일삼는 덩치는 작지만 머리가 아주 영리한 인간이라는 생물도 있다. 그러나 지적 생물들 중에서 가장 우월하고 행성 지구에서 가장 거대한 몸체를 자랑하며 깊은 바다의 우아한 주인으로서 고

1. 이렇게 많은 양의 정보를 방송으로 전달하는 데 얼마나 걸릴지 계산해 보면 재미있다. 미국의 큰 도시 하나에 100여 군데의 방송국이 있고, 방송국마다 하루 평균 10시간씩 1년 동안 계속 송출한다면, 10^{12}비트의 1시간짜리 비디오가 약 3만 6000개 만들어지는 셈이니, 1년 동안에 방송으로 송출된 정보의 총량이 대략 4×10^{16}비트에 이른다는 계산이 나온다. 한 도시에 있는 방송국이 모두 동원돼서 한 1년 정도만 외계로 방송을 내보내면 인류가 갖고 있는 지식 정보 전체를 외계인에게 알려줄 수 있다. 비트마다 동일한 가치의 정보를 갖고 있는 것은 물론 아니다. — 옮긴이

도의 지능을 소유한 존재는 고래이다.

고래는 지구상에서 가장 큰 몸을 가질 수 있도록 진화한 동물이다.[2] 심지어 공룡보다 훨씬 더 크다. 다 자란 흰긴수염고래 중에는 길이가 30미터, 몸무게가 150톤에 이르는 것도 있다. 흰긴수염고래들은 바다 여기저기를 조용히 떠다니면서 방대한 양의 바닷물을 들여 삼켜 거기에 있는 미세한 생물을 걸러 먹고산다. 또 어떤 고래는 물고기와 크릴krill을 먹는다. 고래라는 거대한 동물이 바다에 출현한 것은 지구 역사에서 아주 최근의 사건이다. 고래의 조상은 7000만 년 전까지만 해도 육식성의 포유동물로서 지상에서 살았다. 그러다가 서서히 바다로 이주했다. 어미 고래는 새끼를 젖을 먹여 키우고 정성껏 보살필 줄 안다. 긴 양육기를 통해서 어린 고래들은 어른 고래들로부터 많은 것을 배우며 성장한다. 고래들끼리의 놀이가 그들의 전형적인 소일거리이다. 이것은 포유동물 모두에서 볼 수 있는 공통된 특성이다. 학자들은 놀이가 포유동물의 지능 발달에 결정적인 역할을 하는 것으로 이해하고 있다.

바다 속은 앞을 볼 수 없을 정도로 어둡고 침침하기 때문에 땅에 사는 포유동물에게 반드시 필요한 시각과 후각이 바다에서는 큰 소용이 없다. 그러므로 시각과 후각에 의존하여 짝짓기의 상대, 자신의 새끼, 약탈자의 위치를 알아내던 고래들은 크게 번식할 수가 없었을 것이다. 그래서 고래들은 진화를 통해 다른 의사소통 방식을 완벽하게 터득했다. 그것이 바로 청각에 의존하는 것이었다. 소리를 이용한 이 방법은 아주 효과적이어서 청각은 고래들끼리의 의사소통에 중추적 기능을

2. 세쿼이아 나무 중에는 몸체의 부피와 질량이 고래보다 더 큰 종류가 몇 가지 있기는 하다.

담당한다. 고래들이 내는 소리 중에 노래라고 불리는 것이 있지만 사실 그것이 노래인지는 확실하지 않다. 그 소리의 정체와 의미가 아직 밝혀지지 않았기 때문이다. 고래가 활용하는 소리의 주파수는 아주 넓은 대역에 걸쳐 분포한다. 낮은 주파수 대역은 사람의 청각이 감지할 수 있는 최소 주파수보다 훨씬 더 낮다. 고래의 노래는 보통 15분 정도 지속된다. 가장 긴 노래는 1시간 정도나 계속되기도 한다. 음, 박자, 리듬, 소절 등이 정확하게 반복되는 경우가 허다하다. 고래는 함께 노래를 부르던 고래들과 겨울이 되어 헤어졌다가 6개월 만에 만나도 똑같은 노래를 다시 부를 수 있다. 그 사이에도 계속 함께 노래를 불렀던 것처럼 아주 정확하게 같은 노래를 부른다. 그것으로 미루어 보아 고래는 대단한 기억력의 소유자인 듯싶다. 그러나 대개의 경우 발성법이 좀 변해서 돌아오게 마련이며, 그 경우 고래들의 관병식에서는 새로운 노래가 울려 퍼지게 된다.

또 구성원 전체가 같은 노래를 부르는 경우를 자주 보게 되는데, 모종의 협의를 하거나 공동으로 작곡한 것처럼 곡의 내용이 매달 조금씩 천천히 변해 간다. 그렇지만 그 변화는 예측할 수 있을 정도이다. 고래의 발성법은 복잡하다. 혹등고래의 노래를 음성 언어로 간주한다면 거기에 담긴 정보량은 10^6비트에 이른다. 이 정도라면 인간의 대서사시인 『일리아드』나 『오디세이아』를 쓸 만한 분량이다. 고래나 고래의 사촌인 돌고래가 무슨 이야기를 하며 왜 그렇게 노래를 부르는지는 알려져 있지 않다. 고래는 그렇다고 무엇을 조작할 수 있는 손과 같은 기관을 갖고 있지도 않으며 공학적 구조물 따위를 만들 줄도 모른다. 그럼에도 불구하고 고래가 사회적 존재라는 주장에는 틀림이 없다. 그들은 사냥을 즐기고 유유히 헤엄치며 작은 물고기를 잡아먹고 여가를 즐기는가 하면 떠들썩하게 장난치며 짝짓기도 하고 친구와 어울려 놀다가 약탈자를 만나면 재빨리 도망칠 줄도 안다. 그렇다면 그들도 수많은 말을 서로 주고받아야 하지 않을까?

고래들에게 가장 위협적인 존재는, 아주 최근에 기계 기술 문명의 발달로 고래와 바다에서 경쟁하게 된, 스스로를 인간이라고 부르는 동물이다. 고래의 전 역사에서 99.99퍼센트에 해당되는 기간 동안 고래들은 심해나 대양에서 인간이라는 존재를 만날 수 없었다. 이 긴 시간에 걸쳐서 고래는 소리를 이용한 아주 특별한 의사소통 방법을 개발해 왔다. 예를 들어 긴수염고래는 20헤르츠Hz의 소리를 아주 크게 낸다. 20헤르츠는 피아노가 내는 가장 낮은 옥타브의 소리에 해당한다.(헤르츠는 전파를 발견한 독일의 물리학자 하인리히 루돌프 헤르츠Heinrich Rudolf Hertz의 이름을 따서 만든 주파수의 측정 단위이다. 1초마다 1회의 진동이 생기는 음파의 주파수가 바로 1헤르츠Hz이다. 파동은 신호의 세기가 높이 올라가서 마루를 이루고 다시 내려가 골을 이룬 다음 다시 마루로 이어지면서 연속적으로 변하는 현상을 일컫는데, 1회의 진동은 하나의 골에서 다음 골까지, 또는 하나의 마루에서 다음 마루까지를 뜻한다.) 바다에서 이렇게 낮은 주파수의 소리는 거의 흡수되지 않는다. 미국 생물학자 로저 페인Roger Payne의 계산에 따르면 20헤르츠의 소리를 이용한다면 지구상에서 가장 먼 두 지점에 떨어져 있더라도 두 마리의 고래가 상대방의 소리를 알아듣는 데 아무런 어려움이 없다고 한다. 즉 남극해의 로스 빙붕氷棚, Ross Ice Shelf에 있는 고래가 멀리 알류샨 열도에 있는 상대방과도 대화할 수 있다는 이야기이다. 그러므로 고래는 자신들의 역사의 거의 전 기간 동안 지구적 규모의 통신망을 구축하고 살아왔던 것이다. 광대무변의 심해에서 1만 5000킬로미터나 떨어져 있다고 하더라도 고래들은 사랑의 노래로 서로의 관계를 확인할 수 있다.

육중한 체구에 영리한 머리를 갖고 의사소통이 가능한 이 특별한 생물은 바다에서 수천만 년 동안 천적의 위협을 전혀 느끼지 않고 편히 살아올 수 있었다. 그러다가 19세기경이 되자 불길한 징조의 증기선이 바다에 나타나기 시작했다. 증기선이야말로 고래들에게는 가장 견디기 어려운 소음의 원천이었을 것이다. 상선과 군함의 숫자가 점점 증가하면서 대양의 소음 수준은 눈에 띌 정도로 높아졌다. 특히 20헤르츠 근방 대역의 잡음이 현격하게 많아졌을 것이다. 인간이 만드는 이러한 소음이 대양을 가로질러 소리로 교신을 해야 하는 고래들에게 점점 더 심각한 장애 요인으로 작용하면서 고래들의 교신 가능 거리도 계속해서 단축됐다. 긴수염고래의 최대 교신 거리가 지금으로부터 200년 전쯤에는 대략 1만 킬로미터였다. 이렇게 멀던 거리가 오늘날에는 수백 킬로미터로 줄었다. 고래들이 서로 이름을 알고 있을까? 단지 소리만으로 서로를 구별할까? 정확한 답은 아직 없다. 그러나 이제 인간의 문명이 고래들의 관계를 단절시켜 놓았다는 것은 분명하다. 수천만 년 동안 서로 의사소통을 해 오던 고래들에게 바로 우리 인간이 잔인하게도 침묵을 강요하고 있는 셈이다.[3]

3. 이와 대조되는 성격의 이야기가 하나 있다. 문명권 사이의 성간 통신은 주로 14억 2000만 헤르츠 근처의 전파로 이루어질 가능성이 크다. 우주에 가장 흔한 원소인 수소가 이 주파수에서 전파선을 방출하기 때문이다. 그러므로 외계의 지적 생물들도 자신들의 생각을 이 주파수 대역의 전파에 담아 우리에게 보내올지 모른다. 이러한 생각에서 우리도 이 대역의 전파 신호에 귀를 기울이기 시작했다. 그런데 상용 및 군사용 통신이 이 귀중한 주파수 대역을 부당하게 침범하고 있다. 침해의 주범은 강대국만이 아니다. 크고 작은 나라에서 공통적으로 볼 수 있는 통신 활동도 방해 전파를 송출하는 것이다. 따라서 지구인들의 활동이 성간 통신의 주파수 대역을 온통 먹통으로 만드는 중이라고 하겠다. 지구상 전파 통신 기술이 무제한으로 발달하게 돼도 외계 지적 생물과의 통신이 그리 쉽지만은 않을 것이다. 넘치는 전파 공해로 인해 지구인들은 외계 지적 생물이 부른 연가戀歌를 제대로 듣지도 못한 채 그냥 흘려보내고 말 것이다.

그러나 인간은 고래에게 이것보다 더 나쁜 짓을 해 왔다. 그것은 고래 사체를 놓고 벌이는 끊이지 않는 상거래 활동이다. 고래를 사냥하여 죽인 다음 시장에 내놓아 입술연지나 산업용 윤활유의 재료로 파는 사람들이 있다. 세상에는 고래와 같이 고등 지능을 갖춘 생물을 조직적으로 살해하는 것을 아주 끔찍한 짓이라고 혐오하는 나라들도 많이 있지만, 그럼에도 불구하고 지구상에서는 사냥하여 잡은 고래의 상거래가 활발하게 이루어지고 있다. 특히 일본, 노르웨이, (구)소련 등이 고래의 상거래를 조장하는 국가이다. 하나의 종으로서 우리 인류는 외계의 지적 생물과의 교신에 큰 관심을 가지고 있다. 그렇다면 우리와 같이 지구에 살고 있는 다른 지적 생물과의 교신부터 먼저 진지하게 시도하는 것이 더 바람직한 일이 아닐까? 문화와 언어와 전통이 다른 민족들이 서로를 이해하고 조화롭게 사는 것만이 중요한 게 아니다. 침팬지, 돌고래 그리고 저 깊은 바다의 지적 지배자인 위대한 고래들과의 교신 또한 외계와의 교신에 우선돼야 할 인류의 과제인 것이다.[4]

고래 한 마리가 일생을 살아가려면 반드시 알아둬야 할 사항들이 참으로 많다. 이러한 지식이 모두 고래의 유전자와 두뇌에 저장되어 있다. 예를 들어 유전자에 담기는 정보는 플랑크톤을 지방질로 바꿀 수 있는 방법이라든가, 1킬로미터 깊이로 잠수하면서 숨을 참는 방법 같은 것이다. 이에 비하여 뇌에 저장되는 정보는 '나의 어머니가 누구인가?' 라든가 '지금 내가 듣고 있는 노래는 어떤 의미인가?' 같은 습

4. 상업 포경은 현재 1986년 국제 포경 위원회 IWC의 '상업 포경 전면 금지 조치' 로 금지되었다. 현재는 제한된 과학 포경만 허용되고 있다. — 옮긴이

득된 지식이다. 고래도 지구에 살고 있는 다른 모든 동물들과 마찬가지로 '유전자 도서관'과 '두뇌 도서관'을 갖고 있다.

인간의 유전자처럼 고래의 유전자들도 모두 핵산으로 구성돼 있다. 핵산은 아주 특별한 분자로서 자기 주위에 있는 화학적 기본 재료를 사용하여 자기 자신을 스스로 복제할 뿐 아니라 유전적 정보를 발현發現하게 하는 역할을 한다. 예를 하나 들어 보자. 고래가 내는 효소 중에는 헥소키나아제hexokinase라고 불리는 분자가 있는데, 우리 몸을 구성하는 세포 하나하나에도 똑같은 효소가 들어 있다. 당분을 에너지로 변화시키려면 모두 스물대여섯 단계의 과정을 거쳐야 하는데 각 단계마다 효소의 중재를 거쳐야 한다. 그런데 이 긴 과정의 첫 단계에서 바로 헥소키나아제라는 이름의 효소가 중재 역할을 한다. 고래가 낮은 주파수 대역의 노래 한 음절을 발성하는 데에는 미소한 양이겠지만 반드시 에너지가 필요하다. 이 에너지를 고래가 자신의 주식인 플랑크톤에서 생산해 내는 일련의 긴 과정도 따지고 보면 헥소키나아제의 활약에서 시작되는 것이다.

DNA 이중 나선에 저장된 정보는 네 '단어'로 구성된 '언어'로 기술할 수 있다. 여기서 네 개의 단어란 네 종류의 서로 다른 핵산을 뜻한다. 즉 DNA는 네 종류의 핵산 분자로 만들어진다. 이것은 지구상 모든 생물에게 공통적으로 성립하는 사실이다. 고래나 인간뿐 아니라 온갖 동식물의 유전 정보가 모두 단 한 종류의 언어로 기술돼 있다는 말이다. 그렇다면 생물의 유전 물질에는 과연 몇 비트의 정보가 필요할까? 다시 말해서, 한 가지 생물학적 질문을 생명의 언어인 핵산으로 구현하려면 과연 몇 개의 '예 · 아니오' 형태의 답이 필요한가 말이다. 바이러

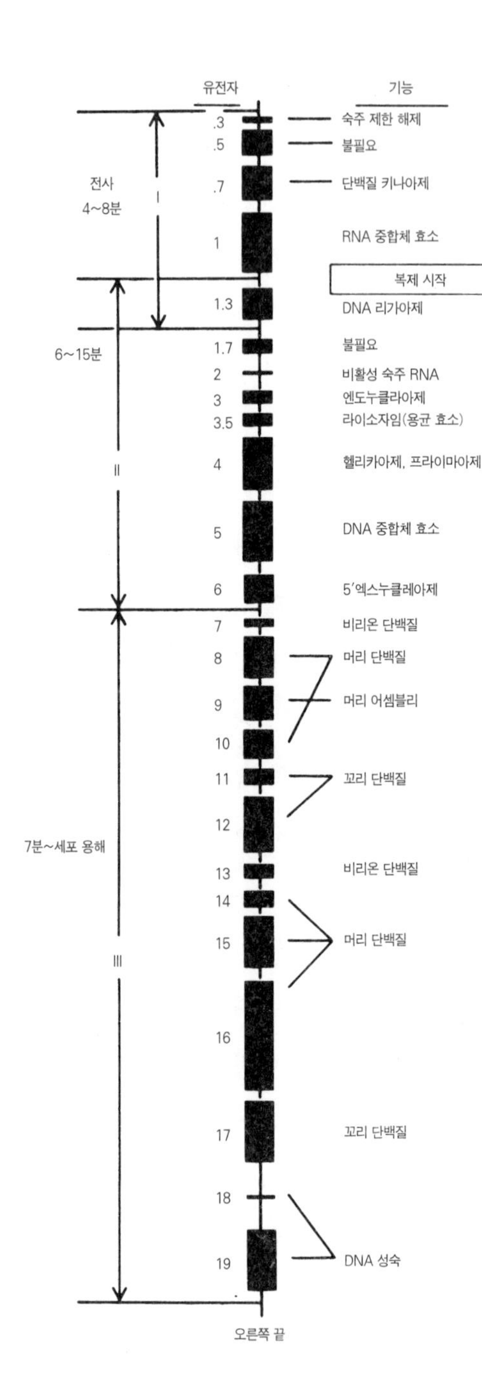

바이러스 T7의 유전자 정보. 20여 개에 이르는 유전자로 구성된 한 가닥의 DNA에, T7이 박테리아를 침범하여 그 박테리아의 숙주 세포를 완전히 점령하는 데 필요한 모든 정보가 다 들어 있다. 여기서 이야기한 정보는 DNA의 언어로 쓰인 것을 의미한다. 다시 말해서 핵산들의 적정 배열이 하나의 정보를 나타낸다. DNA가 갖고 있는 정보 자체와 단백질 분자의 머리와 꼬리를 복사할 수 있는 단계별 지침 그리고 숙주 박테리아의 화학 기제를 활용할 수 있는 지침 등으로 이루어져 있다. 숙주 박테리아 세포는 본래 자기 자신의 박테리아를 만들어 낼 수 있도록 되어 있던 것이다. 그런데 T7이 침입하여 앞에서 이야기한 지침에 따라 활동을 전개하면, 그 박테리아가 자기 자신이 아니라 엉뚱하게도 T7 바이러스를 만드는 일을 하게 된다. 아서 콘버그 Arthur Kornberg가 지은 『DNA 복제 *DNA Replication*』에서 인용.

스 하나가 살아가는 데 대략 1만 비트의 정보가 필요하다. 이 책 한 쪽에 담긴 정보량이 대강 1만 비트이다. 바이러스의 생물학적 정보는 단순하고 치밀할 뿐 아니라 매우 능률적이다. 그러므로 이 정보를 제대로 읽어 내려면 세심한 주의가 필요하다. 그 정보는 결국 바이러스가 살아남기 위한 행동 지침인데, 침입과 복제, 이 두 가지로 요약될 수 있다. 바이러스는 우선 다른 생물에 침입한 다음 자기 자신을 복제해야 한다. 세균 한 마리, 즉 박테리아가 살아가는 데 대략 100만 비트의 정보가 필요하다. 100만 비트라면 100쪽 분량의 책 한 권에 해당되는 정보량이다. 박테리아는 바이러스보다 해야 하는 일의 종류가 훨씬 더 많다. 바이러스와 달리 박테리아는 전적으로 기생만 하는 생물이 아니다. 박테리아는 자신만의 삶을 꾸려 나간다. 단세포 생물이기는 하지만 자유롭게 헤엄칠 수 있는 아메바가 영위하는 삶은 박테리아보다 훨씬 더 복잡하고 정교하다. 그 때문에 그들의 DNA에는 약 4억 비트의 정보가 담겨 있다. 그러니까 500쪽 분량의 책 80여 권에 해당하는 정보가 있어야 아메바를 하나 만들 수 있다는 이야기이다.

한편, 고래나 인간이 삶을 영위하는 데 필요한 정보는 약 50억 비트에 이른다. '생명 대백과사전'에 총 5×10^9비트의 정보가 담겨 있다는 이야기이다. 다시 말해서 각 세포의 핵 속에 들어 있는 정보를 영어로 기술한다면 약 1,000권에 이르는 책들을 높이 쌓아야 한다는 계산이 나온다. 정보의 양으로만 따지면 세포 하나가 하나의 도서관인 셈이다. 그런데 우리 몸은 약 100조 개의 세포들로 만들어져 있다. 그리고 우리 몸 어느 구석이든 그곳에 있는 세포 하나하나는 몸을 만드는 데 필요한 모든 정보를 완벽하게 소장하고 있다. 우리 몸의 세포는 우

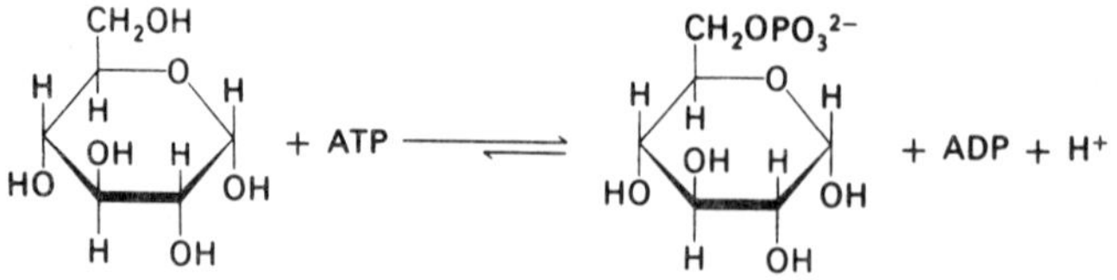

Glucose + ATP ⇌ Glucose 6-phosphate + ADP + H^+

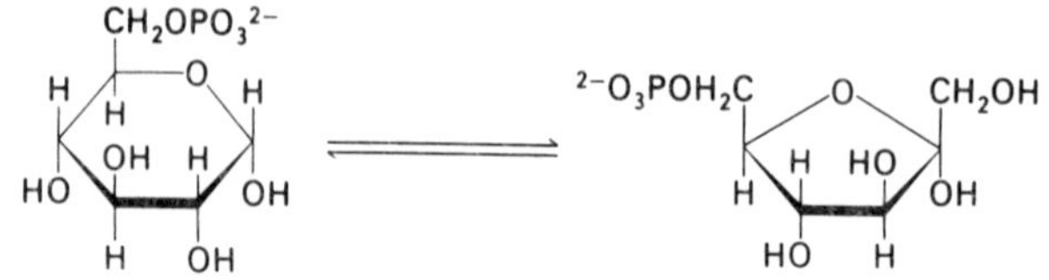

Glucose 6-phosphate ⇌ Fructose 6-phosphate

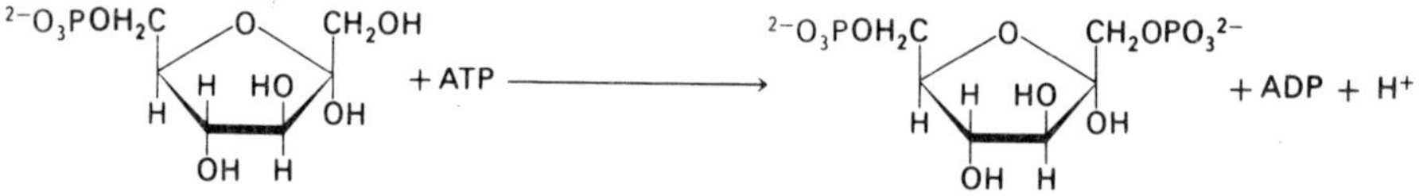

Fructose 6-phosphate + ATP → Fructose 1,6-diphosphate + ADP + H^+

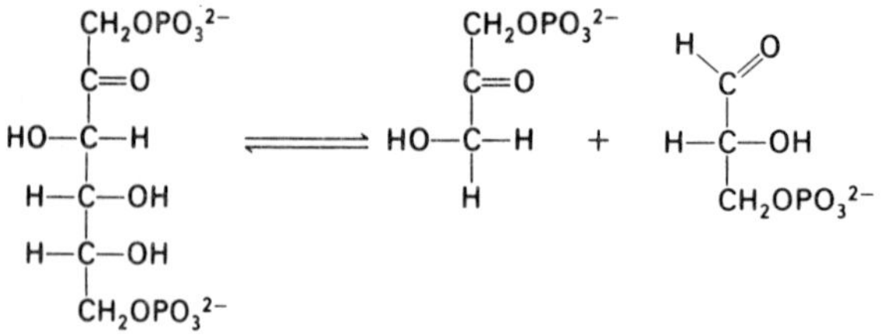

Fructose 1,6-diphosphate ⇌ Dihydroxyacetone phosphate + Glyceraldehyde 3-phosphate

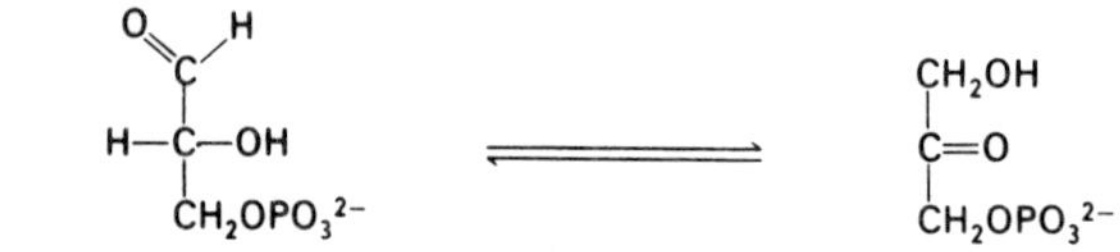

Glyceraldehyde 3-phosphate ⇌ Dihydroxyacetone phosphate

유전자 도서관에 소장된 정보의 지극히 적은 일부이다. 즉 포도당이 소화되는 일련의 과정들 중에서 앞에 오는 몇 단계를 여기에 나타냈다. 포도당 분자인 글루코오스를 의미하는 육각형을 볼 수 있을 것이다. 그 육각형의 모서리마다 탄소 원자가 하나씩 있다. 과당 분자인 프룩토오스의 오각형 모서리에도 탄소가 하나씩 달려 있다. 6-탄소 분자인 프룩토오스 1,6-2인산염이, 3-탄소 분자 조각 두 개로 갈라진다. 단계마다 해당 효소가 있어서 필요한 화학 반응이 진행되도록 주선한다. 반응마다 효소의 이름을 화살표 위에 적어 놓았다. 정교하게 설계된 이 화학 반응을 구동하는 에너지는 ATP라는 분자가 공급한다.

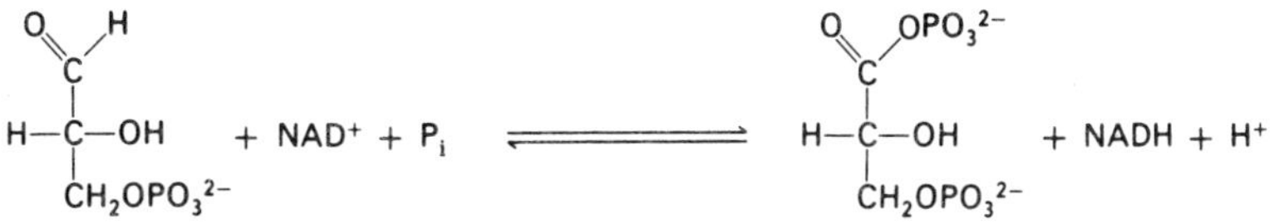

$$\text{Glyceraldehyde 3-phosphate} \; (HC(=O)\text{–}CH(OH)\text{–}CH_2OPO_3^{2-}) + NAD^+ + P_i \rightleftharpoons \text{1,3-Diphosphoglycerate (1,3-DPG)} \; (^{2-}O_3PO\text{–}C(=O)\text{–}CH(OH)\text{–}CH_2OPO_3^{2-}) + NADH + H^+$$

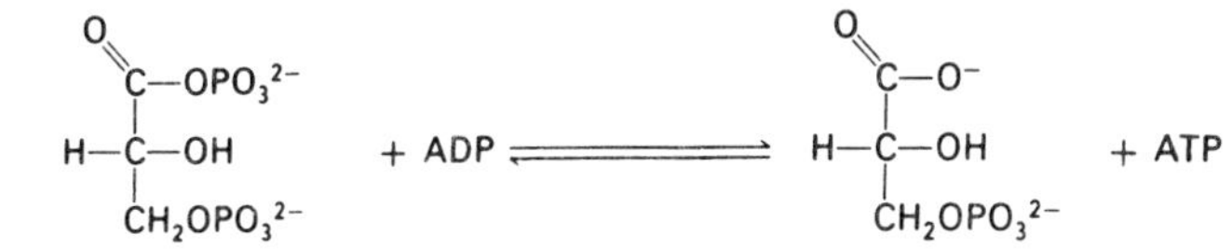

$$\text{1,3-Diphosphoglycerate} \; (O{=}C(OPO_3^{2-})\text{–}CH(OH)\text{–}CH_2OPO_3^{2-}) + ADP \rightleftharpoons \text{3-Phosphoglycerate} \; (O{=}C(O^-)\text{–}CH(OH)\text{–}CH_2OPO_3^{2-}) + ATP$$

$$\text{3-Phosphoglycerate} \; (O{=}C(O^-)\text{–}CH(OH)\text{–}CH_2OPO_3^{2-}) \rightleftharpoons \text{2-Phosphoglycerate} \; (O{=}C(O^-)\text{–}CH(OPO_3^{2-})\text{–}CH_2OH)$$

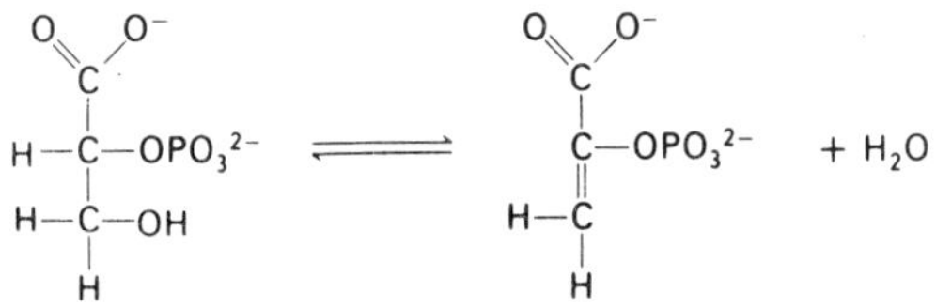

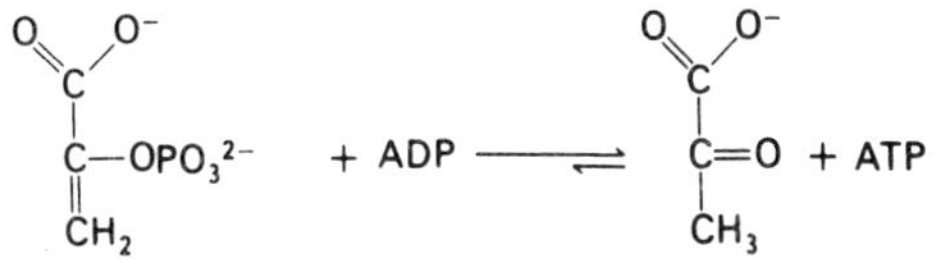

$$\text{2-Phosphoglycerate} \; (O{=}C(O^-)\text{–}CH(OPO_3^{2-})\text{–}CH_2OH) \rightleftharpoons \text{Phosphoenolpyruvate} \; (O{=}C(O^-)\text{–}C(OPO_3^{2-}){=}CH_2) + H_2O$$

$$\text{Phosphoenolpyruvate} \; (O{=}C(O^-)\text{–}C(OPO_3^{2-}){=}CH_2) + ADP \rightleftharpoons \text{Pyruvate} \; (O{=}C(O^-)\text{–}C{=}O\text{–}CH_3) + ATP$$

ATP 분자가 하나씩 3-탄소 분자에 들어가서 두 개가 다시 나온다. 3-탄소 분자가 두 개 있으니까 ATP가 두 개 들어가서 결국 모두 네 개가 나오게 되는데, 이 과정에서 에너지의 이득을 약간 볼 수 있다. 고래나 인간과 같이 공기로 호흡하는 생물들은, 피루빈산염을 산소와 결합시켜 한층 더 많은 에너지를 추출한다. 지구상에서는 이렇게 정치한 반응 네트워크가 화학적 펌프 역할을 하며 생물들 대부분이 살아가는 데 필요한 동력을 제공한다리 부모가 만든 단 하나의 수정란 세포가 연속적으로 분열하여 생기는 것이다. 태아가 성장해서 태어날 때까지 수많은 단계의 세포 분열이 이뤄지지만, 분열할 때마다 유전자의 설계도가 원래 내용과 정확히 일치하도록 완벽하게 복제된다. 그러므로 예를 들어 당신의 간장 세포에는 실제로 쓰이지는 않지만 뼈를 만드는 데 필요한 정보도 들어 있다. 반대로 뼈세포에는 뼈를 만드는 데에는 직접 필요하지 않지만 간장 세포에 필요한 정보가 들어 있다. 유전자 도서관은 우리 몸 구석구석이 각각 알고 있어야 할 정보를 이렇게 모두 소장하고 있다. 태곳적부터의 정보가 속속들이 빠짐없이 중복되어 유전자 속에 들어 있다. 웃는 방법, 재채기를 하는 기술, 효과적인 걷기 방안 등뿐 아니라, 패턴을 인식하는 방법, 후손을 생산하는 기술, 사과를 먹고 소화시키는 요령 등이 유전자에 모두 세세히 기록돼 있다. 사과의 당분을 소화시키는 과정은 길고 복잡하다. 화학의 언어로 기술한 다음 쪽의 복잡한 반응식도 그 과정의 처음 몇 단계를 표시한 것에 불과하다.

사과 하나를 먹는 행위도 따지고 보면 사실 엄청나게 복잡한 과정이다. 소화 작용에 필요한 각종 효소들을 합성하는 일과 음식에서 에너지를 얻어내는 일련의 화학 반응들을 의식적으로 하나하나 챙겨서 수행해야 한다면, 나는 결국 굶어 죽고 말 것이다. 그렇지만 박테리아 같이 보잘것없는 존재도 산소가 없는 곳에서 당을 자동으로 분해할 줄 안다. 바로 이것이 사과가 썩는 이유이다.

박테리아나 인간이나, 이 양극단의 중간에 있는 다양한 단계의 모든 생물들은 유전자 정보의 지시를 수없이 공유한다. 다시 말해서, 생물마다 서로 다른 도서관을 갖고 있지만 그 안에 소장된 책들에는 내

↑ 보이저 1호가 목성에서 2800만 킬로미터 떨어진 곳에서 찍은 목성의 모습이다.

↓ 좀 더 목성에 접근해서 찍은 사진으로 목성의 위성인 이오와 칼리스토가 목성의 전면에 보인다.

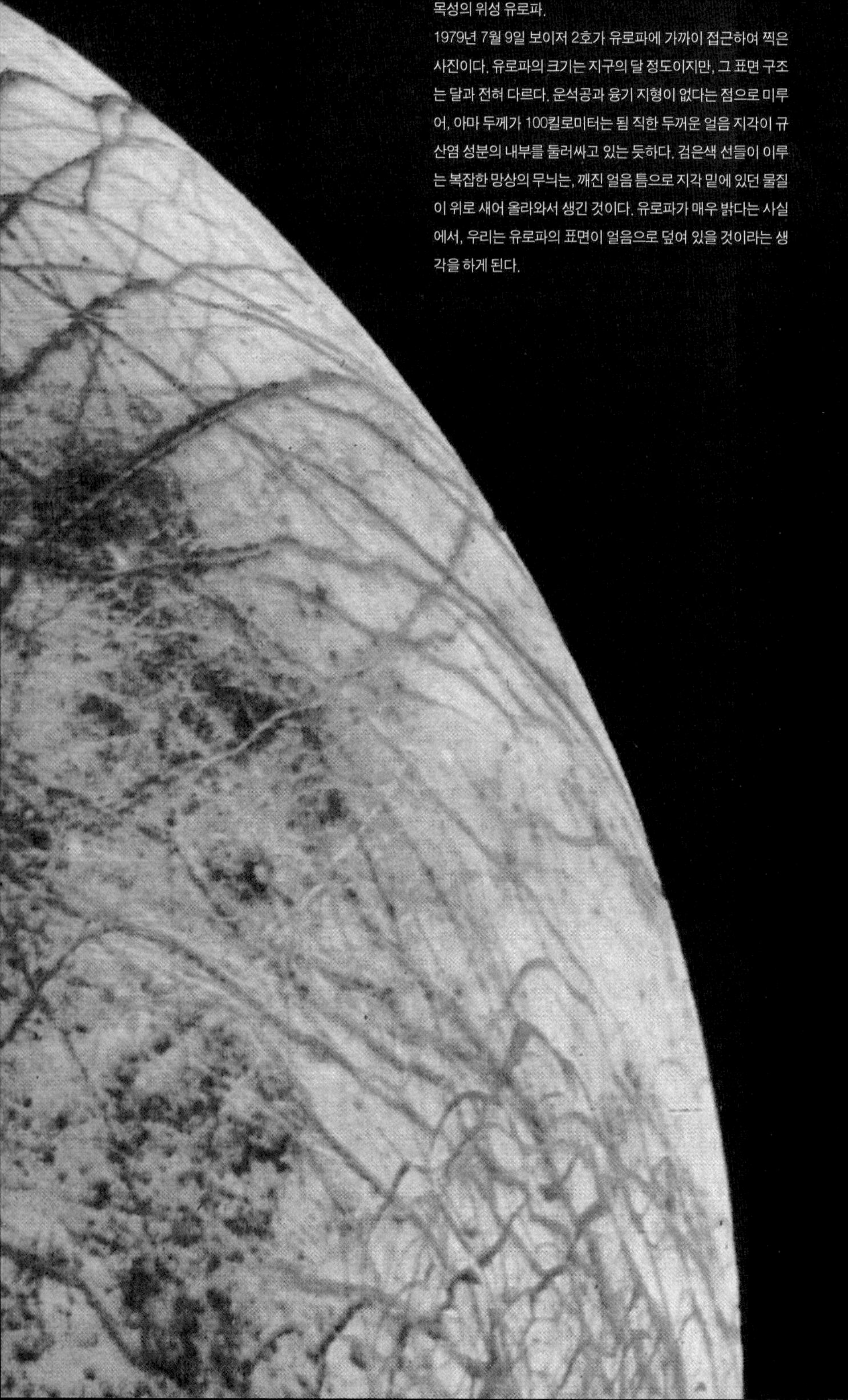

목성의 위성 유로파.
1979년 7월 9일 보이저 2호가 유로파에 가까이 접근하여 찍은 사진이다. 유로파의 크기는 지구의 달 정도이지만, 그 표면 구조는 달과 전혀 다르다. 운석공과 융기 지형이 없다는 점으로 미루어, 아마 두께가 100킬로미터는 됨 직한 두꺼운 얼음 지각이 규산염 성분의 내부를 둘러싸고 있는 듯하다. 검은색 선들이 이루는 복잡한 망상의 무늬는, 깨진 얼음 틈으로 지각 밑에 있던 물질이 위로 새어 올라와서 생긴 것이다. 유로파가 매우 밝다는 사실에서, 우리는 유로파의 표면이 얼음으로 덮여 있을 것이라는 생각을 하게 된다.

보이저 1호가 찍은 이오의 표면 모습.
어둡고 약간 동그랗게 보이는 부분은 아주 최근까지 활동한 것으로 보이는 화산이다. 사진의 중앙 부근에 보이는 화산에는 주변으로 밝은 헤일로가 보이는데, 이것은 촬영이 이루어지기 불과 15시간 전에 화산이 폭발하여 생긴 분출물로 생각된다. 이 화산은 후에 프로메테우스Prometheus라고 불리게 되었다. 검정, 빨강, 주황, 노랑 색깔은 화산에서 용암으로 분출된 황이 얼어서 굳은 것이라고 추정되는데, 응고하기 전 온도가 가장 높은 황은 검정색으로, 온도가 가장 낮은 황은 노란색으로 보인다. 프로메테우스 화산 주변의 흰 빛을 띠는 것은 아마도 응결된 이산화황의 침전물이라고 생각된다. 참고로 이오의 지름은 3,640킬로미터이다.

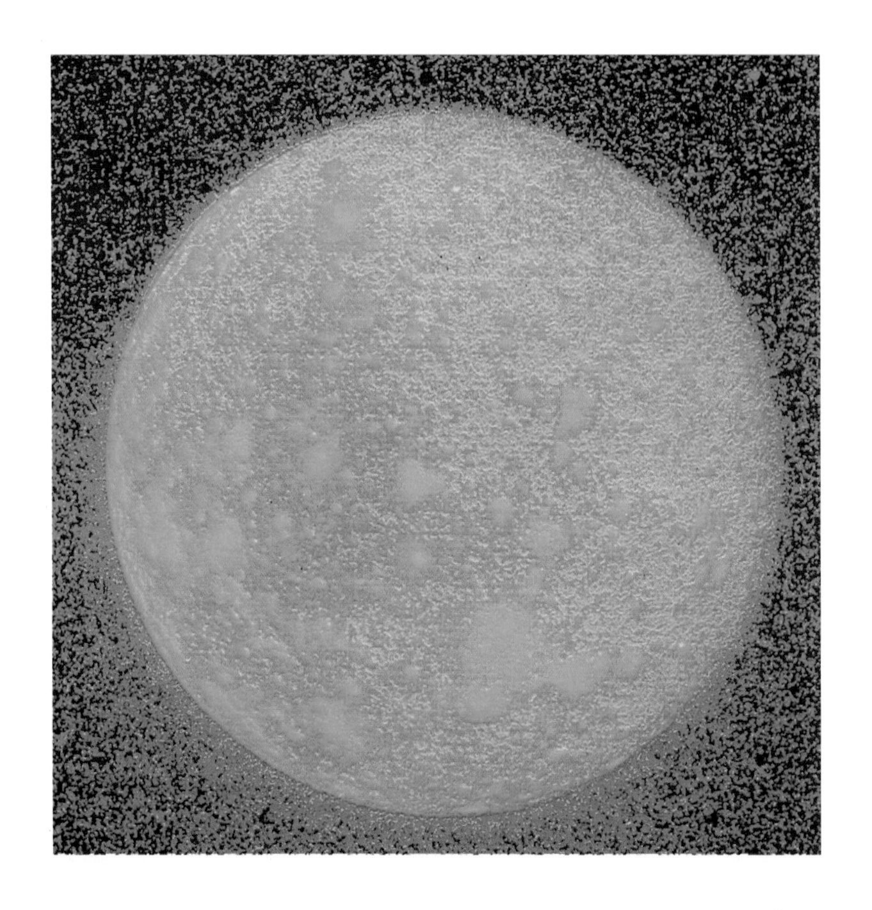

보이저 1호의 촬영 결과를 컴퓨터로 화상 처리한 칼리스토의 모습이다.
밝게 빛나는 점들 하나하나가 충돌 구덩이를 나타낸다.

어느 쌍성계가 거느린 대기가 없는
한 행성의 표면 모습.
모든 물체들이 두 가지 색깔의 그림자를 표면에
드리우고 있다. 쌍성계를 이루는 두 별의 색깔,
즉 표면 온도가 서로 다르기 때문이다.
데이비드 하디David Hardy의 작품이다.

1～5 지구 밖 행성계의 여러 모습.

1 플레이온Pleione이 거느린 가상의 행성이다. 플레이온은 좀생이성단의 구성원으로 매우 빠르게 자전하기 때문에 적도 부분이 부풀어 올라 단축 회전 타원체의 모양을 하고 있으며 자신의 물질을 적도면에서 우주 공간으로 서서히 분출한다. 돈 딕슨Don Dixon의 작품이다.

2 적색 거성과 청색 왜성으로 구성된 접촉 쌍성계. 청색 왜성이 신성으로 폭발하면서 주위 행성의 풍광을 아주 볼품없게 만들어 놓았다. 데이비드 하디의 작품.

3 한 구상 성단의 외곽별에 속한 가상의 행성. 돈 딕슨의 작품이다.

4 접촉 쌍성계에 속한 가상 행성의 표면 풍경. 별들의 대기 물질이 쌍성 주위에 나선형의 거대한 궤도를 그리면서 우주 공간으로 빠져나가고 있다. 돈 딕슨의 작품이다.

5 한밤중에 가상 행성의 얼음 동굴에서 내다본 좀생이단의 원경. 좀생이성단의 나이를 고려한다면 이 그림에서 데이비드에게가 표현하고자 했던 풍광도 생성된 지 얼마 안 되는 것이라고 할 수 있다.

4

5

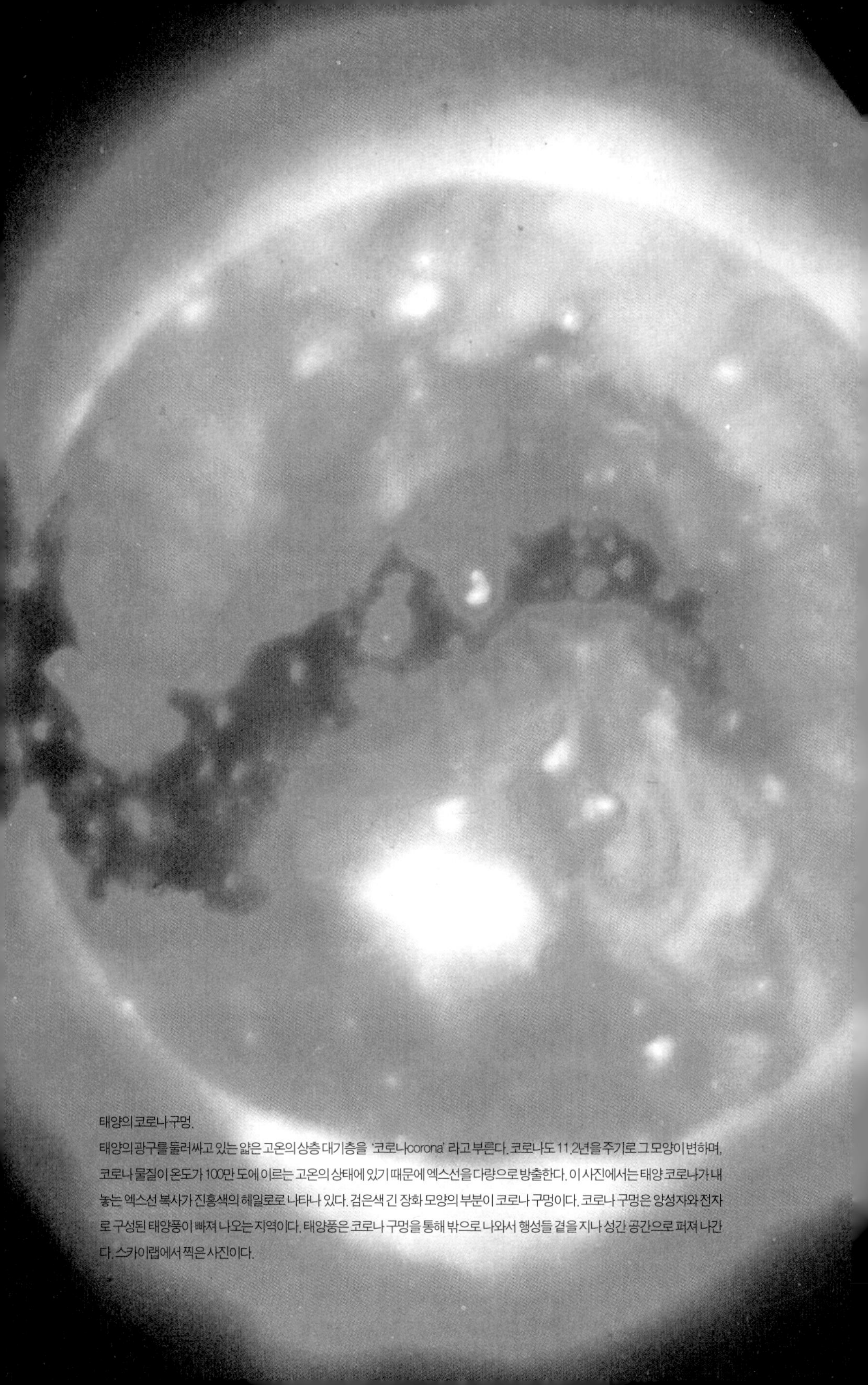

태양의 코로나 구멍.

태양의 광구를 둘러싸고 있는 얇은 고온의 상층 대기층을 '코로나corona' 라고 부른다. 코로나도 11.2년을 주기로 그 모양이 변하며, 코로나 물질이 온도가 100만 도에 이르는 고온의 상태에 있기 때문에 엑스선을 다량으로 방출한다. 이 사진에서는 태양 코로나가 내놓는 엑스선 복사가 진홍색의 헤일로로 나타나 있다. 검은색 긴 장화 모양의 부분이 코로나 구멍이다. 코로나 구멍은 양성자와 전자로 구성된 태양풍이 빠져 나오는 지역이다. 태양풍은 코로나 구멍을 통해 밖으로 나와서 행성들 곁을 지나 성간 공간으로 퍼져 나간다. 스카이랩에서 찍은 사진이다.

끝없이 연결되는 영원 회귀의 코스모스.
인형 안에 다른 인형이 있는 러시아 인형같이, 우주들이 이루는 영원 회귀의 계층 구조가 바로 코스모스의 본질일지도 모른다. 이 아이디어를 존 롬버그가 그림으로 표현했다. 이 그림에 우리의 우주는 보이지 않는다.

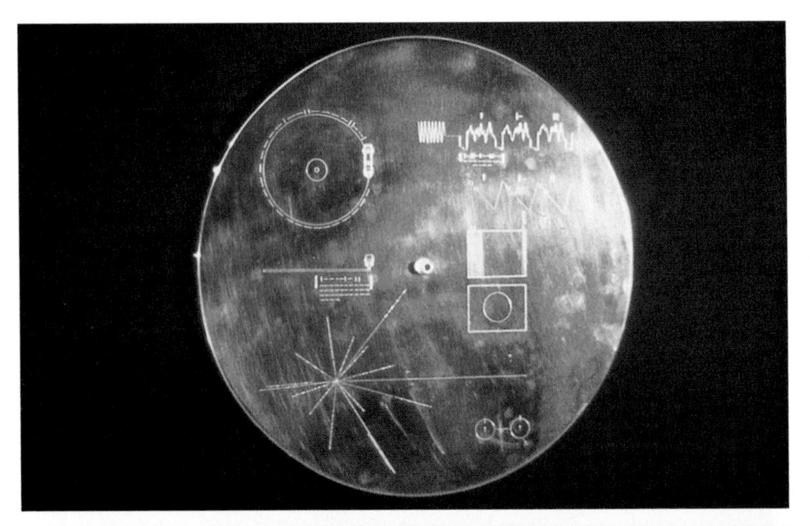

보이저 우주선이 싣고 가는 레코드판.

거대 행성인 목성과 토성을 탐사할 목적으로 우리가 우주에 쏘아 올린 두 대의 보이저 우주선은 목성과 토성을 지나서 결국 태양계를 완전히 벗어날 것이다. 그러므로 보이저는 우리가 성간 문명권으로 보낸 전령의 임무도 띠고 있다.

↑ 보이저에 실린 레코드판의 겉표지인데, 여기에 레코드판을 트는 방법과 당시 시점에서 지구의 위치에 관한 정보가 과학적 방법으로 기술돼 있다.

↓ 레코드판 자체인데, 우주 공간에서 10억 년 동안 건재할 것으로 추정된다.

수소 폭탄의 폭발에서 생긴 버섯구름이 방사능 낙진을 성층권으로 흘려보낸다.
이렇게 성층권으로 흘러 들어간 낙진은 그곳에 수년 동안 남아 있게 된다.

기술 문명의 출현을 눈앞에 둔 인류의 고향인 행성 지구에서는 지금 자기 파멸의 위기에서 벗어나려는 노력이 한창 진행 중이다. 달은 지구의 유일한 자연 위성으로서 우리의 외로운 동반자 구실을 해 왔다. 우리는 이 외로운 동반자에 전초 기지를 설치하려는 계획을 갖고 있다. 이 사진은 달에 임시로 차려진 전초 기지에서 바라본 우리 지구의 모습이다.
지구는 태양 주위를 돌면서 매일 250만 킬로미터씩 움직인다. 한편 태양은 은하수 은하의 중심을 중심으로 역시 공전한다. 지구의 태양 주위 공전이 태양의 은하 중심 공전보다 2배 정도 빠른 속도로 진행된다. 그리고 우리 은하수 은하는 처녀자리 은하단의 중심으로 또한 계속 떨어지고 있다. 지구의 태양 공전 속도가 은하수 은하의 전체 낙하 속도보다 2배 정도 빠르다. 또 처녀자리 은하단은 은하단으로서 대우주를 방랑한다. 그리고 ……. 그렇다면 우리야말로 우주의 영원한 나그네가 아닌가.

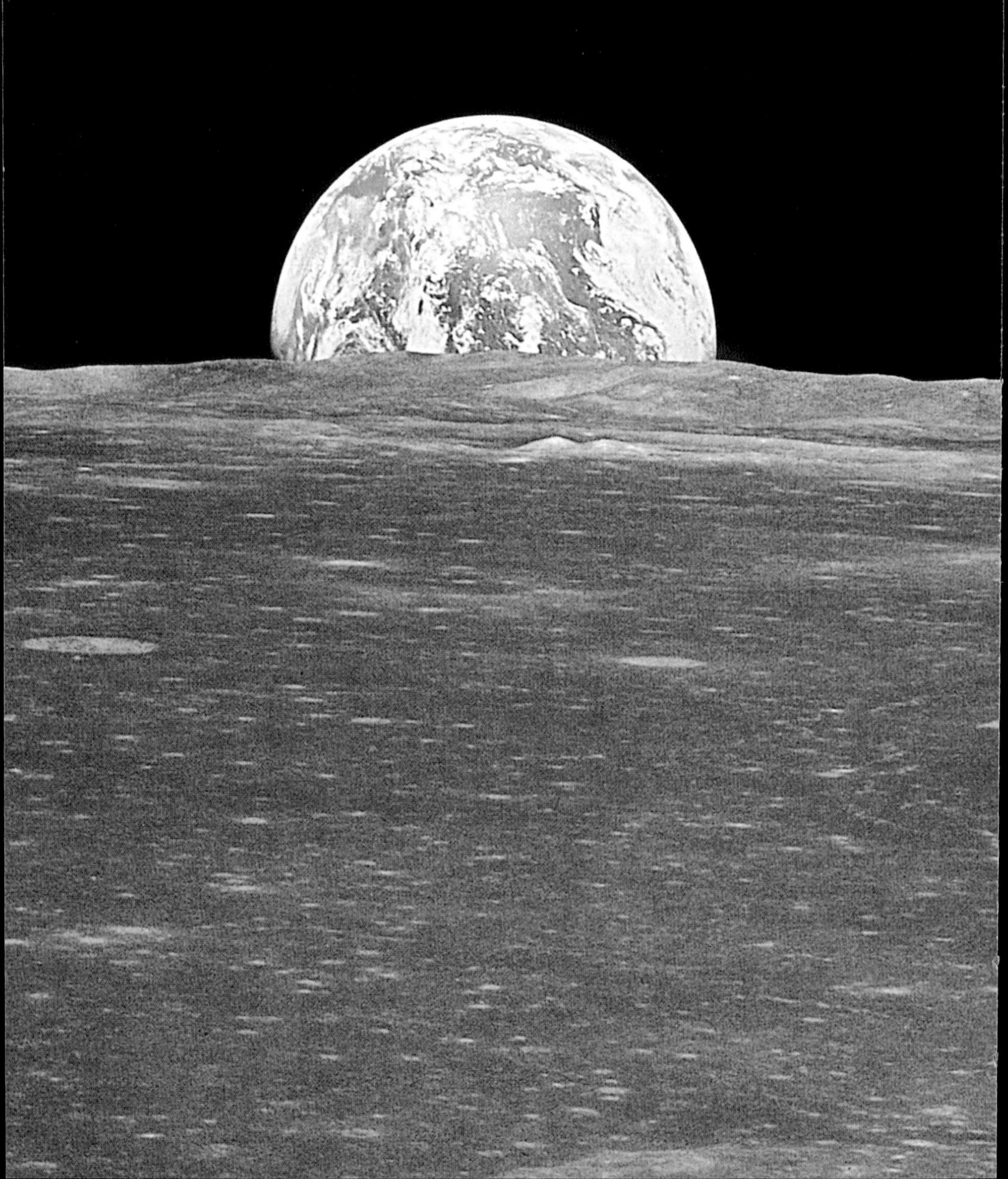

용이 같은 쪽이 많이 있다. 우리는 다양한 생물들이 공동의 조상에서 진화했다는 또 하나의 증거를 여기에서도 쉽게 찾을 수 있다. 현대 기술 문명은 기기묘묘한 생화학 반응의 지극히 사소한 부분만을 겨우 재현할 수 있다. 그런데 우리의 육체는 그 모든 화학 반응을 전혀 힘들이지 않고 척척 수행해 낸다. 생명은 수십억 년에 걸친 진화를 통해 화학 반응에 대한 실습을 수없이 많이 해 왔지만 인간은 이제 겨우 그 화학 반응들을 연구하기 시작한 데 불과하다. 그렇다면 DNA야말로 그 모든 것을 우리보다 훨씬 더 잘 알고 있다는 이야기가 아닌가.

그렇지만 우리가 연구해야 할 반응들이 너무 복잡해 필요한 정보량이 수십억 비트를 훨씬 넘는다고 하자. 현재 유전자 백과사전에 실려 있는 지시가 여태까지는 완벽하게 유효했지만 이제는 주위 환경이 너무 빨리 변하기 때문에 그 지시들이 더 이상 큰 의미를 갖지 못하게 된다면 어떻게 하겠는가? 장서 1,000권의 도서관이라도 큰 쓸모가 없을 것이다. 바로 그러한 상황에 대비하느라 생물은 뇌라는 특수 기관을 소유하게 된 것이다.

여타 기관과 마찬가지로 뇌도 수백만 년 동안의 끊임없는 진화를 통해 점점 더 복잡한 구조와 이에 따른 더욱 많은 정보를 소유하게 되었다. 현재 뇌의 구조에서 우리는 진화의 단계들을 미루어 알아볼 수 있다. 뇌는 내부에서 외부로 진화했다. 가장 깊숙한 곳에 뇌의 가장 오래된 부위인 뇌간腦幹이 자리한다. 뇌간은 반사 작용, 심장 박동, 내장 활동, 호흡 등 생명의 가장 기본적인 기능을 조절한다. 폴 맥린Paul MacLean이 지극히 도발적인 학설을 하나 제시한 적이 있다. 그는 뇌의 고차원적인 기능들이 크게 세 단계에 걸쳐 진화했다고 주장했다. 그것은

R-영역, 변연계, 대뇌 피질의 세 단계이다. 뇌간의 상단부를 모자처럼 뒤덮고 있는 부위를 R-영역이라 부르는데, 이 R-영역이 인간의 공격적 행위, 정형화된 의식 행위, 자기 세력권의 방어, 계층적 위계 질서의 유지 등을 관장한다. 뇌의 이 부위는 수억 년 전 인간이 아직 파충류였던 시기에 발달했다. 우리 각자의 두개골 내부 깊숙한 곳에는 말하자면 악어의 두뇌가 아직 남아 있는 셈이다. R-영역은 변연계邊緣系가 둘러싸고 있는데 바로 이 부위가 포유류 시기에 생긴 뇌이다. 이 변연계는 수천만 년 전 인간이 포유류이고 아직 영장류로 되기 이전 시기에 발달한 부위이다. 뇌의 이 부위가 인간의 기분, 감정, 걱정 등의 정서적 반응과 행동 그리고 자녀 보호의 본능을 지시하고 제어한다.

끝으로 뇌의 가장 바깥 부분인 대뇌 피질을 살펴보자. 대뇌 피질은 지금으로부터 수백만 년 전 인간이 영장류였던 시기에 생긴 부위로서, 자기 밑에 아직도 버티고 있는 원시 두뇌와 늘 편치 않은 휴전의 관계를 유지하며 지낸다. 대뇌 피질에서 물질이 의식을 창출하므로 대뇌 피질이야말로 인류가 꿈꾸는 모든 우주여행의 시발점이라고 할 수 있다. 두뇌 전체 질량의 3분의 2 이상을 차지하는 대뇌 피질이 직관과 비판적 분석의 중추이다. 아이디어의 창출과 영감의 발현이 바로 여기 대뇌 피질에서 이루어진다. 이곳에서 읽기와 쓰기, 수학적 추론과 작곡이 이루어진다. 인간으로 하여금 의식적 삶을 가능케 하는 부위가 다름 아닌 대뇌 피질인 것이다. 인류와 다른 종의 차별화가 대뇌 피질에서 비롯되며, 인간의 인간다움은 바로 이 대뇌 피질 때문에 가능하다. 한마디로 문명은 대뇌 피질의 산물이다.

뇌의 언어는 유전자 DNA의 언어와 다르다. 우리가 알고 있는 지식은 모두 신경원神經元 또는 뉴런neuron이라고 불리는 세포 속에 암호로 씌어 있다. 뉴런은 굵기가 겨우 수백분의 1밀리미터인 현미경적 존재로서 아주 미세한 전기 · 화학적 스위치 회로의 역할을 수행한다. 이 뉴런이 우리 몸속에 약 1000억 개 있다. 은하수 은하에도 대략 이 정도 수의 별들이 존재한다. 뉴런들 중에는 하나가 수천 개의 이웃 뉴런 세포들과 연결된 것들이 있다. 인간 대뇌 피질에서 우리는 그와 같은 연결을 총 10^{14}개가량 볼 수 있다.

찰스 셰링턴Charles Sherrington은 자신의 상상력을 한껏 동원하여 사람이 잠에서 깨어날 즈음 대뇌 피질에서 일어나는 현상의 전개 과정을 다음과 같이 실감나게 설명했다.

> (대뇌 피질) 여기저기에서 번쩍이는 점들이 리듬에 맞춰 춤을 추기 시작하더니, 대뇌 피질 전체가 수많은 번쩍이는 점들의 바다로 서서히 변해 간다. 한 사람이 잠에서 어렴풋이 깨어나면서 의식이 돌아오고 있는 중이다. 마치 명멸하는 별들이 은하수 은하의 전 영역에 걸쳐 멋진 우주적 군무를 펼치는 형국과 같다고나 할까. 그러다가 대뇌 피질 전체는 하나의 노래하는 커다란 베틀의 모습을 띤다. 수백만 개의 북들이 끊임없이 왕복하며 각종 문양들을 만들었다 지우고, 지웠다 만들기를 계속한다. 문양마다 고유의 의미를 지니겠지만 그 어느 문양도 반복되는 법이 없다. 그런가 하면 하나의 문양 속에 또 다른 문양들이 멋진 조화를 이루면서 나타난다. 드디어 육신이 잠에서 깨어나 자신의 몸을 천천히 일으켜 세우자, 찬란한 조화를 이루던 그 문양들은 어두운 트랙을 미끄러지듯 내려가더니 (뇌의 기저부로) 슬그머니 사라진다. 번

짹거리는 점들이 여러 가닥으로 연결되고, 그들을 연결하던 다양한 무늬는 위치를 서서히 옮기면서 대뇌 피질 여기저기에서 춤추는 연결망을 또다시 구축한다. 이제 육신은 잠에서 완전히 깨어나서 새로운 하루를 맞을 준비를 하기 위해 침대를 떠난다.

잠을 자고 있는 중에도 뇌는 쉬지 않는다. 수면 중에도 뇌는 꿈과 기억과 추리의 기제를 통해 인간사의 얽히고설킨 문제들을 쉬지 않고 정리하고 해결하는 것이다. 우리의 생각, 시지각, 심지어 환상까지도 따지고 보면 모두 물리적 실체를 동반한다. 생각한다는 행위 하나도 수백 개에 이르는 전기 · 화학적 신호 자극의 결합체라는 실체가 있다. 우리가 뉴런의 세계에서 벌어지는 일을 직접 볼 수 있다면 기기묘묘한 모습의 수많은 패턴들이 여기저기서 출현했다 사라지는 광경을 볼 수 있을 것이다. 예를 들어 그 패턴들 중 어느 하나는 어릴 적 시골 길에서 맡아 봤던 라일락꽃 향기의 기억일 수 있다. 뉴런의 전광판에서 분주하게 움직이는 또 다른 패턴은 '내가 열쇠를 어디에 뒀던가?' 하는 애타는 마음일 수도 있다.

정신 작용이라는 거대한 산에는 수많은 골짜기들이 있다. 골짜기란 다름 아닌 대뇌 피질의 울퉁불퉁한 구조를 뜻한다. 골짜기를 파서 제한된 부피 안에 되도록 넓은 표면이 들어갈 수 있게 해 놓음으로써, 대뇌 피질은 참으로 방대한 양의 정보를 기록할 수 있게 된 것이다. 뇌의 전기 회로는 인간이 고안한 그 어느 회로보다 훌륭한 구조이다. 우리가 의식意識이라고 부르는 세련되고 격조 높은 건축물을 만들기 위해 자연이 한 일은 10^{14}개의 신경망을 연결해 놓은 것밖에 없다. 그 이상

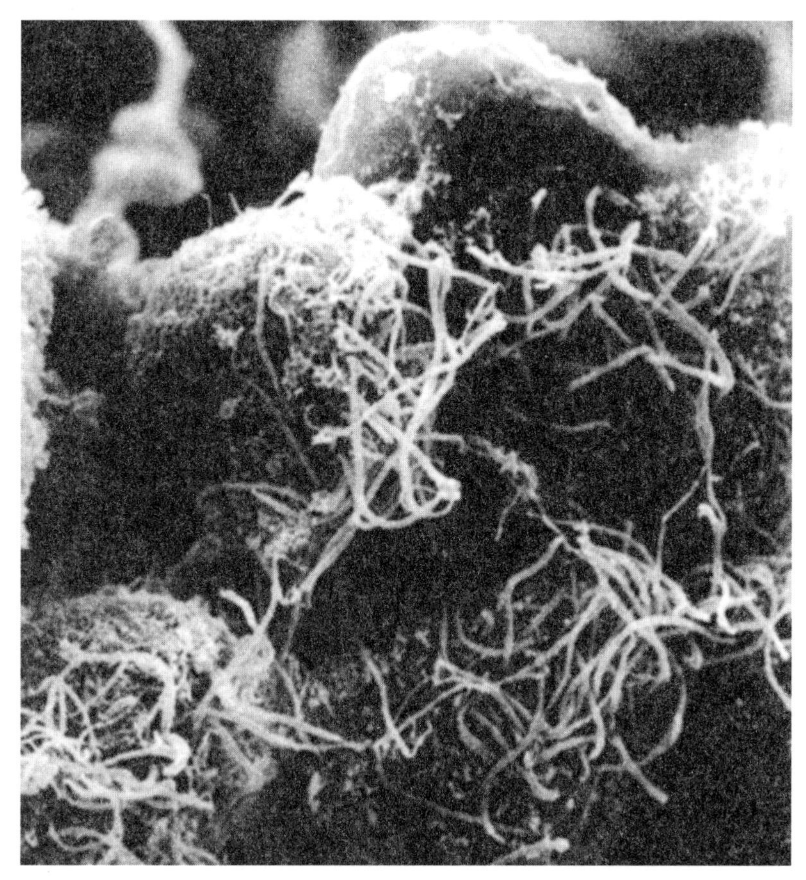

사람 두뇌의 뇌간에 있는 뉴런들의 연결망. 배율×15,000의 주사 현미경으로 찍은 사진이다. 사람의 두뇌 도서관은 필요한 정보를 여기 보이는 바와 같은 신경망에 저장하고, 그 신경망에서 모든 정보를 처리한다. 또 신경망을 이용하여 필요한 정보를 찾는다.

의 무엇 때문에 의식 작용이 가능하다는 증거는 어디에서도 찾아볼 수 없다. 단지 뉴런들을 연결해 놓음으로써 그렇게 멋들어진 기능을 발휘케 한다니 참으로 믿기 어려운 자연의 조화이다. 생각의 세계는 크게 두 개의 반구로 나뉘어 있다. 대뇌 피질의 오른쪽 반구는 패턴의 인식, 직관과 감수성의 발동, 창조적 통찰 등을 주로 책임진다. 왼쪽 반구는 이성적, 분석적, 비판적 사고를 관장한다. 기본적으로 서로 상반된 기능을 수행하는 뇌의 양쪽 반구가 상호 보완함으로써 인간의 의식 작용을 특징짓는다. 한쪽에서는 아이디어를 내놓고 다른 한쪽에서는 그 아이디어의 실효성을 검증하는 식이다. 두 개의 반구 사이에는 무수한 신경 다발이 있으며, 이것을 통해서 양측이 정보를 끊임없이 교환한다. 신경 다발이 창조와 분석을 연결짓는 교량인 셈이다. 독창적 사고와 비판적 분석이야말로 세상을 이해하는 데 필수적인 도구이다.

비트로 잰 인간 두뇌의 정보량은 뉴런 연결의 총수 정도이다. 즉 약 100조 비트(10^{14}비트)의 정보가 우리 뇌 안에 있다는 것이다. 그 정보를 모두 영어로 기술한다면 대략 2000만 권의 책 더미가 쌓일 것이다. 참고로 세계에서 가장 큰 도서관의 장서량이 대략 이 수준에 이른다. 두뇌가 차지하는 공간은 협소하지만 뇌는 실제로 아주 거대한 장소임에 틀림이 없다. 두뇌 도서관에서는 대부분의 책을 대뇌 피질에 보관한다. 뇌 도서관의 지하 공간에는 인류의 먼 조상들이 살아가는 데 필요했던 근본적인 기능에 관한 책들이 소장돼 있다. 그 기능에는 공격성, 자식 양육의 욕망, 공포감, 짝짓기 같은 원초적 본능뿐 아니라, 지도자를 맹목적으로 추종하려는 성향이 포함되어 있다. 두뇌의 고차적 기능 중에서 읽기, 쓰기, 말하기 등은 대뇌 피질의 특정 부위에 보관돼 있다. 그러나 기억은 대뇌 피질의 여기저기에 중복 기록돼 있다. 소위 텔레파시telepathy라는 것이 실재한다면 상대방 대뇌 피질에 보관된 정보를 내가 멀리서도 읽어 낼 수 있어야 한다. 나의 사랑하는 이가 대뇌 피질에 보관해 둔 장서를 읽을 수 있다니, 이거야말로 가장 큰 축복이 아니겠는가? 하지만 텔레파시에 대한 확실한 증거는 아직 없다. 사랑하는 이들이 대뇌 피질의 수준에서 정보를 읽어 내는 일은 아직 예술가와 작가 들의 몫으로만 남아 있을 뿐이다.

두뇌는 기억 장치 이상의 기능을 수행한다. 인간의 두뇌는 비교, 합성, 분석, 추상화 같은 다양한 기능을 갖고 있다. 살아 남기 위해서 우리는 유전자가 제공하는 것 이상의 정보를 미루어 알아낼 수 있어야 한다. 바로 이 때문에 두뇌 도서관의 규모가 유전자 도서관의 수만 배나 되는 것이다. 겨우 걸음마를 뗄 줄 아는 아이들의 행동을 관찰해 보라. 사람의 알고자 하는 욕망이 얼마나 강한지 실감할 수 있을 것이다. 인간의 배우려는 열망이야말로 생존을 위한 도구이다. 인간의 감정이나 인간 행동의 관습적 유형은 마음 어딘가 깊숙한 곳에 굳건히 자리잡고 있는 인간 본성의 일부인 것이다. 그렇다고 해서 그러한 특성을 인간만이 갖고 있는 것은 아니다. 다른 동물들도 감정을 표출한다. 하나의 종으로 인간을 특징지을 수 있는 것은 감정이 아니라 사고할 수 있는 능력이다. 대뇌 피질이 사람을 동물적 인간에서 해방시켜 인간을 '인간답게' 만든 주인공이다. 그러므로 우리는 비비나 도마뱀의 유전적 행동 양식에 더 이상 묶여 있어야 할 필요가 없다. 그 대신 자신이 뇌 속에 집어넣은 것에 대해 스스로 책임을 질 줄 알아야 한다. 각자는 한 사람의 성숙한 인격체로서 누구를 아끼며 무엇을 알아야 하는가에 대해 스스로 책임져야 하지, 파충류 수준의 두뇌가 명령하는 대로 살아야 할 필요는 없다. 사람은 자기 자신을 스스로 변화시킬 수 있기 때문이다.

어떤 도시를 먼 미래를 내다보고 만든 설계에 근거하여 차근차근 만들어 갔다면, 그 도시는 전체적으로 하나의 조화를 이루며 성장했을 것이다. 그러나 필요가 있을 때마다 여기 조금 바꾸고 저기 찔끔 확장하는 식으로 도시를 가꾸어 왔기 때문에, 오늘날 세계 대도시들의 속사정을 들여다보면 하나같이 과거와 현재가 공존하는 뒤죽박죽의 상태이다. 그런데 사람의 두뇌도 도시와 비슷하게 성장해 왔다. 도시건 두뇌건 양쪽 모두 처음에는 작은 중심부에서 시작하여 서서히 커졌다. 진화가 진행되는 동안 먼저 생긴 부분들은 그대로 남아서 그들 나름의 기능을 계속 수행해 왔다. 진화의 과정에서는 두뇌 안쪽의 오래된 부분을 모두 제거하고 좀 더 좋은 새 기능의 뇌로 그 부분을 완전히 대치할 수는 없다. 집을 수리하는 동안에도 낡은 집의 기존 기능이 계속 필요한 것과 같은 이치이다. 따라서 뇌간을 R-영역이 둘러싸고 그 위를 변연계가 덮고, 그리고 가장 바깥에 대뇌 피질이 자리하게 되었다. 기존 부품들이 비록 오래되기는 했지만 생명 현상의 근본을 좌우하는 기능을 수행하기 때문에 그들의 기능을 잠시 멈추고 통째로 갈아치울 수가 없었던 것이다. 이제는 성능이 많이 떨어지고 때로 비생산적인 일을 하기도 하지만, 그래도 낡은 부품들이 숨을 헐떡이면서 자신의 기능을 계속 발휘하게 두는 수밖에 없다. 이것이 진화의 어쩔 수 없는 속성인 것이다.

뉴욕 시의 주요 거리들이 만들어진 시기는 17세기까지 거슬러 올라간다. 증권 거래소가 18세기에, 상수도와 정수장 시설이 19세기에, 그리고 전력 공급 시설이 20세기에 각각 만들어지기 시작했다. 각종 도시 시설을 동시에 건설하여 병렬 구조를 갖게 한 다음에 그것들을 주기적으로 수리하고 교환할 수 있었다면 뉴욕의 도시 기능은 지금보다 훨씬 더 효율적이었을 것이다.(런던이나 시카고가 효율적인 도시로 재설계될 수 있었던 배경에는 대화재 사건이 있었다. 대화재 덕분에 상수도, 하수도, 전력 등의 시설을 모두 병렬로 구축할 수 있었다.) 시대의 발달과 더불어 도시에 새로운 기능들이 추가됨으로써 도시는 도시로서의 역할을 수세기에 걸쳐서 중단됨 없이 계속해서 수행할 수 있었다. 17세기 뉴욕에서는 브루클린에서 맨해튼 섬으로 들어오려면 이스트 강에서 나룻배를 타야 했다. 그러다가 19세기에 들어와서 현수교懸垂橋를 건설하는 기술이 개발됐다. 그런데 새 현수교는 다른 곳이 아닌 바로 그 이스트 강 나루터에 걸렸다. 그 부근 땅의 소유주가 뉴욕 시였을 뿐 아니라 대부분의 주요 대로들이 기존의 나루터를 향해 집결돼 있었기 때문이다. 나중에 똑같은 이유에서 지하 터널도 바로 그 자리에 뚫리게 됐다. 그 터널을 건설할 때에는 이전부터 있던 잠함潛函을 활용했다. 그 잠함들은 현수교를 건설할 때 사용하던 것이었다. 기존의 시스템을 새로운 목적에 그대로 활용하거나 아니면 새로운 목적에 맞게 일부만 개량하여 사용하는 것은 토목이나 건축에서뿐 아니라 생명의 진화 과정에서도 흔히 나타나는 현상이다.

생존에 꼭 필요한 정보 전부를 유전자에 저장할 수 없을 정도로 그 양이 증가하자 진화는 서서히 두뇌를 새로 만들기 시작했다. 그리고 세월이 또 어느 정도 흘러 지금으로부터 대략 1만 년 전쯤부터는 사람이 살아가는 데 필요한 정보의 양이 새로 만든 두뇌로도 쉽게 보관할 수 없을 정도로 크게 늘어났다. 진화가 그 다음에 택한 방책은 육체 바깥에다 필요한 정보를 저장해 두는 것이었다. 현재까지 알려진 바에 따르면 생존에 필요한 정보를 유전자나 뇌가 아니라 별도의 공용 저장소를 만들어 그곳에 보관할 줄 아는 종은 지구상에서 인류뿐이라고 한다. 이 '기억의 대형 물류 창고'를 우리는 도서관이라고 부른다.

잘 따지고 보면 책이란 결국 나무에서 만들어진 것이다. 나무를 가공하여 유연하고 두께가 아주 얇은 종이를 먼저 만들어 낸다. 그리고 그 종이 표면에 검정색의 꾸불꾸불한 선으로 그림이나 글자를 그려 넣는다. 이렇게 만든 종이들을 여러 장 함께 모은 것이 다름 아닌 책이다.[5] 우리는 책을 한 번 슬쩍 훑어보는 것만으로도 이미 죽은 지 수천 년이 된 저자의 목소리를 생생하게 들을 수 있다. 저자는 1,000년을 건너뛰어 소리 없이 그렇지만 또렷하게 자신의 이야기를 독자의 머릿속에 직접 들려준다. 글쓰기야말로 인간의 가장 위대한 발명이다. 글쓰기가 사람들을 하나로 묶어 놓았고, 먼 과거에 살던 시민과 오늘을 사는 우리를 하나가 되게 했다. 책은 인간으로 하여금 시간의 굴레에서 벗어나게 했다. 그러므로 글쓰기를 통해서 우리 모두는 마법사가 된 것이다.

고대 사회에서는 글을 점토판에 새겼다. 오늘날 서양에서 사용하는 알파벳의 먼 조상이 되는 쐐기 문자는 지금으로부터 약 5,000년 전에 근동 지방에서 발명됐다. 당시의 용도는 기록하는 것이었다. 곡물의 매매 및 토지의 거래, 한 왕조의 승전, 승려들이 제정한 율령, 별들의 위치, 신께 올리는 기도문 등이 쐐기 문자로 기록되어 있다. 사람들은 수천 년 동안 점토판이나 돌에 새기거나 밀랍, 나무껍질, 가죽을 날카로운 연장으로 긁어서 흔적을 남김으로써 글자를 써 왔다. 이 외에도 안료를 써서 대나무 쪽, 파피루스 잎, 비단에 글씨를 쓰기도 했다. 그렇

5. 책의 한 면 한 면을 우리는 '쪽' 이라고 부르지만 영어에서는 나뭇잎에 해당하는 'leaf' 라는 표현을 쓴다. 책의 기원이 나무에 있음을 여기에서도 쉽게 알 수 있다. — 옮긴이

지만 이런 식으로는 한 번에 단 한 편의 작품을 만들 수밖에 없었다. 비석과 같은 거대한 기념물에 새겨진 글이 아닌 한 어떤 저작물이든 소수의 사람들에게만 읽혀졌다. 그러다가 2세기와 6세기 사이에 중국에서 처음으로 종이와 먹이 발명됐다. 그 결과로 나무판에 글자를 새겨 먹물을 묻힌 다음 종이에 눌러 책을 찍어 내는 목판 인쇄술이 탄생했다. 목판 인쇄술 덕분에 같은 작품을 필요한 수만큼 복제하여 원하는 이들에게 줄 수 있게 됐다. 중국의 목판 인쇄술이 유럽 사회에 전해지는 데에는 1,000여 년의 세월이 더 필요했다. 그 다음부터는 인쇄술이 전 세계로 급격하게 전파됐다. 금속 활자가 발명된 1450년경[6] 직전까지 전 유럽에 흩어져 있던 책이라고 해야 겨우 수만 권에 불과했다. 그 한 권 한 권이 모두 손으로 베껴서 만든 것이었다. 그 숫자는 알렉산드리아 대도서관이 소장했던 장서량의 겨우 10분의 1 수준에 불과했다. 그렇지만 중국에는 이미 기원전 100년경부터 이 이상의 책이 있었다. 그러나 활자가 발명된 지 50년 후인 1500년경에는 전 유럽에서 약 1000만 권의 책을 볼 수 있게 됐다. 필사된 책이 아니라 모두 인쇄된 것이었다. 일단 글자를 읽을 줄만 알면 필요한 지식을 책에서 누구나 배울 수 있게 됐다. 마술이 어디에서나 가능하게 된 것이다.

좀 더 최근으로 오면서 책이, 특히 값이 싼 문고판 책이 대량으로 공급되기 시작했다. 평범한 식사 한 끼의 비용이면 로마 제국의 흥망,

6. 금속 활자의 발명에 관한 서양인들의 주장을 들을 때마다 우리는 쉽게 '분노' 한다. 우리 민족이 활자를 발명한 것은 이보다 두 세기나 앞선 1234년이었다. 인쇄 및 제책 기술에 관한 언급에 고려의 금속 활자 발명이 빠지는 것을 볼 때마다, 무엇이든 발명 못지않게 그것을 키우고 가꿔 꽃피우는 일 또한 중요함을 실감하게 된다. 애석하게도 세이건과 같은 박식한 학자에게도 우리의 금속 활자에 관한 정보에 접근할 길은 막혀 있었던 모양이다. ― 옮긴이

종種의 기원, 꿈의 해석 등 모든 사물의 본질과 정체를 깊이 사색할 수 있는 책을 사서 즐길 수 있게 되었다. 책은 씨앗과 같다. 수세기 동안 싹을 틔우지 않은 채 동면하다가 어느 날 가장 척박한 토양에서도 갑자기 찬란한 꽃을 피워 내는 씨앗과 같은 존재가 책인 것이다.

요즈음 세계의 대형 도서관들은 보통 수백만 권의 책을 소장하고 있다. 이 소장 자료 중에서 문자로 적힌 기록은 정보량이 10^{14}, 즉 100조 비트 정도이고, 그림에 실린 정보는 이보다 많은 1000조 비트에 이른다. 이것은 유전자 정보의 약 1만 배, 두뇌 정보의 대략 10배에 이르는 방대한 양이다. 책을 1주일에 한 권씩 뗄 수 있다면 한 사람이 평생 동안 읽을 수 있는 책의 총수는 대략 수천 권에 이른다. 그렇지만 이것은 현대 도서관이 소장한 장서의 기껏해야 1,000분의 1에 불과한 작은 양이다. 그렇지만 정말 중요한 문제는 몇 권을 읽는가보다 어떤 책을 읽는가에 달려 있다. 책에 기술할 수 있는 정보는 그 정보가 태어날 때부터 완전히 확정될 수 있는 것이 아니다. 정보는 시간의 흐름에 따라 변하게 마련이며 새로운 사태가 벌어질 때마다 정보의 내용 역시 점차 수정돼야 한다. 동시에 정보는 변하는 세상과 조화를 이루도록 변신해야 한다. 이것이 정보가 갖는 속성이다. 알렉산드리아의 대도서관이 건립된 지 이미 2,300년의 긴 세월이 흘렀다. 그동안 인류사에서 책이 없었다면, 다시 말해서 문자 기록이 없었다면 지나간 23세기가 얼마나 끔찍하고 길었을까? 100년을 4세대로 친다면 23세기는 거의 100세대에 해당하는 긴 기간이다. 한 세대에서 다음 세대로 넘어가면서 정보가 입에서 입으로 말로만 전해졌다면 우리가 과거에 대해 대체 무엇을 알 수 있었을 것이며, 우리의 진보가 또 얼마나 느렸을까! 선대가 알아냈던 지식 중에서 어쩌다 얻어 들을 수 있었던 몇 마디의 이야기들만 후대에 전해졌을 것이다. 비록 전해졌다고 하더라도 그 정보의 정확도는 보장할 수 없었을 것이다. 과거로부터 주어진 정보를 한때는 귀하게 여길지 모르겠으나, 같은 내용이라고 하더라도 세대를 거쳐 반복해서 구전되는 동안에 점차 변질되게 마련이고, 결국에 가서는 있으나마나 한 존재로 퇴색되거나, 아니면 우리의 기억에서 완전히 사라지고 말 것이다. 책은 시간 여행을 가능하게 해 준다. 책은 시간의 흐름을 거슬러 조상의 지혜를 오늘 우리에게 가져다준다. 이렇게 해서 도서관은 인류가 이룩한 거대한 지식 체계와 위대한 통찰의 세계를 우리와 연결시켜 주는 고리의 구실을 한다. 도서관이 전해 주는 통찰과 지식은 인류의 위대한 스승들이 자연으로부터 숱한 고생 끝에 힘들여 발굴해 낸 고귀한 보물이다. 그들은 온 인류사를 거쳐 행성 지구의 전역에서 선발된 위대한 지성들이었다. 그들은 지칠 줄 모르는 정열로 우리에게 큰 교훈과 영감을 불어넣어 주었고 하나의 종으로서의 인류가 고유의 지식 체계를 구축하는 데 결정적인 기여를 했다. 그런데 오늘날 공공 도서관의 설립과 유지는 거의 전적으로 대중의 기부에 의존하고 있다는 사실에 주목할 필요가 있다. 우리가 키워 온 문명이 앞으로 얼마나 오랫동안 건강하게 성장할 것이냐는 우리 각자가 얼마나 충실하게 공공 도서관을 지원하느냐에 좌우될 것이다. 공공 도서관이 인류 문화 창달의 버팀목 역할을 해 왔다는 사실에 대해 우리는 깊이 숙고해 봐야 한다. 지구 문명의 지속성 여부는 전적으로 공공 도서관에 제공하는 우리의 기부 규모에 달려 있는 것이다.

행성 지구가 태어날 당시와 똑같은 상태에서 똑같은 물리적 특성을 가진 또 다른 지구가 은하수 은하 어디에선가 다시 만들어진다면 거기에도 우리 인류와 흡사한 어떤 생물이 출현할 수 있을 것인가? 아무도 그럴 것이라고 믿지 않는다. 진화의 과정에서 우연이 휘두르는 폭력의 위력을 그 누구도 부인할 수 없기 때문이다. 우주선 입자가 유전자 중에서 어떤 것을 때릴지 전혀 알 수 없으며, 그 결과로 나타나는 돌연변이 역시 제각각일 것이다. 진화의 초기에는 돌연변이의 작은 차이가 크게 문제될 바 아니지만 긴 진화의 과정을 통해 돌연변이의 작은 차이들이 누적된 결과는 엄청난 규모의 변화를 가져온다. 오래전에 생긴 사건일수록 그것이 현재에 미치는 영향은 더욱 지대하기 마련이다. 역사와 마찬가지로 생물 현상에서도 우연이 결정적인 차이를 초래한다.

하나의 예로서 우리의 손을 보자. 손 하나에 모두 다섯 개의 손가락이 있다. 우리는 엄지손가락을 나머지 넷과 맞댈 수 있다. 사람은 다섯 개의 손가락으로 아무 어려움 없이 잘 살아간다. 엄지손가락을 포함하여 모두 여섯 개의 손가락이 있었다면 우리의 생활이 어떠했겠는가? 그래도 큰 문제는 없었을 것이다. 엄지손가락 두 개이고 나머지 손가락이 다섯 개였어도 사정은 마찬가지였을 것이다. 손가락 넷에 엄지손가락 하나의 조합이 근본적인 것도 필연적인 것도 아니다. 우리는 넷에 하나의 구조가 자연스러워서 이와 다른 구조를 염두에 둔 적이 없을 뿐이다. 우리 손에 모두 다섯 개의 손가락이 달려 있는 것은 인간이 데본기Devonian period[7]에 번성했던 지골指骨이 다섯 개인 어류에서 진화했기 때문이다. 지느러미에 뼈가 다섯 개 있는 어류가 우리의 조상이라는 이야기이다. 지골이 여섯 개인 어류에서 진화했다면 지금쯤 우리

손 하나에 손가락이 다섯 개가 아니라 여섯 개씩 달려 있었을 것이며, 아무도 육손인 사람을 이상하게 보지 않았을 것이다. 지골이 넷인 어류에서 진화했다면 네 개의 손가락으로 자연스럽게 살고 있을 것이다. 우리가 십진법을 쓰는 이유도 한 손에 다섯 개씩 모두 열 개의 손가락이 있기 때문이다.[8] 손가락이 열 개가 아니었다면 팔진법이라든가 십이진법도 가능했을 것이다. 예를 들어 팔진법을 쓰는 사람들에게 십진법으로 된 숫자를 주면 그들은 번거롭게도 그것을 환산을 해야 한다. 즉 십진법은 '새로운 수학'의 범주로 밀려날 것이다. 손가락뿐만 아니라 인간이라는 존재의 여러 다른 근원적 구조에 대해서도 같은 이야기를 할 수 있다고 나는 확신한다. 이를테면 유전적 재질, 신체 내부에서 일어나는 생화학적 반응, 신체의 형태, 자세, 각종 장기의 구조, 사랑과 증오의 감정, 열망과 절망의 염念, 상냥한 성격과 공격적 성향, 심지어 우리 인식의 분석 과정에까지 그대로 적용할 수 있다. 결국 이 모든 것들의 근본이, 아니 근본의 적어도 일부분이 진화의 오랜 과정에서 겪었던 겉으로는 사소한 사건들의 누적된 결과인 것이다. 그러므로 '석탄기Carboniferous period[9]에 잠자리가 늪지에 한 마리만 덜 떨어졌더라면 지구 위를 누비는 지적 생물은 깃털을 단 새로서 현재 땅까마귀들이 사

7. 데본기는 고생대의 네 번째 기紀로서 지금으로부터 약 4억 년에서 3억 5000만 년 전에 해당하는 시기이다. 이 시기에 갑주어, 패어류를 비롯한 어류가 크게 번성했다. — 옮긴이

8. 지구인의 계산법이 5 또는 10을 근거로 한다는 사실은 사람의 손가락 수가 한 손에 다섯씩 모두 열 개이기 때문에 아주 당연한 것이다. 손가락 수와 계산법의 관계를 우리는 그리스 어에서 확인할 수 있다. 그리스 인들의 "수를 센다."는 표현을 글자 그대로 옮겨 보면 "다섯으로 한다."였다.

9. 석탄기는 고생대 후기로서, 지금으로부터 약 3억 5000만 년에서 2억 7000만 년 전에 해당하는 시기다. 석탄이 주로 이 시기에 만들어졌다. — 옮긴이

는 집과 같은 곳에서 새끼를 키울 것이다.' 같은 엉뚱한 상상도 가능할 것이다. 인과율이 초래한 진화의 결과는 얽히고설켜 있다. 우리가 도저히 가늠할 수 없는 수준으로 복잡하기 때문에 인간은 자연 앞에 스스로를 낮추는 수밖에 없는 것이다.

인류의 조상은 겨우 6500만 년 전까지만 해도 결코 좋은 인상을 주지 못하는 포유동물이었다. 덩치가 오늘날의 두더지나 나무두더지만 했고 지능도 겨우 그 수준이었다. 정말로 아주 대담한 생물학자가 아니고서야 두더지와 같은 존재에서 오늘날 지구를 지배하는 높은 지능의 인간이 유래했다고, 그 누가 감히 주장할 수 있었겠는가? 6500만 년 전 지구에는 무시무시하고 기분 나쁘게 생긴 거대한 도마뱀, 즉 공룡들로 가득했다. 공룡은 당시 지구의 거의 모든 생태 공간에서 크게 번성했다. 어떤 공룡은 헤엄을 칠 수 있었고, 또 어떤 것은 날기까지 했다. 크기가 6층 건물만 한 것도 있었다. 이렇게 거대한 공룡들이 우레와 같은 소리를 지르거나 땅을 쿵쾅거리며 지구의 구석구석을 활보했을 것이다. 개중에 큰 두뇌를 갖고 거의 직립 자세로 걸으며 작은 앞다리 두 개를 손처럼 쓰는 공룡들도 있었다. 그들은 재빨리 움직이는 포유동물들을 자신의 작은 앞다리로 잽싸게 움켜잡아 간단한 점심거리로 삼을 줄도 알았다. 이렇게 먹힌 동물들 중에는 분명 우리의 먼 조상격인 포유동물들도 포함됐을 것이다. 만약에 이러한 종류의 공룡들이 살아남을 수 있었다면, 오늘날 지구에는 푸르죽죽한 피부에 날카로운 이빨을 갖고 키가 4미터에 이르는 거구의 도마뱀과 같은 족속들이 가장 발달한 지능의 소유자로서 군림하고 있을 것이다. 이러한 세상에서 현생 인간은 어떤 모습으로 묘사되었을까? 도마뱀이 주인공인 과학 공상 소설에나 창백한 표정의 환상적인 존재로 나왔을 것이다. 그러나 다행히도 공룡은 살아남을 수가 없었다. 당시 지구에 모종의 격변이 있었기 때문에 공룡과 여타 생물 대부분이 멸종했다.[10] 그러나 나무두더지의 운명은 공룡과 달랐다. 그들은 살아남았던 것이다.

공룡 멸종의 원인은 아직 알려져 있지 않지만[11] 우주적 요인의 이변을 멸종의 원인으로 꼽는 이들이 많다. 태양에 가까이 있던 어떤 별이 폭발했기 때문에 공룡이 전멸했다는 주장이다. 별의 폭발에 관한 증거를 우리는 게성운이라 불리는 초신성 폭발의 잔해에서 찾아볼 수 있다. 태양으로부터 10 내지 20광년 이내의 거리에서 지금으로부터 6500만 년 전 어느 날 갑자기 초신성이 폭발했다면 거기로부터 막대한 양의 우주선들이 사방으로 흩어져 나왔을 것이다. 그중의 일부는 지구의 대기로까지 들어오면서 당시 공기 중에 있던 질소를 산화시켰

10. 최근의 분석에 따를 것 같으면 해양 생물 종의 96퍼센트가 이 시기에 멸종했다고 한다. 그렇게 높은 비율로 생물이 멸종됐으니 현생 생물 종은 중생대 생물의 극히 일부만이 진화한 것이다. 그러므로 현생 생물 종으로부터 중생대 생물 종의 구성을 예측할 수는 없는 노릇이다.

11. 1990년대로 들어오면서 공룡의 멸종 원인을 혜성이나 소행성의 충돌에서 찾으려는 연구가 지질학자인 앨버레즈Alvarez 부자, 월터Walter와 프랭크Frank에 의해서 활발하게 개진됐다. 멕시코의 유카탄 반도 북쪽에 있는 칙술룹Chixulub이라는 마을에서 지름 180킬로미터의 거대한 충돌 구덩이가 발견됐다. 이것이 지구에서 발견된 충돌 구덩이들 중에서 가장 큰 것들 중의 하나로서, 그 형성 시기가 대략 6500만 년 전인 것으로 추정됐다. 그런데 이 구덩이의 진흙층이 이리듐의 특정 동위 원소를 비정상적으로 많이 포함하고 있었다. 지질학자와 천문학자들은 이리듐의 과다 함량에서부터 이 구덩이가 지구 바깥에서 들어온 혜성이나 소행성이 충돌하면서 생긴 것임을 확신할 수 있었다. 이렇게 큰 규모의 충돌이 있으면, 엄청나게 많은 양의 미세 고체 입자들이 비산하여 성층권으로 진입하게 마련이다. 그런데 칙술룹에서 발견된 입자와 동일한 성분의 유리질 입자가 아이티Haiti 섬에서도 발견됐다. 충돌 비산물이 수천 킬로미터나 되는 거리를 날아갔던 것이다. 그런데 미세 고체 입자들은 태양 광선을 아주 효과적으로 산란·흡수한다. 그러므로 혜성이나 소행성이 유카탄 반도에 충돌했을 때 성층권으로 진입한 미세 고체 입자들은 태양으로부터 오는 빛을 효과적으로 산란시켜 지구 밖으로 되돌려 보냄으로써, 지구의 기온을 급격하게 떨어뜨렸다. 지구의 기온 강하는 식생의 평형을 깨뜨렸고, 거구의 공룡들은 먹이의 결핍으로 결국 굶어 죽을 수밖에 없었다. 그러므로 혜성 또는 소행성과의 충돌이라는 우주적 대이변의 결과로 공룡들은 멸종될 수밖에 없었다. — 옮긴이

을 것이다. 이렇게 만들어진 산화질소가 태양의 자외선을 잘 막아 주던 지구의 오존층을 파괴함으로써 많은 양의 태양 자외선이 지표에까지 그대로 떨어지게 되었다. 그러므로 그때까지 지구에서 잘 살아오던 생물들은 급증하는 자외선 복사에 거의 전부가 타 버리거나 우주선의 피폭으로 심한 돌연변이를 겪게 됐을 것이다. 이렇게 없어진 종들 중에는 당연히 공룡의 주요 먹을거리도 있었을 것이다. 그래서 초신성 폭발 때문에 지구상 공룡들은 식량 결핍의 고통을 겪어야 했고 이것이 공룡의 멸종으로 이어졌다는 것이다.

그 천재지변의 정체가 무엇이든 간에 지구상에서 공룡이 사라짐으로 해서 그때까지 숨을 죽이며 살아야 했던 포유류들이 이제 어깨를 쫙 펴고 활보할 수 있게 됐다. 아무것이나 마구 먹어 재끼는 파충류들의 위험을 피해서 숨어서 지내던 우리의 먼 조상들도 이제는 더 이상 그럴 필요가 없게 됐고, 인간의 조상으로 이어질 수 있는 포유류들이 아주 다양한 종으로 진화하면서 크게 번성했다. 인간의 직계 조상은 2000만 년 전만 해도 나무 위에서 생활했다. 그런데 이즈음에 와서 대빙하기의 출현으로 밀림이 파괴되고 나무가 잘 자라던 지역이 점차 초원으로 변해 버렸다. 수상 생활樹上生活에 아무리 잘 적응할 수 있다고 하더라도, 올라가서 삶의 터전을 잡을 수 있는 나무 자체를 찾을 수 없다면 그 적응이 다 무슨 소용이 있겠는가? 그리하여 수상 생활을 하던 많은 영장류들이 밀림과 함께 지구에서 영원히 사라져 버렸고, 극히 선택받은 소수만이 지상 생활에 적응하여 간신히 살아남을 수 있었다. 그중 한 종이 진화하여 현생 인류가 됐다. 그렇지만 기후 변화의 주된 원인이 무엇이었는지 아직 아무도 모른다. 몇 가지 가능성만을 생각해 볼 수 있다. 태양 광도나 지구 궤도의 미소한 변화가 거대한 기후 변동을 초래할 수 있다. 대형 화산이 폭발할 때 분출된 다량의 미세 고체 입자들이 원인이었을 수도 있다. 그 입자들은 지구 대기의 성층권으로 진입한 다음 태양으로부터 오는 빛을 다시 우주 공간으로 반사시킴으로써, 지구의 기온을 급히 내려가게 한다. 대양 해류의 변동도 기후 변동의 큰 요인이다. 행성 지구를 거느린 태양이 암흑 성간운 속으로 들어가게 됐다면, 그 성간운을 구성하던 미세 고체 입자들이 태양 광선을 차단하여 지구에 도달할 수 없게 할 수도 있다. 지구가 이러한 상황에 놓이면 기온의 하강은 불을 보듯이 뻔하다. 기후 변동의 실제 요인이 무엇이었든 간에 인간 생존의 근본 문제는 천문학 내지 지질학적 우연성에 이렇게 민감하게 의존한다.

인류의 조상이 나무에서 내려온 이후 직립 보행을 하게 됐으며 그 결과로 앞발이 자유를 누릴 수 있는 손으로 변했다. 그뿐만 아니라 두 눈이 훌륭한 쌍안경의 기능을 갖게 됐다. 즉 도구 제작의 선결 과제가 모두 해결된 셈이다. 큰 두뇌와 복잡한 의사를 서로 교환할 수 있는 능력의 장점을 이제 십분 발휘하게 됐다. 다른 동물들과 여타의 조건이 동일하다면 어리석은 머리보다 명석한 두뇌를 갖는 것이 살아가는 데 월등하게 유리하다. 지능이 높은 존재들은 문제를 남보다 더 잘 해결할 줄 알고, 더 오래 살 수 있으며 새끼도 더 많이 낳는다. 핵무기의 발명이 있기까지는 지성이야말로 생존의 가장 강력한 후원자였던 것이다. 핵무기의 출현 이후 지적 능력이라는 것을 이렇게 긍정적으로만 볼 수 없게 됐지만 말이다. 하여간 인류 진화의 역사에는 온몸에 털이 난 작은 포유류의 무리가 있었다. 그들은 공룡이 무서워 숨어 살았고 처음에는 나무 위 세계를 지배하며 살다가 급히 지상으로 내려와 불을 다스리고 글쓰기를 발명했으며 천문대를 건설하고 우주선을 쏘아 우주로 보내기까지 했다. 만약 지구의 환경 조건이 조금만 달라졌다면 우리 인간이 이룩한 업적에 뒤지지 않는 문명을 꽃피우고 인간에 버금갈 지적 능력과 솜씨를 구비한 다른 형태의 생명이 태어났을 것이다. 두 발로 설 줄 알고 명석한 두뇌를 가진 공룡, 너구리, 수달, 아니면 오징어가 바로 그러한 생물이 될 수도 있었다. 인간 아닌 다른 지적 생물이 우리와 얼마나 큰 차이를 갖는지 알고 싶다. 그렇기 때문에 우리는 고래와 유인원을 연구한다. 외계에 어떤 종류의 문명권들이 존재하는지 궁금하다면 역사와 문화인류학을 연구할 필요가 있다. 그렇지만 이러한 연구를 통해서 무엇인가 알아낸다고 하더라도, 그것은 결국 우리 자신의 모습에서 크게 벗어난 것이 아니다. 고래도 우리 지구의 고래요, 유인원도 우리 지구의 유인원이며, 결국 우리 인간도 지구의 인간일 뿐이다. 우리의 연구 대상이 지구라는 이름의 단 하나의 행성에서 볼 수 있었던 진화의 계통에 묶여 있는 한, 외계 생물이 얼마나 탁월한 지적 능력의 소유자들이며 그들이 이룩한 문명 또한 얼마나 높은 수준일지 알 길이 없을 것이다.

외계 행성에 사는 지적 생물의 생김새가 지구인을 닮았을 가능성은 거의 0이라고 나는 믿는다. 지구의 경우를 보건대 유전적 다양성은 일련의 우발적 사건들에 따라서 결정된다. 그뿐만 아니라 특정 유전자들의 선택 과정도 따지고 보면 우연성을 동반하는 환경적 요인들에 따라 좌우된다. 그렇다면 외계 행성에서 일어나는 일련의 우발적 사건들과 그곳 환경을 지배하는 우연적 요인들이 어떻게 지구에서와 동일하다고 할 수 있겠는가? 이것이 바로 내가 외계인과 지구인의 외형에서 유사성을 발견할 수 없다고 주장하는 이론적 근거이다. 형태는 비록 우리와 다를지라도 지적 생명 자체는 분명 외계에 존재할 것이다. 그들의 두뇌 역시 안쪽에서 바깥쪽으로 진화했을 가능성이 높다. 그들 역시 뉴런의 역할을 하는 일종의 스위치 소자素子를 갖고 있을 것이다. 그러나 그들의 뉴런이 작동하는 원리는 우리의 뉴런과 다를 수 있다. 우리의 뉴런은 상온에서 작동하는 유기체로 돼 있지만 그들의 '뉴런'은 아주 낮은 온도에서 작동하는 초전도 소자超傳導素子일지도 모른다. 그럴 경우 그들은 우리보다 1000만 배나 더 빠른 속도로 생각을 할 수 있을 것이다. 외계인의 '뉴런'은 물리적으로 서로 붙어 있지 않을 수도 있다. 뉴런과 뉴런이 거리를 두고 떨어져 있더라도 전파 신호를 통한 상호 교신이 가능하기 때문에, 지적 개체 하나가 여러 개의 유기체에 분산돼 존재할 가능성도 배제할 수 없다.[12] 이렇게 이산離散적 존재를 가능케 하는 매체가 반드시 유기체일 필요도 없다. 심지어 행성 여러 개에 분산될 수도 있다. 이렇게 되면 총체적 지적 자아가 하나의 개체로 존재하고, 그 자아가 자기의 분신들을 사방에 흩어 놓는 방식으로 존재할 수 있다. 이때 분신 하나하나는 총체적 자아와 전파를 이용하여 정보와 생각을 교환함으로써 총체성 유지에 기여할 수 있을 것이다.

지구인과 마찬가지로 10^{14}개의 신경 연결 다발을 지닌 지적 생물이 사는 행성들이 외계에 있을 수 있다. 10의 14제곱 개가 아니라 신경 연

12. 멀리 떨어져 있는 자기 분신들이 전파 교신을 통해 서로를 연결하여 하나의 총체적 개체를 이루는 일이 어떤 의미에서는 이미 지구상에서 실현되고 있다고 할 수 있다.

결 다발의 총수가 10의 24제곱 또는 34제곱 개에 이르는 지적 생물이 사는 행성이 있다면, 그 행성의 '사람'들은 과연 무엇을 얼마나 많이 알고 있을지 무척 궁금하다. 우리는 그들과 같은 우주 안에 살고 있기 때문에 상당 부분에서 그들과 우리의 지식에는 공통성이 있을 것이다. 만약 우리가 그들과 접촉할 수만 있다면 얼마나 좋을까? 그들 머릿속에는 우리에게 매우 흥미로운 지식과 정보가 많이 들어 있을 것이다. 반대의 상황도 상상할 수 있다. 내 생각에는 외계 생물들도—비록 그들이 우리보다 훨씬 더 진화된 존재라고 하더라도—우리에게 큰 흥미를 가질 것임에 틀림이 없다. 지구인들은 무엇을 알고 있고 어떻게 생각하고 그들의 두뇌는 어떤 구조이며 진화해 온 과정과 미래는 어떤 것일까 하고 그들 자신도 우리에 대하여 많은 것을 궁금해 할 것이다.

비교적 가까운 거리에 있는 별 주위에 지적 생물이 서식하는 행성이 있다면 그들은 우리의 존재를 알기나 할까? 우리에 관해서 도대체 무엇을 알고 있을까? 외계인들은 자신의 집에 앉아서 적어도 두 가지 방법으로 우리에 관한 정보를 알아낼 수 있을 것이다. 하나는 거대한 전파 망원경을 이용하여 우리가 내는 '소리'를 열심히 엿듣는 것이다. 어쩌면 그들은 들렸다 말았다 하는 미약한 세기의 잡음 비슷한 신호를 이미 수십억 년 동안 들어 왔을지도 모른다. 이러한 잡음 신호는 천둥 번개와 지구 자기장에 잡힌 전자와 양성자 등이 내놓는 것이다. 그러다가 한 세기 전쯤부터 그들은 지구에서 들리는 잡음이 갑자기 많아지더니, 언제부턴가는 잡음이라기보다 신호에 가까운 전파로 바뀐 것을 발견하게 됐을 것이다. 지구의 거주민이 바로 이 시기에 전파 통신 기술을 터득했기 때문이다. 오늘날에는 전 세계적 규모의 라디오 · 텔레비전 방송망, 레이더 전파 교신망 등이 행성 지구를 온통 휩싸고 있다. 라디오 방송이 이용하는 특정 주파수 대역에서는 지구가 목성보다 심지어 태양보다도 더 밝고 더 강력한 신호를 내는 전파의 방출원이다. 외계의 문명권이 지구에서 방출되는 전파 신호에 꾸준히 귀를 기울여 왔다면, 최근에 와서 이 행성에서 무언가 매우 흥미로운 변화가 일어나고 있음을 쉽게 짐작할 수 있을 것이다.

지구가 하루 한 번씩 자전하므로 지상의 강력한 전파 송신기들도 자동적으로 하늘을 하루에 한 번씩 훑쓴다. 그러므로 외계 문명권의 전파천문학자들이라면 지구의 자전 주기, 즉 하루의 길이를 자신들이 수신한 전파 신호의 시간에 따른 변화에서부터 쉽게 측정할 수 있을 것이다. 지구상에서는 레이더용 송신기가 가장 강력한 전파원의 하나이다. 그중에서 어떤 것들은 지구와 가까운 행성들의 표면을 더듬는 전파 손가락으로 이용된다. 레이더 빔이 하늘에 투사됐을 때 차지하는 넓이가 행성들보다 훨씬 더 넓기 때문에, 지구에서 송출하는 레이더 전파 신호의 대부분은 바람처럼 태양계를 벗어나 별과 별 사이 공간으로 깊숙이 전파된다. 그러므로 어느 한 외계 문명권이 감도가 썩 좋은 전파 망원경을 가지고 있다면 그 망원경으로 우리의 레이더 신호를 잡아낼 수 있을 것이다. 레이더 송신은 대부분 군사용 목적으로 쓰인다. 핵탄두를 장착한 미사일의 대규모 공격이 두려워서 우리는 군사용 레이더로 전 하늘을 지속적으로 감시한다. 레이더 전파 신호의 정보량은 거의 0에 가깝다. 삐-삐-삐 하는 식의 수학적 패턴을 단순 반복하는 것이다. 인류 전체를 멸망으로 이끌지 모르는 불길한 사건의 조짐을 불과 15분 전에 알아내기 위해 우리는 이 짓을 열심히 하고 있다.

지구에서 송신되는 전파 가운데 가장 널리 퍼져 나가고 가장 쉽게 인지될 수 있는 것은 텔레비전 방송 신호이다. 지구 바깥에서 지구를 바라본다면 한 방송국이 지구의 지평선 밑으로 사라질 때 반대편 지평선에서는 또 다른 방송국이 떠오를 것이다. 지구가 자전하기 때문이다. 그러므로 외계인에게는 지구의 여러 방송국들이 송출하는 다양한 전파 신호가 한데 섞여서 처음에는 도저히 알아들을 수 없는 잡음으로 수신될 것이다. 이웃 문명권의 거주자들이 매우 현명하다면 그들은 수신된 신호를 잘 분해하고 다시 짜 맞춰서 의미 있는 정보를 캐낼 수 있을 것이다. 가장 먼저 가장 흔하게 반복되는 신호가 있음을 발견하게 될 것이다. 예를 들면 방송국이 자신을 알리는 데 쓰는 스테이션 콜 Station Call이라든가, 세제, 악취 제거용 방향제, 두통약, 자동차, 석유 제품들을 사라고 호소하는 광고같이 뻔한 것들 말이다. 그리고 가장 크게 주목을 끄는 것은 수많은 방송국들이 동시에 수많은 시간대에 걸쳐 줄기차게 방송하는 특별 뉴스일 것이다. 아메리카합중국의 대통령이나 (구)소련의 서기장 등이 국제적 위기가 있을 때마다 행하는 연설 따위가 이 부류에 속한다. 생각하면 참으로 우습기만 하다. 지구인이 우주로 내보내는 방송의 내용이란 것이 아무 생각 없는 수많은 상업 광고, 끊임없이 언급되는 국제 분쟁과 위기, 가족 구성원 간의 지지고 볶는 불화가 고작이라니, 어떻게 우습다고 하지 않을 수 있겠는가? 우리가 '선별'하여 우주로 내보내는 내용에 대하여 심각하게 반성해 볼 일이다. 외계의 문명인은 지구의 문명인을 어떻게 생각할지 한번 생각해 봐야 한다.

이미 송출된 방송이 잘못된 것이거나 우리의 치부를 드러내는 것이라고 하더라도 그것을 다시 불러들일 방법은 세상 어디에도 없다. 나중에 내보낸 방송이 먼저 나간 방송보다 빨리 전파되게 할 방법도 없고 이미 나간 방송을 중간에 가로채서 수정을 가한 다음 다시 내보내는 방법을 생각해 보지만 그것도 불가능하기는 마찬가지이다. 불가능의 근원은 광속의 유한성이다. 지구에서 텔레비전 방송이 대규모로 시작된 것은 1940년대 후반이다. 이때 처음 송출된 방송은 반지름이 빛의 속도로 커지는 구의 표면을 만들면서 우주 깊숙이 점점 더 멀리 퍼져 나가고 있다. 구의 중심에는 물론 지구가 자리한다. 그 구의 표면 최전방에는 어린이 프로그램 「하우디 두디Howdy Doody」, 당시 부통령이던 리처드 닉슨Richard Nixon이 행한 '체커스Checkers 연설'[13], 조지프 매카시Joseph McCarthy 미국 상원의원의 텔레비전 청문회 등이 있을 것이다. 방송된 지 이제 겨우 수십 년이 지났으니 팽창된 구의 표면은 지구에서 현재 수십 광년의 거리에 있을 것이다. 지구에서 가장 가까운 외계 문명권이라고 하더라도 이보다 좀 더 먼 곳에 있을 것이니, 앞으로 얼마 동안은 그래도 안도의 한숨을 쉬어도 좋을 듯싶다. 언젠가는 그들에게 도달하고 말 터이지만 말이다. 그들이 우리의 방송 내용을 영영 이해하지 못하기를 바랄 뿐, 지구 문명이 창피를 면하기 위해 이 외에 더 무슨 손을 쓸 수 있겠는가?

두 척의 보이저 탐사선이 지금도 별들을 향해 날아가고 있다. 각

13. 1952년 당시 상원의원이었던 닉슨은 1만 5000달러의 뇌물을 받았다는 스캔들에 직면했다. 그는 이에 반박 연설을 했고 자신의 재산과 지출 내역을 상세하게 설명하며 혐의를 부인했다. 하지만 단 한 가지 '뇌물' 은 인정을 했는데 그것이 바로 딸이 선물로 받은 강아지 '체커스' 였다. 이 연설로 닉슨은 혐의를 벗었지만 세이건은 이것을 닉슨의 교묘한 언변으로 치부하는 듯하다. — 옮긴이

탐사선에는 구리에 금박을 입힌 레코드판이 한 장씩 실려 있다. 레코드판뿐 아니라 레코드 바늘과 카트리지도 실려 있으며 알루미늄 겉표지에는 사용법이 적혀 있다. 혹시 성간 항해 중인 외계 문명인이 있다면 그들에게 우리의 존재를 알린다는 뜻에서 레코드판에 인간의 유전자, 사람의 두뇌, 우리의 도서관 등에 관한 정보를 약간씩 기술해 뒀다. 그렇지만 우리의 과학에 대한 정보는 전혀 싣지 않았다. 보이저 탐사선과 외계 문명인이 만날 때쯤이면 보이저 탐사선이 지구로부터 마지막 지시를 받은 지 꽤 오래된 후일 것이다. 그런 보이저 탐사선을 광막한 성간에서 가로챌 수 있는 수준의 문명권이라면, 그들의 과학은 우리보다 훨씬 앞서 있을 것이 너무나 뻔하기 때문이다. 과학적 발견 대신에 우리 자신의 고유한 특성이라고 생각되는 사실만을 그들에게 알리고자 했다. 그래서 R-영역이 아니라 대뇌 피질과 변연계가 더 큰 관심을 가질 만한 사실을 집중적으로 기술했다. 보이저를 만나게 될 외계인들이 지구인의 언어는 모르겠지만, 이 레코드판에 예순 종류의 언어로 된 사람의 인사말을 수록하고 혹등고래들이 주고받는 인사말 노래도 채록하여 수록했다. 세계 각지에 사람들이 서로 보살피고 배우며 도구와 예술품을 만들고 각종 도전에 응하는 모습이 담긴 사진을 이 레코드판에 수록했다. 지구상 여러 문화권에서 즐기는 음악을 1시간 30분 분량으로 편집하여 레코드판에 수록했다. 여기에 실린 음악은 지구인이 느끼는 우주적 고독감, 이 고독에서 벗어나고 싶은 심경, 외계 문명과 접촉하고 싶은 우리의 갈망 등을 표현하고 있다. 생명 출현 이전부터 인류 탄생이 있기까지 지구에서 들을 수 있었지 싶은 자연의 소리와 함께 이제 싹트기 시작한 기술 문명이 내놓는 각종 소리도 수록했다.

흰긴수염고래가 바다 속 깊은 곳으로 사랑의 노래를 보내듯이, 이 레코드에 우리의 우주적 이웃에 대한 인류의 사랑을 실어 우주 저편 먼 곳으로 보내는 셈이다. 레코드에 실은 우리 메시지의 대부분, 아니 그 전부를 그들은 필경 해독할 수 없을 것이다. 그럼에도 불구하고 그들에게 사랑의 노래를 띄우는 것은 우리의 이러한 시도 자체가 중요한 의미를 갖기 때문이다.

이러한 사고의 맥락에서 한 여인의 생생한 느낌과 생각도 아래와 같은 방식으로 기술하여 보이저에 실어 보냈다. 그녀의 뇌와 심장의 박동, 안구 및 근육 활동이 내놓는 전기적 반응을 1시간 동안 계속해서 채록하여 이것을 소리 신호로 바꾼 다음, 실시간으로 압축해서 시계열 신호로 만들어 레코드판에 수록하였다. 그 여인의 전기 신호가 채록된 때가 1977년 6월이었다. 한 명의 구체적 인물이 바로 그 시간에 보인 느낌과 생각을 물리적 신호의 형태로 그대로 기술하여 먼 우주로 내보낸 것이다. 어떤 외계 문명이 이 레코드판을 손에 쥔다고 하더라도 거기서 어떤 의미를 해독해 낼 수 있을까 지극히 의심스럽다. 언뜻 보기에 이 시계열 신호가 시간에 따라 전파 세기가 변하는 펄스와 비슷하기 때문에 그들은 이것을 어떤 펄서가 방출하는 신호로 간주할지도 모른다. 어떤 의미에서는 인간도 '펄서' 라고 볼 수 있으니 그들이 그렇게 간주해도 그들을 탓할 수는 없다. 우리보다 우리의 상상을 초월할 정도의 높은 수준의 문명권이 있을지도 모르기 때문에 우리가 보낸 레코드에 기록된 생각과 느낌이 누군가에 의해 해독될 가능성을 배제해서는 안 될 것이다. 조금이라도 이해한다면 그들은 자신의 정체를 알리려는 우리의 노력을 정녕 높이 평가하고 고마워 할 것이기 때문이다.

우리 유전자에 담긴 정보는 아주 오래된 것이다. 그 대부분이 수백만 년 이상 오래된 것이며 어떤 정보는 수십억 년 전으로까지 멀리 거슬러 올라간다. 이와 대조적으로 우리의 책에 실린 정보는 수천 년의 세월을 견뎌 낸 것들이다. 그렇지만 뇌에 실린 정보는 겨우 수십 년밖에 안 된 극히 최근의 정보이다. 긴 세월을 걸쳐 내려온 정보를 인간 특유의 것이라고 부를 수 없다. 풍화 작용 때문에 사람이 만든 각종 기념비나 인공물은 특별한 수단을 써서 철저하게 관리하지 않는 한 먼 미래까지 전해질 수 없다. 그렇지만 보이저에 실려서 태양계 밖으로 나간 정보는 풍화 작용에 따른 침식의 피해를 거의 받지 않는다. 별들 사이 공간에서도 침식 작용이 있기는 하다. 높은 에너지의 우주선 입자나 성간 티끌[14]이 레코드판과 충돌하여 구리에 새긴 홈을 침식할 수 있기 때문이다. 그러나 우주선과 티끌로 인한 침식 작용은 그것들의 밀도가 워낙 희박하기 때문에 매우 느리게 진행될 것이다. 그러므로 보이저 레코드판에 실린 정보의 수명은 족히 10억 년은 되리라 믿는다. 정보가 유전자, 뇌, 책에 서로 다른 방식으로 기록되기 때문에 기록된 정보가 보존될 수 있는 수명 또한 기록 매체에 따라 크게 다르다. 그렇지만 보이저 레코드판의 수명은 이것들과 비교될 수 없을 정도로 길다. 성간 탐사선 보이저의 금속 레코드판에 새겨진 인류라는 종에 관한 정보는 영겁의 세월 동안 길이길이 기억될 것이다.

보이저 우주선은 우주 공간을 참기 어려울 정도로 느리게 이동한다.

14. 별과 별 사이의 공간은 완벽한 의미의 진공이 아니다. 주로 수소 기체와 미세 고체 입자들이 희박하게 분포한다. 수소 원자가 평균 1제곱센티미터에 하나 정도 들어 있다. 고체 입자는 크기가 약 0.1마이크로미터이고 성분은 주로 규산염과 탄소 알갱이로 되어 있다. 이러한 성간 티끌의 밀도는 한 변이 100미터인 정육면체 공간에 겨우 하나가 들어 있을 정도로 지극히 희박하다. — 옮긴이

태양에 가장 가까운 별까지 가는 데에도 수만 년이 걸릴 것이다. 그래도 여태껏 인류가 우주에 진수시킨 물체들 중에서 보이저가 가장 빠른 속도로 움직인다. 보이저가 수년 걸려 움직인 거리를 텔레비전 방송 신호는 수 시간에 주파한다. 방금 종영된 텔레비전 프로그램이 토성 근처에 있는 보이저까지 달려가는 데 수시간이면 충분하다. 그 후에는 물론 보이저를 앞질러 먼 별들로 향하여 더 빨리 달려간다. 그리고 4년이 채 못 되는 짧은 기간 안에 태양에서 가장 가까이 있다는 켄타우르스자리 알파별에 도달할 것이다. 그러므로 지금으로부터 수십 년이나 수백 년 후면 우주 먼 곳에 있는 문명권에서도 우리의 텔레비전 방송을 시청하게 될 것이다. 나는 그들이 우리 방송을 보고 우리를 좋게 평해 주기 바란다. 결국 우리는 지구라는 특정 지역에서 일어난 물질 진화의 산물이다. 150억 년의 긴 세월을 거쳐 결국 물질은 의식을 갖추게 됐다. 그러나 의식의 산물인 지능은 인간에게 무서운 능력을 부여했다. 인간이 자기 파멸의 위험에서 벗어날 수 있는 지혜를 갖춘 현명한 존재라고 아직은 확신할 수 없지만 많은 이들이 이러한 파국을 피하려고 열심히 노력하는 중이다. 우주적 시간 척도에서 볼 때 지극히 짧은 시간이겠지만 우리는 어서 지구를 모든 생명을 존중할 줄 아는 하나의 공동체로 바꿔야 한다. 그리하여 지구상에서 평화를 유지하는 한편, 외계 문명과의 교신을 이룩함으로써 지구 문명도 은하 문명권의 어엿한 구성원이 돼야 할 것이다.

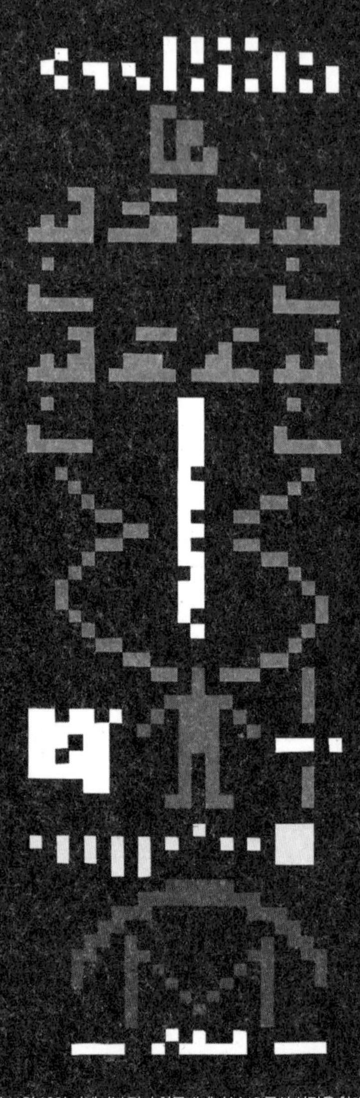

아레시보 성간 메시지. 1974년 11월 16일 아레시보 전파 천문대에서 M 13 구상 성단을 향해 인류의 중요한 전파 메시지가 발송됐다. M 13은 태양계에서 2만 5000광년 떨어져 있는 구상 성단으로서 은하수 은하의 원반에서 위로 높이 떨어져 있기 때문에 성간 소광의 영향을 적게 받는다. 아레시보 성간 메시지는 총 1,679비트로 구성돼 있다. 그런데 1,679는 소수 73과 23의 곱으로 주어지는 특별한 숫자이다. 신호를 수신한 측에서 1,679이 갖고 있는 이러한 특성에 착안한다면, 그들은 강약의 1,679비트 시계열 정보를 23칸, 73줄로 나열하여 옆에 실린 사진과 같은 그림을 만들어 볼 줄 알 것이다. 맨 윗줄에 0에서 9까지의 수를 이진법으로 표시했다. 둘째 줄은 인체를 구성하는 주요 원소인 수소, 탄소, 질소, 산소, 인의 원자 번호이다.(9장 참조) 초록색과 파란색 블록들은 같은 방식으로 DNA의 핵산과 인산-당의 분자 구조를 각각 나타낸 것이다.(2장 참조) 이 사진에 빨간색으로 표현된 부분이 사람의 모습이다. 그 위 가운데에 있는 흰색 그림은 사람의 유전자를 구성하는 핵산의 수를 표시한 것이다. 사람의 오른쪽에 지구 인구를 나타냈다. 그 왼쪽에 있는 흰색 블록은, 이 메시지를 실어 보내는 데 쓰인 전파의 파장인 12.6센티미터를 단위로 하여 표시한 사람의 키이다. 노란색 그림은 빨간색의 생물이 살고 있는 행성계를 뜻하는데, 그중 세 번째 노란색 점을 특별하게 표시하여 세 번째 행성, 즉 지구의 특수성을 보여 주었다. 보라색 그림이 성간 메시지를 쏘아 보낸 아레시보 전파 망원경의 모양이다. 이 망원경의 구경이 두 개의 흰색 평행선 사이에 적혀 있다. 단위는 역시 앞에서 이야기한 파장이다.

12 은하 대백과사전

"도대체 너는 누구냐? 어디로부터 온 존재란 말이냐? 내 일찍이 너와 같은 녀석은 본 적이 없다." 창조주인 갈가마귀가 사람을 자세히 들여다보고서 이렇게 물었다. 그리고는 깜짝 놀랐다. 새로 태어난 이 요상한 녀석이 자기를 꼭 빼어 닮았기 때문이었다. — 에스키모의 창조 신화

천국이 마련되고, 땅이 마련되어 있지만, 그런데 이곳에서 살아갈 자는 누구란 말입니까?
오, 신들이시여. — 아스텍 연대기, 『왕국들의 역사』

우리가 행성들에 관하여 지나치게 무모한 주장을 하고 있다고 불평할 사람이 있을 것이다. 여기까지 이르는 과정에서 확률에 근거한 논지를 여러 가지 사용해야 했다. 그중 어떤 논지는 우리가 상정한 상황에 위배될 수 있는 성격의 것이기도 했다. 건축에 비유한다면, 그런 것들은 건물의 기초를 부

실하게 하여 결국 건물 자체를 무너뜨리는 원인이 될 수 있다. 그렇지만 한번 생각해 보라. 다른 행성들에도 지구와 같이 어엿한 수준의 문명이 있어서 지구와 똑같이 존중돼야 할 자격을 갖췄다면, 대자연이 연주하는 오페라를 그들이라고 해서 즐기지 말라는 법은 없지 않겠는가? 우리와 같은 관람자들이 우리 옆에 있다면, 우리만 자연의 깊은 비밀을 알고 있다고 어떻게 큰소리칠 수 있겠는가?

— 크리스티안 하위헌스, 『천상계의 발견』, 1690년경

대자연의 창조주께서는 현재 수준에서 지구인들이 우주의 다른 그 어떤 거대 천체들과도 교신할 수 없도록 해 놓으셨습니다. 지구뿐만 아니라, 지구 이외의 행성들이 다른 행성들과, 또는 하나의 행성계가 다른 행성계들과도 정보를 교환할 수 없도록 창조주께서는 자연에 특별히 손을 써 두셨습니다. 그러니까 자연은 우리에게 호기심만 일게 할 뿐, 이미 발동된 호기심의 갈증은 식혀 주지 않습니다. 인간은 자연을 훤히 꿰뚫어볼 만한 큰 지혜의 소유자가 아닙니다. 겨우 여기까지만 볼 수 있는 존재인 것입니다. 호기심만 잔뜩 키웠다가 결국 실망할 뿐입니다. 그러므로 저는 현 시점은 인류에게 있어 존재의 여명기이거나, 그도 아니면 존재의 겨우 단초에 불과하다고 믿습니다. 현 시점은 더 먼 미래를 향한 준비 단계와 수습의 기간일 뿐이라는 말씀입니다.

— 콜린 맥클로린, 1748년

자연에서 볼 수 있는 모든 것들 사이에 성립하는 불변의 관계들을 표현하는 데 있어서, 수학보다 더 소중하며, 수학보다 더 쉽게 과오나 오류에서 해방될 수 있고, 수학보다 더 간단히 기술할 수 있으며, 수학보다 그 통용 범위가 더 넓은 언어는 결코 발견될 수 없을 것이다. 수학이야말로 우주의 모든 현상을 기술할 수 있는 유일한 언어이다. 그렇기 때문에 우주가 단 하나의 설계도를 통해서 가장 단순하게 만들어졌다는

확실한 증언을 우리는 수학에서 들을 수 있는 것이다. 그뿐만이 아니라 수학을 통하여 불변의 질서가 자연의 모든 것을 지배한다고 믿을 수 있다.

— 조제프 푸리에, 『열의 해석적 이론』, 1882년

인류는 이미 모두 네 척의 탐사선을 우주라는 큰 바다에 진수시켰다. 파이오니어 1, 2호와 보이저 1, 2호가 바로 그 네 척의 우주 탐사선인데 이들은 아직 원시적 수준의 초기 작품에 불과하다. 별과 별 사이의 공간이 광막하다는 사실을 고려한다면, 현재 이들의 항해 속도는 꿈 속의 달리기와 같이 한량없이 느린 편일 것이다. 하지만 우리는 앞으로 더 잘 만들 수 있다. 미래의 우주선들은 별들 사이의 광막한 공간을 현재 우주선들보다 훨씬 더 빠르게 항해할 것이다. 아직까지는 그냥 정처 없이 태양계 밖으로 떠나 보냈지만, 앞으로는 탐색할 대상 천체를 구체적으로 정해서 띄워 보낼 것이다. 머지않아 사람을 태워 보낼 날도 오고야 말리라. 은하수 은하에는 지구보다 나이가 수백만 년 더 된 행성들이 틀림없이 많이 있을 것이다. 지구보다 심지어 수십억 년 이상 나이를 먹은 행성들도 상당수에 이를 것이다. 그렇다면 우리 지구가 이 행성들에서 온 여행객의 방문을 받은 적이 전혀 없다고 어떻게 단언할 수 있겠는가? 지구가 태어난 지 벌써 수십억 년이 지났다. 그동안 외계 문명권으로부터의 지구 방문이 단 한 건도 없었다고 믿기에는 지구의 나이 45억 년은 너무 길다. 과거 어느 때엔가 먼 외계의 문명권의 이상하게 생긴 비행체가 태양계로 와서 지구의 상공에 높이 떠 정찰하다가 지상으로 천천히 내려앉는 모습을 머릿속에 그리다 보면, 문득 당시 지구에 누가 살고 있었을까 궁금해진다. 무지갯빛 날개를 파닥이던 잠자리, 우주인이 내려오든 말든 무덤덤하게 물과 뭍을 오가던 파충류, 캭 퀙 끽 날카롭게 소리 지르며 호들갑을 떨던 영장류, 아니면 여기저기를 배회하던 우리의 조상이 당시 지구의 거주민이었을까? 이런 상상을 하는 것은 아주 자연스러운 일이다. 지능을 갖춘 외계 생물에 관해 단 한 번이라도 생각해 본 적이 있는 사람이라면 누구나 이런 상상을 하게 마련이다. 그런데 정말 우주인의 방문이란 있었던 일인가? 우주인에 관한 정보의 질이 문제이다. 그 증거라는 것들이 회의의 눈초리를 갖고 철저하고 정밀하게 조사되었는가가 문제란 말이다. 그럴듯하게 들리는 증언이나 자칭 목격자 한두 명만의 이야기로는 증거가 될 수 없다. 미확인 비행 물체UFO, Unidentified Flying Object나 고대에 우주 비행사가 지구에 와서 남겼다는 흔적에 관한 목격담이나 증언이 수없이 많지만 그 어느 것도 우리에게 확신을 주지 못한다. 이러한 목격담이나 보고를 그냥 받아들인다면 지구가 한때 불청객의 방문으로 넘쳐났을 것이다. 그러나 사실 나는 그러했기를 바란다. 외계인과 외계 문명을 이해할 수 있는 단서를 발견할 수 있다면 얼마나 좋을까! 그것이 아무리 복잡한 문양이나 보잘것없는 징조일지라도 그들이 남겼다는 것이 확실하기만 하면 된다. 나는 이 바람을 주체하기 힘들다. 이 바람 안에는 인간이 과거부터 품어 왔던 소박한 소망이 깃들어 있다.

1801년 물리학자 조제프 푸리에Joseph Fourier[1]는 프랑스 이제르Isére 주의 지사로 근무하고 있었다. 푸리에는 이제르 주에 있는 학교들을 시찰하던 중 열한 살의 소년 하나를 만나게 된다. 출중한 지능과 동양 언어들에 대한 예리한 직관력 때문에 그 소년은 이미 많은 학자들로부터 큰 격찬을 받고 있었다. 푸리에는 소년을 자기 집으로 초대하여 대화를 나눌 수 있는 기회를 마련했다. 푸리에의 집에 온 소년은 수많은 이집트 공예품을 보고 큰 관심을 갖기 시작했다. 푸리에는 나폴레옹의 이집트 원정대에 참여하여 고대 이집트 문명의 천문학 관련 기념비와 유물을 조사하여 도록을 만드는 일을 담당했다. 이때 수집해 온 이집트의 문화 유물이 푸리에의 집에 많이 있었다. 그 수집품에 새겨진 상형 문자가 소년의 호기심을 크게 자극했던 것이다. 소년은 "저 글자들이 무슨 내용을 담고 있습니까?"라고 물었다. 푸리에는 뻔한 답을 했다. "아는 사람이 아무도 없단다." 이 소년이 장 프랑수아 샹폴리옹Jean François Champollion이었다. 아무도 읽을 수 없는 언어에 매혹된 이 소년은 나중에 뛰어난 언어학자로 성장했다. 그는 자신의 정열을 고대 이집트 문자 연구에 온통 쏟아 부었다. 당시 프랑스에는 이집트의 문화 유물이 넘쳐흘렀다. 그 대부분은 나폴레옹이 이집트에서 약탈해 온 것이었지만, 나중에 유럽 학자들의 손에 들어간 물건들이었다. 나폴레옹의 원정 결과를 자세히 기술한 원정기가 출판되자 젊은 샹폴리옹은 그 책에 폭 파묻혀서 살았다. 어른이 돼서야 그는 고대 이집트의 상형 문자를 해독할 수 있는 천재적 방법을 발견했다. 그렇지만 그가 꿈에 그리던 이집트 땅에 처음 발을 디디게 된 것은 1828년이었다. 어린 시절의

1. 조제프 푸리에는 고체의 열전도에 관한 연구로 유명하다. 오늘날 그 결과가 행성들의 표면 성질을 알아내는 데 유용하게 쓰인다. 그는 또한 파동과 주기 운동에 관한 연구로도 유명한데, 이 연구의 결과가 푸리에 분석이라고 불리는 수학의 한 분야를 열었다.

꿈이 푸리에와 만난 지 27년 만에 실현된 것이다. 그는 자신이 이해하고자 그렇게 열심히 노력했던 이집트 문화에 깊은 경의를 표하면서 카이로에서 나일 강을 거슬러 상류로 상류로 올라갔다. 그것은 과거에 있었던 한 이질적 문명권을 방문하는 여행이었으며 세월의 흐름을 거꾸로 거슬러 올라가는 시간축상의 원정이기도 했다.

> 열엿새 날 저녁 우리는 드디어 덴데라Dendera에 당도했다. 하늘에는 달빛이 가득했고 신전들은 우리와 불과 1시간 거리에 떨어져 있었다. 내가 어찌 그 유혹을 뿌리칠 수 있었겠는가? 아무리 냉철한 마음의 소유자라도 그 유혹에서 벗어날 수는 없었을 것이다! "빨리 식사를 마치고 부지런히 떠나라." 바로 그 순간 우리 머릿속을 채운 명령은 이것이었다. 안내자 없이 우리끼리만 가기로 했다. 우리는 단단히 무장하고 들판을 가로질렀다. 이윽고 거대한 신전이 우리 앞으로 다가왔다. 신전의 크기는 물론 잴 수 있겠지만 그 신전이 우리에게 준 감흥은 도저히 말로 표현할 수 없을 것이다. 최상의 우아함과 장대한 위용의 완벽한 결합이었다고나 할까. 우리는 거의 두 시간 동안이나 거기에 머물면서 환상적 기쁨에 사로잡혀 이 방에서 저 방으로 뛰어 다니며 건물 벽에 새겨진 글들을 달빛의 도움으로 읽어 내려고 애썼다. 새벽 3시가 돼서야 보트로 돌아왔지만 아침 7시에는 다시 그 신전 앞에 서 있는 우리 자신들을 발견해야만 했다. 어젯밤 달빛에 드러났던 위용은 태양 아래에서도 변함없이 장대했다. 위용의 세세한 모습이 아침 햇살을 받으며 더욱 뽐내고 있었다. 그 앞에서 우리 유럽 인들은 난쟁이로 위축돼 버렸다. 현대이건 고대이건 유럽의 그 어떤 국가도 숭고하고 거대하고 당당한 위용을 자랑하는 고

장 프랑시스 샹폴리옹(1790~1832년)의 초상화. 리옹 코니에Leon Cognier의 1831년 작품이다. 샹폴리옹은 이집트의 상형 문자의 첫 번째 해독자이다.

대 이집트의 건축 예술을 생각해 보거나 가져 본 적이 없다. 이집트 인들은 모든 축조물을 100척 거인들에게 편리하게 만들라는 명령을 받았었던 것 같다.

덴데라의 카르나크Karnak 마을이나 이집트 그 어디에서든 죽 늘어선 기둥과 건물의 벽에는 이상한 문자가 가득히 새겨져 있었다. 샹폴리옹은 그것들을 큰 어려움 없이 모두 읽어 낼 수 있어서 매우 기뻤다. 샹폴리옹 이전에도 많은 학자들이 상형 문자로 적힌 것을 읽으려 무진 노력을 했다. 그러나 모두 무위로 끝났다. 우리가 그냥 상형 문자라고 번역하는 'hieroglyphics'는 원래 '신성한 인각문印刻文'이라는 뜻이다. 어떤 학자들은 그것이 그림 문자의 일종이라고 믿었다. 눈이나 파도같이 보이는 선, 딱정벌레, 뒤영벌 그리고 새가 주로 그려져 있었다. 그중에서도 특히 새가 많이 보였다. 그렇지만 그것이 무엇을 나타내는지 애매하여 그저 비밀스럽기만 했다. 기존의 해독법은 온통 모순투성이었다. 그 상형 문자를 보고 고대 이집트 인들이 고대 중국에서 온 이주민이라고 추정하는 학자들이 있었는가 하면, 또 어떤 학자들은 이집트 인들이 중국으로 이주해 갔다는 결론을 내리기도 했다. 믿을 수 없는 번역이 수없이 쏟아져 나왔다. 상형 문자의 해독이 아직 이루어지지 않았던 당시에 로제타석Rosetta stone 앞에 서자마자 단숨에 거기에 새겨진 내용이 무엇이라고 발표하는 순발력을 보이는 사람들도 있었다. 그들은 장고를 거듭하는 과정에서 범하게 되는 오류를 오히려 급히 해독함으로써 쉽게 피할 수 있다고 주장하기도 했다. 좋은 결과를 얻으려면 너무 오래 뜸을 들이지 말아야 한다는 것이었다. 오늘날 우리도 외계 생명의 탐색에서 이와 비슷한 주장을 자주 만나게 된다. 고삐 풀린 망아지처럼 마구 내뱉어지는 비전문가들의 억측이 이 분야의 많은 전문가들을 겁에 질리게 함으로써 오히려 전문가들로 하여금 외계 생명 연구 분야에서 떠나도록 만들고 있다. 안타까운 현실이다.

샹폴리옹은 상형 문자, 아니 신성한 인각문이 실제 사물을 그림으로 나타낸 것이라는 학설에 대해 부정적인 견해를 갖고 있었다. 로제타석을 근거로 그는 상형 문자의 해독법을 터득해 냈다. 로제타석을 해석하는 과정에서 그는 영국의 물리학자 토머스 영Thomas Young의 도움을 받았다고 한다. 영은 번뜩이는 직관력의 소유자였다. 로제타석이라는 이름이 붙은 이 석판은 로제타가 아니라 '라시드Rashid의 돌'이라고 해야 마땅하다. 이 석판이 발견된 곳이 나일 삼각주에 위치한 라시드라는 마을이고 '로제타'는 아랍 어에 무지했던 유럽 인들이 라시드를 잘못 부른 이름이기 때문이다. 이 석판은 1799년에 라시드에서 군사 요새를 구축하던 한 프랑스 병사가 처음 발견했다. 고대 신전에 있었던 이 석판에는 같은 내용으로 보이는 글이 세 가지 다른 종류의 문자로 적혀 있었다. 맨 위에는 보통 신성 문자라고도 불리는 상형 문자가, 가운데에는 평민 문자라고 불리는 흘림체 상형 문자가, 그리고 맨 아래 부분에는 그리스 문자가 적혀 있었다. 그리스 문자가 해독의 결정적 열쇠였다. 고대 그리스 어에 능통했던 샹폴리옹은 맨 아래 부분을 거침없이 읽어 내려갈 수 있었다. 내용은 기원전 196년 봄에 있었던 국왕 프톨레마이오스 5세 에피파네스Ptolemaeos V Epiphanes의 즉위를 기념하기 위해서 석판에 글을 새겼다는 것이었다. 그는 자신의 즉위식에 즈음하여 정치범들을 석방했고, 각종 세금을 탕감해 줬고 신전들에 재물을 하사했으며 반란군들을 용서해 주었으며 군비의 증강을 꾀했다. 현대 통치자들이 권좌를 지키기 위해 베푸는 관용을 고대 이집트의 파라오도 똑같이 베풀어야 했던 모양이다.

당연히 프톨레마이오스의 이름이 그리스 어 텍스트에 여러 차례 나온다. 그때마다 상형 문자 텍스트에는 긴 타원으로 둘러싸여진 일련의 기호들이 나타났다. 샹폴리옹은 타원에 싸인 이 기호들 역시 프톨레마이오스를 뜻한다고 추론했다. 그렇다면 상형 문자가 전적으로 그림 문자이거나 전적으로 비유 문자라기보다 오히려 대부분의 기호들이 단음을 나타내는 개개의 글자이거나 아니면 음절을 표현하고 있을 것이라는 추론이 가능했다. 샹폴리옹은 그리스 어 텍스트에 나타나는 단어의 총수를 헤아렸고, 대응하는 상형 문자 텍스트의 기호들을 모두 세어 보았다. 그리스 어의 단어가 이집트 상형 문자의 기호들보다 그 수효가 월등히 적었으므로 그는 상형 문자 텍스트에 있는 기호들 하나하나는 단음이나 음절을 표현한다고 추측했다. 그렇다면 상형 문자의 어느 기호가 무슨 소리를 나타내는 글자에 대응한단 말인가? 다행스럽게도 샹폴리옹은 필레Philae에서 발굴된 오벨리스크 하나를 참조할 수 있었다. 이것에 그리스 어의 클레오파트라Cleopartra에 해당하는 상형 문자가 적혀 있었던 것이다. 프톨레마이오스와 클레오파트라에 해당하는 기호들의 묶음 두 가지를 각각 왼쪽에서 오른쪽으로 읽어 갈 수 있도록 재배열하면 다음 그림과 같이 된다. 프톨레마이오스는 P로 시작하는데 프

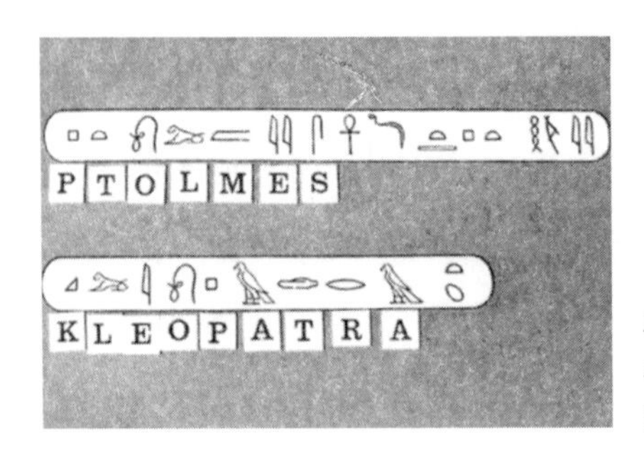

로제타석에 새겨져 있던 '프톨레마이오스'와 오벨리스크에 쓰인 '클레오파트라'를 로마자로 써서 비교한 것이다.

톨레마이오스에 대응하는 상형 문자 기호 묶음의 첫 자리에는 정사각형 기호가 있다. 클레오파트라의 다섯 번째 글자도 P이다. 클레오파트라에 대응하는 상형 문자 기호 묶음의 다섯 번째 자리에 다시 정사각형의 기호가 나타난다. 바로 이 정사각형이 P에 대응하는 기호인 것이다! 프톨레마이오스의 네 번째 글자는 L이다. 그렇다면 사자 기호가 L에 대응한단 말인가? 클레오파트라의 두 번째 글자 역시 L인데 상형 문자에서도 바로 그 자리에 사자 기호가 있다. 독수리 기호는 A이다. 클레오파트라에 독수리가 두 번 나타난다. 마땅히 그래야 한다. 서서히 하나의 규칙성이 뚜렷하게 드러나기 시작했다. 이집트 상형 문자들의 상당 부분이 단음을 나타내는 글자에 바로 대응될 수 있는 것이었다. 그렇다고 해서 모두가 그런 것 같지는 않았다. 상형 문자에 나타나는 기호들 중 일부는 형상을 통해 대상을 지칭하는 그림이었다. 프톨레마이오스를 나타내는 기호군의 끄트머리는 "프타Ptah 신의 가호로 영생을 누리리라."라는 의미를 갖고 있었다. 클레오파트라의 기호군 끝에 보이는 알 모양과 반원으로 된 기호는 널리 쓰이는 표의 문자表意文字로서 '이시스Isis 신의 딸'이라는 뜻이다. 샹폴리옹 이전의 번역자들이 실패의 쓴맛을 톡톡히 봐야 했던 이유는 소리를 나타내는 표음 문자表音文字와 기호에 뜻을 담아내는 표의 문자가 이처럼 섞여 쓰였기 때문이다.

돌이켜 생각하면 모든 것이 무척 쉬워 보이지만 실은 이 해독법을 터득하기 위해서 수세기에 이르는 세월이 필요했다. 특히 고대의 기록일수록 해독하기가 더 어려웠다. 단서 중의 단서가 바로 왕의 이름을 둘러싼 긴 타원형의 표시였다. 이집트의 파라오들은 2,000년 후에나 태어날 먼 미래의 이집트학 학자들에게 결정적인 도움이라도 주려는듯이 자기네 이름에 뚜렷한 표지를 남겼던 것이다. 샹폴리옹은 카르나크에 있는 열주列柱식 신전 여기저기를 거닐면서, 사방 벽에 새겨진 글들을 힘 하나 들이지 않고 척척 읽어 내려갔다. 자신이 어렸을 적 푸리에에게 던졌던 질문들에 스스로 답을 하고 있었다. 한편, 샹폴리옹이 이렇게 쉽게 해독하는 것을 옆에서 보던 사람들은 깊은 신비감에 사로잡혀 그저 어리둥절해 할 뿐이었다. 일방통행식 대화의 문을 열어서 수천 년 동안 벙어리로 남아 있던 한 문명권으로 하여금 비로소 자신의 역사, 마술, 의술, 종교, 정치, 철학 전반에 대하여 말하게 했으니, 이때 샹폴리옹의 기쁨을 말로 표현할 수는 없을 것이다.

오늘도 우리는 고대 문명으로부터의 메시지를 찾고 있다. 이것 역시 고대 이집트 문명만큼이나 진귀하고 이국적인 문명일 것이다. 그러나 이 문명은 시간뿐 아니라 공간적으로도 깊숙이 감춰져 있다. 외계 문명으로부터 온 전파 신호는 도대체 해독될 수 있는 성질의 것일까? 외계의 지적 생물은 그 나름의 미적 기준, 복잡성, 논리성을 두루 갖추고 있겠지만, 우리에게는 전적으로 이질적이지 않겠는가? 물론 외계인들도 우리에게 메시지를 보낼 때에는 되도록이면 알아듣기 쉽게 만들어 보냈겠지만 말이다. 하지만 그들이라고 해서 쉽게 신호화할 수 있을까? 과연 성간 공간에도 '로제타석'이 있을까? 우리는 성간 로제타석이 있다고 믿는다. 아무리 다른 문명권들이라고 해도 그들과 우리 사이에는 공통의 언어가 반드시 있을 것이다. 그 공통의 언어는 바로 과학과 수학이다. 자연의 법칙은 우주 어디를 가든 동일하다. 멀리 있는 별이나 은하의 스펙트럼을 찍어 보면 태양의 스펙트럼과 비슷할 뿐 아니라 지구에서 적절히 설계한 실험 상황에서 만들어 낸 스펙트럼과도 일치한다. 우주 어디의 물질이든 같은 종류의 원소들로 구성되어 있으며, 원자의 빛 흡수·방출 과정은 우주 어디를 가든 우리가 알고 있는 양자역학의 기본 원리로 모두 설명할 수 있다. 멀리 있는 은하들도 적정 궤도를 따라 상대방 주위를 서로 맴돌고 있다. 멀리 있는 수많은 은하들도 사과를 땅에 떨어뜨리고 보이저 우주선의 궤도를 계산할 수 있게 해 주는, 바로 그 중력의 법칙을 충실하게 따르는 것이다. 이와 같이 지구에서 발견된 자연의 모든 법칙이 우주 어디에서나 성립하므로, 별들 사이를 가로질러 우리에게 온 메시지도 반드시 해독할 수 있을 것이다. 그들이 우리에게 메시지를 보내는 목적이 지구 문명에게 무언가 그들의 이야기를 알리기 위한 것이라면 그 메시지는 반드시 쉽게 해독될 수 있는 내용일 것이다.

태양계에서는 지구 외의 고도 기술 문명을 기대할 수 없다. 그들의 기술이 우리보다 약간만, 예를 들어 1만 년 정도만 뒤져 있다면 그들은 결코 고도의 기술 문명 사회가 아닐 것이다. 반대로 우리보다 약간 앞선 문명이라면 그들은 벌써 태양계 곳곳을 탐색하고 있어야 한다. 벌써 그들의 대표단이 여기 지구에 와 있어야 마땅하다. 그러므로 외계 문명과의 통신 방법은 행성들 사이가 아니라 별들 사이의 공간을 뛰어넘는 것이어야 한다. 이상적으로 그 방법은 싸고 빠르고 단순명쾌해야 한다. 우선 대량의 정보를 송수신하는 데 드는 비용이 저렴해야 한다는 것은 두말할 나위도 없다. 그리고 별과 별 사이의 거리를 생각할 때 그 방법은 매우 신속한 통화를 보장할 수 있어야 한다. 또 메시지를 확실하게 전할 수 있도록 극히 간단한 방법이어야 한다. 문명의 진화 단계에 따라 수신 기술의 수준이 각기 다를 것이므로, 초보 단계의 문명도 쉽게 수신할 수 있도록 하려면 아주 간단한 방법을 써야 할 것이다.

놀랍게도 이 모든 조건을 충족시켜 주는 방법이 있다. 바로 전파천문학이다.

행성 지구에서 가장 큰 전파 · 레이더 천문 관측 시설은 푸에르토리코 섬에 있는 아레시보Arecibo 전파 · 레이더 천문대이다. 이것은 코넬 대학교가 미국 과학 재단의 위촉을 받아 운영하고 있다. 푸에르토리코 섬 오지에 있던 거의 반구형의 넓은 골짜기를 여러 개의 반사판으로 덮어서 이 망원경의 주반사경을 만들었는데, 그 지름이 무려 305미터에 이른다. 구조상 이 망원경으로는 전 하늘을 마음대로 둘러볼 수가 없다. 주반사경면이 바로 지표면이기 때문이다. 주반사경은 우주 깊은 곳으로부터 오는 전파 신호를 받아서 주반사경 위에 높이 매달려 있는 부반사경으로 보내 거기에 초점을 맺게 한 다음, 그곳에 모인 신호를 전기선을 이용하여 제어실로 보내면 제어실에서 이 신호를 분석한다. 이렇게 해서 우주 저 멀리에 있는 천체를 이 망원경으로 관측할 수 있다. 이 시설은 레이더로도 쓰인다. 이때에는 부반사경이 전파 신호를 주반사경으로 쏘아 주면 주반사경이 그 신호를 우주로 내보낸다. 아레시보 전파 천문대는 우주로부터 오는 외계 문명의 신호를 검출하는 데 실제로 쓰였을 뿐 아니라 단 한 번뿐이었지만 우리의 신호를 외계로 내보내기도 했다. 프랑스의 천문학자 샤를 메시에Charles Messier가 작성한 메시에 목록의 열세 번째 자리를 차지하는 M 13이라는 구상 성단에 우리의 메시지를 보냈던 것이다. 이렇게 우리는 쌍방이 원하기만 한다면 언제든지 성간 쌍방 교신이 가능한 기술을 가지고 있다. 저편은 어떨지 모르겠지만 우리는 확실히 그렇다.

태양과 비슷한 어떤 별 주위를 돌고 있을지도 모르는 외계의 한 행성에 『브리태니카 백과사전*Encyclopaedia Britannica*』에 실려 있는 모든 정보를 아레시보 전파 천문대의 레이더 시설로 전송한다면 수주 정도 걸린다. 전파는 빛의 속도로 공간을 움직인다. 가장 빠른 우주 탐사선에 실어 보내는 정보보다 1만 배 정도 빨리 전달된다. 전파 망원경들은 아주 좁은 주파수 대역을 통해서 무척 강한 전파 신호를 발생시킬 수 있으므로 광막한 별과 별 사이의 공간을 가로질러 외계 문명에까지 우리의 메시지를 전할 수 있다. 만약 아레시보 망원경과 같은 크기의 전파 망원경이 외계 행성에 설치되어 있다면, 비록 그 행성이 1만 5000광년이나 멀리 떨어져 있다고 해도 우리는 그 외계 문명권과 대화를 나눌 수 있다. 1만 5000광년은 태양에서 은하수 은하 중심까지 거리의 절반에 해당한다. 그러므로 현대 과학 기술은 우리와 교신할 수 있는 외계 문명이 어디에 있는지 그 위치를 정확하게 알기만 한다면 그들과의 대화를 가능케 하는 수준에 와 있다. 그리고 전파천문학이야말로 인류의 이 거대한 사업에 꼭 들어맞는 과학 기술이다. 그 어떤 성분의 대기가 외계 행성을 둘러싸고 있든 전파 신호는 반드시 그 대기를 뚫고 들어갈 것이다. 전파는 별과 별 사이에 흩어져 있는 성간 물질에 흡수되거나 산란되지도 않는다. 그래서 대기에 스모그가 꽉 차 있는 날 가시광선은 불과 수 킬로미터도 통과할 수 없지만, 우리는 샌프란시스코 시의 방송국에서 송출한 라디오 프로그램을 로스앤젤레스에서도 잘 들을 수 있다. 우주에서 오는 전파 신호는 보통 인간 활동과 전혀 관련 없는 주파수 대역에서 잡힌다. 예를 들어 퀘이사와 펄서가 내놓는 전파 신호가 그렇고, 태양계 행성들이나 별의 대기층에서 방출되는 신호들도 이 점에서는 마찬가지이다. 특히 태양계 행성들의 경우 거의 모두가 강한 전파원이어서 전파천문학 발달의 초기 단계부터 우리는 행성을 전파 망원경으로 관측할 수 있었다. 우리에게 더욱 다행인 것은 전파의 주파수 대역이 매우 넓다는 점이다. 우주 어디에서 발달된 기술 문명이든 일단 특정 주파수 대역의 전자기파 복사를 검출할 수만 있으면 전파 대역의 존재도 곧 알아차리고 그 주파수 대역의 신호를 수신할 수 있게 될 것이다.

전파 이외의 방법도 물론 여러 장점이 있다. 예를 들어 성간을 항해할 수 있는 우주선, 가시광선이나 적외선 레이저, 중성미자 펄스, 중력파의 변조파 등이 있다. 앞으로 1,000년이나 더 지난 후에야 발견될지 모르는 다양한 송신 방법들이 우리를 기다리고 있다. 우리보다 앞선 단계에 있는 외계 문명에서는 그들의 통신 수단으로 전파를 쓰지 않을 수도 있다. 그들에게는 전파가 매우 뒤떨어진 통신 수단일 수 있다. 그렇지만 전파가 갖고 있는 장점들은 만만치 않다. 즉 강력한 신호를 발생시킬 수 있고 비용이 적게 들고 전달이 빛의 속도로 지극히 빨리 이루어지며 게다가 조작, 발신, 수신, 해석 등 모든 것이 간단하다. 그들이 우리보다 기술적으로 앞서 있다면 그들은 우리같이 후진 문명권에서는 우선적으로 전파 기술에 의존할 것이라고 믿을 것이다. 그렇기 때문에 그들이 외계로부터 메시지를 받고 싶어 한다면, 당연히 전파 신호에 관심을 집중시킬 것이다. 그들의 '고대 기술 박물관'에 보관돼 있던 전파 망원경을 다시 꺼내서 우리 쪽을 향해 설치하고 작동시킬지도 모르는 일이다. 우리가 외계로부터 메시지를 받고 싶다면 전파천문학은 누구나 반드시 짚고 넘어가야 할 최소한의 그 무엇인 것이다.

그런데 과연 우주에 이야기할 상대가 있을까? 우리의 은하수 은하에만 물경 3000억 내지 5000억 개의 별들이 있다고 하는데, 지적 생물이 거주할 수 있는 행성을 거느린 별이 어찌 태양 하나뿐이라고 단언할 수 있겠는가? 기술 문명의 출현 역시 은하에서 흔히 볼 수 있는 현상일 것이다. 어쩌면 우리 은하는 기술 문명의 열기로 가득 찬 공간일지도 모른다. 그렇다면 우리의 이웃 문명권이 그리 멀리 떨어져 있지 않을 수도 있다. 우리가 맨눈으로 볼 수 있을 정도로 태양 가까이에 있는 어느 별 주위를 고도 기술 문명의 행성이 돌고 있을 수도 있다. 그리고 바로 그 행성의 지적 생물들이 안테나를 펼쳐 놓고 우리의 신호가 오기를 목을 빼고 기다리고 있을지 모른다. 우리가 눈을 들어 밤하늘에 떠 있는 흐릿한 빛의 무수한 점들을 바라볼 때, 그중 어떤 별의 주위를 도는 행성에서는 우리와 생김새가 판이한 그 누군가가 우리가 태양이라고 부르는 별을 한가롭게 내려다보면서, 그 나름의 터무니없는 상상의 나래를 한없이 펼치고 있을지 모른다.

그렇지만 아직 확신할 수는 없다. 기술 문명의 진화 과정에는 심각한 장애 요인들이 도처에 도사리고 있기 때문이다. 어쩌면 우리 은하의 행성 분포는 우리가 생각하는 것보다 훨씬 더 드물지도 모른다. 생명의 출현이라는 것도 우리가 실험을 통해서 추측하고 있는 것보다 훨씬 더 어려운 과정을 거쳐야 비로소 가능해지는 현상일지도 모르는 일이다. 하등 생물에서 고등 생물로의 진화가 그리 쉽지만은 않을 것이다. 아니면 복잡한 형태의 고등 생물로 쉽게 진화할 수는 있어도, 이들의 사회가 고도의 과학 기술 문명을 향유할 수 있는 수준까지 발달하려면 참으로 기적에 가까운 우연의 일치들이 착착 순서에 맞춰 이루어져야 할지도 모른다.[2] 우리는 이미 공룡의 급작스러운 멸종이라든가 대빙하기의 출현으로 인한 밀림의 급격한 퇴조 현상 등 연속되는 우연이 지구 생명과 인류의 진화에 결정적인 요인으로 작용했음을 잘 알고 있다. 대빙하기 이전에 우리 조상들은 도처에 무성한 나무 위에서 괴상한 소리를 질러대면서 아무 생각 없이도 풍요로운 삶을 살아갈 수 있었다. 그렇지만 빙하기의 시작과 함께 숲이 점점 사라지자 그들은 나무에서 내려와야 했다. 또 다른 가능성을 하나 생각해 보자. 우리 은하수 은하에서는 문명 사회가 많은 행성들에서 반복적으로 출현했을지도 모른다. 그렇지만 사회들은 극소수의 문명권을 제외하고는 탐욕과 무지, 공해와 핵전쟁 같은 불안한 난제들을 해결하지 못하고 자신들이 개발한 기술 문명에 스스로가 희생되는 비극에서 벗어나지 못했을 수도 있다.

이제까지 우리의 대화 상대가 될 존재에 대하여 여러 가지 가능성을 생각해 봤다. 사실 이 문제는 좀 더 깊이 다뤄야 마땅한 문제이다. 우선 지구 문명권과 교신이 가능한 고등 문명권이 은하수 은하에 몇이나 있을지 추정해 보자. 여기서 교신의 가능성은 전파천문학의 지식을 활용할 수 있는 수준의 기술을 가지고 있는지로 가늠키로 한다. 이러한 판단 기준이 편리하고 꼭 필요한 잣대이지만 인간 중심의 편협한 것임은 인정한다. 주민들이 위대한 언어학자이며 훌륭한 시인이기는 하지만 전파천문학에 전혀 무관심한 세상도 있지 않겠는가? 비록 그런 문명권들이 있다고 해도 우리는 그들의 소리를 영영 들을 수 없을 것이다. 교신 가능한 고등 문명의 개수 N은 여러 가지 인수因數들의 곱

2. 환경의 악화가 나무 위에서의 생활을 즐기던 영장류들로 하여금 깊이 고민하게 만들었고, 그들의 지적 능력은 이 고민을 통하여 크게 발달했을 가능성이 크다. 이러한 점이 묘한 우연들의 연속을 언급하게 된 배경일 것이다. — 옮긴이

으로 나타낼 수 있다. 일종의 필터 역할을 하는 개개의 인수가 크면 클수록 많은 수의 문명권을 기대할 수 있다. 이제 그 인수들을 하나씩 알아보자.

N_* : 은하수 은하 안에 있는 별들의 총수.

f_p : 행성계를 가지고 있는 별들의 비율, 또는 행성계를 동반할 확률.

n_e : 주어진 행성계에서 생명이 서식할 수 있는 여건을 갖춘 행성들의 평균 개수.

f_l : 생명이 실제로 탄생할 수 있었던 행성들이 차지하는 비율. 또는 생명 탄생 확률.

f_i : 태어난 생명이 지적 능력을 갖출 수 있기까지 진화할 수 있는 확률.

f_c : 지적 생물이 우리와 교신할 수 있을 정도의 고도 기술 문명으로 진화할 확률.

f_L : 행성의 수명에서 고도 기술 문명의 지속 기간이 차지하는 비율.

이제 이 인자들을 모두 곱하면 우리와 교신할 수 있다고 믿어지는 문명권들의 총수 N을 알 수 있다.($N = N_* \times f_p \times n_e \times f_l \times f_i \times f_c \times f_L$) 여기서 f는 모두 비율이나 확률을 의미하므로 0과 1 사이의 값을 갖는 소수小數이다. 따라서 1보다 작은 인수 f를 하나씩 곱해 갈 때마다 매우 큰 수였던 N_*은 점점 줄어든다.

이제 각 인수의 값이 얼마나 클지 구체적으로 조사해 보자. 이 식의 앞부분에 나오는 인수들은 비교적 잘 알려져 있다. 예를 들어 은하에

 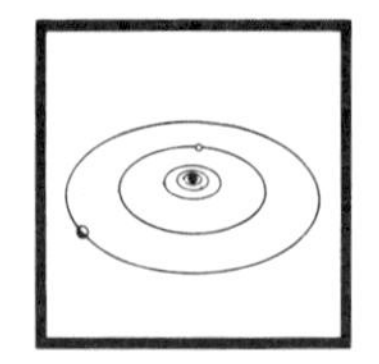  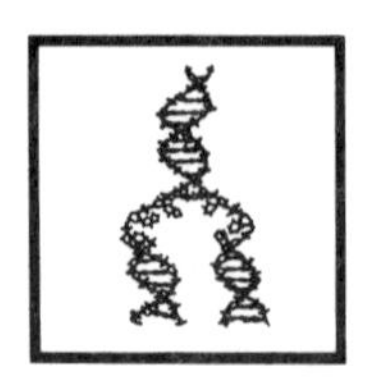

$$N_* \times f_p \times n_e \times f_l \times$$

있는 별의 총수라든가 행성계 하나를 구성하는 행성들의 개수 등 말이다. 그렇지만 뒷부분으로 갈수록 우리의 무지는 심각해진다. 지능의 진화라든가 기술 문명 사회의 지속 가능성 등에 관한 우리의 지식은 미미하기 이를 데 없다. 이러한 정보에 관한 한 내가 제시하는 값들 역시 단순한 추정값에 불과할 뿐이다. 나의 예측에 동의하지 않는다면 자기 자신의 값을 직접 대입해 보라. 그래서 자신의 추정값이 가져다 줄 N을 구체적으로 계산하여 그 의미를 곱씹어 보기 바란다. 이 방법은 코넬 대학교의 프랭크 드레이크Frank Drake 교수가 창안한 것이다. 드레이크 방정식의 가치는 여러 가지 관점에서 논의될 수 있겠지만, 한 가지 꼭 지적하고 싶은 것은 이 방정식이 항성천문학, 행성과학, 유기화학, 진화생물학, 역사학, 정치학, 이상심리학 등 참으로 다양한 분야의 학문과 연관되어 있다는 사실이다. 코스모스의 상당 부분이 이 하나의 방정식에 들어 있다고 할 수 있을 정도이다.

우리 은하에 들어 있는 별의 총수 N_*은 다음과 같은 방법으로 알아낼 수 있다. 하늘에서 우리 은하를 대표할 수 있다고 생각되는 좁은 영역을 하나 선정해서 그 영역에 들어 있는 별들을 하나씩 헤아린 다음, 그 결과를 은하의 전 영역에 대응하는 값으로 환산한다. 이렇게 해서

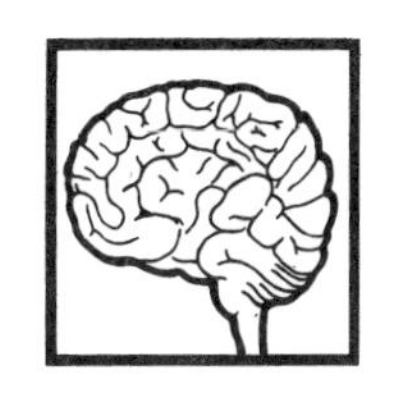

$$f_i \times f_c \times f_L = N$$

얻어진 최근의 연구 결과에 따르면 우리 은하수 은하에 약 4000억 개(4×10^{11}개)의 별이 있다고 한다. 이 많은 별들 중에서 극소수만이 질량이 큰 별이다. 무거운 별일수록 자신의 핵에너지를 과도하게 낭비하기 때문에 질량이 가벼운 별들에 비하여 수명이 매우 짧다. 대부분의 가벼운 별들은 수명이 수십억 년에 이르며 오랜 세월에 걸쳐 안정된 상태를 유지하면서 적정한 양의 에너지를 지속적으로 내놓을 수 있다. 그러므로 이런 별들 주위에 행성이 있다면, 그 행성은 그 별로부터 생명이 발생하고 진화하는 데 필요한 에너지를 적절하게 공급받게 된다.

행성의 형성이 별의 형성 과정에 동반되는 현상이라는 증거가 도처에 널려 있다. 예를 들어 보자. 목성, 토성, 천왕성의 주위에는 많은 수의 위성들이 있다. 그러므로 거대 행성 하나하나가 소형의 태양계인 셈이다. 그렇다면 행성의 탄생은 회전 원반계에서 흔히 볼 수 있는 현상이 아니겠는가? 이 점은 행성 기원에 관한 여러 이론들도 뒷받침하고 있다. 그뿐 아니라 쌍성계 형성에 관한 연구, 별 주위를 도는 기체 원반에서 관측되는 제반 현상들, 태양에 가까이 있는 별들에서 검출되는 중력 섭동의 결과 등을 놓고 볼 때, 우리는 행성의 형성이 별이 생성되는 과정에서 자연스럽게 나타나는 하나의 동반 현상이라고 믿을 수 있다. 상당수의, 어쩌면 거의 대부분의 별들이 행성을 거느리고 있을 것이다. 그러므로 행성을 동반한 별들의 비율인 f_p를 대략 3분의 1로 잡아도 크게 무리는 없을 것이다. 그렇다면 $N_* \times f_p \simeq 1.3 \times 10^{11}$라는 계산을 통해 우리 은하에 대략 1300억 개의 행성계가 존재한다고 추정할 수 있다.(여기서 $\simeq$ 기호는 근사적으로 같다는 뜻이다.) 행성계마다 우리 태양계와 마찬가지로 행성들이 열 개씩 있다면 우리 은하에 존재하는 행성들의 총수는 무려 1조 3000억 개라는 계산이 나온다. 우주적 드라마를 선보일 무대가 1조 3000억 개라니 우리가 어떻게 놀라지 않을 수 있겠는가!

어떤 형태의 생물이든 생명에게 적절한 환경을 제공할 수 있는 천체들이 우리 태양계에 적어도 몇 개는 존재한다. 지구는 틀림없이 그런 천체 중 하나이다. 어쩌면 화성도 그럴 수 있다. 목성과 토성의 위성인 타이탄도 여기에 포함될 수 있다. 생물들은 일단 태어나기만 하면 주위 환경에 잘 적응하면서 집요한 생명력으로 개체 수를 증가시키며 서식지를 급속히 넓혀 간다. 행성계 하나에 생명에 유리한 환경을 제공할 천체가 하나 이상일 수도 있다. 그렇지만 보수적 관점을 택해서 $n_e = 2$라고 하자. 그렇다면 우리 은하에 생명이 존재하기에 적당한 행성들은 $N_* \times f_p \times n_e \simeq 3 \times 10^{11}$라는 계산을 통해 대략 3000억 개라고 추산할 수 있다.

지구에 있는 실험실에서 수행한 일련의 실험을 통하여 우리는 생명의 기초가 되는 분자들이 우주에 흔할 것으로 예상되는 환경에서 쉽게 만들어지는 것을 목격할 수 있었다. 여기서 생명 현상의 기본 분자들은 자기 복제自己複製가 가능한 분자를 일컫는다. 즉 스스로를 복제할 수 있는 간단한 분자들의 탄생이 우주적 환경에서 가능하다는 이야기이다. 그러나 그 다음 단계는 추정하기 쉽지 않다. 원시 상태에서 진행된 화학 변화에서 유전자 코드의 진화를 방해하던 어떤 요인들이 있었다면, 바로 그 요인에 따라 f_l의 값이 바뀌기 때문이다. 그렇지만 수십억 년 이상 지속된 화학 변화에 그런 일이 있었다고 나는 믿지 않는다. 그래서 $f_l \simeq 1/3$을 택하겠다. 그렇다면 $N_* \times f_p \times n_e \times f_l \simeq 1 \times 10^{11}$이다. 따라서 생명 서식이 가능한 행성들이 우리 은하수 은하에 1000억 개에 이른다는 결론을 내릴 수 있다. 이것만으로도 깜짝 놀랄 만한 결론이다. 그렇지만 우리의 계산은 아직 끝나지 않았다.

어떤 값이 f_i와 f_c에 적절한지는 더욱 난감한 문제다. 한편에서 생각해 보면, 인류가 현재 수준의 지적 능력을 갖추기까지, 그리고 오늘의 고도 기술 문명 사회로 진입하기까지 진화의 역사에서 중대한 사건들이 수없이 많이 일어났다. 그런데 그 사건들의 내용과 발생 순서를 볼 것 같으면 한 사건의 발생이 그 다음 사건에 반드시 선행돼야 할 하등의 이유를 찾아볼 수 없는 경우가 허다하다. 다분히 우연이 지배하는 사건들의 연속인 것이다. 다른 한편에서 보면 한 문명권이 특정 능력을 소유한 고도의 기술 문명으로 진입할 수 있는 경로가 우리가 밟아온 경로와 반드시 같아야 할 이유도 없다. 고도 문명 사회로 진입하는 경로는 여럿일 수 있다. 캄브리아기의 생물 폭발이 있기 전까지 거대 생물로의 진화가 얼마나 일어나기 어려웠던 것이었나를 고려한다면 f_i와 f_c가 무척 작을 것이다. 따라서 나는 $f_i \times f_c$에 100분의 1 정도의 값을 넣고 싶다. 생명이 탄생한 행성들 중에서 고도의 기술 문명 사회로 진입할 수 있었던 것은 겨우 1퍼센트에 지나지 않았다는 뜻이다. 이 값에 대한 과학자들의 추정값은 실로 다양한데, 여기서 우리가 택한 100분의 1은 그중에서 중간 정도에 해당하는 값이다. 어떤 학자들은 삼엽충에서 불을 다스리기까지의 진화는 급격히 진행된다고 주장한다. 일단 생명이 태어난 행성에서라면 이 진화 과정이 순탄하게 이루질 것이라고 믿는다. 또 다른 한쪽에는 100억 내지 150억 년의 세월이 걸려도 고도 기술 문명으로의 진화는 불가능하다고 주장하는 학자들도 있다. 이 문제는 실험으로 해결될 수 없는 것이다. 우리가 실험에 동원할 수 있는 행성이 지구밖에 없기 때문이다. 여태껏 찾은 인수를 모두 곱하면 $N_* \times f_p \times n_e \times f_l \times f_i \times f_c \simeq 1 \times 10^9$의 결과를 얻게 된다. 이것은 기술 문명 사회가 적어도 한 번 꽃피울 수 있었던 행성들이 은하수 은하에 10억 개가 있을 것이라는 결론이다.

그렇다고 해서 현재 우리 은하에 이 정도의 문명권들이 존재한다는 뜻은 아니다. 현존 문명권의 수는 f_L의 영향을 받는다. 행성의 전체 수명 중에서 기술 문명사회의 수명이 차지하는 비율이 얼마나 되느냐를 알아야 한다. 지구의 경우를 보자. 태어나서 지금까지 수십억 년의 세월이 흘렀지만, 전파천문학으로 대표되는 기술 문명이 존속한 시기는 겨우 수십 년에 불과하다. 그렇다면 지구의 경우, f_L의 추정값이 대략 10^8분의 1이라는 계산이 나온다. 즉 문명의 역사가 지구의 역사에서 차지하는 비율이 1퍼센트의 100만분의 1에 불과하다는 뜻이다. 지구 문명이 내일 당장 파멸하지는 않을 것이다. 그렇다고 하더라도 10^8분의 1의 확률이 뜻하는 바는 짚고 넘어갈 필요가 있다. 그것은 지구 문명의 파멸이라는 사태가 일단 발생하면 그 파멸은 아주 철저하게 이루어질 것이므로 태양의 앞으로 남은 수명 50억 년 동안에는 또 다른 기술 문명이 도저히 다시 태어날 수 없을 것이라는 뜻이다. 다시 말해서 인간뿐 아니라 그 어떤 생물 종들에게도 50억 년은 고도의 기술 문명 사회를 건설하기에는 부족한 기간이다. 즉 50억 년 이상을 기다려야 비로소 현재 지구 문명 수준의 사회가 태동될 수 있을 것이라는 이야기이다. 이 값을 그대로 사용하여 곱셈을 계속하면, $N_* \times f_p \times n_e \times f_l \times f_i \times f_c \times f_L \simeq 1 \times 10^1$이라는 결과를 얻게 된다. 어느 특정 시점에서 볼 때, 고도의 기술을 자랑하는 문명권이 우리 은하에 겨우 열 개 정도 있을 수 있다는 것이다. 여기서 열 개라는 값은 정상 상태의 개수를 의미하는 것으로, 같은 수준의 문명 열 개 정도가 은하에서 항시 공존한다는 뜻은 아니다. 은하 어디에선가 문명권 하나가 자멸하면, 은하의 또 다른 곳에서 새로운 문명권이 태어난다. 이렇게 함으로써 우리 은하에 총 열 개 정도의 문명권들이 항시 있을 수 있다는 의미이다. 어떻든 N=10은 두 손으로 모두 셀 수 있는 작은 숫자임에 틀림이 없다. 어쩌면 N=1일 수도 있다. 한 문명권이 성간 교신이 가능할 수준에 도달하자마자 스스로 파멸의 길로 들어섰다면 은하수 은하에는 우리와 대화를 나눌 상대가 우리 외에는 아무도 없을 것이다. 그러나 우리는 우리끼리의 대화도 제대로 하지 못하고 있다. 고도의 기술 문명을 꽃피우기 위해서 인류는 수십억 년 동안 거의 고문에 가까울 정도의 노고를 겪어야 했다. 그러나 아직도 우리는 한순간의 방심으로 파멸의 길로 들어설 수도 있다.

하지만 다른 가능성에도 눈길을 돌려 보자. 고도의 기술 문명이 가진 자기 파멸의 위험에 슬기롭게 대처한 문명권들도 있지 않을까? 과거 두뇌 진화의 변덕스러움에서 초래됐던 각종의 모순을 의식적으로 잘 해결하여 자기 파멸의 길에서 벗어난 존재가 있을 수도 있다. 설령 대규모의 혼란이 한때 일어났다고 하더라도, 그 후에 계속된 수십억 년에 걸친 생물학적 진화를 통해서 그 혼란이 가져왔던 폐해들을 모두 되돌려 놓을 수도 있지 않겠는가? 이렇게 바람직한 사회들이 번영의 즐거움을 구가할 수 있는 수명은 지질학적 진화 또는 항성 진화의 긴 시간 척도로나 가늠할 수 있을 정도로 매우 길어질 것임에 틀림이 없다. 기술 문명들 중에서 약 1퍼센트만이라도 기술 문명의 불안정한 사춘기를 잘 통과한다면 그래서 이 중차대한 역사의 분기점에서 올바른 선택만 할 수 있게 된다면, $f_L = 1/100$이므로 $N = 10^7$의 결과를 얻게 된다. 즉 우리 은하수 은하에 존재하는 문명사회의 수효가 적어도 수백만 개에 이른다는 추산이다. 드레이크 방정식의 주로 앞부분에 오는 인자들, 즉 천문학, 유기화학, 진화생물학 등과 관련된 인자들의 추정값에도 불확실한 점이 물론 많다. 그러나 뭐니 뭐니 해도 정치와 경제, 그리고 지구의 경우, 인간 본성에 관한 인자들이야말로 이 방정식에서 가장 불확실한 요소임에 틀림이 없다. 은하 문명권의 거의 대부분이 자기 파멸의 길을 걷지 않는다면 부드럽고 달콤한 별들의 메시지가 온 하늘을 가득 채울 것이다.

이러한 추산 결과는 우리의 가슴을 울렁이게 하기에 충분하다. 우주로부터 오는 신호를 잡는다는 것 자체가, 그 신호의 해독 여부는 차치하고라도, 우리에게 매우 바람직한 징후임에 틀림이 없을 것이다. 왜냐하면 그 신호 자체가 우주 어딘가에 문명의 사춘기를 잘 넘긴 문명권이 있었다는 증거이기 때문이다. 메시지에 담긴 내용은 둘째로 치고, 외계 신호의 접수만으로도 외계 문명의 탐색이 얼마나 중요한가를 실감할 수 있다.

수백만 개에 이르는 문명 사회가 은하수 은하 여기저기에 흩어져 있다면 문명 사회들 사이의 평균 거리는 대략 200광년이 된다. 빛의 속도로 전파되는 라디오 전파라고 하더라도 가장 가까운 이웃까지 가는 데 2세기의 시간이 필요하다. 지구 문명이 이러한 대화를 시도했다면 케플러가 보냈던 질문에 대한 답을 지금 우리가 받는 셈이 된다. 전파천문학은 우리에게 비교적 새로운 분야이다. 그러므로 우리의 현 수준은 범은하적 관점에서 볼 때 뒤쳐진 것임에 틀림이 없다. 그렇다면 우리가 그들에게 신호를 보내려고 애를 쓸 것이 아니라 그들이 보낸 신호를 받으려고 노력해야 할 것이다. 우리보다 앞선 문명권에서는 수신보다 송신이 더 중요하겠지만 말이다.

전파를 이용한 우리의 문명권 탐색은 겨우 초보 단계에 있다. 하늘에 별들이 밀집한 지역을 촬영해 보면 수십만 개의 별들이 함께 찍힌다. 그 별들 중 하나가 고도의 기술을 자랑하는 문명권일 수도 있다. 그렇지만 그 많은 별들 중에서 과연 어떤 것이 바로 그 별일까? 망원경을 어느 별로 향해야 할까? 우리 은하에는 고도의 기술 문명권이 수백만 개나 있을지 모르는데 현재까지 전파를 이용하여 조사한 별은 겨우 수천 개에 불과하다. 앞으로 더 해야 할 일이 지금까지 해 놓은 일의 1,000배나 된다는 말이다. 그렇지만 진지하고 철저하며 체계적인 탐색이 앞으로 수행될 것이다. 현재 그 준비 작업이 미국과 (구)소련에서 한창 진행 중이다. 여기에 필요한 예산은 대단한 규모의 것도 아니다. 예를 하나 들어 보자. 현대식 구축함 한 척 분의 예산이면 한 10년쯤 걸리는 이 외계 생명 탐색 계획을 완수할 수 있다.

인류사에서 문명과 문명 사이의 만남은 그리 우호적인 것이 아니었다. 라디오 신호를 이용한 접촉처럼 키스같이 가벼운 것도 아니었다. 그것은 물리적이고 직접적인 것이었다. 그렇지만 세계사의 한두 가지 사례는 우리에게 시사하는 바가 크다. 그중 하나가 미국 독립 혁명과 프랑스 대혁명 시기 사이에 있었던 만남이었다. 프랑스 대혁명 전 프랑스의 루이 16세는 태평양 원정대를 파견했다. 과학적, 지질학적, 경제학적 그리고 국가주의적 목적을 가진 이 탐험에서 우호적인 만남이 이루어졌던 것이다. 원정대 대장인 장 프랑수아 드 갈로 라 페루스Jean Fraçois de Galaup La Pérouse 백작은 유명한 탐험가로서 미국 독립 전쟁 때에는 미국을 위해 싸웠다. 그는 닻을 올려 항구를 떠난 지 1년이 채 안 된 1786년 7월에 알래스카 해안, 오늘날 우리가 리투야 만Lituya Bay이라고 부르는 곳에 도착했다. 그는 이 천혜의 항구를 보고 느낀 자신의 기쁨을 이렇게 써놓았다. "세계의 그 어떤 항구도 이보다 더 나은 편의를 제공할 수는 없을 것이다." 그러나 그는 매우 이상적인 이 항구에서

> 여러 명의 야만인을 보았다. 그들은 우정의 표시로 흰 망토와 여러 가지 가죽들을 펼치거나 흔들었고 만 안에는 몇 척의 카누에 나눠 탄 인디언들이 고기를 잡고 있었다. …… 그곳에 머무는 동안 우리는 늘 인디언들의 카누로 둘러싸여 있었다. 그들은 우리에게 물고기를 먹으라고 내밀거나, 수달피나 다른 동물들의 모피 그리고 자기네들의 소품을 우리의 철제품과 교환하자고 했다. 놀랍게도 그들은 물물 교환에 아주 익숙한 듯했다. 그들이 구사하는 흥정 기술도 유럽 상인들에 못지않았다.

아메리카 원주민들은 흥정을 하자고 점점 더 집요하게 굴었다. 물물 교환을 끈질기게 요청할 뿐 아니라 좀도둑질까지 해 가면서 라 페루스

일행을 무척 성가시게 했다. 그들은 주로 철제품을 탐냈다. 그런데 한 번은 장교 제복을 훔쳐간 적이 있다. 어느 날 프랑스 해군 장교들이 자신의 제복을 베개 밑에 숨긴 채 잠을 자고 있었는데, 주위에서 무장 위병들이 보초를 서고 있었음에도 불구하고 원주민들은 용케도 장교 제복을 여러 벌 훔쳐갈 수 있었다. 그것은 해리 후디니Harry Houdini[3]를 저리 가라 할 정도의 절묘한 요술이었다. 그렇지만 라 페루스는 국왕의 명령에 따라 그들을 평화적으로 대했다. 그렇다고 불만이 없던 것은 아니었다. 라 페루스는 원주민들이 "우리의 인내에 한계가 없는 줄 안다."라고 투덜거렸으며 원주민 사회를 몹시 경멸했다. 그렇지만 이 만남에서 한쪽 문화가 다른 쪽 문화에 큰 피해를 주지는 않았다. 라 페루스는 두 척의 배에 필요한 보급을 마친 후 리투야 만을 빠져나왔다. 그러나 그는 리투야 만에 다시는 돌아올 수 없었다. 1788년 그의 원정대는 남태평양에서 조난을 당했고 단 한 사람만을 남기고 라 페루스를 포함한 대원 모두가 실종됐기 때문이다.[4]

그리고 1세기의 세월이 지난 후, 틀링지트 족Tlingt의 추장 코위Cowee는 자기 조상들과 백인들 사이에 있었던 최초의 만남을 캐나다의 인류학자 G. T. 이먼스G. T. Emmons에게 다음과 같이 들려주었다. 그 이야기는 구전이었다. 틀링지트 족에게는 문자로 된 기록이 없었으며 코위는 라

3. 해리 후디니(1874~1926년)는 미국의 유명한 마술사이다. — 옮긴이

4. 프랑스에서 라 페루스가 탐험대의 선원을 모집하자 굉장히 많은 사람들이 지원했다. 그래서 똑똑하고 열성적인 젊은이들도 많이 탈락했다. 이 중에 코르시카 섬 출신의 젊은 포병 장교 나폴레옹 보나파르트Napoleon Bonaparte가 끼어 있었다. 이것이야말로 세계사의 흥미로운 한 분기점이 아닐 수 없다. 라 페루스가 나폴레옹을 선발했더라면, 로제타석은 발견되지 않았을 수도 있으며, 그렇다면 샹폴리옹의 상형 문자 해독은 불가능했을 게고, 근 · 현대사는 여러 면에서 다른 방향으로 전개됐을 것이다.

페루스라는 이름을 한 번도 들어 본 적이 없었다. 자, 이것이 코위의 이야기다.

늦은 봄 어느 날 틀링지트 족의 한 무리가 구리를 구하려고 북쪽으로 야쿠타트Yakutat까지 갔다. 철은 구리보다 더 귀했지만 도저히 구할 수가 없었다. 그들이 리투야 만에 이르자 높은 파도가 네 척의 카누를 순식간에 삼켜 버렸다. 생존자들이 동료의 죽음을 슬퍼하며 천막을 치고 있을 때 이상하게 생긴 두 개의 물체가 만으로 조용히 흘러 들어왔다. 도대체 그것이 무엇인지 아무도 알 수가 없었다. 엄청난 큰 흰색 날개를 단 거대한 까마귀와 같다고나 할까. 틀링지트 족은 이 세상을 거대한 새가 창조했으며 그 새는 종종 커다란 까마귀의 모습으로 나타난다고 믿고 있었다. 이 창조주 까마귀가 상자에 갇혀 있었던 태양과 달과 별을 해방시켰다. 그런데 그들은 창조주인 큰 까마귀를 똑바로 쳐다본 사람은 돌이 되고 만다고 믿었다. 거대한 두 마리의 까마귀에 놀란 틀링지트 족은 무서운 생각이 들어서 급히 숲 속으로 뛰어가 숨었다. 숲에서 얼마를 기다려도 자신들에게 아무런 해가 없자, 그들 중에서 모험심이 출중한 몇이 숲에서 살며시 기어 나오기 시작했다. 그들은 돌이 되지 않는 유일한 방편이라도 되는 듯, 앉은부채[5] 이파리를 둘둘 말아서 조잡한 망원경같은 것을 만들고 그것을 통하여 그 거대한 까마귀를 관찰했다. 거대한 새는 그때 막 흰 날개를 접는 중이었고 날개를 다

5. 앉은부채skunk cabbage는 습한 땅에서 자라고 뿌리와 줄기가 짧고 굵으며 잎이 넓은 북아메리카 산의 다년초로서, 고약한 냄새를 풍긴다. — 옮긴이

접자 작고 검은 사자使者들이 새의 몸체 부분에서 깃털 쪽으로 기어오르는 것이 보였다.

눈이 거의 멀다시피 한 늙은 전사 한 사람이 자기 주위로 동료들을 불러 모았다. 자신은 이제 죽을 때가 멀지 않았으니 모두를 위하여 큰 까마귀 신께서 신의 자식들을 돌로 만들어 버리시는지 알아보고 오겠노라고 선언했다. 그는 바다족제비 털로 만든 옷을 걸치고 카누를 탄 다음 바다로 나가 큰 까마귀에 접근해서 그 위로 기어 올라갔다. 알아들을 수 없는 말소리가 들렸다. 시력이 너무 나빴기 때문에 그는 자기 앞에서 움직이는 작은 검은 것들의 정체를 제대로 알아볼 수가 없었다. 어쩌면 보통의 작은 까마귀일지도 모른다고 생각했다. 얼마 후 그가 숲에 남아 있던 동료들에게 무사히 돌아오자, 그들은 그를 빙 둘러싸서 그가 살아 돌아온 것을 의아해 했다. 그들은 만지거나 냄새를 맡아 보기까지 하면서 그가 정말로 그 늙은 전사였던가를 확인했다. 한참을 고민한 끝에 그 노전사는 자신이 방문했던 것이 창조주의 현현인 큰 까마귀가 아니라 사람이 만든 거대한 카누라고 확신했다. 작은 검은 것들도 실은 까마귀가 아니라 종족이 다른 사람이었던 것이다. 그의 설명을 듣고 그를 믿게 되자, 틀링지트 족은 자기네 모피를 들고 배로 몰려가서 처음 보는 이상한 물품들, 주로 철제품들과 맞바꿔 가졌다.

6. 틀링지트 족의 코위 추장이 들려준 이야기에서 우리가 특별히 관심을 가져야 할 부분이 있다. 문자 문화가 없는 사회에서도 고도 기술 문명과의 만남에 대한 상세한 내용이 수세대에 걸쳐 그대로 보존될 수 있었다는 사실이 그것이다. 고도의 기술 문명을 자랑하는 외계의 지적 존재가 수백 또는 수천 년 전에 지구를 방문한 적이 있었다면, 그 만남이 비록 문자 발명 이전에 이루어졌다고 하더라도, 외계 문명과의 접촉을 알 수 있는 구전이 어디엔가 전해오리라고 믿어도 좋을 것이다. 그렇지만 현재 우리는 외계 문명과의 접촉을 짐작할 수 있는 이와 같은 설화나 전설을 전혀 갖고 있지 않다.

틀링지트 원주민은 그들이 경험했던 타문화와의 첫 만남을 구전만으로도 이렇게 정확하게 보존하고 있었다. 그리고 그들의 만남은 전적으로 평화적인 만남이었다.[6] 우리가 우리보다 훨씬 앞선 외계의 문명과 어느 날 만나게 됐다고 하자. 그 만남이 평화적인 만남이 될 수 있을까? 프랑스 인과 틀링지트 원주민의 만남처럼 만남의 당사자들이 충분히 의사소통할 수 없다고 하더라도, 평화적일 수 있겠느냐는 것이다. 아니면 우리에게 익숙한 소름끼치는 파괴의 만남이 되지는 않을까? 기술적으로 앞선 사회가 뒤진 사회를 전멸시키는 그런 종류의 야만적 만남 말이다. 16세기 초 중부 멕시코에는 고도의 문명사회가 번성하고 있었다. 아스텍 인들이 세운 문명이었다. 그들은 거대한 기념비적 건축물 세우기를 즐기는 뛰어난 건축가들이었고 정교한 기록 문화를 가지고 있었으며 뛰어난 예술적 재능의 소유자들이었다. 또한 천문학적 지식에 근거하여 당시 유럽의 그 어떤 달력보다 정확한 달력을 만들 줄 알았다. 멕시코 보물선에 맨 처음 실려 온 공예품들을 접한 화가 알브레히트 뒤러Albrecht Dürer는 이렇게 썼다. 때는 1520년 8월이었다. "내 가슴을 이토록 기쁘게 울리는 예술품을 나는 일찍이 본 적이 없다. 나는 사람 키만 한 순금 태양(실은 그것은 아스텍의 천문 달력이었다.)과 비슷한 크기의 순은 달을 보았다. 온갖 종류의 무기와 갑옷 그리고 이상야릇한 병기들이 두 방에 그득했다. 그것들은 모두 경이롭다기보다 오히려 한껏 아름다웠다." 유럽의 많은 지식인들은 아스텍 인들의 책을 보고 또한 정신을 잃을 지경이었다. 그중 한 사람은 "이집트의 책과 거의 비슷하다."라고 감탄했다. 에르난 코르테스Hernán Cortés는 아스텍의 수도 테노치티틀란Tenochtitlán을 이렇게 서술했다. "세계에서 가장 아름다운 도

↑ 아스텍 인이 본 16세기 멕시코 정복. 코르테스에 의하여 아스텍이 완전히 패망한 데에는 스페인의 기병과 각종 화기, 특히 '롬바르드 대포' 등이 결정적 요인으로 작용했다. 리엔코 틀락칼라 Lienco Tlaxcala의 작품이다.

↓ 멕시코의 일부 협조 세력과 동맹을 맺은 정복자들이 변변한 무기도 없는 아스텍 원주민들을 무참히 죽이는 장면을 태양이 무심히 내려다보고 있다. 가운데 있는 물새 깃털의 관을 쓴 사람이 멕시코 협조자를 나타낸다.

시들 중 하나이다. 그들의 활동과 행동거지는 거의 스페인에서 볼 수 있는 수준으로 조직적이고 질서정연하다. 이들이 기독교를 모르고 다른 문명 국가들과 교류를 하지 못했음에도 불구하고, 그들이 어떻게 이토록 훌륭한 것들을 지니게 됐는지 그저 놀랍기만 하다." 이 글을 쓰고 2년 후에 코르테스는 테노치티틀란과 그 외의 아스텍 문명을 철저히 파괴해 버렸다. 아스텍 기록에서 우리는 그 파괴의 실상과 만나게 된다.

> 아스텍 황제 목테주마 Moctezuma는 보고를 듣고 공포의 충격에서 헤어날 수 없었다. 그들이 먹는다는 음식물의 정체도 황제에게는 수수께끼였지만, 롬바르드 Lombard 대포의 위력에 대한 설명을 듣고서 그는 거의 기절할 지경이었다. 스페인 장교의 명령이 떨어지자 탄환이 대포에서 천둥소리를 내면서 힘차게 날아갔다는 것이었다. 그 소리에 정신을 잃거나 까무러진 사람도 있다는 설명이었다. 대포 구멍에서 돌멩이 하나가 화염과 섬광을 내면서 튀어나와 멀리 날아갔다고 했다. 이때 뿜어져 나온 연기는 고약한 냄새를 풍기면서 구역질이 나게 했다. 날아간 탄환에 맞은 산은 산산조각 나 깨져 버렸다. 나무는 톱밥으로 변해 산지사방으로 흩어져 사라졌다. 목테주마 황제는 이 모든 설명을 듣고 나자 정신은 몽롱해지고 심장은 멈추는 듯했다. 그는 충격과 공포에 질려 버릴 수밖에 없었다.

황제는 계속해서 보고를 받았다. "폐하, 우리는 저들만큼 강하지 못합니다. 우리는 저들에게 비해 참으로 아무것도 아닙니다." 그리하여 아스텍 인들은 스페인 인을 "하늘에서 온 신"이라고 부르게 되었다. 그렇다고 해서 아스텍 인이 스페인 인들을 환상의 대상으로 생각했던 것은 아니었다. 그들의 보고를 더 들어 보기로 하자.

> 그자들은 황금을 보자 원숭이들처럼 날뛰며 좋아했습니다. 온통 탐욕으로 가득한 얼굴을 하고 우리의 금을 닥치는 대로 자기들 손에 넣었습니다. 황금에 대한 그들의 욕망은 끝이 없는 듯했습니다. 황금에 굶주려 죽을 지경에 이른 존재로 보였습니다. 그들은 자신의 뱃속을 온통 황금으로 채우고 싶어 했습니다. 마치 황금을 먹는 돼지인 양 말씀입니다. 그들은 알아들을 수 없는 소리로 자기네들끼리 떠들면서, 황금 장식이란 장식은 모조리 앞뒤로 분해해서 떼어 갔습니다. 금이라곤 남은 게 하나도 없을 정도로 철저하게 탈취해 갔습니다.

스페인 인들에 대한 아스텍 인들의 깊은 통찰이 그들을 스페인의 침략에서부터 구해 주지 못했다. 그러던 중 1517년 밝은 혜성이 하나 멕시코에 나타나서 민심이 흉흉해졌다. 한편 아스텍 족에게는 퀘찰코아틀Quetzalcoatl이라는 신이 흰 피부를 가진 인간이 되어 동쪽 바다로부터 온다는 전설이 있었다. 이 전설에 사로잡혀 있던 목테주마 황제는 아스텍의 점성술사들을 즉시 처형했다. 혜성의 출현을 예고하지 못했을 뿐 아니라, 그 의미를 설명하지도 않았기 때문이기도 했겠지만 닥쳐올 재앙을 예감하고 있던 목테주마가 정신적으로 극히 우울해지고 마음이 냉혹해졌기 때문이었을 것이다. 유럽에서 데려온 400명의 군인과 일부 토착 협조자로 구성된 침략군은 아스텍 인들의 미신과 유럽이 누리던 기술적 우위에 힘입어 인구가 100만이나 되던 고도의 문명 사회를 지구상에서 하루아침에 흔적도 없이 사라지게 했다. 때는 1521년이었다. 아스텍 인들은 그때까지 말을 본 적이 없었다. 신대륙에는 말이라는 동물이 없었던 것이다. 그때까지 아스텍 인들은 철 공예를 전쟁에 사용할 줄 몰랐으며, 아직 화약을 발명하기 전이었다. 아스텍과 스페인의 기술 격차는 기껏해야 수세기에 불과했지만, 그 차이는 아스텍 인들을 역사의 뒤안길로 완전히 사라지게 하기에 충분했다.

범은하적凡銀河的 척도에서 볼 때 우리 지구 문명이야말로 가장 뒤처진 후진 문명일지 모른다. 우리보다 더 후진 사회에서는 전파천문학이란 것을 전혀 모르고 있을 것이다. 우리가 겪어 본 문화 간 갈등의 음울한 실상이 범은하적 규모에서도 통용되는 것이라면 지구를 침공한 외계인들은 우리의 셰익스피어나, 바흐나, 베르메르와 같은 이들에게 일시적 경의는 표할지 몰라도 지구 문명은 바로 끝장내 버릴 것이다. 그렇지만 아직 이런 일은 없었다. 그렇다면 외계인들이 원하던 바가 코르테스가 아니라 라페루스와 같이 철저하게 우호적이었단 말인가? 미확인 비행 물체를 보았다든가 면 과거에 외계인이 지구를 방문했다는 주장을 요즈음 우리는 자주 듣는다. 그럼에도 불구하고 지구 문명이 건재한 것을 보면, 외계의 지적 생물이 지구를 아직 발견하지 못했단 말인가?

우리는 앞에서 기술 문명들 가운데 극히 일부만이라도 대량 살상 무기와 자멸의 위험을 견뎌 낼 줄 알았다면 지금쯤 고도 기술 사회에 이미 진입한 문명권들이 우리 은하에 엄청나게 많을 것이라고 논의한 바 있다. 인류는 저속으로 움직이는 성간 비행선을 이미 만들었으며, 고속 성간 비행선의 제작이라는 목표를 눈앞에 두고 있다. 한편, 외계인의 지구 방문에 관한 믿을 만한 증거가 아직은 없다. 그렇다면 이것은 모순이 아닐까? 우리에게 가장 가까운 외계 문명권이 200광년의 거리에 있고 그들이 광속으로 이동할 수 있는 기술을 가지고 있다면 그곳에서 우리에게 오는 데에는 200년이면 충분하다. 그들이 광속의 100분의 1이나 1,000분의 1의 속도로 느리게 움직였다고 하더라도, 총 비행 시간은 기껏해야 2만 내지 20만 년일 것이다. 이 기간은 인류가 지구에 태어난 이래 지금까지 경과한 시간보다 훨씬 짧다. 그러면 도대체 그들은 왜 우리에게 날아오지 않는단 말인가? 여러 가지 가능성을 생각할 수 있다. 아리스타르코스나 코페르니쿠스의 전통에는 위배되는 생각이지만, 우리가 고도 문명 사회의 첫 번째 사례일지 모른다. 아무튼 고도의 문명사회는 은하에 꼭 태어났어야만 했다. 자기 파멸의 위험에서 벗어날 수 있었던 문명권이 흔하지 않더라도 약간은 있으리라는 우리의 생각이 근본적으로 잘못된 것은 아닐 것이다. 성간 우주 비행에 우리가 알지 못하는 문제가 있을 수도 있다. 광속보다 훨씬 느린 운동이라고 하더라도 우리가 알지 못하는 심각한 장애의 요인이 있을 수 있다. 어쩌면 그들은 이미 지구에 와 있을지도 모른다. 단지 신생 문명의 발전을 방해하지 않는다는 어떤 윤리적 배려나 아니면 모종의 은하법Lex Galactica 같은 규정 때문에 자신들의 존재를 우리에게서 단단히 숨기고 있을 수도 있지 않을까? 또 이런 상상도 해 볼 만하다. 우리가 배양 접시에 배양한 세균을 관찰하듯이 그들도 우리를 냉정하고 면밀하게 관찰하고 있을지 모른다. 지구인들이 금년에도 자기 파멸의 구렁에서 과연 살아남는지 어디 두고 보자 하는 식으로 말이다.

그러나 우리의 기존 지식과 모순되지 않는 또 하나의 설명도 가능하다. 우리로부터 한 200광년쯤 떨어진 곳에 오랜 역사를 가진 고도 문명이 있다고 하자. 그들은 지구를 방문하지 않는 한 지구에 대하여 특별한 관심을 가질 하등의 이유가 없다. 인간의 기술 문명 활동에서 야기된 어떤 신호가 광속으로 전파됐다고 하더라도, 아직 200광년의 거리를 통과하기에는 시간이 부족하다. 라디오의 출현이 고작해야 수십 년의 전이라는 사실을 상기하기 바란다. 그들은 주위에 있는 항성계 모두를 동등하게 볼 것이다. 그들이 어느 별 하나를 특별히 선호할 이유가 없다. 탐험과 이주의 대상으로 볼 때 근처의 별들이 갖는 매력이라는 게 그들에게 모두 엇비슷한 수준이지 않겠는가?[7]

어떤 별 주위를 돌던 행성에서 고도의 기술 문명이 발전하게 됐다면, 우선 자신이 속해 있는 행성계를 속속들이 탐색하는 것이 우선 과제일 것이다. 그 다음에 성간 우주 항해 기술을 개발하여 주위에 있는 별들을 향해 시험 탐색의 손길을 뻗쳐 나갈 것이다. 개중에는 적당한 여건의 행성을 거느리지 못한 별들이 있을 것이다. 그들도 예를 들어 거대한 기체 행성이나 소행성 따위는 마땅히 이주와 탐색의 대상에서 제외할 것이다. 물론 적정 여건의 행성들을 거느린 별이 있을 수 있다. 이러한 행성들에 이미 생물이 대규모로 서식하고 있을 수 있으며, 대기가 유독성 기체로 가득하다든가 아니면 기후가 쾌적하지 않을 수도 있다. 대부분의 경우 우주 식민화를 시도하는 문명권이라면 '지구화地球化'의 수고를 아끼지 말아야 한다. 지구화는 행성을 이주자가 살기에 적합한 여건으로 개조하는 작업을 지구인의 관점에서 붙여 본 이름이

7. 다른 별에 가고자 하는 동기는 여러 가지일 수 있다. 우리의 태양이나 태양계 가까운 곳에 있는 어떤 별이 곧 초신성으로 폭발할 상황에 놓여 있다면, 인류는 성간 우주 비행의 필요성을 절감하게 될 것이다. 우리의 기술 문명이 정말로 대단한 수준에 도달했는데, 은하의 중심이 곧 폭발할 단계에 있다는 사실을 발견했다고 치자. 이 경우에는 성간 이주가 아니라 은하 간 이주를 심각하게 고려해야 하지 않겠는가? 대규모의 폭발적인 격변을 우주에서 자주 볼 수 있다. 그렇기 때문에 은하 간 방랑을 일삼는 문명도 생각할 수는 있으나, 그들이 우리 지구에까지 올 리는 없을 것이다.

다. 행성의 개조는 긴 시간이 필요한 작업이다. 개조가 필요 없는 행성이 발견될 경우에는 식민화와 이주가 쉽게 이루어질 수 있을 것이다. 식민 행성의 현지 자원을 이용하여 또 하나의 행성 간 우주선을 만들기까지에는 참으로 긴 세월이 더 필요하겠지만, 결국 제2세대의 성간 탐험대가 그 행성을 떠나서 아직 이주가 이루어지지 않은 다른 행성으로 향할 것이다. 이렇게 해서 문명은 마치 덩굴식물이 대지를 덮듯 온 우주로 퍼져 나간다.

그로부터 적정 세월이 흐른 다음에 행성 하나에서 시작한 이주가 제3, 제4, …… 세대로 대를 거듭하면서 많은 수의 새로운 세상을 개척해 갈 것이다. 이렇게 우주 식민화 사업을 확장하다 보면, 원래 서로 다른 행성들에 기원을 둔 두 문명권이 동일 식민 행성에서 맞닥뜨리는 경우도 생길 것이다. 이미 전파나 그 외의 원격 통신 수단을 이용하여 서로 대화를 한 연후에 직접 만날 수도 있다. 새로 도착한 문명인들은 서로 다른 환경의 식민 사회를 건설할 것이다. 필요한 환경 조건에 큰 차이가 있을 터이므로, 팽창 중에 있는 두 식민 세력은 상대방을 무시하고 지낼 확률이 높다. 팽창의 패턴은 서로 얽혀 있어도 갈등의 요지가 많지 않을지도 모른다. 또는 은하수 은하의 적정 지역을 두 세력이 공동 개발할지도 모른다. 독자적으로 추진하든 공동의 노력을 경주하든 간에 그들의 우주 식민화 작업은 수백만 년 동안 계속되는 장대한 사업일 수도 있다. 하지만 그렇게 거대한 사업을 펼치는 그들은 은하 한구석에 자리한 태양계를 모른 채 그냥 지나치고 있을지도 모른다.

그 어떤 문명도 인구를 제한하지 않고는 성간 탐험을 한없이 계속할 수 없을 것이다. 한 사회가 인구 폭발에 직면하면 그 행성에서 사용할 수 있는 모든 자원, 에너지 그리고 과학 기술을 전적으로 자신들을 먹여 살리는 데 투자해야 한다. 이것은 특정한 문명만이 아니라 어떤 문명에나 적용되는 아주 강력한 원리이다. 한 행성의 사회 제도나 그곳에 번성하는 생물의 생물학적 구조에 관계없이 인구가 지수 함수적으로 팽창하면 그 행성의 자원은 결국 동이 나고 만다. 성간 탐험이나 식민화를 착실하게 수행 중인 문명권이 하나 있다면, 그들은 인구의 증가율을 여러 세대에 걸쳐서 0 또는 거의 0에 가깝게 완벽하게 유지해 왔음에 틀림이 없다. 일단 생활환경이 이상적인 '에덴'으로 이주가 이루어진 다음에는 인구 증가율에 부여한 초기의 엄격한 제한 조건을 어느 정도 풀 수도 있을 것이다. 어쨌든 인구 증가율이 낮은 문명권이 성간 식민지를 우주 여러 곳에 구축하려면 긴 세월이 필요할 것은 분명하다. 그러므로 성간 이주의 속도와 인구 증가율은 서로 밀접한 관계에 있다.

대학 동료인 윌리엄 뉴먼William Newman과 나는 우주 식민지의 확산 속도를 다음과 같이 계산해 본 적이 있다. 인구의 증가율이 매우 낮은 문명권 하나가 우리로부터 200광년 바깥에서 100만 년 전에 성간 이주를 시작했다고 하자. 적당한 여건의 행성계를 발견할 때마다 그들은 그곳을 자신들의 이주지로 식민화하면서 계속 사방팔방으로 퍼져 나갔다. 그러다가 이제야 비로소 그들의 우주선이 우리 태양계에 진입하게 됐다고 가정하자. 100만 년은 정말 긴 세월이다. 200광년 거리의 가장 가까운 이웃의 역사가 아직 100만 년이 안 되었다면 그들은 아직 우리 태양계에 도달할 수 없다. 반지름이 200광년인 구 안에 태양과 같은 별이 20만 개 정도 있으니까 성간 이주의 대상도 이만큼 될 것이다. 통계적 관점에서 볼 때, 우주 식민화 사업의 실현도 우리가 일상에서 경험하는 것과 크게 다르지 않을 것이므로 20만 개의 우주 식민지들이 구축된 다음에 우리 지구를 발견하고 거기에 토착의 문명권이 있음을 알게 될 것이다.

역사가 100만 년이나 되는 기술 문명 사회는 도대체 어떤 것일까? 우리가 전파 망원경이나 우주선을 갖기 시작한 것은 겨우 수십 년 전부터이며 우리의 기술 문명은 고작 수백 년의 역사를 지니고 있다. 한편 인류가 과학적 사고를 하기 시작한 것은 수천 년밖에 되지 않는다. 일반적으로 지구 문명의 나이는 1만 내지 2만 년이라고 한다. 지구에 인류가 태어난 시기부터 따져 본다고 하더라도 수백만 년을 크게 넘지 않는다. 우리의 기술 문명이 발달해 온 속도는 이 정도로 느리기만 했다. 불과 수십 년밖에 안되는 우리의 경험으로 100만 년의 역사를 헤아려 보는 것은 어불성설일 것이다. 그래도 우리는 우주를 개척하기 시작한 지 100만 년이나 지난 문명 사회는 우리의 상상을 초월하는 수준일 것임에 틀림없을 것이라고 짐작할 수는 있다. 우리와 그들의 기술 격차는 현대인과 짧은꼬리원숭이의 그것에나 비교할 수 있을 것이다. 우리의 재간으로 그들의 존재나마 알아챌 수 있을지 의문이다. 우리보다 100만 년이나 앞선 기술을 보유한 문명 사회라면 우주 식민화 사업이라든가 성간 이주 계획 따위에 관심을 가질 필요가 있을까? 어떤 이유에서인지는 모르지만, 인간의 수명은 유한하다. 생물학과 의학의 엄청난 발달에 힘입어 그들은 이미 수명이 한정되어 있는 것의 근본 원인을 캐내서 그 한계를 확장할 수 있는 대책을 마련했을 수도 있다. 우주 비행에 우리가 이렇게 연연해 하는 것은 유한한 생명의 한계를 뛰어넘을 수 있는 하나의 방편이 우주 비행이기 때문은 아닐까? 그들이 영원불멸의 수준에 거의 도달한 존재라면 그들은 성간 탐색을 겨우 아이들 장난쯤으로 간주하고 있을지 모른다. 생각이 여기까지 미치면 외계인이 지구를 아직 방문하지 않은 이유를 알 듯하다. 광막한 공간에 너무 많은 별들이 흩어져 있기 때문에 지구까지 도착하기 전에 성간 탐험을 통해 성취하려던 그들의 목적이 바뀌었을 수도 있다. 그 시간 동안에 이미 그들은 우리가 검출할 수 없는 존재로 변해 버렸을 수도 있다.

공상 과학 소설과 UFO 문학에서 즐겨 다루는 소재가 문명과 문명 사이에서 벌어지는 전쟁이다. 외계 문명이 소유한 우주선이나 광선총이 우리 지구 문명의 것과 다르기는 하지만, 실제 전투에서는 쌍방이 대등한 수준의 전력을 갖고 막상막하의 대결을 펼친다. 그러나 실제로 은하의 어느 두 문명권이 대등한 수준일 리가 없다. 그 어떤 대결에서든 항상 한 문명이 다른 문명에 비해 절대적인 우위를 차지할 것이다. 100만 년이라는 세월은 엄청 긴 시간이다. 우리보다 앞선 기술을 가진 문명권이 지구로 와서 무엇을 한다면 우리는 속수무책으로 바라보기만 할 것이다. 그들의 기술과 과학의 수준이 우리보다 월등하게 앞설 것임에 틀림이 없기 때문이다. 지구 문명이 악의에 찬 외계 문명과 만났을 때 어떻게 하면 좋을까 하고 걱정할 필요조차 없다. 그들이 살아남았다는 사실 자체가 동족이나 다른 문명권과 잘 어울려 살 줄 아는 방법을 이미 터득했음을 입증하기 때문이다. 스스로를 다스리고 남과 어울려 살 줄 모른다면 그렇게 오랜 세월을 견뎌 낼 수 없었을 것이다. 우리가 외계 문명과의 만남을 두려워하는 이유는 우리 자신의 후진성에서 유래한 것이다. 우리의 공포감은 우리 자신의 죄의식을 반영하는 것이다. 우리는 우리가 과거에 저지른 잘못을 잘 알고 있다. 인류의 역사에서 한 문명이 그보다 약간 선진적인 또는 약간 후진적인 문명에게 철저하게 파괴당하는 야만적 상황을 우리는 여러 차례 목격했다. 콜럼버스와 아라와크 족Arawaks의 만남이 그랬고 코르테스와 아스텍이 그랬다. 라 페루스와의 만남 이후 틀링지트 족이 겪어야 했던 최후 운명이 또한 그랬다. 우리는 저들도 우리와 같을 것이라고 믿기 때문에 외계 문명과의 조우를 두려워하는 것이다. 그러나 나는 외계인의 성간 함대가 우리 하늘에 나타났을 때 우리가 그들과 잘 화해할 수 있으리라 믿는다.

그들과의 만남은 십중팔구 우리의 상상을 초월하는 성격의 것이기 쉽다. 앞에서 이미 이야기했듯이 물리적 직접 접촉이 이루어지기 전에 전파를 통해 복잡한 내용의 메시지가 한동안 우리에게 먼저 전달될 것이다. 신호를 보낸 문명권은 우리가 그들의 신호를 받았는지를 알아낼 방도가 없다. 메시지의 내용이 공격적이든가 우리를 공포의 도가니로 몰아넣는 따위의 것이라면 우리가 그들에게 응답해야 할 하등의 의무가 없다. 반대로 그들의 메시지가 우리에게 유익한 정보를 담고 있다면 그 메시지가 인류에게 주는 효과는 참으로 놀랄 만한 것일 게다. 그들의 메시지는 과학과 기술, 미술과 음악, 정치와 윤리 그리고 철학과 종교와 관련된 모든 것을 우리에게 알려주어 인간의 통찰력을 크게 키워 줄 것이다. 그들의 메시지는 우리를 우리의 고질적 편협성에서 근본적으로 탈피하게 할 수 있는 결정적 정보를 담고 있을 것이다. 아, 그 이외에도 얼마나 많은 새로운 보배가 우리를 기다리고 있을까!

우리의 과학과 수학은 여타의 문명과 공유될 수 있는 것이므로 광막한 성간을 가로질러 전달된 메시지라고 해도 그것을 해독하는 데 아무런 어려움이 없을 것이다. 그러나 정말로 어려운 문제는 해독이 아니라 외계 생명을 탐색하는 연구에 예산을 배정해 달라고 미국 의회나 (구)소련의 중앙 위원회를 설득하는 일이다.[8] 문명은 크게 두 부류로 나누어 볼 수 있다. 하나는 과학자들이 비과학자들을 설득하여 외계 생명의 탐색 사업에 필요한 재정 지원을 얻어 내기가 불가능한 사회이다. 이러한 사회에서는 사용 가능한 모든 자원을 내부에만 투자하고, 통념이 사회를 철저하게 지배하여 별 세계의 탐색 같은 것은 아예 생각도 할 수도 없는 사회이다. 다른 하나는 외계 문명과 접촉해 보고 싶다는 희망을 꿈꿀 수 있으며, 또 시민 전체가 위대한 이 꿈을 공유하여 외계 문명과의 만남을 위한 대규모의 연구가 실행될 수 있는 사회이다.

외계 문명의 탐색이야말로 실패해도 성공하는 사업이다. 인류사에서 절대 밑지지 않는 사업은 흔하지 않다. 우리가 외계로부터 오는 신호를 잡기 위해서 수백만 개에 이르는 별들을 모두 조직적으로 철저하게 조사했지만 아무런 신호도 검출할 수 없었다고 치자. 그렇다면 은하에서 문명의 발생이란 것이 참으로 드문 현상이라는 결론을 내릴 수 있을 것이다. 우주에서 우리의 존재에 대하여 적어도 하나의 확고부동한 척도가 마련되는 셈이다. 따라서 지구 생명의 고귀함이 만천하에 드러나게 된다. 그렇다면 사람 한 명 한 명이 개체로서 반드시 존중돼야 할 존

8. 미국이나 (구)소련만이 아니다. 여타의 나라에서도 국가 기관을 설득하기란 매 한 가지로 어렵다. 영국 국방성 대변인이 발표했다는 1978년 2월 26일자 런던 발 《옵저버*Observer*》의 기사를 읽어 보자. 사실 안 봐도 뻔한 내용이다. "외계에서 송출된 전파 메시지는 모두 영국 방송 협회 BBC와 우정성의 소관입니다. 불법 방송을 색출하는 업무가 그들의 책임이기 때문이다." 하, 하, 하.

재가 된다. 현재를 살고 있는 사람들뿐 아니라 인류의 전 역사를 통해서 그렇다는 말이다. 외계 문명이 발견된다면 인류사와 지구 행성의 의미는 그 근본에서부터 변혁을 겪게 될 것이다.

외계 문명인이 메시지를 보낼 때 그 메시지가 자연의 신호가 아니라 특정 목적을 가지고 마련한 신호임을 수신자가 쉽게 알아챌 수 있도록 그들은 특별한 방법을 구사할 것이다. 그것은 뭐 그렇게 대단히 어려운 방법은 아니다. 예를 들어 보자. 소수素數는 1과 자기 자신만으로 똑 떨어지게 나눠지는 자연수다. 가장 작은 소수 열 개를 써 보면 다음과 같다. 1, 2, 3, 5, 7, 11, 13, 17, 19, 23. 소수가 가진 특성을 생각할 때 어떤 전파 신호가 소수만으로 구성되어 있다면 그것은 자연에서 볼 수 있는 물리 과정에서 만들어진 것이 아니라는 결론을 내릴 수 있다. 그러니까 우리가 수신한 신호가 소수만으로 된 신호라면 적어도 소수를 좋아하는 문명권이 저 멀리 어디엔가 존재한다고 확신할 수 있을 것이다. 고대에는 파피루스나 석판이 아주 귀해서 한 번 썼던 양피지에 글자를 겹쳐 써서 다시 사용하고는 했다. 성간 통신도 어쩌면 겹쳐 쓴 양피지 사본 같은 것이기 쉽다. 무슨 이야기인가 하면 이렇다. 한 전파 주파수로 메시지를 보내고 그 주파수에 인접한 주파수 대역에 별도의 메시지를 보낼 것이라는 말이다. 같은 주파수를 쓴다면 매우 빠른 속도로 연거푸 메시지를 보낼 것이다. 이러한 방식을 택하는 데에는 특별한 이유가 있다. 언제 누가 그 주파수를 감지해 해독해 낼지 모르는 상황에서 교신을 시도해야 하기 때문이다. 인접 주파수 대역에도 별도의 메시지를 실어 보낸다면 성간 방송에 대한 예고문과 설명문을 내보낼 수 있게 되는 셈이다. 그 설명문은 성간 교신용 언어에 대한 해

문명 종류 : 1.8L형.

사회 코드 : 2A11, "우리는 살아남았다."

중심 별 : FOV, 분광 변광성, 거리 = 9.717 Kpc, θ = 00 07′ 51″, φ = 210 20′ 37″.

행성 : 제6번 행성, 궤도 긴반지름 = 2.4 × 10^{13}cm , 질량 = 7 × 10^{18}g, 반지름 = 2.1 × 10^{9}cm, 자전 주기 = 2.7 × 10^{6}초, 공전 주기 = 4.5 × 10^{7}초.

행성 외부 식민지 : 없음.

행성 나이 : 1.14 × 10^{17}초.

자체 노력으로 이룬 외부와의 최초 접촉 : 2.6040 × 10^{8}초 전.

은하 둥지 코드의 최초 접수 : 2.6040 × 10^{8}초 전.

생물 정보 : C, N, O, H, S, Se, Cl, Br, H_2O, S_8, 다환방향족 황화 할로겐 화합물, 약한 환원성 대기에서 이동하며 광화학 합성을 하는 자주 영양체. 다중 분류군, 단색성.

m ≃ 3 × 10^{12}g, t ≃ 5 × 10^{10}초. 유전자 조작을 통한 보체 기술 없음.

유전체 : ~ 6 × 10^{7}(유전체당 비중복 비트 수 : ~ 2 × 10^{12}).

기술 수준 : 지수 함수적으로 점근 한계로 접근 중.

문화 : 전지역, 비군집성, 다종 특성(2속 41종); 수리적 시 문학.

출산 전/출산 후 : 0.52[30], 개체/공동체 : 0.73[14], 예술성/기술성 : 0.81[18].

생존 지속 확률(100년당): 80퍼센트.

문명의 종류 : 2.3R형.

사회 코드 : 1H1, "우리는 하나가 됐다."

성간 문명, 행성계 집단 구성 이전, 1504 초거성, O, B, A형 주계열성과 펄서 활용.

문명 연령 : 6.09 × 10^{15}초.

자체 노력으로 이룬 외부와의 최초 접촉 : 6.09 × 10^{15}초 전.

은하 둥지 코드의 최초 접수 : 6.09 × 10^{15}초 전.

문화 원천, 중성미자 채널.

국부군 사이에 다중 대화 가능.

생물 정보 : C, H, O, Be, Fe, Ge, He. 4K 금속 킬레이트 유기 반도체. 종류는 다양함. 저온 초전도성 전자 친화성 중성자 고밀도 결정과 모듈러 스타마인너; 다중 분류군.

m 다양함. t ≈ 5 × 10^{15}초.

유전체 : ~ 6 × 10^{17}(평균 유전체당 비중복 비트 수 : ~ 3 × 10^{17}).

생존 지속 확률(100만 년당) : 99퍼센트.

문명 종류 : 1.0J형.

사회 코드 : 4G4, "인류".

중심 별 : G2V, 거리 = 9.844 Kpc, θ = 00° 05′24″, φ = 206° 28′49″.

행성 : 제3번 행성, a = 1.5 × 10^{13}cm , M = 6 × 10^{27}g , R = 6.4 × 10^{8}cm .

자전 주기 = 8.6 × 10^{4}초, 공전 주기 = 3.2 × 10^{7}초.

행성 외부 식민지 ; 없음.

행성 나이 : 1.45 × 10^{17}초.

자체 노력으로 이룬 외부와의 최초 접촉 : 1.21 × 10^{9}초 전.

은하 둥지 코드의 최초 접수 : 확인 중.

생물 정보 : C, N, O, H, S, H_2O, PO_4, DNA, 유전자 조작을 통한 보체 기술 없음.

이동하는 타가 영양체, 광화학 합성을 통한 자주 영양체.

표면 거주자, 단일 종, 다색성 산소 흡입자,

순환 혈액에 철-킬레이트 테트라파이롤, 양성 포유류.

m ≃ 7 × 10^{4}g, t ≈ 2 × 10^{9}초.

유전체 : ~ 4 × 10^{9}.

기술 수준 : 지수 함수적으로 발전/화석 연료/핵무기/조직적인 대규모 전쟁/환경 오염.

문화 : ~200여 개의 국가, ~6개의 초 강대국; 기술과 문화의 전역화 진행 중.

출산 전/출산 후 : 0.21[18], 개체/공동체 : 0.31[17], 예술성/기술성 : 0.14[11].

생존 지속 확률(100년당) : 40퍼센트.

가상의 고등 문명에 관한 정보를 『은하 대백과사전』에서 발췌하여 정리해 놓은 컴퓨터 화면. 존 롬버그와 필자가 같이 상상해 본 결과물이다.

설서의 역할도 할 수 있을 것이다. 정작 전하려는 메시지는 연속되는 예고문들 중 어디 깊숙한 데에 들어 있을 것이다. 겹쳐 쓴 양피지의 사본이야말로 이 경우에 딱 들어맞는 표현이다. 짧은 전파 신호 속에 엄청난 양의 정보를 함께 실어 보낼 수 있는 전파 기술이 있다. 어쩌다 우리가 스위치를 넣고 신호를 잡고 보니, 『은하 대백과사전*Encyclopeadia Galactica*』 3,267권이 방송되는 중일 수 있다. 이를테면 그렇다는 이야기이다.

외계 문명의 실체를 알아낼 수 있다. 우리 은하에 외계 문명이 수없이 많으며, 그 하나하나마다 지구와는 깜짝 놀랄 정도로 다른 형태의 생물들이 살지도 모른다. 그들이 생각하는 우주는 우리가 생각하는 바와 다를 것이다. 그들의 사회가 기능하는 바와 또 그들의 예술은 우리의 것과 근본적으로 다를 수 있다. 그들은 우리가 상상도 할 수 없었던 일에 큰 흥미를 느낄지도 모른다. 우리의 지식 체계를 그들의 것과 비교해 봄으로써 우리는 그들에게서 많은 것을 얻어 우리 문명을 가늠할 수 없을 정도로 크게 성장시킬 수 있다. 새로 얻은 다양한 정보를 분류하여 컴퓨터 기억 장치에 정리 · 보관해 놓음으로써 은하 어디에 어떤 문명이 있었던가를 알 수 있을 것이다. 거대한 은하 컴퓨터를 상상해 보자. 그 컴퓨터에는 현재까지 있었던 모든 문명에 관한 정보가 모두 저장되어 있을 것이며, 그 컴퓨터는 코스모스의 생명에 관한 거대한 도서관의 구실을 할 것이다. 『은하 대백과사전』에는 외계 문명에 관한 정보가 가득할 것이다. 『은하 대백과사전』을 우리가 처음부터 잘 읽을 수는 없을 것이다. 번역에 오랜 시간을 투자해야 할 것이다. 번역이 다 됐다고 해서 우리의 호기심이 반감되는 것은 아니다. 완전히 번역된 내용을 읽더라도 수수께끼 같은 내용이 가득해서 알고자 하는 욕망의 부추김을 당하면서 미지의 세상에 대한 갈증을 더욱 심하게 느끼게 될 것이 확실하다.

오랫동안 숙고에 숙고를 거듭한 지구 문명은 결국 대답을 하기로 결정한다. 처음에는 아주 기본적인 정보를 보낸다. 이것을 시작으로 여러 세대에 걸친 성간 대화가 이루어진다. 별들 사이의 거리는 광막한데 빛이 달릴 수 있는 속도가 유한하다는 점을 고려한다면 그 성간 대화는 우리의 먼 후손에 이르기까지 장구한 시간에 걸쳐서 지속될 것임에 틀림없다. 그런 일이 있고도 또 한참 세월이 지난 후에 멀리 떨어져 있는 한 행성에서 살고 있던 우리와 전혀 다른 어떤 존재가 보낸『은하 대백과사전』의 최신판을 만들기 위한 정보를 달라는 요구를 접하게 될 것이다. 그리고 그들은 은하 문명 공동체의 최신 가입자에 대한 정보를 자신들의 컴퓨터에 입력할 수 있게 될 것이다.

지구의 특사. 아폴로 14호가 달을 향해 발사되던 날 밤 장대한 모습을 자랑하며 우뚝 서 있다. 전 지구적 재앙을 불러올 수 있는 바로 그 로켓과 핵 기술이 우리를 다른 행성과 별에까지 실어 날라 준다. 데니스 밀런Dennis Milon의 사진이다.

13 누가 우리 지구를 대변해 줄까?

눈앞에서 사람들이 죽어 가고 노예 제도의 야만성이 판을 치는 세상에서 별 세계의 비밀을 캔다는 일이 도대체 무슨 의미가 있다는 말입니까?

— 몽테뉴에 따르면 아낙시만드로스가 피타고라스에게 던진 힐문이라고 한다.

지구 도처에서 끔찍한 음모를 꾸미고 끝없는 바다를 정복한다고 법석을 떨면서, 우리는 수없이 많은 전쟁을 일으키고 있다. 우리가 그런 짓을 하면 할수록 지구의 모습은 바깥 세상의 천체들에 비해서 더욱더 초라해 보일 뿐이다. 제왕과 왕자 들은 반성할지어다. 그대들은 하나의 점에 불과한 그래서 어쩌면 불쌍해 보이기조차 하는 보잘것없는 한구석의 주인이 되고자 그렇게도 많은 인명을 희생시켜야만 하는가?

— 크리스티안 하위헌스, 『천상계의 발견』, 1690년경

우리의 아버지이신 태양께서 말씀하셨다. "내가 온 세상에

광명의 빛을 보내노라. 그리하여 사람들이 추위에 떨 때 그들을 따뜻하게 할 것이며, 그들의 땅이 풍성한 과일을 맺게 하고, 그들의 가축이 크게 번성케 할 것이다. 하루도 거르지 않고 세상을 두루 보살펴 사람에게 필요한 것이 무엇인가를 직접 알아내어 그들에게 그것을 모두 마련해 주리라. 그러하니 너희도 나의 모범을 따를지어다."

— 가르실라소 데 라 베가의 『왕실 주석서』에 기록된 잉카 신화, 1556년

이 자리에서 억겁의 세월을 돌아보아 우리의 자라온 모습을 살펴봅시다. 사리와 조금 사이에서 살아남으려던 처절한 발버둥이 보이지 않습니까? 살아남으려고 이 모양에서 저 모양으로의 변신에 혼신의 노력을 쏟지 않았습니까? 한번은 이런 종류의 힘에 의지하다가 다음번에는 저런 종류의 힘에 의지하며 살아왔습니다. 처음에는 겨우 기어 다니던 존재가 어느 날 자신 있게 땅을 밟고 서더니만, 그 다음에는 공기의 세상을 지배하려고 여러세대 동안 허덕여 왔습니다. 그런가 하면 바다 저 깊은 속을 탐사하고, 그 속에서 살아 보려고도 했습니다. 이러한 의지의 끝없는 도전이 분노와 기아로 자신을 다시 덮쳐 우리를 다른 모습의 존재로 바꾸어 놓곤 했습니다. 자신이 지배할 수 있는 영역을 넓히고, 자신의 됨됨이를 더욱 가다듬어 변하는 환경에 재빨리 대응할 수 있는 예리함을 갈고 닦았습니다. 추구하는 것의 정체를 스스로 파악하지도 못하면서 끝없이 추구하여 오늘의 우리 모습에 가까이 올 수 있었습니다. 결국 그 의지는 머리와 심장을 관통하는 위대한 맥동으로 살아남았습니다. 어떻습니까? 이 영겁의 과거는 시작의 시작일 뿐이지 않습니까. 여태껏 그래 왔습니다. 그래서 오늘날 나타난 그 무엇은 그저 여명의 그림자일 뿐입니다. 인류가 이룩한 모든 것은 진정한 깨달음을 얻기 직전에 꾼 한날 꿈에 불과합니다. 면면히 이어지는 유산과 혈통 속에서 위대한 정신이 태어났습니다. 그 정신은 스스로를 객관적으로 볼 줄 알아 자신의 미미함을 인식할 수 있었고, 그래서 더 나은 미래를 희망할 줄도 알게 되었습니다. 그날

은 올 것입니다. 하루하루의 끝없는 반복을 통해 그날은 우리에게 오고야 말 것입니다. 우리의 생각과 육체 안에 가능성으로만 숨어 있던 그 무엇이 자신의 참 모습을 언젠가 드러내어, 지구를 발받침으로 삼아 훌쩍 밟고 일어서서, 큰 소리로 웃으며 저 별들에게 우리의 손을 내밀 날이 정녕 우리에게 오고야 말 것입니다.

— H. G. 웰스, 「미래의 발견」, 《네이처》 65, 326, 1902년

코스모스의 발견은 바로 '어제' 일어난 사건이다. 지난 100만 년 동안 우리는 지구 이외에 또 다른 세상이 있을 수 없다고 확신해 왔다. 그것에 비교한다면 아리스타르코스에서 현대까지의 기간은 0.1퍼센트에 불과한 찰나일 뿐이다. 오늘에 와서야 우리는 우리가 우주의 중심이 아니며 우리의 존재가 우주의 목적일 수도 없다는 현실을 마지못해 받아들이기 시작했다. 이제야 우리는 스스로를 1조 개의 별들을 각각 거느린 1조 개의 은하들이 여기저기 점점이 떠 있는 저 광막한 우주의 바다에 부질없이 떠다니는 초라한 존재로 보고 있다. 그러나 인류는 겁도 없이 우주라는 바다의 물맛을 보았고 그것이 자신의 기호에 딱 들어맞는다는 사실도 알아차렸다. 인간의 본성이 우주라는 큰 바다와 공명을 이루며 인류의 가슴속 깊은 곳에 자리한 뜨거운 그 무엇이 우주를 자신의 편안한 집으로 받아들였던 것이다. 사람이 별의 재에서 태어난 존재이기 때문일까? 인류의 기원과 진화가 우주에서 진행된 모든 사건들과 밀접하게 묶여 있기 때문은 아닐까? 우주 탐험이야말로 인류의 정체성을 찾기 위한 위대한 장정인 것이다.

신화를 만들어 낸 고대인들도 잘 알고 있었듯이 사람은 대지Earth의

자녀인 동시에 하늘의 자녀이기도 하다. 지구에서 살아오는 동안 인류는 못된 진화적 습성을 많이 길러 왔다. 호전성, 그릇된 관습, 지도자에 대한 무조건적 복종, 이방인에 대한 이유 없는 적개심같이 오랫동안 유전돼 온 못된 요소들은 인류의 생존 자체를 크게 위협하고 있다. 그러나 우리는 남을 측은히 여길 줄 아는 좋은 천성도 갖고 있다. 우리는 자식을 사랑할 뿐만 아니라 자식의 자식도 아낀다. 역사에서 무언가를 배우려 노력하고 지적인 것을 향한 불같은 열정을 가지고 있다. 이것들은 인류에게 영원한 생존과 번성을 확실히 약속할 도구요 방편이 될 것이다. 못된 습성과 좋은 천성 중에서 어느 쪽이 우리 마음을 지배할지는 확실하지 않다. 특히 미래를 보는 우리의 눈이 지구에 고착돼 있다거나 이해득실을 계산하는 마음이 지구의 어느 한 지역에만 묶여 있다면 결국 저 못된 습성이 사랑의 마음과 이성의 예지를 지배하게 될 것이다. 그러나 광막한 코스모스의 바다 속에 감춰진 새로운 세상과 가능성이 우리를 기다리고 있다. 외계 문명의 존재에 대한 확실한 증거를 우리는 아직 갖고 있지 않다. 우리와 같은 문명의 운명은 결국 화해할 줄 모르는 증오심 때문에 자기 파괴의 몰락으로 치닫게 되는 것은 아닌가 걱정된다. 하지만 우주에서 내려다본 지구에는 국경선이 없다. 우주에서 본 지구는 쥐면 부서질 것만 같은 창백한 푸른 점일 뿐이다. 지구는 극단적 형태의 민족 우월주의, 우스꽝스러운 종교적 광신, 맹목적이고 유치한 국가주의 등이 발붙일 곳이 결코 아니다. 별들의 요새와 보루에서 내려다본 지구는 눈에 띄지도 않을 정도로 작디 작은 푸른 반점일 뿐이다. 이렇게 여행은 시야를 활짝 열어 준다.

우주에는 생명이 전혀 서식한 적이 없는 세상이 있다. 우주적 재앙의 표적이 되어 새까맣게 타 버린 불모의 세상들이 우주 여기저기에 널려 있다. 우리는 행운아이다. 이렇게 멀쩡하게 살아 있고 자신의 운명을 바꿀 수 있는 능력을 소유하고 있다니 얼마나 다행인가? 문명의 미래와 하나의 종種으로서 인류의 생존 문제가 우리 두 손에 달려 있다. 우리가 지구의 입장을 대변해 주지 않는다면 과연 누가 그렇게 해 주겠는가? 인류의 생존 문제를 우리 자신이 걱정하지 않는다면 우리 대신 누가 이 문제를 해결해 줄 수 있단 말인가?

인류는 현재 위대한 모험을 앞두고 있다. 이 모험이 성공적으로 끝난다면, 우리가 지금 감행하려는 모험은 바다에서 태어난 생명이 뭍으로 진출한 사건이나, 유인원이 나무 위에서의 삶을 청산하고 땅으로 내려오기로 한 결정 등에 버금갈 만한 위대하고 중요한 사건으로 인류사에 기록될 것이다. 우리는 지금 지구의 온갖 족쇄에서 벗어나려고 끙끙거리고 있다. 인류는 이미 지구의 속박에서 일시적 해방을 맛보기도 했다. 우리는 자신의 사고방식에 내재된 원시성을 잘 길들이며 우리의 원시적 두뇌가 내리는 일방적 지시와 대결함으로써 지구가 사람에게 걸어 놓은 정신적 족쇄에서 탈출하려 하고 있다. 또 인류는 다른 행성들로의 여행을 감행하는 한편, 외계에서 올지도 모르는 메시지에 귀를 기울임으로써 육체적 족쇄로부터 탈출을 꾀하고 있다. 정신적 해방과 육체적 탈출은 상호 불가분의 관계에 있다. 전자 없이 후자의 실현이 있을 수 없고 후자의 가능성을 전제하지 않은 전자의 성공 또한 상상할 수 없다. 전자와 후자는 서로에게 필요조건이 된다. 그런데 우리는 전쟁 수행에 훨씬 더 많은 에너지를 쓰고 있다. 인간은 상호 불신이란 최면 상태에서 빠져나오지 못한 채 하나의 종으로서의 인류에 대한 염려 같은 것은 아예 할 줄 모른다. 상호 불신의 망령은 우리로 하여금 지구도 하나의 행성이라는 사실을 완전히 망각케 하여, 모든 국가를 죽음을 향해 서둘러 행진케 할 뿐이다. 우리가 지구에서 저지르고 있는 일들은 너무나 무서운 결과를 불러올 짓거리들이기 때문에, 오히려 우리는 초래될 문제의 심각성을 생각하지 않으려 한다. 무슨 일을 하든 심사숙고하지 않는다면 어떻게 우리가 그 일을 올바르게 수행할 수 있으며 거기서 좋은 결과를 기대할 수 있단 말인가.

생각이 있는 사람이라면 누구나 핵전쟁을 두려워한다. 그렇지만 핵기술을 보유한 국가들은 단 한 나라도 빠짐없이 핵전쟁을 준비하고 있다. 누구나 핵전쟁이 미친 짓이라고 알고 있지만 국가는 국가대로 핵전쟁의 필요성에 대한 그럴듯한 구실을 갖고 있다. 우리는 여기서 음울한 인과의 고리를 보게 된다. 제2차 세계 대전 초기에 독일인들이 핵폭탄을 만들고 있었다. 그렇기 때문에 미국은 독일보다 먼저 만들어야 했다. 미국이 갖고 있으니 (구)소련도 핵폭탄을 가져야만 했고, 그 다음에는 영국, 프랑스, 중국, 인도, 파키스탄 등의 나라들이 가져야 했다. 아마 20세기가 끝날 즈음에는 수많은 국가가 핵폭탄을 소유하게 될 것이다. 핵폭탄은 만들기 쉽다. 핵분열 물질은 원자로에서 쉽게 훔칠 수 있다. 그리고 이제 핵폭탄 제조 기술은 거의 가내 공업의 범주에 들었다.

제2차 세계 대전에서는 블록 버스터block buster라고 불리는 초대형 고성능 폭탄들이 위력을 발휘했다. TNT 폭약 20톤으로 만들어진 초대형 고성능 폭탄 하나가 대도시의 구역block 하나를 완전히 파괴할 수 있는 위력을 가졌다. 제2차 세계 대전 중에 모든 도시에 투하된 폭탄의 총량이 TNT 200만 톤, 즉 2메가톤이었다고 한다. 이 폭탄들은 1939년과 1945년 사이에 영국의 코번트리, 네덜란드의 로테르담, 독일의 드레스덴, 일본의 도쿄 등지의 하늘에서 비 오듯 쏟아져 수많은 인명을 죽음으로 몰아갔다. 2메가톤이 되려면 초대형 고성능 폭탄이 10만 개는 있어야 한다. 그러나 2메가톤은 20세기 후반에 개발된 수소 폭탄 하나의 에너지에 지나지 않는다. 그리고 오늘날 지구에는 수만 개의 핵폭탄이 있고 이것들이 우리의 생명을 위협하고 있다. 1990년대에는 미국과 (구)소련의 전략 핵미사일과 핵폭탄 1만 5000여 개가 상대방의 표적을 항시 겨냥하고 있게 될 것이다. 핵탄두와 핵탄두의 대치. 그러므로 이 행성의 그 어느 곳에도 안전지대는 없다. 이 요술 램프들은 누군가 비비기만을 기다리고 있는 죽음의 요괴들이다. 이 가공할 무기에 갇혀 있는 에너지의 총량이 TNT 1만 메가톤을 훨씬 넘는다는 생각을 하면 끔찍하다. 여섯 해나 지속된 제2차 세계 대전에서는 TNT 200만 톤이 쓰였는데 미래의 핵전쟁에서는 불과 수시간 이내에 TNT 100억 톤 전부가 집중 파괴에 쓰일 것을 상상해 보라. 지구상에 있는 모든 가족 하나하나에 초대형 고성능 폭탄이 한 개씩 떨어진다는 계산이 나온다. 한나절 동안 제2차 세계 대전을 1초에 한 번씩 겪어야 한다니.

핵폭탄이 폭발하면서 생기는 충격파는 투하 지점에서 수 킬로미터 밖에 있는 철근 콘크리트 건물을 한순간에 뭉개 버린다. 핵폭발에 동반되는 불기둥, 감마선 그리고 중성자에 노출되는 즉시 사람의 육체는 내부 속속들이 아주 철저하게 구워진다. 미국은 히로시마에 핵폭탄을 투하함으로써 제2차 세계 대전을 끝낼 수 있었다. 이 핵 공격에서 살아남은 한 여학생이 당시의 상황을 이렇게 기술해 놓았다.

지옥의 밑바닥 같은 암흑 속에서 엄마를 부르는 학우들의 목소리가 어렴풋이 들려왔다. 교각 옆에 파놓은 큰 물통 안에는 온몸이 빨갛게 구워진 갓난아기를 한 어머니가 자신의 머리 위로 높이 쳐들고 힘겹게 흐느끼고 있었다. 또 다른 어머니는 화상을 입은 자신의 젖을 아이 입에 물리면서 서럽게 소리 내어 울었다. 물통 안에 있는 학생들은 머리만을 물 위로 내민 채, 두 손을 애원하듯 움켜쥐고 비명을 지르며 부모를 찾아 외치고 있었다. 그러나 그 누구도 옆 사람에게 도움을 청할 수 없었다. 거기에는 성한 이가 단 한 명도 없었기 때문이었다. 바짝 그슬려 곱슬곱슬 뒤말린 흰 머리카락은 온통 재로 뒤덮여 있었다. 그들은 모두 사람으로 보이지 않았다. 이 세상에 사는 존재가 아니었다.

히로시마에 떨어진 핵폭탄은 곧이어 있었던 나가사키의 경우와 다르게 지표에서 멀리 떨어진 고공에서 폭발했기 때문에 낙진의 문제가 비교적 덜 했다. 그러나 1954년 3월 1일 마셜 군도 비키니 섬에 있었던 수소 폭탄 시험은 예상보다 훨씬 높은 파괴력을 나타냈다. 폭발 지점에서 150킬로미터나 떨어진 작은 산호섬 롱애러프 Rongalap도 거대한 방사능 구름으로 덮였다. 그 섬의 주민들은 핵폭발이 서쪽에서 떠오르는 태양 같았다고 증언했다. 폭발한 지 수시간 후 방사능 낙진이 롱애러프 섬에 눈송이가 내리듯 떨어졌다. 평균 방사능 조사량 dose이 175래드 rad였는데, 이 값은 보통 체격의 사람이 사망할 수 있는 치사량의 반이 조금 못 되는 것이었다. 그래도 이 산호섬이 폭발 지점에서 멀리 떨어져 있었기 때문에 사람이 그렇게 많이 죽지는 않았다. 그렇지만 음식물을 통해 방사능 동위 원소인 스트론튬이 체내에 누적되고, 방사능

요오드가 갑상선에 차곡차곡 쌓였다. 어린이의 3분의 2와 어른의 3분 1에게서 갑상선 이상, 성장 장애, 악성 종양 등이 발견되었다. 마셜 군도의 주민들은 특수하고 전문적인 치료를 받아야 했다.

히로시마에 투하된 핵폭탄의 파괴력은 겨우 13킬로톤이었다. TNT 1만 3000톤에 해당하는 위력이었다. 비키니 섬 실험에 쓰인 것은 15메가톤 급이었다. 전면 핵전쟁, 다시 말해서 수소 폭탄을 이용한 전쟁이 발작적으로 일어나면 전 세계의 모든 도시에 히로시마에 떨어진 핵폭탄 100만 개가 떨어지는 셈이다. 히로시마의 경험으로 미루어 보건대 TNT 1만 3000톤이 수십만 명을 살해했으니 전면 핵전쟁에서는 1000억의 인명을 죽이고도 남을 것이다. 그렇지만 20세기 말 세계 인구는 약 50억에 불과하다. 핵폭탄의 충격파, 열폭풍, 방사능의 직접 조사와 낙진이 지구의 모든 사람을 깡그리 죽일 수는 없을 것이다. 전면 핵전쟁에서도 살아남는 사람이 있을 것이다. 그러나 낙진의 위험은 장기간 지속될 것이다. 스트론튬 90의 90퍼센트가 소멸하는 데 걸리는 기간은 96년이다. 세슘 137의 90퍼센트가 소멸하는 데에는 100년, 즉 1세기가 필요하다. 요오드 131의 경우에는 한 달이 지나면 90퍼센트가 소멸된다.

핵 공격에서 비록 몇몇 사람이 살아남았다고 하더라도, 그들은 쉽게 밖으로 드러나지는 않는 묘한 변화를 경험하게 될 것이다. 핵폭발은 지구 상층 대기의 질소와 산소의 결합을 촉진시켜 오존의 상당량을 파괴시킬 것이다. 오존층의 파괴로 태양 자외선이 지구 대기로 침투할 수 있고,[1] 그 때문에 지구 표면에 도달하는 자외선의 양이 수 년 동안 지속적으로 증가할 것이다. 태양 자외선은 피부암을 유발하는데 피부암은 특히 백인종에게 위험하다. 더욱 두려운 것은 지구 생태계에 가

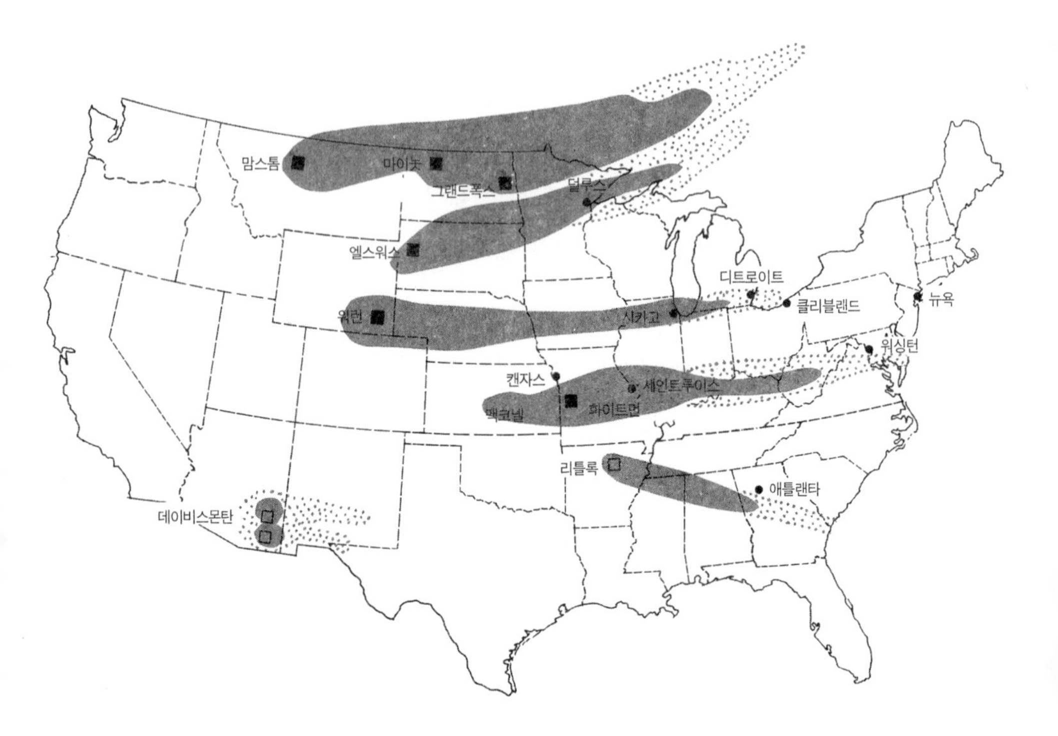

핵전쟁의 낙진. 전면 핵전쟁에서는 핵폭탄들이 대략 1만 5000개에 이르는 목표물들을 공격할 것이다. 타이탄과 마이누트맨이 설치된 미국 중서부의 대륙 간 탄도 미사일 기지에는 메가톤 급의 핵폭탄이 두어 개씩은 떨어질 것이다. 이 단 두 발의 핵폭탄이 제2차 세계 대전 중 세계 전역에 걸친 항공 폭격의 파괴력과 맞먹는 수준의 위력을 갖는다. 1980년 세인트헬레나 화산이 폭발했을 때 화산재가 미국 동부로 이동해 왔듯이, 방사능 물질의 구름이 중서부에 부는 편서풍을 타고 미국의 동부 해안으로 몰려올 것이다. 이 지도에는 방사능 낙진에 따라 사망률이 50퍼센트 이상 될 지역을 표시했다. 메가톤 급의 핵폭탄 두 개가, 예를 들어 서부 우크라이나쯤을 공격한다면 (구)소련에서도 비슷한 규모의 공포에 직면하게 될 것이다.

져올 변화이다. 하지만 변화의 실상을 모르기 때문에 대책을 세울 수 없다. 자외선은 곡식의 수확량을 격감시킬 뿐 아니라, 여러 종류의 미생물들을 죽일 것이다. 미생물의 어느 종이, 어떻게, 어떤 내용의 피해를 우리에게 가져다줄지 현재로서는 알 길이 없다. 미생물의 멸종이 우리에게 어떤 결과로 나타날지 모르지만 한 가지 확실한 것은 미생물이 거대한 생태계 피라미드의 맨 밑바닥을 담당하고 있다는 사실이다. 인류는 생태계 피라미드 맨 위층에서 겨우 아장거릴 줄만 아는 지극히 불안한 존재가 아닌가.

전쟁 상대국끼리 핵 공격을 감행하면 자연히 지구 대기에는 먼지의 양이 증가하고, 먼지의 증가는 태양 복사의 유입을 차단하여 지표의 온도를 낮춘다. 온도의 변화 폭이 비록 적더라도 이것은 농업 생산에 엄청난 재앙을 불러올 것이다. 방사능에 노출되면 곤충보다 새들이 훨씬 더 치명적인 피해를 입는다. 새의 멸종은 곤충의 창궐을 동반하므로, 농업은 막대한 피해를 입게 될 것이다. 이와 같이 꼬리에 꼬리를 물고 계속될 대혼란이 핵전쟁이 불러 올 재앙의 한 본보기라 하겠다. 괴질怪疾과 역병疫病 또한 가공할 재해이다. 괴질성 세균이 지구 전역에 번질 것이다. 인류는 20세기 말로 들어오면서부터 전염병으로 많이 죽지는 않게 되었다. 전염성 세균이 지구에서 사라졌기 때문이 아니라 세균에 대한 인체의 저항력이 그만큼 향상됐기 때문이다. 핵폭발에서

1. 에어로졸 분사에 쓰이는 플로로카본이 오존층 파괴의 주범으로 밝혀짐에 따라 여러 나라에서 플로로카본의 사용을 이미 금지시켰다. 질소와 산소의 결합에 의한 오존층의 파괴가 플로로카본에 의한 파괴보다 훨씬 더 심각하다. 지구에서 수십 광년 떨어진 곳에서의 초신성 폭발을 상정함으로써 공룡의 대량 멸종을 설명하려는 시도가 있었다. 이 설명의 기본 구상도 오존층의 파괴에 근거를 두고 있다.(공룡의 멸종은 오늘날 소행성 충돌로 설명한다. — 옮긴이)

방출되는 방사능 물질이 인체의 면역 체계를 온통 흔들어 놓아 병에 대한 저항력을 약화시킬 것이다. 장기간에 걸친 돌연변이의 결과로 새로운 종류의 미생물과 곤충이 나타나면 핵전쟁의 질곡에서 겨우 살아남은 사람이라도 신종 미생물과 곤충의 공격에 대처하기는 어려울 것이다. 어쩌면 퇴행성 돌연변이의 연속 속에서 가공할 신인류가 태어날 수도 있다. 돌연변이의 대부분은 살아남지 못하겠지만, 그래도 극히 일부는 생존할 수 있을 것이다. 또 다른 성격의 문제가 우리를 수없이 기다리고 있을 것이다. 사랑하는 이와의 사별, 엄청난 수의 화상 환자, 시력을 상실하고 지체가 절단된 불구자들의 긴 행렬, 각종 질병, 괴이한 전염병, 공기와 물에 오랫동안 만연할 유해성 방사능, 악성 종양에 대한 공포, 사산아의 출산, 장애아의 출생, 적당한 치료법의 부재, 아무런 소득도 없이 자기 파괴의 길을 걸어온 문명에 대한 허탈감, 이 모든 재앙을 미연에 방지할 수 있었음에도 불구하고 그렇게 하지 못한 데에 대한 자책감.

영국의 기상학자 리처드슨L. F. Richardson은 전쟁에 깊은 관심을 갖고 전쟁을 일으키는 요인을 찾으려고 했다. 그는 전쟁과 날씨 변화에 모종의 유사성이 내재함을 발견했다. 그는 전쟁과 날씨가 모두 매우 복잡한 현상이지만 모종의 규칙성을 보인다고 주장했다. 전쟁은 화해와 이해가 불가능한 증오심에서 비롯되는 현상이 아니라, 일기의 변화와 마찬가지로 이해와 통제가 가능한 하나의 자연 체계라는 것이다. 전 세계에 걸친 날씨의 변화를 포괄적으로 이해하자면 우선 방대한 양의 기상 자료를 수집하여 날씨가 실제로 어떻게 변하는지를 알아내야 한다. 리처드슨은 전쟁 현상의 이해도 마찬가지 과정을 거쳐야 한다고

핵전쟁의 가공할 모습. 원자 폭탄이 만든 충격파의 팽창 현상을 고속 촬영 기법으로 포착하였다. 그림자를 드리운 나무들의 모습이 처연하다.

확신했다. 그래서 그는 1820년부터 1945년까지 있었던 전쟁에 관한 자료들을 모두 수집했다. 이 기간 동안에 가엾은 우리 지구에서 수백 건의 전쟁이 발발했다.

그의 연구 결과가 그가 죽은 후에 『죽음에 이르는 분쟁들의 통계학 *The Statistics of Deadly Quarrels*』이라는 제목의 책으로 출판되었다. 이 책에서 리처드슨은 주어진 규모의 희생을 초래할 전쟁이 발생하는 데까지 걸리는 평균 시간 간격을 추정했다. 그는 희생자의 수로 전쟁 등급 M을 정의했다. M=3등급의 전쟁은 1,000명의 희생자가 발생하는 소규모의 분쟁이고, 5등급이나 6등급의 전쟁은 희생자가 10만 명 또는 100만 명에 이르는 심각한 수준의 것이다. 제1차 세계 대전과 제2차 세계 대전은 이보다 더 높은 등급의 전쟁이었다. 희생자가 많은 전쟁일수록 그 다음 전쟁이 일어날 때까지 긴 시간이 걸린다. 희생이 큰 전쟁을 겪으면 아주 오랫동안 기다려야 다음 전쟁을 볼 수 있다는 이야기이다. 전쟁의 이러한 특성은 대규모 태풍보다 국지적 폭우의 빈도가 높다는 기상의 특성과 궤를 같이 한다. 리처드슨은 지난 150년 동안 벌어졌던 전쟁 자료로부터 다음 전쟁까지 기다려야 할 시간과 전쟁 등급 M과의 관계를 하나의 곡선으로 나타낼 수 있었다.

리처드슨은, 자신의 곡선을 M=0까지 외삽한다면 전 세계에서 일어나는 살인의 빈도를 추정할 수 있다고 생각했다. 이렇게 추정해 본 결과, 전 세계에는 대략 5분에 한 건꼴로 살인 사건이 발생하는 것으로 나타났다. 개인 단위의 살인과 최대 규모의 전쟁이 연속적인 현상의 양끝인 셈이다. 전쟁과 살인은 동일한 성격의 현상이라는 이야기이다. 나는 심리적 관점에서 전쟁은 살인이라고 확신한다. 자신의 생존에 위협이 가해질 때, 자신의 생존이 도전을 받게 될 때 인간의—적어도 일부 사람들의—분노는 사람을 살인의 상황으로까지 치닫게 하는 경향이 있다. 같은 종류의 위협이 국가들에 가해질 때, 국가도 걷잡을 수 없는 살인적 분노에 휘말린다. 개인적 권력이나 경제적 이익을 추구하는 몇몇이 다수의 대중을 부추겨 당면 상황을 국가 간의 전쟁으로 몰아가는 경우를 우리는 역사의 기록에서 종종 보게 된다. 그렇지만 전쟁에서 사용되는 살인 기술이 발달하면서 전쟁의 피해상은 도를 넘는 처참한 수준으로 치달아 왔다. 이러한 변화는 다수의 사람들이 살인적 분노를 동시에 느끼게 만들고 결국 대규모 전쟁에 여러 나라가 말려들게 한다. 국가가 매스컴의 근간을 틀어쥐고 있으므로, 국가는 국민을 쉽게 선동하여 전쟁으로 몰아갈 수 있다.(이 점에 있어서 핵전쟁은 예외라고 할 수 있다. 핵전쟁은 극소수의 사람들이 결정할 수 있기 때문이다.)

우리는 여기에서도 우리의 열정과 좀 더 바람직한 인간 본성 사이에서 빚어지는 갈등을 볼 수 있다. 사람을 죽이고 싶을 정도의 격렬한 분노는 아주 먼 옛날 진화 과정에서 만들어져서 아직도 우리 머리 깊숙한 곳에 남아 있는 파충류의 뇌, 소위 뇌의 R-영역에서 일어나는 현상이다. 한편 감정의 중재와 기억의 관장은 진화의 가장 최근 단계에서 발달한 포유류와 인간의 뇌, 즉 변연계와 대뇌 피질에서 이루어진다. 그러므로 앞에서 이야기한 갈등은 파충류와 포유류의 뇌가 벌이는 대립의 소산인 셈이다. 인류가 적은 규모의 집단으로 하찮은 수준의 무기만을 사용하며 살아갈 때에는 아무리 분노가 극에 달한 전사라고 하더라도 그가 죽일 수 있는 사람의 수는 겨우 한둘에 불과했다. 현대로 오면서 기계 문명과 함께 전쟁 수단도 급격히 발달했다. 그러나 이 짧은 기간 동안에 '우리'도 많이 변했다. 이제 우리는 분노, 좌절, 절망 등의 동물적 격정을 이성의 힘으로 달랠 줄 알게 됐다. 인류는 최근에 벌어진 세계적 불의와 지역적 불의를 행성 규모에서 어느 정도는 개선할 수 있게 됐다. 그렇지만 현대 무기는 수십억의 인명을 한꺼번에 살해할 수 있다. 그렇다면 우리 자신의 성숙 정도는 충분치 않단 말인가? 과연 우리는 이성의 기능을 우리 자신에게 가장 효율적으로 가르치고 있는가? 우리는 전쟁의 원인을 규명하려고 얼마나 열심히 노력했는가?

핵무기를 통한 전쟁 억지라는 아이디어는 전적으로 우리의 비인간적 조상의 행동 양식에 근거한 것이다. 현대 정치가 중 한 사람인 헨리 키신저는 이렇게 쓴 적이 있다. "핵 억지력의 실현 여부는 무엇보다 심리학적 판단 기준에 달려 있다. 핵 사용 억지의 목적에서 볼 때 협박성 공갈을 신중하게 받아들이게 하는 편이 심각한 위협을 허풍으로 오판하게 하는 것보다 훨씬 효과적일 수 있다." 때로는 '막가파' 식의 비이성적 행태를 상대국에게 구사한다던가, 아니면 상대방을 핵전쟁의 가공할 결과에 대한 두려움으로 완전 세뇌하여 핵무기로 인한 전멸 가능성으로부터 스스로 거리를 두게 유도하는 것이 핵 억지 효과를 거둘 수 있는 실질적 방책이라는 것이다. 광기 어린 협박의 실제 목적은 가상의 적대국을 지구 전역에 걸친 대결의 장으로 내몰지 않고 오히려 분쟁의 여러 쟁점에서 상대로부터 양보를 끌어내려는 데에 있다. 이러한 막가파식 공갈 협박을 완벽하게 구사하여 상대방을 속이려면 절묘하게 과장할 줄 알아야 한다. 그런데 과장에는 필연적으로 따라다니는 중대한 위험 요소가 도사리고 있다. 한 사람이 비이성적 행태로 일단 협박하기 시작하면 그 사람은 이러한 방식에 너무 익숙해져서 협박의 허세를 허세로 묶어 두지 못하고 언젠가 결국 자기도 모르는 사이에 그 협박을 실행으로 옮기는 우를 범하게 된다. 자신이 부리는 허세를 상대방으로 하여금 허풍이 아니라 실제라고 믿게 하려다가, 결국 넘지 말아야 할 선까지 넘어 버리는 경우가 생기고 만다. 협박은 실행으로 옮겨질 위험을 반드시 동반한다.

지구 전역에 걸쳐 공포의 균형을 유지함으로써 핵전쟁을 억지하는 정책을 처음 시도한 나라는 아메리카합중국과 (구)소비에트사회주의 공화국연방이었다. 양측은 이 정책의 성공을 위하여 결국 인류 전체를 볼모로 잡았다. 양국은 상대 진영이 취할 수 있는 행동 양식의 경계를 정했다. 어느 한쪽이 정해진 선을 넘는 행동을 하면 핵전쟁에 즉각 돌입하게 됨을 양측 모두 잘 알고 있었다. 그러나 그 경계의 정의는 때에 따라 변하기 마련이다. 따라서 새로운 경계선을 서로에게 확실히 해 둘 필요가 끊임없이 발생한다. 그러므로 각 진영은 군사적 우위에 서야 한다는 강한 유혹을 받게 된다. 그러나 그 유혹의 실현은 항시 상대방이 심각하게 경계할 수준을 넘지 않는 범위에서만 가능할 뿐이다. 그러므로 쌍방은 상대의 인내 한계선을 계속 타진해야 한다. 예를 들어, 핵 폭격기의 북극 통과 비행, 쿠바 미사일 위기, 대인공 위성 무기의 실험, 베트남 전쟁, 아프가니스탄 전쟁 등이 그 길고도 슬픈 타진 목록의 일부이다. 전 지구적 공포의 균형은 유지되기 힘든 아주 미묘하고 불안정한 평형이다. 미묘한 균형을 깨지 않기 위하여 쌍방은 범하지 말아야 할 실수를 반드시 피해 가야 한다. 그 어떤 일도 삐끗 어긋나면 안 된다. 무엇보다 인간의 파충류적 열정을 적정 수준 이하로 제

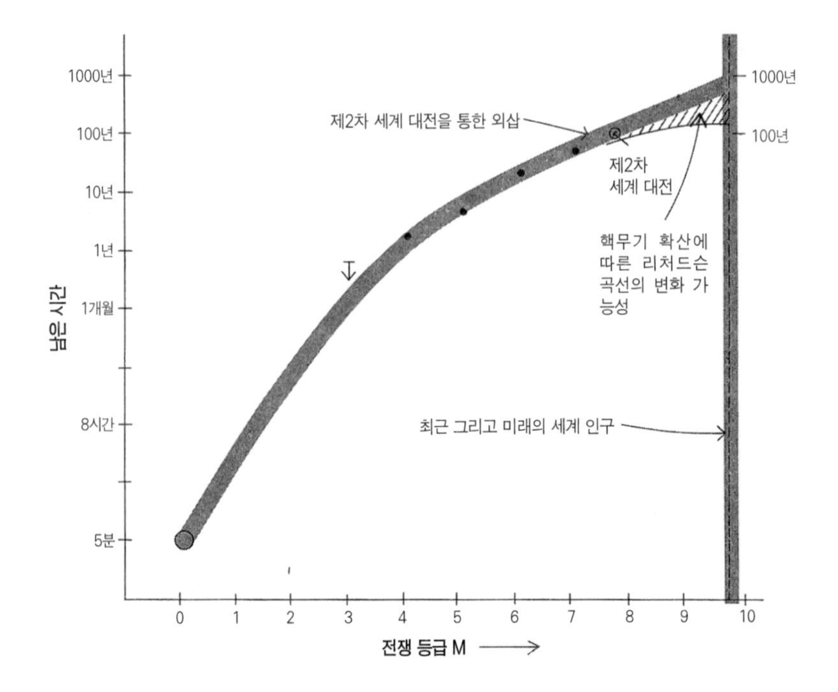

리처드슨 곡선. 가로축은 전쟁의 등급을, 세로축은 주어진 등급의 전쟁이 일어날 때까지의 평균 기간을 나타낸다. 이 그림은 1820년부터 1945년까지 있었던 전쟁에 관한 자료를 리처드슨이 정리 · 분석한 결과이다. 인구 10만 명이 희생되는 분쟁이 전쟁 등급 M5인 전쟁이다. 10등급 전쟁에서 100억의 인명 피해가 예상되므로, 이 규모의 전쟁이라면 지구상의 전 인류를 한꺼번에 멸망시킬 수 있다. 리처드슨 곡선의 단순 외삽에서 우리는 M10의 전쟁이 일어날 때까지 약 1,000년의 시간이 필요함을 알 수 있다(1820 + 1000 = 2820년) 그러나 현재 진행 중인 핵무기의 확산 속도를 고려한다면 리처드슨 곡선은 빗금친 부분으로 이동돼야 한다. 그렇다면 최후 심판의 그날이 오싹할 정도로 앞당겨진다. 리처드슨 곡선은 우리가 앞으로 하기에 따라 그 모양이 얼마든지 바뀔 수 있다. 세계 모든 나라가 핵무기의 해체를 기본 정신으로 존중하고, 하나의 행성일 뿐인 지구상에서 우리가 이룩한 인류 공동체의 기본 구조를 근본에서부터 바꿀 생각을 한다면, 리처드슨 곡선의 모양은 우리 마음대로 변형시킬 수 있을 것이다.

어해야 한다.

이제 리처드슨의 생각으로 돌아가 보자. 위 그래프의 굵은 실선은 전쟁 등급이 M인 전쟁이 발생할 때까지 기다려야 할 시간을 나타낸다. 예를 들어, 10만 명의 인명 피해가 예상되는 5등급의 전쟁이 일어날 평균 시간 간격은 10년이 채 안 된다. 1만 명 규모의 살상은 대략 1년에 한 번꼴로 일어난다. 그래프 오른쪽에 굵게 표시한 수직 막대가 세계 총인구를 나타낸다. 1835년의 전 세계의 인구는 10억이었고 현재는 45억이다.[2] 즉 1835년경에는 M=9의 전쟁이면 지구상의 인류를 한꺼번에 멸망시킬 수 있었고 현재에는 M=9.7이면 충분하다는 이야기이다. 리처드슨의 곡선이 이 수직 막대와 교차하게 되는 날을 최후 심판의 날Doomsday로 불러도 좋을 것이다. 그렇다면 우리는 언제쯤 최후 심판의 날을 맞게 될 것인가? 수직선의 위치를 인구의 증가율을 고려하여 오른쪽으로 옮기면서 리처드슨 곡선을 미래로 간단히 외삽해 보면, 대략 30세기쯤에 가서 두 선이 서로 만나게 된다. 리처드슨 곡선이 예측하는 바를 그대로 받아들인다면 최후의 심판은 다행스럽게도 아주 가까운 미래에는 당장 닥쳐오지 않을 것이다.

제2차 세계 대전 중에 살해된 사람이 군인과 민간인을 합해 약 5000만 명이었으니 제2차 세계 대전의 전쟁 등급은 7.7이었다. 그 후에 '살인의 과학 기술'은 불길한 미래를 약속할 정도로 '성장'해 버렸다. 제2차 세계 대전은 핵무기가 사용된 최초의 전쟁으로서 우리에게 핵무기의 가공할 위력을 확인시켜 주었다. 그럼에도 불구하고 인류의 전쟁 동기와 전쟁 성향이 그 후에 변했다는 증거는 전혀 찾아볼 수 없다. 오히려 재래식 무기와 핵무기 모두 점점 더 가공할 수준의 위력을 발휘하는 것으로 개량되었다. 그러므로 리처드슨 곡선의 끝 부분은 아

2. 45억은 이 책이 출간되던 1980년즈음의 세계 인구 통계이다. 1999년 10월 12일 0시를 기하여 세계 인구는 60억을 돌파했다. 2002년 말 현재 지구에는 약 61억 명이 살고 있다. — 옮긴이

래로 꺾여져야 한다. 곡선의 상단이 이동될 양이 얼마일지 현재로서는 구체적으로 알 수 없지만 이동의 방향만은 아래쪽이 확실하다. 리처드슨 곡선의 상단이 빗금 친 부분으로 떨어지게 된다면 인류의 최후 심판은 겨우 수십 년밖에 남지 않았다는 계산이 나온다. 1945년 전후의 사정을 비교해 보면 이 문제에 대한 좀 더 확실한 답을 기대할 수 있다. 이것은 인류의 사활死活이 걸린 질문이므로 간단히 지나칠 성질의 것이 결코 아니다.

다시 말해서 최근 수십 년간의 상황이 우리에게 시사하는 바가 클 것이다. 핵무기와 그 수송 체계의 발달 현황을 보건대 지구 전역에 걸친 재앙이 머지않아 우리에게 다가올 것임을 예감할 수 있다. 미국 학자들뿐 아니라 유럽에서 미국으로 이주해 온 과학자들은 처음에는 핵무기 개발 사업에 열성적으로 참여했다. 그러나 그들의 상당수는 그 괴물을 세상에 풀어놓게 된 데 대하여 깊이 후회하기 시작했다. 그래서 그들은 지구상에서 핵무기의 완전 폐기를 전 세계에 호소했지만 아무도 그 호소에 귀를 기울이지 않았다. 어느 한 나라가 전략적으로 우위를 차지할 가능성이 보이기 시작하자 미국과 (구)소련은 핵무기 경쟁에 본격적으로 뛰어들었다.

같은 시기에 비핵무기의 국제 교역량이 갑자기 성장하기 시작했다. 이름을 보면 별것 아닌 것 같은 '재래식 무기'도 그 내용 면에서는 과거의 무기와는 본질적으로 다르다. 첨단 병기인 것이다. 지난 25년 동안에 이루어진 국제 무기 교역의 양은 인플레이션을 고려했을 때 연간 3억 달러에서 200억 달러로 급상승했다. 1950년부터 1968년까지가 핵무기 관련 통계 자료가 비교적 충실하게 알려진 시기인데 이 기간

중에 대규모 폭발은 한두 건에 불과했지만 연평균 예닐곱 건의 크고 작은 핵 관련 사고가 세계 도처에서 발생했다. (구)소련과 미국을 포함한 세계 몇몇 나라에는 거대하고 강력한 결속력을 가진 군수 산업체들이 항시 엄존해 왔다. 미국의 군수 산업체에는 가정용품을 생산하는 유명한 회사들이 포함돼 있다. 한 조사에 따르면 이 기업들이 정부에 무기를 조달하면서 거두는 수익률은 비슷한 수준의 기술을 요하는 시장에서 경쟁하는 민간 기업의 수익율과 비교해 무려 30퍼센트 내지 50퍼센트나 더 높다고 한다. 민간 기업에서는 용납될 수 없는 일이지만 군수 업계에서는 비용의 과다 지출을 아주 당연한 현상으로 받아들인다. (구)소련은 무기 생산에 쏟아 붓는 재원의 양과 질 그리고 거기에 쏟는 각별한 관심과 배려 때문에 결국 시민을 위한 소비재 생산에 국력을 할애할 수 없게 됐다. 여러 가지 조사에 따르면 전 세계 과학자와 고급 기술 인력의 거의 반이 무기 생산과 관련된 직종에서 전일제 또는 시간제로 종사하고 있다고 한다. 대량 살상용 무기를 개발하고 생산하는 일에 종사하는 사람들은 최상의 임금을 받고 여러 가지의 특권을 즐기며 때로는 해당 분야에서 받을 수 있는 최고의 명예까지 누린다. 그런데다가 이 회사들의 고용 구조가 종업원들로 하여금 책임감을 전혀 느끼지 않도록 짜여져 있다. 이 점이 무기 개발이 지속될 수 있는 하나의 비결이라면 비결이라고 하겠다. 군수 산업의 이러한 특성 때문에, (구)소련에서도 무기 개발이 그렇게 터무니없이 긴 세월 동안 지속될 수 있었다. 무기 개발에 종사하는 사람들은 익명이 보장되고 철저히 외부로부터 보호를 받는다. 우리 사회의 모든 분야들 중에서 군사 영역만이 그 조직이 가진 특수한 비밀성 때문에 시민의 감시가 미치기

가장 어려운 성역으로 남아 있다. 그들이 무슨 짓을 하고 있는지 통 알 수가 없는데, 어떻게 시민들이 그들이 숨어서 하는 활동을 멈추게 할 수 있단 말인가. 군수 산업체들은 종사자들에게 타 분야에 비해 월등한 보상을 주고 서로 이익을 남길 수 있는 으스스한 결속으로 끼리끼리 끌어안고 산다. 이러한 상황에서 우리는 인류 생존에 반하는 방향으로 서서히 떠밀리어 가고 있는 자신을 발견할 수밖에 없다.

강대국들은 살상용 핵무기를 자체 조달하고 비축하는 데에 대한 자기 나름의 정당화 논리를 구축해 놓고 있으며, 그 논리의 당위성을 만방에 열심히 홍보하고 있다. 항시 가상 적국의 문화적 하자를 지적하고 그들이 저지를지 모르는 비이성적 행태를 상정하여 사람이 아직 갖고 있는 파충류의 뇌를 자극하는 데 유효적절하게 활용함으로써, 자국민을 파충류적 행동 기제로 몰고 가고는 한다. 자국은 상대국과 달리 문화적 하자가 없고, 타국을 해칠 의도가 없으며, 건전한 세계 시민으로서 세계의 정복 따위는 아예 생각하지도 않는다고 주장한다. 그렇지만 국가에는 결코 실현돼서는 안 되는 일들의 목록이 있다고 주장한다. 어떤 비싼 대가를 치르더라도 그 목록에 들어 있는 일들이 일어나도록 결코 내버려 둘 수 없다는 것이다. (구)소련의 경우 자본주의, 신앙의 자유 등이 그 목록의 주요 내용이다. 미국의 경우에는 사회주의, 무신론 등이 그것을 대신한다. 국가 주권의 포기는 양쪽 모두의 목록에 공통으로 들어 있다. 세계 어디에서든 우리는 똑같은 논지의 주장을 귀 아프게 들을 수 있다.

외계에서 우주인들이 지구를 방문한다면, 우리는 현재 지구 곳곳에서 진행 중인 군비 경쟁의 당위성을 그들에게 어떻게 설명할 수 있을까?

그들은 감정에 치우친 판단을 하지 않을 공평한 관찰자일 가능성이 높다. 그렇기 때문에 그들을 설득해야 하는 우리의 고민이 크게 마련이다. 최근에 한창 개발 중인 살인 위성, 입자 빔 무기, 중성자 폭탄, 레이저 병기, 순항 미사일 등의 필요성을 그들에게 어떻게 설명한다는 말인가? 대륙 간 탄도 미사일 하나를 수백 개의 가짜들과 함께 배치한다면 적의 공격으로부터 진짜를 쉽게 보호할 수 있을 것이다. 진짜 하나를 숨기기 위하여 수백 개의 가짜를 배치하는 데 웬만한 나라 크기의 땅이 필요하다. 이렇게 넓은 국토를 미사일을 숨기기 위해 묶어 두자는 제안을 우리가 외계에서 온 관찰자들에게 설득할 묘안은 무엇일까? 어떻게 각각의 표적을 향해 배치된 수만 개의 핵탄두가 우리의 생존 가능성을 크게 높일 수 있다고 주장할 수 있겠는가? 인류에게 주어진 행성 지구를 보호해야 할 임무는 도대체 어떻게 됐단 말인가? 핵을 보유한 초강대국들이 떠들어대는 그들의 뻔한 주장을 우리는 귀가 아프게 들어 왔다. 나라마다 자기 나라를 위한다고 주장하는 인물이 누구인지 우리는 잘 알고 있다. 그러나 슬프게도 인류 전체를 위하여 외쳐댈 사람은 지구 어디에서도 찾아볼 수 없다. 과연 누가 우리 지구의 편이란 말인가?

인간 두뇌의 약 3분의 2를 차지하는 대뇌 피질이 직관과 이성의 활동을 관장한다. 사람은 무리 생활을 통해 진화했으므로 우리는 상호 동반자적 관계에서 기쁨을 누린다. 상대방을 보살피고 사랑할 줄 아는 인간의 본성은 무리 생활을 통한 진화의 당연한 결과인 것이다. 이러한 진화 과정에서 우리 마음에는 희생의 정신이 깊이 새겨졌다. 인류는 규칙적 자연현상의 숨은 의미를 예리한 직관과 이성으로 해독하여 무리 생활에 효율적으로 이용할 줄도 알게 됐다. 자연스럽게 협동의 필요성을 인식하게 되면서 효과적인 협력 방안을 도출하는 능력 또한 꾸준히 키워 왔던 것이다. 우리는 모두 핵전쟁의 위험이 이제 겨우 싹트기 시작한 지구화의 이념을 통째로 집어삼킬 것이라고 염려한다. 핵 위험을 깊이 통찰하여 그 위험의 심각성을 인식한다면 인류 사회의 근본 구조는 전적으로 재구성될 수도 있지 않겠는가? 오늘의 지구 문명을 공평무사한 외계인들의 관점에서 조망해 보자. 지구 문명의 현 주소는, 행성 지구와 생명의 보존이라는 인류의 당면 과제가 결국 실패로 끝날 것이라는 깊은 우려를 낳게 한다. 그렇다면 세계 모든 나라가 사회 재구성의 과업을 강력하게 추진해야 할 것이다. 우리는 경제, 정치, 사회, 종교의 제반 제도, 조직, 기구 등을 통하여 자신의 문제들을 처리해 왔다. 그렇다면 우리의 전통적 해결 양식 자체를 그 근본에서부터 재설계할 수 있을 것이다.

사람들은 문제를 해결하기 위한 대안이 조금이라도 불안하면 자신들이 안고 있는 문제의 심각성을 되도록 과소평가하려는 경향이 있다. 그리하여 최후의 날의 도래를 염려하는 이들을 마치 혹세무민을 꾀하는 걱정꾸러기라고 몰아붙이든가, 인류 사회 제도의 근본 변화는 비현실적이고 실현성이 없으며 인간 본성에 위배되는 짓이라고 헛된 주장을 길게 늘어놓고는 한다. 그들의 주장을 듣다 보면 마치 핵전쟁이 일어날지도 모른다는 공갈과 협박이 현실적으로 유일한 평화 유지 방안인 듯한 착각을 하게 된다. 인간 본성의 단 한 가지 속성만 고집한다면 이러한 주장이 맞을지도 모른다. 그렇지만 인간 본성에는 다른 좋은 속성들도 있다. 따라서 해결 방안을 핵 이외의 것에서 찾아야 한다. 전 세계적 규모의 핵전쟁이 일어난 적이 아직 없다는 사실을 통계적으로 전면 핵전쟁이 결코 일어날 수 없음을 의미하는 것으로 잘못 해석하는 경우를 우리는 종종 보게 된다. 전면 핵전쟁은 단 한 번밖에 경험할 수 없는 것이다. 한 번으로 모든 게 끝이 난다. 그때 가서 통계 분석을 다시 해 봤자 그것이 무슨 소용이 있겠는가?

지구상에서 핵 군비 경쟁의 방향을 거꾸로 돌리려는 목적으로 설립된 기관을 지원하는 국가는 실제로 몇 안 된다. 그중의 하나가 미국이다. 그렇지만 무기 통제 및 군비 축소 전담 기구Arms Control and Disarmament Agency의 1980년도 예산이 1800만 달러인 데 비하여 미국 국방부Department of Defence의 예산은 1530억 달러이다. 이 통계만을 놓고 보더라도, 미국이 무기 통제와 군비 축소에 실제로 쏟는 노력이 얼마나 미미한 수준인지 분명하게 알 수 있다. 어느 한 사회 집단이 다음 전쟁의 발발 가능성을 이해하고 예방하기보다 그 전쟁을 수행할 준비에 더 많은 돈을 쓰고 있다면, 누가 그 집단을 이성적이라고 할 수 있겠는가? 연구를 통해 전쟁의 발발 원인들을 규명할 수 있을지도 모른다. 하지만 현 시점에서 전쟁 원인에 대한 우리의 이해 정도는 빈약하기 이를 데 없다. 이렇게 된 이유는 아카드의 사르곤Sargon of Akkad[3] 시대 이후 오늘날까지 우리가 군비 철폐에 사용하는 예산이 비현실적으로 낮은 수준이었거나 전무했기 때문이다. 미생물학자와 내과 의사들은 주로 사람의 병을 치료하기 위해 연구하지 병원균의 뿌리 자체를 캐내고자 하지 않는다. 아인슈타인은 전쟁을 하나의 소아병小兒病이라고 불렀다. 자, 이제 전쟁을

3. 아카드는 메소포타미아에 있었던 고대 왕국으로서 오늘날 북 바빌로니아의 거의 대부분을 차지했다. 사르곤 2세 `Sargon II는 아카드 왕국을 기원전 722~705년에 통치했던 왕이다. — 옮긴이

소아병으로 생각하고 연구하자. 오늘날 핵무기의 전 세계적 확산을 주도하고 핵무기 해체에 저항하는 세력의 창궐은 이 행성에 있는 모든 이들의 생존을 위협할 지경에까지 이르렀다. 인류 생존의 문제에 관한 한 특정 이익 단체나 그 어떤 조직도 예외가 될 수 없다. 인류의 생존 여부는 우리의 지적 능력과 가용 자산의 얼마나 많은 부분을 자신의 운명을 결정짓는 데 과감하게 투자하여 리처드슨 곡선이 오른쪽으로 가지 않도록 할 수 있느냐에 달려 있다.

우리야말로 핵전쟁의 인질이다. 지구상 모든 사람이 핵전쟁의 볼모로 잡혀 있는 것이다. 인질로 잡힌 우리가 먼저 핵 및 재래식 무기와 전쟁에 대한 연구를 하고 그 다음에 우리의 정부들을 계몽해야 한다. 우리의 생존에 도움이 될 수 있는 과학 기술의 개발과 연구는 결코 게을리 할 수 없는 우리의 절대 의무이다. 우리는 이제 사회, 정치, 경제, 종교라는 이름의 제도가 가르쳐 온 전통적 지혜의 틀에서 벗어나려는 과감한 도전을 시작해야 한다. 우리는 모든 노력을 경주하여 우리의 이웃이 지구 어디에서 살든 그들도 나와 똑같은 인간이라는 점을 받아들여야 한다. 이것이 물론 쉽게 달성될 수 있는 성질의 목표는 아니다. 아인슈타인은 자신의 제안이 비현실적이고 인간 본성에 반하는 것이라고 거절당할 때마다, "그렇다면 당신이 제시할 수 있는 대안은 무엇입니까?"라고 반문했다. 인간의 동질성에 근거한 이 방안 이외에 우리가 택할 수 있는 대안은 없을 것이다.

포유동물들은 서로 코를 비비고 끌어안고 애무하고 입을 맞추고 얼싸안고 서로 쓰다듬으며 자식을 사랑하는 등의 특별한 행동 양식을

원숭이의 대리모. 새끼 원숭이가 좋아 할 가짜 엄마는 어느 쪽일까? 하나는 우유병이 매달린 철사 구조물이고, 다른 하나는 그것을 천으로 감싸 옷을 입힌 것이다. 애기 원숭이는 주저 없이 후자에게로 달려갔다. 타자와의 교류, 육체 접촉, 따뜻함 등에 대한 욕구는 오랜 진화의 과정에서 유전적으로 습득된 인간과 영장류의 공통 속성이다.

보인다. 그런데 파충류에게서는 이런 행동을 찾아볼 수 없다. 우리 머릿속에서 R-영역과 변연계가 휴전 상태의 불안한 긴장 관계를 유지하고 있다. 그래서인지 우리는 아직도 종종 태곳적 범죄 행위를 저지르고는 한다. 이러한 관점에서 포유동물의 어미와 새끼의 관계를 보자. 어미가 새끼에게 보이는 애정 표현은 포유동물의 본성을 자극하여 변연계의 활동을 도울 것이다. 이와는 대조적으로, 접촉을 통한 애정 표현이 결여된 상황에서는 파충류의 행동 양식이 권장될 것이다. 이러한 추리를 가능케 하는 증거가 있다. 해리 할로 Harry Harlow와 마거릿 할로 Magaret Harlow 부부가 수행한 원숭이 실험은 우리에게 매우 중요한 사실을 가르쳐 주었다. 동료 원숭이를 바라볼 수 있고 그들의 냄새와 소리도 맡고 들을 수 있지만, 피부 접촉은 금지된 우리에 가둬 키운 원숭이들은 우울하고 자폐적이며 자기 파괴적 성향을 보였으며 여러 가지 비

정상적 행동을 하는 것으로 나타났다. 주로 보호 시설에서 육체적 접촉 없이 자란 어린이들에게서도 우리는 위에서 언급한 성향의 행동을 볼 수 있다. 피부 접촉의 단절에서 겪게 되는 애정 결핍은 사람에게 깊은 고통을 안겨 준다.

신경심리학자 제임스 프레스콧James W. Prescott이 산업화 이전 단계에 있는 400여 개의 사회를 선정하여 그 문화들을 상호 비교하는 통계 분석 연구를 수행한 적이 있다. 그 결과 놀라운 사실을 알게 됐다. 유아기에 피부 접촉을 통한 애정 표현이 발달된 문화일수록 폭력을 싫어하는 것으로 나타났다. 비록 피부 접촉 문화가 발달하지 않는 사회에서 자란 어린이들이라고 하더라도, 성생활이 크게 제약받지 않는 사회에서는 이들 역시 성인이 됐을 때 폭력을 좋아하지 않는 것으로 나타났다. 프레스콧의 주장에 따르면 폭력적인 성향을 가진 사회들은 주로 육체적 쾌락을 박탈당한 사람들로 구성된다고 한다. 인생의 결정적 두 단계인 유아기 또는 성인기 중에서 어느 한 시기에라도 피부 접촉을 통한 사랑을 충분히 경험하지 못한 사람들이 폭력 성향으로 기울게 된다는 것이다. 피부 접촉을 권장하는 사회에서는 절도라든가 광신적인 종교 조직 등을 볼 수 없고, 부의 지나친 과시로 남의 눈살을 찌푸리게 하는 행위도 잘 보이지 않는다. 이와 대조적으로 유아 체벌이 성행하는 사회에서는 노예 제도, 잦은 살인, 고문, 심지어는 원수의 수족을 절단하는 행위 등을 종종 볼 수 있다. 이러한 사회에서는 여성 학대가 극심하고, 하나 또는 여러 가지의 초자연적 존재가 개인의 일상을 간섭한다고 철저히 믿는다.

인간 행위에 대한 오늘날의 이해는 피부 접촉의 많고 적음이 어떻게 폭력성의 발현과 그런 상관관계를 갖게 됐는지 아직 속 시원하게 설명할 수 있는 수준에 이르지 못했다. 그렇지만 추측은 가능하다. 프레스콧의 연구 결과는 둘 사이에 뚜렷한 상관관계가 존재함을 증언하고 있다. 그의 이야기를 들어 보자. "유아기에 피부 접촉이 빈번하고 결혼 전에 성관계가 인정되는 사회가 폭력 성향의 사회가 될 상대 빈도는 2퍼센트이다. 이러한 빈도의 발생이 우연의 소산일 확률은 1: 125,000이다. 나는 아직 이와 같이 정확한 예측을 가능케 하는 표현 변수를 본 적이 없다." 사람은 어렸을 때에는 피부 접촉에 목말라 하고 다 자라서는 성적 접촉을 갈망하게 마련인 모양이다. 아이들이 그렇게 목말라 하는 피부 접촉을 누리면서 자랄 수 있다면, 그들은 공격성, 지역성, 지나친 의식儀式 행위, 사회 계층 간의 갈등 등에서 초래되는 인간의 야만성이 받아들여지지 않는 사회를 만들어 나갈 수 있을 것이다. 물론 그들도 자라는 과정에서 앞에서 열거한 야만성을 경험하게 되겠지만, 그들이 이룩하는 사회는 파충류의 두뇌에 의존하지 않는 사회일 것이다. 프레스콧의 연구 결과가 옳다면 핵무기와 피임의 시대에 살고 있는 우리에게 이 연구가 시사하는 바가 크다고 하겠다. 어린이 학대, 성생활의 심한 억압 등은 인류의 평화를 해치는 죄악이다. 인류의 미래에 공헌하고 싶은가? 그렇다면 자신의 아이를 자주 껴안아 주라.

인간의 성격이나 인류의 역사, 비교 문화 연구 등이 밝히고 있는 바와 같이 노예 제도, 인종 차별, 심한 여성 혐오, 폭력 등이 모두 서로 깊게 연관된 현상이라면 우리의 미래를 어느 정도 낙관해도 좋을 듯싶다. 인간의 야수성을 우리 스스로가 고칠 수 있기 때문이다. 최근에 우리 사회는 근본적인 변혁을 겪고 있다. 수천 년 동안 내려오던 노예 제도가 겨우 최근 200년 사이에 지구상에서 거의 완전히 사라졌다. 수천 년 동안, 아니 그 이상 더 긴 세월을 통하여 여성은 하나의 소유물로서 참정권과 경제권을 박탈당한 채 살아왔다. 그러나 근대로 들어오면서 여성도 남성과 거의 동등한 권리를 누리기 시작했다. 이러한 현상은 극도의 후진 사회에서조차 볼 수 있는 변화이다. 침략을 준비하던 바로 그 나라의 시민들이 반대하기 때문에 대규모의 전쟁이 중단되는 사건이 20세기에 들어와서 벌어지기 시작했다. 국수주의와 맹목적 애국주의가 한 사회의 전반적 분위기를 철저하게 지배하던 시대가 있었다. 현대는 그들의 열광과 호소가 더 이상 먹혀들지 않을 뿐 아니라 심한 경우 백안시당하기도 한다. 어린이에 대한 처우가 전 세계적으로 점차 개선되고 있는데 이것은 생활 수준의 향상에 기인하는 바가 클 것이다. 앞으로 수십 년 이내에 전 지구적 규모에서 일어나고 있는 이러한 변화의 조짐들이 인류의 생존을 보장할 수 있는 바람직한 방향으로 실현될 것이다. 우리 모두가 단 하나의 종種이라는 새로운 인식이 지구상에 널리 퍼지고 있다.

알렉산드리아 도서관이 세워질 당시에 살았던 테오프라스토스 Theoprastus는 "미신迷信은 신을 똑바로 보지 못하는 비겁함"이라고 지적했다. 그의 지적에 따라서 우리가 살고 있는 우주를 똑바로 둘러볼 필요가 있다. 이 우주에서는 각종 원자들이 별들의 중심에서 합성되고, 매 초마다 태양과 같은 별들이 수천 여 개씩 태어나며, 여기저기 막 태어난 행성들에서는 중심별에서 방출된 빛과 하늘을 가르는 번개가 물과 대기에 새로운 생명의 불꽃을 댕기고, 수천억 개에 이르는 은하들 하나하나에서는 생명의 진화를 가능케 하는 원료 물질들이 별의 폭발과 함께 만들어지고 있다. 이것이 바로 퀘이사가 있고 쿼크가 있으며 눈송이와 개똥벌레가 함께 살아 숨쉬는 코스모스인 것이다. 어디 이뿐인가. 우주에는 신기하기 이를 데 없는 블랙홀들이 있다. 그리고 우리가 아직 모르는 세상, 지구와 다른 문명 세계가 수없이 존재할 것이다. 어쩌면 지금 이 순간에도 이 외계 문명권들에서 발사된 전파 신호가 지구를 두드리고 있을지 모른다. 우주의 실제와 비교해 볼 때 미신과 사이비 과학이 주장하는 바는 참으로 허망하다. 과학이 인류의 고유 문화라는 사실에 주목하자. 과학적 연구를 수행하고 과학이 밝힌 바를 이해하는 것이야말로 정녕 중요한 우리의 과업인 것이다.

자연에는 신비와 경외의 대상이 아닌 것이 하나도 없다. 테오프라스토스의 지적은 올바른 것이었다. 우주를 있는 그대로 받아들이기를 두려워하거나 있지도 않은 거짓 지식에 의존하려거나 인간이 우주의 중심에 자리하고 있다고 마음속에 그리는 사람은 자신을 미신에 맡겨 헛된 위안을 얻으려는 자이다. 그들은 세상과의 정면 대결을 회피하는 비겁함의 소유자들이다. 진정한 의미의 용기는 자신의 편견이 밖으로 드러나는 한이 있더라도 또 찾아낸 결과가 자신의 희망과 근본적으로 다른 모습일지라도 코스모스의 조직과 구조를 끝까지 탐구하여 그 깊은 신비를 밝혀내려는 이들의 것이다.

지구에서 과학을 아는 생물 종은 인간밖에 없다. 지구에서 벌어진 생명 진화의 긴 역사에서 아직까지 과학하기는 전적으로 인류만의 것이다. 인류의 과학하기 능력은 자연 선택의 과정을 거쳐 대뇌 피질에 새겨진 진화의 산물이다. 과학이 진화 과정 속에서 살아남을 수 있었던 이유는 아주 단순하다. 과학하기가 유효했기 때문이다. 그렇지만 우리의 과학하기는 아직 완벽하지 못하므로 잘못 사용될 수 있다. 과학은 단지 도구일 뿐이다. 그럼에도 불구하고 과학은 우리가 활용할 수 있는 가장 훌륭한 도구이다. 과학에는 고유한 특성이 있다. 자신의 오류를 스스로 교정할 줄 안다는 것이 하나의 특성이다. 또한 모든 분야에 적용이 가능하다는 또 다른 특성이 있다. 그리고 과학하기에는 우리가 지켜야 할 규칙이 있다. 그것은 단 두 가지로 요약될 수 있다. 첫 번째는 신성불가침의 절대 진리는 없다는 것이다. 가정이란 가정은 모조리 철저하게 검증돼야 한다. 과학에서 권위에 근거한 주장은 설 자리가 없다. 두 번째는 사실과 일치하지 않는 주장은 무조건 버리거나 일치하도록 수정돼야 한다는 것이다. 코스모스는 있는 그대로 이해돼야 한다. 있는 그대로의 코스모스를 우리가 원하는 코스모스와 혼동해서는 안 된다. 그렇기 때문에 분명하다고 생각됐던 것이 거짓으로 판명될 때도 있고 전혀 예상치 못했던 것이 확고한 사실로 받아들여지기도 한다. 제한된 상황에서는 각국의 이해관계가 엇갈릴 수 있다. 하지만 각국에 사는 사람들일지라도 더 넓고 큰 맥락에서는 목적을 공유할 수 있다. 그리고 우주를 연구하는 것이야말로 우리가 상상할 수 있는 가장 넓고 큰 문제인 것이다. 현재 지구의 문화는 아무것도 모르고 날뛰는 오만한 신입생과 같다. 오늘날의 인류 문화는 지난 45억 년에 걸친 행성 진화의 관점에서 조명해 볼 필요가 있다. 인류는 아주 긴긴 세월을 문화라 할 수 없는 내용의 활동만을 해 오다가, 겨우 최근 몇 천 년 사이에 거둔 업적을 가지고 영구불변의 진리를 소유하게 됐노라고 뽐내고 있다. 그러나 인간 세상처럼 모든 것이 빨리 변하는 상황에서는 문제를 넓고 큰 맥락에서 보는 것이 재앙을 막아 낼 수 있는 유일한 방안이다. 국가, 종교, 경제 조직, 지식 체계, 그 어느 것도 인류 생존에 관한 확실한 답을 우리에게 주지 않는다. 현존하는 어떤 제도보다 월등하고 효과적인 제도들이 틀림없이 존재할 것이다. 우리의 과업은 과학의 전통을 살려서 이러한 제도들을 찾아내는 일이다.

인류 전체가 눈부신 과학 문명에 큰 희망을 걸 수 있었던 시기가 역사에 단 한 번 있었다. 그것은 지금으로부터 2,000년 전의 일이었다. 이오니아 문명의 수혜자들이던 고대의 최고 지성들은 수학, 물리학, 생물학, 천문학, 문학, 지리학, 의학을 체계적으로 연구할 수 있는 기반을 알렉산드리아에 구축할 수 있었다. 알렉산드리아 대도서관이 바로 그 핵심 성채였다. 오늘날의 학문도 당시에 이루어진 연구에 아직 그 바탕을 두고 있다. 알렉산드리아 도서관은 프톨레마이오스 왕조의 그리스 인 왕들의 지원을 받아서 건립됐다. 알렉산더 대왕의 대제국 중에서 이집트를 유산으로 물려받은 왕조가 바로 이 프톨레마이오스 왕조이다. 기원전 3세기에 건립되어 파괴되기까지 7세기에 걸친 긴 세월 동안 알렉산드리아 도서관은 고대 사회의 심장부요 두뇌였다.

당시 알렉산드리아는 출판에 관한 한 지구 전체의 수도 역할을 했다. 당시는 인쇄기가 발명되기 전이었으므로 책이란 책은 모조리 손으로 한 권씩 베껴서 만들어야 했다. 그러므로 당시에 책은 매우 비싸고 귀한 물건이었다. 이 도서관은 세상에서 가장 정확한 복사본을 만들어 보관하던 장소였다. 문헌 비평과 편집 기술도 이곳에서 발명됐다. 오늘날 우리가 읽는 「구약 성서」도 알렉산드리아 도서관의 그리스 어 번역본에서 유래한 것이다. 프톨레마이오스 왕조의 왕들은 엄청난 왕실

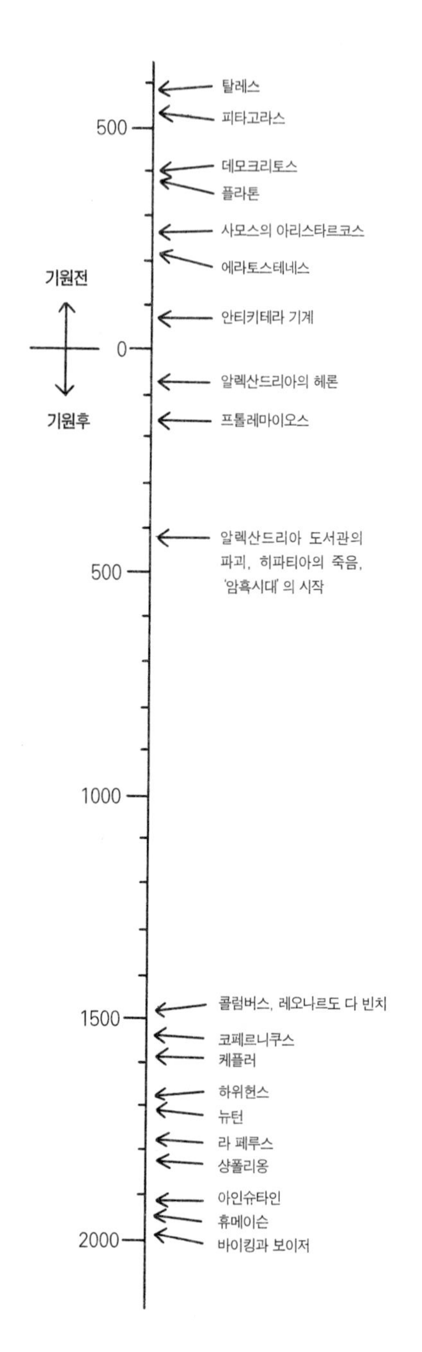

이 책에서 언급된 사건, 기계, 인물 중 일부를 시간의 함수로 나타냈다. 안티키테라Antikythera 기계는 고대 그리스에서 개발된 천문 계산기이다. 알렉산드리아의 헤론은 증기 기관 실험을 했다. 기원후 1000년을 전후로 한 긴 세월을 우리는 '인류의 잃어버린 기회' 라고 불러도 좋을 것이다.

재산의 상당 부분을 할애하여 그리스 책은 물론, 아프리카, 페르시아, 인도, 이스라엘 및 세계 곳곳의 작품들을 사 모았다. 프톨레마이오스 3세 에우에르게테스Euergetes는 소포클레스, 아이스킬로스, 에우리피데스 등 고대 비극 작품의 원본 원고나 국가가 복사해 만든 공식 판본을 아테네에서부터 빌려 오고 싶어 했다. 그러나 이러한 작품은 아테네 인들에게 영국인이 애지중지하는 셰익스피어의 육필 원고나 첫 번째 이절판과 같은 전통 문화 유산이었으므로, 아테네 인들은 이러한 작품들이 잠시라도 자신들의 손에서 벗어나는 것을 꺼려했다. 결국 프톨레마이오스 3세로부터 엄청난 액수의 반환 보증금을 현금으로 받아 놓은 다음에야 이 희곡들을 알렉산드리아 도서관에 빌려 주기로 합의해 줬다. 그러나 프톨레마이오스 3세는 희곡 작품들을 금이나 은보다 더 귀하게 여겼기 때문에, 보증금을 기꺼이 포기하기로 하고 작품이 적혀 있는 두루마리 원본들을 알렉산드리아 도서관에 보물같이 소중하게 간직하고 내놓지 않았다. 아테네 인들은 화가 무척 났지만 프톨레마이오스 3세가 계면쩍은 듯이 내민 복사본으로 만족하는 수밖에 없었다. 한 국가가 지식 추구에 이렇게나 '게걸스럽게' 힘을 기울인 적은 인류사에서 다시 찾아볼 수 없을 것이다.

프톨레마이오스 왕조는 기존의 지식을 수집만 한 것은 아니었다. 과학 연구를 적극 장려하고 재정적 지원을 아끼지 않아 많은 지식을 새로이 창출하기도 했다. 그 결과는 괄목할 만했다. 에라토스테네스는 지구의 크기를 정확하게 계산해서 지구 모습을 지도에 담았고 스페인에서 서쪽으로 항해하면 인도에 닿을 수 있다고 주장했다. 히파르코스는 별은 태어나서 수백 년 동안 서서히 움직이다가 결국 사라진다고 추측했다. 이러한 변화를 확인하기 위하여 그는 최초로 별의 등급과 위치를 기록한 도표를 만들었다. 유클리드는 기하학 교과서를 썼다. 유클리드의 기하학은 그 후 23세기 동안이나 사람들에게 읽히면서 케플러, 뉴턴, 아인슈타인 등과 같은 위대한 과학자들이 과학에 흥미를 갖게 하는 데 큰 기여를 했다. 또 갈레노스Galenos는 치료와 해부에 관한 책을 썼는데, 그 책의 내용이 의학 분야를 르네상스 때까지 지배했다. 그 외에도 수많은 연구들이 있었다.

알렉산드리아는 서구 역사에서 가장 위대한 도시였다. 많은 지성들이 세계 곳곳에서부터 이곳으로 몰려와서 같이 생활하고 서로 배우면서 교유交遊했다. 알렉산드리아의 거리는 하루도 빠짐없이 상인, 학자, 여행객들로 넘쳐났다. 그리스, 이집트, 아라비아, 시리아, 히브리, 페르시아, 누비아, 페니키아, 이탈리아, 갈리아 등지에서 온 사람들이 이곳에 모여 각 지방의 상품과 사상을 교환했다. 세계 시민이라는 뜻을 가진 코스모폴리턴cosmopolitan이라는 단어가 진정한 의미를 가지게 된 곳도 바로 여기였을 것이다.[4] 그렇다면 이제 우리는 이 표현을 우주 시민의 의미로 확장시켜야 하지 않을까?

현대 과학의 씨앗이 이미 알렉산드리아에서 뿌려졌음에 틀림이 없다. 그러나 무엇 때문에 그 씨앗이 깊게 뿌리를 내려 큰 나무로 일찍 성장할 수 없었을까? 왜 서구 문화는 그 후 1,000년이나 지속된 암흑시대라는 혼수상태에 빠져들게 됐을까? 암흑시대는 콜럼버스, 코페르니쿠스 그리고 그들의 동시대인들에 의해서 결국 최후를 맞는다. 알렉

4. '코스모폴리턴' 이란 단어는 이성주의자들과 플라톤을 비판했던 디오게네스가 처음 쓰기 시작했다.

산드리아에서 이미 이룩했던 것들이 이 무렵에 와서 재발견되고는 했다. 앞에서 던진 질문에 나는 간단히 답을 할 수 없다. 그렇지만 한 가지 확실히 짚고 넘어갈 점이 있다. 알렉산드리아 도서관이 융성하던 전 시기를 통하여 과학자들이 정치적, 경제적, 종교적 주장이나 가정에 도전했다는 기록이 단 한 건도 없다는 사실이다. 그들은 별의 영구불변성은 의심했지만, 노예 제도의 정당성에 대해서 단 한 번도 질문을 던지지 않았다. 그러므로 과학적 발견과 과학 지식은 일부 기득권층만의 소유물로 남아 있었다. 그 위대한 도서관 안에서 벌어지던 새로운 발견들이 일반 대중에게는 전혀 알려지지 않았다. 새로운 발견은 일반 대중에게 널리 알려지지 않았고 아무도 발견의 내용과 의미를 대중에게 설명해 주지 않았다. 그러므로 연구 결과가 대중에게는 아무런 이득이 되지 못했다. 기계와 증기 공학의 발견들은 오로지 무기의 성능을 향상시키는 데 이용되거나, 아니면 왕의 흥미를 자극하고 미신을 부추기는 데에 쓰였을 뿐이다. 과학자들은 기계가 언젠가는 사람을 노예의 상태에서 해방시킬 수 있다는 사실을 알아차리지 못했다.[5] 고대에 이루어진 위대한 업적들의 거의 대부분이 실제로 응용되지 못하고 잊혀졌다. 이렇게 됨으로써 과학은 대중의 상상력을 사로잡지 못했다. 지적 발전의 정체, 비관주의의 확산, 신비주의에의 비참한 굴복 등에 길항拮抗할 수 있었던 그 어떤 기제도 없었던 것이다. 결국 폭도들이 알렉산드리아 도서관에 불을 지르고 소장품과 장서를 약탈해 갔지만 그

5. 유일한 예외가 아르키메데스였다. 그가 알렉산드리아에 머무는 동안에 물 나사water screw를 발명했는데, 이것은 아직도 이집트에서 경작지에 물을 대는 도구로 사용되고 있다. 그러나 아르키메데스도 기계 장치가 과학 자체의 위대성에 비하여 별 것이 아니라고 생각했다.

것을 막을 수 있는 사람은 아무도 없었다.

알렉산드리아 도서관이 붕괴할 시기까지 알렉산드리아에서 활동하던 여성 학자가 한 명 있었는데, 그녀가 바로 나중에 신플라톤학파의 비조로 불리는 철학자 히파티아였다. 그녀는 철학자인 동시에 수학자, 천문학자, 물리학자였다. 어느 시대에서든 평생에 걸쳐 이렇게 다양한 분야에서 큰 업적을 낼 수 있는 학자라면 그는 보통의 범주를 크게 벗어나는 위대한 인물임에 틀림없다. 히파티아야말로 이러한 범주에 드는 인물로서 370년에 알렉산드리아에서 태어났다. 당시는 여자가 하나의 소유물로 간주되던 시대였다. 그런 시대에 여자가 할 수 있는 일이라고는 아무것도 없었을 것이다. 그러나 히파티아는 달랐다. 남성 지배 사회에서 그녀는 남을 전혀 의식하지 않고 거침없이 활동했다. 무엇보다 그녀는 대단한 미모의 소유자였다고 한다. 그렇지만 그녀는 뭇 남성의 구혼을 모두 거절했다. 히파티아가 살던 당시의 알렉산드리아는 이미 오랫동안 로마의 통치를 받고 있었다. 이미 멸망의 그림자가 알렉산드리아에 짙게 드리워져 있었다. 노예 제도가 고대 문명의 생기를 완전히 죽여 놓은 상태였으며, 세력을 확장하고 있던 기독교가 이교도들의 영향과 문화를 뿌리째 뽑아내려고 하던 중이었다. 히파티아는 막강한 이 세력들의 진앙震央에서 완강하게 버티고 서 있었다. 당연히 알렉산드리아의 대주교인 키릴루스Cyrilus가 그녀를 혐오할 만했다. 그녀가 로마 총독과 가까운 사이라는 사실이 혐오의 첫 번째 이유였다. 두 번째 이유는 히파티아가 바로 이교도 과학과 학문의 상징적인 인물이었다는 것이었다. 초기 기독교에서는 과학과 학문을 이교도의 사상이라고 폄훼貶毁했으니 키릴루스의 혐오감에는 충분한 이유가 있었던 셈이다. 그러나 히파티아는 자신에게 밀어닥치는 개인적 위험을 무릅쓰고 계속해서 자기의 주장을 가르치고 글로 발표했다. 그녀는 자신의 일터로 가다가 키릴루스 교구 소속의 광신 폭도들이 놓은 덫에 걸려들고 말았다. 이때가 415년이었다. 폭도들은 그녀를 마차에서 끌어내려 옷을 벗기고 전복 껍데기로 만든 무기로 그녀의 살을 뼈에서 발라낸 다음, 남은 시신과 그녀의 저술을 모조리 불태워 버렸다. 이렇게 해서 그녀의 이름은 역사의 기록에서 사라져 오랫동안 잊혀졌지만 키릴루스는 나중에 성인의 반열에 올려졌다.

알렉산드리아 도서관의 한때 영화도 이제는 하나의 흐릿한 기억으로만 남아 있다. 히파티아가 죽고 얼마 되지 않아서 도서관에 남아 있던 마지막 책들마저 모두 파괴됐다. 인류 문명은 잘못된 뇌수술 때문에 기억 상실증에 걸린 사람처럼 총체적인 망각 속으로 빠져 들었다. 인류의 위대한 발견과 사상 그리고 지식 추구의 열정이 모두 어디론가 영영 사라져 버리고 말았다. 이 손실을 어떻게 숫자로 계량할 수 있겠는가? 파괴된 작품 중에는 작품의 제목만이라도 감질나게 알려진 운 좋은 경우도 있지만 대부분의 작품은 제목도 저자도 알려지지 않은 채 영원히 사라져 버렸다. 소포클레스가 썼다는 희곡 작품이 이 도서관에 123점이나 있었다고 하는데 그중에서 단지 일곱 편만 현재까지 남아 있다. 일곱 편 중 하나가 「오이디푸스 왕」이다. 이 도서관에는 아이스킬로스나 에우리피데스의 작품도 소포클레스의 경우와 비슷할 정도로 많았다고 한다. 비유를 하나 들어 보자. 윌리엄 셰익스피어라는 작가가 「햄릿」, 「맥베스」, 「줄리우스 카이사르」, 「리어 왕」, 「로미오와 줄리엣」 등을 썼고 이 작품들이 당대에 아주 높은 평가를 받았다고 하는데,

그의 현존 작품은 「코리올라노스」와 「겨울 이야기」 단 두 편이라면 얼마나 답답하고 애석한 일이겠는가?

알렉산드리아 도서관이 영화를 한창 누리던 시절에 이 도서관에 소장됐던 작품들로서 현재까지 두루마리 형태로 남아 있는 고문서는 단 한 점도 없으며, 이 도서관의 진가를 알고 있거나 인정하는 사람을 오늘날 알렉산드리아에서 찾아보기는 거의 '하늘의 별 따기' 수준이다. 이 도서관에 관하여 자세한 지식을 갖춘 사람은 더욱 찾아보기 힘들다. 알렉산드리아 도서관뿐 아니라 그 전 수천 년 동안 번성했던 이집트 문명의 진가를 제대로 아는 사람도 오늘날 이 도시에서는 거의 찾아볼 수 없다. 알렉산드리아 도서관보다 근세에 있었던 큰 사건이나 절박한 여타의 문화적 요구가 우리 관심의 우선순위를 차지해 버렸기 때문일 것이다. 하긴 세계 어디를 가든 우리는 이러한 현상과 직면하게 된다. 현대는 과거와 겨우 실낱 같은 연결 고리만을 유지하고 있다. 그렇지만 세라패움에서 돌을 던지면 닿을 만한 거리에서도 여러 문명의 유물과 쉽게 만날 수 있다. 파라오 왕조가 물려준 불가사의인 스핑크스가 있는가 하면, 알렉산드리아를 지배하던 로마의 꼭두각시 정권이 자기 시민을 아사의 역경에서 구해 달라는 뜻에서 황제 디오클레티아누스에게 세워 바친 거대한 돌기둥이 한쪽에 버티고 서 있고, 또 다른 쪽에는 기독교 교회당과 회교 성원의 수많은 뾰족탑들이 자신들만의 과거를 우리에게 자랑한다. 그리고 물론 아파트, 자동차, 전차, 도시 빈민가, 극초단파 무선 중계탑 등 현대 문명의 다양한 상징물들을 여기저기에서 쉽게 만날 수 있다. 수백만 가닥의 실이 얽히고설킨 채로 과거에서 현대로 전해 와서 굵은 동앗줄과 전선을 엮어 놓았다고나 할까.

우리가 현대에 와서 성취했다고 생각하는 모든 것들은 사실 따지고 보면 우리보다 먼저 살았던 4만여 세대에 걸친 우리의 선배들이 이룩한 업적에 그 뿌리를 대고 있다. 그들 중에서 이름을 남긴 사람이 과연 몇이나 되겠는가. 현대인들은 과거 세대들에 대한 고마움을 완전히 잊은 채 살고 있다. 그러다가도 어쩌다가 잊혀졌던 문명의 흔적과 조우하는 경우가 종종 생긴다. 불과 수천 년 전에 융성했던 에블라Ebla 문명이 하나의 좋은 예가 될 수 있다. 에블라 문명에 대하여 우리는 아는 바가 전혀 없다. 인류는 자신의 과거에 대하여 얼마나 무지한 존재인가! 비석에 새겨진 몇 개의 글자, 파피루스 사본의 고문서 몇 점, 그리고 고서들만이 우리보다 먼저 간 인류의 형제, 자매, 조상의 희미한 목소리와 잦아드는 절규를 간간이 들려줄 뿐이다. 어쩌다가 그들도 우리와 같은 존재였음을 알게 되는 순간이 있다. 그것이 얼마나 큰 기쁨인가! 그리고 그때야 비로소 우리는 그들의 진가를 인정하게 되는 것이다.

인류 문명사에서 이름이 잊혀지지 않았던 극히 소수의 몇 명만을 이 책에서 집중적으로 다뤘다. 에라토스테네스, 데모크리토스, 아리스타르코스, 히파티아, 레오나르도 다 빈치, 케플러, 뉴턴, 하위헌스, 샹폴리옹, 휴메이슨, 고더드, 아인슈타인 등이 바로 그러한 인물들이다. 서구 문화의 거장들만을 열거한 셈이 됐지만, 그것은 지구상에서 꽃피운 현대 과학 문명이 주로 서구 문화의 산물이기 때문이다. 분명 중국, 인도, 서아프리카, 중앙아메리카, 그 어느 곳에서 피어난 문명이든 각각 인류 문화에 커다란 기여를 했고 각 문명마다 그들 나름의 위대한 사상가들을 배출했다. 통신 기술의 급격한 발달에 힘입어 인류는 지구를 하나의 사회로 구성하는 것을 최종 목표로 하여 숨 가쁘게 달리고 있다. 다양한 문화들의 차이를 해치지 않고 모두를 아우르는 단일한 지구 사회를 구성할 수 있다면 그것이야말로 지구인이 이룩한 인류사의 가장 위대한 업적이라고 기록될 것이다.

알렉산드리아 도서관 자리 근처에는 머리 잘린 스핑크스가 하나 있는데, 이것은 이집트 제18왕조의 파라오 호렘헤브Horemheb 때 조각된 것이라고 한다. 그러니까 알렉산더 대왕보다 1,000여 년이 앞선 시기이다. 그런데 이 머리 잘린 사자에서는 극초단파 통신 중계탑 하나가 보인다. 무엇이 스핑크스와 중계탑을 연결해 주는가? 아, 그것은 인류의 역사라는 한 가닥의 가는 실이다. 대폭발 이후 150억 년의 우주 역사에서 그것은 찰나일 뿐이다. 대폭발 순간 이후 우주가 겪어 온 변화의 흔적은 시간의 여울 속에 흩어져서 사실상 모조리 사라져 버렸다. 우주 진화의 기록은 알렉산드리아 도서관에 보관됐던 파피루스 두루마리들보다 훨씬 더 철저하게 망실된 것이다. 그렇지만 우주의 긴 역사와 우리 선조들이 걸었던 짧은 역정의 구비구비는 인류의 대담무쌍한 탐구욕과 총명한 지혜의 발동으로 그 일부를 흘낏흘낏 훔쳐볼 수 있었다. 이제 그 내용들을 잠깐 살펴보기로 하자.

엄청난 양의 에너지와 물질을 폭발적으로 뿜어 냈던 대폭발의 큰 사건이 있은 뒤 가늠할 수 없는 영겁의 세월을 지내는 동안 코스모스에는 그 어떤 구조물도 없었다. 은하도, 행성도, 생명도 찾아볼 수 없었다. 빛으로 뚫고 들어갈 수 없는 칠흑의 심연만이 그 당시의 우주를 독차지했다. 구조물이라고는 하나도 없는 이 텅 빈 공간을 수소 원자들만 주인 행세를 하면서 떠돌아다녔다. 그러다가 주위보다 밀도가 약간 높은 지역들이 눈에 띄지 않게 느린 속도로 천천히 자라나기 시작했다. 그리하여 빗방울이 응결되듯 최종 질량이 여러 개의 태양을 합친 것보다 큰 기체 덩이들이 방울방울 생겼다. 드디어 그 덩어리들 안에서 물질 자체에 숨어 있던 모종의 에너지에 불을 댕길 수 있는 핵융합 반응이 시작됐다. 이렇게 제1세대의 별들이 태어나자 코스모스는 비로소 온통 빛으로 넘쳐나게 됐다. 그 당시에는 별빛을 받아들일 행성들이 아직 태어나기 전이었으므로 하늘의 광채를 찬탄할 생명도 없었다. 별 깊숙한 곳에 자리한 용광로는 핵융합 반응이라는 연금술의 작업장이다. 가장 가벼운 원소인 수소가 타고 남은 재에서 수소보다 무거운 원소들이 합성됐다. 이렇게 만들어진 무거운 원소가 앞으로 태어날 행성과 생명의 기본 모체가 됐다. 질량이 큰 별일수록 자신이 태어나면서 간직하고 있던 수소 핵연료를 더욱 빨리 소모했다. 핵연료를 소진한 별들은, 어마어마한 규모의 폭발을 일으키면서 그동안 합성해 놓은 무거운 원소 거의 전부를 한때 자신들이 응결될 수 있었던 성간 공간의 희박한 기체에게 되돌려 주었다. 이렇게 무거운 원소가 가미되어 젊음의 기운이 넘치게 된 암흑 성간운들에서는 빗방울이 응결되듯 제2세대의 별들이 태어났다. 이들은 제1세대 별들이 형성될 때에는 원료로 사용되지 않지만 제1세대가 만들어 놓은 각종의 무거운 원소를 처음부터 갖고 태어났다. 그리고 그 옆에서는 핵융합 반응을 일으키기에는 질량이 너무 적은 방울들이 형성되기 시작했다. 이렇게 작은 방울은 별들 사이의 공간을 채우는 성간 안개의 한 귀퉁이에서 행성으로의 운명을 걸었다. 그중 돌과 철로 된 하나의 작은 세계가 있었으니, 그것이 바로 우리의 원시 지구였다.

그 후 원시 지구는 얼었다 녹기를 계속하면서 내부에 갇혀 있던 메탄, 암모니아, 수증기, 수소 등의 기체를 외부로 방출했고, 이렇게 해서 원시 대기와 최초의 바다가 지표와 그 인접 공간을 둘러쌌다. 태양 광선이 원시 지구를 덥히면서 대기 중에 폭풍이 일고 천둥 번개가 치기 시작했다. 화산이 터져 용암이 흘렀고 이러한 와중에서 원시 대기의 구성 분자들이 일부 해리되었고 해리의 결과물로 생긴 원소와 분자 들은 서로 다시 들러붙어 좀 더 복잡한 새로운 분자들을 형성했으며 그 일부는 바닷물에 녹아들었다. 적당한 시간이 경과한 후 원시 바다는 일정한 온도와 농도를 유지하면서 일종의 '국물'로 변해 갔다. 진흙 표면에서는 분자들이 체계적으로 합성되어 각종 복잡한 화학 반응들이 일어났다. 그러다가 어느 날 분자 하나가 원시 바다의 국물 안에서 다른 분자와 우연히 만나서 자신과 같은 분자를 어설프게나마 복제해 낼 수 있었다. 시간이 지남에 따라 이러한 화학 반응들은 더욱 복잡한 과정을 거쳐서 자기 복제의 과업을 점점 더 정교하게 수행하게 됐다. 자기 복제가 가능한 반응의 조합들은 자연 선택이라고 불리는 '체' 덕분에 다른 반응보다 더 많은 자기 복제의 기회를 가질 수 있었을 것이다. 복제를 잘하는 것일수록 당연히 자기 복제품을 더 많이 만들 수 있기 때문이다. 원시 바다에는 자기 복제가 가능한 유기 분자들이 다량으로 만들어지면서 그 국물의 농도는 점점 옅어져 갔다. 이렇게 하여 원시 바다에서는 감지될 수 없을 정도의 느린 속도로 생명의 출현이 진행됐던 것이다.

단세포 식물의 진화로 생물은 자신의 음식을 스스로 생산할 준비를 시작했다. 광합성이 지구 대기의 성분을 근본적으로 바꾸어 놓았다. 암수의 성구별性區別도 이루어졌다. 제각각 멋대로 살아가던 다양한 형태의 분자들이 한데 모여서 하나의 특수 기능을 수행할 수 있는 복잡한 세포로 성장했다. 화학적 감각 기관의 진화로 생물은 우주를 맛과 냄새로 즐길 수 있게 됐다. 단세포 생물은 다세포 군체群體로 진화하여 특수 기능을 갖춘 여러 기관을 보유하게 됐다. 그리고 눈과 귀가 생기면서 보고 들을 줄도 알게 됐다. 바다에서 태어난 식물과 동물이 뭍에서도 살아갈 수 있음을 알아차렸다. 그리하여 유기 생물이 윙윙거리며 날고, 바삐 기어가고, 허둥지둥 도망가고, 무언가 잔뜩 쌓아올리기도 하고, 미끄러지는가 하면, 퍼드덕거리며 날개를 치고, 몸을 신나게 흔들거나, 나무에 기어오르든가, 아니면 하늘 높이 솟아오르는 등의 다양한 행동을 할 줄 알게 되었다. 거대한 짐승들이 수증기가 무럭무럭 피어오르는 정글 속을 천둥 같은 쿵쾅 소리를 내며 걸어 다니는가 하면, 한편에서는 아주 자그마한 녀석들이 전처럼 딱딱한 알이 아니라 액상 물질에 둘러싸여 태어나기 시작했다. 마치 원시 바다의 액체가 그들의 혈관 속을 굽이굽이 흐르는 듯했다. 그들은 영악함과 민첩함으로 살아남았다. 그리고 얼마 되지 않아 그중에서 한 작은 무리가 나무에서 땅으로 내려와 민첩하게 움직이기 시작했다. 그들은 두 발로 똑바로 설 수 있었고 연장을 사용할 줄도 알았다. 다른 동물, 식물 그리고 불을 다스렸으며 언어를 궁리해 냈다. 별 내부에서 진행된 연금술이 수소를 태워서 성공적으로 합성한 재가 수소보다 무거운 원소들이었음을 우리는 알고 있다. 바로 이 재가 의식을 갖춘 존재로 둔갑한 것이다. 그 후 그들은 더욱 빠른 속도로 참으로 놀라운 일들을 많이도 해냈다. 글자를 발명하고 도시를 건설하고 예술과 과학을 발달시켰으며, 급기야 다른 행성과 별에 우주 탐사선을 보내기 시작했다. 이러한 것들이 150억 년 우주의 역사 안에서 수소 원자가 이룩해 낸 놀라운 업적의 일부이다.

여기까지의 이야기가 마치 신화의 서사시敍事詩처럼 들렸을 것이다. 옳은 판단이다. 이것은 하나의 위대한 신화이다. 현대 과학이 서술한 우주 진화의 대서사시인 것이다. 이렇게 어렵사리 만들어진 인간이 자신에게 가장 위험한 존재로 변하다니. …… 우주에서 벌어졌던 진화의 단계를 차근차근 이해하노라면, 거대한 '수소 산업'의 최종 산물로서 태어난 생물 하나하나가 모두 소중한 존재임을 확실히 알게 된다. 지구 이외의 다른 곳에도 우리와 같이 놀랄 만한 돌연변이를 이룩한 존재들이 있을 것이다. 그렇기 때문에 우리는 하늘 먼 곳 어디에선가 우리에게 들려줄 그들의 홍얼거림에 귀를 기울이는 것이다.

사람은 이상한 생각을 하고 살아간다. 자신과 다른 생각을 하는 사람이나 자신이 속한 사회와 조금이라도 다른 성격의 사회를 믿을 수 없는 기괴한 존재로 간주하며 심히 혐오하고는 한다. 자기 스스로에 대해서는 아무런 의심을 갖지 않으면서 말이다. '이방outlandish'이나 '외계alien'라는 표현의 부정적 뉘앙스는 이러한 인간의 특성을 잘 드러내 준다. 그렇지만 각기 다른 문명들이 보여 주는 문화와 유적의 다양성은 '인간으로 되어 감'의 다른 방식들을 우리에게 시사할 뿐이다. 외계 문명인에게는 인류 사회의 차이가 유사성에 비하면 아무것도 아닌 것으로 보일 것이다. 어쩌면 코스모스에는 지능을 갖춘 존재의 밀도가 예상외로 매우 높을 수도 있다. 그렇지만 다윈은 우리에게 중요한 사실을 가르쳐 주었다. 인간은 지구 이외의 다른 곳에는 존재하지 않는다. 인간은 이 지구에만 있다. 인간은 지구라고 불리는 이 자그마한 행성에서만 사는 존재이다. 우리는 희귀종인 동시에 멸종 위기종이다. 우주적 시각에서 볼 때 우리 하나하나는 모두 귀중하다. 그러므로 누군가가 너와 다른 생각을 주장한다고 해서 그를 죽인다거나 미워해서야 되겠는가? 절대로 안 된다. 왜냐하면 수천억 개나 되는 수많은 은하들 중에서도 우리와 똑같은 사람은 찾을 수 없기 때문이다.

오늘날 우리는 인류도 더 큰 집단의 한 구성원이라는 사실을 서서히 인식하기 시작했다. 처음에는 오로지 자기 자신과 가까운 가족에게, 다음에는 사냥과 채집 활동을 자기와 같이 하는 이들에게만 충성을 바치며 살아왔다. 그러다가 충성의 대상을 자기가 속한 마을에서, 부족으로, 그리고 도시 국가에서, 국가의 순으로 점차 넓혀 갔다. 사랑할 대상의 범주를 계속해서 넓혀 왔다는 이야기이다. 충성의 대상은 오늘날 초강대국이라 불리는 조직으로까지 확대됐다. 초강대국은 문화와 인종적 배경을 달리 하는 사람들이 공동의 목적을 위해 어느 정도 함께 노력할 수 있는 사회이다. 우리는 이러한 노력을 통해 인간화의 과정과 인격 함양을 경험하게 된다. 현대는 충성의 대상을 인류 전체와 지구 전체로 확대해야 할 시대이다. 그래야만 우리가 하나의 생물 종으로 살아남을 수 있을 것이다. 여기에 설명한 우리 생각을 싫어하는 자들이 통치하는 나라도 지구상에는 많다. 그들은 자신의 권력을 잃을까 두려워하기 때문에 우리 생각을 받아들이지 않는다. 그들은 우리를 배반자, 충성심이 없는 비애국자라고 비난할 것이다. 그렇지만 우리는 그런 이야기에 흔들려서는 안 된다. 부유한 나라들은 가난한 나라들에게 자신들의 부를 나눠 줘야 할 것이다. 우리가 이 시점에서 과연 어느 쪽을 택하느냐에 따라서, 나와 좀 다른 맥락에서 한 이야기지만 H. G. 웰스의 주장대로, 인류가 우주를 얻느냐 아니면 공멸의 나락으로 빠지느냐가 결정될 것이다.

수백만 년 전만 하더라도 지구상에는 사람이라고는 단 한 명도 없었다. 그렇다면 지금으로부터 수백만 년 후의 지구에는 누가 살고 있을까? 지난 46억 년의 긴 역사를 통해서 그 무엇도 지구를 떠나 본 적이 없다. 그러나 지금은 지구를 떠난 작은 무인 우주 탐사선들이 우아하게 반짝이며 태양계 구석구석을 두루 헤엄쳐 다닌다. 벌써 우리는 20여 개에 이르는 천체들의 예비 정찰을 모두 마쳤다. 그중에는 우리가 맨눈으로 볼 수 있는 행성들도 포함돼 있다. 여섯 개의 행성, 그들은 과연 우리에게 어떤 존재일까? 밤하늘에서 별자리 사이를 움직여 다니며 밝게 빛나는 이 행성들이야말로 우리 조상들의 마음을 움직여서 우주를 이해하도록 한 원동력이었으며, 그들에게 환희와 감동을 안겨 준 주인공이기도 하다. 앞으로 인류가 핵전쟁의 위험에서 살아남을 수 있다면, 우리가 사는 이 시대는 다음의 두 가지 업적으로 후대에 길이 기억될 것이다. 과학 기술이 겨우 사춘기적으로 발달한 단계에서는 자기 파괴의 위험에서 벗어나기 무척 어려웠음에도 자기 파멸의 위험을 용케도 모면할 수 있었다는 사실이 기억돼야 할 업적 중 첫 번째일 것이다. 그리고 별을 향한 탐험이 바로 이 시기에 시작됐다는 점이 두 번째 업적이라고 할 수 있다.

돌이켜 생각하면 철저하게 모순되는 선택이 이루어진 셈이다. 행성에 탐사선을 보내는 데 쓰이는 로켓과 똑같은 로켓 추진체가 핵탄두를 적국으로 날려 보내는 데에도 쓰인다. 로켓 추진뿐 아니다. 바이킹과 보이저 탐사선에 전력을 공급하는 방사능 에너지도 핵무기를 개발하면서 알아낸 바로 그 기술에 힘입어 마련된 것이다. 모순은 이것으로 끝나지 않는다. 대륙 간 탄도 미사일을 유도하고 추적하거나 또는 적의 미사일 공격에서 자국을 보호하는 데 쓰이는 전파 기술과 레이더 기술이 행성 탐사용 인공 위성을 유도하고 제어하는 데 그대로 쓰일 뿐 아니라, 외계 문명으로부터의 신호를 검출하는 데에도 아주 효과적으로 활용되고 있다. 만약 우리가 이 기술을 사용하여 우리 자신을 파괴한다면 별과 행성의 탐사는 그것으로 끝장이다. 그 반대의 상황도 물론 가능하다. 행성과 항성의 탐사가 계속될수록 인류 우월주의는 뿌리째 흔들리고 말 것이다. 그 대가로서 우리는 우주적 시야를 갖게 될 것이다. 우주 탐사는 지구에 사는 인류 전체를 위한 것이어야 한다는 점을 인식하게 될 것이다. 우리의 에너지를 죽음과 파괴가 아니라 삶을 위해서 이용해야 한다. 다시 말해서 지구와 지구인을 이해하는 동시에 외계 생명을 찾는 데 써야 한다. 그것이 유인 탐사이든 무인 탐사이든 간에 우리의 우주 탐험이 전쟁을 수행하기 위한 바로 그 기술과 바로 그 조직력 덕분에 가능하다는 점을 우리 가슴에 깊이 새겨야 할 것이다. 우주 탐험도 전쟁에서 요구되는 바와 똑같은 수준의 전 국민적 각오와 용기를 각자에게 요구한다. 전 지구 규모의 핵전쟁이 일어나기 전에 진정한 의미의 군축 시대가 온다면, 그때 비로소 인류의 우주 탐험 노력이 강대국들의 방대한 군수 산업을 흠결 없는 평화의 산업으로 변화시킬 수 있을 것이다. 전쟁 준비 과정에서 얻는 것들을 코스모스의 탐사 준비에서도 비교적 수월하게 얻을 수 있기 때문이다.

행성들의 무인 탐사 계획을 적당한, 아니 비교적 야심찬 규모에서 수행한다고 하더라도 그리 큰 돈이 드는 것은 아니다. 위의 그림은 미

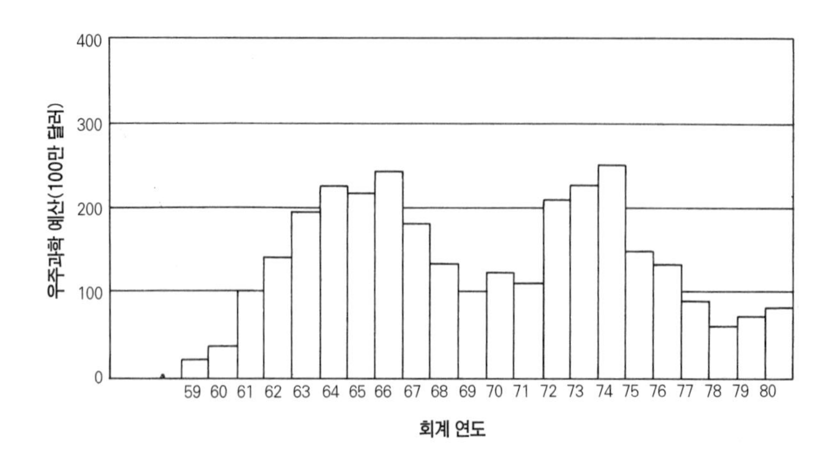

이 그림은 NASA가 설립된 이래 우주과학의 연간 예산이 변해 온 과정을 시간의 함수로 표현한 것이다. 인플레이션의 효과를 보정하기 위하여 액수는 모두 1967년도 달러화로 표기하였다. 바이킹 화성 탐사 계획 덕분에 1970년대에 들어와서 우주과학 예산이 급격하게 증가했다. 미국 국민 1인당 1달러에 불과한 재원이면 행성계의 탐사 계획과 외계 생명의 전파 탐사 계획을 제대로 수행할 수 있다.

국의 우주 과학 예산의 규모와 변천 과정을 보여 준다. (구)소련이 이 분야의 사업을 집행하는 데 쓴 경비는 미국에 비하여 몇 배의 수준이었다. 미국과 (구)소련의 우주 과학 예산을 합한 금액이라고 하더라도 그것은 10년마다 핵잠수함 두세 대를 생산하는 데 드는 경비와 비슷하며, 여러 무기 체계들 중에서 단 한 가지에 드는 연간 경비를 약간 넘는 미미한 액수이다. 1979년도 4 · 4분기에 F/A-18 전투기 사업에 들어간 예산은 51억 달러로, F-16 사업은 34억 달러로 각각 증액됐다. 그러나 행성들의 무인 탐사에 투자한 예산이 미국이든 (구)소련이든 미소한 액수이기는 마찬가지였다. 구체적 비교를 위하여 미국의 캄보디아 폭격을 예로 들어 보겠다. 미국은 1970년과 1975년 사이에 무려 70억 달러에 이르는 막대한 예산을 캄보디아 폭격에 퍼부었다. 바이킹 우주선을 화성에 보내는 데에 든 경비나, 보이저 우주선을 외행성계로 보내는 데 필요한 총 예산이 1970~1980년에 (구)소련이 아프가니스탄을 침공하는 데 소요한 경비보다 적다. 전문 기술 인력의 고용을 증대시키고 첨단 기술의 개발을 자극함으로써, 우주 탐사 계획은 투자한 액수의 몇 배를 거두어들일 수 있는 효과가 있다. 행성 탐사에 쓰인 1달러는 국가 경제에 7달러로 돌아온다는 연구 결과는 우리 모두 기억해 둘 만한 가치가 있다. 그럼에도 불구하고 예산 부족 때문에 시도조차 할 수 없는 우주 개발 계획이 여러 가지 있다. 이 계획들 하나하나가 모두 중요한 의미를 가지며 기술적으로도 실현 가능한 것들이다. 화성 표면을 가로질러 움직일 수 있는 차량의 개발, 우주선과 혜성의 궤도 랑데부, 타이탄 위성 대기에 탐사선을 내려 보내려던 계획, 외계 문명권의 대규모 전파 탐색 등이 그 좋은 예가 될 수 있겠다.

달에 영구 기지를 설치한다거나 화성에 유인 탐사선을 보내는 사업 같은 대규모 우주 탐사 계획은 참으로 엄청난 액수의 예산이 필요하기 때문에 핵 및 '재래식' 분야의 군비 철폐가 완전하게 이루어지는 극적 상황이 아니라면 결코 가까운 장래에 성사되지는 않을 것이다. 이러한 계획이 반드시 불가능한 것만은 아닐 것이다. 그렇다고 하더라도 이 지구상에는 화성의 유인 탐사보다 더 시급한 문제들이 있다. 어쨌든 우리가 앞으로 자기 멸망의 파국을 피할 수만 있다면 언젠가는 달에 영구 기지를 설치하고 화성에 사람이 직접 가는 일이 성사될 것이다. 정적인 사회는 결코 오래 유지될 수 없다는 점을 상기하자. 여기서 우리가 정말 걱정해야 할 문제는 모종의 심리적 '복리' 현상이다. 사회의 구성원들 사이에 우주 탐사에 필요한 경비를 삭감하려는 경향

사람이 남긴 두 개의 발자국. 위의 사진은 지금으로부터 360만 년 전 탄자니아에 남겨진 발자국이고, 아래의 사진은 1969년 달의 고요의 바다에 찍힌 발자국이다.

이 있다거나, 우주를 향한 미래 지향적 정책 앞에서 주춤거린다면 그 효과가 여러 세대에 걸쳐 누적됨으로써 결국 인류의 우주 탐사 노력에 커다란 퇴조를 불러오게 될 것이다. 이것과 반대의 상황도 생각할 수 있다. 지구를 벗어나 우주로 나가려는 노력에 조금이라도 마음을 쓴다면, 그 효과가 여러 세대에 걸쳐 누적되어 결국 적지 않은 수의 사람이 지구 이외의 다른 세상으로 가게 될 것이다. 이렇게 됐을 때 비로소 우리는 코스모스에 직접 참여하게 된다. 이것은 인류의 대단한 성취라고 아니 할 수 없을 것이다.

지금으로부터 약 360만 년 전 오늘날 탄자니아 북부 지역에서 화산이 폭발했다. 인접한 사바나 대초원 전역이 화산재의 구름으로 완전히 뒤덮였다. 얼마 후 재는 가라앉아 두꺼운 층으로 굳어졌을 것이다. 그리고 360만 년이 흐른 1979년에 고인류학자인 메리 리키Mary Leaky가 그 화산재의 층에서 발자국을 찾아냈다. 그녀는 이 발자국이 원인原人의 것이라고 믿었다. 그녀는 어쩌면 그 발자국의 주인이 현재 지구인 모두의 조상일지 모른다고 주장했다. 탄자니아에서부터 물경 38만 킬로미터나 떨어진 곳에도 사람의 발자국이 찍혀 있다. 인간은 달을 보면서 늘 낙천적인 생각을 해 왔다. 낙천적 생각에서 달의 한 지역에 '고요의 바다'라는 이름을 붙였지만, 그곳은 실은 물이라고는 단 한 방울도 없는 아주 건조한 평지이다. 바로 거기에 사람의 발자국이 남겨졌다. 리키가 원인의 발자국을 발견하기 꼭 10년 전의 사건이었다. 그것은 지구 바깥 천체에서 나들이할 수 있었던 최초의 사람이 남긴 발자국이다. 발자국에서 우리는 시간의 흐름을 읽는다. 발자국에서 우리는 거리를 상상한다. 여울져 흐르는 억겁의 시간을 이제 세 토막으로 나누어 생각하자. 360만 년, 46억 년 그리고 150억 년. 수소의 재에서 시작한 인류는 광막한 시간과 공간을 가로질러 지금 여기까지 걸어왔다.

인류는 우주 한구석에 박힌 미물微物이었으나 이제 스스로를 인식할 줄 아는 존재로 이만큼 성장했다. 그리고 이제 자신의 기원을 더듬을 줄도 알게 됐다. 별에서 만들어진 물질이 별에 대해 숙고할 줄 알게 됐다. 10억의 10억 배의 또 10억 배의 그리고 또 거기에 10배나 되는 수의 원자들이 결합한 하나의 유기체가 원자 자체의 진화를 꿰뚫어 생각할 줄 알게 됐다. 우주의 한구석에서 의식의 탄생이 있기까지 시간의 흐름을 거슬러 올라갈 줄도 알게 됐다. 우리는 종으로서의 인류를 사랑해야 하며, 지구에게 충성해야 한다. 아니면, 그 누가 우리의 지구를 대변해 줄 수 있겠는가? 우리의 생존은 우리 자신만이 이룩한 업적이 아니다. 그러므로 오늘을 사는 우리는 인류를 여기에 있게 한 코스모스에게 감사해야 할 것이다.

감사의 말

앞에서 말씀드린 분들 이외에도 제가 감사드려야 할 분이 참으로 많습니다. 이분들은 제가 자문을 구할 때마다 자신의 귀중한 시간을 기꺼이 할애하여 전문가로서 고귀한 의견을 흔쾌히 개진해 주셨습니다. 캐럴 레인Carol Lane, 마이르너 탤먼Myrna Talman, 제니 아든Jenny Arden; 「코스모스」의 방송국 제작진 데이비드 오이스터David Oyster, 리처드 웰Richard Well, 톰 위드링거Tom Weidlinger, 데니스 구티에레스Dennis Gutierrez, 로브 맥케인Rob McCain, 낸시 키니Nancy Kinney, 제이넬 밸니크Janelle Balnicke, 주디 플래너리Judy Flannery, 수전 레이코Susan Racho; 출판사 랜덤하우스Random House의 낸시 잉글리스Nancy Inglis, 피터 멀먼Peter Mollman, 메릴리 오레일리Marylea O'Reilly, 제니퍼 피터스Jennifer Peters; 5장의 제목을 너그럽게 빌려 주신 폴 웨스트Paul West; 조지 에이벨George Abell, 제임스 앨런James Allen, 바버라 어매고Barbara Amago, 로렌스 앤더슨Lawrence Anderson, 조너선 애런스Jonathon Arons, 할톤 아르프Halton Arp, 아스마 엘 바크리Asma El Bakri, 제임스 블린James Blinn, 바트 복Bart Bok, 제디 보웬Zeddie Bowen, 존 시 브랜트John C. Brandt, 케네스 브레처Kenneth Brecher, 프랭크 브리스토Frank Bristow, 존 캘런더John Callendar, 도널드 비 캠벨Donald B. Campbell, 주디스 캠벨Judith Campbell, 엘로프 악셀 칼손Elof Axel Carlson, 마이클 카라Michael Carra, 존 캐서니John Cassani, 주디스 카스타뇨Judith Castagno, 카트린 세자르스키Catherine Cesarsky, 마틴 코헨Martin Cohen, 주디린 델 레이Judy-Lynn del Rey, 니콜라 드브뢰Nicholas Devereux, 마이클 디비리언Michael Devirian, 스티븐 돌Stephen Dole, 프랭크 디 드레이크Frank D. Drake, 프레더

릭 시 듀랜트 3세Frederick C. Durant III, 리처드 엡스타인Richard Epstein, 폰 아르에셜만 Von R. Eshleman, 아메드 파미Ahmed Fahmy, 허버트 프리드먼Herbert Friedman, 로버트 프로시Robert Frosch, 존 후쿠다Jon Fukuda, 리처드 개먼Richard Gammon, 리카르도 자코니Ricardo Giacconi, 토머스 골드Thomas Gold, 폴 골든버그Paul Goldenberg, 페터 골드라이크Peter Goldreich, 폴 골드스미스Paul Goldsmith, 제이 리처드 고트 3세 J. Richard Gott III, 스티븐 제이 굴드 Stephen Jay Gould, 브루스 헤이스 Bruce Hayes, 레이먼드 헤이콕 Raymond Heacock, 울프 하인츠 Wulff Heintz, 아서 호그 Arthur Hoag, 폴 호지 Paul Hodge, 도리트 호플라이트 Dorrit Hoffleit, 윌리엄 호이트 William Hoyt, 이코 이벤 Icko Iben, 미하일 야로스진스키 Mikhail Jaroszynski, 폴 집슨 Paul Jepsen, 톰 카프 Tom Karp, 비션 엔 카르 Bishun N. Khare, 찰스 콜헤이스 Charles Kohlhase, 에드빈 크루프 Edwin Krupp, 아서 레인 Arthur Lane, 폴 맥린 Paul MacLean, 브루스 마건 Bruce Margon, 해럴드 마수르스키 Harold Masursky, 린다 모라비토 Linda Morabito, 에드먼드 멈지언 Edmond Momjian, 에드워드 모레노 Edward Moreno, 브루스 머레이 Bruce Murray, 윌리엄 머레인 William Murnane, 토머스 에이 머치 Thomas A. Mutch, 케네스 노리스 Kenneth Norris, 토비아스 오웬 Tobias Owen, 린다 폴 Linda Paul, 로저 페인 Roger Payne, 바에 페트로시안 Vahe Petrosian, 제임스 비 폴락 James B. Pollack, 조지 프레스턴 George Preston, 낸시 프리스트 Nancy Priest, 보리스 레이전트 Boris Ragent, 다이앤 레넬 Dianne Rennell, 마이클 라우튼 Michael Rowton, 앨런 샌디지 Allan Sandage, 프레드 스카프 Fred Scarf, 마르텐 슈미트 Maarten Schmidt, 아널드 셰이벨 Arnold Scheibel, 유진 슈마커 Eugene Shoemaker, 프랭크 슈 Frank Shu, 네이선 시빈 Nathan Sivin, 브래포드 스미스 Bradford Smith, 로렌스 에이 소더블롬 Laurence A. Soderblom, 하이론 스핀래드 Hyron Spinrad, 에드워드 스톤 Edward Stone, 제레미 스톤 Jeremy Stone, 에드 테

일러 Ed Taylor, 킵 에스 손 Kip S. Thorne, 노먼 스로어 Norman Thrower, 오 브라이언 툰 O. Brian Toon, 바버라 터치먼 Barbara Tuchman, 로저 울리히 Roger Ulrich, 리처드 언더우드 Richard Underwood, 페터 반 데 캄프 Peter van de Kamp, 주리 제이 반 발러 Jurrie J. Van Waller, 조지핀 왈시 Josephine Walsh, 켄트 윅스 Kent Weeks, 도널드 요먼스 Donald Yeomans, 스티븐 예라주니스 Stephen Yerazunis, 루이스 그레이 영 Louise Gray Young, 해럴드 지린 Harold Zirin, 그리고 미국 국립 항공 우주국 NASA. 마지막으로 사진 작업에 특별한 도움을 주신 에드와르도 카스타네다 Edwardo Castañeda와 빌 레이 Bill Ray에게 이 자리를 빌어 감사의 마음을 전합니다.

부록 1 : 귀류법과 무리수

피타고라스학파가 2의 제곱근($\sqrt{2}$)이 무리수無理數임을 증명하는 데 원래 사용했던 논지는 일종의 귀류법歸謬法에 근거한 것이었다. 귀류법이란 어떤 명제가 참임을 증명하기 위하여 그 명제의 역逆이 참이라고 일단 가정한 다음, 이 역명제가 성립할 때 초래될 수밖에 없는 모순을 지적함으로써 원래 명제가 참임을 간접적으로 밝히는 논증법이다. 현대적인 예를 하나 가지고 귀류법의 논리를 따라가 보기로 하자. 20세기의 위대한 물리학자 닐스 보어Niels Bohr가 던진 유명한 경구가 하나가 있다. "위대한 아이디어의 역은 반드시 위대한 아이디어이다." 보어의 이 주장이 참이라면 우리는 반드시 위험을 감수해야 할 것이다. 예를 들어 성서의 황금률을 한 번 부정해 보라. 그 결과가 어떻겠는가? "거짓말을 하지 마라." 라든가 "살인하지 마라." 등의 역도 위험하기는 마찬가지이다. 여기에 예로 든 '위대한 생각'들의 역은 함부로 주장할 수 없는 것이다. 그런 주장을 하려면 얻어맞을 각오부터 단단히 해야 하기 때문이다. 보어의 주장이 모순에 도달한 것이다. 따라서 보어의 경구는 독단일 뿐이다. 이제 그렇다면 보어의 주장의 역명제, 즉 "위대한 아이디어의 역은 반드시 위대한 아이디어가 아니다."는 참이라는 결론이 나온다. 이것이 귀류법의 핵심이다.

피타고라스학파의 학자들은 대단히 복잡한 기하학적 논리에 근거하여 $\sqrt{2}$가 무리수임을 증명할 수 있었고, 그것을 발표했다. 그러나 우리는 그들이 썼던 기하학적 논리 대신에 귀류법을 활용하여 $\sqrt{2}$가 무리수임을 간단히 증명해 보이겠다. 곧 알게 되겠지만, 증명 결과에 못지않게 증명에 쓰인 논리 역시 대단히 흥미롭다.

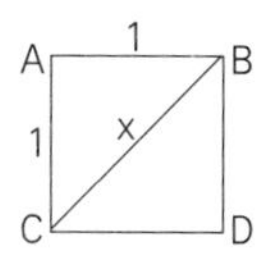

각 변의 길이가 1인 정사각형을 생각해 보자. 여기서 길이의 단위는 센티미터이든, 인치이든, 아니면 광년이든 전혀 문제가 되지 않는다. 대각선 BC가 이 정사각형을 두 개의 직각삼각형으로 나눈다. 직각삼각형이므로 피타고라스의 정리가 적용된다. 따라서 대각선 BC의 길이를 x라고 할 때 $1^2+1^2=x^2$의 관계가 성립함을 알 수 있다. 그런데 $1^2+1^2=1+1=2$이므로, 우리는 $x^2=2$에서 $x=\sqrt{2}$라고 쓸 수 있다. 즉 2의 제곱근이 대각선의 길이다. 이제 $\sqrt{2}$를 무리수가 아니라 유리수有理數라고 가정해 보자. 유리수라면 두 개의 정수整數 p, q의 비比로 나타낼 수 있어야 한다. 따라서 $\sqrt{2} = p/q$와 같이 주어질 수 있다. 정수 p, q의 크기는 그 어떤 제한도 둘 필요가 없지만, p와 q 사이에는 공약수가 없어야 한다. 공약수가 있다면 분자와 분모를 약분하여 더 이상 약분할 수 없을 때의 값을 p와 q라고 하면 된다. 예를 들어서 $\sqrt{2} = 14/10$이라고 주장하려면 $p=14$ 와 $q=10$을 쓸 것이 아니라 공약수인 2로 약분하여 $p=7$과 $q=5$를 쓰면 된다. $\sqrt{2}=p/q$의 양변을 제곱하면 $2=p^2/q^2$의 관계를 얻는다. 양변에 다시 q^2을 곱하면

$$p^2=2q^2 \qquad (1)$$

의 관계가 성립하므로, p^2이 어떤 정수의 두 배, 즉 짝수가 돼야 한다는 결론이 나온다. 그러나 $1^2=1$, $3^2=9$, $5^2=25$, $7^2=49$ 등의 예에서 알 수 있듯이, 홀수의 제곱은 반드시 홀수이다. 그러므로 p^2이 짝수가 되려면, p 자신이 짝수여야 한다. 따라서 p는 또 하나의 정수 s를 써서 $p=2s$와 같이 쓸 수 있을 것이다. 이것을 식 (1)에 대입하면

$$p^2=(2s)^2=4s^2=2q^2$$

가 성립할 것이고, 위의 관계식에서 마지막 등식을 2로 나누면

$$q^2=2s^2$$

의 관계가 얻어지므로, q^2 역시 짝수라는 결론이 나온다. 앞에서 p가 짝수여야 한다는 결론을 도출할 때 사용했던 논지를 그대로 다시 적용하면 q^2이 짝수이므로 q 자신도 짝수여야 함을 알 수 있다. 그래서 p와 q가 모두 짝수라는 결론에 이른다. 그렇지만 이것은 앞에서 우리가 채택한 가정들과 배치되는 결론이다. 어떤 가정이 우리를 모순에 봉착케 했는가? p와 q가 모두 짝수라면 또 2로 약분할 수 있다. 우리가 앞에서 사용한 논리 중에는 공약수를 더 이상 약분하지 말라는 조항이 없었기 때문에 제일 처음에 택한 가정, 즉 p와 q가 정수라는 가정이 잘못됐다. 이렇게 해서 $\sqrt{2}$가 무리수라는 사실이 증명됐다. 실제로 $\sqrt{2}=1.4142135\cdots$로서 소수점 아래 숫자가 끝없이 이어지는 무리수이다.

이것은 참으로 놀라운 결과였으며 예상하기 어려운 결론이었다. 귀류법의 명쾌함에 우리 모두 찬사를 보내지 않을 수 없을 것이다. 그럼에도 불구하고 피타고라스학파는 이 위대한 발견을 숨겨 둬야만 했다.

부록 2 : 피타고라스의 다면체

다각형을 일컫는 그리스 어 폴리곤polygon은 '여러 개의 각'을 뜻한다. 각 변의 길이가 같은 평면 도형이 정다각형이다. 길이가 같은 변 세 개로 만들어진 평면 도형이 정삼각형이고 변이 넷이면 정사각형, 다섯 개면 정오각형이다. 다면체란 각각의 면이 다각형으로 이루어진 삼차원적 입체 구조를 지칭한다. 다면체를 일컫는 그리스 어 폴리헤드론polyhedron은 여기서 '여러 개의 면'을 뜻한다. 예를 들어 정육면체는 여섯 개의 정사각형 면으로 이루어진 다면체이다. 바른다면체 또는 정다면체는 흠이 없는 다면체를 뜻한다. 피타고라스학파와 요하네스 케플러의 연구에서는 정다면체가 다섯 가지밖에 없다는 사실이 근간을 이루고 있었다. 이보다 후대에 와서 레온하르트 오일러Leonhard Euler와 르네 데카르트가 발견한, 정다면체의 면 수 F, 모서리의 수 E, 꼭짓점의 수 V 사이에 성립하는

$$V - E + F = 2 \qquad (2)$$

의 관계를 이용하면 정다면체의 종류가 다섯 가지뿐이라는 사실을 아주 쉽게 증명할 수 있다. 우선 정육면체를 예로 들어 이 식의 성립 여부를 조사해 보자. 정육면체의 경우 이름 그대로 F=6이며, 꼭짓점의 수가 여덟 개이니 V=8이다. 그러므로 (6+8)-2=12에서 모서리의 개수가 E=12개라고 예상할 수 있다. 실제로 정육면체에는 모서리가 열

두 개 있다. 식 (2)에 대한 기하학적 증명은 쿠란트Courant와 로빈스Robbins가 쓴 책에서 찾아볼 수 있으므로(「참고 문헌」 참조) 실제 증명은 여기서 생략하고 우리는 대신 이 관계를 기초로 하여 정다면체가 다섯 가지임을 증명해 보도록 하자.

다면체에서 인접한 면 두 개는 모서리를 하나 공유한다. 정육면체를 다시 생각해 보자. 모서리 하나가 인접한 두 평면의 경계를 이루고 있음이 확실하다. 정다면체가 갖는 한 면이 가진 모서리수 n×전체 면수 F는 n×F이다. 그런데 면 두 개마다 모서리가 하나씩이니까,

$$n \times F = 2 \times E \qquad (3)$$

의 관계가 성립한다. 꼭짓점 하나에서 만나는 모서리의 수를 r라고 하자. 예를 들어 정육면체의 경우 모서리가 세 개 만나서 꼭짓점이 하나 생기니까 r = 3이란 이야기이다. 그렇다면

$$r \times V = 2 \times E \qquad (4)$$

의 관계가 성립함을 알 수 있다. 식 (3)에서 얻은 F = 2E/n과 식 (4)의 V = 2E/r의 결과를 식 (2)에 대입하면,

$$2E/r - E + 2E/n = 2$$

의 관계를 얻을 수 있다. 이 식의 양변을 2×E로 나누면,

$$1/n + 1/r = 1/2 + 1/E \quad (5)$$

의 관계가 성립한다. 가장 간단한 다각형이 삼각형이므로, n은 적어도 3이거나 3보다 커야 한다. 꼭짓점을 하나 만드는 데 최소한 세 개의 모서리가 교차해야 하니까, r 역시 적어도 3이거나 3보다 커야 한다. n과 r가 '동시에' 3보다 크다면 식 (5)의 좌변은 3분의 2보다 작아야 한다. 그렇다면 E로 그 어떤 양의 정수를 택해도 이 식을 만족시킬 수 없다. n과 r가 동시에 3보다 크다면 명백한 모순에 이르게 된다는 이야기이다. 다시 말해서 우리는 또다시 귀류법의 성공 현장에 서게 된 셈이다. 즉 n = 3이면서 r가 3보다 크든가, 아니면 r = 3이면서 n이 3보다 커야 한다는 결론이다.

먼저 n = 3인 경우를 보자. 그러면 식 (5)는

$$1/3 + 1/r = 1/2 + 1/E$$

로 되고, 여기서 우리는

$$1/r = 1/E + 1/6 \quad (6)$$

의 관계를 얻는다. 즉 r는 3이나 4나 5가 될 수 있다. 만약 E가 6보다 더 크면 이 식은 충족될 수 없다. n=3이고 r=3이라면 꼭짓점마다 세 개의 삼각형이 만난다. 식 (6)으로부터 모서리가 여섯 개, 식 (3)에서 면이 네 개, 그리고 식 (4)에서 꼭짓점이 네 개인 다면체이다. 다시 말해서 n=3의 경우가 피라미드 모양의 정사면체라는 결론이 나온다. n=3이고 r=4의 경우, 꼭짓점마다 네 개의 삼각형이 만나서 만드는 정팔면체가 얻어진다. n=3에 r=5이면, 꼭짓점 하나에 삼각형이 다섯 개씩 만나서 이루는 정이십면체가 만들어진다.

만약 r=3인 경우 식 (5)에서부터

$$1/n = 1/E + 1/6$$

의 관계를 얻게 되고, 그렇다면 n은 3, 4, 5 중에서 그 어떤 값을 가져도 좋다. n=3이면 다시 정삼각형 네 개로 이루어진 정사면체, n=4이면 정사각형 여섯 개로 만들어지는 정육면체, n=5이면 정오각형 열두 개로 만들어지는 정십이면체가 된다.

n과 r가 이 이외의 정숫값을 가질 수 없다. 즉 정다면체에는 다섯 가지밖에 없다. 수학적 사고의 추상성과 아름다움에서 유래한 이 결론이 인간의 실제적 삶에 미친 영향은 참으로 지대하다.

참고 문헌

기술적이고 전문적인 문헌에는 '*' 표시를 해 두었다.

1 코스모스의 바닷가에서

Boeke, Kees. *Cosmic View: The Universe in Forty Jumps.* New York: John Day, 1957.

Fraser, Peter Marshall. *Ptolemaic Alexandria.* Three volumes. Oxford: Clarendon Pess, 1972.

Morison, Samuel Eliot. *Admiral of the Ocean Sea: A Life of Christopher Columbus.* Boston: Little, Brown, 1942.

Sagan, Carl. *Broca's Brain: Reflections on the Romance of Science.* New York: Random House, 1979.

2 우주 생명의 푸가

Attenborough, David. *Life on Earth: A Natural History.* London: British Broadcasting Corporation, 1979.

* Dobzhansky, Theodosius, Ayala, Francisco J., Stebbins, G. Ledyard and Valentine, James. *Evolution.* San Francisco: W.H. Freeman, 1978.

Evolution. A Scientific American Book. San Francisco: W.H. Freeman, 1978.

Gould, Stephen Jay. *Ever Since Darwin: Reflections on Natural History.* New York: W.W. Norton, 1977.

Handler, Philip (ed.). *Biology and the Future of Man.* Committee on Science and Public Policy, National Academy of Sciences. New York: Oxford University Press, 1970.

Huxley, Julian. *New Bottles for New Wine: Essays.* London: Chatto and Windus, 1957.

Kennedy, D. (ed.). *Cellular and Organismal Biology.* A Scientific American Book. San Francisco: W.H. Freeman, 1974.

* Kornberg, *A. DNA Replication.* San Francisco: W.H. Freeman, 1980.

* Miller, S.L. and Orgel, L. *The Origins of Life on Earth.* Englewood Cliffs, N.J.: Prentice-Hall, 1974.

Orgel, L. *Origins of Life.* New York: Wiley, 1973.

* Roemer, A.S. "Major Steps in Vertebrate Evolution." *Science,* Vol. 158, 1967, 1629쪽.

* Roland, Jean Claude. *Atlas of Cell Biology.* Boston: Little, Brown, 1977.

Sagan, Carl. "Life." *Encyclopaedia Britannica,* 1970 and later printings.

* Sagan, Carl and Salpeter, E.E. "Particles, Environments and Hypothetical Ecologies in the Jovian Atmosphere." *Astrophysical Journal Supplement,* Vol. 32, 1976, 737쪽.

Simpson, G.G. *The Meaning of Evolution.* New Haven: Yale University Press, 1960.

Thomas, Lewis. *Lives of a Cell: Notes of a Biology Watcher.* New York: Bantam Books, 1974.
* Watson, J.D. *Molecular Biology of the Gene.* New York: W.A. Benjamin, 1965.
Wilson, E.O., Eisner, T., Briggs, W.R., Dickerson, R.E., Metzenberg, R.L., O'Brien, R.D., Susman, M., and Boggs, W.E. *Life on Earth.* Stamford: Sinauer Associates, 1973.

3 지상과 천상의 하모니

Abell, George and Singer, B (eds.). *Science and the Paranormal.* New York: Scribner's, 1980.
* Beer, A. (ed.). *Vistas in Astronomy: Kepler,* Vol. 18. London: Pergamon Press, 1975.
Caspar, Max. *Kepler.* London: Abelard-Schuman, 1959.
Cumont, Franz. *Astrology and Religion Among the Greeks and Romans.* New York: Dover, 1960.
Koestler, Arthur. *The Sleepwalkers.* New York: Grosset and Dunlap, 1963.
Krupp, E.C. (ed.). *In Search of Ancient Astronomies.* New York: Doubleday, 1978.
Pannekoek, Anton. *A History of Astronomy.* London: George Allen, 1961.
Rey, H.A. *The Stars: A New Way to See Them,* third edition. Boston: Houghton Mifflin, 1970.
Rosen, Edward. *Kepler's Somnium.* Madison, Wis.: University of Wisconsin Press, 1967.
Standen, A. *Forget Your Sun Sign.* Baton Rouge: Legacy, 1977.
Vivian, Gordon and Raiter, Paul. *The Great Kivas of Chaco Canyon.* Albuquerque: University of New Mexico Press, 1965.

4 천국과 지옥

Chapman, C. *The Inner Planets.* New York: Scribner's, 1977.
Charney, J.G. (ed.). *Carbon Dioxide and Climate: A Scientific Assessment.* Washington, D.C.: National Academy of Sciences, 1979.
Cross, Charles A. and Moore, Patrick. *The Atlas of Mercury.* New York: Crown Publishers, 1977.
* Delsemme, A.H. (ed.). *Comets, Asteroids, Meteorites.* Toledo: University of Ohio Press, 1977.
Ehrlich, Paul R., Ehrlich, Anne H. and Holden, John P. *Ecoscience: Population, Resources, Environment.* San Francisco: W.H. Freeman, 1977.
* Dunne, James A. and Burgess, Eric. *The Voyage of Mariner 10.* NASA SP-424. Washington, D.C.: U.S. Government Printing Office, 1978.
* El-Baz, Farouk. "The Moon After Apollo." *Icarus,* Vol. 25, 1975, 495쪽.
Goldsmith, Donald (ed.). *Scientists Confront Velikovsky.* Ithaca: Cornell University Press, 1977.
Kaufmann, William J. *Planets and Moons.* San Francisco: W.H. Freeman, 1979.
* Keldysh, M.V. "Venus Exploration with the Venera 9 and Venera 10 Spacecraft." *Icarus,* Vol. 30, 1977, 605쪽.
* Kresak, L. "The Tunguska Object: A Fragment of Comet Encke?" *Bulletin of the Astronomical Institute of Czechoslovakia,* Vol. 29, 1978, 129쪽.
Krinov, E.L. *Giant Meteorites.* New York: Pergamon Press, 1966.
Lovelock, L. *Gaia.* Oxford: Oxford University Press, 1979.

* Marov, M. Ya. "Venus: A Perspective at the Beginning of Planetary Exploration." *Icarus*, Vol. 16, 1972, 115쪽.

Masursky, Harold, Colton, C.W. and El-Baz, Farouk (eds.). *Apollo Over the Moon: A View form Orbit.* NASA SP-362. Washington, D.C.: U.S. Government Printing Office, 1978.

* Mulholland, J.D. and Calame, O. "Lunar Crater Giordano Bruno: AD 1178 Impact Observations Consistent with Laser Ranging Results." *Science*, Vol. 199, 1978.

* Murray, Bruce and Burgess, Eric. *Flight to Mercury.* New York: Columbia University Press, 1977.

* Murray, Bruce, Greeley, R. and Malin, M. *Earthlike Planets.* San Francisco: W.H. Freeman, 1980.

Nicks, Oran W. (ed.). *This Island Earth.* NASA SP-250. Washington, D.C.: U.S. Government Printing Office, 1970.

Oberg, James "Tunguska: Collision with a Comet." *Astronomy*, Vol. 5, No. 12, December 1977, 18쪽.

* Pioneer Venus Results. *Science*, Vol. 203, No. 4382, February 23, 1979, 743쪽.

* Pioneer Venus Results. *Science*, Vol. 205, No. 4401, July 6, 1979, 41쪽.

Press, Frank and Siever, Raymond. *Earth*, second edition. San Francisco: W.H. Freeman, 1978.

Ryan, Peter and Pesek, L. *Solar System.* New York; Viking, 1979.

* Sagan, Carl, Toon, O.B. and Pollack, J.B. "Anthropogenic Albedo Changes and the Earth's Climate." *Science*, Vol. 206, 1979, 1363쪽.

Short, Nicholas M., Lowman, Paul D., Freden, Stanley C. and Finsh, William A. *Mission to Earth: LANDSAT Views the World.* NASA SP-360. Washington, D.C.: U.S. Government Printing Office, 1976.

Skylab Explores the Earth. NASA SP-380. Washington, D.C.: U.S. Government Printing Office, 1977.

The Solar System. A Scientific American Book. San Francisco. W.H. Freeman, 1975.

Urey, H.C. "Cometary Collisions in Geological Periods." *Nature*, Vol. 242, March 2, 1973, 32쪽.

Vitaliano, Dorothy B. *Legends of the Earth.* Bloomington: Indiana University Press, 1973.

* Whipple, F.L. *Comets.* New York: John Wiley, 1980.

5 붉은 행성을 위한 블루스

* American Geophysical Union. *Scientific Results of the Viking Project.* Reprinted from the *Journal of Geophysical Research*, Vol. 82, 1977, 3959쪽.

Batson, R.M., Bridges, T.M. and Inge, J.L. *Atlas of Mars: The 1:5,000,000 Map Series.* NASA SP-438. Washington, D.C.: U.S. Government Printing Office, 1979.

Bradbury, Ray, Clarke, Arthur C., Murray, Bruce, Sagan, Carl, and Sullivan, Walter. *Mars and the Mind of Man.* New York: Harper and Row, 1973.

Burgess, Eric. *To the Red Planet.* New York: Columbia University Press, 1978.

Gerster, Georg, *Grand Design: The Earth from Above.* New York: Paddington Press, 1976.

Glasstone, Samuel. *Book of Mars.* Washington, D.C.: U.S. Government Printing Office, 1968.
Goddard, Robert H. *Autobiography.* Worcester, Mass.: A.J. St. Onge, 1966.
* Goddard, Robert H. *Papers.* Three volumes. New York: McGraw-Hill, 1970.
Hartman, W.H. and Raper, O. *The New Mars: The Discoveries of Mariner 9.* NASA SP-337. Washington, D.C.: U.S. Government Printing Ofice, 1974.
Hoyt, William G. *Lowell and Mars.* Tucson: University of Arizona Press, 1976.
Lowell, Percival. *Mars.* Boston: Houghton Mifflin, 1896.
Lowell, Percival. *Mars and Its Canals.* New York: Macmillan, 1906.
Lowell, Percival. *Mars as an Abode of Life.* New York: Macmillan, 1908.
Mars as Viewed by Mariner 9. NASA SP-329. Washington, D.C.: U.S. Government Printing Office, 1974.
Morowitz, Harold. *The Wine of Life.* New York: St. Martin's, 1979.
* Mutch, Thomas A., Arvidson, Raymond E., Head, James W., Jones, Kenneth L. and Saunders, R. Stephen. *The Geology of Mars.* Princeton: Princeton University Press, 1976.
* Pittendrigh, Colin S., Vishniac, Wolf and Pearman, J.P.T. (eds.). *Biology and the Exploration of Mars.* Washington, D.C.: National Academy of Sciences, National Research Council, 1966.
The Martian Landscape. Viking Lander Imaging Team, NASA SP-425. Washington, D.C.: U.S. Government Printing Office, 1978.
* Viking 1 Mission Results. *Science,* Vol. 193, No. 4255, August 1976.
* Viking 1 Mission Results. *Science,* Vol. 194, No. 4260, October 1976.
* Viking 2 Mission Results. *Science,* Vol. 194, No. 4271, December 1976.
* "The Viking Mission and the Question of Life on Mars." *Journal of Molecular Evolution,* Vol. 14, Nos. 1-3. Berlin: Springer-Verlag, December 1979.
Wallace, Alfred Russel. *Is Mars Habitable?* London: Macmillan, 1907.
Washburn, Mark. *Mars At Last!* New York: G.P. Putnam, 1977.

6 여행자가 들려준 이야기

* Alexander, A.F.O. *The Planet Saturn.* New York: Dover, 1980.
Bell, Arthur E. *Christiaan Huygens and the Development of Science in the Seventeenth Century.* New York: Longman's Green, 1947.
Dobell, Clifford. *Anton Van Leeuwenhoek and His "Little Animals."* New York: Russell and Russell, 1958.
Duyvendak, J.J.L. *China's Discovery of Africa.* London: Probsthain, 1949.
* Gehrels, T. (ed.). *Jupiter: Studies of the Interior, Atmosphere, Magnetosphere and Satellites.* Tucson: University of Arizona Press, 1976.
Haley, K.H. *The Dutch in the Seventeenth Century.* New York: Harcourt Brace, 1972.
Huizinga, Johan. *Dutch Civilization in the Seventeenth Century.* New York: F. Ungar, 1968.

* Hunten, Donald (ed.). *The Atmosphere of Titan.* NASA SP-340. Washington, D.C.: U.S. Government Printing Office, 1973.

* Hunten, Donald and Morrison, David (eds.). *The Saturn System.* NASA Conference Publication 2068. Washington, D.C.: U.S. Government Printing Office, 1978.

Huygens, Christiaan. *The Celestial Worlds Discover'd: Conjectures Concerning the Inhabitants, Planets and Productions of the Worlds in the Planets.* London: Timothy Childs, 1798.

* "First Scientific Results from Voyager 1." *Science,* Vol. 204, No. 4396, June 1, 1979.

* "First Scientific Results from Voyager 2." *Science,* Vol. 206, No. 4421, November 23, 1979, 927쪽.

Manuel, Frank E. *A Portrait of Isaac Newton.* Washington: New Republic Books, 1968.

Morrison, David and Samz, Jane. *Voyager to Jupiter.* NASA SP-439. Washington, D.C.: U.S. Government Printing Office, 1980.

Needham, Joseph. *Science and Civilization in China,* Vol. 4, Part 3, New York: Cambridge University Press, 1970, 468-553쪽.

* Palluconi, F.D. and Pettengill, G.H. (eds.). *The Rings of Saturn.* NASA SP-343. Washington, D.C.: U.S. Government Printing Ofice, 1974.

Rimmel, Richard O., Swindell, William and Burgess, Eric. *Pioneer Odyssey.* NASA SP-349. Washington, D.C.: U.S. Government Printing Office, 1977.

* "Voyager 1 Encounter with Jupiter and Io." *Nature,* Vol. 280, 1979, 727쪽.

Wilson, Charles H. *The Dutch Republic and the Civilization of the Seventeenth Century.* London: Weidenfeld and Nicolson, 1968.

Zumthor, Paul. *Daily Life in Rembrandt's Holland.* London: Weidenfeld and Nicolson, 1962.

7 밤하늘의 등뼈

Baker, Howard. *Persephone's Cave.* Athens: University of Georgia Press, 1979.

Berendzen, Richard, Hart, Richard and Seeley, Daniel, *Man Discovers the Galaxies.* New York: Science History Publications, 1977.

Farrington, Benjamin. *Greek Science.* London: Penguin, 1953.

Finley, M.I. *Ancient Slavery and Modern Ideology.* London: Chatto, 1980.

Frankfort, H., Frankfort, H.A., Wilson, J.A. and Jacobsen, T. *Before Philosophy: The Intellectual Adventure of Ancient Man.* Chicage: University of Chicago Press, 1946.

Heath, T. *Aristarchus of Samos.* Cambridge: Cambridge University Press, 1913.

Heidel, Alexander. *The Babylonian Genesis.* Chicago: University of Chicago Press, 1942.

Hodges, Henry. *Technology in the Ancient World.* London: Allan Lane, 1970.

Jeans, James. *The Growth of Physical Science,* second edition. Cambridge: Cambridge University Press, 1951.

Lucretius. *The Nature of the Universe.* New York: Penguin, 1951.

Murray, Gilbert. *Five Stages of Greek Religion.* New York: Anchor Books, 1952.

Russell, Bertrand, *A History of Western Philosophy*. New York: Simon and Schuster, 1945.
Sarton, George. *A History of Science*, Vols. 1 and 2. Cambridge: Harvard University Press, 1952, 1959.
Schrödinger, Erwin. *Nature and the Greeks*. Cambridge: Cambridge University Press, 1954.
Vlastos, Gregory. *Plato's Universe*. Seattle: University of Washington Press, 1975.

8 시간과 공간을 가르는 여행

Barnett, Lincoln. *The Universe and Dr. Einstein*. New York: Sloane, 1956.
Bernstein, Jeremy. *Einstein*. New York: Viking, 1973.
Borden, M. and Graham, O. L. *Speculations on American History*. Lexingint, Mass.: D.C. Heath, 1977.
* Bussard, R.W. "Galactic Matter and Interstellar Flight." *Astronautica Acta*, Vol. 6, 1960, 179쪽.
Cooper, Margaret. *The Inventions of Leonardo Da Vinci*. New York: Macmillan, 1965.
* Dole, S.H. "Formation of Planetary Systems by Aggregation: A Computer Simulation." *Icarus*, Vol. 13, 1970, 494쪽.
Dyson, F.J. "Death of a Project." [Orion.] *Science*, Vol. 149, 1965, 141쪽.
Gamow, George. *Mr. Tompkins in Paperback*. Cambridge: Cambridge University Press, 1965.
Hart, Ivor B. *Mechanical Investigations of Leonardo Da Vinci*. Berkeley: University of California Press, 1963.
Hoffman, Banesh. *Albert Einstein: Creator and Rebel*. New York: New American Library, 1972.
* Isaacman, R. and Sagan, Carl. "Computer Simulation of Planetary Accretion Dynamics: Sensitivity to Initial Conditions." *Icarus*, Vol. 31, 1977, 510쪽.
Lieber, Lillian R. and Lieber, Hugh Gray. *The Einstein Theory of Relativity*. New York: Holt, Rinehart and Winston, 1961.
MacCurdy, Edward (ed.). *Notebooks of Leonardo*. Two volumes. New York: Reynal and Hitchcock, 1938.
* Martin, A.R. (ed.). "Project Daedalus: Final Report of the British Interplanetary Society Starship Study." *Journal of the British Interplanetary Society*, Supplement, 1978.
McPhee, John A. *The Curve of Binding Energy*. New York: Farrar, Straus and Giroux, 1974.
* Marmin, David. *Space and Time and Special Relativity*. New York: McGraw-Hill, 1968.
Richter, Jean-Paul. *Notebooks of Leonardo Da Vinci*. New York: Dover, 1970.
Schlipp, Paul A. (ed.). *Albert Einstein: Philosopher-Scientist*, third edition. Two volumes. La Salle, Ill.: Open Court, 1970.

9 별들의 삶과 죽음

Eddy, John A. *The New Sun: The Solar Results from Skylab*. NASA SP-402. Washingtion, D.C.: U.S. Government Printing Office, 1979.
* Feynman, R.P., Leighton, R.B. and Sands, M. *The Feynman Lectures on Physics*. Reading, Mass.:

Addison-Wesley, 1963.
Gamow, George. *One, Two, Three...Infinity.* New York: Bantam Books, 1971.
Kasner, Edward and Newman, James R. *Mathematics and the Imagination.* New York: Simon and Schuster, 1953.
Kaufmann, William J. *Stars and Nebulas.* San Francisco: W.H. Freeman, 1978.
Maffei, Paolo. *Monsters in the Sky.* Cambridge: M.I.T. Press, 1980.
Murdin, P. and Allen, D. *Catalogue of the Universe*, New York: Crown Publishers, 1979.
* Shklovskii, I.S. Stars: *Their Birth, Life and Death.* San Francisco: W.H. Freeman, 1978.
Sullivan, Walter. *Black Holes: The Edge of Space, The End of Time.* New York: Doubleday, 1979.
Weisskopf, Victor. *Knowledge and Wonder*, second edition. Cambridge: M.I.T. Press, 1979.
Excellent introductory college textbooks on astronomy include:
Abell, George. *The Realm of the Universe.* Philadelphia: Saunders College, 1980.
Berman, Louis and Evans, J.C. *Exploring the Cosmos.* Boston: Little, Brown, 1980.
Hartmann, William K. *Astronomy: The Cosmic Journey.* Belmont, Cal.: Wadsworth, 1978.
Jastrow, Robert and Thompson, Malcolm H. *Astronomy: Fundamentals and Frontiers*, third edtion. New York: Wiley, 1977.
Pasachoff, Jay M. and Kutner, M.L. *University Astronomy.* Philadelphia: Saunders, 1978.
Zeilik, Michael. *Astronomy: The Evolving Universe.* New York: Harper and Row, 1979.

10 영원의 벼랑 끝

Abbortt, E. *Flatland.* New York: Barnes and Noble, 1963.
* Arp, Halton, "Peculiar Galaxies and Radio Sources." *Science*, Vol. 151, 1966, 1214쪽.
Bok, Bart and Bok, Priscilla. *The Milky Way*, fourth edition. Cambridge: Harvard University Press, 1974.
Cambell, Joseph. *The Mythic Image.* Princeton: Princeton University Press, 1974.
Ferris, Timothy. *Galaxies.* San Francisco: Sierra Club Books, 1980.
Ferris, Timothy. *The Red Limit: The Search by Astronomers for the Edge of the Universe.* New York: William Morrow, 1977.
Gingerich, Owen (ed.). *Cosmology + 1.* A Scientific American Book. San Francisco: W.H. Freeman, 1977.
* Jones, B. "The Origin of Galaxies: A Review of Recent Theoretical Developments and Their Confrontation with Observation." *Reviews of Modern Physics*, Vol. 48, 1976, 107쪽.
Kaufmann, William J. *Black Holes and Warped Space-Time.* San Francisco: W.H. Freeman, 1979.
Kaufmann, William J. *Galaxies and Quasars.* San Francisco: W.H. Freeman, 1979.
Rothenberg, Jerome (ed.). *Technicians of the Sacred.* New York: Doubleday, 1968.
Silk, Joseph. *The Big Bang: The Creation and Evolution of the Universe.* San Francisco: W.H. Freeman, 1980.
Sproul, Barbara C. *Primal Myths: Creating the World.* New York: Harper and Row, 1979.

* Stockton, A.N. "The Nature of QSO Red Shifts." *Astrophysical Journal*, Vol. 223, 1978, 747쪽.

Weinberg, Steven. *The First Three Minutes: A Modern View of the Origin of the Universe.* New York: Basic Books, 1977.

* White, S.D.M. and Rees, M.J. "Core Condensation in Heavy Halos: A Two-Stage Series for Galaxy Formation and Clustering." *Monthly Notices of the Royal Astronomical Society*, Vol. 183, 1978, 341쪽.

11 미래로 띄운 편지

Human Ancestors. Readings from Scientific American. San Francisco: W.H. Freeman, 1979.

Koestler, Arthur. *The Act of Creation.* New York: Macmillan, 1964.

Leaky, Richard E. and Lewin, Roger. *Origins.* New York: Dutton, 1977.

* Lehninger, Albert L. *Biochemistry.* New York: Worth Publishers, 1975.

* Norris, Kenneth S. (ed.). *Whales, Dolphins and Porpoises.* Berkeley: University of California Press, 1978.

* Payne, Roger and McVay, Scott. "Songs of Humpback Whales." *Science*, Vol. 173, August 1971, 585쪽.

Restam, Richard M. *The Brain.* New York: Doubleday, 1979.

Sagan, Carl. *The Dragons of Eden: Speculations on the Evolution of Human Intellingence.* New York: Random House, 1977.

Sagan, Car, Drake, F.D., Druyan, A., Ferris, T., Lomberg, J., and Sagan, L.S. *Murmurs of Earth: The Voyager Interstellar Record.* New York: Random House, 1978.

* Stryer, Lubert. *Biochemistry.* San Francisco: W.H. Freeman, 1975.

The Brain. A Scientific American Book. San Francisco: W.H. Freeman, 1979.

* Winn, Howard E. and Olla, Bori L. (eds.). *Behavior of Marine Animals*, Vol. 3: *Cetaceans.* New York: Plenum, 1979.

12 은하 대백과사전

Asimov, Isaac. *Extraterrestrial Civilizations.* New York: Fawcett, 1979.

Budge, E.A. Wallis. *Egyptian Language: Easy Lessons in Egyptian Hieroglyphics.* New York: Dover Publication, 1976.

de Laguna, Frederica. *Under Mount St. Elias: History and Culture of Yacutat Tlingit.* Washington, D.C.: U.S. Government Printing Office, 1972.

Emmons, G.T. *The Chilkat Blaket.* New York: Memoirs of the American Museum of Natural Hisotry, 1907.

Goldsmith, D. and Owen, T. *The Search for Life in the Universe.* Menlo Park: Benjamin/Cummings, 1980.

Klass, Philip. *UFO's Explained.* New York: Vintage, 1976.

Krause, Aurel. *The Tlingit Indians.* Seattle: University of Washington Press, 1956.

La Pérouse, Jean F. de G., comte de. *Voyage de la Pérouse Autour du Monde* (four volumes). Paris: Imprimerie de la Republique, 1797.

Mallove, E., Forward, R.L., Paprotny, Z., and Lehmann, J. "Interstellar Travel and Communication: A Bibliography." *Journal of the British Interplanetary Society*, Vol. 33, No. 6, 1980.

* Morrison, P., Billingham, J. and Wolfe, J. (eds.). *The Search for Extraterrestrial Intelligence.* New York: Dover, 1979.

* Sagan, Carl (ed.). *Communication with Extraterrestrial Intelligence (CETI).* Cambridge: M.I.T. Press, 1973.

Sagan, Carl and Page, Thornton (eds.). *UFO's: A Scientific Debate.* New York: W.W. Norton, 1974.

Shklovskii, I.S. and Sagan, Carl. *Intelligent Life in the Universe.* New York: Dell, 1967.

Story, Ron. *The Space-Gods Revealed: A Close Look at the Theories of Erich von Daniken.* New York; Harper and Row, 1976.

Vaillant, George C. *Aztecs of Mexico.* New York: Pelican Books, 1965.

13 누가 우리 지구를 대변해 줄까?

Drell, Sidney D. and Von Hippel, Frank. "Limited Nuclear War." Scientific American, Vol. 235, 1976, 2737쪽.

Dyson, F. *Disturbing the Universe.* New York: Harper and Row, 1979.

Glasstone, Samuel (ed.). *The Effects of Nuclear Weapons.* Washington, D.C.: U.S. Atomic Energy Commission, 1964.

Humboldt, Alexander von. *Cosmos.* Five volumes London: Bell, 1871.

Murchee, G. *The Seven Mysteries of Life.* Boston: Houghton Mifflin, 1978.

Nathan, Otto and Norden, Heinz (eds.). *Einstein on Peace.* New York: Simon and Schuster, 1960.

Perrin, Noel. *Giving Up the Gun: Japan's Reversion to the Sword 1543-1879.* Boston: David Godine, 1979.

Prescott, James W. "Body Pleasure and the Origins of Violence." *Bulletin of the Atomic Scientists*, November 1975, 10쪽.

* Richardson, Lewis F. *The Statistics of Deadly Quarrels.* Pittsburgh: Boxwood Press, 1960.

Sagan, Carl. *The Cosmic Connection. An Extraterrestrial Perspective.* New York: Doubleday, 1973.

World Armaments and Disarmament. SIPRI Yearbook, 1980 and previous years, Stockholm International Peace Reasearch Institute. New York: Crane Russak and Company, 1980 and previous years.

부록

Courant, Richard and Robbins, Herbert. *What Is Mathematics? An Elementary Approach to Ideas and Methods.* New York: Oxford University Press, 1969.

옮긴이 후기

인류가 직면한 가장 심각한 문제가 무엇이냐는 질문에, 혹자는 악화 일로에 있는 지구 자연환경의 보존이라고 대답합니다. 또 핵전쟁의 공포에서 인류를 해방시키는 일이 지구인이 해결해야 할 가장 시급한 과제라고 생각하는 이들도 많습니다. 또 어떤 이들은 인권과 사회 정의의 범세계적 구현이야말로 우리의 선결 과제라고 강조합니다. 그렇습니다, 이 모든 문제들은 현대를 살아가는 우리 지구인들이 서둘러 해결해야 할 문제임에 틀림이 없습니다. 그렇지만 해결하기가 무척 어려운 과제입니다. 저는 이러한 난제들을 안고 살아야 하는 현대인들의 화두는 우주와 생명의 기원이어야 한다고 주장하고 싶습니다. 우리가 자신의 위상을 우주적 관점에서 조망하게 될 때, 앞에서 열거한 문제를 총체적으로 해결할 수 있는 실마리가 찾아질 것이기 때문입니다.

칼 세이건은 『코스모스』에서 인간의 위상과 정체를 우주적 시각에서 바라보라고 독자를 다그치고 설득합니다. 그리고 그의 설득 노력은 큰 성공을 거두었습니다. 「코스모스」의 13부작 시리즈가 방영될 당시, 전 세계 인구의 약 3퍼센트가 「코스모스」를 시청했다는 통계가 그 성공을 말해 주고 있습니다.

『코스모스』의 교정 작업이 한창 막바지로 치닫던 와중에, 저는 일본 고베 시 근처 아와지 섬에서 열리는 행성과학 국제 여름 학교에 참

가해야 했습니다. 그러니까 지난 9월 초순이었습니다. 대만, 독일, 미국, 인도, 일본, 프랑스, 한국 등지에서 활동하고 있는 신진 학자와 학위 논문을 준비하는 박사 과정의 학생 60명을 선발하여, 이들에게 "외계 행성의 다양성"을 주제로 한 집중 강의가 일주일 동안 이루어졌습니다. 저는 행성 간 고체 입자에 관한 강좌를 하나 맡았고, 이들과 한데 어울려 그 분야 전문가들의 열강을 듣기도 하면서, 태양계 바깥에서부터 생명 세계와 문명 사회를 찾으려는 인류의 원초적 꿈이 현재 어느 수준까지 실현되고 있는지 가늠할 수 있었습니다. 지난 8월 말까지의 집계에 따르면 태양계 근방 별들 중에서 행성을 거느리고 있다고 확인된 별들이 약 130여 개에 이른다는 통계가 하나의 가늠자 역할을 해 줬습니다.

하지만 존재가 확인된 외계 행성들 거의 대부분이, 목성 또는 목성의 10여 배 규모에 이르는 질량을 갖는 거대 기체 행성이기 때문에, 우리에게 익숙한 개념의 생명이 서식할 수 있는 지구형 행성을 찾은 것은 아닙니다. 그렇지만 지구형 행성이 아직 발견되지 않은 것은 현재 우리가 사용할 수 있는 행성의 검출 방법이 여러 가지 면에서 한계를 지니기 때문입니다. 따라서 현대 천문학자들은 외계에서 지구형 행성을 찾는 것도 단순한 시간 문제라고 생각합니다.

여름 학교를 마치고 아와지 섬에서 사가미하라 소재 우주 항공 연구소로 돌아와 보니 특별 기자 회견의 공고가 복도 게시판에 붙어 있었습니다. 이 연구소 소속의 연구원이 아주 최근에 화가畵架자리 베타 별 주위에서 몇 개의 고리 구조를 발견했습니다. 이 사실을 일반 대중에게 알리기 위한 기자 회견이었습니다. 그 베타별의 고리에서도 언젠가는 행성이 태어나겠지 하는 막연한 생각을 하며 제 연구실로 들어와 서 밀린 전자 우편물을 정리하기 시작했습니다. 외계 행성에 관한 특별 세미나가 바로 다음날 미타카 소재 일본 국립 천문대에서 열린다는 전갈도 우편물 더미에 숨어 있었습니다. 세미나에서 발표될 한 논문의 초록이 제 시선을 붙잡았습니다. 구경 8.2미터의 스바루 망원경으로 마부자리에 있는 어느 별 주위에서 회전 원반체를 발견했는데 태양계에서 행성들이 태어나던 당시의 모습이 이와 비슷했을 것이라는 내용이었습니다.

교정 작업을 서둘러 끝내고 서울 대학교에서 열리는 제6차 동아시아 천문학 대회에 참석하기 위하여 저는 10월 13일 하네다와 김포를 연결하는 비행기에 몸을 실었습니다. 「옮긴이 후기」를 보내 달라는 출판사 편집자의 빗발치는 독촉을 가슴에 간직한 채, 노트북을 열어 아와지 섬에서 시작한 이 글을 마치려고 무척 애를 썼지만 결과는 무위로 돌아갔습니다. 그 대신 저의 머릿속에서는 우주와 생명 진화의 드라마 한 편이 계속 돌고 있었습니다. 우주의 대폭발, 은하와 별의 탄생, 핵융합을 통한 무거운 원소의 합성, 초신성 폭발, 성간 물질 중 금속 함량의 증가, 암흑 성간운의 중력 수축, 회전 원반체의 출현과 중력 불안정, 미행성의 형성과 지구형 행성의 성장, 지구 생명의 탄생, 과학 기술 문명의 진화로 연결되는 길고 긴 드라마였습니다. 핵융합 반응에서 타고 남은 재가 의식을 갖추고 자신의 주위를 인식하게 되기까지의 긴 여정에서 떼려고 해도 결코 뗄 수 없는 우주와 인간의 뿌리 깊은 연계를 읽을 수 있습니다. 그 드라마는 문명의 발달이라는 얼굴을 한 인류의 자기 파멸 가능성도 내게 일깨워 줬습니다. 이만하면 칼 세이건이

『코스모스』에서 거두려던 목적은 충분히 달성된 셈이었습니다. 적어도 제게는 말입니다.

어제는 담당 편집자의 노란색 쪽지가 드디어 회의장 안으로까지 전달됐습니다. 마침 오늘은 동아시아 천문학 대회의 오후 일정이 시내 관광으로 잡혀 있었습니다. 「옮긴이 후기」를 완성할 수 있는 절호의 기회로 알고, 지난 나흘 동안에 있었던 열띤 토의를 지금 되돌아보고 있습니다. 스바루 망원경이 촬영한 회전 원반체들의 다양한 모습이 스크린을 생생하게 장식했으며, 동반 행성의 존재가 확인된 별의 총수도 두 달이 채 못 되는 사이에 벌써 140여 개로 늘어나 있었고, 행성을 네 개씩이나 거느린 별도 세 개나 발견된 것으로 보고됐습니다. 그러나 지구형 고체 행성은 아직 확인되지 않았습니다. 9월 초순에서 10월 하순까지 이어진 짧은 여정에서 옮긴이는 외계 행성계를 찾으려는 현대 천문학의 숨 가쁜 달리기를 추적한 셈입니다. 그러나 생명이 서식할 수 있는 지구형 고체 행성의 존재는 아직 확인 되지 않았습니다.

행성계의 형성은 자연의 희귀한 선택 사항이라기보다, 항성의 생성 과정에서 자연스럽게 나타나는 하나의 필수 현상입니다. 이제 현대 천문학은 이론과 관측 양쪽 측면에서 이 사실을 우리에게 확실하게 보여줬습니다. 그러므로 우리 은하수 은하에는 태양 행성계와 같은 행성계가 수없이 많이 있을 것입니다. 지난 두 달 사이에 경험한 속도로 행성의 발견이 이어진다면, 외계에서 지구형 행성을 찾는 날이 곧 오리라고 저는 확신합니다. 그날은 지구인이 우주 시민으로 다시 태어나는 날이며, 그날부터 인류는 자신의 우주적 위상을 새롭게 의식하기 시작할 것입니다.

생각이 여기에 이르자 칼 세이건의 『코스모스』를 제가 번역하기를 잘했다고 내심 기뻐했습니다. 칼 세이건은 『코스모스』에서 그러한 의식 전환의 필요성을 우리에게 줄기차게 주장하고 있고, 저의 번역이 우리의 의식 전환에 조금이라도 도움이 된다면, 이 또한 바람직한 일이라고 믿고 싶습니다.

그러니까 벌써 네 해 전의 일입니다. (주)사이언스북스 편집부의 권기호 씨가 코스모스의 번역을 저에게 종용해 왔을 때, 저의 즉각적 반응은 한마디로 주저하는 마음이었습니다. 저 자신이 현대 천문학의 엄청난 변화를 알고 있기에 20년이나 지난 책을 이제 번역하는 게 과연 무슨 의미가 있을까 하는 부정적 반응을 지울 수 없었습니다. 번역을 한다면 주註를 많이 달아야 하겠구나. 그런데 나는 주가 많이 달린 책을 싫어하지 않는가. 그러나 권기호 씨의 은근한 설득은 집요했습니다. 그는 이 책의 독자층이 두꺼울 것으로 예상했습니다. 텔레비전에 방영된 「코스모스」 시리즈를 즐기고 자란 지성인들에게는 사유의 지평을 넓혀 줄 것이고, 오늘의 청소년들에게는 꿈을 심어 줄 수 있다는 것이었습니다. 이 책의 번역 · 출판을 기획한 편집자 자신이 「코스모스」 시리즈를 보고 자란 세대였습니다.

저는 꿈, 사유의 지평, 우주와 인간의 관계 등 그가 제시하는 몇 마디 키워드에 그만 손을 들고 말았습니다. 왜냐하면 우주인이 달나라에 발자국을 남길 수 있었던 것은, 현대 과학과 공학의 눈부신 발달 때문만은 아니라고 늘 생각해 왔기 때문입니다. 저는 달을 두고 노래한 시인들이 더 중요하고 큰 역할을 했다고 믿습니다. 우리네 삶에서 소망

없이 이루어진 일이 어디에 있습니까? 따지고 보면 시인이 우리 가슴에 심어 준 꿈의 위력이 과학자들로 하여금 달나라 여행을 설계하게 했을 것입니다. 외계 생명의 발견이야 가까운 장래에 기약할 수 없겠지만 어느새 140여 개에 이르는 외계 행성의 존재가 태양계 밖에서 확인되었으니 외계 생명의 존재도 언젠가는 밝혀지고 말 것입니다. 그리고 외계를 향한 인류의 끈질긴 외침이 언젠가는 외계 문명과의 교신으로 결실을 맺게 될 것입니다. 그날이 온다면 칼 세이건의 『코스모스』는 인류 역사를 바꾼 고전 중의 하나로 재평가될 것입니다.

번역을 약속하고 첫 페이지를 옮기면서부터, 저는 '번역하기는 고문이다.' 라는 명제를 재삼 확인할 수 있었습니다. 이 책의 내용은 천문학이 주를 이루지만, 천문학만이 아니었습니다. 이 책은 코스모스에서 인간이 어떠한 위치에 있는지를 밝혀내는 데 초점이 맞추어져 있습니다. 초점에 이르기까지 과학뿐 아니라, 서양 철학과, 동양 사상, 현대 사회학, 정치 심리학 등의 지식이 두루 필요했으니, 『코스모스』의 번역은 맨발로 가시밭길 걷기였습니다.

저를 곁에서 도와주신 고마운 이들이 계십니다. 서양 고전에 관한 사항은 멀리 네덜란드에 계신 박휘근 학형이 도와주셨습니다. 동양 고전에 무지한 저를 외우 김소영이 줄곧 깨우쳐 줬습니다. 생물학, 화학, 고생물학 등에 관한 사항은 홍전, 오창식, 홍발의 도움을 크게 받았습니다. 고대 중국 신화의 등장인물에 관해서는 중국 윈난雲南 천문대 바이 지밍 박사의 도움을 받았습니다. 화성에 관한 사항은 김유제 박사께서 도움을 주셨습니다. 그리고 서울 대학교 구내 식당에서 여러 동료 교수들로부터 받은 많은 가르침을 잊을 수 없습니다. 그분들은 전문가로서 옮긴이의 질문에 충실한 답을 주었을 뿐 아니라 필요한 자료를 보여 주고는 했습니다. 그러나 번역 내용에 대한 최종 책임은 물론 저 자신에게 있습니다. 끊임없이 이어지던 아내의 독려와 비판도 이 책을 여기까지 오게 한 큰 힘이었습니다. 그리고 오랜 번역 작업을 은근과 끈기로 참아 주신 (주)사이언스북스의 편집부 여러분께 진심으로 깊은 감사의 마음을 전합니다.

2004년 겨울

관솔재에서

홍승수

특별판을 펴내며

칼 세이건의 『코스모스』가 완전한 모습으로 우리 독자들에게 돌아온 지 어느새 2년이 되었습니다. 그 사이에 외계에서 발견된 행성체의 개수는 140개에서 180여 개로 늘어났습니다. 처음 이 책을 우리말로 옮겨 내놓을 때에는 20여 년의 나이를 먹은 『코스모스』를 21세기의 젊은 독자들이 어떻게 대할지 많은 걱정이 되었지만 다행히도 반갑게 맞아 주었습니다. 1980년대 초반 학생 시절에 책을 읽었던 분은 예전 『코스모스』를 처음 읽었을 때 느꼈던 감동과 행복을 이야기하셨고, 또 어떤 분은 자신의 소중한 책을 남에게 빌려 주었다가 영영 돌려받지 못한 아쉬움을 이야기하며 이 책의 귀환을 환대해 주셨습니다.

그렇다고 『코스모스』가 추억의 책으로 끝난 것은 아닙니다. KBS 「TV 책을 말하다」에서는 '눈물나게 재미있는 과학책'으로, 네이버와 교보문고에서는 '올해의 과학책'으로, 대한민국 학술원에서는 '우수도서'로, 아시아태평양 이론물리센터에서는 '올해의 과학책'으로, 《동아일보》에서는 '한국의 과학자들이 청소년들에게 권하는 과학 도서 1위'로 선정해 이 책이 가진 현재적 가치를 널리 알려 주었습니다.

하루에도 수십 종의 책이 쏟아지고, 책의 수명이 몇 개월이다 하는 부박浮薄한 현실 속에서 사반세기의 나이를 가진 『코스모스』가 여전히 사랑을 받는 것은 무엇 때문일까요? 그것은 대폭발의 순간에서 인류의 진화까지 시간과 공간을 가로지르던 칼 세이건의 방대한 지혜와 아름다운 문장, 그리고 우주적 상상력이 지금도 살아 있기 때문일 것입니다.

칼 세이건은 우주적 이웃을 향한 손짓, 우리의 배움이 인류의 지혜를 도약시켜 줄 중요한 계기가 될 것이라고 모든 글에서, 모든 행동에서 강조했습니다. 그리고 광활한 우주를 향한 호기심 어린 물음과 탐구의 열정은 인간의 '못 말리는' 본성임을 강조했습니다. 이것은 코스모스의 탐구가 시작된 수천 년 전의 고대 문명에서부터 칼 세이건이 살아 있던 시대를 거쳐 새천년을 맞이한 현재에 이르기까지 과학과 모든 학문의 근본적인 원동력이었습니다. 칼 세이건의 유려한 문장 밑에서 약동하는 이 원동력은 표면적인 정보의 낡음과 시대를 초월하여 『코스모스』를 『코스모스』이게 하는 가치입니다.

2006년 12월 20일은 칼 세이건 서거 10주기가 되는 날입니다. 매년 이맘 때가 되면 그의 빈자리가 크게 느껴집니다. 이에 맞춰 좀 더 많은 독자들을 위하여 이 특별판을 펴내게 되었습니다. 모두 다 소중한 사진이지만 컬러 사진을 덜어내고 판형을 줄여 좀 더 많은 사람이 쉽게 볼 수 있게끔 책을 다듬어 봤습니다. 그리고 양장본에 있었던 몇 가지 오류를 바로잡았습니다. 게다가 칼 세이건의 부인인 앤 드루얀 여사가 세이건의 10주기를 기념해 쓴 글을 보내 주어 한층 의미 있는 책이 되었습니다. 더욱 많은 분들이 이 보급판을 통하여 세이건의 우주적 상상력과 만날 수 있기 바랍니다.

사람이든 책이든 주위의 사랑과 배려 속에서 자랍니다. 『코스모스』를 사랑해 주신, 그리고 앞으로 사랑해 주실 모든 분께 감사드립니다.

2006년 겨울

홍승수

찾아보기

가

나

다

라

마

바

사

아

자

차

카

타

파

하

옮긴이 홍승수

서울 대학교 천문기상학과를 졸업하고 미국 뉴욕 주립 대학교 대학원에서 박사 학위를 받았다. 1978년 이후 31년간 서울 대학교 교수로 재직하며 많은 천문학자들을 길러냈고 2009년 정년 퇴임했다. 미국 하버드-스미스소니언 천체 물리학 센터 방문 교수, 일본 우주 항공 연구 개발 기구(JAXA) 초빙 교수, 한국천문학회 회장, 소남천문학사연구소 소장, 한국천문올림피아드위원회 위원장, 국립고흥청소년우주체험센터 원장을 역임했다. 『나의 코스모스』, 『천체 물리학(*A Practical Approach to Astrophysics*)』 같은 저서와 『코스모스』, 『날마다 천체 물리』 등의 번역서를 펴냈고, 78편의 연구 논문을 발표했다.

코스모스 특별판

1판 1쇄 펴냄 2006년 12월 20일
1판 114쇄 펴냄 2025년 1월 15일

지은이 칼 세이건
옮긴이 홍승수
펴낸이 박상준
펴낸곳 (주)사이언스북스

출판등록 1997. 3. 24.(제16-1444호)
(06027) 서울특별시 강남구 도산대로1길 62
대표전화 515-2000, 팩시밀리 515-2007
편집부 517-4263, 팩시밀리 514-2329
www.sciencebooks.co.kr

ISBN 978-89-8371-189-2 03400